U0904286

中国食品工业标准汇编

调味品卷

（第二版）

国家食品安全风险评估中心
中　国　标　准　出　版　社　编

中国标准出版社
北京

图书在版编目(CIP)数据

中国食品工业标准汇编.调味品卷/国家食品安全风险评估中心,中国标准出版社编.—2版.—北京:中国标准出版社,2016.1
ISBN 978-7-5066-8103-2

Ⅰ.①中… Ⅱ.①国…②中… Ⅲ.①食品工业-标准-汇编-中国②调味品-食品标准-汇编-中国 Ⅳ.①TS207.2

中国版本图书馆CIP数据核字(2015)第253004号

中国标准出版社出版发行
北京市朝阳区和平里西街甲2号(100029)
北京市西城区三里河北街16号(100045)
网址 www.spc.net.cn
总编室:(010)68533533 发行中心:(010)51780238
读者服务部:(010)68523946
中国标准出版社秦皇岛印刷厂印刷
各地新华书店经销
*
开本 880×1230 1/16 印张 56.25 字数 1742 千字
2016年1月第二版 2016年1月第二次印刷
*
定价 290.00 元

如有印装差错 由本社发行中心调换
版权专有 侵权必究
举报电话:(010)68510107

出版说明

《中国食品工业标准汇编》是我国食品标准化方面的一套大型丛书，按行业分类分别立卷，由国家食品安全风险评估中心和中国标准出版社联合编制。本汇编为调味品卷。

本汇编是在2006年出版的《中国食品工业标准汇编　调味品卷》的基础上进行修订的，保留了目前现行有效的标准，同时增加了2006年2月至2015年9月底发布的调味品国家标准和部分行业标准，主要内容包括第一部分基础标准，第二部分产品标准，第三部分试验方法标准，第四部分卫生标准，第五部分工艺标准。共收录国家标准80项，行业标准60项。

本汇编每个部分的标准按国家标准、行业标准依次编排，其中国家标准按标准编号由小到大编排，行业标准按字母顺序编排，相同行业的标准按标准编号由小到大编排。

本汇编可供调味品生产、科研、销售单位的技术人员，各级食品监督、检验机构的人员，各管理部门的相关人员使用，也可供大专院校相关专业的师生参考。

编　者

2015年11月

目　　录

一、基础标准

二、产品标准

三、试验方法标准

四、卫生标准

五、工艺标准

一、基础标准

ICS 67.220.10
X 40

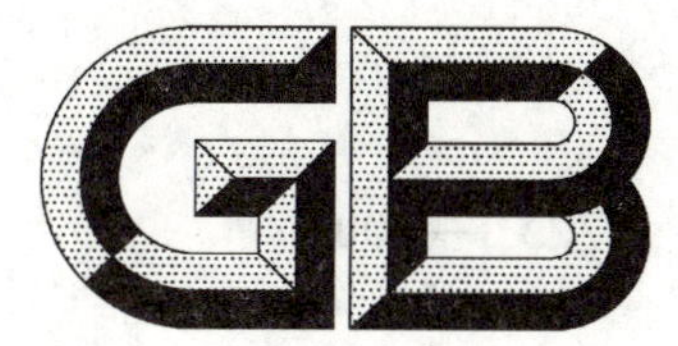

中华人民共和国国家标准

GB/T 12729.1—2008
代替 GB/T 12729.1—1991

香辛料和调味品　名称

Spices and condiments—Nomenclature

(ISO 676:1995,NEQ)

2008-07-16 发布　　2008-11-01 实施

中华人民共和国国家质量监督检验检疫总局
中国国家标准化管理委员会　发布

前　言

GB/T 12729《香辛料和调味品》由下列部分组成：

——GB/T 12729.1　香辛料和调味品　名称

——GB/T 12729.2　香辛料和调味品　取样方法

——GB/T 12729.3　香辛料和调味品　分析用粉末试样的制备

——GB/T 12729.4　香辛料和调味品　磨碎细度的测定(手筛法)

——GB/T 12729.5　香辛料和调味品　外来物含量的测定

——GB/T 12729.6　香辛料和调味品　水分含量的测定(蒸馏法)

——GB/T 12729.7　香辛料和调味品　总灰分的测定

——GB/T 12729.8　香辛料和调味品　水不溶性灰分的测定

——GB/T 12729.9　香辛料和调味品　酸不溶性灰分的测定

——GB/T 12729.10　香辛料和调味品　醇溶抽提物的测定

——GB/T 12729.11　香辛料和调味品　冷水可溶性抽提物的测定

——GB/T 12729.12　香辛料和调味品　不挥发性乙醚抽提物的测定

——GB/T 12729.13　香辛料和调味品　污物的测定

本部分为 GB/T 12729 的第 1 部分。

本部分对应于 ISO 676:1995《香辛料和调味品　名称》(英文版),一致性程度为非等效。与 ISO 676:1995 的主要差异是：

——删除了 ISO 676:1995 中的 41 个不适合我国种植或目前未形成市场化规模的香辛料植物品种,只采用其中 68 个品种。

本部分是对 GB/T 12729.1—1991《香辛料和调味品　名称》的修订,与 GB/T 12729.1—1991 相比,增加了 26 个品种,香辛料植物品种总数达 68 个。

本部分代替 GB/T 12729.1—1991。

本部分由中华全国供销合作总社提出并归口。

本部分起草单位:中华全国供销合作总社南京野生植物综合利用研究院。

本部分主要起草人:陈仕荣、张卫明。

本部分所代替标准的历次版本发布情况为：

——GB/T 12729.1—1991。

香辛料和调味品　名称

1　范围

GB/T 12729 的本部分规定了 68 种我国常用食品调味、能产生香气和滋味的香辛料植物性产品的中英文名称。

本部分适用于香辛料和调味品的生产、流通、使用及有关科研和教学。

2　名称

68 种香辛料和调味品的名称等见表 1。

表 1　香辛料和调味品名称

序号	中文名称	英　文　名　称	植　物　学　名	使用部分
1	菖蒲	sweet flag	*Acorus calamus* L.	根茎
2	洋葱	onion	*Allium cepa* L.	鳞茎
3	大葱	welsh onion	*Allium fistulosum* L.	植株
4	小葱	chive	*Allium schoenopasum* L.	叶
5	韭葱	winter leek	*Allium porrum* L.	叶、鳞茎
6	蒜	garlic	*Allium sativum* L.	鳞茎
7	高良姜	greater galanga	*Alpinia galanga*(L.)Willd	根、茎
8	豆蔻	cambodian cardamom	*Amomum krervanh* Chines ex Gagnepain	果实、种子
9	香豆蔻	greater hines cwidamom	*Amomum subulatum* Roxb	果实、种子
10	草果	tsao-ko	*Amomum tsao-ko* Crevost et Lemaire	果实
11	砂仁	villosum	*Amomum villosum* Lour	果实
12	莳萝、土茴香	dill	*Anethum graveolens* L.	果实、叶
13	圆叶当归	angelia	*Angelica archangelica* L.	果、嫩枝、根
14	细叶芹	charvil	*Anthriscus cereifolium*	叶
15	芹菜	celery	*Apium graveolens* L.	植株
16	辣根	horseradish	*Armoracia rusticana* P. Gaertn.,B. Meyei et Scherb	根
17	龙蒿	tarragon	*Artemisia dracunculus* L.	叶、花序
18	杨桃	carambola	*Averrhoa carambola* L.	果实
19	黑芥籽	black mustard	*Brassica nigra*(L.)W. D. J. Koch	种子
20	刺山柑	caper	*Capparis spinosa* L.	花蕾
21	辣椒	chilli,capsicum	*Capsicum frutescens* L.	果实
22	葛缕子	caraway	*Carum carvi* L.	果实
23	桂皮、肉桂	Chinese cassia	*Cinnamomum cassia* Nees.	树皮

表 1（续）

序号	中文名称	英文名称	植物学名	使用部分
24	阴香	Indonesian cassia	*Cinnamomum burmannii* C. G. nees ex Blume	树皮
25	大清桂	Vietnamese cassia	*Cinnamomum loureirii* Nees.	树皮
26	芫荽	coriander	*Coriandrum sativum* L.	种子、叶
27	藏红花	saffron	*Crocus sativus* L.	柱头
28	枯茗	cumin	*Cuminum cyminum* L.	果实
29	姜黄	turmeric	*Curcuma Longa* L.	根、茎
30	香茅	West Indian lemongrass	*Cymbopogon citratus*（DC.）Stapf	叶
31	枫茅	Srilanka citronella	*Cymbopogon nardus*（L.）Rendle	叶
32	小豆蔻	small cardamon	*Eletlaria cardamomum*（L.）malon	果实
33	阿魏	asafoetida	*Ferula assa-foetida* L.	根、茎
34	小茴香	fennel	*Foeniculum vulgare* P. miller	果实、梗、叶
35	甘草	licorice	*Glycyrrhiza uralensis* Fisch	根
36	八角	star anise	*Illicium verum* Hook. F.	果实
37	刺柏	juniper	*Juniperus communis* L.	果实
38	山奈	kaempferia	*Kaempferia galanga* L.	根、茎
39	木姜子	litsea	*Litsea pungens* Hemsl	果实
40	月桂	laurel	*Laurus nobilis* L.	叶
41	芒果	mango	*Mangifera indica* L.	未成熟果实
42	薄荷	fieldmint	*Mentha arvensis* L.	叶、嫩芽
43	椒样薄荷	peppermint	*Mentha x piperita* L.	叶、嫩芽
44	留兰香	garden mint	*Mentha spicata* L.	叶、嫩芽
45	调料九里香	curry	*Murraya koenigii*（L.）C. sprengel	叶
46	肉豆蔻	nutmeg	*Myristica fragrans* Hout.	假种皮、种仁
47	甜罗勒	sweet basil	*Ocimum basilicum* L.	叶、嫩芽
48	甘牛至	sweet marijoram	*Origanum majorana* L.	叶、花序
49	牛至	oregano	*Origanum vulgare* L.	叶、花
50	罂粟	poppy	*Papaver somniferum* L.	种子
51	欧芹	parsley	*Petroselinum crispum*（P. mill）nyman ex A. W. hill	叶、种子
52	多香果	pimento allspice	*Pimenta dioica*（L.）Merrill	果实、叶
53	荜拨	long pepper	*Piper longum* L.	果实
54	黑胡椒、白胡椒	black pepper、white pepper	*Piper nigrum* L.	果实
55	石榴	pomegranate	*Punica granatum* L.	干鲜种子
56	迷迭香	rosemary	*Rosmarinus officinalis*	叶、嫩芽

表 1（续）

序号	中文名称	英 文 名 称	植 物 学 名	使用部分
57	胡麻、芝麻	benne	*Sesamum indicum* L.	种子
58	白欧芥	white mustard	*Sinapis alba* L.	种子
59	丁香	clove	*Syzgium aromaticum* Merr & Perry	花蕾
60	罗晃子	tamarind	*Tamarindus indica* L.	果实
61	蒙百里香	wild thyme	*Thymus serpyllum* L.	嫩芽、叶
62	百里香	thyme	*Thymus vulgaris* L.	嫩芽、叶
63	香椿	Chinese mahogany	*Toona sinesis*(A. juss) Roem	嫩芽
64	香旱芹	ajowan	*Trachyspermum ammi* (L.) Sprague	果实
65	葫芦巴	fenugreek	*Trigonella foenum-graecum* L.	果实
66	香荚兰	vanilla	*Vanilla planifolia* Andr. syn. V. fragrans Ames	果荚
67	花椒	prickly ash	*Zanthoxylum bungeanum* Maxim	果实
68	姜	ginger	*Zingiber officinale* Roscoe	根、茎

ICS 67.220.10
X 44

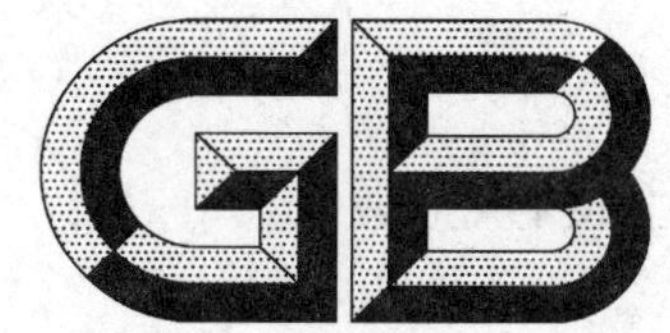

中华人民共和国国家标准

GB/T 15691—2008
代替 GB/T 15691—1995

香辛料调味品通用技术条件

General techniques and standards for spices and condiments

2008-07-16 发布 2008-11-01 实施

中华人民共和国国家质量监督检验检疫总局
中国国家标准化管理委员会 发布

前　言

本标准是对GB/T 15691—1995《香辛料调味品通用技术条件》的修订，与GB/T 15691—1995相比，具体技术内容没有变动，在格式和文字上作了一些编辑性修改，按GB/T 12729.1新修订版内容，将3.1中香辛料品种数改为68种；将“净含量负偏差”列入出厂检验项目中；将“孔/cm^2”换算成孔径。

本标准代替GB/T 15691—1995。

本标准由中华全国供销合作总社提出并归口。

本标准起草单位：中华全国供销合作总社南京野生植物综合利用研究院。

本标准主要起草人：陈仕荣、张卫明。

本标准所代替标准的历次版本发布情况为：

——GB/T 15691—1995。

香辛料调味品通用技术条件

1 范围

本标准规定了粉状和颗粒状植物性香辛料调味品的术语、产品分类、原料要求、技术要求、试验方法、检验规则和标志、包装、运输、贮存、保质期。

本标准适用于以植物性香辛料为主要原料或配以其他辅料制成的用于食品中的香辛料调味品。

2 规范性引用文件

下列文件中的条款通过本标准的引用而成为本标准的条款。凡是注日期的引用文件，其随后所有的修改单(不包括勘误的内容)或修订版均不适用于本标准，然而，鼓励根据本标准达成协议的各方研究是否可使用这些文件的最新版本。凡是不注日期的引用文件，其最新版本适用于本标准。

GB/T 6388 运输包装收发货标志

GB 7718 预包装食品标签通则

GB/T 12729.1 香辛料和调味品 名称(GB/T 12729.1—2008,ISO 676:1995,NEQ)

GB/T 12729.2 香辛料和调味品 取样方法(GB/T 12729.2—2008,ISO 948:1980,NEQ)

GB/T 12729.6 香辛料和调味品 水分含量的测定(蒸馏法)(GB/T 12729.6—2008,ISO 939:1980,NEQ)

GB/T 12729.7 香辛料和调味品 总灰分的测定(GB/T 12729.7—2008,ISO 928:1997,NEQ)

GB/T 12729.9 香辛料和调味品 酸不溶性灰分的测定(GB/T 12729.9—2008,ISO 930:1997,MOD)

定量包装商品计量监督管理办法 国家质量监督检验检疫总局(2006)第75号令

3 术语和定义

下列术语和定义适用于本标准。

3.1

香辛料调味品 spices and condiments

GB/T 12729.1 中规定的 68 种可用于食品加香调味，能赋予食物以香、辛、辣等风味的天然植物性产品及其混合物。

3.2

粉状香辛料调味品 ground spices and condiments

用 0.2 mm 孔径的筛子过筛，振筛 4 min，筛上残留物量小于或等于 2.5 g/100 g。

3.3

颗粒状香辛料调味品 granular spices and condiments

用 0.2 mm 孔径的筛子过筛，振筛 4 min，筛上残留物量大于 2.5 g/100 g。

4 产品分类

按单一原料和复合原料，产品分为两类。

4.1 单一型

由单一香辛料制成的调味品。

4.2 复合型

由两种或两种以上香辛料配制而成的调味品。

5 原料要求

5.1 各种原料应干燥、无虫蛀、无霉变、无异味、无污染、无杂质，具有该原料应有的色泽，天然芳香味或辛辣味。

5.2 凡需加工整理的各种原料，应经挑选、风筛去除杂质后方可投产。

6 技术要求

6.1 感官要求

具有该产品应有的色泽、气味和滋味。

6.2 理化指标

理化指标应符合表1的要求。

表1 理化指标

项目	指标	检验方法
筛上残留量/(g/100 g)	≤2.5	7.2
水分/%	≤14	GB/T 12729.6
总灰分/%	≤10	GB/T 12729.7
酸不溶性灰分/%	≤5	GB/T 12729.9
注：颗粒状产品的磨碎细度不作规定。		

6.3 净含量负偏差

应符合国家质量监督检验检疫总局(2006)第75号令《定量包装商品计量监督管理办法》。

7 试验方法

本试验所用水为蒸馏水，所用试剂除特别注明外，均为分析纯。

7.1 感官要求的检查

感官要求的检查用感官法测定。

随机抽取10 g样品，平铺于洁净的白瓷盘中，在自然光线下，用肉眼观察其色泽，闻其香味，并取少许放于舌尖，涂布满口，仔细品尝其滋味。

7.2 磨碎细度的检验

7.2.1 设备

a) 电动振荡机：转速1 400 r/min。

b) 标准金属丝网筛子：0.2 mm。

c) 天平：感量0.1 g。

7.2.2 测定

称取100 g样品放入装有标准金属丝网筛子的电动振荡机内，振荡4 min，称量筛上残留物的质量。

7.3 水分的测定

按GB/T 12729.6执行。

7.4 总灰分的测定

按GB/T 12729.7执行。

7.5 酸不溶性灰分的测定

按GB/T 12729.9执行。

7.6 净含量负偏差的测定

按国家质量监督检验检疫总局(2006)第75号令《定量包装商品计量监督管理办法》执行。

8 检验规则

8.1 组批

以同一产区、同一收获期、同一班次生产的同一品种的产品为一批。

8.2 取样方法

按GB/T 12729.2的规定执行。

8.3 检验类别

8.3.1 出厂检验

感官要求、磨碎细度、水分、净含量负偏差为出厂检验必检项目。

8.3.2 抽检

总灰分、酸不溶性灰分为每10批次抽检一次。

8.4 判定

检验结果如有不合格,可从该批中加倍抽样,对不合格项进行复验。如仍不合格,则判该批产品为不合格品。

9 标志、包装、运输、贮存和保质期

9.1 标志

产品运输包装上的标志应符合GB/T 6388的规定。

产品销售包装上的标签应符合GB 7718的规定。

9.2 包装

产品包装可分为瓶装、袋装等,各种包装材料不得影响产品质量,符合食品包装卫生要求。

9.3 运输

运输工具应洁净,严禁与有毒、有害、有异味的物品混运,运输中应防雨、防潮、防曝晒。

9.4 贮存

产品应贮存在清洁、通风、阴凉、干燥的仓库内,并应离地离墙,不得与有异味物品一起堆放。

9.5 保质期

在本标准规定的贮存条件下,保质期自生产之日起计,不得低于180天。

ICS 67.220.10
X 66

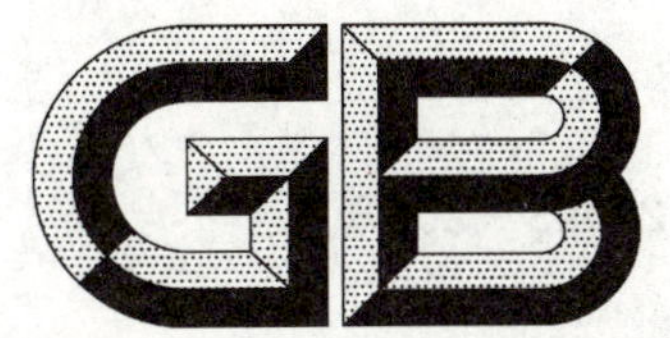

中华人民共和国国家标准

GB/T 20903—2007

调味品分类

Classification of condiment

2007-04-05 发布　　2007-09-01 实施

中华人民共和国国家质量监督检验检疫总局
中国国家标准化管理委员会　发布

前　言

本标准由全国食品工业标准化技术委员会调味品分技术委员会提出并归口。

本标准主要起草单位：中国调味品协会、李锦记集团公司、福建省泉州市安记食品有限公司。

本标准主要起草人：卫祥云、白燕、左宝起、钟冠山、孙胜枚、林肖芳。

本标准首次制定。

调 味 品 分 类

1 范围

本标准规定了调味品的术语、定义和产品分类。

本标准适用于调味品。

2 规范性引用文件

下列文件中的条款通过本标准的引用而成为本标准的条款。凡是注日期的引用文件，其随后所有的修改单(不包括勘误的内容)或修订版均不适用于本标准，然而，鼓励根据本标准达成协议的各方研究是否可使用这些文件的最新版本。凡是不注日期的引用文件，其最新版本适用于本标准。

GB/T 15091—1994 食品工业基本术语

3 术语和定义

下列术语和定义适用于本标准。

3.1

调味品 condiment

在饮食、烹饪和食品加工中广泛应用的，用于调和滋味和气味并具有去腥、除膻、解腻、增香、增鲜等作用的产品。

注：改写 GB/T 15091—1994，定义 3.15。

4 分类

本标准按照调味品终端产品进行分类。

4.1 食用盐

又称食盐。以氯化钠为主要成分，用于烹调、调味、腌制的盐。按其生产和加工方法可分为精制盐、粉碎洗涤盐、日晒盐。

4.2 食糖

用于调味的糖，一般指用甘蔗或甜菜精制的白砂糖或绵白糖，也包括淀粉糖浆、饴糖、葡萄糖、乳糖等。

4.3 酱油

4.3.1 酿造酱油

以大豆和(或)脱脂大豆、小麦和(或)麸皮为原料，经微生物发酵制成的具有特殊色、香、味的液体调味品。

4.3.2 配制酱油

以酿造酱油为主体(以全氮计不得少于 50%)，与酸水解植物蛋白调味液、食品添加剂等配制而成的液体调味品。

4.3.3 铁强化酱油

按照标准在酱油中加入一定量的乙二胺四乙酸铁钠(NaFeEDTA)制成的营养强化调味品。

4.4 食醋

4.4.1 酿造食醋

单独或混合使用各种含有淀粉、糖类的物料或酒精，经微生物发酵酿制而成的液体调味品。

4.4.2 配制食醋

以酿造食醋为主要原料(以乙酸计不得低于 50%)，与食用冰乙酸、食品添加剂等混合配制的调味食醋。

4.5 味精

4.5.1 味精(谷氨酸钠 99%)

以淀粉质、糖质为原料,经微生物(谷氨酸棒杆菌等)发酵,提取、中和、结晶精制而成的谷氨酸钠含量不小于 99.0%、具有特殊鲜味的白色结晶或粉末。

4.5.2 加盐味精(味素)

在味精(谷氨酸钠 99%)中,定量添加了精制盐且谷氨酸钠含量不低于 80%的均匀混合物。

4.5.3 增鲜味精

在味精(谷氨酸钠 99%)中,定量添加了核苷酸二钠[5'-鸟苷酸二钠(GMP)、5'-肌苷酸二钠(IMP)或呈味核苷酸二钠(IMP+GMP)]等增鲜剂,且谷氨酸钠含量不低于 97%,其鲜味度超过混合前的味精(谷氨酸钠 99%)。

4.6 芝麻油

又称香油。从油料作物芝麻的种子中制取的植物油,可用于调味的一种油脂。

4.7 酱类

4.7.1 豆酱

以豆类或其副产品为主要原料,经微生物发酵酿制的酱类。包括黄豆酱、蚕豆酱、味噌等。

4.7.2 面酱

以小麦粉为主要原料,经微生物发酵酿制的酱类。

4.7.3 番茄酱

以番茄(西红柿)为原料,添加或不添加食盐、糖和食品添加剂制成的酱类,添加辅料的品种可称为番茄沙司。

4.7.4 辣椒酱

以辣椒为原料,经发酵或不发酵,添加或不添加辅料制成的酱类。

4.7.5 芝麻酱

又称麻酱。以芝麻为原料,经润水、脱壳、焙炒、研磨制成的酱品,有的加入其他辅料。

4.7.6 花生酱

花生果实经脱壳去衣,再经焙炒研磨制成的酱品,有的加入其他辅料。

4.7.7 虾酱

以海虾为主要原料,经盐渍、发酵酶解,配以各种香辛料和其他辅料制成的酱。

4.7.8 芥末酱

以芥菜籽粒或芥菜类植物块茎为原料,制成的酱,具有刺鼻辛辣味。

4.8 豆豉

以大豆为主要原料,经蒸煮、制曲、发酵,酿制而成的呈干态或半干态颗粒状的制品。

4.9 腐乳

以大豆为原料,经加工磨浆、制坯、培菌、发酵而制成的调味、佐餐制品。

4.9.1 红腐乳

在腐乳后期发酵的汤料中配以红曲酿制而成,外观呈红色或紫红色的腐乳。

4.9.2 白腐乳

在腐乳后期发酵的汤料中不添加任何着色剂酿制而成,外观呈白色或淡黄色的腐乳。

4.9.3 青腐乳

在腐乳后期发酵过程中以低度食盐水作汤料酿制而成,具有硫化物气味、外观呈豆青色的腐乳。

4.9.4 酱腐乳

在腐乳后期发酵过程中以酱曲为主要辅料酿制而成,外观呈棕红色的腐乳。

4.9.5 花色腐乳

在腐乳生产过程中，因添加不同风味的辅料，酿制出风味别致的各种腐乳。

4.10 鱼露

以鱼、虾、贝类为原料，在较高盐分下经生物酶解制成的鲜味液体调味品。

4.11 蚝油

利用牡蛎蒸、煮后的汁液进行浓缩或直接用牡蛎肉酶解，再加入食糖、食盐、淀粉或改性淀粉等原料，辅以其他配料和食品添加剂制成的调味品。

4.12 虾油

从虾酱中提取的汁液称为虾油。

4.13 橄榄油

以橄榄鲜果为原料，经压榨加工而成的植物油，多用于西餐调味。

4.14 调味料酒

以发酵酒、蒸馏酒或食用酒精为主要原料，添加食用盐（可加入植物香辛料），配制加工而成的液体调味品。

4.15 香辛料和香辛料调味品

4.15.1 香辛料

香辛料主要来自各种自然生长的植物的果实、茎、叶、皮、根等，具有浓烈的芳香味、辛辣味。

4.15.2 香辛料调味品

以各种香辛料为主要原料，添加或不添加辅料制成的制品。

4.15.2.1 香辛料调味粉

以一种或多种香辛料经研磨加工而成的粉末状制品。

4.15.2.2 香辛料调味油

从香辛料中萃取其呈味成分于植物油中的制品，如辣椒油、芥末油等。

4.15.2.3 香辛料调味汁

以香辛料为主要原料，提取其中的呈味成分，制成的液体制品。

4.15.2.4 油辣椒

香辣浓郁，可供佐餐和调味的熟制食用油和辣椒的混合体。产品中可添加或不添加辅料。

4.16 复合调味料

用两种或两种以上的调味品配制，经特殊加工而成的调味料。

4.16.1 固态复合调味料

以两种或两种以上的调味品为主要原料，添加或不添加辅料，加工而成的呈固态的复合调味料。

4.16.1.1 鸡精调味料

以味精、食用盐、鸡肉或鸡骨的粉末或其浓缩抽提物、呈味核苷酸二钠及其他辅料为原料，添加或不添加香辛料和（或）食用香料等增香剂，经混合干燥加工而成，具有鸡的鲜味和香味的复合调味料。

4.16.1.2 鸡粉调味料

以食用盐、味精、鸡肉或鸡骨的粉末或其浓缩抽提物、呈味核苷酸二钠及其他辅料为原料，添加或不添加香辛料和（或）食用香料等增香剂经混合加工而成，具有鸡的浓郁香味和鲜美滋味的复合调味料。

4.16.1.3 牛肉粉调味料

以牛肉的粉末或其浓缩抽提物、味精、食用盐及其他辅料为原料，添加或不添加香辛料和（或）食用香料等增香剂，经加工而成的具有牛肉鲜味和香味的复合调味料。

4.16.1.4 排骨粉调味料

以猪排骨或猪肉的浓缩抽提物、味精、食用盐、食糖和面粉为主要原料，添加香辛料、呈味核苷酸二钠等其他辅料，经混合干燥加工而成的具有排骨鲜味和香味的复合调味料。

4.16.1.5 海鲜粉调味料

以海产鱼、虾、贝类的粉末或其浓缩抽提物、味精、食用盐及其他辅料为原料，添加或不添加香辛料和(或)食用香料等增香剂，经加工而成的具有海鲜香味和鲜美滋味的复合调味料。

4.16.1.6 其他固态复合调味料

4.16.2 液态复合调味料

以两种或两种以上的调味品为主要原料，添加或不添加其他辅料，加工而成的呈液态的复合调味料。

4.16.2.1 鸡汁调味料

以磨碎的鸡肉或鸡骨或其浓缩抽提物以及其他辅料等为原料，添加或不添加香辛料和(或)食用香料等增香剂，加工而成的，具有鸡的浓郁鲜味和香味的汁状复合调味料。

4.16.2.2 糟卤

以稻米为原料制成黄酒糟，添加适量香料进行陈酿，制成香糟；然后萃取糟汁，添加黄酒、食盐等，经配制后过滤而成的汁液。

4.16.2.3 其他液态复合调味料

除鸡汁调味料、糟卤等以外的其他液态复合调味料。

4.16.3 复合调味酱

以两种或两种以上的调味品为主要原料，添加或不添加其他辅料，加工而成的呈酱状的复合调味料。

4.16.3.1 风味酱

以肉类、鱼类、贝类、果蔬、植物油、香辛调味料、食品添加剂和其他辅料配合制成的具有某种风味的调味酱。

4.16.3.2 沙拉酱

西式调味品。以植物油、酸性配料(食醋、酸味剂)等为主料，辅以变性淀粉、甜味剂、食盐、香料、乳化剂、增稠剂等配料，经混合搅拌、乳化均质制成的酸味半固体乳化调味酱。

4.16.3.3 蛋黄酱

西式调味品。以植物油、酸性配料(食醋、酸味剂)、蛋黄为主料，辅以变性淀粉、甜味剂、食盐、香料、乳化剂、增稠剂等配料，经混合搅拌、乳化均质制成的酸味半固体乳化调味酱。

4.16.3.4 其他复合调味酱

除风味酱、沙拉酱、蛋黄酱等以外的其他复合调味酱。

4.17 火锅调料

食用火锅时专用的调味料，包括火锅底料及火锅蘸料。

4.17.1 火锅底料

以动、植物油脂、辣椒、蔗糖、食盐、味精、香辛料、豆瓣酱等为主要原料，按一定配方和工艺加工制成的，用于调制火锅汤的调味料。

4.17.2 火锅蘸料

以芝麻酱、腐乳、韭菜花、辣椒、食盐、味精和其他调味品混合配制加工制成的，用于食用火锅时蘸食的调味料。

ICS 67.220.10
X 66

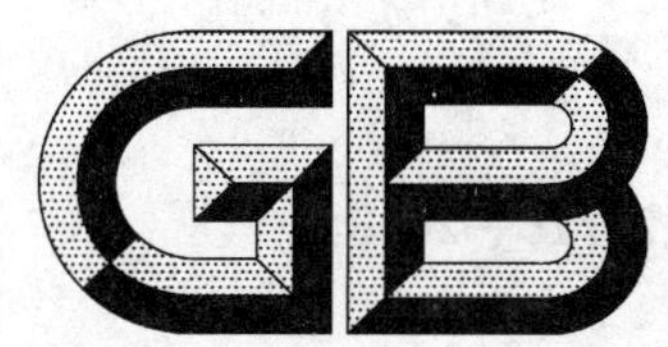

中华人民共和国国家标准

GB/T 21725—2008

天然香辛料　分类

Natural spices—Classification

2008-05-04 发布　　2008-10-01 实施

中华人民共和国国家质量监督检验检疫总局
中国国家标准化管理委员会　发布

前 言

本标准由中华全国供销合作总社提出并归口。

本标准起草单位:中华全国供销合作总社南京野生植物综合利用研究院。

本标准主要起草人:陈仕荣、张卫明。

天然香辛料　分类

1　范围

本标准规定了天然香辛料的分类原则和分类编号，并给出了天然香辛料的分类表。

本标准适用于天然香辛料的生产、科研、教学、贸易、检验及其他有关领域。

2　术语和定义

下列术语和定义适用于本标准。

2.1

天然香辛料　natural spices

可直接使用的具有赋香、调香、调味功能的植物果实、种子、花、根、茎、叶、皮或全株等天然植物性产品。

2.2

浓香型天然香辛料　strong fragrance spices

以浓香为主要呈味特征，呈味成分多为芳香族化合物，无辛、辣等刺激性气味的天然香辛料产品。

2.3

辛辣型天然香辛料　pungent spices

以辛、辣味等强刺激性气味为主要呈味特征，呈味成分多为含硫或酰胺类化合物的天然香辛料产品。

2.4

淡香型天然香辛料　elegant spices

以平和淡香、香韵温和为主要呈味特征，无辛辣等刺激性气味的天然香辛料产品。

3　分类原则及分类编号

3.1　分类原则

依据天然香辛料呈味特征，将其分为浓香型天然香辛料、辛辣型天然香辛料和淡香型天然香辛料三大类，分别以字母“S”、“P”、“E”表示，写在序号前面。

3.2　分类编号

每一种天然香辛料编一个号，编号由香辛料产品的分类字母及按其通用名称中文笔划多寡顺序编排的阿拉伯数字组成。

4　天然香辛料分类编号表

4.1　浓香型天然香辛料分类编号表

按大类分别编制编号表，编号表把天然香辛料的中文名称、英文名称和植物学名编在一起，以便查阅。表1给出了浓香型天然香辛料分类编号。

表1　浓香型天然香辛料分类编号表

编号	中文名称	英文名称	植物学名
S1	丁香	clove	*Syziumaromaticum* Merr&Perry
S2	八角茴香	star anise	*Illicium verum* Hook. F.

表 1（续）

编号	中文名称	英文名称	植物学名
S3	小豆蔻	small cardamon	*Eletlaria cardamomum*(L.)malon
S4	小茴香	fennel	*Foeniculum vulgare* P. miller
S5	大清桂	vietnamese cassia	*Cinnamomum loureirii* Nees.
S6	牛至	oregano	*Origanum vulgare* L.
S7	龙蒿	tarragon	*Artemisia dracunculus* L.
S8	百里香	thyme	*Thymus vulgaris* L.
S9	阴香	indonesia cassia	*Cinnamomum burmannii* C. G. nees ex blume
S10	多香果	pimento allspice	*Pimenta dioica*(L.)merrill
S11	肉豆蔻	nutmeg	*Myristica fragrans* Hout
S12	芹菜籽	celery	*Apium graveolens* L.
S13	芫荽	coriander	*Coriandrum sativum* L.
S14	葛缕子	caraway	*Carrum carvi* L.
S15	莳萝	dill	*Anethum graveolens* L.
S16	香豆蔻	greater Indian cwidamom	*Amomum subulatum* Roxb
S17	桂皮	Chinese cassia	*Cinnamomum cassia* Nees.
S18	甜罗勒	sweet basil	*Ocimum basilicum* L.

4.2 辛辣型天然香辛料分类编号表

表 2 给出了辛辣型天然香辛料分类编号。

表 2　辛辣型天然香辛料分类编号表

编号	中文名称	英文名称	植物学名
P1	大蒜	garlic	*Allium sativum* L.
P2	大葱	welsh onion	*Allium fistulosum* L.
P3	小葱	chive	*Allium schoenopasum* L.
P4	白欧芥	white mustard	*Sinapis alba* L.
P5	白胡椒、黑胡椒	white pepper	*Piper nigrum* L.
P6	木姜子	litsea	*Litsea pungens* Hemsl
P7	花椒	Chinese prickly ash	*Zan thoxylum bungeanum* Maxim
P8	阿魏	asafoetida	*Ferula assa-foetida* L.
P9	姜	ginger	*Gingiber officinale* Roscoe
P10	洋葱	onion	*Allium cepa* L.
P11	香茅	west Indian lemongras	*Cymbopogon citrates*(DC.)Stapf
P12	砂仁	villosum	*Amomum villosum* Lour
P13	韭葱	winter leek	*Allium porrum* L.
P14	高良姜	greater galanga	*Alpinia galanga*(L.)Willd
P15	荜拨	long pepper	*Piper longum* L.
P16	黑芥子	black mustard	*Brassica nigra*(L.) W. D. J. Koch
P17	椒样薄荷	peppermint	*Mentha* x *piperita* L.
P18	辣椒	chilli ,capsicum	*Capsicum frutescens* L.
P19	辣根	horseradish	*Armoracia rusticana* P. Gaertn. B. Meyei et scherb
P20	薄荷	fieldmint	*Mentha arvensis* L.

4.3 淡香型天然香辛料分类编号表

表 3 给出了淡香型天然香辛料分类编号。

表 3 淡香型天然香辛料分类编号表

编号	中文名称	英文名称	植物学名
E1	调料九里香	curry	*Murraya koenigii* (L.)C. sprengel
E2	山奈	kaempferia	*Kaempferia galanga* L.
E3	月桂叶	laurel	*Laurus nobilis* L.
E4	甘草	licorice	*Glycyrrhiza uralensis* Fisch
E5	石榴	pomegranate	*Punica granatum* L.
E6	甘牛至	sweet marijoram	*Organum majorana* L.
E7	香椿	Chinese mahogany	*Toona sinesis* (A. juss)roem
E8	芝麻	benne	*Sesamum indicum* L.
E9	芒果	mango	*Mangifera Indian* L.
E10	香旱芹	ajowan	*Trachyspermum ammi* (L.)sprague
E11	杨桃	carambola	*Averrhoa carambola* L.
E12	豆蔻	cambodian caidamom	*Amomum krervanh* Pierre ex gagnepain
E13	菖蒲	sweet flag	*Acorus calamus* L.
E14	枫茅	srilanka citronella	*Cymbopogon nardus* (L.)Rendle
E15	刺柏	juniper	*Juniperus communis* L.
E16	刺山柑	caper	*Capparis spinosa* L.
E17	细叶芹	charvil	*Anthriscus cereifolium*
E18	欧芹	parstey	*Petroselinum crispum* (P. mill)nyman ex A. W. hill
E19	罗晃子	tamarind	*Tamarindus indica* L.
E20	枯茗	cumin	*Cuminum cyminum* L.
E21	姜黄	turmeric	*Curcuma Longa* L.
E22	葫芦巴	fenugreek	*Trigonella foenum-graecum* L.
E23	草果	tsao-ko	*Amomum tsao-ko* Crevost et Lemaire
E24	香荚兰	vanilla	*Vanilla planifolia* Andr. syn. V. fragrans Ames
E25	迷迭香	rosemary	*Rosmarinus officinalis*
E26	留兰香	garden mint	*Mentha spicata* L.
E27	圆叶当归	angelia	*Angelica archangelica* L.
E28	蒙百里香	wild thyme	*Thymus serpyllum* L.
E29	罂粟	poppy	*Papaver somniferum* L.
E30	藏红花	saffron	*Crocus sativus* L.

ICS 67.220.10
X 66

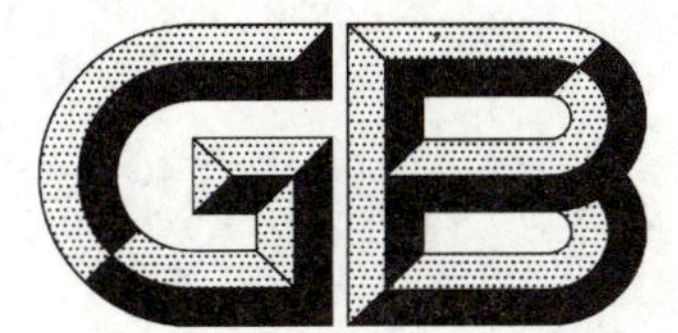

中华人民共和国国家标准

GB/T 22656—2008

调味品生产 HACCP 应用规范

Evaluating specification on the HACCP certification of the condiments processing

2008-12-29 发布 2009-05-01 实施

中华人民共和国国家质量监督检验检疫总局
中国国家标准化管理委员会 发布

前　言

本标准参考了国际食品法典委员会(CAC)发布的CAC/RCP 1-1969，Rev. 4(2003)附件《HACCP体系及其应用准则》(Hazards analysis and critical control point (HACCP) systems and guidelines for its application)。

本标准的附录A为规范性附录，附录B、附录C、附录D为资料性附录。

本标准由中华人民共和国商务部提出并归口。

本标准起草单位：商务部流通产业促进中心、中食恒信(北京)质量认证中心有限公司。

本标准主要起草人：赵箭、龚海岩、于田田、秦文、孙鑫、李蓓、吴军。

本标准由商务部流通产业促进中心负责解释。

调味品生产 HACCP 应用规范

1 范围

本标准规定了调味品生产企业根据 HACCP 原理和方法建立和实施 HACCP 体系的相关术语和定义及基本要求,并提供了相关的示例。

本标准适用于调味品生产企业 HACCP 体系的建立、实施,亦可作为相关评价活动的参考依据。

2 规范性引用文件

下列文件中的条款通过本标准的引用而成为本标准的条款。凡是注日期的引用文件,其随后所有的修改单(不包括勘误的内容)或修订版均不适用于本标准,然而,鼓励根据本标准达成协议的各方研究是否可使用这些文件的最新版本。凡是不注日期的引用文件,其最新版本适用于本标准。

GB 1351 小麦

GB 1352 大豆

GB 2715 粮食卫生标准

GB 2760 食品添加剂使用卫生标准

GB 5461 食用盐

GB 5749 生活饮用水卫生标准

GB 7718 预包装食品标签通则

GB 8953 酱油厂卫生规范

GB 8954 食醋厂卫生规范

GB 14881 食品企业通用卫生规范

GB/T 15691 香辛料调味品通用技术条件

GB/T 19000 质量管理体系 基础和术语

GB/T 19080 食品与饮料行业 GB/T 19001—2000 应用指南

GB/T 19538 危害分析与关键控制点(HACCP)体系及其应用指南

GB/T 20903—2007 调味品分类

3 术语和定义

GB/T 19000、GB/T 19080 和 GB/T 19538 确立的以及下列术语和定义适用于本标准。

3.1

卫生标准操作程序 sanitation standard operating procedure(SSOP)

为保障产品卫生质量,企业在产品加工过程中应遵守的操作程序。

注:SSOP 主要包括以下内容:接触产品(包括原料、半成品、成品)或与产品有接触的物品(包括水和冰)符合安全、卫生要求;接触产品的器具、手套和内外包装材料等应清洁、卫生和安全;确保产品免受交叉污染;保证操作人员手的清洗消毒,保持洗手间设施的清洁;防止润滑剂、燃料、清洗消毒用品、冷凝水及其他化学、物理和生物等污染物对产品造成安全危害;正确标注、存放和使用各类有毒化学物质;保证与产品有接触的员工的身体健康和卫生;预防和清除鼠害、虫害。

3.2

标准操作规程 standard operating procedure (SOP)

为保障产品质量,企业在产品加工过程中应遵守的设备及工艺操作程序。

3.3

调味品 condiment

在饮食、烹饪和食品加工中广泛应用的，用于调和滋味和气味并具有去腥、除膻、解腻、增香、增鲜等作用的产品。

［GB/T 20903—2007，定义3.1］

4 HACCP体系

4.1 总要求

4.1.1 企业管理层应对HACCP体系的建立、实施、验证及改进给予全面责任承诺和参与。

4.1.2 HACCP工作小组应根据管理层的要求建立、实施、验证和改进HACCP体系。

4.1.3 应按本标准的要求建立实施HACCP体系所必须的前提文件及HACCP体系文件，加以实施和保持，并持续改进其有效性。

4.1.4 HACCP体系应充分体现GB/T 19538中的7项原理。

4.2 文件要求

4.2.1 HACCP体系前提文件与记录

4.2.1.1 基础前提文件：

a) 良好操作规范；

b) 卫生标准操作程序；

c) 标准操作规程；

d) 职工培训计划；

e) 产品标识、质量追溯和产品召回制度；

f) 设备、设施、仪器的维护、校准、校验和保养程序；

g) 有害微生物、黄曲霉毒素等的控制规程。

4.2.1.2 其他前提文件：

a) 产品标准；

b) 实验室管理制度；

c) 委托社会实验室检测的合同或协议；

d) 文件与资料控制程序；

e) 企业使用的其他文件化内容（以书面或电子形式），可包括：

——规范；

——图纸：厂区及周围地区平面图、车间平面图（物流图、人流图和气流图）、工艺流程图、供水与排水网络图和捕鼠图；

——现行法规；

——其他支持性文件（如设备手册，制定抑制细菌性病原体生长方法时所使用的资料，建立产品货架期所使用的资料，以及在确定杀死细菌性病原体加热强度时所使用的资料。除了数据资料外，支持文件也包含向有关顾问或专家进行咨询的信件）。

4.2.1.3 前提文件记录表。

4.2.2 HACCP体系文件与记录

HACCP体系文件与记录应包括以下内容：

a) HACCP体系建立规程；

b) HACCP小组名单及职责分配；

c) 产品描述表；

d) 产品加工流程图；

e) 危害分析表；

f) HACCP 计划表；

g) HACCP 计划记录表。

4.2.3 文件控制

HACCP 体系文件的建立应按照附录 A 的逻辑程序进行，企业应对此文件进行控制。

4.2.4 记录控制

企业应建立并保持记录，提供符合要求和 HACCP 体系有效运行的证据。

5 良好操作规范

应按照 GB 14881、GB 8953、GB 8954、GB/T 15691 等相关标准制定良好操作规范，并贯彻执行。

6 卫生标准操作程序

不同调味品生产企业根据实际情况制定其适用的卫生标准操作程序，具体内容参见附录 B 的规定。

7 标准操作规程

7.1 总要求

7.1.1 应确保原料、辅料和包装材料为合格品，并分别制定相应的采购、验收、加工、不合格品、包装、标识、贮存和运输的控制程序以及加工设备的操作规范。

7.1.2 在产品生产前应制定加工工艺、操作规程、产品配方、检验规程和企业产品标准，并形成文件，加以控制。

7.1.3 应按工艺标准要求对生产过程实施控制，确定关键控制点，并有过程控制记录。

7.2 供方评价

7.2.1 应对供方的供货能力、产品质量保证能力进行综合评价，以确定合格供方，建立并保存“供方评价表”和“合格供方明细表”，并按规定索取原料的黄曲霉毒素 B_1、农药残留和重金属等的质量合格评价报告。

7.2.2 应对合格供方的能力、业绩和供货质量等进行动态综合评价，并建立和保存相关质量记录。

7.3 原料的采购

应确保原料的安全，具有转基因成分的原料应明确标注。

7.4 原料和辅料的验收

7.4.1 原料的验收应符合 GB 1352、GB/T 15691、GB 2715、GB 1351、GB 5461 和 GB 2760 等相关标准的规定。

7.4.2 应制定原料和辅料的采购验收制度，保证原料和辅料是来自合格供方的合格产品。

7.5 辅料配制

7.5.1 严格按照经批准的配方及工艺进行辅料配比混合，食品添加剂的使用应符合 GB 2760 的规定。

7.5.2 食品添加剂要专人保管，单独存放，并有购买、领用、使用记录。

7.6 加工

应针对产品特点和加工过程制定作业指导书，明确工艺技术参数及操作要求，对于生产线的设备要制定设备操作规程和设备管理制度。

7.7 包装、标识、贮存和运输

7.7.1 应制定产品的包装、标识、贮存和运输的控制文件。

7.7.2 包装材料和容器应符合相应的国家卫生标准，并无污染，存放在无污染的专用仓库中，使用前应进行卫生抽检。

7.7.3 标识应符合 GB 7718 的规定。

7.7.4 产品入库前应通过质检人员的检验,未经检验或检验不合格的产品不得入库。

7.7.5 成品应存放在专用成品库中,并与原料、半成品隔离,出库时应遵循先进先出的原则。

7.7.6 应使用符合卫生要求的运输工具,不要与有毒、有污染的物品混运。

7.8 不合格品控制

7.8.1 应制定不合格品控制文件,防止不合格品的非预期使用。

7.8.2 原辅料和包装材料采购、加工、贮存和运输中发现的不合格品应按有关规定处理并记录。

8 有害微生物与黄曲霉毒素等的检验

8.1 应按照产品质量要求建立对有害微生物、黄曲霉毒素 B_1、农药残留和重金属进行检验的程序并达到合格要求。

8.2 应建立对其他可能存在的有害微生物和污染物进行检验的程序并达到合格要求。

9 HACCP 体系的建立规程

9.1 HACCP 体系建立前期程序

9.1.1 组建 HACCP 工作小组

HACCP 工作小组负责制定 HACCP 计划以及确认、实施和验证 HACCP 体系。HACCP 工作小组的人员组成应保证建立有效 HACCP 体系所需要的相关专业知识和经验,应包括企业具体管理 HACCP 体系实施的领导、生产技术人员、工程技术人员、品控人员以及其他必要人员,技术力量不足的部分小型企业可以外聘专家。

9.1.2 描述产品,确定产品的预期用途

HACCP 工作小组的首要任务是对实施 HACCP 体系管理的产品进行描述,形成描述表。描述的内容应包括:

a) 产品名称;
b) 产品的原料和主要成分;
c) 产品的理化性质及加工处理方式;
d) 包装方式;
e) 贮存条件;
f) 保质期限;
g) 销售方式;
h) 销售区域;
i) 有关食品安全的流行病学资料(必要时);
j) 产品的预期用途和消费人群。

9.1.3 绘制和确认产品加工流程图

9.1.3.1 HACCP 工作小组应深入生产线,详细了解产品的生产加工过程,在此基础上绘制产品的生产工艺流程图,对每一工序进行详细的操作描述,绘制完成后需要现场验证流程图。

9.1.3.2 调味品加工流程图应按照国家现行的相关标准制定。

9.2 HACCP 体系建立程序

9.2.1 危害分析(原理 1)

9.2.1.1 危害分析类型

危害分析分为自由讨论和危害评估。

9.2.1.1.1 自由讨论时,范围要求广泛、全面。讨论的内容包括原料、加工到贮存、销售的每一阶段,要尽可能列出所有可能出现的潜在危害。

9.2.1.1.2 危害评估是对每一个危害发生的可能性及其严重程度进行评价，以确定出对食品安全非常关键的显著危害，并将其纳入 HACCP 计划。

9.2.1.2 涉及安全问题的危害

进行危害分析时应区分安全问题与一般质量问题。应考虑的涉及安全问题的危害包括：

a) 生物危害：包括有害细菌、真菌、病毒及寄生虫。

b) 化学危害：无意或有意加入的化学品、农药残留、重金属和各类毒素等。

c) 物理危害：任何潜在于调味品中的有害异物。

9.2.1.3 列出危害分析表

危害分析表可以使企业明确危害分析的思路。HACCP 工作小组应考虑对每一危害可采取的控制措施。控制某一个特定危害可能需要一个以上的控制措施，而某一个特定的控制措施也可能控制一个以上的危害。

9.2.2 确定关键控制点(原理 2)

9.2.2.1 参照附录 C 中判断树的逻辑推理方法，确定 HACCP 系统中的关键控制点(CCP)。对判断树的应用应当灵活，必要时也可采用其他方法。如果在某一步骤上对一个确定的危害进行控制对保证食品安全是必要的，然而在该步骤及其他的步骤上都没有相应的控制措施，那么，应对该步骤或其前后的步骤上对生产或加工工艺包括控制措施进行修改。

9.2.2.2 通过调味品产品危害分析表确定关键控制点。

9.2.3 建立每个关键控制点的关键限值(原理 3)

9.2.3.1 每个关键控制点会有一项或多项控制措施确保预防、消除已确定的显著危害或将其减至可接受的水平，每一项控制措施要有一或多个相应的关键限值。

9.2.3.2 关键限值的确定应以科学为依据，参考资料可来源于科学刊物、法规性指南、专家、试验研究、行业惯例和企业历史生产数据等，用来确定限值的依据和参考资料应作为 HACCP 体系支持文件的一部分。

9.2.3.3 通常关键限值所使用的指标包括温度、时间、湿度、pH、物理参数、食品添加剂使用量等。

9.2.4 建立对每个关键控制点进行监控的系统(原理 4)

9.2.4.1 通过监测能够发现关键控制点是否失控，此外，通过监控还能提供必要的信息，以便及时调整生产过程，防止超出关键限值。

9.2.4.2 一个监控系统的设计必须确定以下内容：

a) 监控内容：通过观察和测量评估一个 CCP 的操作是否在关键限值内。

b) 监控方法：设计的监控措施必须能够快速提供结果。物理和化学检测能够比微生物检测更快地进行，常用的物理、化学检测指标包括时间和温度组合、酸度或 pH 值、感官检验等。

c) 监控设备：如温湿度计、钟表、天平、金属探测仪和化学分析设备等。

d) 监控频率：监控可以是连续的或非连续的。连续监控对许多物埋或化学参数都是可行的，非连续监控应确保关键控制点是在监控之下。

e) 监控人员：可以进行 CCP 检测的人员包括：流水线上的人员、设备操作者、监督员、维修人员、品控人员等。负责 CCP 检测的人员必须接受 CCP 监控技术的培训，认识 CCP 监控的重要性，能及时进行监控活动，准确报告每次监控工作，随时报告偏离关键限值的情况以便及时采取纠偏措施。

9.2.5 建立纠偏措施(原理 5)

9.2.5.1 在 HACCP 体系中，应对每一个关键控制点预先建立相应的纠偏措施，以便在出现偏离时实施。

9.2.5.2 纠偏措施应包括以下内容：

a) 确定引起偏离的原因。

b) 确定偏离期间产品采取的处理方法，例如进行隔离和保存并做安全评估、退回原料、重新加工、销毁产品等，纠偏措施必须保证 CCP 重新处于受控状态。

c) 记录纠偏措施，包括偏离的描述、对受影响产品的最终处理、采取纠偏措施人员的姓名、必要的评估结果。

9.2.6 建立验证程序(原理6)

9.2.6.1 通过验证、审查、检验(包括随机抽样化验)，可确定 HACCP 体系是否有效运行，验证程序包括对 CCP 的验证和对 HACCP 体系的验证。

9.2.6.2 CCP 的验证活动应包括以下内容：

a) 校准：CCP 验证活动包括监控设备的校准，以确保测量的准确度。

b) 校准记录的复查：复查设备的校准记录、检查日期和校准方法，以及实验结果。

c) 针对性的采样检测。

d) CCP 记录的复查。

9.2.6.3 HACCP 体系的验证：

a) 验证的频率：验证的频率应足以确认 HACCP 体系的有效运行，每年至少进行一次或在计划发生故障时、产品原材料或加工过程发生显著改变时或发现了新的危害时进行。

b) 计划的验证内容包括检查产品说明和生产流程图的准确性；检查 CCP 是否按 HACCP 的要求被监控；监控活动是否在 HACCP 计划中规定的场所执行；监控活动是否按照 HACCP 计划中规定的频率执行；当监控表明发生了偏离关键限值的情况时，是否执行了纠偏措施；设备是否按照 HACCP 计划中规定的频率进行了校准；工艺过程是否在既定的关键限值内操作；检查记录是否准确和是否按照要求的时间来完成等。

9.2.7 建立记录档案(原理7)

HACCP 体系须保存的记录应包括以下内容：

a) 危害分析表：用于进行危害分析和建立关键限值的任何信息的记录。

b) HACCP 计划表：HACCP 计划表应包括产品名称、CCP 所处的步骤和危害的名称、关键限值、监控程序、纠偏措施、验证程序和记录保持程序。

c) HACCP 体系运行记录表：包括监控记录、纠偏措施记录及验证记录。

9.3 HACCP 计划模式表

调味品生产 HACCP 计划模式表参见附录 D 的内容。

10 宣传与培训

组织应定期对 HACCP 体系相关人员进行培训并形成记录，确保与 HACCP 体系有关的人员在上岗前掌握相关的 HACCP 知识。

11 其他

11.1 组织应将实施 HACCP 体系和企业的基础设施、技术设备的改造结合起来。

11.2 组织在执行 HACCP 体系中应当定期或者根据需要及时对 HACCP 体系进行内部审核和调整。

11.3 本标准中提供了一系列有关 HACCP 计划的表格供企业和评审机构实施和评审 HACCP 体系时参考，这些表格的具体格式可以灵活，内容要结合企业实际情况编写，同时组织可考虑将 HACCP 体系与其他体系整合。

附　录　A
（规范性附录）
HACCP 应用逻辑程序图

HACCP 应用逻辑程序图见图 A.1。

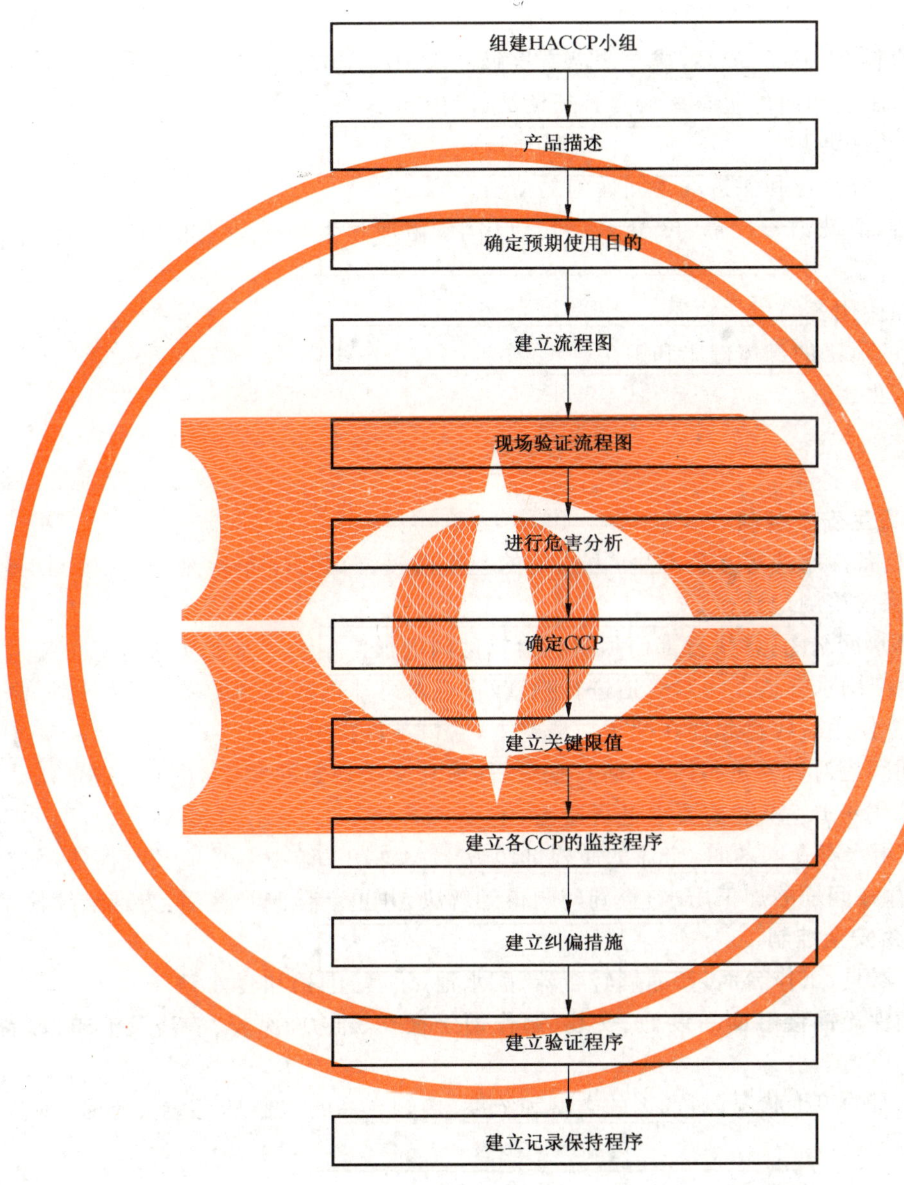

图 A.1　HACCP 应用逻辑程序图

附　录　B
（资料性附录）
卫生标准操作程序

B.1　一般要求

B.1.1　接触产品(包括原料、半成品、成品)或与产品有接触的水和冰应符合安全、卫生要求。

B.1.2　接触产品的器具、手套和内外包装材料等必须清洁、卫生和安全。

B.1.3　确保产品免受交叉污染。

B.1.4　保证操作人员的清洗消毒和保持洗手间设施的清洁。

B.1.5　防止润滑剂、燃料、清洗消毒用品、冷凝水及其他化学、物理和生物等污染物对产品造成安全危害。

B.1.6　正确标注、存放和使用各类化学物质。

B.1.7　保证与产品接触的员工的身体健康和卫生。

B.1.8　预防和清除鼠害、虫害。

B.2　具体要求

B.2.1　加工生产用水的卫生安全控制

a)　生产用自来水/自备深水井等水源卫生，由当地的卫生防疫部门每半年检测一次，按 GB 5749 的规定执行，并保留检测记录；

b)　应制定供水和排水网络图，各执行部门须对各自辖区内的加工生产用水龙头进行标识编号；

c)　应每月一次对生产用水管道及污水管道进行检查，重点对可能出现问题的交叉连接进行检查，并予以记录；软管使用后应盘起挂在架子或墙壁上，管口不许接触地面；

d)　开工前和工作期间应对软管进行监测，防止虹吸、回流和交叉现象的发生，并予以记录；

e)　加工用水按 B.2.1c)、B.2.1d)的要求进行监测；

f)　当监测发现加工用水存在问题时，企业的质检部门或 HACCP 工作小组必须及时评估，如有必要，应终止使用存在问题的加工用水，直到问题得到解决，并重新检测合格后，方准继续使用。

B.2.2　产品接触面的卫生安全控制

a)　产品接触面指工器具、工作台面、产品周转容器、贮水池、手套、围裙和套袖等；

b)　监测的目的是确保产品接触面的设计、安装、制作便于操作、维护、保养、清洁及消毒，以符合卫生要求；

c)　监测对象是接触面的卫生状况、消毒剂的类型和浓度、接触产品的工器具、手套、套袖、外衣、围裙的清洁及状态等；

d)　监测方法有视觉检查、化学检测、微生物检测和验证检查；

e)　生产用的工作台、运输车、刀等应为无毒、耐腐蚀、不生锈、坚固的材料制成，且易于清洁消毒；

f)　不同清洁区的工作服应分别清洗消毒；

g)　应按规定对加工车间内的空气进行消毒；

h)　化验室对消毒后的接触面(工器具、工作服、手)和空气进行微生物抽样检测，一旦发现问题及时纠正。

B.2.3　防止交叉污染

a)　交叉污染指通过原料、包装材料、产品加工者或加工环境把物理的、化学的、生物的污染转移到产品的过程；

b) 控制交叉污染的目的是为了预防不卫生的物品污染产品、包装材料和其他产品接触面导致的交叉污染；

c) 控制交叉污染的范围包括人员、工器具、工作服、手套和包装材料等；

d) 操作人员、设备、器械等在接触了不卫生的物品后应及时清洗消毒；

e) 所有加工中产生的废弃物应用专用容器收集、盛放，并及时清除，处理时，防止交叉污染；

f) 清洁区、非清洁区应分开，两区工作人员不得串岗，不同加工工序的工器具不得交叉使用；

g) 车间废水排放从清洁度高的区域流向清洁度低的区域，污水直接排入车间下水道中。

B.2.4 消毒及卫生间设施

a) 应建立洗手、消毒及卫生间设施，洗手、消毒设施应为非手触式，安放于车间入口，并有醒目标识；

b) 洗手、消毒及卫生间的设施应保持清洁并有专人负责；

c) 必要时，车间入口处有鞋、靴消毒池或提供鞋套（或内部工作用鞋），消毒池用0.2 g/kg～0.3 g/kg的次氯酸钠溶液或使用其他有效的消毒剂消毒，各种消毒液应交替使用，配制消毒液要有配制记录；

d) 消毒剂具有良好的杀菌效果，消毒液浓度的标识要醒目。个人及工业化生产使用的洗涤剂和消毒剂必须安全有效，在加工过程中不会造成食品污染；

e) 应制定明确的洗手消毒程序及相应的方法、时间、频率；

f) 应对洗手消毒进行监控，并做好记录，化验室定期做表面微生物的检验，并进行记录；

g) 卫生间设施如与车间相连，门应能自动关闭，且不得直接朝向车间；

h) 应制定进出卫生间的程序要求；

i) 卫生间采用单个冲水式设置，通风良好，地面干燥，无异味，并有防蚊蝇设施，墙裙以浅色、平滑、不透水、无毒、耐腐蚀的材料修建，并保持清洁。

B.2.5 防止产品被污染

a) 防止产品被污染，即防止产品、包装材料和产品所有接触表面被生物、化学和物理的污染物所污染；

b) 污染物的来源主要是水滴、冷凝水、灰尘、外来物质、地面污物、无保护装置的照明设备及消毒剂、杀虫剂、化学药品的残留等；

c) 用于包装的物料应符合卫生标准且保持清洁卫生，在加工及贮藏过程中不得产生有毒有害物质，不易褪色，应对其实行进货索证。包装材料贮存间应保持干燥、清洁、通风、防霉，内外包装材料应分别存放；

d) 洗涤剂、消毒剂的选择和使用应符合卫生要求，不得与产品接触，消毒后的车间地面、墙面、工器具、操作台要用清水洗净洗涤剂、消毒剂的残留物（免水洗的消毒剂除外）；

e) 每天班前和班后将所有工器具和操作台进行全面清洗消毒，在加工过程中断、重新启动前也应重新清洗消毒，并予以记录；

f) 对工器具、操作台、设备和地面参照以下流程进行清洗消毒：清水→清洗剂→清水→不低于82 ℃热水或消毒剂→清水，灌装间设备清洗用水菌落总数≤100 CFU/mL；

g) 加工车间通风良好，通风道清洁，车间温度控制在要求的范围内，并有专人负责，防止水滴、冷凝水、冰霜对产品造成污染；

h) 设备与产品接触面出现凹陷或裂缝、不光滑并影响残留物清洗应及时修补、更换，灌装车间设备用油必须为食品级，防止造成污染；

i) 灌装间包装物的菌落总数≤10 CFU/cm^2；

j) 灌装过程应用防止异物落入的控制措施，玻璃制品需要有玻璃制品的管控程序，产品中不得有玻璃碎片、头发、管路中铁锈等异物。

B.2.6 化学物质的标识、贮存和使用

a) 所使用的化学物质具备主管部门批准生产、销售和使用说明的证明，化学物质的使用说明包括主要成分、药性、使用剂量的注意事项等；
b) 应制定并公布化学物质的使用、贮存规章制度，并对操作人员进行培训；
c) 应有专门的场所、固定容器贮存化学物质；
d) 化学物质的使用由专人管理，定期检查，做好记录；
e) 对清洁剂、消毒剂、杀虫剂等化学物质作好标识与登记，列明名称、毒性、生产厂名、生产日期、使用剂量、注意事项、使用方法等；
f) 对清洁剂、消毒剂、杀虫剂等化学物质的使用严格控制，防止污染产品、产品接触面和包装材料。

B.2.7 员工的健康与卫生控制

a) 从事生产的人员必须经卫生防疫部门体检合格，获得健康证明方可上岗；
b) 加工(检验)人员每年进行一次健康检查，患传染病、皮肤病和手外伤未愈等而不易直接从事生产的人员不得上岗，经检查合格方可上岗；
c) 应教育员工发现患有疾病或可能患有疾病的人员及时报告；
d) 灌装车间工人工作服及手部清洁菌落总数≤100 CFU/cm^2；
e) 每年定期或不定期对员工进行培训，记录存档。

B.2.8 虫害的防治

a) 应确保车间、库房等区域无苍蝇、蚊子等虫害和鼠害，确保其符合卫生要求；
b) 应制定鼠害、虫害防治计划并加以实施，控制的重点场所包括车间、卫生间、下水道出口、垃圾箱周围、食堂等鼠害、虫害易孳生的地方；
c) 应采用风幕、纱窗、暗道、捉鼠板、灭蝇灯、水封等措施，防止鼠害、虫害进入车间；
d) 厂区内禁止使用灭鼠药。

附 录 C
(资料性附录)
判断树以及 CCP 识别顺序图

判断树以及 CCP 识别顺序图参见图 C.1。

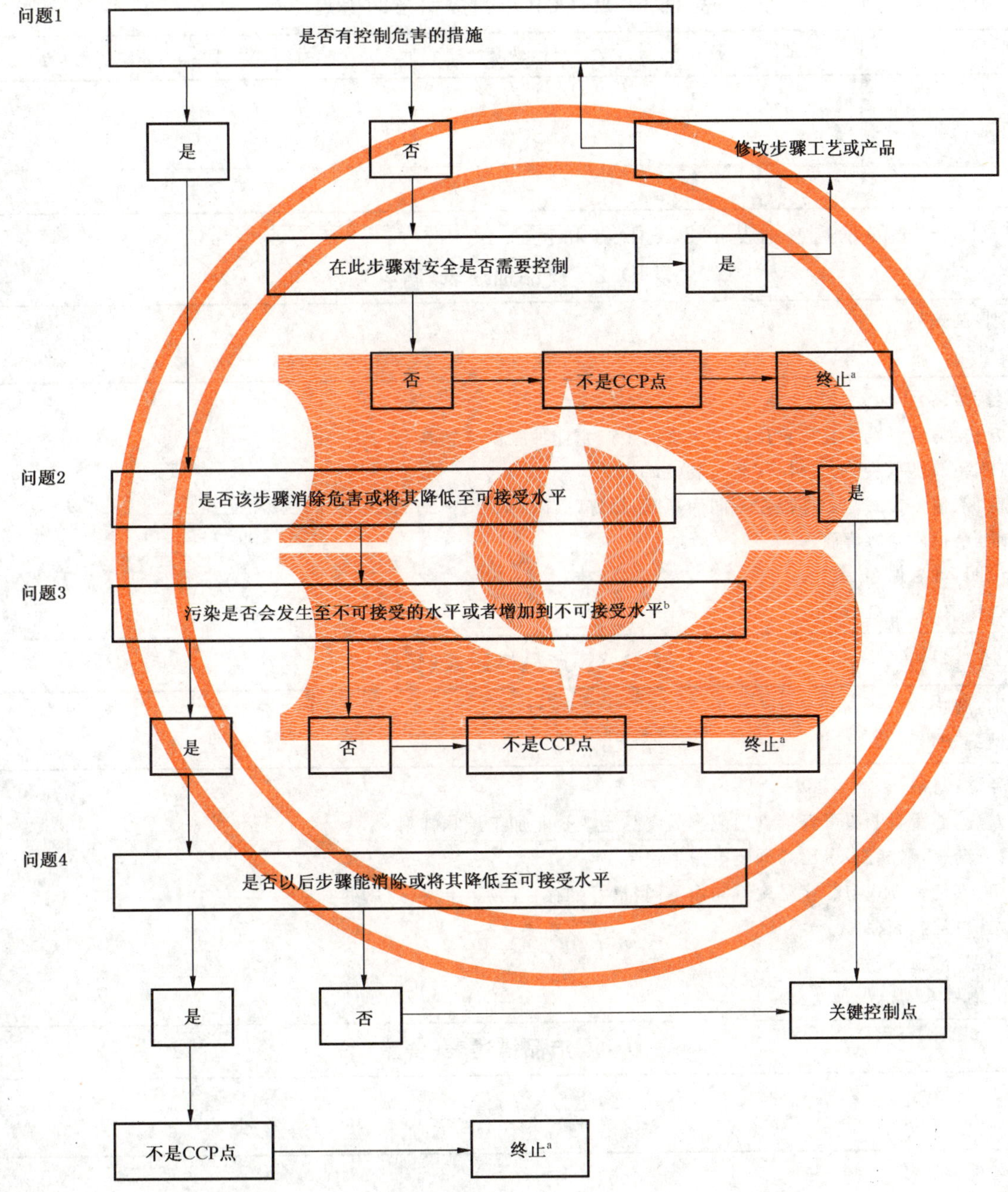

注：本图引自 CAC/RCP 1-1969，Rev. 4(2003)的附件。

a 按描述的过程进行至下一个危害。

b 在识别 HACCP 计划中的关键控制点时，需要在总体目标范围内对可接受水平和不可接受水平作出规定。

图 C.1 判断树以及 CCP 识别顺序图

附 录 D
（资料性附录）
调味品生产 HACCP 计划模式表（以腐乳、食醋和酱油为例）

D.1 HACCP 小组成员及职责表参见表 D.1。

表 D.1 HACCP 小组成员及职责表

姓 名	职 务	组内职务	职 责

D.2 产品描述表及示例参见表 D.2、表 D.3 和表 D.4。

表 D.2 产品描述表（腐乳）

加工类别：调味品 产品：腐乳
1. 产品名称：腐乳 2. 使用方法：消费者购买直接食用或作为食品生产企业加工调味辅料 3. 包装：瓶装、罐装、袋装、密封、气调包装（MAP） 4. 保质期：依包装方式与贮存温度不同而不同，最好贮存在阴凉、干燥、通风处 5. 销售地点：批发给零售商 6. 标签说明：常温保存 7. 特殊运输要求：常温、避光

表 D.3 产品描述表（酱油）

加工类别：调味品 产品类型：酱油
1. 产品名称：酱油 2. 使用方法：消费者购买可直接食用或作为食品生产企业加工调味辅料 3. 包装：玻璃瓶，聚酯瓶，聚乙烯桶装等密封包装 4. 保质期：依包装方式与贮存温度不同而不同，最好贮存在阴凉、干燥、通风处 5. 标签说明：常温储存 6. 销售地点：常温储存 7. 特殊运输要求：常温、避光

表 D.4 产品描述表（食醋）

加工类别：调味品 产品类型：食醋
1. 产品名称：食醋 2. 使用方法：消费者购买可直接食用或作为食品生产企业加工调味辅料 3. 包装：玻璃瓶，聚酯瓶，聚乙烯桶装等密封包装 4. 保质期：依包装方式与贮存温度不同而不同，最好贮存在阴凉、干燥、通风处 5. 标签说明：常温储存 6. 销售地点：常温储存 7. 特殊运输要求：常温、避光

D.3 产品加工流程参见图 D.1、图 D.2 和图 D.3。

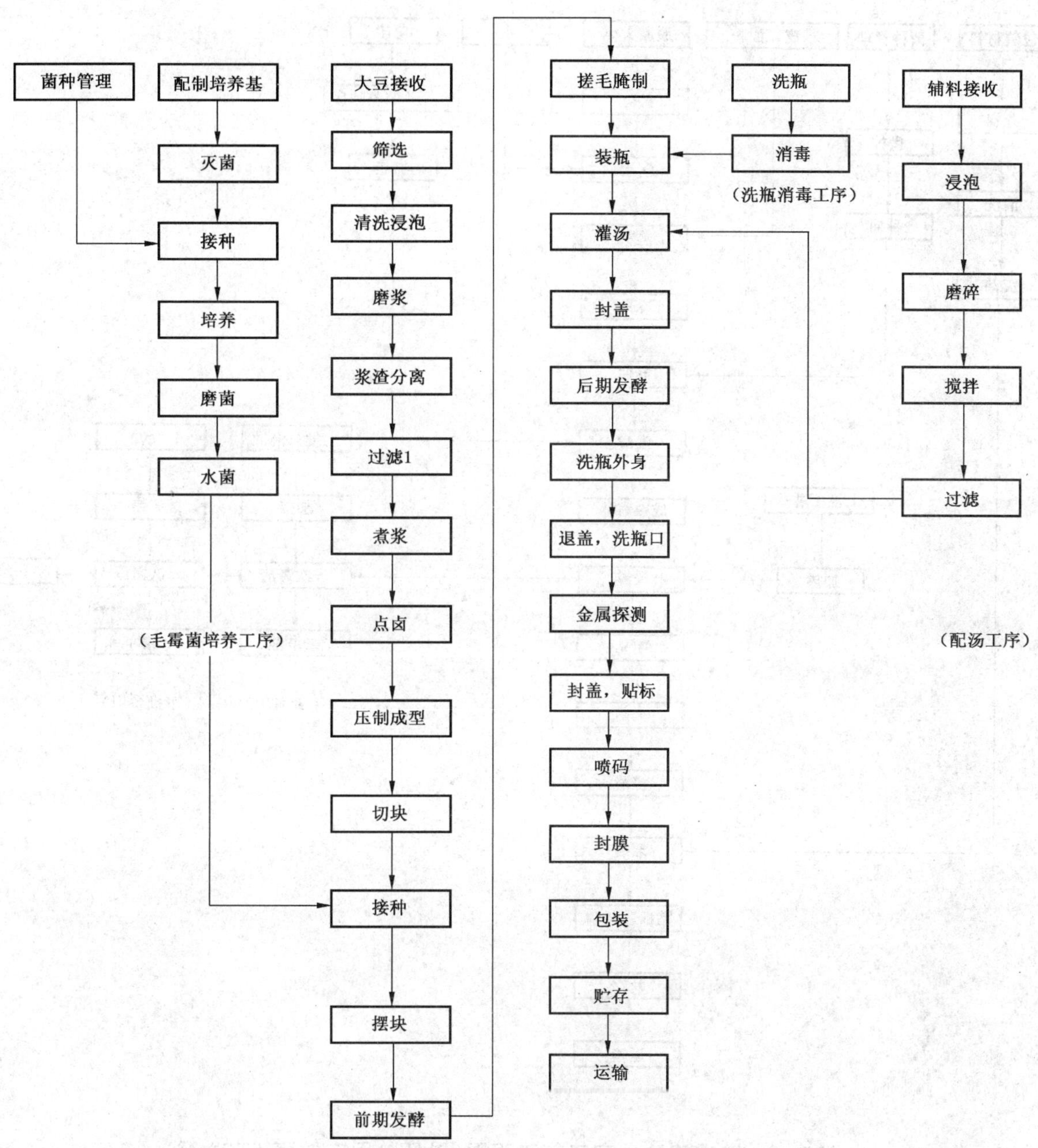

图 D.1　腐乳生产工艺流程图

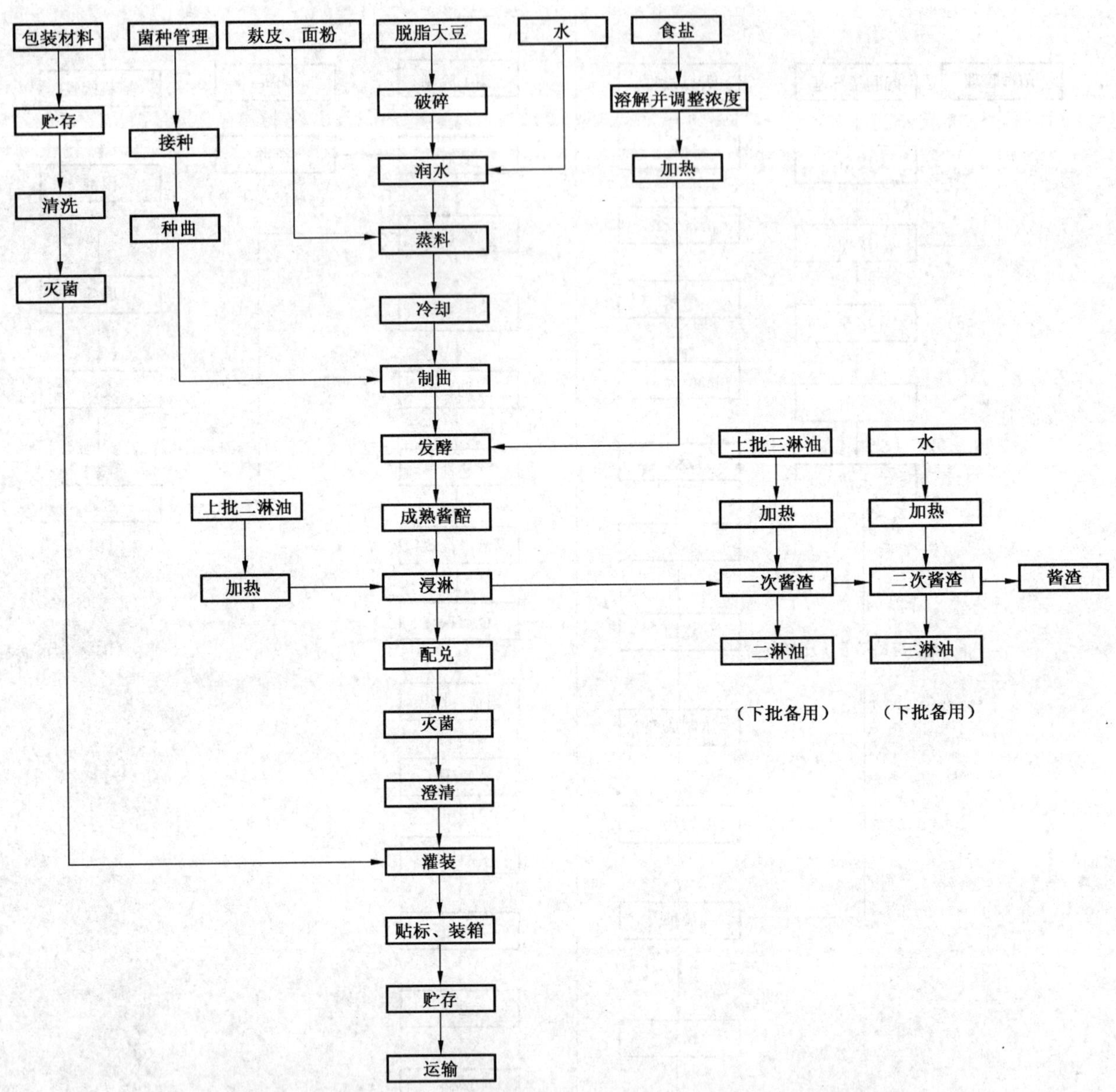

图 D.2 酿造酱油生产工艺流程图(以低盐固态发酵工艺为例)

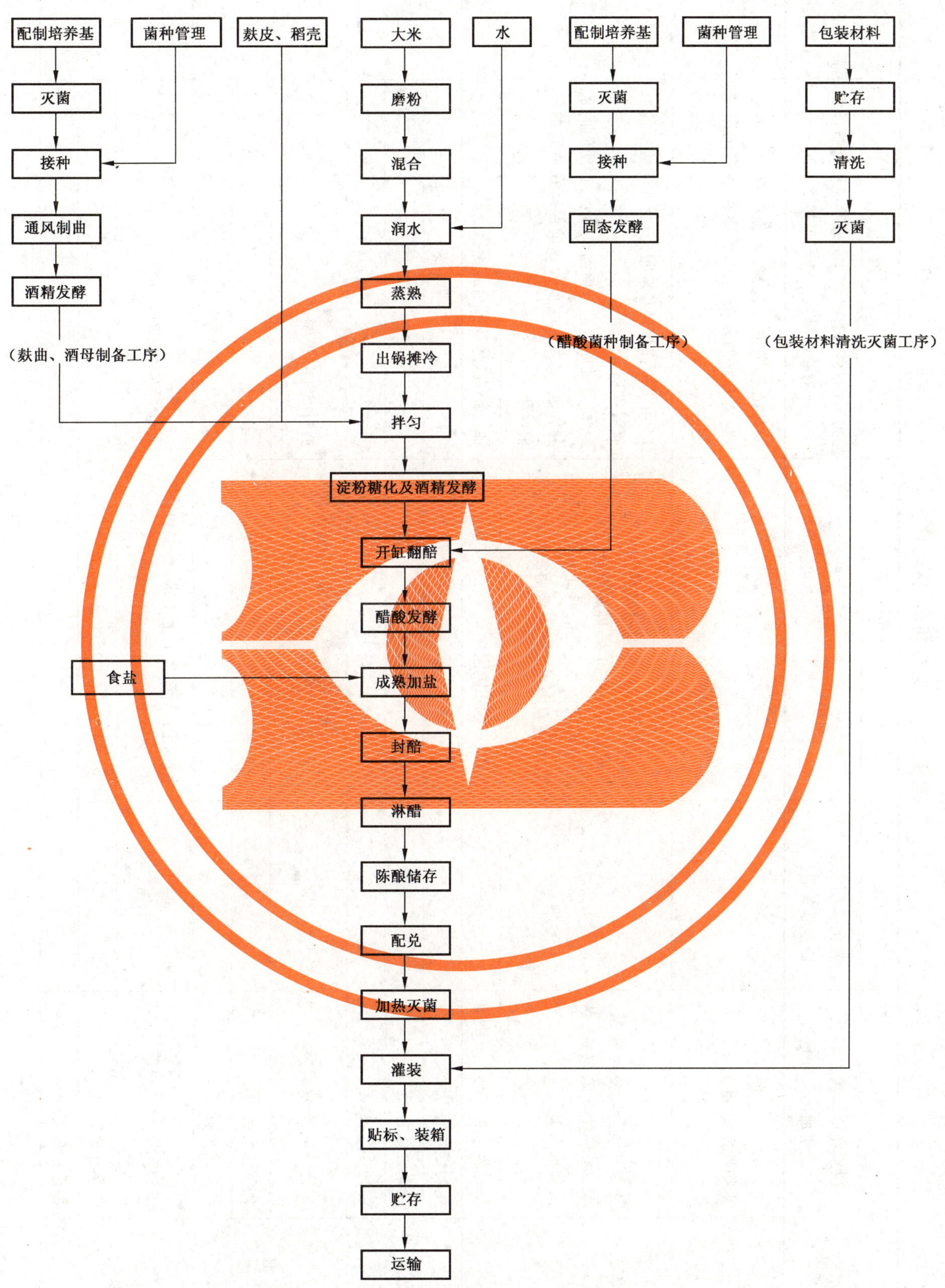

图 D.3 食醋生产工艺流程图(以熟料固态发酵工艺为例)

D.4 危害分析工作表及示例参见表 D.5、表 D.6 和表 D.7。

表 D.5 危害分析表（腐乳）

(1)	(2)	(3)	(4)	(5)	(6)
加工步骤	识别在该步骤中引入的或增加的潜在危害	潜在的食品安全危害是否显著(是/否)	对第(3)栏的判定提出依据	如果第(3)栏回答“是”,应采取何种措施预防、消除或降低危害至可接受水平	关键控制点(是/否)
大豆接收	生物性危害-霉菌	是	原料在收割、贮存期间水分含量过高,致使霉菌生长	对每批原料进行检测,加强贮存期间的管理,使大豆的水分含量保持在适宜的限值之下	是
	化学性危害-农药残留、汞、砷等重金属超标、黄曲霉毒素 B_1	是	1. 农作物在种植时过量使用农药可以造成农药残留和汞、砷等重金属超标 2. 原料在收割、贮存期间水分含量过高,致使霉菌生长产生黄曲霉毒素 B_1	1. 由供应商提供检验报告,企业实验室抽取原料送检 2. 对每批原料进行检测,加强贮存期间的水分管理,使大豆的水分含量保持在适宜的限值之下	
	物理性危害-石头、土块等	是	在收获过程中混入	通过筛选、除芽等措施予以去除	
筛选	生物性危害-无				否
	化学性危害-无				
	物理性危害-无				
清洗浸泡	生物性危害-致病菌	是	生产用水不符合卫生要求,造成致病菌污染	通过 SSOP 控制	否
	化学性危害-无				
	物理性危害-无				
磨浆	生物性危害-致病菌	是	生产用水不符合卫生要求,磨浆机未及时清洗消毒,造成致病菌污染	通过 SSOP 控制	否
	化学性危害-无				
	物理性危害-无				

表 D.5（续）

(1)	(2)	(3)	(4)	(5)	(6)
加工步骤	识别在该步骤中引入的或增加的潜在危害	潜在的食品安全危害是否显著(是/否)	对第(3)栏的判定提出依据	如果第(3)栏回答“是”,应采取何种措施预防、消除或降低危害至可接受水平	关键控制点(是/否)
浆渣分离	生物性危害-无				否
	化学性危害-消泡剂	是	使用不符合国家标准要求的消泡剂可引入化学性危害	使用符合国家标准要求的消泡剂	
	物理性危害-无				
过滤 1	生物性危害-致病菌	是	设备清洗不干净导致微生物生长	通过 SSOP 控制	否
	化学性危害-无				
	物理性危害-无				
煮浆	生物性危害-致病菌	是	设备清洗不干净导致微生物生长,煮浆温度低于 90 ℃不能完全杀灭致病菌	通过 SSOP 和 SOP 控制	否
	化学性危害-无				
	物理性危害-无				
点卤	生物性危害-无				否
	化学性危害-凝固剂	是	凝固剂不符合国家标准可能导致化学危害	使用符合国家标准要求的凝固剂	
	物理性危害-无				
压制成型	生物性危害-致病菌	是	工器具清洗不干净导致微生物生长	通过 SSOP 控制	否
	化学性危害-无				
	物理性危害-无				
切块	生物性危害-无				否
	化学性危害-无				
	物理性危害-金属	是	切块设备可能有螺钉等金属脱落	通过后道工序中金属探测仪检测	

表 D.5（续）

(1)	(2)	(3)	(4)	(5)	(6)
加工步骤	识别在该步骤中引入的或增加的潜在危害	潜在的食品安全危害是否显著(是/否)	对第(3)栏的判定提出依据	如果第(3)栏回答“是”,应采取何种措施预防、消除或降低危害至可接受水平	关键控制点(是/否)
摆块	生物性危害-病原体污染	是	员工个人卫生造成病原体污染	通过 SSOP 控制	否
	化学性危害-无				
	物理性危害-无				
前期发酵	生物性危害-致病菌	是	发酵室有杂菌可能造成致病菌污染;发酵屉清洗不净可能造成致病菌污染	定期对发酵室消毒,定期清洗发酵屉	是
	化学性危害-无				
	物理性危害-无				
搓毛腌制	生物性危害-病原体污染	是	员工个人卫生造成病原体污染	通过 SSOP 控制	否
	化学性危害-食盐	是	食盐不符合国家标准可能造成化学危害	使用符合国家标准的食盐	
	物理性危害-无				
装瓶	生物性危害-无	是	员工个人卫生造成病原体污染	通过 SSOP 控制	否
	化学性危害-无				
	物理性危害-玻璃	是	操作不慎可能导致瓶子破碎	规范员工操作;挑出碎瓶及周围产品	
灌汤	生物性危害-杂菌	是	汤料设备清洗不净	通过 SSOP 控制	否
	化学性危害-无				
	物理性危害-无				
封盖	生物性危害-致病菌	是	瓶盖上有可能有致病菌	通过 SSOP 控制	否
	化学性危害-无				
	物理性危害-无				

表 D.5（续）

(1)	(2)	(3)	(4)	(5)	(6)
加工步骤	识别在该步骤中引入的或增加的潜在危害	潜在的食品安全危害是否显著(是/否)	对第(3)栏的判定提出依据	如果第(3)栏回答“是”,应采取何种措施预防、消除或降低危害至可接受水平	关键控制点(是/否)
后期发酵	生物性危害-无				否
	化学性危害-无				
	物理性危害-无				
洗瓶外身	生物性危害-致病菌	是	瓶上有可能有致病菌	通过 SSOP 控制	否
	化学性危害-洗涤剂	是	瓶上有可能残留洗涤剂	通过 SSOP 控制	
	物理性危害-无				
退盖,洗瓶口	生物性危害-无				否
	化学性危害-无				
	物理性危害-无				
金属检测	生物性危害-无				是
	化学性危害-无				
	物理性危害-金属	是	腐乳制作过程中可能有铁磁性物和非铁磁物	用金属探测仪检测	
封盖,贴标	生物性危害-无				否
	化学性危害-无				
	物理性危害-无				
喷码	生物性危害-无				否
	化学性危害-无				
	物理性危害-无				

表 D.5（续）

(1)	(2)	(3)	(4)	(5)	(6)
加工步骤	识别在该步骤中引入的或增加的潜在危害	潜在的食品安全危害是否显著(是/否)	对第(3)栏的判定提出依据	如果第(3)栏回答“是”,应采取何种措施预防、消除或降低危害至可接受水平	关键控制点(是/否)
封膜	生物性危害-无				否
	化学性危害-无				
	物理性危害-无				
包装	生物性危害-无				否
	化学性危害-无				
	物理性危害-无				
贮存	生物性危害-无				否
	化学性危害-无				
	物理性危害-无				
运输	生物性危害-无				否
	化学性危害-无				
	物理性危害-无				
配汤工序					
辅料接收	生物性危害-霉菌	是	原料水分超标导致霉菌产生	供方提供质量检验报告,对每批原料进行检测并拒收不合格原料	否
	化学性危害-无				
	物理性危害-无				
浸泡	生物性危害-无				否
	化学性危害-无				
	物理性危害-无				

表 D.5（续）

(1)	(2)	(3)	(4)	(5)	(6)
加工步骤	识别在该步骤中引入的或增加的潜在危害	潜在的食品安全危害是否显著(是/否)	对第(3)栏的判定提出依据	如果第(3)栏回答"是",应采取何种措施预防、消除或降低危害至可接受水平	关键控制点(是/否)
磨碎	生物性危害-微生物	是	设备清洗不干净导致微生物生长	通过 SSOP 控制	否
	化学性危害-无				
	物理性危害-无				
搅拌	生物性危害-微生物	是	容器、用具清洗不干净导致微生物生长	通过 SSOP 控制	否
	化学性危害-无				
	物理性危害-无				
过滤	生物性危害-微生物	是	设备清洗不干净导致微生物生长	通过 SSOP 控制	否
	化学性危害-无				
	物理性危害-无				
毛霉菌培养					
菌种管理	生物性危害-菌种变异,杂菌污染	是	菌种在长期的使用过程中发生变异;菌种管理不当造成杂菌污染	进行菌种鉴定或纯种更新,严格执行菌种管理的有关规定,做好无菌操作	是
	化学性危害-霉菌毒素等	是	污染的杂菌在适宜的条件下产生	控制菌种的保存条件	
	物理性危害-无				
配制培养基	生物性危害-无				否
	化学性危害-无				
	物理性危害-无				
灭菌	生物性危害-杂菌	是	培养基灭菌不彻底会产生杂菌	高温 121 ℃消毒 20 min 或 30 min	否
	化学性危害-无				
	物理性危害-无				

表 D.5（续）

(1)	(2)	(3)	(4)	(5)	(6)
加工步骤	识别在该步骤中引入的或增加的潜在危害	潜在的食品安全危害是否显著(是/否)	对第(3)栏的判定提出依据	如果第(3)栏回答“是”,应采取何种措施预防、消除或降低危害至可接受水平	关键控制点(是/否)
接种	生物性危害-杂菌				否
	化学性危害-无				
	物理性危害-无				
培养	生物性危害-无				否
	化学性危害-无				
	物理性危害-无				
磨菌	生物性危害-致病菌	是	磨菌设备清洗不彻底会造成致病菌污染	通过 SSOP 控制	否
	化学性危害-无				
	物理性危害-无				
水菌	生物性危害-杂菌	是	使用的水灭菌不彻底,可能污染杂菌	110 ℃、20 min	否
	化学性危害-无				
	物理性危害-无				
洗瓶、消毒工序					
洗瓶、消毒	生物性危害-无				否
	化学性危害-无				
	物理性危害-无				

表 D.6　危害分析表(低盐固态类酱油)

(1)		(2)	(3)	(4)	(5)	(6)
加工步骤		识别在该步骤中引入的或增加的潜在危害	潜在的食品安全危害是否显著(是/否)	对第(3)栏的判定提出依据	如果第(3)栏回答“是”,应采取何种措施预防、消除或降低危害至可接受水平	关键控制点(是/否)
原辅料接收	脱脂大豆	生物性危害-霉菌等	是	收割和贮存期间,水分含量过高,导致霉菌生长	1. 加强生产基地管理,由供方提供原料产地安全性的证明及加工厂的合格证 2. 控制进货数量,进货时做好感官鉴定和水分检测 3. 加强仓储管理,记录并控制温湿度,使其水分含量保持在适宜的限值之下	是
		化学性危害-农药残留、溶剂残留、黄曲霉毒素 B_1 等霉菌毒素	是	1. 农作物生长中过量使用农药造成农药残留;种植环境污染造成铅、砷等重金属超标 2. 大豆脱脂过程中使用的溶剂去除不彻底造成溶剂残留 3. 收割和贮存期间,水分含量过高,导致霉菌生长,产生黄曲霉毒素 B_1 等霉菌毒素	同上	
		物理性危害-秸秆、石头、金属碎屑等	否	通过筛检,除杂等工序可去除		
	麸皮、面粉	生物性危害-霉菌等	是	收割和贮存期间,水分含量过高,导致霉菌生长	1. 加强生产基地管理,由供方提供原料产地安全性的证明及加工厂的合格证 2. 控制进货数量,进货时做好感官鉴定和水分检测 3. 加强仓储管理,记录并控制温湿度,使其水分含量保持在适宜的限值之下	是
		化学性危害-农药残留、黄曲霉毒素 B_1 等霉菌毒素	是	1. 农作物生长中过量使用农药造成农药残留;种植环境污染造成铅、砷等重金属超标 2. 收割和贮存期间,水分含量过高,导致霉菌生长,产生黄曲霉毒素 B_1 等霉菌毒素	同上	
		物理性危害-秸秆、石头、金属碎屑等	否	通过筛检,除杂等工序可去除		

表 D.6（续）

(1)		(2)	(3)	(4)	(5)	(6)
加工步骤		识别在该步骤中引入的或增加的潜在危害	潜在的食品安全危害是否显著(是/否)	对第(3)栏的判定提出依据	如果第(3)栏回答“是”,应采取何种措施预防、消除或降低危害至可接受水平	关键控制点(是/否)
原辅料接收	食盐	生物性危害-耐盐性的鲁氏酵母、球拟酵母,乳酸菌等	是	由供应商提供合格的食盐,食盐本身的理化性质对于非耐盐性的细菌、酵母都有较好的抑制作用,但有存在嗜盐菌的可能	由供方提供原料产地安全性的证明、加工厂的产品合格证及化验报告,后面一系列加热灭菌过程。可以消除食盐中存留的嗜盐菌等微生物	否
		化学性危害-铅、砷等有害重金属超标,抗结剂亚铁氰化钾超标	是	生产过程中除杂不净造成铅、砷等重金属和抗结剂亚铁氰化钾超标	由供方提供原料产地安全性的证明、加工厂的产品合格证及化验报告	
		物理性危害-石头等	是	在生产和运输过程中混入沙石等物理性杂物	混入的沙石等物理性杂物可以通过澄清工艺予以去除	
	生产用水	生物性危害-细菌等微生物	是	由于末梢水中余氯量较低或管网受到污染,水中可能存在细菌等微生物	可以通过 SSOP 中的生产用水的安全进行控制	否
		化学性危害-铁、铜,锌等重金属含量超标	是	管网腐蚀,老化等造成水中铁、铜、锌等重金属含量超标	可以通过 SSOP 中的生产用水的安全进行控制	
		物理性危害-泥沙和碎屑等杂物	是	供水设备不清洁,水中存在泥沙和碎屑等物理性杂物	可以通过 SSOP 中的生产用水的安全进行控制	
	防腐剂等其他辅料	生物性危害-无	否	防腐剂等辅料有些就本身具有抑制微生物的增长繁殖作用		否
		化学性危害-铅、砷等重金属超标	是	由于生产过程产生或环境污染造成铅、砷等重金属超标	由供方提供加工厂的产品合格证及化验报告;严格执行添加剂使用标准	
		物理性危害-沙尘等物理性杂物	是	在生产和运输过程中混入沙尘等物理性杂物	混入的沙石等物理性杂物可以通过澄清工艺予以去除	

表 D.6（续）

（1）	（2）	（3）	（4）	（5）	（6）
加工步骤	识别在该步骤中引入的或增加的潜在危害	潜在的食品安全危害是否显著（是/否）	对第（3）栏的判定提出依据	如果第（3）栏回答“是”，应采取何种措施预防、消除或降低危害至可接受水平	关键控制点（是/否）
菌种管理	生物性危害-菌种变异，米曲霉以外的其他杂菌污染	是	菌种在长期的使用过程中发生变异；菌种管理不当造成米曲霉以外的杂菌污染	进行菌种鉴定或纯种更新，严格执行菌种管理的有关规定，做好无菌操作	是
	化学性危害-霉菌毒素等	是	污染的米曲霉以外的其他杂菌在适宜的条件下产生	控制菌种的保存条件	
	物理性危害-无				
食盐溶解、加热	生物性危害-无				否
	化学性危害-无				
	物理性危害-无				
包装材料接收、贮存、清洗、灭菌	生物性危害-细菌、霉菌等	是	在贮存、运输过程中，一次性包装有可能被污染，回收再用包装清洗消毒不彻底造成包装材料被致病菌污染	严格控制一次性包装的贮存环境，使用前进行感官鉴定并菌检（抽检）；严格规定和执行包装材料的清洗、消毒措施和程序	否
	化学性危害-包装构料中含有毒有害物质；洗消液残留	是	包装材料不适宜，在适当条件下有毒有害物质溶入酱油中；包装材料清洗不彻底造成洗消液残留	选用符合卫生要求的包装材料；严格规定和执行包装材料的清洗、消毒措施和程序	
	物理性危害-头发等异物残留	是	回收再用包装材料的清洗不彻底造成头发等异物残留	同上	
破碎、润水	生物性危害-细菌、霉菌等微生物	是	由于操作不当或不洁可以使物料受到微生物污染	可以通过严格执行 SSOP 予以控制	否
	化学性危害-无				
	物理性危害-无				

表 D.6(续)

(1)	(2)	(3)	(4)	(5)	(6)
加工步骤	识别在该步骤中引入的或增加的潜在危害	潜在的食品安全危害是否显著(是/否)	对第(3)栏的判定提出依据	如果第(3)栏回答“是”,应采取何种措施预防、消除或降低危害至可接受水平	关键控制点(是/否)
蒸料	生物性危害-细菌,霉菌等微生物	是	操作不当或不洁可以使物料受到微生物污染	可以通过严格执行 SSOP 予以控制	否
	化学性危害-无				
	物理性危害-无				
冷却	生物性危害-细菌等杂菌污染	是	由于操作不当或不洁可以使物料受到微生物污染	可以通过严格执行 SSOP 予以控制	否
	化学性危害-无				
	物理性危害-无				
种曲	生物性危害-有害酵母菌、产酸小球菌和枯草芽孢杆菌等有害杂菌污染	是	种曲是在敞口的条件下进行培养的,很容易污染杂菌;这些杂菌存在于环境空气中及粘附在设备,工具、输送管道及种曲内,通过原料输送带人熟料中,如果温度管理不当或原料水分不当,则适合这类细菌繁殖	对环境卫生、设备和工艺等的管理严格执行 SSOP;有害杂菌由后续灭菌工艺予以去除。对于细菌数偏高而孢子数偏低、感官杂菌丛生者,必须停止使用	否
	化学性危害-杂菌毒素	是	部分污染的杂菌在适宜的条件下产生毒素	对环境卫生、设备和工艺等的管理严格执行 SSOP;加强种曲过程中的温度和水分管理	
	物理性危害-无				
制曲	生物性危害-霉菌、酵母,细菌的污染	是	制曲过程中原料润水过高,或输送工具污染,或种曲含细菌过多,或管理不当等种种原因而污染大量杂菌	掌握好曲料的适当水分;对环境卫生、设备和工艺等的管理严格执行 SSOP;有害杂菌由后续灭菌工艺予以去除	否
	化学性危害-杂菌毒素	是	污染的杂菌在适宜的条件下产生毒素	对环境卫生,设备和工艺等的管理严格执行 SSOP;控制好制曲过程中的温度、通风、翻曲等条件和措施	
	物理性危害-无				

表 D.6（续）

(1)	(2)	(3)	(4)	(5)	(6)
加工步骤	识别在该步骤中引入的或增加的潜在危害	潜在的食品安全危害是否显著(是/否)	对第(3)栏的判定提出依据	如果第(3)栏回答“是”,应采取何种措施预防、消除或降低危害至可接受水平	关键控制点(是/否)
发酵	生物性危害-霉菌、酵母、细菌	否	成曲中代表性的细菌枯草芽孢杆菌、微球菌和粪链球菌和代表性的酵母毕赤氏酵母、醭酵母等在含盐或高温的酱醪(醅)中不能繁殖		否
	化学性危害-杂菌毒素	是	污染的杂菌在适宜的条件下产生毒素	对环境卫生,设备和工艺等的管理严格执行 SSOP	
	物理性危害-无				
浸淋	生物性危害-酵母和耐盐性细菌	否	在食盐浓度不适宜时,酵母和耐盐性细菌可以过度繁殖	淋汕时保持酱醪的悬浮状,不能搅乱滤层,以免影响淋汕;掌握一定的食盐浓度,防止酵母和耐盐性细菌过度繁殖。有害杂菌由后续灭菌工艺予以去除	否
	化学性危害-无				
	物理性危害-无				
配兑	生物性危害-细菌、霉菌等	是	易被存在于环境空气中及粘附在设备、工具上的有害杂菌污染	对环境卫生、设备和工艺等的管理严格执行 SSOP;有害杂菌由后续灭菌工艺予以去除	是
	化学性危害-铅、砷等重金属及受限添加剂超标	是	由不合格的添加剂或禁止使用的添加剂引入	向供应商索要产品合格证;严格按照有关要求使用添加剂(包括品种和用量)	
	物理性危害-无				
灭菌	生物性危害-有害酵母和部分细菌	是	加热可杀灭致病菌,但灭菌不彻底会导致致病菌等超标	可以通过严格控制加热时间和温度予以预防	是
	化学性危害-无				
	物理性危害-无				

表 D.6（续）

(1)	(2)	(3)	(4)	(5)	(6)
加工步骤	识别在该步骤中引入的或增加的潜在危害	潜在的食品安全危害是否显著(是/否)	对第(3)栏的判定提出依据	如果第(3)栏回答“是”，应采取何种措施预防、消除或降低危害至可接受水平	关键控制点(是/否)
澄清	生物性危害-无				否
	化学性危害-无				
	物理性危害-杂质	是	可以去除由原料所带入的和在生产过程中所混入的少量物理性杂物	严格执行有关操作规范	
灌装	生物性危害-细菌、霉菌等	是	不洁的灌装环境、灌装设备、操作人员均会使酱油受到致病菌污染	按规定对灌装间、酱油所经过的管道和容器进行清洗消毒，保证，清洁卫生，操作人员严格按规范操作	是
	化学性危害-灌装机机油				
	物理性危害-杂质、异物				
贴标、装箱	生物性危害-无				否
	化学性危害-无				
	物理性危害-无				
贮存	生物性危害-细菌、霉菌等	是	酱油中残留的细菌、霉菌、酵母菌等在适宜的条件下可以生长繁殖	严格控制成品贮存条件，阴凉，通风，避光保存	否
	化学性危害-无				
	物理性危害-无				
运输	生物性危害-细菌、霉菌等	是	酱油中残留的细菌、霉菌、酵母菌等在适宜的条件下可以生长繁殖	可以通过严格控制成品运输条件，使之阴凉、通风、避光予以控制	否
	化学性危害-无				
	物理性危害-无				

表 D.7 危害分析表(食醋)

(1)		(2)	(3)	(4)	(5)	(6)
加工步骤		识别在该步骤中引入的或增加的潜在危害	潜在的食品安全危害是否显著(是/否)	对第(3)栏的判定提出依据	如果第(3)栏回答“是”,应采取何种措施预防、消除或降低危害至可接受水平	关键控制点(是/否)
原料接收	大米	生物性危害-病原菌污染	是	农作物容易遭受病原菌污染	后续加热杀菌可以杀死大量细菌	是
		化学性危害-农药残留、黄曲霉毒素 B_1、有毒大米	是	农药使用当,大米贮存不当容易产生黄曲霉毒素 B_1,不法分子会用矿物汕抛光人米,造成污染	提供检验报告、抽样检测	
		物理性危害-杂质	否			
	麸皮	生物性危害-病原菌污染	是	农作物容易遭受病原菌污染	后续加热灭菌可以杀灭大量细菌	是
		化学性危害-农药残留、黄曲霉毒素	是	农药使用不当小麦储存不当	提供检验报告、抽样检测	
		物理性危害-无				
	稻壳	生物性危害-病原菌污染	是	稻壳制备和储运过程中会遭受致病菌污染	后续加热杀菌可以杀死大量细菌	是
		化学性危害-农药残留、黄曲霉毒素 B_1	是		供应商的承诺书、送样检测	
		物理性危害-可能存在小石子及其他杂质	否		后续工序可以去除	
	食盐	生物性危害-耐盐性的鲁氏酵母、球拟酵母,乳酸菌等	是	由供应商提供合格的食盐,食盐本身的理化性质对于非耐盐性的细菌、酵母都有较好的抑制作用,但有存在嗜盐菌的可能	由供方提供原料产地安全性的证明、加工厂的产品合格证及化验报告,后面一系列加热灭菌过程。可以消除食盐中存留的嗜盐菌等微生物	否
		化学性危害-铅、砷等有害重金属超标,抗结剂亚铁氰化钾超标	是	生产过程中除杂不净造成铅、砷等重金属和抗结剂亚铁氰化钾超标	由供方提供原料产地安全性的证明、加工厂的产品合格证及化验报告	
		物理性危害-石头等	是	在生产和运输过程中混入沙石等物理性杂物	混入的沙石等物理性杂物可以通过澄清工艺予以去除	

表 D.7（续）

(1)	(2)	(3)	(4)	(5)	(6)
加工步骤	识别在该步骤中引入的或增加的潜在危害	潜在的食品安全危害是否显著(是/否)	对第(3)栏的判定提出依据	如果第(3)栏回答“是”,应采取何种措施预防、消除或降低危害至可接受水平	关键控制点(是/否)
原料接收 水	生物性危害-细菌等微生物	是	由于末梢水中余氯量较低或管网受到污染,水中可能存在细菌等微生物	可以通过 SSOP 中的生产用水的安全进行控制	否
	化学性危害-铁、铜,锌等重金属含量超标	是	管网腐蚀,老化等造成水中铁、铜、锌等重金属含量超标	可以通过 SSOP 中的生产用水的安全进行控制	
	物理性危害-泥沙和碎屑等杂物	是	供水设备不清洁,水中存在泥沙和碎屑等物理性杂物	可以通过 SSOP 中的生产用水的安全进行控制	
磨粉	生物性危害-病原菌生长	否	操作时间很短		否
	化学性危害-无				
	物理性危害-无				
混合	生物性危害-病原菌生长	否	操作时间很短		否
	化学性危害-无				
	物理性危害-无				
润水	生物性危害-病原菌生长	否	操作时间很短		否
	化学性危害-无				
	物理性危害-无				
蒸熟	生物性危害-病原菌生长	否	高温下蒸煮,病原菌减少		否
	化学性危害-无				
	物理性危害-无				
出锅摊冷	生物性危害-病原菌污染、病原菌生长	是	暴露在空气中,长时间冷却容易遭受致病菌污染,并大量繁殖	后续加热杀菌可以杀死大量细菌	否
	化学性危害-无				
	物理性危害-无				

表 D.7（续）

(1)	(2)	(3)	(4)	(5)	(6)
加工步骤	识别在该步骤中引入的或增加的潜在危害	潜在的食品安全危害是否显著(是/否)	对第(3)栏的判定提出依据	如果第(3)栏回答“是”,应采取何种措施预防、消除或降低危害至可接受水平	关键控制点(是/否)
拌匀	生物性危害-病原菌污染、病原菌生长	是	暴露在空气中,长时间冷却容易遭受致病菌污染,并大量繁殖	后续加热杀菌可以杀死大量细菌	否
	化学性危害-无				
	物理性危害-无				
淀粉糖化及酒精发酵	生物性危害-杂菌污染	是	车间卫生差,罐体、管道不清洁,发酵容器不密闭,会引起染菌,特别是耐酸性产膜酵母会使酒醪酸败	控制车间的环境卫生;使用前,对罐体、管道进行灭菌,并须注意检查管道死角的灭菌效果	否
	化学性危害-无				
	物理性危害-无				
开缸翻醅	生物性危害-杂菌污染	是	车间卫生差,会引起外来杂菌污染,并大量繁殖	保持车间环境卫生和选择优良的醋酸菌菌种	否
	化学性危害-无				
	物理性危害-无				
醋酸发酵	生物性危害-杂菌生长	是	如果发酵池不卫生,水分、温度、空气等管理不当易导致杂菌生长,产生异味以及出现醋鳗、醋虱等		否
	化学性危害-无				
	物理性危害-无				
成熟加盐	生物性危害-无				否
	化学性危害-无				
	物理性危害-无				

表 D.7（续）

(1)	(2)	(3)	(4)	(5)	(6)
加工步骤	识别在该步骤中引入的或增加的潜在危害	潜在的食品安全危害是否显著(是/否)	对第(3)栏的判定提出依据	如果第(3)栏回答“是”,应采取何种措施预防、消除或降低危害至可接受水平	关键控制点(是/否)
封醅	生物性危害-无				否
	化学性危害-无				
	物理性危害-无				
淋醋	生物性危害-杂菌污染	是	淋醋池等不卫生造成致病菌污染	保持淋醋池的清洁卫生	否
	化学性危害-无				
	物理性危害-无				
陈酿储存	生物性危害-病原菌生长	是	贮存时间较长,病原菌有可能生长	保持贮存容器的清洁卫生并使总酸在5%以上,以便抑制杂菌的生长;后续加热灭菌可以杀死大量细菌	否
	化学性危害-无				
	物理性危害-无				
配兑	生物性危害-病原菌生长	是	在调配池中较长时间停留,病原菌可能污染和生长繁殖	后续加热灭菌可以杀灭大量细菌调浓度	否
	化学性危害-食品添加剂超标	否		通过 SSOP 控制 按操作规程执行	
	物理性危害-无				
加热灭菌	生物性危害-病原菌残留	是	如果温度和时间控制不当,病原菌可能残留	充分的杀菌温度和灭菌时间	是
	化学性危害-清洁剂的残留	否		通过 SSOP 控制	
	物理性危害-无				

表 D.7（续）

(1)	(2)	(3)	(4)	(5)	(6)
加工步骤	识别在该步骤中引入的或增加的潜在危害	潜在的食品安全危害是否显著(是/否)	对第(3)栏的判定提出依据	如果第(3)栏回答“是”,应采取何种措施预防、消除或降低危害至可接受水平	关键控制点(是/否)
灌装	生物性危害-细菌、霉菌等	是	不洁的灌装环境、灌装设备、操作人员均会使产品受到致病菌污染	对灌装机和管道彻底清洗与灭菌	是
	化学性危害-无				
	物理性危害-杂质、异物				
贴标、装箱	生物性危害-无				否
	化学性危害-无				
	物理性危害-无				
贮存	生物性危害-细菌、霉菌等	是	食醋中残留的细菌、霉菌、酵母菌等在适宜的条件下可以生长繁殖	严格控制成品贮存条件,阴凉,通风,避光保存	否
	化学性危害-无				
	物理性危害-无				
运输	生物性危害-细菌、霉菌等	是	食醋中残留的细菌、霉菌、酵母菌等在适宜的条件下可以生长繁殖	可以通过严格控制成品运输条件,使之阴凉、通风、避光予以控制	否
	化学性危害-无				
	物理性危害-无				
麸曲、酒母制备工序					
菌种管理	生物性危害-菌种变异,杂菌污染	是	菌种在长期的使用过程中发生变异;菌种管理不当造成杂菌污染	进行菌种鉴定或纯种更新,严格执行菌种管理的有关规定,做好无菌操作	是
	化学性危害-霉菌毒素等	是	污染的杂菌在适宜的条件下产生	控制菌种的保存条件	
	物理性危害-无				
配制培养基	生物性危害-无				否
	化学性危害-无				
	物理性危害-无				

表 D.7（续）

(1)	(2)	(3)	(4)	(5)	(6)
加工步骤	识别在该步骤中引入的或增加的潜在危害	潜在的食品安全危害是否显著(是/否)	对第(3)栏的判定提出依据	如果第(3)栏回答“是”,应采取何种措施预防、消除或降低危害至可接受水平	关键控制点(是/否)
灭菌	生物性危害-杂菌	是	培养基灭菌不彻底会产生杂菌	高温 121 ℃消毒 20 min 或 30 min	否
	化学性危害-无				
	物理性危害-无				
接种	生物性危害-病原菌污染	否		通过 SSOP 控制	否
	化学性危害-无				
	物理性危害-无				
通风制曲	生物性危害-病原菌污染、病原菌生长	是	在适宜的温度下较长时间通风制曲会遭受病原菌污染并生长繁殖	后续加热杀菌可以杀死大量细菌	否
	化学性危害-无				
	物理性危害-无				
入池液态发酵	生物性危害-病原菌生长	是	发酵时间长温度适宜,病原菌会大量生长繁殖	后续加热杀菌可以杀死大量细菌	否
	化学性危害-无	否		通过 SSOP 控制	
	物理性危害-无				
醋酸菌种制备工序					
菌种管理	生物性危害-菌种变异,杂菌污染	是	菌种在长期的使用过程中发生变异;菌种管理不当造成杂菌污染	进行菌种鉴定或纯种更新,严格执行菌种管理的有关规定,做好无菌操作	是
	化学性危害-霉菌毒素等	是	污染的杂菌在适宜的条件下产生	控制菌种的保存条件	
	物理性危害-无				

表 D.7（续）

(1)	(2)	(3)	(4)	(5)	(6)
加工步骤	识别在该步骤中引入的或增加的潜在危害	潜在的食品安全危害是否显著(是/否)	对第(3)栏的判定提出依据	如果第(3)栏回答“是”,应采取何种措施预防、消除或降低危害至可接受水平	关键控制点（是/否）
配制培养基	生物性危害-无				否
	化学性危害-无				
	物理性危害-无				
灭菌	生物性危害-杂菌	是	培养基灭菌不彻底会产生杂菌	高温 121 ℃消毒 20 min 或 30 min	否
	化学性危害-无				
	物理性危害-无				
接种	生物性危害-病原菌污染	否		通过 SSOP 控制	否
	化学性危害-无				
	物理性危害-无				
固态发酵	生物性危害-病原菌生长	否	高温发酵和抑制病菌生长	醋酸菌优势	否
	化学性危害-无				
	物理性危害-无				

D.5 HACCP计划表及示例参见表D.8、表D.9和表D.10。

表 D.8 HACCP计划表(腐乳)

(1)	(2)	(3)	(4)	(5)	(6)	(7)	(8)	(9)	(10)
关键控制点(CCP)	显著危害	关键限值	监控				纠偏措施	验证	记录
			对象	方法	频率	人员			
原料接收(CCP1)	农药残留、重金属残留、黄曲霉毒素B_1	索取供方的检验报告	供方的检验报告	查验供方的检验报告单	每批原料	原料接收人员	如果供方不能提供检验报告单,或检验报告单检验项目不符合标准,拒收原料	本厂化验室抽取每批原料检验、送检。主管领导复核每批原料的检验报告单	供方提供的检验报告单 进货检验报告 化验室抽检、送检记录
前期发酵(CCP2)	致病菌污染	定期对发酵室紫外线消毒,每次消毒20 min	紫外线消毒频率、时间	查紫外消毒记录	每周	质检员	增大消毒频率 延长消毒时间	每季度审核紫外消毒记录、发酵室和发酵屉清洗记录	紫外消毒记录
菌种管理(CCP3)	菌种变异、杂菌污染、霉菌毒素	菌种应纯、正、壮、润、香	菌落形态	目测	每批	操作员	菌种变异或污染杂菌,重新购置菌种	每季度审核菌种鉴定记录,验证是否出现菌种不纯、退化	菌种鉴定记录
			孢子数	镜检	每批	质检员	孢子生长稀少,菌丝长短不齐、生长速度缓慢,须经分离、复壮、筛选后再使用	每季度审核孢子镜检记录 每年对显微镜进行校准	孢子镜检记录 校准合格证
			保存温度	温度计	每批	操作员	保存温度超过4 ℃,重新调整	每季度审核菌种保存环境温湿度记录 每年对温度计进行校准	菌种保存环境温湿度记录 校准合格证
			保存环境洁净度	落菌试验	每周	质检员	环境洁净度达不到要求,清洁消毒后方可使用	每季度审核菌种保存环境洁净度记录表	菌种保存环境洁净度记录表
金属探测(CCP4)	铁磁性物及非铁磁性	Fe≥ϕ2 mm SUS≥ϕ2.5 mm	Fe≥ϕ2 mm及SUS≥ϕ2.5 mm的试块	Fe≥ϕ2 mm及SUS≥ϕ2.5 mm的试块通过金属探测仪进行测试	连续监控	操作工人	分析偏离原因使其恢复正常,对受影响产品进行返工并达到合格标准	操作工每天开工前校准金属探测仪,加工期间每小时对金属探测仪校准一次,车间质检员每天复核金属探测仪校准记录	金属探测仪校准记录

表 D.9 HACCP 计划表(酱油)

(1)	(2)	(3)	(4)	(5)	(6)	(7)	(8)	(9)	(10)
关键控制点 CCP	显著危害	关键限值	监控				纠偏措施	验证	记录
			对象	方法	频率	人员			
原料接收(CCP1)	黄曲霉毒素 B_1、农药残留、重金属超标、溶剂残留	索取供方的检验报告	供方的检验报告	查验供方的检验报告单	每批原料	原料接收人员	如果供方不能提供检验报告单,或检验报告单检验项目不符合标准,拒收原料	本厂化验室抽取每批原料检验、送检。主管领导复核每批原料的检验报告单	供方提供的检验报告单 进货检验报告 化验室抽检、送检记录
菌种管理(CCP2)	菌种变异、米曲霉以外的杂菌污染,霉菌毒素	菌种应纯、正、壮、润、香	菌落形态	目测	每批	操作员	菌种变异或污染杂菌,重新购置菌种	每季度审核菌种鉴定记录,验证是否出现菌种不纯、退化	菌种鉴定记录
			孢子数	镜检	每批	质检员	孢子生长稀少,菌丝长短不齐、生长速度缓慢,须经分离、复壮、筛选后再使用	每季度审核孢子镜检记录 每年对显微镜进行校准	孢子镜检记录 校准合格证
			保存温度	温度计	每批	操作员	保存温度超过 4 ℃,重新调整	每季度审核菌种保存环境温湿度记录 每年对温度计进行校准	菌种保存环境温湿度记录 校准合格证
			保存环境洁净度	落菌试验	每周	质检员	环境洁净度达不到要求,清洁消毒后方可使用	每季度审核菌种保存环境洁净度记录表	菌种保存环境洁净度记录表
灭菌(CCP3)	致病菌残留	温度 115 ℃～135 ℃,时间 3 s	灭菌温度、时间	自动记录仪	连续	操作员	重新调整灭菌温度 延长灭菌时间 对偏离阶段内的产品抽检,微生物超标重新灭菌	每季度审核灭菌温度、时间记录 每季度审核成品检验记录 每年对温度计、计时器进行校准	灭菌温度、时间记录 成品检验记录 校准合格证
灌装(CCP4)	致病菌污染	灌装间的洁净度达到 30 万	灌装间洁净度	落菌试验	每周	质检员	洁净度达不到要求,彻底消毒后方可使用	每季度审核灌装间温湿度记录、紫外消毒记录、洁净度记录	灌装间温湿度记录 灌装间紫外消毒记录 灌装间洁净度记录

表 D.10 HACCP 计划表(食醋)

(1)	(2)	(3)	(4)	(5)	(6)	(7)	(8)	(9)	(10)
关键控制点 CCP	显著危害	关键限值	监控				纠偏措施	验证	记录
			对象	方法	频率	人员			
原料接收(大米、麸皮、稻壳)(CCP1)	黄曲霉毒素、农药残留	索取供方的检验报告	供方的检验报告	查验供方的检验报告单	每批原料	原料接收人员	如果供方不能提供检验报告单,或检验报告单检验项目不符合标准,拒收原料	本厂化验室抽取每批原料检验、送检。主管领导复核每批原料的检验报告单	供方提供的检验报告单 进货检验报告 化验室抽检、送检记录
菌种管理(CCP2)	菌种变异、杂菌污染,霉菌毒素	菌种应纯、正、壮、润、香	菌落形态	目测	每批	操作员	菌种变异或污染杂菌,重新购置菌种	每季度审核菌种鉴定记录,验证是否出现菌种不纯、退化	菌种鉴定记录
			孢子数	镜检	每批	质检员	孢子生长稀少,菌丝长短不齐、生长速度缓慢,须经分离、复壮、筛选后再使用	每季度审核孢子镜检记录 每年对显微镜进行校准	孢子镜检记录 校准合格证
			保存温度	温度计	每批	操作员	保存温度超过 4 ℃,重新调整	每季度审核菌种保存环境温湿度记录 每年对温度计进行校准	菌种保存环境温湿度记录 校准合格证
			保存环境洁净度	落菌试验	每周	质检员	环境洁净度达不到要求,清洁消毒后方可使用	每季度审核菌种保存环境洁净度记录表	菌种保存环境洁净度记录表
灭菌(CCP3)	致病菌残留	温度 115 ℃~135 ℃,时间 3 s	灭菌温度、时间	自动记录仪	连续	操作员	重新调整灭菌温度 延长灭菌时间 对偏离阶段内的产品抽检,微生物超标重新灭菌	每季度审核灭菌温度、时间记录 每季度审核成品检验记录 每年对温度计进行校准	灭菌温度、时间记录 成品检验记录 校准合格证
灌装(CCP4)	致病菌污染	灌装间的洁净度达到 30 万	灌装间洁净度	落菌试验	每周	质检员	洁净度达不到要求,彻底消毒后方可使用	每季度审核灌装间温湿度记录、紫外消毒记录、洁净度记录	灌装间温湿度记录 灌装间紫外消毒记录 灌装间洁净度记录

参 考 文 献

[1] 中国标准出版社.中国食品工业标准汇编 调味品卷[M].北京:中国标准出版社,2006.

[2] 国家质量监督检验检疫总局 2002年第3号 附件:《食品生产企业危害分析与关键控制点(HACCP)管理体系认证管理规定》2002年3月20日.

[3] CAC/RCP 1-1969,Rev.4(2003)《食品卫生通则》.

[4] GB/T 16292—1996 医药工业洁净室(区)悬浮粒子的测试方法.

[5] GB/T 16293—1996 医药工业洁净室(区)浮游菌的测试方法.

[6] GB/T 16294—1996 医药工业洁净室(区)沉降菌的测试方法.

[7] GB/T 20903—2007 调味品分类.

中华人民共和国行业标准

腐 乳 分 类

SB/T 10171—93

Classification of fermented bean curd

1 主题内容与适用范围

本标准规定了腐乳的定义和产品分类

本标准适用于以大豆或脱脂大豆为原料，经制坯、培菌（或不培菌）发酵而成的腐乳。不包括以腐乳为原料生产的不保持原块形的产品。

2 腐乳的定义

是以大豆为原料、经加工磨浆、制坯、培菌、发酵而成的一种调味、佐餐食品。

3 腐乳的分类

腐乳分类表

- 腐乳
  - 红腐乳
    - 普通型红腐乳
    - 辣味型红腐乳
    - 甜香型红腐乳
    - 香料型红腐乳
    - 咸鲜型红腐乳
  - 白腐乳
    - 普通型白腐乳
    - 辣味型白腐乳
    - 甜香型白腐乳
    - 香料型白腐乳
    - 咸鲜型白腐乳
  - 青腐乳
    - 普通型青腐乳
    - 辣味型青腐乳
  - 酱腐乳
    - 普通型酱腐乳
    - 辣味型酱腐乳
    - 甜香型酱腐乳
    - 香料型酱腐乳
    - 咸鲜型酱腐乳

3.1 红腐乳：在腐乳后期发酵的汤料中，配以红曲酿制而得的腐乳即红腐乳。表面呈鲜艳的红色或紫色，断面为淡黄色。在酿制过程中因添加不同的调味辅料，使其呈现不同的风味特色。

3.1.1 普遍型红腐乳：在腐乳后期发酵汤料中，只加入红曲和酒类酿制而成的腐乳。

3.1.2 辣味型红腐乳：在红腐乳的生产过程中，添加了辣椒调味料形成的辣味红腐乳。

3.1.3 甜香型红腐乳：在红腐乳的生产过程中，添加了甜味料和果花香料形成的甜香红腐乳。有明显的果花香气。

3.1.4 香料型红腐乳：在红腐乳的生产过程中，添加了植物香辛料形成的香料味红腐乳。具有香辛料形成的香料味红腐乳。具有香辛料的香气及滋味。

3.1.5 咸鲜型红腐乳：在红腐乳的生产过程中，添加了肉类、水产品或食用菌等辅料酿制而成的含有固形物的腐乳。具有明显的辅料香气和滋味。

中华人民共和国国内贸易部1993-05-05批准 1993-12-01实施

3.2 白腐乳:在腐乳后期发酵的汤料中,不添加任何着色剂酿制而成的腐乳。表里颜色一致,均为淡黄色或灰黄色,鲜味突出,酒香浓郁。在酿制过程中因添加不同的调味辅料,使其呈现不同的风味特色。

3.2.1 普通型白腐乳:在白腐乳的生产过程中,加入了黄酒、白酒及少量香料酿制而成的腐乳。

3.2.2 辣味型白腐乳:在白腐乳的生产过程中,添加了辣椒调味料形成的辣味白腐乳。

3.2.3 甜香型白腐乳:在白腐乳的生产过程中,添加了甜味料和果花香料形成的甜香白腐乳。具有明显的果花香气。

3.2.4 香料型白腐乳:在白腐乳的生产过程中,添加了植物香辛料形成的香料味白腐乳 。具有香辛料的香气和滋味。

3.2.5 咸鲜型白腐乳:在白腐乳的生产过程中,添加了肉类、水产品或食用菌等辅料形成的白腐乳。具有明显的辅料香气及滋味。

3.3 青腐乳:在腐乳后期发酵过程中,以低度食盐水作汤料酿制而成的腐乳。表里颜色基本一致呈青色,具有刺激性臭味。在酿制过程中因添加不同的调味辅料,使其呈现不同风味特色。

3.3.1 普通型青腐乳:在青腐乳的生产过程中,以低度食盐水为汤料酿制而成的腐乳。

3.3.2 辣味型青腐乳:在青腐乳的生产过程中,添加了辣椒调味料形成的辣味青腐乳。

3.4 酱腐乳:在腐乳后期发酵过程中,以酱曲(大豆酱曲、蚕豆酱曲、面酱曲)为主要辅料酿制而成的腐乳。表里颜色基本一致,具有自然生成的酱褐色或棕褐色,酱香浓郁、质地细腻。在酿制过程中因添加不同的调味辅料,使其呈现出不同的风味特色。

3.4.1 普通型酱腐乳:在酱腐乳的生产过程中,以酱曲为辅料酿制而成的腐乳。

3.4.2 辣味型酱腐乳:在酱腐乳的生产过程中,添加了辣椒辅料形成的辣味酱腐乳。

3.4.3 甜香型酱腐乳:在酱腐乳的生产过程中,添加了甜味料和果花香料形成的甜香味酱腐乳。具有明显的果花香气。

3.4.4 香料型酱腐乳:在腐乳的生产过程中,添加了植物香辛料形成的香料味酱腐乳,具有香辛料的香气和滋味。

3.4.5 咸鲜型酱腐乳:在腐乳的生产过程中,添加了肉类、水产品或食用菌等辅料形成的含有的酱腐乳。具有明显的辅料香气及滋味。

附加说明:

本标准由中华人民共和国国内贸易部提出并归口。

本标准由北京市第二商业局职工大学起草。

本标准主要起草人王晖。

本标准由北京市第二商业局职工大学负责解释。

中华人民共和国行业标准

酱的分类

SB/T 10172—93

Classification of sauce paste

1 主题内容与适用范围

本标准规定了酱的定义和产品分类。

本标准适用于以豆类、谷类为主要原料经发酵酿制的酱和以该酱为基料生产的复合酱。

2 酱的定义

以富含蛋白质的豆类和富含淀粉的谷类及其副产品为主要原料，在微生物酶的催化作用下分解熟成的发酵型糊状调味品。

3 酱的分类

酱的分类表

- 豆酱
  - 黄豆酱
    - 干态黄豆酱
    - 稀态黄豆酱
  - 蚕豆酱
    - 生料蚕豆酱
    - 熟料蚕豆酱
  - 杂豆酱
- 面酱
  - 小麦面酱
  - 杂面酱
- 复合酱

3.1 豆酱

豆酱是以豆类为主要原料，经过曲菌酶分解，使其发酵熟成的酱类。可直接佐餐或供复制用。

3.1.1 黄豆酱

以黄豆为主要原料加工酿制的酱类称为黄豆酱。

3.1.1.1 干态黄豆酱

干态黄豆酱是指原料在发酵过程中控制较少水量，使成品外观呈干涸状态的黄豆酱。

3.1.1.2 稀态黄豆酱

稀态黄豆酱是指原料在发酵过程中控制较多水量，使成品外观呈稀稠状态的豆酱。

3.1.2 蚕豆酱

以蚕豆为主要原料加工酿制的酱类称为蚕豆酱。

3.1.2.1 生料蚕豆酱

中华人民共和国国内贸易部1993-05-05批准　　1993-12-01实施

3.1.2.2　熟料蚕豆酱

3.1.3　杂豆酱

以豌豆或其他豆类及其副产品为主要原料加工酿制酱类称为杂豆酱。

3.2　面酱

面酱是以谷类为主要原料，经过曲菌酶分解，使其发酵熟成的酱类。可直接佐餐和供复制用或作为制作酱菜的腌制料。

3.2.1　小麦面酱

以小麦面为主要原料加工酿制的酱类称为小麦面酱。

3.2.2　杂面酱

以其他谷类淀粉及其副产品为主要原料加工酿制的酱类称为杂面酱。

3.3　复合酱

复合酱是指以豆、面等酱为基料，添加其他辅料混合制成的酱类。可供佐餐用。

附加说明：

本标准由中华人民共和国国内贸易部提出并归口。

本标准由重庆市酿造调味品公司起草。

本标准主要起草人茅及衔。

本标准由重庆市酿造调味品公司负责解释。

中华人民共和国行业标准

酱油分类

SB/T 10173—93

Classification of soy sauce

1 主题内容与适用范围

本标准规定了酱油的定义和产品分类。

本标准适用于豆类(包括大豆、脱脂大豆)、谷类(包括小麦、面粉)或其他粮食及其副产品为主要原料,经加工酿制的酱油。

2 酱油的定义

以富含蛋白质的豆类和富含淀粉的谷类及其副产品为主要原料,在微生物酶的催化作用下分解熟成并经浸滤提取的调味汁液。

3 酱油的分类

酱油分类表

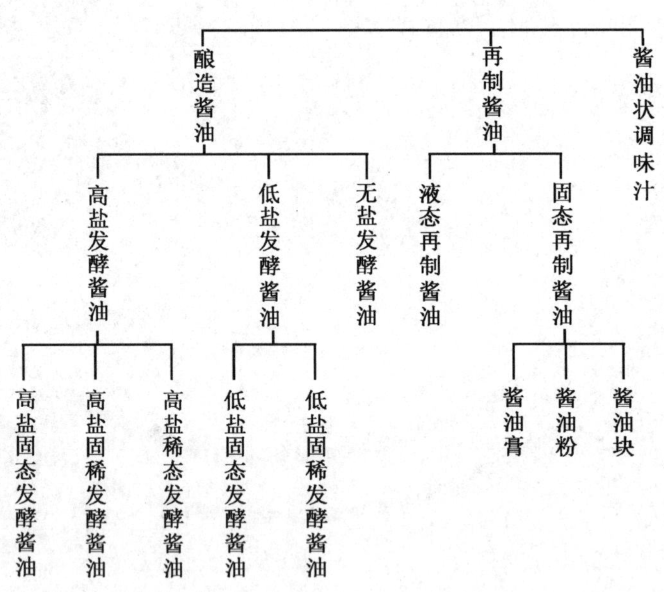

3.1 酿造酱油

酿造酱油是以豆、谷类或其他粮食为主要原料,经曲菌酶分解,使其发酵熟成的调味汁液。可供调味及复制用。

3.1.1 高盐发酵酱油

高盐发酵酱油是指原料在生产过程中应用高盐发酵工艺酿制的调味汁液。可供调味及复制用。

3.1.1.1 高盐固态发酵酱油

中华人民共和国国内贸易部1993-05-05批准　　1993-12-01实施

高盐固态发酵酱油是指原料在发酵阶段采用高盐度、小水量的固态制醅工艺，分解熟成后再稀释浸取的调味汁液。

3.1.1.2 高盐固稀发酵酱油

高盐固稀发酵酱油是指原料在发酵阶段先以高盐度、小水量固态制醅，然后在适当条件下再稀释成醪，继续分解熟成制取的调味汁液。

3.1.1.3 高盐稀态发酵酱油

高盐稀态发酵酱油是指原料在发酵阶段采用高盐度、多水量的稀态制醪工艺，分解熟成后直接制取或适量稀释滤出的调味汁液。

3.1.2 低盐发酵酱油

低盐发酵酱油是指原料在生产过程中应用低盐发酵工艺酿制的调味汁液。产品通常用于调味及复制。

3.1.2.1 低盐固态发酵酱油

低盐固态发酵酱油是指原料在发酵阶段采用低盐度、小水量固态制醅工艺，分解熟成后再经稀释浸取的调味汁液。

3.1.2.2 低盐固稀发酵酱油

低盐固稀发酵酱油是指原料在发酵阶段先以低盐度、小水量固态制醅，然后在适当条件下再以一定浓度盐水稀释成醪，继续分解熟成制取的调味汁液。

3.1.3 无盐发酵酱油

无盐发酵酱油是指原料在生产过程中不添加食盐采用固态发酵工艺以进行酿制的调味汁液。产品通常用于调味及复制。

3.2 再制酱油

再制酱油是指以酿造酱油为基料，添加其他调味品或辅助原料进行加工再制的产品。其体态有液态和固态两种。均供调味用。

3.2.1 液态再制酱油

液态再制酱油是指各种酿造型调味汁液的直接配制品或经简易再加工的复制品。

3.2.2 固态再制酱油

固态再制酱油是指以酿造酱油为基料，经加热或以其他方式浓缩并加入适量充填料制成的产品。稀释后用于调味。

3.2.2.1 酱油膏

3.2.2.2 酱油粉

3.2.2.3 酱油块

3.3 酱油状调味汁

酱油状调味汁是指以主要原料的水解液再经发酵后熟制成的调味汁液。

附加说明：

本标准由中华人民共和国国内贸易部提出并归口。

本标准由重庆市酿造调味品公司起草。

本标准主要起草人茅及衔。

本标准由重庆市酿造调味品公司负责解释。

中华人民共和国行业标准

食醋分类

SB/T 10174—93

Classification of vinegar

1 主题内容与适用范围

本标准规定了食醋的定义和产品分类。

本标准适用于各种酿造食醋及调配食醋。

2 食醋的定义

含有一定量醋酸的适合于人类消费的液体。

3 食醋分类

食醋分类表

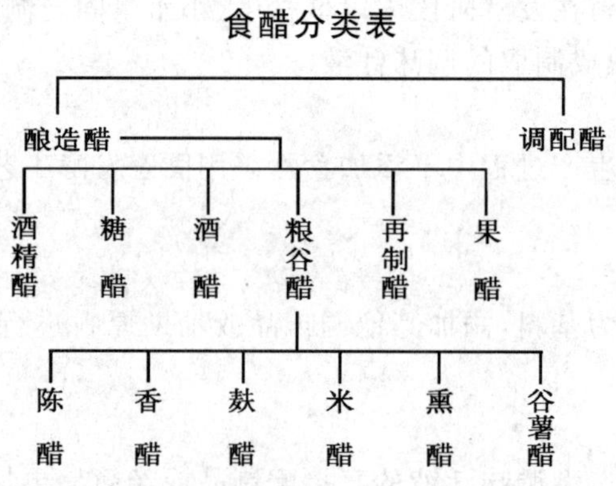

3.1 酿造醋：将各种含有淀粉、糖或酒精的原料单独或混合使用，经发酵工艺酿造而成的食醋。

3.1.1 粮谷醋：以各种谷类或薯类为主要原料制成的酿造醋。

3.1.1.1 陈醋：以高粱为主要原料，大曲为发酵剂，采用固态醋酸发酵，经陈酿而成的粮谷醋。

3.1.1.2 香醋：以糯米为主要原料，小曲为发酵剂，采用固态分层醋酸发酵，经陈酿而成的粮谷醋。

3.1.1.3 麸醋：以麸皮为主要原料，采用固态发酵工艺酿制而成的粮谷醋。

3.1.1.4 米醋：以大米（糯米、粳米、籼米，下同）为主要原料，采用固态或液态发酵工艺酿制而成的粮谷醋。

3.1.1.5 熏醋：将固态发酵成熟的全部或部分醋醅，经间接加热熏烤成为熏醅，再经浸淋而成的粮谷醋。

3.1.1.6 谷薯醋：以谷类（大米除外）或薯类为原料，采用固态或液态发酵工艺酿制而成的粮谷醋。

3.1.2 酒精醋：以酒精为主要原料制成的酿造醋。

3.1.3 糖醋：以各种糖类为主要原料制成的酿造醋。

3.1.4 酒醋：以各种酒类为主要原料制成的酿造醋。

3.1.5 果醋：以各种水果为主要原料制成的酿造醋。

3.1.6 再制醋：在酿造醋中添加糖类、酸味剂、调味料、香辛料等制成的酿造醋。

3.2 调配醋：在冰醋酸或醋酸的稀释液里添加糖类、酸味剂、调味料、食盐、香辛料、食用色素、酿造醋等

中华人民共和国国内贸易部1993-05-05批准 1993-12-01实施

制成的食醋。

附加说明：

本标准由中华人民共和国国内贸易部提出并归口。

本标准由石家庄市珍极酿造厂起草。

本标准主要起草人张林。

本标准由石家庄市珍极酿造厂负责解释。

中华人民共和国商业行业标准

调味品名词术语 综　　合

SB/T 10295—1999

代替 ZB X 66005—87

Condiment terminology—Synthesize

本标准规定的名词术语适用于传统的调味品、副食品:酱油、酱、食醋、酱腌菜、豆制品、腐乳等。

1　主料

在生产原料中,占比重较大,生产产品主要成分的原料。

2　辅料

原料中占比重较少的辅助原料。

3　蛋白质原料

以蛋白质为主要成分的原料,如大豆、脱脂大豆、花生饼粕等。

4　淀粉质原料

以淀粉质为主要成分的原料,如米、麦、马铃薯、蚕豆、豌豆等。

5　脂肪质豆类

富含脂肪的豆科植物种子,如大豆、落花生等。

6　淀粉质豆类

以淀粉质为主要成分的豆科植物种子,如蚕豆、豌豆、绿豆等。

7　选料

用物理方法去除原料中的砂石、植物的根、茎、叶、皮壳、金属等杂物的过程。

7.1　密度法(比重法)

选料方法之一。指利用机械振动筛、高速流动的空气、水的流动等物理方法,使密度(比重)大于原料与小于原料的杂物去除的过程。如水选、风选、筛选等。

7.2　磁选法

用磁力去除含铁的金属杂质的过程。

8　风送

即风力输送,亦称气流输送。在输送管道中借助气流的功能,使物料被悬浮输送。

国家国内贸易局1999-04-15批准　　　　1999-04-15实施

9 浸泡

亦称浸渍。指原料全部浸入过量水中,使其充分吸水膨胀,以利于原料蒸煮变性或有效成分的提取。

10 浸润

指原料与适量的水均匀混合,堆积一定时间,使原料充分与水接触,吸水膨胀,以利于原料蒸煮变性。

11 粉碎

为了加快蒸煮变性原料的酿造速度,常需将固体原料破碎。使大颗粒物料破碎成小颗粒物料的过程,称为粉碎。

12 蒸料

亦称原料的蒸煮,指采用蒸汽加热的方式,使原料中蛋白质、淀粉质产生适度变性的过程。

12.1 常压蒸料

指原料在非密闭容器中采用蒸汽加热的方式进行蒸料。其加热温度较低,时间较长。

12.2 加压蒸料

指原料在密闭容器中,用蒸汽加热方式进行蒸料,可提高加热温度,缩短蒸料时间。

13 蒸料压力

在密闭的受压容器中蒸料时,在容器内的冷空气被排除的条件下,容器内蒸汽的实际压力。

14 蒸料温度

容器内被蒸煮原料的实际温度。

15 焙炒

亦称干炒。将原料放在锅内,微火烘烤,随时翻拌,均匀受热,以达到蛋白质和淀粉适度变性的过程。

16 蛋白质变性

蛋白质在某些物理或化学因素作用下,其分子内部的副键(亦称次级键)裂开、结构变为松懈、理化性质改变。这种现象称为蛋白质变性。

17 适度变性

蛋白质原料蒸煮时,其分子内部结构的变化达到易被酶分解的程度,称为适度变性。

18 过度变性

蛋白质原料蒸煮时,在高温长时间的作用下,其分子内部结构变化达到不易被酶分解的程度,称为过度变性。

19 N性蛋白

亦称未变性蛋白。原料的蛋白质未经变性即转移到产品中,造成产品加水稀释或加热后产生混浊物或沉淀物，此类蛋白质称为 N 性蛋白。

20　糊化

淀粉颗粒不溶于水，但在热水中能大大膨胀，开始时晶体结构消失，继续加热到一定温度，淀粉颗粒被解体，形成胶体性淀粉糊，称为糊化。

21　液化

淀粉糊化后，由于受 α-淀粉酶的作用，迅速降解成分子量较小的能溶于水的糊精。原来的胶体性淀粉糊变为液体状态，粘度急速降低，这一过程称为液化。

22　糖化

淀粉经糊化、液化后，在糖化型淀粉酶作用下进一步水解，变成可发酵性糖(麦芽糖、葡萄糖)的过程。

23　老化

淀粉糊化时，如果胶体性淀粉糊长时间缓慢冷却，可重新引起淀粉结晶的形成，称之为老化。老化的淀粉，淀粉酶也难以使之分解。

24　蛋白质消化率

评定原料变性程度的指标之一。指原料中适度变性可被酶水解的蛋白质占原料中全部蛋白质的百分比。

$$\text{蛋白质消化率}=\frac{G}{N}\times 100\% \quad\cdots\cdots(1)$$

式中：G——熟料中可以被酶分解的全氮量；

N——熟料中全氮总量。

25　蛋白质利用率

定量调味副食品中所含蛋白质的量，占生成此定量产品所用原料中蛋白质总量的百分比，亦可用全氮利用率表示。以酱油为例：

$$\begin{matrix}\text{蛋白质利用率}\\(\text{全氮利用率})\end{matrix}=\frac{\frac{G\times N}{d}}{P}\times 100\% \quad\cdots\cdots(2)$$

式中：G——酱油实际产量；

N——实测酱油全氮含量；

d——酱油比重；

P——混合原料全氮总量。

26　总料出品率

定量单位的混合原料所生产的统一质量标准的成品量。

27　发酵

泛指利用微生物制造工业原料或工业产品的过程，即利用微生物所产生的酶使有机物发生分解、合成反应，大量生成特定的代谢产物的现象，称之为发酵。

28　酿造

利用发酵作用制造食品称为酿造，如酱油、食醋的制造。

29　调味品

亦称调味料。指在饮食、烹饪及食品生产中广泛使用的，用以去腥、除膻、解腻、增香、调和滋味的食品。

30　天然调味料

自然生成的调味料。如香辛料(葱、姜、桂皮、花椒等)、蜂蜜、食盐等。

31　发酵调味料

利用发酵技术酿造的调味料。如酱油、食醋、腐乳、料酒、味精等。

32　化学调味料

人工合成、人工提纯的调味料。如醋精、香精、糖精等。

33　复合调味料

用两种或两种以上的调味品复制而成的方便调味料。

34　风味调味料

亦称天然风味调味料、天然系列调味料。为复合调味料的一种。以自然原料经过简单加工、提纯浓缩、添加各种调味料，复制而成。是具有特殊风味的方便调味料。如牛肉汤料、鸡味汤料、虾味素等。

35　通风制曲

亦称机械通风制曲。将曲料置于曲箱(曲池)内，利用鼓风机供给空气，调节温湿度，促使微生物生长繁殖。

36　天然制曲

在制曲过程中不使用纯的种曲，依靠自然界中带入的各种野生菌，在培养基上生长繁殖，生成对酿造有益的各种微生物。

37　大曲

亦称块曲。以小麦、大麦、豌豆等原料，采用天然制曲工艺生产的一种糖化曲。微生物组成十分复杂，主要是根霉、毛霉、曲霉和酵母，并有大量野生杂菌。

38　小曲

亦称药曲。以大米为主要原料，大多添加中草药，采用天然制曲工艺生产的一种糖化曲。微生物组成十分复杂，主要是根霉和酵母。

39　接种

将微生物移接到适宜生长繁殖的培养基上的方法，称之为接种。

40 固形物

化学分析术语。指可溶性固形物,即能完全溶解在溶液中的可溶性物质的总量。常用百分数表示。

41 无盐固形物

化学分析术语。固形物中减去氯化物(以氯化钠计)的含量后,即为无盐固形物。

42 全氮

化学分析术语。亦称总氮。常用的测定方法(凯氏定氮法)是将样品中含氮物质(蛋白质及其他)全部分解为 NH_3,然后测定、计算含氮量。

43 粗蛋白质

化学分析术语。根据全氮测定结果计算出的蛋白质总量,称为粗蛋白质。

44 氨基酸态氮

化学分析术语。指以氨基酸形式存在的氮。氨基酸的氨基含量与其本身含量成正比,所以常以分析氨基酸的氨基氮的方法来测定氨基酸的含量,分析方法多用甲醛法,测定结果亦称为甲醛氮、氨基氮。

45 氨态氮

化学分析术语。指测定的以铵盐形式存在的氮的总和。样品中的铵盐在弱碱性溶液中,以氨的形式游离出来,其测定结果称为氨态氮。

46 还原糖

化学分析术语。指被测样品中具有还原性的糖(葡萄糖、果糖、麦芽糖)的总和,测定结果全部换算成葡萄糖,即称为还原糖(以葡萄糖计)。

47 总糖

化学分析术语。指测定样品中所有还原糖及非还原糖(经水解转化为还原糖)的总和。

48 总酸

化学分析术语。指被测样品中所有能与氢氧化钠发生中和反应的各种酸的总和。

49 挥发酸

化学分析术语。指样品在加热煮沸的情况下,经冷凝回收的蒸出液中的有机酸含量。

50 不挥发酸

化学分析术语。总酸包括挥发酸与不挥发酸两部分。总酸中减除挥发酸即为不挥发酸。

51 霉花

感官鉴定术语。指被检样品中漂浮的肉眼可见的粉末状孢子及绒毛状菌丝体。

52 霉香

感官鉴定术语。酿造食品特有的一种香气,俗称皮蛋味。

53 **霉味**

感官鉴定术语。是一种劣味，指酿造食品中不应出现的一种发霉的味感。

54 **浮膜**

感官鉴定术语。指被检样品中肉眼可见的漂浮的微生物菌体膜。

55 **酱香**

感官鉴定术语。酿造食品特有的一种香气，类似豆酱的香气。

56 **酯香**

感官鉴定术语。酿造食品特有的一种香气，是醇与酸作用后产生的酯类特有的香气。

57 **香气浓郁**

感官鉴定术语。指食品具有完满协调的香气，即俗称的香气扑鼻。

58 **醇厚**

感官鉴定术语。品尝样品时，滋味在口中存留时间较长，滋味较浓的感觉。

59 **寡淡**

感官鉴定术语。品尝样品时，滋味在口中存留时间较短，滋味单调的感觉。

60 **后味**

感官鉴定术语。滋味在口腔中有持久的感受。

61 **余味**

感官鉴定术语。滋味在口中余留的味感。

62 **涩味**

感官鉴定术语。是一种劣味，使口腔粘膜收敛的一种感觉。

63 **邪味**

感官鉴定术语。亦称异味，即使人不愉快的感觉。

64 **哈喇味**

感官鉴定术语。亦称酸败味，指油脂酸败后产生的异味。

65 **烟熏味**

感官鉴定术语。熏制食品特有的香气和滋味。

66 **灵口**

感官鉴定术语。咀嚼食品时口感嫩脆无渣。

67 **脆口**

感官鉴定术语。咀嚼食品时需稍用力,食品质地较硬,口感清脆。

68 **艮口**

感官鉴定术语。食品质地较硬,需用力咀嚼,不易咬碎。

69 **皮口**

感官鉴定术语。食品质地柔韧,纤维较多,咀嚼时不易断。

70 **绵口**

感官鉴定术语。食品质地绵软,咀嚼时口感柔软,易烂无渣。

附加说明:

本标准由国家国内贸易局提出。

本标准由天津市副食调料公司起草。

本标准主要起草人鲁肇元。

中华人民共和国行业标准

SB/T 10297—1999

酱腌菜分类

代替 ZB X 10003—86

本标准适用于以蔬菜为主要原料、经腌渍工艺加工而成的蔬菜制品。

按工艺及辅料不同分为：

1 酱渍菜类

酱渍菜是以蔬菜为主要原料，经盐腌或盐渍成蔬菜咸坯后，再经酱渍而成的蔬菜制品。

1.1 酱曲醅菜

酱曲醅菜是蔬菜咸坯经甜酱成曲醅制而成的蔬菜制品。

1.2 甜酱渍菜

甜酱渍菜是蔬菜咸坯，经脱盐、脱水后，再经甜酱酱渍而成的蔬菜制品。

1.3 黄酱渍菜

黄酱渍菜是蔬菜咸坯，经脱盐、脱水后，再经黄酱酱渍而成的蔬菜制品。

1.4 甜酱、黄酱渍菜

甜酱、黄酱渍菜是蔬菜咸坯，经脱盐、脱水后。再经黄酱和甜酱酱渍而成的蔬菜制品。

1.5 甜酱、酱油渍菜

甜酱、酱油渍菜是蔬菜咸坯，经脱盐、脱水后，用甜面酱和酱油混合酱渍而成的蔬菜制品。

1.6 黄酱、酱油渍菜

黄酱、酱油渍菜是蔬菜咸坯，经脱盐、脱水后，用黄酱和酱油混合酱渍而成的蔬菜制品。

1.7 酱汁渍菜

酱汁渍菜是蔬菜咸坯，经脱盐、脱水后，用甜酱汁或黄酱酱汁浸渍而成的蔬菜制品。

2 糖醋渍菜类

糖醋渍菜是蔬菜咸坯，经脱盐、脱水后，用糖渍或醋渍或糖醋渍制作而成的蔬菜制品。

2.1 糖渍菜

糖渍菜是蔬菜咸坯经脱盐、脱水后，采用糖渍或先糖渍后蜜渍制作而成的蔬菜制品。

2.2 醋渍菜

醋渍菜是蔬菜咸坯用食醋浸渍而成的蔬菜制品。

2.3 糖醋渍菜

糖醋渍菜是蔬菜咸坯，经脱盐、脱水后，用糖醋液浸渍而成的蔬菜制品。

3 虾油渍菜类

虾油渍菜是以蔬菜为主要原料，先经盐渍，再用虾油浸渍而成的蔬菜制品。

4 糟渍菜类

糟渍菜是蔬菜咸坯，用酒糟或醪糟糟渍而成的蔬菜制品。

4.1 酒糟渍菜

酒糟渍菜是蔬菜咸坯，用新鲜酒糟与白酒、食盐、助鲜剂及辛香料混合糟渍而成的蔬菜制品。

国家国内贸易局 1999-04-15 批准　　　　1999-04-15 实施

4.2 醪糟渍菜

醪糟渍菜是蔬菜咸坯，用醪糟与调味料、辛香料混合糟渍而成的蔬菜制品。

5 糠渍菜类

糠渍菜是蔬菜咸坯，用稻糠或粟糠与调味料、辛香料混合糠渍而成的蔬菜制品。

6 酱油渍菜类

酱油渍菜是蔬菜咸坯，用酱油与调味料，辛香料混合浸渍而成的蔬菜制品。

7 清水渍菜类

清水渍菜是以叶菜为原料，经过清水熟渍或生渍而制成的具有酸味的蔬菜制品。

8 盐水渍菜类

盐水渍菜是将蔬菜用盐水及辛香料混合生渍或熟渍而成的蔬菜制品。

9 盐渍菜类

盐渍菜是以蔬菜为原料，用食盐腌渍而成的湿态、半干态、干态蔬菜制品。

10 菜脯类

菜脯是以蔬菜为原料，采用果脯工艺制作而成的蔬菜制品。

11 菜酱类

菜酱是以蔬菜为原料经顶处理后，再拌和调味料、辛香料制作而成的糊状蔬菜制品。

附加说明：

本标准由国家国内贸易局提出。

本标准由中国微生物学会酿造学会酱腌菜学组及武汉市副食品调料公司起草。

本标准委托中国微生物学会酿造学会酱腌菜学组负责解释。

本标准主要起草人李润生、佘庆颐、阎学孟、顾秀兰。

中华人民共和国商业行业标准

调味品名词术语 酱油

SB/T 10298—1999

代替 ZB X 66006—87

Condiment terminology—Soy sauce

本标准规定的名词术语适用于以大豆(或脱脂大豆)、小麦、麸皮等为原料生产的酿造酱油。

1 一般名词术语

1.1 酱油

以大豆或脱脂大豆,小麦或麸皮,食盐、水为原料,经微生物酿造而成的一种液态鲜味调味品。

1.2 无盐固态发酵

成曲中拌水成为酱醅,进行较高温度(50℃~65℃)堆积发酵的一种工艺。

1.3 低盐固态发酵

成曲中拌入较低浓度盐水(12°Bé左右)成为酱醅,采用中温(40℃~50℃),堆积发酵的一种工艺。

1.4 稀发酵

成曲中加入较多量盐水成为酱醪进行发酵的工艺,有天然常温发酵和保温发酵两种。

1.5 固稀发酵

成曲中加入少量盐水堆积发酵后,再加盐水并降低品温发酵的一种工艺。

1.6 减曲发酵

取部分大豆、小麦原料制曲,另一部分原料蒸熟后直接与之混合发酵的工艺。

1.7 液体曲发酵

在液态下制曲,原料在深层培养液内培养米曲霉产酶后与蒸煮原料混合发酵的一种工艺。

1.8 酶制剂发酵

采用液体深层培养制取酶制剂,再与蒸煮原料按规定酶活混合发酵的一种工艺。

1.9 旋转蒸煮锅

酱油加压蒸煮设备。罐体以立式双头锥为主,可作360°旋转,通入蒸汽达到一定压力,使原料蒸熟。

1.10 水浴发酵池

酱油发酵设备。池体处于水浴包围中,进行保温发酵。有四面水浴式和五面水浴式之分;热循环分为热水循环和直接通汽两种;可用钢筋混凝土捣制,也可用钢板制造。

2 产品名词

2.1 罐头酱油

酱油的一种地方产品,产于福建闽侯地区。大豆蒸熟后经制曲之后,洗豉一次,再进入第二次发霉,然后腌制发酵。滤油再经晒炼后成为油膏,周期约一年左右。

国家国内贸易局1999-04-15批准　　1999-04-15实施

2.2 母油

成熟酱醅加二倍盐水稀释后，经压榨而得的酱油。

2.3 套油

成熟酱醅加二倍母油稀释后，经压榨而得的酱油。如以套油代替母油，再经压榨而得的酱油称双套油。

2.4 抽油

酱醪经三伏晒制后，发酵初熟时，用篾制细竹箩插入酱醪内，使酱油渗入竹箩内取出，即为抽油。

2.5 生抽

酱油品种之一。以大豆、小麦、盐水为原料，天然晒制酿造而得的色泽较淡的酱油。

3 工艺名语术语

3.1 高短法

指原料蒸煮处理的压力高、时间短。有原料润水大、蒸煮压力高、加压时间短、脱压冷却快四大要点。容易使蛋白质适度变性，提高原料利用率。其设备除旋转蒸煮锅外，还有网络式或螺旋推进式连续管道蒸煮机等。

3.2 酱油厚层通风制曲

将曲料置于通风曲箱内，利用鼓风机供给空气，调节温度、湿度，促进曲霉菌生长繁殖，制出成曲。按机械装置不同，分为转盘式、箱式、链箱式等。

3.3 酱醪

酱油成曲中加入多量盐水发酵，呈流动状态的稀酱状物质。

3.4 酱醅

酱油成曲中加入较少量盐水(或水)发酵，呈不流动稠厚状态的物质。

3.5 原池淋浇法

在发酵时，于发酵池底部设一假底，用泵将假底下的原汁抽到酱醅表面，循环淋浇，促进发酵。酿制成熟后不再移动酱醅进行淋油。

3.6 氧化层

速酿酱油发酵过程中由于采用较高温度(55℃～60℃)，面层酱醅中的氨基酸经氧化或与糖类化合生成色素，使色泽过深，并影响全氮含量的部分酱醅。

3.7 压榨法

酱醅(醪)成熟后，需用压榨机过滤，使酱油与酱渣分开，从而取得酱油的方法。

3.8 浸出法

酱醅成熟后，用热水浸泡，然后通过假底过滤，使酱油与酱渣分开，从而取得酱油的方法。此工艺过程称为淋油。

3.9 酱渣

酱醅(醪)提取酱油后剩余的糟粕。

3.10 酱油配制

将每批生产的不同质量的头油和二油按统一质量标准进行配兑，使成品达到规定指标的要求。

附加说明：

本标准由国家国内贸易局提出。

本标准由上海市粮油工业公司起草。

本标准主要起草人黄仲华。

中华人民共和国商业行业标准

调味品名词术语 酱类

SB/T 10299—1999

代替 ZB X 66007—87

Condiment terminology—Sauce mash

本标准规定的名词术语适用于以大豆、大豆饼粕、蚕豆、面粉等为主要原料，发酵酿制而成的蚕豆酱、黄豆酱、甜面酱、豆豉等调味酱。

1 一般名词术语

1.1 蚕豆生料制曲

蚕豆加水浸润，不经蒸煮处理，直接用以制曲的工艺。成熟的半成品保持蚕豆瓣的完整形态。

1.2 蚕豆熟料制曲

又称熟瓣制曲。蚕豆浸润、蒸熟后，拌和麦粉制曲的工艺。

1.3 金钩

即海虾米，色泽金黄，外形似钩，故称金钩。为花色豆瓣酱的辅料之一。

1.4 干白瓣

又称蚕豆瓣。蚕豆以手工或机械的方法，去除种皮后，得到的干净的蚕豆子叶。

1.5 盐瓣醅

亦称盐白瓣。蚕豆瓣经制曲、发酵的半成品。

2 产品名词

2.1 黄豆酱

亦称大豆酱、豆酱。以大豆为主要原料，经浸泡、蒸煮、拌和面粉制曲、发酵，酿制而成的色泽棕红、有光泽、滋味鲜甜的调味酱。

2.2 大酱

传统工艺生产的大酱，以大豆或脱脂大豆为原料，经润水、蒸煮、磨碎、造型、制曲、发酵而成，是糊状并具酱香的红褐色发酵性调味酱。近代工艺生产的大酱，是以黄豆酱磨碎而成。

2.3 黄酱

采用大酱工艺生产的产品，制醪发酵时所用盐水量较大，也可称稀大酱。

2.4 蚕豆酱

亦称豆瓣酱。以蚕豆为主要原料，脱壳后，经制曲、发酵而制成的调味酱。

2.5 蚕豆辣酱

以蚕豆酱为原料，配入辣椒酱及各种辅料制成的调味酱。

2.6 稠甜面酱

亦称干甜面酱。以面粉为原料，在酿造过程中，减少盐水用量，成品体态稠粘，色泽棕红，滋味鲜甜，专供烹饪、调味用。

国家国内贸易局 1999-04-15 批准　　　　1999-04-15 实施

2.7　稀甜面酱

以面粉为原料，按传统习惯，分别采用自然发酵、保温速酿、多酶糖化等不同工艺，酿制出较稀释的、流体状的色泽澄黄的稀甜面酱。是酱渍菜的原料，亦可供调味用。

2.8　甜酱油

发酵成熟的稀甜酱，用压榨法榨取的汁液，称为甜酱油。它是罐装酱菜或酱汁渍菜的原料，不能做普通甜酱油用。

2.9　豆豉

大豆原料经润水蒸煮，拌麦粉（或不拌麦粉）制曲发酵，利用微生物酶类，将原料中蛋白质降解至一定程度，再采取加盐、加酒或干燥等措施，抑制酶的活性，延缓分解过程，使原料中部分蛋白质和酶解产物共同保存下来，呈干态或半干态的颗粒状，此种发酵性制品称为豆豉。

2.9.1　霉菌型豆豉

以毛霉菌或曲霉菌制曲生产的豆豉。

2.9.2　细菌型豆豉

以细菌发酵为主，直接进行熟料堆积，生产的豆豉。

2.9.3　霉菌-细菌型豆豉

以霉菌制曲后，再经过洗豉处理又以细菌，主要是纳豆菌发酵生产的豆豉，一般成品需晒干后存放。

2.9.4　淡豆豉

在生产中不添加食盐的霉菌-细菌豆豉。成曲可入药。

2.9.5　黄豆豉

以黄色大豆为原料生产的霉菌型豆豉。

2.9.6　黑豆豉

以黑色大豆为原料生产的霉菌型豆豉。

2.9.7　姜豆豉

细菌型豆豉加工配制的产品，如辣豆豉、五香豆豉等。

2.9.8　水豆豉

细菌型半干性豆豉。

2.10　花色酱

以黄豆酱、甜面酱为基础原料，配加不同的辅料，如香肠、花生、火腿、猪肉、蘑菇等，再加入味精、辣椒、芝麻油等调味料，即可调制成不同名称的花色酱，如甜辣酱、虾子辣酱、芝麻辣酱。

2.11　西瓜酱

以西瓜瓤和瓜汁代替部分盐水，与成曲混合发酵酿制成的有西瓜清香气味的酱。

2.12　花色蚕豆酱

以蚕豆酱为基础原料，添加经过加工的海产品、畜产品、果仁、菌类等，加入植物油、辣椒糊等加工而成。常见的有牛肉豆瓣酱、金钩豆瓣酱、芝麻花生豆瓣酱、香蕈豆瓣酱等。

2.13　豉油

豆豉发酵时，从席囤下部收集的豆豉汁液，及时加盐，可作为酱油使用。

3　工艺名词术语

3.1　糖化醪

多酶速酿稀甜酱新工艺中，面粉经糊化、液化后，生成浅棕色、稀酱状、具甜味的中间产品。

3.2　粗淀粉酶

由大块面饼曲筛选的 UV11-8 液化型细菌，具有较强的液化能力。用其培养的粗淀粉酶，可直接液化淀粉，是多酶速酿稀甜酱所用的粗酶制品。

3.3 粗曲酶

由大块面饼曲筛选的UV3003米曲霉菌，含有糖化酶、蛋白酶、谷氨酰胺酶为主的多种酶系，是多酶速酿稀甜酱所用的粗酶制品。

3.4 熟面糕

将面粉放入拌水机内拌水后，再将拌匀的碎面块输入蒸料机内蒸熟，成为玉白色略带甜味的熟面糕。

3.5 面饼坯

小麦面粉拌水后，经人工或机械挤压成表面光润的面饼坯，平整后可切成三种不同规格：(1)大块面饼：边长28 cm～30 cm、厚3.5 cm～4 cm的三角形；(2)小长方块面饼：长9 cm、宽6 cm、厚3 cm的长方形；(3)小方块面饼：边长14 cm、厚3 cm的正方形。

3.6 碎面絮

以拌和机将面粉与水充分拌和，成为形状不规则、似蚕豆粒大小的颗粒，为培养散曲的曲料。

3.7 馒头坯

制作面酱时面粉原料制成的曲料坯。北方老法制馒头坯分两步：(1)用小量面粉加温水调成糊状，自然发酵制成面肥；(2)面粉接种面肥，加温水入和面机，搅成块状取出，手工揉条，刀切成宽5 cm、高8 cm的馒头形坯料。

3.8 甜酱渣

稀甜酱提取稀甜卤后余下的膏状糟粕。

3.9 面饼曲发酵法

用曲室地面曲床培养大(小)块面饼曲，加多量盐水，天然发酵成体态稀粘的稀甜酱。是我国南方制作甜面酱的老法工艺。

3.10 馒头曲发酵法

用馒头坯制曲得到馒头曲，加盐水发酵成稀厚的甜酱醪，发酵过程中定期补水，保持酱醪浓度。是我国北方制作甜面酱的传统工艺。

3.11 散曲发酵法

由碎面絮接种后，以厚层通风制曲或竹匾制曲培养成散曲，加盐水发酵成甜酱醪，一般采用常温和保温发酵两种形式，是甜面酱的改进工艺。

3.12 面糕酶解速酿法

面粉加水蒸成熟面糕，在有盐状态下，添加AS3.324甘薯曲霉及3.042曲霉浸出的粗酶液，人工控温将部分淀粉及蛋白质降解成稠厚、鲜甜的甜面酱。

3.13 多酶速酿法

面粉加盐水调成浓浆，经粗淀粉酶液化，以粗曲酶人工控温酶解，继而降低酱醪温度进行发酵，成为质地稀、味鲜甜的稀甜酱。成品供酱渍菜或调味用。

3.14 洗豉

霉菌-细菌型豆豉生产过程中的洗曲工序。

3.15 发瓣

蚕豆瓣加水浸润的处理过程。

3.16 干法脱壳

蚕豆原料直接以机械剥除种皮的方法。

3.17 湿法脱壳

蚕豆经热水或氢氧化钠溶液浸烫后，再以机械或手工剥除种皮的方法。

3.18 选瓣

从脱壳的干白瓣或熟成的盐瓣醅中剔除残留的皮壳和其他夹杂物的过程，又称择瓣。

3.19 阴醅

在室内容器中进行半成品发酵的后熟过程。

3.20 晒醅

在室外容器中进行半成品发酵的后熟过程。

3.21 调粉

面粉加盐水经搅拌调成粘稠的糊状物，是多酶法速酿甜酱工艺中液化前的工序。

3.22 码架培养制曲

北方老法培养馒头曲时，在曲室内，用木椽、竹竿搭成架，将熟馒头一行行码放，一层木椽架，放一层馒头，约码放20层左右，进行保温培养制曲。

3.23 薄层竹匾制曲

将蒸熟的小块面饼曲料或碎面絮，均匀地摊放在竹匾内，接种后，置曲室内进行分层保温培养。

3.24 曲室地面曲床制曲

培养大块面饼曲，多采用曲室水泥地面铺设20 cm厚的洁净稻(麦)草，再铺2层～3层芦席，将蒸熟摊凉的面饼，按三角形饼块顺序交叉排列，进行保温培养制曲。

3.25 翻饼

大块面饼曲制曲时，为使曲霉菌满面生长，一周内每天将面饼里外调转，顺序翻排，调节品温，促进霉菌繁殖。

3.26 小区堆积培养

大块面饼曲培养一周后，表面已长满黄绿色孢子，逐渐干燥，呈裂纹状态，需将饼曲并成小堆培养，使菌丝沿裂纹向内层繁殖，约培养一周时间。

3.27 并堆培养糖化

面饼曲经小区堆积培养后，曲霉菌满面生长，需用芦席将饼曲层层堆叠，继续培养促使其升温糖化，并堆15天后，即为成熟面饼曲。

3.28 自然浸泡

成熟面饼曲倒入缸内，轻轻压实，沿面层四周徐徐注入澄清盐水，漫过饼曲浸泡，静置曝晒一周后开始打耙。

3.29 天然发酵

各类成熟的制酱曲料，入缸加定量的盐水放置室外，日光曝晒，定时打耙，进行缓慢发酵，此工艺称为天然发酵。

3.30 磨酱

干甜酱或黄豆酱酿制接近成熟时，用磨碎机械将酱醪磨细的过程。

3.31 泄水

北方天然发酵的甜面酱，以日光曝晒，酱醪水分蒸发，中途陆续补水以保持酱醪浓度，称为泄水。

3.32 定耙

酱醪经过泄水和打耙，发酵近于成熟，停止打耙，称为定耙。

3.33 豆豉蒸料

有两种方式：(1)单蒸法：原料润水后蒸一次；(2)双蒸法：原料干蒸一次，趁热浸泡，捞出后再蒸一次。

3.34 干豆豉发酵

干豆豉发酵经两个阶段，即：(1)席囤发酵阶段(围席前发酵)；(2)木桶发酵阶段(转筒后发酵)。

附加说明：

本标准由国家国内贸易局提出。

本标准由扬州市四美酱品厂起草。

本标准主要起草人贾硕诚。

中华人民共和国商业行业标准

调味品名词术语 食 醋

SB/T 10300—1999

代替 ZB X 66008—87

Condiment terminology—Vinegar

本标准规定的名词术语适用于以粮食、糖类、水果、酒精等为原料，生产的酿造食醋。

1 一般名词术语

1.1 食醋

以粮食、果实、酒类等含有淀粉、糖类、酒精的原料，经微生物酿造而成的一种液体酸味调味品。

1.2 蒸料发酵法

食醋固态发酵的一种工艺。粮谷原料粉碎后配入辅料，拌入水分50%左右，入锅蒸熟，再加糖化曲、酒母发酵而成。

1.3 生料发酵法

食醋固态发酵的一种工艺。粮谷原料粉碎后不经蒸煮即加入水、糖化曲、酒母进行发酵。

1.4 糖化剂

酿醋生产糖化剂共分为：大曲、小曲、红曲、液体曲、淀粉酶制剂六个类型。

1.5 液体曲

用液体深层培养法制曲，将曲霉接种于培养液中，通入空气，使之生长繁殖制为成曲。

1.6 固体通风培养制曲

以麸皮等为原料，人工接种，以厚层机械通风培养，制出成曲的工艺方法。

1.7 回流法制醋

固态发酵时，用泵将池底的醋液抽出，徐徐淋浇在醋醅表面，均匀品温，促进发酵的方法。

1.8 固态发酵法制醋

醋酸发酵在固态下进行的一种工艺，即酒醅或酒醪加入辅料和疏松剂搅拌均匀后进行发酵。

1.9 液态发酵法制醋

醋酸发酵在液态下进行的一种工艺，即酒醪或淡酒液接入醋酸菌后以深层通气或表面静置发酵法酿醋。

1.10 食醋自吸式发酵罐

食醋液态深层发酵的设备，机械搅拌时，转子末端由于高速转动形成负压，自动吸入空气，使发酵时间缩短，功率消耗低。

1.11 酒精发酵率

单位量总糖实际所产的酒精量与理论上应产的酒精量之百分比。公式为：

$$\text{酒精发酵率}=\frac{W-N}{M\times 0.511\,1}\times 100\% \qquad (1)$$

式中：W——成熟醪酒精总量，g；

N——酒母酒精含量，g；

国家国内贸易局1999-04-15批准　　1999-04-15实施

M——投料葡萄糖总量＋酒母残糖含量，g；

0.511 1——理论上每公斤葡萄糖可生产纯酒精量。

1.12 食醋原料淀粉利用率

转化为食醋中有效成分总酸的淀粉重量占原料淀粉总量的百分比。公式为：

$$食醋淀粉利用率=\frac{\frac{M}{d}\times N}{S\times 0.7407}\times 100\% \quad\cdots\cdots(2)$$

式中：M——食醋实际产量，g；

N——实测食醋总酸含量；g；

d——食醋比重；

S——混合原料含淀粉总量，g；

0.740 7——每公斤淀粉理论上可产醋酸量。

1.13 醋酸发酵率

单位量酒精实际所产的醋酸量与理论上应产的醋酸量之百分比。公式为：

$$醋酸发酵率=\frac{M-N}{S\times 1.304}\times 100\% \quad\cdots\cdots(3)$$

式中：M——成熟醋中醋酸总量，g；

N——始发醋酸总量，g；

S——发酵醪酒精总量＋醋母酒精总量，g；

1.304——每公斤纯酒精理论上可产醋酸量。

1.14 酒精酵母

酵母菌为一类单细胞微生物，繁殖方式以出芽繁殖为主；细胞形态以圆形、卵圆形为主。酒精酵母特性：含较强的酒化酶；发酵力强，而且迅速；耐酒精能力强；耐酸能力强等。

1.15 醋酸菌

醋酸菌属细菌类，种属很多。细胞从椭圆到杆状，单生、成对或成链，在老培养物中易呈畸形，如球形、丝状、棒状、弯曲等。主要特性：能氧化酒精为醋酸；有的菌能氧化醋酸生成二氧化碳和水，好氧性；不耐温，60℃以上死亡。

2 产品名词

2.1 米醋

以大米为主料，经各种微生物酿制而成的食醋。以江浙玫瑰醋最为著名。

2.2 陈醋

以高粱为主料，大曲为发酵剂，经固态倒醅发酵，再经长期陈酿、浓缩而成的食醋。

2.3 熏醋

固态发酵成熟的醋醅，置于缸内，用文火加热熏烤，品温70℃～80℃，每天翻拌，约3 d～5 d即成熏醅，再经淋醋得到熏醋。

2.4 麸醋

以麸皮为主料，以麸曲为发酵剂，固态发酵成熟后，再经陈酿而成的食醋。

2.5 红曲老醋

以糯米为主料，红曲为发酵剂，采用液态表面分次添加法，半成品经多年陈酿而成的食醋。

2.6 白醋

以白酒为原料，经表面发酵法或塔醋法酿造而成的无色透明的食醋。

2.7 糖醋

以稀饴糖液为原料，接入醋母采用液体表面发酵法，酿造而成的食醋。

2.8 果醋

以水果或果酒为原料，经酵母、醋酸菌发酵酿造而成的食醋。

2.9 香醋

以糯米为主料，麸皮、稻壳为辅料，小曲为发酵剂，经固态分层发酵，再经陈酿而成的食醋。

3 工艺名词术语

3.1 酒母

酒精酵母的试管原菌，经逐级扩大培养后，即成为酒母。

3.2 醋母

醋酸菌或正常发酵的醋液，经逐级扩大培养后，即为醋母。

3.3 酒精发酵

酒精发酵是酵母菌把可发酵性糖，经过细胞内酒化酶的作用，生成酒精和二氧化碳，通过细胞膜将产物排出体外。

3.4 醋酸发酵

酒精在醋酸杆菌作用下，氧化为醋酸，这个过程称为醋酸发酵。

3.5 醋醪

酒醪接种醋酸菌种后，呈流动状态的物料。

3.6 醋醅

酒醪中拌入多量辅料和疏松剂，呈固态的物料。

3.7 倒醅

固态醋酸发酵时，因醋酸菌好氧，常在表面生长繁殖，因此必须通过倒醅，将下、中层醅料翻到表面，使之达到全面发酵。

3.8 淋醋

已成熟的固态发酵醋醅，置于装有假底的池(或缸)内，加入热水或上次淋醋的淡醋液浸泡，从下部放入浸泡液，从而取得食醋的过程。

3.9 食醋陈酿

延长食醋发酵时间，增加食醋风味物质的过程。可将成熟醋醅加盐压实，长期存放；也可将半成品或成品食醋盛入缸、坛内密封，长期存放。

3.10 食醋配兑

将分批淋出的不同质量的食醋，按规定的比例加以混合，达到规定的指标，称为配兑。

附加说明：

本标准由国家国内贸易局提出。

本标准由上海市粮油工业公司起草。

本标准主要起草人黄仲华。

中华人民共和国商业行业标准

调味品名词术语 酱腌菜

SB/T 10301—1999

代替 ZB X66009—87

Condiment terminology—Vegetables pickled in soy sauce and pickles

本标准规定的名词术语适用于酱腌菜，不适于其他的副食品和调味品。

1 一般名词术语

1.1 酱腌菜

以新鲜蔬菜为主要原料，经采用不同腌渍工艺制作而成的各种蔬菜制品的总称。

1.2 宝光

酱腌菜感官鉴定术语。珍宝玉器大多颜色鲜明，光彩夺目，谓之宝光。用以评价酱腌菜感官质量，指颜色鲜明，光泽喜人。现多以“有光泽”代替之。

1.3 琥珀色

琥珀为产于煤层中的树脂化石，呈黄至红褐色，透明，酱腌菜的琥珀色指这种颜色和光泽。

1.4 臭气

指酱腌菜不良发酵时硫化氢、氨以及挥发性胺等混合或单独的气味。

1.5 酸气

指酱腌菜中甲酸、乙酸、丙酸、丁酸等挥发酸散发的气味。

1.6 乳酸菌

乳酸菌是能使糖类发酵，主要产物为乳酸的细菌。在酱腌菜生产过程中，乳酸菌有重要作用。因乳酸菌无果胶酶，不能分解果胶，不会使酱腌菜失去脆度。

1.7 乳酸发酵

乳酸发酵是乳酸菌产生乳酸的过程。鲜菜在盐渍过程中，存在不同程度的乳酸发酵，有正型乳酸发酵和异型乳酸发酵之分。

1.7.1 正型乳酸发酵

葡萄糖经双磷酸化己糖途径进行分解的乳酸发酵过程。其特点是葡萄糖经两次磷酸化形成1,6-二磷酸果糖，1，6-二磷酸果糖醛缩酶的作用，裂解成两个三碳化合物，然后脱氢氧化形成两个分子的乳酸，其总反应式如下：

$$C_6H_{12}O_6 + 2ADP \rightarrow 2CH_3CHOHCOOH + 2ATP$$

正型乳酸发酵可将80%的葡萄糖降解为乳酸。

1.7.2 异型乳酸发酵

葡萄糖经单磷酸己糖途径进行分解的乳酸发酵过程。其特点是葡萄糖经磷酸化形成6-磷酸葡萄糖，然后脱羧脱氢形成5-磷酸木酮糖，再经 C_2—C_3 裂解成3-磷酸甘油醛和乙酰磷酸，3-磷酸甘油醛生成乳酸，乙酰磷酸生成乙醇，同时放出二氧化碳气体，其总反应式如下：

$$C_6H_{12}O_6 + ADP \rightarrow CH_3CHOHCOOH + C_2H_5OH + CO_2 + ATP$$

国家国内贸易局1999-04-15批准　　1999-04-15实施

异型乳酸发酵可将50%的葡萄糖降解为乳酸。

1.8 酱腌菜蔬菜原料

常用的酱腌菜蔬菜原料如附录A表中所列。

2 产品名词

2.1 酱渍菜

以新鲜蔬菜为原料，经盐渍成咸坯后再经酱渍而成的蔬菜制品。根据酱渍菜采用的辅料不同，分为酱曲渍菜、麦酱渍菜、甜面酱渍菜、黄酱渍菜、甜面酱-黄酱渍菜、甜面酱-酱油渍菜、黄酱-酱油渍菜、酱汁渍菜。如酱菜瓜、酱黄瓜、酱莴笋、酱姜、酱金针菜、酱什锦菜、酱八宝菜、酱包瓜、酱茄子等。

2.2 清水渍菜

以新鲜蔬菜为原料，经烫漂、浸凉(或不经烫漂、浸凉)踩压在耐酸容器，灌入清水再经乳酸发酵而成的蔬菜制品。如北方酸白菜。

2.3 盐水渍菜

以新鲜蔬菜为原料，经漂腌在不同浓度盐水中，伴随乳酸发酵加工而成的蔬菜制品。如泡菜、酸黄瓜等。

2.4 盐渍菜

以新鲜蔬菜为原料，经盐腌或盐渍加工而成的蔬菜制品。根据成品形态不同，可分为湿态、半干态、干态三种。湿态盐渍菜是成品不与菜卤分开，如泡菜、酸黄瓜等；半干态盐渍菜是成品与菜卤分开，如榨菜、大头菜、萝卜干等；干态盐渍菜是盐渍后再经干燥的制品，如干菜笋、咸香椿芽等。

2.5 糖醋渍菜

以新鲜蔬菜为原料，经盐腌或盐渍成咸坯后，贮存备用。精加工时，先降低咸坯含盐量，再用糖或醋或糖醋腌渍而成的蔬菜制品。如糖大蒜、酸藠头、糖醋萝卜、蜂蜜蒜米。

2.6 虾油渍菜

以新鲜蔬菜为原料，经盐腌或盐渍成咸坯后，再经虾油腌渍而成的蔬菜制品。

2.7 糟渍菜

以新鲜蔬菜为原料，经盐腌或盐渍成咸坯后，再经黄酒糟或醪糟腌渍而成的蔬菜制品。如糟瓜、贵州独山盐酸菜。

2.8 糠渍菜

以新鲜蔬菜为原料，经盐腌或盐渍成咸坯后，再经米糠、香辛料及着色剂共同腌渍而成的蔬菜制品，如米糠萝卜。

2.9 酱油渍菜

以新鲜蔬菜为原料，经盐腌或盐渍成咸坯后，贮存备用。精加工时，先降低含盐量，再经酱油及香辛料共同腌渍而成的蔬菜制品。如北京辣菜、榨菜萝卜、面条萝卜。

2.10 菜脯

以新鲜蔬菜为原料，按果脯加工工艺制作的蔬菜制品。如安徽糖冰姜、湖北藠头脯、湖北苦瓜脯、刀豆脯及全国各地的糖藕、糖冬瓜条等。

2.11 菜酱

以新鲜蔬菜为原料，经盐腌、磨碎，添加香辛料制作的糊状蔬菜制品。如辣椒酱、蕃茄酱等。

3 工艺名词术语

3.1 蔬菜咸坯

新鲜蔬菜经盐腌或盐渍而成的各种酱腌菜半成品。其制作方法主要有以下5种工艺。

3.1.1 干腌法

新鲜蔬菜直接用食盐腌制成咸坯的方法。确定菜和盐的比例后,将盐一次加入菜中叫单腌法;将盐分成两份,先后分两次加入菜中叫双腌法;将盐分成三份,先后分三次加入菜中叫三腌法。

3.1.2 漂腌法

又称浮腌法。将新鲜蔬菜放在一定浓度盐水中腌制成咸坯的方法。

3.1.3 卤腌法

将新鲜蔬菜放在一定浓度盐水中浸泡,定时将咸卤放出,补盐至最初浓度,再淋浇在菜面上,反复如此,直到咸坯中含盐量达到要求为止。

3.1.4 腌晒法

新鲜蔬菜先用单腌法盐腌,再经晾晒成蔬菜咸坯。

3.1.5 烫漂盐渍法

新鲜蔬菜先经100℃沸水烫漂2 min~4 min,捞出后用常温水浸凉,再经盐腌成蔬菜咸坯。

3.2 盐水

又称作盐汤、盐卤。酱腌菜行业内的行话,都是食盐水溶液的同义语。

3.3 食盐水制备法

有以下三种:

A 顺流溶盐法:将食盐置于底部及四周多孔的容器中,从上而下注入饮用水,使食盐溶解成食盐水流出。

B 逆流溶盐法:在食盐容器的下面安装进水管,接连水源,另在容器上方安装溢流管,接连盐水容器。水自下而上流经食盐层,使其溶解成盐水流出。

C 将食盐堆积在容器内,注入饮用水,经人工或机械搅拌,使食盐溶解成盐水。

3.4 菜卤

盐腌蔬菜时,在容器中出现的混合水溶液。其成分主要包括水、食盐、从蔬菜中渗出的可溶性物质、发酵过程中的代谢产物,此外还有一些微生物的菌体。

3.5 卤汁

又称为卤汤。向成品酱腌菜中添加的酱汁、酱油、虾油、糖液、醋液、糖醋液等的总称。

3.6 酱汁

以黄酱或甜面酱为原料榨取的汁液,是酱汁渍菜的辅助原料。

3.7 酱菜卤汁

以甜面酱为原料,经压榨取得的酱汁,配以各种调味料,再加温、澄清、过滤而成。它是灌入成品酱菜中的汁液,具有保持和改善成品色、香、味的多种作用。其制作方法如下:

3.7.1 榨汁

以下三种方法任取一种。

a) 甜面酱不经稀释,直接榨汁,产物为头汁。余下的头次酱渣,放入三酱汁中浸泡后再压榨,产物为二酱汁,余下的二次酱渣,放入13°Bé盐水中浸泡后又压榨,产物为三酱汁。三酱汁供下批浸泡头酱用,头汁和二酱汁混合,配成酱菜卤汁。

b) 甜面酱加入三酱汁稀释后再榨汁,产物为头汁,余下的头次酱渣,放入13°Bé盐水中浸泡后再压榨,产物为二酱汁。余下的二次酱渣,再加入13°Bé盐水中浸泡后又压榨,产物为三酱汁。三酱汁供下批浸泡头次酱渣用。头汁和二酱汁混合,配成酱菜卤汁。

c) 甜面酱中加入1倍~4倍13°Bé盐水,浸泡后只经一次压榨,取得酱菜卤汁。

3.7.2 配兑

以下两种方法任取一种。

a) 普通卤汁:酱汁100kg、白砂糖8kg、味精0.25kg、苯甲酸钠0.1 kg。

b）酱汁 100kg、白砂糖 16kg、味精 0.25kg、苯甲酸钠 0.1kg。

3.7.3　加热过滤

备不锈钢夹套锅一口，置酱汁于锅中，加入白砂糖、苯甲酸钠，汽浴加热至 80℃～90℃，保持 20min，过滤即可。制作滤液有三种方法，可任取一种。

a）将已加热至 80℃～90℃的酱汁倒进圆柱形缸内，静置冷却一夜，次日用 7 层棉布过滤，再将味精溶解在滤液中。

b）将酱汁加热至 95℃～100℃倒入圆柱形缸内，加一层泡沫蛋白在酱汁的表面，搅匀，静置 12h，用两层棉布过滤，再将味精溶解在滤液中。泡沫蛋白的制作方法是：取新鲜鸡蛋的蛋白，置桶形容器中，用一束长竹筷快速打耙，成为泡沫。

c）将酱汁加热至 100℃，按其重量，加入 2%左右硅藻土，搅匀、静置，再用板框压滤机压滤。

3.8　二酱

酱油菜用过一次的酱，重复使用时叫二酱。第三次、第四次重复使用时，相应叫三酱、四酱。他们又都称为回笼酱或乏酱。

3.9　涸卤

酱腌菜半成品或成品失去菜卤或卤汁的现象。

3.10　酱黄

又称酱曲、黄子。是甜面酱、麦酱或黄酱成曲的统称。

3.11　脱盐

又称拔淡、撤盐、撤咸。将蔬菜咸坯置于清水中浸泡，利用咸坯组织液和清水的渗透压力差。

3.12　脱水

采取特定措施减少新鲜蔬菜或咸坯含水量的工艺过程。常用措施有四种：1 种　曝晒或晾晒脱水；2 种　盐渍脱水；3 种　压榨脱水：4 种　人工热风脱水。

3.13　层菜层盐，下少上多

《酱腌菜生产工艺规程》标准中采用的术语。涵义是腌菜时铺一层菜、撒一层盐，层层如此，直到装满容器。用盐时，容器下部的用盐比例少于容器上部。

3.14　烫卤

用腌晒法制成的咸坯，在酱渍前用 70℃～80℃的澄清菜卤淋浇在咸坯上，浸泡 6 h～8 h，使之复水的过程。

3.15　压缸封存

或称压池封存，是保存咸坯的方法。具体做法有两种。一是盐水封存法：将咸坯置于空容器中，分层放入，分层踩紧。装至 90%后，盖上竹席，席上按“井”字形排列竹片或杂木，再压上石块。最后注入(18～23)°Bé 的盐水，水面高出竹席 8 cm～10 cm。二是盐泥封存法：将咸坯置于空容器中，分层放入，分层踩紧。装至 90%后，盖上聚乙烯塑料薄膜，再用盐泥封面，盐泥厚度 10 cm～15 cm，含盐量 8%以上，盐泥层的一角留出直径 10 cm 左右小井一眼，以供排气，盐泥可反复使用。

3.16　烫漂

又称作撣水、焯、炸或煠。将新鲜蔬菜置于沸水中浸烫 2 min～4 min，以驱逐蔬菜内空气显出鲜艳色，并可使影响蔬菜品质的氧化酶失活，杀死虫卵和无芽孢微生物。

3.17　转缸翻菜

或称转池翻菜。蔬菜盐渍时，为了促使食盐迅速溶解，使蔬菜各个部位都受到盐渍从而达到保脆目的而采取的工艺措施。方法是：将蔬菜、菜卤及未溶的食盐，从甲容器转入乙容器，使上下位置互换。

3.18　并缸

或称并池。蔬菜经盐渍后，部分水分和可溶性物质渗出，体积缩小，将缩小体积的酱腌菜半成品并在同一容器中，叫并缸或并池。

3.19　打耙

翻拌酱醪的术语。操作方法是：用酱耙伸入容器底部，再用力沿容器边缘提出，反复操作，可将上下酱醪翻拌均匀。

3.20　捺袋（摁袋）

酱菜在酱渍过程中，往往出现产酸产气现象，气体胀满菜袋，妨碍酱汁渗入酱菜。用人工挤捺布袋排出气体叫捺袋或摁袋。

3.21　克卤

将酱腌菜半成品的菜卤或卤汁压挤出一部分。

3.22　造型刀法

依靠人工持各种刀具将酱腌菜咸坯剖成条、丝、丁、片、角、佛手、蓑衣等形状。常用造型刀法有以下几个种类。

3.22.1　直切

左手按稳咸坯，右手持刀，一刀刀笔直切下去。切时宽窄厚薄一致，下刀要直，不能偏里偏外。

3.22.2　推切与拉切

推切是刀由后向前推切下去，着力点在刀的后端，一刀推到底。拉切是刀由前向后拉下来，着力点在刀的前端，一刀拉到底。

3.22.3　锯切

先将刀向前推，然后拉回来，一推一拉像拉锯一样。要求不论前推后拉都要缓缓下切，落刀开始用力不能过重，先轻轻推拉几次，待刀切入咸坯一半，再用力切到底。锯切时，左手要按稳咸坯勿使移动。

3.22.4　铡切

右手握住刀柄，左手按住刀背前端，两手平衡用力铡切下去。要求对准欲切部位，不使咸坯移动，操作敏捷，不使汁液流失。

3.22.5　滚切

滚切即滚刀切。左手五指伸直，按住咸坯，右手操刀，刀刃从咸坯右下方进入，切一刀，左手将咸坯向左移动一次，刀刃一直向前进入咸坯，反复如此，将圆柱形菜坯切完。要求每次进刀角度一致，不要切断。

3.22.6　推刀片与拉刀片

左手按稳原料，右手操刀，放平刀身，使刀身与砧板呈平行状态。刀从咸坯右侧向前推进，叫推片，刀从咸坯左侧拉进，叫拉片。要求成片厚薄一致。

3.22.7　斜刀片

左手按稳咸坯左边，右手操刀，刀口向左，刀身呈倾斜状，向左下方运动片进咸坯。要求成片厚薄、大小一致。

3.22.8　反刀片

刀口向外，刀身由前向后倾斜。刀片进咸坯后，由里向外运动，类似削甘蔗皮，要求成片厚薄一致。

3.22.9　剁

将咸坯先切成片状，再左右手各持一刀，上下交替将咸坯剁成丁或小块。

3.22.10　锲

采用切和片的一种综合刀法，是将咸坯切或片，但不要切断或片断，使整个咸坯仍然连接在一起。

3.22.11　蓑衣花刀

在咸坯的正面用斜刀锲一遍，再将咸坯翻过来，用直刀锲一遍，反面刀纹与正面刀纹交叉，呈斜十字刀纹，两面的刀纹深度均为五分之四，提起来呈蓑衣状。

3.22.12　梳子花刀

先用直刀锲，再将咸坯的五分之四切成丝状，类似梳子形状。

3.22.13　扇子花刀

用刀将咸坯切成连块薄片，压扁即成为扇子形。

3.22.14　齿轮花刀

用独齿的刨子在咸坯纵面周围，刨 5 条～7 条小沟，然后换刀横切成片，成为齿轮形的薄片。

3.22.15　面条花刀

用滚刀法将咸坯切成薄片，再将薄片卷成卷，横切成丝，好成面条形。

3.22.16　鸡冠花刀

将咸坯用斜刀，切成椭圆形长片，再将每片纵切为两半，然后在半圆弧上锲数齿，即成鸡冠形。

3.22.17　菊花花刀

将圆柱形咸坯，从一端横竖各锲 4 刀～8 刀，进刀五分之四，切成方条，方条粗细自定，另一端不切开，即成菊花形。

3.22.18　菠萝花刀

先用刀在咸坯周身划刻五条浅沟，再横切成片，每片约厚 1 cm，形似菠萝片。

3.22.19　荸荠花刀

将咸坯横切成直径 1.5 cm 的圆块，再将每块的两边棱削去，即成荸荠形状。

3.22.20　玫瑰花刀

用铁制的独眼刨子，在咸坯周身刨出 5 条沟纹，再横切成厚度约 1.5cm 的细片。

3.22.21　佛手花刀

将咸坯切成方形薄片，从薄片中间锲一刀，再将薄片横向锲 5 刀～6 刀，形如佛手状。

附 录 A
酱腌菜常用蔬菜原料的
中文名、植物学学名、别名
(参考件)

A.1 萝卜(*Raphanus sativus* L.)莱菔、芦菔。

A.2 胡萝卜(*Daucus carota* var. *sativa*)红萝卜、红干。

A.3 大头菜(*Brassica juncea* var. *megarrhiza*)大头芥、辣疙瘩、芥菜疙瘩、玉根头。

A.4 芜青甘蓝(*Brassica napobrassica* D.C.)洋大头菜、土苤蓝。

A.5 芜青(*Brassica rapa* var. *rapifera*)蔓菁、盘菜。

A.6 榨菜(*Brassica juncea* var. *tsatsai*)青菜头、菜头。

A.7 球茎甘蓝(*Brassica olercea* L. var. *caulorapa* D.C.)苤蓝、芥蓝头。

A.8 莴苣(*Lactuca sativa* L.)莴笋、生笋。

A.9 大蒜(*Allium sativum*)蒜苗(由叶鞘形成的假茎)。

A.10 蒜头(*Allium sativum*)大蒜(鳞茎发育成的蒜瓣)。

A.11 蒜苔(*Allium sativum*)蒜苗(真花茎)。

A.12 藠头(*Allium chinense*)薤、藠子、三白。

A.13 草石蚕(*Stachys sieboldii*)宝塔菜、螺丝菜、甘露、甘螺、蚕蛹菜、地蚕、地梨、地环。

A.14 莲藕(*Nelumbo nucifera gaerth*)菜藕、藕。

A.15 洋葱(*Allium cepa*)圆葱、葱头。

A.16 姜(*Zingiber officinale*)生姜。

A.16.1 母姜(由初生根茎发育而成)。

A.16.2 子姜(二次生的根茎)。

A.16.3 孙姜(三次生的根茎)。

A.16.4 曾孙姜(四次生的根茎)。

A.16.5 玄孙姜(五次生的根茎)。

A.17 菊芋(*Helianthus tuberosus*)洋姜、土姜、姜不辣、鬼子姜。

A.18 竹笋(*Phyllostachys pubescens* Mazel ex H. de lehaie)竹。

A.18.1 冬笋(冬季由笋芽发育的肥大部分)。

A.18.2 春笋(春季笋芽出土的部分)。

A.19 大白菜(*Brassica pekinensis* Rupr.)结球白菜、黄芽白、包心白。

A.20 雪里蕻(*Brassica juncea* var. *multiceps*)雪菜、排菜、石榴红。

A.21 大叶芥(*Brassica juncea* var. *foliosa*)春菜、青芥菜。

A.22 花叶芥菜(*Brassica* var. *crispifolia*)花叶春菜、四季苦菜、鸡啄菜。

A.23 芹菜(*Apium graveolens*)旱芹、本芹、洋芹。

A.24 黄花菜(*Hemerocallis flava* L.)金针菜、萱草。

A.25 韭菜花(*Allium tuberosum*)。

A.26 花椰菜(*Brassica oleracea* var. *botrytis*)花菜、菜花。

A.27 黄瓜(*Cucumis sativus* L.)胡瓜、王瓜。

A.28 普通甜瓜(*Cucumis melo* L. var. *makuwa makino*)甜瓜、香瓜、番瓜。

A.29 越瓜(*Cucumis melo* L. var. *conomon makino*)梢瓜。

A.30 菜瓜(*Cucumis melo* L var. *flexuosus naud*)良瓜。

A.31 茄子(*Solanum melongena*)茄包、茄果。

A.32 辣椒(*Capsicum annuum*)番椒。

A.33 苦瓜(*Momordica charantia*)金荔枝、癞葡萄、癞蛤蟆。

A.34 菜豆(*Phaseolus vulgaris*)四季豆、芸豆、玉豆。

A.35 豇豆(*Vigna sinensis*)豆角、长豆角、带豆、角豆。

A.36 扁豆(*Dolichos lablab* L.)鹊豆、面豆、沿篱豆、眉豆。

附加说明:

本标准由国家国内贸易局提出。

本标准由中国酿造学会酱腌菜学组、武汉市副食调料公司起草。

本标准主要起草人李润生、佘庆颐、阎学孟、顾秀兰。

中华人民共和国商业行业标准

调味品名词术语 腐乳

Condiment terminology—Fermented bean curd

SB/T 10302—1999

代替 ZB X 66011—87

本标准规定的名词术语适用于以大豆为主要原料生产的腐乳。

1 一般名词术语

1.1 腐乳

又名乳腐。是以大豆为原料,经加工磨浆、成坯、长霉、腌坯、发酵而成的一种口味鲜美,风味独特的调味、佐餐食品。

1.2 红曲米醪

以糯米为原料,使用红曲做糖化剂,经酵母发酵而成的红色酒醪。

1.3 酒酿卤

以糯米为原料,使用酒药做糖化剂,经酵母发酵而成的酒醪。

1.4 酒酿汁

酿制好的酒酿卤,经淋汁、压榨过滤而得的汁液。

1.5 酒酿糟

1.5.1 酿制好的酒酿卤,经榨滤提取酒酿汁后所余下的糟渣。

1.5.2 在酿制好的酒酿中加入适量的白酒,亦称酒酿糟,是制做糟方腐乳的辅料。

1.6 腐乳汤料

腐乳进入后期发酵时,加入的酒、香料、糖、盐、水及各种调味料的混合汁液。

1.7 白坯

以大豆为原料,经制浆、点浆、成型、划块而成的豆腐坯,用以制造腐乳。

1.8 毛坯

霉菌型腐乳在前期培菌结束后,白坯表面长满菌丝体,此时的豆腐坯称为毛坯。

1.9 细菌型腐乳

在前期培菌时,所用菌种为细菌,经后期发酵而成的腐乳,如黑龙江克东腐乳。

1.10 霉菌型腐乳

在前期培菌时,所用菌种为霉菌或白坯腌制后,加入面曲或豆瓣曲、料酒等,经后期发酵而成的腐乳。常用的霉菌有毛霉、根霉、曲霉。

1.11 腐乳蛋白质利用率

转化为腐乳中有效成分的蛋白质重量占原料蛋白质总量的百分比。通常以豆腐白坯蛋白质的含量来计算腐乳蛋白质利用率。公式如下:

$$腐乳蛋白质利用率=\frac{N\times W}{M}\times 100\%$$

式中:N——腐乳白坯蛋白质含量,%;

国家国内贸易局1999-04-15批准　　1999-04-15实施

W——腐乳白坯总量,g;

M——大豆原料蛋白质总量,g。

1.12 固体菌种

又称干菌。将生产用菌种混于米粉或麸皮中,使菌种呈干粉状,供前期培菌使用。

1.13 液体菌种

又称水菌。将菌种的孢子悬浮液用无菌水稀释至一定浓度,供前期培菌使用。

2 产品名词

2.1 白腐乳

腐乳的一大类,又称白方。在后期发酵过程中,不添加任何着色剂,所以汤料以黄酒、白酒、香料为主,酿造而成的腐乳。其表里颜色一致,均为淡黄色或灰黄色。其产品鲜味突出,酒香气浓。

2.2 红腐乳

腐乳的一大类,又称红方。在后期发酵的汤料中,配以着色剂红曲,酿制而得的腐乳。表面呈鲜艳的红色或紫红色,断面为淡黄色。

2.3 青腐乳

腐乳的一种,又称青方,俗称臭豆腐。在后期发酵过程中,以低度盐水为汤料,酿制而成的腐乳,具有刺激性臭味,表面呈青色。

2.4 再制腐乳

红白腐乳发酵成熟后,加入不同风味的辅料,混拌闷置较短时间而成的腐乳,称再制腐乳。

2.5 花色腐乳

腐乳的一大类,又称别味腐乳,在腐乳生产过程中,因添加不同风味的辅料,酿制出风味别致的各种腐乳称花色腐乳。

2.6 菜包腐乳

腐乳的一种,又称菜包方。腐乳前期培菌后,用蚕豆酱、辣椒面、植物油等为辅料,以菜叶(大白菜叶、卷心菜叶、笋叶、苇叶)包裹进行后期发酵,酿制而成的腐乳,也有不加入辣椒面的产品。

2.7 糟方腐乳

腐乳的一种,又称糟方。腐乳前期培菌后,添加的汤料中主要是醪糟或黄酒或酒酿糟,经后期发酵酿制而成的腐乳。

2.8 霉香腐乳

腐乳的一种。在后期发酵中,加入纯黄酒或低度白酒作汤料,酿制而成的腐乳,有浓郁的霉香及酒香。

2.9 醉方腐乳

腐乳的一种,又称醉方。在后期发酵中,加入纯黄酒作汤料,或汤料中只有白酒和花椒,酿制而成的腐乳,口感细腻,味道鲜美,酒香及酯香浓厚。

2.10 太方

以规格区分的一种块形最大的红腐乳。大小为 $7.2\times7.2\times2.4(cm^3)$,颜色鲜红,香气浓郁,为一种传统产品。

2.11 棋方

以规格区分的一种块形最小的腐乳。大小约为 $2.2\times2.2\times1.2(cm^3)$,颜色乳黄,甜味较浓,有浓郁的酱香。

2.12 丁方

以规格区分的一种块形较大的腐乳。大小约为 $5.5\times5.5\times2.2(cm^3)$,具有红腐乳的特色。

2.13 中方

以规格区分的一种中形红腐乳。大小约为 4.2×4.2×1.6(cm^3),具有红腐乳的特色。

3 工艺名词术语

3.1 前期培菌

俗称前期发酵。豆腐白坯制成后,在适当温度下接上菌种,在培菌室内进行保温培养的过程。

3.2 后期发酵

前期培菌结束后,通过腌制,加入汤料或辅料装坛密封,再经一段较长时间的保温或常温发酵,至腐乳成熟的过程。

3.3 搓毛

用人工的方法,将毛坯间菌丝连接部分分开,并将菌丝体搓倒,使其成为外衣包住毛坯的过程。

3.4 倒毛

3.4.1 同"搓毛"。

3.4.2 在前期培菌的后期,菌丝长到一定高度后出现的自然倒伏现象。

3.5 腌坯

又称腌渍或腌制。在毛坯长成后,加入一定量的食盐,利用渗透作用排出卤水的过程叫腌坯,腌制后的毛坯称作盐坯。

3.6 控汤

毛坯经腌制后,从腌制容器中捞出,放在木屉内沥去盐水的过程,也可从腌制容器的下部直接放掉盐水。

3.7 搓块

为使盐坯均匀接触腐乳汤料或辅料,在入坛发酵前,将粘在一起的盐坯一块块搓开,使其六面都沾上汤料或辅料,这一工艺过程称为搓块。

3.8 配汤

配制腐乳汤料的过程。

3.9 封坛

将盐坯加入汤料或辅料,装入容器中进行后期发酵时,需将容器密封,一般使用的容器是坛子,故称封坛。

3.10 摆笼

又称上笼、摆屉。指接种后的白坯,用人工将其整齐地摆在笼屉或曲盘上,每块间距在 1 cm 左右,以利于霉菌菌丝的生长。

3.11 倒笼

又称倒屉或倒盘。为利于毛坯上微生物的正常生长,需定时把将码放一定高度的笼屉或曲盘上下调换位置,以达到调节温度的目的。

3.12 臭笼

接种后的腐乳白坯,在培养过程中,因污染杂菌而使白坯表面生长一层黄色细菌粘膜,同时伴有刺鼻的氨臭,致使前期培菌失败。

附加说明:

本标准由国家国内贸易局提出。

本标准由北京市第二商业局职工大学、四川省蔬菜饮食服务公司起草。

本标准主要起草人王晖、吴柏伟、贺欣。

中华人民共和国商业行业标准

调味品名词术语 豆制品

SB/T 10325—1999

代替 ZB X 66010—87

Condiment terminology—Bean products

本标准规定的名词术语适用于以大豆或大豆饼粕为主要原料，经加工制成的豆类副食品。

1 一般常用名词术语

1.1 豆制品

以大豆、小豆、绿豆、豌豆、蚕豆等豆类为主要原料，经加工制成的食品。从狭义上讲，豆制品是由大豆或大豆饼粕的豆浆凝固而成的豆腐及其再制品的总称。

1.2 发酵性豆制品

以大豆为主要原料，经过微生物发酵而成的豆制食品。如腐乳、豆豉、霉豆腐、酱豆等。

1.3 非发酵性豆制品

以大豆为主要原料，不经发酵过程制成的食品。如豆浆、豆腐及其再制品、腐竹、豆粉、豆乳等。

1.4 凝固剂

加入熟豆浆中，使已经发生热变性的大豆蛋白质发生凝固作用，由蛋白质溶胶变成蛋白质凝胶的物质。盐类和酸类均可作凝固剂。常用的凝固剂有盐卤(氯化镁)、熟石膏(硫酸钙)、其他钙盐、有机酸及葡萄糖酸-δ-内脂等。有些地方用 pH4.2～4.5 的酸黄浆水作凝固剂。

1.5 消泡剂

又称防沫剂、去沫剂和抗泡剂。豆制品生产磨浆时，由于皂角素作用和大豆蛋白质的特性，生成许多泡沫，给生产操作造成困难。为消除这类泡沫而使用的食品添加剂，称为消泡剂。常用的消泡剂有植物油及其油脚、乳化硅油、甘油酸内脂等。消泡剂易在豆浆表面铺展开来，吸附于泡膜表面使其变薄，表面张力减小，以至破裂消失。

1.6 防腐剂

为抑制微生物的生长繁殖，防止食品腐败变质，延长保存时间而使用的食品添加剂。豆制品生产常用的有脂肪酸甘油脂、甘氨酸和溶菌酶等，这些物质对耐热性芽孢杆菌、革兰氏阳性菌、各种霉菌有较强的抗菌性。

1.7 改良剂

为改善豆制品的形态、质量、口味而使用的食品添加剂，统称为改良剂。其中有助于保持豆乳、豆浆饮料凝胶特性的食品添加剂称为稳定剂或增稠剂。如羧甲基纤维素、果胶、海藻酸钠等。用于提高豆制品营养价值的食品添加剂，称为强化剂。如蛋氨酸等。添加植物油则可改善豆制品的风味和品质。

1.8 卤水

1.8.1 制作豆腐用的卤水，又称盐卤或苦卤。由海水或盐湖水制盐后，残留于盐池内的母液。主要成分有氯化镁、硫酸钙、氯化钙及氯化钠等，味苦、有毒。蒸发冷却后析出氯化镁结晶，称为卤块。卤水是我国北方制豆腐常用的凝固剂，浓度一般为(20～29)°Bé。

国家国内贸易局 1999-04-15 批准　　1999-04-15 实施

1.8.2 卤块溶于水亦称卤水。作凝固剂用时，浓度一般为(18～22)°Bé，用量约为原料大豆重量的2%～3.5%。

1.8.3 制作卤制豆制品的汁液。主要由食盐、酱油、糖、味精和其他调味料熬制而成。

1.9 熟石膏

又称煅石膏。生石膏加热到100℃以上，失去部分结晶水而得到的白色固体。分子式：$CaSO_4 \cdot \frac{1}{2}H_2O$，可作为豆腐的凝固剂。熟石膏在使用前应粉碎，然后加水搅拌制成均匀悬浮液。熟石膏如进一步加热失水，变成过熟石膏，则不能作凝固剂。

1.10 老汤

又称老卤。生产卤制豆制品和炸卤豆制品时用以浸泡、煮制豆腐坯的汁液。配制老汤的调味料有花椒、茴香、桂皮、食盐、酱油以及葱、姜等。

1.11 臭卤

制作臭干时用的汁液。黑褐色、味鲜美，臭而有异香。臭卤每天发泡，沫多层厚起裂者为正常。陈年臭卤须投套淡卤再生。定期加入炒熟研末的花椒、茴香、芝麻、荷叶、食盐，以及煮熟捣烂的鲜竹笋和笋汁等，忌生水和油脂。

1.12 香卤

老卤的一种，香辛料和调味料有茴香、丁香、桂皮、味精、白糖、酱油、食盐等。还须加入焦糖色、定期投套再生，循环使用。

1.13 提取率

又称抽提率。将大豆及大豆饼粕加工成豆浆时，一种或几种成分从原料内转移到豆浆中的比率。

1.14 凝固率

豆浆中一种或几种成分转移到豆制品中的比率。

1.15 大豆蛋白质提取率

单位重量大豆所制豆浆的蛋白质含量与该大豆蛋白含量的百分比。公式如下：

$$a=\frac{R}{P}\times 100\% \qquad (1)$$

式中：a——大豆蛋白质提取率，%；

P——大豆蛋白质含量，g。

R——大豆豆浆蛋白质含量，g。

1.16 豆浆蛋白质凝固率

单位重量大豆所制豆制品的蛋白质含量与其豆浆蛋白质含量的百分比。公式为：

$$\beta=\frac{M}{R}\times 100\% \qquad (2)$$

式中：β——豆浆蛋白质凝固率，%；

R——大豆豆浆蛋白质含量，g；

M——豆制品蛋白质含量，g。

1.17 大豆蛋白质利用率

单位重量大豆所制豆制品的蛋白质含量与原料大豆蛋白质含量的百分比。公式为：

$$\gamma=\frac{M}{P}\times 100\%=\alpha \cdot \beta \qquad (3)$$

式中：γ——大豆蛋白质利用率，%；

M——豆制品蛋白质含量，g；

P——大豆蛋白质含量，g；

α——大豆蛋白质提取率，%；

β——豆浆蛋白质凝固率,%。

1.18 豆浆pH值

用pH值表示的大豆蛋白质胶体溶液的酸碱度。pH值大小与豆浆凝固有关。当豆浆pH值大于7或小于6时,凝固不能正常进行。通常将豆浆pH控制在6.8～7.0。熟豆浆中添加凝固剂后,pH值逐渐下降。通过豆浆pH值的变化,可以反映和控制蛋白质的凝固情况。大豆蛋白质凝固的临界值为pH＝6。

1.19 豆浆浓度

豆浆的稀稠程度。一般用百分比浓度或波美度(°Bé)表示。前者为原料大豆转移到豆浆中物质重量与用水量的重量百分比;后者是大豆成分溶于水形成豆浆的实际浓度,用乳汁计或折光计测定。不同产品要求的豆浆浓度各不相同,嫩豆腐需要的豆浆浓度较高(10%～12%);老豆腐需要的豆浆浓度较低(8%～10%)。

1.20 蛋白质冻结变性

将已凝固的蛋白质或蛋白质的加热溶液进行冻结,解冻后,蛋白质的溶解度下降,表明蛋白质发生变性。这种变性称为蛋白质的冻结变性。冻结变性的程度与蛋白质浓度、冻结条件、冷藏时间等因素有关。利用冻结变性可制造冻豆腐和海绵蛋白。

1.21 豆腐保水性

又称为豆腐持水性。指豆腐成型后。内含一定水分而不失重的性质。

1.22 凝固

物质从液态变为固态的过程。在豆制品生产中,凝固的含义为:热变性后的大豆蛋白质在凝固剂的作用下,由蛋白质溶胶发生胶凝作用,转变成蛋白质凝胶的过程。

1.23 凝固强度

表示豆制品流变特性的物理量,用流变仪测定。

1.24 豆腥味

大豆特有的生臭气味,是多种有机成分的总和对嗅觉的刺激。其成分已知的有脂肪族羧基化合物、芳香族羧基化合物、挥发性脂肪酸、挥发性脂肪醇、挥发性胺、酚、酸等。高温加热可去除豆腥味。

1.25 蜂窝

豆腐白坯剖面窝状洞隙的简称。蜂窝中有黄浆水,影响白坯质量。

1.26 麻面

指豆腐在成型阶段,因压榨过急,致使豆腐坯表面未形成平整光滑的表皮而呈现的粗糙表面。

2 产品名词

2.1 豆浆

将原料大豆或大豆饼粕经选料去杂、浸泡、磨糊、过滤除渣而制成的浆状液体。经高温灭菌的豆浆称为熟豆浆,不经加热的豆浆称为生豆浆。

2.2 豆糊

又称沫糊。大豆或大豆饼粕浸泡后,加水粉碎或研磨得到的粥样物。

2.3 豆渣

又称豆腐渣。过滤豆浆时,残留的白色松散固形物,是豆制品生产的副产品。含少量蛋白质和脂肪,微量维生素和矿物质,纤维素等。点卤前将熟豆浆再过滤一次,得到的细小豆渣称为飞渣。

2.4 豆腐脑

熟豆浆加入凝固剂后制得的白色弹性凝胶,可进一步压制成各类豆腐,亦可加入调味料热食。供热食的豆腐脑,有的地方叫豆羹。

2.5 豆花

往熟豆浆中加入少量凝固剂,进行不充分点脑得到的絮状凝固物。质地柔软细嫩,与豆腐脑类似。

2.6 黄浆水

豆制品点脑凝固后,压榨成型时流出的废水。色黄、微绿,pH 为 6 左右,含少量蛋白质、脂肪、碳水化合物以及凝固剂中的可溶性盐类等。

2.7 豆腐

又称大豆腐、水豆腐。以大豆或大豆饼粕为原料,经选料、浸泡、磨糊、过滤、煮浆、点脑、蹲缸、压榨成型等工序,制成的厚度在 3cm 以上的各类豆腐的通称。含水量在 80%～90%之间。其特点是持水性强、质地细嫩,有一定弹性和韧性,风味独特。

2.8 南豆腐

或称南方豆腐,又称嫩豆腐、软豆腐。指用石膏作凝固剂制成的豆腐。质地细嫩,有弹性,含水量大,一般在 85%～90%。

2.9 北豆腐

或称北方豆腐,又称老豆腐、硬豆腐。指用盐卤作凝固剂制成的豆腐,其特点是硬度、弹性、韧性较南豆腐强,含水量较南豆腐低,一般在 80%～85%之间,口味较南豆腐香。

2.10 包装豆腐

以葡萄糖酸-δ-内脂作凝固剂制作的豆腐,属嫩豆腐范畴,分盒装豆腐、袋装豆腐。

2.11 干豆腐

又称豆腐片、百页、千张。薄片状豆制品。厚度在 2mm 以下,含水量在 52%～65%之间,弹性、韧性较强。厚度在 0.5mm 以下的干豆腐叫绡千张。

2.12 冻豆腐

将水豆腐冷冻,即为冻豆腐。解冻并脱水干燥的冻豆腐又称海绵豆腐,含水量不到 1%,易于保存。

2.13 油炸豆制品

又称炸货。以干豆腐或水豆腐、豆腐泡、水坯子等半成品坯子为主要原料,加工后,经植物油炸制而成。如炸豆腐泡、油丝等。

2.14 熏制豆制品

又称熏货、熏煮豆制品。以干豆腐或水豆腐、干坯子、水坯子为主要原料,经造型、盐水煮制、烟熏、刷油等工序加工而成。产品具有独特的熏香风味。如熏干、熏卷等。

2.15 卤制豆制品

又称卤货。以水坯子或干豆腐为原料,经切块或切丝等造型工序,再放入老汤或盐水中煮制而成的豆制品。如香干、臭干等。在压制干坯时即已成型的蒲包类豆腐干亦属卤制豆制品。

2.16 炸卤豆制品

以水坯子、干豆腐或水豆腐为主要原料,经切块或切花成型,再放入油锅中炸至发硬,最后放入老汤锅中煮制而成的豆制品。产品有花干、素肚等。

2.17 炒制豆制品

又称烩炒豆制品。以水坯子或干豆腐为主要原料,刀切成型后,再经油炸、卤制,最后烩炒而成的豆制品。分油炒和糖炒两类。产品有烩干尖、甜辣块等。

2.18 膨化豆制品

大豆粉或大豆饼粕粉碎后,加入小料,再经高温高压处理,骤然减压喷爆,再加整形而成的片状、条状豆制品。如大豆蛋白肉、机制豆腐皮等。

2.19 半脱水豆制品

含水量在 50%～75%之间,不经炸、卤、熏制等工序加工的豆制品。如百页、千张、豆腐片、白干等。

2.20 干制豆制品

又称干燥豆制品,通常指以豆浆为原料,不经点卤过程制得的含水量在 10%以内的豆制品。如腐竹、豆腐皮、豆棒、甜片、豆浆粉等。

2.21　豆腐干

以中干或小干为原料，切成一定规格的万块，再放入老汤或盐水中煮熟、沥干，制得的豆制品。如香干、白干等。

2.22　腐竹

又名豆腐筋。豆浆煮沸后，在降温过程中，从豆浆表面挑起的一层薄膜，厚度在0.3mm以下。干燥后，有浅黄色光泽，形状似竹，故名腐竹。若挑起干燥后成片状物，则叫豆腐皮、油皮。

2.22.1　枝竹

腐竹中最常见的一种，为枝条形棒状，含水量在7%～9%之间。

2.22.2　扁竹

腐竹的一种，又称边竹或片竹。与枝竹制法基本相同，从熟豆浆表面扯起时为长方形片状，经干燥而成，含水量在7%～9%之间。

2.22.3　油皮

腐竹的一种，从熟豆浆表面揭起的结皮，具有油润的黄色光泽，圆形的薄片，加工方法与扁竹基本相同，唯油皮是用光滑的细杆从豆浆中挑起，晾干后需铺在湿布上，使之回潮变软，平整后叠成半圆形。主要用于包馅、蒸炸后食用。

2.22.4　豆腐棍

腐竹的一种，棍状，为蛋白质，油脂和水凝结而成的物质。煮浆时用微火煮沸；消泡后降温，保温82℃，用风扇吹风，促使豆浆表面结皮，用涂抹食用油的细杆挑卷结皮呈圆棍状，晾至半干时，置蒸笼内加温使之回潮，抽出细棍，再次晾制，干透后为成品。

2.22.5　甜竹

腐竹的一种，因含糖量高，味甜，故名。将挑完最后一层枝竹或片竹的豆浆浓缩，置入圆形平底容器中，铺平成薄饼状，加热，浆液表面结皮后，用光洁细竹竿从中间挑起，呈两半重合，用剑形的竹片插入两层中间，刮去粘附的豆浆，即为湿甜竹，干燥后为成品甜竹，含水量为10%左右。

2.22.5.1　月片

甜竹的一种，挑完枝竹、皮竹所余豆浆浓缩后，挑起结皮刮去余浆干燥而成，圆形，较片竹厚，味甜。

2.22.5.2　厚片

甜竹的一种，挑完月片后残剩豆浆进一步浓缩、挑刮、干燥而成的较厚片状物。

2.23　干坯子

又称素鸡坯子。制作炸卤素鸡、熏素鸡、酱汁丁等豆制品的坯料。

2.24　水坯子

微咸较薄、含水量85%左右的豆制品坯料。组织细腻，有弹性，按不同厚度，分为大干、中干、小干等三种。

2.25　豆腐泡

又名油货坯子。是炸油豆腐的坯料，厚度一般为3cm，含水量85%以上，组织细腻，软而不碎，表面光滑，有弹性。

2.26　豆汁

加水稀释至原料大豆重15倍～18倍的熟豆浆，供饮用。

2.27　豆粉

又名大豆粉、黄豆粉。以大豆为原料，经去皮、粉碎制得的粉状物。色淡黄，含水低于8%，含蛋白质30%，具有大豆粉末的正常气味，全部通过100目筛，92%以上通过400目筛。供制作豆浆，豆腐用。

2.27.1　黄粉

大豆经烘烤和粉碎制成的粉，味香，掺入饭中食用。

2.27.2 全脂豆粉

不经脱脂的大豆制得的豆粉。含油量18%～20%。

2.27.3 脱脂豆粉

去除大豆中所含大部分油脂而制得的豆粉。含油量在1%以下。

2.27.4 低脂豆粉

大豆去除一部分油脂或在脱脂豆粉中添加一部分油脂而制得的豆粉，含油量5%～6%，富于持水性，常用于加工面包和香肠。

2.27.5 高脂豆粉

在脱脂豆粉中加入一部分大豆油而制得的豆粉，含油量为15%。

2.27.6 强化豆粉

在豆粉中添加卵磷脂或其他营养物质强化的豆粉。

2.28 豆浆粉

又称速溶豆浆粉。以大豆为原料，经清杂、浸泡、制浆、减压浓缩、喷雾干燥制得的淡黄色粉粒。蛋白质含量50%左右，含脂肪15%以上，另含丰富的维生素和矿物质等，含水量不超过3%。供冲饮。

2.29 豆浆晶

加糖大豆粉粒。以大豆为主要原料，经去杂、浸泡、制浆、加糖、浓缩、干燥而成。粒度较豆浆粉大，供冲饮。

2.30 豆汁粉

将大豆加水破碎而得的糊状物，不经过滤即行浓缩、干燥制成的淡黄色粉粒。

2.31 豆乳

又称豆奶。将分离去渣后的豆浆经灭菌、均质、强化制成的奶状饮料。

2.32 酸豆乳

又称乳酸豆奶饮料。也称酸豆奶。将分离去渣的豆浆，经灭菌、均质、接种乳酸菌发酵后，再经兑制而成的饮料。

2.33 大豆炼乳

将过滤去渣、灭菌、均质后的大豆将加糖浓缩，得到的粘稠液体。

3 工艺名词术语

3.1 生浆工艺

大豆或大豆饼粕经选料、浸泡、磨糊之后，将豆浆过滤除渣，制得生豆浆，再加热灭菌，制取熟豆浆的工艺。本工艺优点是操作方便，效率高，易过滤，能源消耗较低，缺点是易受微生物污染而变质，影响豆腐的风味和质量。

3.2 熟浆工艺

大豆或大豆饼粕经选料、浸泡、磨糊后，先行加热煮糊至沸，而后过滤除渣，制得熟豆浆的工艺。本工艺的优点是灭菌及时，豆浆不易变质，豆腐的持水性强，口味和弹性好，出品率高。缺点是熟豆浆粘度大，过滤困难，耗能高。

3.3 半熟浆工艺

介于生浆工艺和熟浆工艺之间的一种制浆工艺。将磨得的豆糊加热到60℃或用80℃以上的热水冲糊稀释，而后过滤，再将滤得的热豆浆煮沸成为熟豆浆。本工艺优点是容易过滤，出浆率高，蛋白质提取率和利用率均比生浆工艺和熟浆工艺高，豆腐的弹性和韧性强，能较早地破坏脂肪氧化酶，去除豆腥味，但须注意防止蛋白质过度变性。

3.4 制浆

大豆或大豆饼粕经选料、浸泡、磨糊、分离、煮浆等工序，制取熟豆浆的工艺过程，为豆制品加工的基础工艺。根据各类豆制品特点,制浆加水量各有不同。以大豆为原料时,加水量以干豆重量计算,嫩豆腐是9倍,豆腐干是6倍,油豆腐是12倍,老豆腐及其他品种是10倍～11倍,腐乳坯加水量一般是10倍。以豆饼为原料时浸泡的用水量是豆饼重量的4倍,制浆时的加水量,嫩豆腐及其他品种是7倍～8倍。上述的加水量,增减幅度以不超过10%为宜。

3.5 磨浆

又称磨糊。将浸泡好的大豆或大豆饼粕加水粉碎或研磨成糊状物的过程。磨糊的目的是破坏大豆细胞组织。便于对营养成分的提取。磨浆使用的设备,古代和近代用石臼或石磨,五十年代后开始使用钢磨,近年来则广泛使用砂轮磨。

3.6 串浆

往含浆豆渣中冲热水清洗,继续进行浆渣分离的操作过程。串浆的作用,一是增加大豆营养成分的溶出,提高抽提率;二是降低豆浆浓度和粘度,便于过滤;三是调节豆浆浓度,使之适合制做不同种类豆制品的需要。

3.7 滤浆

将豆渣从豆浆中过滤分离出去的过程。俗称甩浆、压包。手工滤浆多采用吊包过滤,机械滤浆多用卧式或立式离心分离机,滤网一般为80目～100目。

3.8 薄浆

又称冲糊。半熟浆工艺的一道工序。即将磨好的浓稠豆糊加适量开水冲淡,稀释到一定程度,为过滤除渣创造良好条件。用开水薄浆,还能使大豆中的蛋白质、脂肪等成分更好地溶出,能破坏豆浆中对人体和对工艺有害的因素,如胰蛋白酶抑制素、凝血素、皂角素等,去除豆浆的豆腥味。因薄浆有一定的刹沫作用,故有些地方又称薄浆为"刹沫子"。

3.9 打膨

往熟石膏中加入少量熟豆浆,不断搅打,至呈粘稠膏状的过程。

3.10 点脑

又称点卤、点浆。往熟豆浆内加入凝固剂,使热变性的蛋白质凝固的操作过程。点脑是豆腐类制品制造过程的一道关键工序。随着对豆制品质量的要求不同,点脑方式也有很大差异,大体分为北豆腐点脑和南豆腐点脑。点脑与豆浆浓度、温度、pH值及凝固剂种类、浓度、用量、加入方法等有关。

3.10.1 北豆腐点脑

用盐卤作凝固剂的点脑方式。在搅动熟豆浆的同时,使盐卤细流连续加入;亦可将盐卤间歇加入熟豆浆中,中间有一定的时间间隔。盐卤浓度,一般控制在(14～22)°Bé,豆浆浓度因豆制品的种类而异。持水量大的豆腐,加水量是原料重的8倍～10倍;持水量小的豆腐,加水量是原料重的11倍～12倍。豆浆pH值控制在6.8～7.0。点脑时的豆浆温度为75℃～85℃。

3.10.2 南豆腐点脑

用石膏作凝固剂的点脑方式。将熟石膏加水研磨,制成悬浮液,再行点脑。南豆腐点脑有点浆、冲浆、跑浆三种方法。点脑温度一般为75℃～80℃。

3.11 点浆

3.11.1 点脑的别称。

3.11.2 点脑的一种方法。用勺划动豆浆旋转的同时,缓慢均匀地加入凝固剂,待初凝条件达到时停止操作。点浆依加入凝固剂的次数不同,分为一步法、二步法、三步法等几种方式。

3.12 冲浆

南豆腐点脑的一种方法。一部分豆浆同石膏乳一道,以15°～30°的角度沿容器壁冲下,利用冲击力使全部豆浆同石膏在容器内翻滚混合。此法最适合制湖南豆腐,也适合制普通嫩豆腐。成品白净细嫩,剖面光亮,持水性强,弹性好。

3.13 跑浆

南豆腐点脑的一种方法。一边搅动熟豆浆在容器内旋转，一边加入石膏乳。加完后，用勺阻挡豆浆的旋转，使之上下翻转，初凝条件达到后，立即将勺撤出。此法适合大容器点脑，制做普通嫩豆腐，凝固剂用量较点浆多，比冲浆少。

3.14 泼脑

又称泼箱。将豆腐脑舀入豆腐型箱的操作过程。

3.15 养脑

又称蹲缸、闷缸、蹲脑。点脑后的静置过程，在此过程中，热变性后的大豆蛋白质与凝固剂作用，在静态条件下联结而构成空间网络，将脂肪和水等包络其间。凝结成有一定弹性的豆腐脑。蹲脑要求一定的时间和保持较高的温度，手工生产一般盛在缸中，故名蹲缸。

3.16 破脑

又称打脑、打耙、开耙。将已经凝固的较大豆腐脑块均匀打散。除制做嫩豆腐无须破脑外，制做老豆腐须轻微破脑；干豆腐和其他半干豆制品则须剧烈破脑，将凝固物打碎成细絮状。破脑的目的是使部分被豆腐脑包住的水分离析，便于在压榨成型时排除。

3.17 三成操作法

制作豆腐从点脑到成型阶段，工艺上要求做到点成、蹲成、压成，故称为三成操作法。豆浆中蛋白质的凝固和成型须在静态条件下，方能更好地形成空间网络组织结构，将水和脂肪包络在蛋白质网络里，形成质量好、持水性强的大豆蛋白质凝胶——豆腐。因此要求在点脑、蹲脑、压榨成型这三个环节上，有一定的静置时间。

附加说明：

本标准由国家国内贸易局提出。

本标准由山东省牟平县食品研究所起草。

本标准主要起草人程润达。

ICS 67.040
X 66
备案号:25115—2008

中华人民共和国国内贸易行业标准

SB/T 10471—2008

调味品经销商经营管理规范

Condiment dealer management manages the norm

2008-09-27 发布　　2009-03-01 实施

中华人民共和国商务部　发布

前　言

为规范和指导调味品经销商的经营行为，加强调味品行业的管理，促进调味品行业的健康、快速、持续发展，特制定本标准。

本标准由中华人民共和国商务部提出并归口。

本标准起草单位：中国调味品协会、中国调味品协会经销商分会。

本标准主要起草人：卫祥云、白燕、贾名友、左宝起。

调味品经销商经营管理规范

1 范围

本标准规定了调味品经销商应具备的经营资质、经营场地、设备及人员等基础条件和采购、销售、储存、信用和财务等经营管理要求。

本标准适用于调味品经销商基础条件的建设和经营管理，也适用于市场监督部门对调味品经销商开业基础条件和经营管理状况的检查。

2 规范性引用文件

下列文件中的条款通过本标准的引用而成为本标准的条款。凡是注日期的引用文件，其随后所有的修改单(不包括勘误的内容)或修订版均不适用于本标准，然而，鼓励根据本标准达成协议的各方研究是否可使用这些文件的最新版本。凡是不注日期的引用文件，其最新版本适用于本标准。

GB/T 19000 质量管理体系 基础和术语(GB/T 19000—2000,idt ISO 9000:2000)

GB/T 19001 质量管理体系 要求(GB/T 19001—2000,idt ISO 9001:2000)

GB/T 19004 质量管理体系 业绩改进指南(GB/T 19004—2000,idt ISO 9004:2000)

GB/T 20903 调味品分类

GB 50016 建筑设计防火规范

GB 50222 建筑内部装修设计防火规范

3 术语和定义

下列术语和定义适用于本标准。

3.1

调味品 condiment

在饮食、烹饪和食品加工中广泛应用的，用于调和滋味和气味并具有去腥、除膻、解腻、增香、增鲜等作用的产品。即 GB/T 20903 中包含的全部产品。

3.2

调味品经销商 condiment dealer

以转售调味品为目的的交易活动的主体，包括零售商、批发商等以消费者、餐饮企业、商场和超市等市场终端为销售对象的交易主体。

4 基础条件

4.1 经营资质

应符合有关法律、法规、规章和相关标准的要求，取得营业执照、食品卫生许可证、税务登记证和有关法律、法规和规章所规定的调味品经营许可等其他证明。

4.2 经营场地

经销商应具备与经营规模相适应的固定的经营场地，持有房产证或房屋场地租赁契约，保持经营场地的使用功能，不断完善经营场地环境。

4.2.1 选址

经营场地选址应符合本地区商业网点规划要求，远离高污染和高辐射地区。

4.2.2 **交易场所**

4.2.2.1 交易场所应设于建筑物内，有完整、通透的建筑空间。

4.2.2.2 交易场所应满足商品展示、交易洽淡、资金结算的要求，具备相对独立的功能空间，并有明显的标识。

4.2.2.3 经营场地应符合食品卫生管理；消防和建筑防火设计应符合 GB 50016 和 GB 50222 的标准要求。

4.2.3 **仓储场地**

4.2.3.1 仓储场地应设于远离高污染和高辐射地区，场地内存放时，不得与有毒、有害、污染物(源)、腐蚀性物品等混放。

4.2.3.2 仓储场地应设于建筑物内，地面平整，干燥通风。寒冷地区要有必要的防冻措施。

4.2.3.3 仓储场地须符合食品卫生管理和建筑防火要求。

4.2.3.4 仓储场地应与交易场所分置。

4.3 经营设备

经销商应具备满足商品展示、仓储、资金结算的设备系统，并保持设备功能正常。有条件的企业应实现办公自动化。

4.3.1 **商品展示设备**

4.3.1.1 应有独立、稳固的商品展示设备，设备能全面展示商品外观，安全展示商品，设备应有良好的照明条件。

4.3.1.2 商品展示设备应能清晰展示样品标签。

4.3.2 **资金结算设备**

应配备齐全的资金结算设备，包括支票打印和发票打印设备。设备应选用国家许可的产品。

4.3.3 **经营服务设备**

经销商应具备满足企业自身使用和客户使用的电话通讯、货物运输等经营服务条件，保持经营服务设备功能正常，并不断提高其服务能力。

5 经营管理要求

5.1 采购管理

经销商应保证采购的商品符合产品质量标准要求，所选择的供货方具备国家规定的经营主体资质条件，采购过程信息记录完整、真实。

5.1.1 **采购商品的质量控制**

5.1.1.1 经销商应有专门机构或人员负责采购商品的质量控制，对采购的调味品的品种、规格、数量、标识、成分、产地、出厂检验证明等进行审核。

5.1.1.2 经销商应有鉴别假、冒、伪、劣调味品的技术流程。

5.1.1.3 经销商应与有资质的调味品商品质量检测机构建立委托检测业务关系，或自建商品质量检测体系。

5.1.2 **供应商的管理**

5.1.2.1 经销商应保证所选择的供应商具备国家规定的主体资质条件，认真审核其有效的营业执照、食品生产许可证、食品卫生许可证、产品检验(检疫)合格证等有关证明。并按照国家有关规定进行严格的索证索票。

5.1.2.2 对在政府主管或政府指定的企业信用档案管理系统中被列入信用黑名单的企业不应作为供货方。

5.1.2.3 供应商供应的产品必须遵守相应调味品的国家标准、行业标准或按规定备案的企业标准。

5.1.3 采购过程信息记录的管理

经销商应建立采购过程信息管理台账，保证采购过程信息的真实性、完整性和可追溯性。

5.1.3.1 采购过程信息管理台账应记录下述信息：

a) 供应商基本信息；

b) 采购商品批次与产品质量证明文件的信息；

c) 对所采购商品的质量检查或鉴定的信息；

d) “索证索票”状况信息；

e) 采购合同的基本信息；

f) 采购商品入库保管的相关信息。

5.2 销售管理

经销商应保证销售的下游客户具备国家规定的经营主体资质条件，所销售的商品质量与销售合同所标明的商品质量要求相符，销售过程信息记录完整、真实。

5.2.1 客户的管理

5.2.1.1 经销商应保证所选择的下游客户具备国家所规定的经营主体资质条件，认真审核其合法的营业执照、食品卫生许可证等资质证明，并按照国家有关规定进行严格的索证。

5.2.1.2 对在政府主管或政府指定的企业信用档案管理系统中被列入信用黑名单的企业不应作为下游客户。

5.2.2 经销商品质量管理

5.2.2.1 经销商应保证向下游客户提供的商品与销售合同规定的质量要求相符，承诺在供货过程中无假冒伪劣商品，并有明确的流程控制加以保证。

5.2.2.2 经销商应保证向下游客户提供完整、真实的文件，以证明所提供商品来源与质量信息的可信和商品质量的可靠。

5.2.3 销售过程信息记录的管理

5.2.3.1 经销商应建立销售信息管理台账，保证销售过程的真实性、完整性和可追溯性。

5.2.3.2 销售过程信息管理台账应记录下述信息：

a) 下游客户基本信息；

b) 所供应商品批次与产品质量证明文件的信息；

c) “索证索票”状况信息；

d) 本企业对下游客户的信用评估信息；

e) 销售合同的基本信息；

f) 所供应商品在库保管的相关信息。

5.3 储存管理

5.3.1 不同调味品需按相关标准进行储存，按照先进先出进行出库，对内(外)包装不完整以及过期产品等不得销售。

5.3.2 货品应隔墙离地分类存放，不得混淆，应有明显标识和货物登记卡、册。

5.3.3 储存商品时，应分别建立正品仓和次品仓，不合格的产品不得销售，包装破损不利于储藏、运输的商品分区储存。

5.4 信用管理

经销商应执行国家有关调味品安全流通的信用管理规定并履行其信用责任，承诺诚信经营义务。

5.5 人员管理

5.5.1 经销商应有符合要求的管理人员、销售人员和财务人员。

5.5.2 主要管理人员应具备相关专业知识，了解经销业务知识，熟悉国家有关法规和有关标准。

5.5.3 销售人员应熟悉调味品运输、储藏、保管常识,熟悉调味品感官、理化、卫生等标准,熟悉调味品商品的标准、标签、国家规定的认证标准,有鉴别假、冒、伪、劣调味品的一般常识。

5.5.4 从事进口调味品经营的企业要有熟悉进口调味品知识的专门人才。

5.5.5 配备经过专业培训,并取得职业资格证书的财务人员。

5.5.6 直接接触调味品的人员要定期进行健康检查,取得健康证。

5.5.7 工作人员应以诚信为本,认真履行岗位职责。

5.6 财务管理

5.6.1 在银行设有专用账户。

5.6.2 设有总账、明细账、商品账、保管账。

5.6.3 账目和报表能如实反映企业的经营状况和经营成果。

5.7 广告管理

经销商所做的涉及企业和调味品的广告宣传应符合相关规定。

5.8 经销商资质认定

经销商可分三个级别,具体分级标准见表1。

表1 经销商资质认定

项　目	一　级	二　级	三　级
注册资金	300万元以上(含)	100万元以上(含)	100万元以下
年销售收入	1.5亿元以上(含)	6 000万元以上(含)	6 000万元以下
员工人数	250人以上(含)	150人以上(含)	150人以下
仓储能力	不低于2 000 m^2	不低于600 m^2	600 m^2 以下
渠道范围	全国或省级以上区域	县级市以上区域	县级以下乡镇
经营品牌	70%以上为全国知名品牌或区域品牌	30%以上为全国知名品牌或区域品牌	全国知名品牌或区域品牌不足30%

注:无独立法人资格,无注册资金,但能够按照工商管理有关规定在批发市场内从事调味品经营的经销商,不予评级。

5.9 建设企业质量保障体系的要求

经销商应按照GB/T 19000、GB/T 19001、GB/T 19004的要求建立企业的质量保障体系。

二、产品标准

ICS 67.180.10
X 31

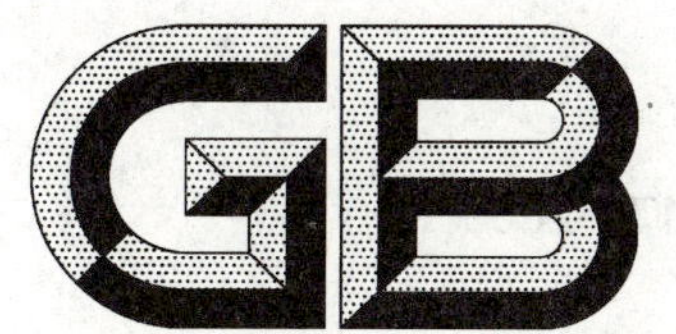

中华人民共和国国家标准

GB 317—2006
代替 GB 317—1998

白砂糖

White granulated sugar

(Codex Stan 212—1999,NEQ)

2006-03-31 发布　　2006-10-01 实施

中华人民共和国国家质量监督检验检疫总局
中国国家标准化管理委员会　发布

前　言

本标准的第3章、6.1和6.2是强制性条款，其余为推荐性条款。

本标准与国际食品法典委员会(CAC)Codex Stan 212—1999《国际糖品法典标准》(Codex standard for sugar)的一致性程度为非等效。

本标准代替GB 317—1998《白砂糖》。

本标准与GB 317—1998相比主要变化如下：

——在卫生要求中基本按GB 13104—2005《食糖卫生标准》增减项目和修订指标：增加酵母菌和霉菌项目，删除铜项目；除二氧化硫(SO_2)外，卫生要求所有项目直接引用GB 13104—2005相应项目指标，二氧化硫(SO_2)则按级别分别制定等同或严于GB 13104—2005的指标。

——在理化要求中，对以下项目作了修订：精制白砂糖的电导灰分、干燥失重、混浊度和不溶于水杂质；优级白砂糖的还原糖分、电导灰分、色值、混浊度和不溶于水杂质；一级白砂糖的色值、混浊度、不溶于水杂质；二级白砂糖的还原糖分、电导灰分、干燥失重、色值、混浊度和不溶于水杂质。

——改变了混浊度的计算和表示方法，其单位由"度"改为"毫衰减单位"(MAU)。

——在标签中增加了"推荐标注保质期"的内容。

本标准由中国轻工业联合会提出。

本标准由全国食品工业标准化技术委员会制糖分技术委员会归口。

本标准起草单位：广州甘蔗糖业研究所、洋浦南华糖业集团、广西贵糖(集团)股份有限公司、东糖集团有限公司、广西凤糖生化集团股份有限公司、云南瑞丽糖业集团有限公司、云南永德糖业集团有限责任公司、广东健力宝集团有限公司、箭牌糖类(上海)有限公司、上海精密仪器有限公司、福建糖业股份有限公司、郑州商品交易所、全国甘蔗糖业标准化中心、国家轻工业甘蔗糖业质量监督检测中心。

本标准主要起草人：梁达奉、郭剑雄、冯小华、杨万善、李锦生、杨家驹、耿怀建、李世平、潘之泓、杨爱华、邱忠成、王乃贵、谭公赞。

本标准所代替标准的历次版本发布情况为：

——GB 317—1998；

——GB 317.1—1991、GB/T 317.2—1991；

——GB 317—1984。

白 砂 糖

1 范围

本标准规定了白砂糖的技术要求、试验方法、检验规则和标签、包装、运输和贮存的要求。

本标准适用于以甘蔗或甜菜为直接或间接原料生产的白砂糖。

2 规范性引用文件

下列文件中的条款通过本标准的引用而成为本标准的条款。凡是注日期的引用文件,其随后所有的修改单(不包括勘误的内容)或修订版均不适用于本标准,然而,鼓励根据本标准达成协议的各方研究是否可使用这些文件的最新版本。凡是不注日期的引用文件,其最新版本适用于本标准。

GB/T 4789(所有部分) 食品卫生微生物学检验

GB/T 5009.55 食糖卫生标准的分析方法

GB 13104 食糖卫生标准

GB 7718 预包装食品标签通则

定量包装商品计量监督管理办法(国家质量监督检验检疫总局[2005]第75号令)

3 技术要求

3.1 级别

白砂糖分为精制、优级、一级和二级共四个级别。

3.2 感官要求

3.2.1 晶粒均匀,粒度在下列某一范围内应不少于80%:

——粗粒:0.80 mm~2.50 mm;

——大粒:0.63 mm~1.60 mm;

——中粒:0.45 mm~1.25 mm;

——小粒:0.28 mm~0.80 mm;

——细粒:0.14 mm~0.45 mm。

3.2.2 晶粒或其水溶液味甜、无异味。

3.2.3 干燥松散、洁白、有光泽,无明显黑点。

3.3 理化要求

白砂糖的各项理化指标见表1。

表1 白砂糖的各项理化指标

项目		指标			
		精制	优级	一级	二级
蔗糖分/(%)	≥	99.8	99.7	99.6	99.5
还原糖分/(%)	≤	0.03	0.04	0.10	0.15
电导灰分/(%)	≤	0.02	0.04	0.10	0.13

表 1(续)

项　　目	指　　标			
	精　　制	优　　级	一　　级	二　　级
干燥失重/(%)　　≤	0.05	0.06	0.07	0.10
色值/IU　　≤	25	60	150	240
混浊度/MAU　　≤	30	80	160	220
不溶于水杂质/(mg/kg)　　≤	10	20	40	60

3.4　卫生要求

3.4.1　二氧化硫

白砂糖的二氧化硫指标见表 2。

表 2　白砂糖的二氧化硫指标

项　　目	指　　标			
	精　　制	优　　级	一　　级	二　　级
二氧化硫(以 SO_2 计)/(mg/kg)　　≤	6	15	30	30

3.4.2　其他指标

白砂糖的砷、铅、菌落总数、大肠菌群、致病菌、酵母菌、霉菌、螨等项目的指标应符合 GB 13104 的要求。

4　试验方法

4.1　卫生要求中的二氧化硫、砷、铅按 GB/T 5009.55 的方法进行测定；菌落总数、大肠菌群、致病菌、酵母菌和霉菌按 GB/T 4789 的方法进行测定，其余各项目按本章相应方法进行测定。除另有说明外，在分析中仅使用蒸馏水或去离子水或纯度相当的水；检验方法中所使用的砝码、定量玻璃仪器及测定仪器等均须按国家有关规定及规程进行校正。

4.2　粒度的测定

4.2.1　方法提要

用一套试验筛将糖样品在一定的条件下进行筛选，将各个筛中截留的糖样品称量，求得留在筛网上糖样品的百分数对筛孔的关系。

4.2.2　仪器、设备

4.2.2.1　试验筛：筛孔 0.14 mm～2.50 mm 一套，直径 200 mm。

4.2.2.2　震筛机：振动频率：3 000 次/ min，6 000 次/ min；振幅选择：0 mm～3 mm 连续调节；振动方式：连续振动。

4.2.2.3　天平：感量 0.1 g。

4.2.3　步骤

4.2.3.1　取样

样品按四分法进行二次分离，使二次分出的样品数量能满足筛分检验之用。

4.2.3.2　筛分

称取白砂糖样品 100.0 g，将经过选择并称量的筛子，按筛孔尺寸由小至大自下而上叠装好，然后，将样品放入最上层的筛中，用盖盖好，将套筛装于震筛机上，振动 10 min，其振动频率和振幅以不磨损糖晶体为准。待振动完全停止后，将筛取下，称出每一个筛子及截留样品质量，准确到0.1 g。

4.2.3.3　计算及结果表示

计算出粒度上下限相对应孔径的两层筛之间所截留样品的质量分数，结果以孔径上下限及其质量分数表示，计算结果取整数。

4.3　蔗糖分的测定

4.3.1　术语

国际糖度标尺　international sugar scale

规定量纯蔗糖溶液[在标准大气压状态下，在空气中用黄铜砝码称取纯蔗糖26.000 0 g(在真空中为26.016 0 g)，在20.00℃时溶成体积为100.000 mL]，用λ=546.227 1 nm波长的光(真空^{198}Hg的绿色偏振光)，在温度为20.00℃时，用200.00 mm观测管，所测得的光学旋光度，规定为糖度标尺的100度点。

100度点被指定为100°Z(国际糖度)，并且标尺在0°Z和100°Z之间进行线性分度。与100°Z相当的旋光值为：

$$\alpha_{546.2271\ \mathrm{nm}}^{20.00℃}=40.777°\pm0.001°$$

实际旋光测定，也允许在波长540 nm～633 nm的范围内，以固定100度点。在黄色钠光波长下，100°Z相当的旋光值为：

$$\alpha_{589.4400\ \mathrm{nm}}^{20.00℃}=34.626°\pm0.001°$$

在氦/氖(He/Ne)激光波长下，100°Z相当的旋光值为：

$$\alpha_{632.9914\ \mathrm{nm}}^{20.00℃}=29.751°\pm0.001°$$

4.3.2　方法提要

在规定条件下采用以国际糖度标尺刻制读数为100°Z的检糖计，测定规定量糖样品的水溶液的旋光度。

4.3.3　仪器、设备

4.3.3.1　检糖计

检糖计应是根据国际糖度标尺，按糖度(°Z)刻度的，测量范围能够从－30°Z～＋120°Z，并用标准石英管加以校准，可选三种形式：

a)　装有可调整分析器即检偏器的检糖计(圆盘式旋光计)，采用单色光源(波长在540 nm～590 nm之间)，通常采用绿色的汞光或黄色的钠光。

b)　石英楔检糖计：

　1)　配有单色光源的(波长在540 nm～590 nm之间)；

　2)　配有白炽灯作为光源的，而用适当的滤色器分离出有效波长为587 nm的光。

c)　装有法拉第线圈作为补偿器的检糖计，采用单色光源(波长在540 nm～590 nm之间)。

注：旧糖度°S刻度的检糖计仍然可以使用，但读数°S须乘上一个系数0.999 71转换为°Z。

4.3.3.2　容量瓶

容量：(100.00±0.02) mL，应分别用(20.0±0.1)℃的水称量加以校正。容量瓶的容量在(100.00±0.01) mL范围内，不必更正便可使用；超出此范围应采用与100.00 mL相应的校正数加以更正，方可使用。

4.3.3.3　旋光观测管

长度：(200.00±0.02) mm，须由法定的计量机构出具合格证明，或者用具有该项证明的观测管来进行比较检验。

4.3.3.4　分析天平

感量0.1 mg。

4.3.4　试剂

蒸馏水：不含旋光物质。

4.3.5 检糖计的校准

检糖计要用经法定的计量机构检定合格的标准石英管校准。

4.3.5.1 石英管旋光度的温度校正

使用检糖计(没有石英楔补偿器的)读取石英管读数时的温度应测定,并记录到0.2℃,测定旋光度时环境及糖液的温度尽可能接近20℃,应在15℃～25℃的范围内。如果这个温度与20℃相差大于±0.2℃,则采用式(1)进行标准石英管旋光度的温度校正。

$$\alpha_t = \alpha_{20}[1 + 1.44 \times 10^{-4}(t - 20)] \quad \cdots\cdots(1)$$

式中:

α_t——t℃时,标准石英管的旋光值,单位为国际糖度(°Z);

α_{20}——20℃时,标准石英管的旋光值,单位为国际糖度(°Z);

t——读数时石英管的温度,单位为摄氏度(℃)。

4.3.5.2 不同波长下石英管读数(°Z)的换算系数

石英管的糖度读数在不同波长下以绿色汞光(波长546 nm)为基准,除以表3中相应系数进行换算。

表3 不同波长下石英管糖度读数换算系数表

光 源	波 长/nm	换算系数
白炽光经滤光	587	1.001 809
黄色钠光	589	1.001 898
氦/氖激光	633	1.003 172

4.3.6 溶液的配制

称取样品26.000 g于干洁的小烧杯中,加蒸馏水40 mL～50 mL,使其完全溶解。移入100 mL的容量瓶中,用少量蒸馏水冲洗烧杯及玻璃棒不少于3次,每次倒入洗水后,摇匀瓶内溶液,加蒸馏水至容量瓶标线附近。至少放置10 min使达到室温,然后加蒸馏水至容量瓶标线下约1 mm处。有气泡时,可用乙醚或乙醇消除。加蒸馏水至标线,充分摇匀。

如发现溶液混浊,用滤纸过滤,漏斗上须加盖表面皿,将最初10 mL滤液弃去,收集以后的滤液50 mL～60 mL。

4.3.7 旋光度的测定

用待测的溶液将旋光观测管至少冲洗2次,装满观测管,注意观测管内不能夹带空气泡。将旋光观测管置于检糖计中,目测检糖计测定5次,读数至0.05°Z;如用自动检糖计,在测定前,应有足够的时间使仪器达到稳定。

测定旋光读数后,立即测定观测管内溶液的温度,并记录至0.1℃。

4.3.8 计算及结果表示

测定旋光度时环境及糖液的温度尽可能接近20℃,应在15℃～25℃的范围内。如果旋光度不是在20.0℃±0.2℃时测定的,则应校正到20.0℃。

白砂糖样品的蔗糖分P按式(2)或式(3)计算,数值以%表示,计算结果取到一位小数。

采用石英楔补偿器的检糖计:

$$P = P_t[1 + 0.000\ 32(t - 20)] \quad \cdots\cdots(2)$$

没有石英楔补偿器的检糖计:

$$P = P_t[1 + 0.000\ 19(t - 20)] \quad \cdots\cdots(3)$$

式中:

P——蔗糖分,%;

P_t——观测旋光度读数，单位为国际糖度(°Z)；

t——观测 P_t 时糖液温度，单位为摄氏度(℃)。

4.3.9　允许误差

两次测定值之差不应超过其平均值的 0.05%。

4.4　还原糖分的测定

4.4.1　方法提要

本方法是基于碱性铜盐溶液中金属盐类的还原作用，用碘量法测定奥氏试剂与糖液作用生成的氧化亚铜，从而确定样品中的还原糖分。

本方法各项试验条件(包括试液量、奥氏试剂量、煮沸时间、碘液耗用量及碘的反应时间等)都应严格按标准规定执行。

4.4.2　仪器、设备

4.4.2.1　锥形烧瓶：容量 300 mL。

4.4.2.2　滴定管：50 mL，刻度刻至 0.1 mL。

4.4.3　试剂

4.4.3.1　奥氏试剂：分别称取硫酸铜($CuSO_4 \cdot 5H_2O$)5.0 g，酒石酸钾钠($C_4H_4O_6KNa \cdot 4H_2O$)300 g 及无水碳酸钠(Na_2CO_3)10.0 g，磷酸氢二钠($Na_2HPO_4 \cdot 12H_2O$)50.0 g(或无水磷酸氢二钠 19.8 g)，溶于 900 mL 蒸馏水中，如有必要可将其微微加热。待完全溶解后，放入沸水浴中，加热杀菌2 h，然后冷却至室温，稀释至1 000 mL，用细孔砂芯玻璃漏斗或硅藻土或活性炭过滤，贮于棕色试剂瓶中。

4.4.3.2　硫代硫酸钠贮备溶液：取硫代硫酸钠($Na_2S_2O_3 \cdot 5H_2O$)20 g 及无水碳酸钠(Na_2CO_3)0.1 g (或 1 mol/L 氢氧化钠溶液 1 mL)，用经煮沸灭菌蒸馏水溶解，定容至 500 mL，保存于棕色试剂瓶中，放置 8 d～14 d 后过滤备用。

4.4.3.3　硫代硫酸钠标准滴定溶液[$c(Na_2S_2O_3)=0.032\ 3$ mol/L]：吸取硫代硫酸钠贮备溶液 100 mL，移入容量瓶中并用经煮沸灭菌的蒸馏水稀释至 500 mL，该试剂用基准重铬酸钾($K_2Cr_2CO_7$)标定，并校正其浓度。

4.4.3.4　碘溶液[$c(\frac{1}{2}I_2)=0.032\ 3$ mol/L]：称取碘化钾(无碘)约 10 g，先溶解于数毫升水中，另称取纯碘 2.050 g，溶于碘化钾溶液，将溶液全部移入 500 mL 容量瓶中并加水至标线，标定，贮存于具有玻璃塞密封的棕色瓶内。

4.4.3.5　淀粉指示剂：称取可溶性淀粉 1.0 g，加 10 mL 水，搅拌下注入 200 mL 沸水中，再微沸 2 min，冷却，溶液于使用前制备。

4.4.3.6　冰乙酸。

4.4.3.7　盐酸溶液[$c(HCl)=1$ mol/L]。

4.4.4　步骤

4.4.4.1　测定

称取白砂糖样品 10.00 g，用 50 mL 蒸馏水溶解于 300 mL 锥形烧瓶(4.4.2.1)中，糖液含转化糖不超过20 mg，然后加入 50 mL 奥氏试剂(4.4.3.1)，充分混合，用小烧杯盖上，在电炉上加热，使在 4 min～5 min内沸腾，并继续准确地煮沸 5 min(煮沸开始的时间，不是从瓶底发生气泡时算起，而是从液面上冒出大量的气泡时算起)。取出，置于冷水中冷却至室温(不要摇动)。取出，加入冰乙酸(4.4.3.6)1 mL，在不断摇动下，加入准确计量的碘溶液(4.4.3.4)，视还原的铜量而加入 5 mL～30 mL，其数量以确保过量为准，用量杯沿锥形瓶壁加入 1 mol/L 的盐酸溶液(4.4.3.7)15 mL，立即盖上小烧杯，放置约 2 min，不时地摇动溶液，然后用硫代硫酸钠标准滴定溶液(4.4.3.3)滴定过量的碘，滴定至溶液呈黄绿色时，加入淀粉指示剂 2 mL～3 mL，继续滴定至蓝色褪尽为止。

4.4.4.2 计算及结果表示

白砂糖样品的还原糖分 R 按式(4)计算,数值以%表示,计算结果取到两位小数。

$$R=(A-B-I)\times\frac{0.001}{10}\times 100 \qquad \cdots\cdots(4)$$

式中:

R——还原糖分,%;

A——加入碘液的体积,单位为毫升(mL);

B——滴定耗用硫代硫酸钠标准滴定溶液的体积,单位为毫升(mL);

I——10 g 蔗糖还原作用的校正值(见表4)。

表 4 以碘液实耗用量(即 A-B)求毫克转化糖的校正值

碘液/mL	1	2	3	4	5	6	7	8	9	10	11
校正值	1.11	1.16	1.22	1.28	1.33	1.39	1.44	1.50	1.55	1.60	1.65
碘液/mL	12	13	14	15	16	17	18	19	20	21	22
校正值	1.69	1.72	1.76	1.79	1.82	1.85	1.88	1.90	1.92	1.94	1.95

4.4.4.3 允许误差

两次测定值之差不应超过其平均值的15%。

4.5 电导灰分的测定

4.5.1 方法提要

电导率反映离子化水溶性盐类的浓度。测定已知糖液的电导率,然后应用转换系数可算出电导灰分。

本方法所用糖液的浓度为 31.3 g/100 mL。

4.5.2 仪器、设备

电导率仪:应符合以下规格。

频率:低周,约 140 Hz。

测量范围:0 μS/ cm~300 μS/ cm。

测量误差:不应大于满量程的 0.5%,刻度单位:μS/ cm。

4.5.3 试剂

4.5.3.1 蒸馏水或去离子水:精制白砂糖必须用电导率低于 2 μS/ cm 的重蒸馏水(蒸馏过两次)或去离子水。对于其他级别白砂糖允许用电导率低于 15 μS/ cm 的蒸馏水。

4.5.3.2 0.01 mol/L 氯化钾溶液:取分析纯等级的氯化钾,加热至 500℃,脱水 30 min,冷却,称取 0.745 5 g,溶解于 1 000 mL 容量瓶中,并加水至标线。

4.5.3.3 0.002 5 mol/L 氯化钾溶液:吸取 0.01 mol/L 氯化钾溶液 50 mL 于 200 mL 容量瓶内,加水稀释至标线。此溶液在 20℃时的电导率为 328 μS/ cm。

4.5.4 步骤

4.5.4.1 测定

称取白砂糖 31.3 g±0.1 g 于干洁烧杯中,加蒸馏水溶解并移入 100 mL 容量瓶中,用蒸馏水多次冲洗烧杯及玻璃棒,洗水一并移入容量瓶中,加蒸馏水至标线,摇匀,先用样液冲洗测定电导率用的电导电极及干洁小烧杯 2 次~3 次,然后倒入样液,用电导率仪测定样液电导率,记录读数及读数时的样液温度。

电导池常数应用 0.002 5 mol/L 氯化钾溶液校核计量。

4.5.4.2 计算及结果表示

白砂糖样品的电导灰分 C 按式(5)计算,数值以%表示,计算结果取到两位小数。

$$C = 6 \times 10^{-4}(C_1 - 0.35C_2) \quad \cdots\cdots(5)$$

式中：

C——电导灰分，%；

C_1——31.3 g/100 mL 糖液在 20.0℃时的电导率，单位为微西每厘米(μS/ cm)；

C_2——溶糖用蒸馏水在 20.0℃时的电导率，单位为微西每厘米(μS/ cm)。

4.5.4.3 温度校正

测定电导率的标准温度为 20.0℃，若不在 20.0 ℃则按式(6)校正，但测量温度一般不要超过 20.0℃±5.0℃。至于溶糖用蒸馏水电导率的温度校正，因影响甚微可忽略不计。

$$C_{20.0℃} = \frac{C_t}{1 + 0.026(t - 20)} \quad \cdots\cdots(6)$$

式中：

C_t——在 t ℃时糖液的电导率，单位为微西每厘米(μS/ cm)；

t——测定糖液电导率时糖液的温度，单位为摄氏度(℃)。

4.5.4.4 允许误差

两次测定值之差不应超过其平均值的 10%。

4.6 干燥失重的测定

测定方法分为 a、b 两种方法：a 法为仲裁法，b 法为常规法。

4.6.1 方法提要

采用常压烘箱干燥技术，烘干后，在同一条件下冷却。

4.6.2 仪器、设备

4.6.2.1 干燥箱：测定过程中，离称量瓶上面(2.5±0.5)cm 处的温度要保持在(105±1)℃[或(130±1)℃]。

4.6.2.2 带温度计干燥器。

4.6.2.3 扁型称量瓶：直径为 6 cm～10 cm，深度为 2 cm～3 cm。

4.6.3 步骤

4.6.3.1 测定

将干燥箱预热至 105℃(a 法)或 130℃(b 法)。将已打开盖的干洁空称量瓶及其盖子一同放入干燥箱中，干燥 30 min，然后将称量瓶盖上盖子，从干燥箱中取出，放入干燥器中冷却至室温。将称量瓶称量并尽快称取样品 20 g～30 g(a 法)或 9.5 g～10.5 g(b 法)(准确至±0.1 mg)，样品在称量瓶中要摊平，然后将盛有样品已开盖的称量瓶及其盖子一同放入预热至 105℃(a 法)或 130℃(b 法)的干燥箱中，准确地干燥 3 h(a 法)或 18 min(b 法)，将称量瓶盖上盖子，从干燥箱中取出，放入干燥器中冷却至室温，称量(准确至±0.1 mg)。

不必干燥到恒重。但必须确保在测定的任何阶段，都不能有砂糖的有形损失，盛皿均须用干洁的坩埚夹夹拿。

4.6.3.2 计算及结果表示

白砂糖样品的干燥失重 D 按式(7)计算，数值以%表示，计算结果取到两位小数。

$$D = \frac{m_2 - m_3}{m_2 - m_1} \times 100 \quad \cdots\cdots(7)$$

式中：

D——干燥失重，%；

m_2——称量瓶及干燥前样品的质量，单位为克(g)；

m_3——称量瓶及干燥后样品的质量，单位为克(g)；

m_1——称量瓶的质量，单位为克(g)。

4.6.3.3 允许误差

两次测定值之差不应超过其平均值的15%。

4.7 色值的测定

4.7.1 方法提要

以pH(7.00±0.02)缓冲溶液溶解白砂糖样品，经滤膜过滤后，在420 nm波长条件下测量溶液的吸光系数，将吸光系数的数值乘以1 000，即为国际糖品统一分析委员会(ICUMSA)色值，结果定为ICUMSA单位(IU)。

4.7.2 仪器、设备

4.7.2.1 分光光度计应符合下列规格。测量范围：透过率0%～100%。波长误差：在420 nm处波长误差不大于±1 nm。

4.7.2.2 比色皿：厚度应选择使仪器透光度读数在20%～80%之间，配套使用的同一光径比色皿间的透光度之差不大于0.2%(在440 nm波长下，用含铬量30 μg/ mL的重铬酸钾标准溶液进行检定)。

4.7.2.3 阿贝折射仪：折射率测量范围1.300～1.700。折射率最小分度值：0.000 5。蔗糖质量分数锤度(°Bx)0～95，最小分度值：0.2。

4.7.2.4 pH(酸度)计：分度值或最小显示值0.02。

4.7.2.5 滤膜过滤器：滤膜应当厚薄均匀，膜面上分布着对称、均匀、穿透性强的微孔，孔径为0.45 μm，孔隙度达80%，孔道呈线性状而互不干扰，滤膜与直径150 mm的糖品过滤器配套使用。

4.7.3 试剂

4.7.3.1 0.1 mol/L盐酸溶液：用吸量管吸取浓盐酸(比重为1.19)8.4 mL于预先放有适量蒸馏水的1 000 mL容量瓶中，然后稀释至刻度。

4.7.3.2 三乙醇胺-盐酸缓冲溶液：称取三乙醇胺[$(HOCH_2CH_2)_3N$]14.92 g，用蒸馏水溶解并定容于1 000 mL容量瓶中，然后移入2 000 mL烧杯内，加入0.1 mol/L盐酸溶液约800 mL，搅拌均匀并继续用0.1 mol/L盐酸调到pH(7.00±0.02)[用酸度计(4.7.2.4)的电极浸于此溶液中测量pH值]。贮于棕色玻璃瓶中。

4.7.4 步骤

4.7.4.1 测定

称取白砂糖样品100.0 g于200 mL烧杯中，加入三乙醇胺-盐酸缓冲溶液(4.7.3.2)135 mL，搅拌至完全溶解。倒入已预先铺好0.45 μm孔径微孔膜的过滤器(4.7.2.5)中，在真空下抽滤，弃去最初50 mL左右的滤液，收集滤液应不少于50 mL，用折射仪(4.7.2.3)测定滤液的折光锤度，然后用比色皿(4.7.2.2)装盛糖液，在分光光度计(4.7.2.1)上用420 nm波长测定其吸光度，并用经过过滤的三乙醇胺-盐酸缓冲溶液调零。

4.7.4.2 计算及结果表示

白砂糖样品的色值C按式(8)计算，计算结果取整数。

$$C=\frac{A}{b\times c}\times 1\ 000 \qquad \cdots\cdots(8)$$

式中：

C——色值，单位为国际糖色值单位(IU)；

A——在420 nm波长测得样液的吸光度；

b——比色皿厚度，单位为厘米(cm)；

c——样液浓度(由改正到20℃的折光锤度乘上一系数0.986 2，然后查表5求得)，单位为克每毫升(g/ mL)。

表 5　蔗糖溶液折光锤度与每毫升含蔗糖克数(在空气中)对照表

折光锤度/°Bx	浓度/(g/mL)	折光锤度/°Bx	浓度/(g/mL)	折光锤度/°Bx	浓度/(g/mL)	折光锤度/°Bx	浓度/(g/mL)
40.0	0.470 2	41.3	0.488 2	42.6	0.506 5	43.9	0.524 9
40.1	0.471 5	41.4	0.489 6	42.7	0.507 9	44.0	0.526 3
40.2	0.472 9	41.5	0.491 0	42.8	0.509 3	44.1	0.527 8
40.3	0.474 3	41.6	0.492 4	42.9	0.510 7	44.2	0.529 2
40.4	0.475 7	41.7	0.493 8	43.0	0.512 1	44.3	0.530 6
40.5	0.477 1	41.8	0.495 2	43.1	0.513 5	44.4	0.532 1
40.6	0.478 5	41.9	0.496 6	43.2	0.515 0	44.5	0.533 5
40.7	0.479 9	42.0	0.498 0	43.3	0.516 4	44.6	0.534 9
40.8	0.481 2	42.1	0.499 4	43.4	0.517 8	44.7	0.536 4
40.9	0.482 6	42.2	0.500 8	43.5	0.519 2	44.8	0.537 8
41.0	0.484 0	42.3	0.502 2	43.6	0.520 6	44.9	0.539 2
41.1	0.485 4	42.4	0.503 6	43.7	0.522 1		
41.2	0.486 8	42.5	0.505 1	43.8	0.523 5		

4.7.4.3　允许误差

两次测定值之差不应超过其平均值的 4%。

4.8　混浊度的测定

4.8.1　方法提要

当单色光透过含有悬浮粒子(混浊)的溶液时,由于悬浮粒子引起光的散射,单色光强度产生衰减,以光的衰减程度减去颜色的影响表示溶液的混浊度。

4.8.2　仪器、设备

同 4.7.2。

4.8.3　步骤

4.8.3.1　测定

取待测色值的未过滤糖液,在与测定色值相同条件下(420 nm 波长),测其吸光度,并按式(9)计算其衰减指数 D。

$$D=\frac{A}{b\times c}\times 1\ 000 \qquad (9)$$

式中:

D——衰减指数,单位为毫衰减单位(MAU);

A——在 420 nm 波长测得未过滤的样液吸光度;

b——比色皿厚度,单位为厘米(cm);

c——样液浓度(由改正到 20℃的折光锤度乘上一系数 0.986 2,然后查表 5 求得),单位为克每毫升(g/ mL)。

4.8.3.2　计算及结果表示

白砂糖样品的混浊度按式(10)计算,计算结果取整数。

$$M=D-C \qquad (10)$$

式中:

M——混浊度,单位为毫衰减单位(MAU);

D——过滤前溶液衰减指数，单位为毫衰减单位(MAU)；

C——微孔膜过滤后糖液色值指数，单位为毫衰减单位(MAU)。

注：色值指数即国际糖色值。

4.8.3.3 允许误差

两次测定值之差不应超过其平均值的10%。

4.9 不溶于水杂质的测定

4.9.1 方法提要

用过滤孔径40 μm的坩埚式玻璃过滤器，上面铺一层约5 mm厚经稀盐酸溶液洗涤并以水冲洗干净的玻璃纤维(或与滤板相配合的紧密绒布或毛布)，将糖液减压抽滤，再用蒸馏水进行减压过滤洗涤滤渣，然后干燥至恒重。

4.9.2 仪器、设备

4.9.2.1 坩埚式玻璃过滤器：孔径40 μm。

4.9.2.2 干燥箱。

4.9.2.3 带温度计干燥器。

4.9.2.4 分析天平：感量0.1 mg。

4.9.3 试剂

4.9.3.1 1% α-萘酚乙醇溶液：称取α-萘酚1 g，用95%乙醇溶解至100 mL。

4.9.3.2 浓硫酸：含硫酸95%～98%。

4.9.4 步骤

4.9.4.1 测定

称取样品500.0 g于1 000 mL烧杯中(精制白砂糖则称取1 000.0 g于2 000 mL烧杯中)，加入不超过40℃的蒸馏水，搅拌至完全溶解，倾入干燥至恒重的玻璃过滤器(4.9.2.1)中进行减压过滤。用水充分洗涤滤渣，用α-萘酚乙醇溶液(4.9.3.1)检查，至洗涤液不含糖分为止，将过滤器连同滤渣置于125℃～130℃的干燥箱(4.9.2.2)中干燥后，取出置于干燥器(4.9.2.3)中，冷却至室温，进行首次称量。烘干约30 min，冷却称量一次，直到相继两次质量之差不超过0.001 g，可认为达到恒重，记录其质量。

微糖检验方法：取洗涤液2 mL于试管中，加入1% α-萘酚乙醇溶液(4.9.3.1)数滴，再沿管壁缓缓加入浓硫酸(4.9.3.2)2 mL。蔗糖在浓硫酸存在下与酚类起极强的呈色反应，在水与酸的界面出现紫色环，说明有蔗糖存在，若为黄绿色环说明无蔗糖存在。

4.9.4.2 计算及结果表示

每千克白砂糖样品所含不溶于水杂质的质量F按式(11)计算，计算结果取到整数。

$$F = \frac{m_2 - m_1}{m_0} \times 10^6 \quad \cdots\cdots(11)$$

式中：

F——每千克白砂糖样品所含不溶于水杂质的质量，单位为毫克每千克(mg/kg)；

m_2——干燥过滤器连同介质与不溶于水杂质的质量，单位为克(g)；

m_1——干燥过滤器连同过滤介质质量，单位为克(g)；

m_0——所称取白砂糖样品质量，单位为克(g)。

4.9.4.3 允许误差

两次测定值之差不应超过其平均值的15%。

4.10 螨的检验

4.10.1 方法提要

白砂糖中螨的检验采用漂浮法。将白砂糖溶解于蒸馏水中，镜检糖液表面的漂浮物，以确定是否有螨及螨的数目。

4.10.2 仪器、设备

4.10.2.1 显微镜。

4.10.2.2 放大镜。

4.10.2.3 玻片。

4.10.2.4 三角瓶(1 000 mL)。

4.10.3 步骤

4.10.3.1 称取白砂糖样品 250 g,放入1 000 mL三角瓶中,加入不高于35℃的蒸馏水并不断搅拌,使其完全溶解,补充蒸馏水至瓶口处,以不使水溢出为止。

4.10.3.2 用洁净的玻片盖在瓶口上,使玻片与液面接触,静置 15 min,取下镜检。这一操作重复若干次,以镜检所有的漂浮物。

4.10.3.3 检出螨的数目即为 250 g 白砂糖中的总螨数。

5 检验规则

5.1 型式检验

5.1.1 取样方法:每分离一罐糖膏为一个编号,在称量包装时,连续采集样品约 3 kg,放在带盖的容器中,混匀后为编号样品,该样品除供编号分析之用外,另取 0.5 kg 放在带盖的容器中,积累 24 h 后为日集合样品。

取日集合样品 1.5 kg,用双层食品级塑料袋密封包装,或磨砂口玻璃瓶盛装,标明产品编号、级别、生产日期、样品基数、检验结果及检验员,于通风干燥的环境中留存,供工厂自检及质量监督检验之用。经供、收双方认可,可作为仲裁检验留样,一次抽检或仲裁检验结果,对先后出厂的同一编号糖有效。

5.1.2 生产厂在保证产品质量稳定的前提下,每编号样品可按生产的实际情况进行项目的抽检,日集合样品检验理化要求的全部项目;检验结果若有一项或一项以上不符合该级别要求的,则按实达级别处理,达不到二级白砂糖指标的按不合格品处理。

5.1.3 有下列情况之一时,进行技术要求全部项目的检验,检验结果作为对产品质量的全面考核:

a) 生产期开始或洗机后恢复生产时;

b) 正常生产的前期、中期、后期;

c) 交收检验出现不合格批时;

d) 质量监督机构提出检验要求时。

5.2 交收检验

5.2.1 每一次交货的白砂糖为一个交收批,每批白砂糖必须附有生产厂的产品合格证,收货方凭合格证收货,交收双方均有权提出在现场抽检或抽样封存。日后若有质量争议,符合贮存条件保管的封存样品作为仲裁检验样品,由法定质量仲裁检验机构出具的检验结果为该批白砂糖仲裁检验结果。

5.2.2 白砂糖的每个交收批为一个检验批。

5.2.3 抽样规则

5.2.3.1 白砂糖抽样以堆为单位,从糖堆的四个侧面及上面共五个面抽样。上面抽中心一个点;每个侧面在其中一条对角线上按如下规定均匀抽取若干点:300 t 以下(含 300 t)为三个点;300 t以上每增加 100 t 增加一个点,也即 300 t 以下(含 300 t)的糖堆每堆抽 13 个点,300 t 以上的堆抽取的点数按式(12)计算。

$$n = 4 \times \frac{m}{100} + 1 \qquad \cdots\cdots(12)$$

式中:

n——抽样点数,取整数;

m——样品质量,单位为吨(t),$\frac{m}{100}$取整数。

5.2.3.2 每点抽取白砂糖样品150 g，每堆各点抽样混匀后作为该堆样品，若每批有多个糖堆，则各糖堆的抽样混匀后作为该批样品。

5.2.3.3 抽样器、盛装容器应干净无菌。

5.2.4 交收检验项目至少为理化要求的全部项目，需增加项目时，在供、收双方的书面合同中明确，并应写明国家认可的质量检测机构为仲裁检验机构。

6 标签、包装、运输和贮存

6.1 标签

6.1.1 预包装白砂糖标签应符合GB 7718的规定，须有下列内容：

a) 产品名称；

b) 级别；

c) 净含量(千克或克)；

d) 制造包装或经销单位依法登记注册的名称和地址；

e) 产品标准号；

f) 生产日期。

6.1.2 推荐在白砂糖标签上标注保质期，保质期由生产企业或包装单位自行确定。

6.2 包装

6.2.1 包装袋

白砂糖须用符合卫生标准的包装袋包装，大包装应有牢固的外包装袋(如编织袋等)。

6.2.2 包装计量

50 kg包装的白砂糖单件净含量的负偏差不得超过100 g，批量平均偏差应大于或者等于零。其他规格包装按《定量包装商品计量监督管理办法》执行。

6.3 运输和贮存

6.3.1 每批糖出厂时，由生产厂附产品合格证、运输与保管条件说明书各一份。

6.3.2 运糖工具和糖仓必须清洁、干燥、严禁白砂糖与有害、有毒、有异味和其他易污染物品混运、混贮，用船运载和仓贮时糖堆下面应有垫层，以防受潮。

6.3.3 糖包应堆放在距离墙壁、暖气管或水泥柱1 m以外，糖堆高度以确保安全为原则。根据先入仓先出仓的原则，依次调拨运出。

6.3.4 糖仓内保持干燥，避免高温。

前　　言

本标准3.3条为强制性的，其余为推荐性的。

本标准是根据GB 1445.1—1991《绵白糖》、GB/T 1445.2—1991《绵白糖试验方法》及QB 1681—1993《精制绵白糖》进行修订的，在技术要求上非等效采用CODEX STAN 6—1981《白糖》和《国际糖品统一分析方法》，其他条款是严格按照我国有关标准和法规的要求编写的。

在技术要求中，将QB/T 1681—1993《精制绵白糖》并入《绵白糖》国家标准，即在绵白糖的等级中增加了“精制”级别，同时取消了“二级”品等级标准。理化要求中的“水不溶杂质”及卫生要求中的“二氧化硫”指标有所提高。

在试验方法中，“色值的测定”以缓冲溶液法代替了以往的调pH法，同时还增加了“螨的检验”。

在“检验规则”中，规定了新的抽样方法。对“标签、包装、运输、贮存”一章，也根据有关最新标准和法规进行了修订。

本标准自实施之日起，同时代替GB 1445.1—1991、GB/T 1445.2—1991和QB/T 1681—1993。

本标准由国家轻工业局提出。

本标准由全国甜菜糖业标准化中心归口。

本标准起草单位：国家轻工业局甜菜糖业研究所。

本标准主要起草人：张继峰、王茹菊、陈枫柏。

中华人民共和国国家标准

GB 1445—2000

代替 GB1445.1—1991
GB/T 1445.2—1991

绵 白 糖

White soft sugar

1 范围

本标准规定了绵白糖的技术要求、试验方法、检验规则及标签、包装、运输、贮存的要求。

本标准适用于制糖工业中利用甜菜、粗糖为原料生产的绵白糖。

2 引用标准

下列标准所包含的条文,通过在本标准中引用而构成为本标准的条文。本标准出版时,所示版本均为有效。所有标准都会被修订,使用本标准的各方应探讨使用下列标准最新版本的可能性。

GB 4789.1～4789.31—1994 食品卫生检验方法 微生物学部分

GB/T 5009.55—1996 食糖卫生标准的分析方法

GB 7718—1994 食品标签通用标准

GB 13104—1991 白糖卫生标准

3 技术要求

绵白糖按技术要求的规定分为精制、优级、一级。

3.1 感官要求

3.1.1 晶粒细小、均匀,颜色洁白,质地绵软。

3.1.2 晶体或其水溶液味甜、无异味。

3.1.3 产品的水溶液清澈、透明。

3.1.4 精制级别每平方米表面积内长度大于 0.2 mm 的黑点数量不多于 12 个,其他级别不多于 16 个。

3.2 理化要求

绵白糖的各项理化指标见表 1。

表 1

项目		指标		
		精制	优级	一级
总糖分,%	≥	98.40	97.95	97.92
还原糖分,%		1.5～2.5	1.5～2.5	1.5～2.5
干燥失重,%		0.80～1.60	0.80～2.00	0.80～2.00
电导灰分,%	≤	0.03	0.05	0.08
色值,IU	≤	30	80	120
粒度,mm	≤	0.30	0.35	0.40
混浊度,度	≤	4	7	10
不溶于水杂质,mg/kg	≤	20	40	50

国家质量技术监督局 2000-11-21 批准 2001-10-01 实施

3.3 卫生要求

绵白糖的各项卫生指标见表 2。

表 2

项　目		指　标		
		精制	优级	一级
砷(以 As 计),mg/kg	≤	0.5	0.5	0.5
铅(以 Pb 计),mg/kg	≤	1.0	1.0	1.0
铜(以 Cu 计),mg/kg	≤	2.0	2.0	2.0
二氧化硫(以 SO_2 计),mg/kg	≤	15	15	15
菌落总数,个/g	≤	350	350	350
大肠菌群,个/100 g	≤	30	30	30
致病菌(系指肠道致病菌及致病球菌)		不得检出	不得检出	不得检出
螨(在 250 g 糖中)		不得检出	不得检出	不得检出

4 试验方法

卫生要求中的铅、砷、铜、二氧化硫按 GB/T 5009.55 规定的方法进行测定,菌落总数、大肠菌群、致病菌按 GB 4789.1～4789.31 规定的方法进行测定,其余各项均按本章相应方法进行测定。

4.1 粒度的测定

4.1.1 方法提要

在显微镜下用测微尺测量出绵白糖晶粒长轴的平均长度。

4.1.2 仪器、设备

4.1.2.1 显微镜。

4.1.3 试剂

4.1.3.1 无水乙醇。

4.1.3.2 纯蔗糖。

4.1.3.3 无水乙醇的饱和蔗糖溶液

取足量纯蔗糖放入无水乙醇中,用玻璃棒充分搅拌,静止 1 h,将未溶解的蔗糖过滤除去,即是无水乙醇的饱和蔗糖溶液。

4.1.4 步骤

4.1.4.1 测定

取少量样品放于 50 mL 烧杯中,加入少量无水乙醇的饱和蔗糖溶液,用玻璃棒搅拌使粘在一起的晶粒分开,然后均匀铺于载玻片上,用 80 倍显微镜观察。选晶形整齐、大小居中的颗粒 10 个,用测微尺测量其长轴尺寸并记录。

4.1.4.2 计算及结果表示

样品的颗粒度用式(1)计算,计算结果取到两位小数。

$$颗粒度 = \frac{A}{10} \quad \cdots\cdots(1)$$

式中:A——10 个晶粒长轴尺寸总和。

4.2 总糖分的测定

4.2.1 方法提要

样品组分中去除干燥失重和电导灰分含量后即为总糖分。

4.2.2 计算及结果表示

样品的总糖分用式(2)计算,计算结果取到两位小数。

$$总糖分 = 100 - (X_1 + X_2) \quad \cdots\cdots(2)$$

式中：X_1——干燥失重(以质量百分数表示)；

X_2——电导灰分(以质量百分数表示)。

4.3 还原糖分的测定

4.3.1 方法提要

在加热条件下，以四甲基蓝作指示剂，用配制好的糖溶液滴定标定过的费林氏液，根据消耗糖溶液的量，计算样品中还原糖的含量。

4.3.2 仪器、设备

4.3.2.1 容量瓶：200 mL，250 mL，1 000 mL。

4.3.2.2 滴定管：50 mL，刻度为 0.1 mL。

4.3.2.3 吸液管：5 mL。

4.3.2.4 锥型管：250 mL。

4.3.2.5 布氏漏斗及吸滤瓶。

4.3.3 试剂

4.3.3.1 费林氏甲液：取化学纯硫酸铜($CuSO_4 \cdot 5H_2O$)69.28 g 放入 1 000 mL 烧杯中，加蒸馏水约 500 mL后置于沸腾水浴中加热使其溶解，冷却后定容至 1 000 mL。

4.3.3.2 费林氏乙液：取化学纯酒石酸钾钠($KNaC_4H_4O_6 \cdot 4H_2O$)346 g 放入烧杯中，加入蒸馏水约 500 mL后加热使其溶解；用另一烧杯称取氢氧化钠 100 g，加入约 500 mL 蒸馏水溶解；将两液混匀，冷却后定容至 1 000 mL。

4.3.3.3 纯蔗糖：取质量较好的白砂糖溶解于水中，在水浴上加热至 70～80℃，继续加入白砂糖以玻璃棒搅拌，至不能溶解时为止。用少量脱脂棉作过滤介质，在保温漏斗中过滤。漏斗下放一杯无水乙醇，当热糖液滴下时不断搅拌，使白砂糖溶液在乙醇中生成极细晶体。当杯中蔗糖晶体达到所需数量时，将部分结成小块的晶粒取出，用乳钵研碎，然后一并在布氏漏斗中用真空吸滤法吸干。再将晶体溶解于 70℃～80℃水中至不能溶解为止。重复上述操作方法，将已经吸滤的蔗糖在乳钵中研碎，在 50℃和 －0.053 MPa真空下干燥至恒重。

4.3.3.4 标准转化糖溶液(1 g 转化糖/100 mL)：取 9.500 g 纯蔗糖溶解于 100 mL 蒸馏水中，缓慢加入分析纯浓盐酸(比重 1.19)5 mL，在 20℃～25℃放置 3 天后于容量瓶中稀释至 1 000 mL，倒入带有磨口的瓶中备用。此溶液是一种稳定的储备液(可存放 3～4 个月)，使用前随时稀释。

4.3.3.5 转化糖溶液(0.2 g 转化糖/100 mL)：吸取标准转化糖溶液 50 mL 于 250 mL 容量瓶中，加入 0.1 mol 氢氧化钠溶液中和后(氢氧化钠用量是以酚酞为指示剂预先滴定计算而得)，加蒸馏水至标线。

4.3.3.6 四甲基蓝溶液(1 g/100 mL)：称取分析纯四甲基蓝 5 g 溶于蒸馏水中并稀释至 500 mL。

4.3.4 费林氏液的标定

吸取费林氏甲、乙液各 5 mL 于 250 mL 锥形瓶中，用标准的滴定方法(见 4.3.5.3)应耗用转化糖溶液(0.2 g 转化糖/100 mL)25.64 mL。在需要进行少量调整时，可加入算好的硫酸铜量或水量后，随即充分摇匀。凡经调整后的溶液都应进行重新标定，直至恰好为 25.64 mL 为止。

4.3.5 步骤

4.3.5.1 样液的制备

称取 20.00 g 绵白糖样品，用蒸馏水溶解并定容至 200 mL 后装入 50 mL 滴定管中备用。

4.3.5.2 预检

吸取费林氏甲、乙液各 5 mL 于 250 mL 锥形瓶中，混匀。于滴定管中预加被检糖液 15 mL，在石棉网上用电炉加热至沸腾。溶液经煮沸 10 s～15 s 后，如它的颜色显示费林氏液还没有还原完全，可再加糖液(一次 10 mL 或 5 mL)，每次沸腾后都要煮沸几秒钟直至铜离子变成橙色为止。记下滴定用去的被检糖液的总体积。

4.3.5.3 标准的滴定方法

吸取费林氏甲、乙液各 5 mL 于 250 mL 锥形瓶中，一次加入比预检糖液总量少 0.5 mL～1.0 mL 的被检糖液，在石棉网上用电炉加热至沸腾，并缓和地煮沸 2 min（以瓶颈口不断地冒出蒸汽使费林氏液不被空气氧化为限），同时加几粒玻璃珠以防暴沸。然后加入四甲基蓝溶液 2～3 滴，维持沸腾并继续滴加被检糖液，滴加速度为每 10 s 2～3 滴，即正好在 1 min 内完成，使整个煮沸时间为 3 min。记下滴定用去的被检糖液的总体积。

4.3.6 计算及结果表示

还原糖含量用式(3)计算，以百分数表示，计算结果取到两位小数。

$$还原糖(\%)=\frac{I}{S\times 10} \qquad \cdots\cdots(3)$$

式中：I——100 mL 被检糖液中所含还原糖的量，mg（从表 3 中查出）；

S——100 mL 被检糖液中样品量，g。

4.3.7 允许误差

两次测定值之差不得超过其平均值的 15%。

表 3 还原糖当量表

复检时滴定用去被检糖液总体积，mL	100 mL 被检糖液含 5 g 蔗糖时		100 mL 被检糖液含 10 g 蔗糖时		100 mL 被检糖液含 25 g 蔗糖时	
	还原糖因数	100 mL 被检糖液含还原糖量，mg	还原糖因数	100 mL 被检糖液含还原糖量，mg	还原糖因数	100 mL 被检糖液含还原糖量，mg
15	47.6	317.0	46.1	307.0	43.4	289
16	47.6	297.0	46.1	288.0	43.4	271
17	47.6	280.0	46.1	271.0	43.4	255
18	47.6	264.0	46.1	256.0	43.3	240
19	47.6	250.0	46.1	243.0	43.3	227
20	47.6	238.0	46.1	230.0	43.2	216
21	47.6	226.0	46.1	219.5	43.2	206
22	47.6	216.4	46.1	209.5	43.1	196
23	47.6	207.0	46.1	200.4	43.0	187
24	47.6	198.3	46.1	192.1	42.9	179
25	47.6	190.4	46.0	184.0	42.8	171
26	47.6	183.1	46.0	176.9	42.8	164
27	47.6	176.4	46.0	170.4	42.7	158
28	47.7	170.3	46.0	164.3	42.7	153
29	47.7	164.5	46.0	158.6	42.6	147
30	47.7	159.0	46.0	153.3	42.5	142
31	47.7	153.9	45.9	148.1	42.5	137
32	47.7	149.1	45.9	143.4	42.4	132
33	47.7	144.5	45.9	139.1	42.3	128
34	47.7	140.3	45.8	134.9	42.2	124
35	47.7	135.3	45.8	130.9	42.2	121
36	47.7	132.5	45.8	127.1	42.1	117
37	47.7	128.9	45.7	123.5	42.0	114
38	47.7	125.5	45.7	120.3	42.0	111
39	47.7	122.3	45.7	117.1	41.9	107
40	47.7	119.2	45.6	114.1	41.8	104
41	47.7	116.3	45.6	111.2	41.8	102
42	47.7	113.5	45.6	108.5	41.7	99

表 3(完)

复检时滴定用去被检糖液总体积,mL	100 mL 被检糖液含 5 g 蔗糖时		100 mL 被检糖液含 10 g 蔗糖时		100 mL 被检糖液含 25 g 蔗糖时	
	还原糖因数	100 mL 被检糖液含还原糖量,mg	还原糖因数	100 mL 被检糖液含还原糖量,mg	还原糖因数	100 mL 被检糖液含还原糖量,mg
43	47.7	110.9	45.5	105.8	41.6	97
44	47.7	108.4	45.5	103.4	41.5	94
45	47.7	106.0	45.4	101.0	41.4	92
46	47.7	103.7	45.4	98.7	41.4	90
47	47.7	101.5	45.3	96.4	41.3	88
48	47.7	99.4	45.3	94.3	41.2	86
49	47.7	97.4	45.2	92.3	41.1	84
50	47.7	95.4	45.2	90.4	41.0	82

4.4 电导灰分的测定

4.4.1 方法提要

糖品中的灰分是由无机盐类和有机盐类组成,它们在水中大部分解离成带电荷的离子。电导率表示离子化水溶性盐类的浓度。测定糖液的电导率,然后应用转换系数即可算出电导灰分。

4.4.2 仪器、设备

电导率仪:DDS-11A 型或 DDS-11 型。

4.4.3 试剂

4.4.3.1 蒸馏水或去离子水:精制绵白糖、优级白砂糖必须用电导率低于 2 μS/cm 的蒸馏水或去离子水。一级绵白糖允许用电导率低于 15 μS/cm 的蒸馏水。

4.4.3.2 0.01 mol/L 氯化钾溶液:取分析纯氯化钾,加热至 500℃(呈暗红炽热)脱水 30 min 后,称取 0.7 455 g,溶解于 1 000 mL 容量瓶中,并加水至标线。此溶液在 20℃时电导率为 1 278 μS/cm。

4.4.3.3 0.002 5 mol/L 氯化钾溶液:吸取 0.01 mol/L 氯化钾溶液 250 mL,移入 1 000 mL 容量瓶内,加水稀释至标线。此溶液在 20℃时电导率为 328 μS/cm。

4.4.4 步骤

4.4.4.1 测定

称取(31.7±0.1)g 绵白糖样品于干洁烧杯中,加蒸馏水溶解并移入 100 mL 容量瓶中,用蒸馏水多次冲洗烧杯及玻璃棒,洗水一并移入容量瓶中,加水至标线,摇匀。先用样液冲洗电导电极 2~3 次,然后将样液倒入小烧杯中,用电导率仪测定样液的电导率,记录读数及当时样液的温度。

电导池常数应用 0.002 5 mol/L 氯化钾溶液校核计量。

4.4.4.2 计算及结果表示

电导灰分用式(4)计算,以百分数表示,计算结果取到两位小数。

$$\text{电导灰分}(\%) = 6 \times 10^{-4}(C_1 - 0.35C_2) \qquad \cdots\cdots(4)$$

式中:C_1——被测糖液在(20±0.2)℃时的电导率,μS/cm;

C_2——溶糖所用蒸馏水在(20±0.2)℃时的电导率,μS/cm。

4.4.4.3 温度校正

测定电导率的标准温度为(20±0.2)℃,如测定电导率时温度不在(20±0.2)℃时,则按式(5)校正,但测量温度范围一般不应超过(20±5)℃。溶糖用蒸馏水的电导率,因温度对其影响甚微,故可忽略不计,不需校正。

$$C_1 = C_{1t}[1 + 0.026(20 - t)] \qquad \cdots\cdots(5)$$

式中:C_{1t}——被测糖液在 t℃时的电导率,μS/cm;

t——测定糖液电导率时糖液的温度;℃。

4.4.4.4 允许误差

两次测定值之差不得超过其平均值的10%。

4.5 干燥失重的测定

4.5.1 方法提要

将样品在一定温度及真空度的条件下进行干燥后称量，根据干燥前后样品失去的质量计算出样品的干燥失重。

4.5.2 仪器、设备

4.5.2.1 真空干燥箱：0～−0.1 MPa，温度范围0～100℃。

4.5.2.2 称量皿：直径50 mm，单层盖。

4.5.2.3 天平：感量0.000 1 g。

4.5.3 步骤

4.5.3.1 测定

用恒重过的称量皿称取绵白糖样品约10.000 g，开盖置于真空干燥箱内干燥60 min（温度70℃～75℃，真空度−0.067 MPa）。盖盖后将称量皿取出置于干燥器内冷却至室温后称量。

4.5.3.2 计算及结果表示

干燥失重用式(6)计算，以百分数表示，计算结果取到两位小数。

$$干燥失重(\%)=\frac{W_2-W_3}{W_2-W_1}\times 100 \qquad \cdots\cdots(6)$$

式中：W_1——称量皿的质量，g；

W_2——称量皿和干燥前样品的总质量，g；

W_3——称量皿和干燥后样品的总质量，g。

4.5.3.3 允许误差

两次测定值之差不得超过0.05%。

4.6 色值的测定

4.6.1 方法提要

绵白糖样品用pH7.0±0.1缓冲溶液溶解后，经滤膜过滤，然后在420 nm波长条件下以蒸馏水做参比溶液，测量溶液的吸光系数，将吸光系数的数值乘以1 000，即为ICUMSA色值，单位(IU)。

4.6.2 仪器、设备

4.6.2.1 分光光度计：测试范围0～2Å，精度0.01Å，波长精度(420±1)nm；

4.6.2.2 比色皿：1～5 cm；用于测定与作参比的两只比色皿，透光度不应超过0.2%（用蒸馏水检查）。

4.6.2.3 滤膜过滤器：带有孔径为0.45 μm滤膜和吸滤瓶。

4.6.2.4 阿贝折射仪：糖用。

4.6.2.5 pH(酸度)计：分度值或最小显示值0.02pH。

4.6.3 试剂

4.6.3.1 0.1 mol/L盐酸溶液。

4.6.3.2 三乙醇胺-盐酸缓冲溶液：称取三乙醇胺[$(HOCH_2CH_2)_3N$]14.920 g，用蒸馏水溶解并定容至1 000 mL，然后移入2 000 mL烧杯内，加入0.1 mol/L盐酸溶液约800 mL，搅拌均匀并继续用0.1 mol/L盐酸调到pH7.0（用酸度计的电极浸于此溶液中测量pH值），贮于棕色玻璃瓶中。

4.6.4 步骤

4.6.4.1 测定

称取绵白糖样品100.0 g，置于200 mL烧杯中，加入三乙醇胺-盐酸缓冲溶液135 mL，搅拌至完全溶解。倒入已预先铺好孔径为0.45 μm滤膜的过滤器中在真空下抽滤，弃去最初50 mL滤液，收集不少于50 mL的滤液后测其锤度，然后用比色皿装盛糖液，以三乙醇胺-盐酸缓冲溶液作参比，在分光光度计上于 420 nm 波长下测其吸光度。

表 4　蔗糖溶液折光锤度与每毫升含蔗糖克数(在空气中)对照表

折光锤度 Bx	浓度 g/mL	折光锤度 Bx	浓度 g/mL	折光锤度 Bx	浓度 g/mL	折光锤度 Bx	浓度 g/mL
40.0	0.470 2	41.3	0.488 2	42.6	0.506 5	43.9	0.534 9
40.1	0.471 5	41.4	0.489 6	42.7	0.507 9	44.0	0.526 3
40.2	0.472 9	41.5	0.491 0	42.8	0.509 3	44.1	0.527 8
40.3	0.472 3	41.6	0.491 4	42.9	0.510 7	44.2	0.529 2
40.4	0.475 7	41.7	0.493 8	43.0	0.512 1	44.3	0.530 6
40.5	0.477 1	41.8	0.495 2	43.1	0.513 5	44.4	0.532 1
40.6	0.478 5	41.9	0.496 6	43.2	0.515 0	44.5	0.533 5
40.7	0.479 9	42.0	0.498 0	43.3	0.516 4	44.6	0.534 9
40.8	0.481 2	42.1	0.499 4	43.4	0.517 8	44.7	0.536 4
40.9	0.482 6	42.2	0.500 8	43.5	0.519 2	44.8	0.537 8
41.0	0.484 0	42.3	0.502 2	43.6	0.520 6	44.9	0.539 2
41.1	0.485 4	42.4	0.503 6	43.7	0.522 1		
41.2	0.486 6	42.5	0.505 1	43.8	0.523 5		

4.6.4.2　计算及结果表示

色值用式(7)计算，以 IU 表示，计算结果取整数。

$$国际糖色值 = \frac{A_{420}}{b \times c} \times 1\,000 \qquad \cdots\cdots(7)$$

式中：A_{420}——在 420 nm 波长下测得样液的吸光度；

b——比色皿厚度，cm；

c——样液浓度(由校正到 20℃的锤度乘上系数 0.985 4 后查表 4 求得)，g/mL。

4.6.4.3　允许误差

两次测定值之差不得超过 4IU。

4.7　混浊度的测定

4.7.1　方法提要

当单色光透过含有悬浮粒子(混浊)的溶液时，由于悬浮粒子引起光的散射，单色光强度产生衰减，以光的衰减程度减去颜色的影响表示溶液的混浊度。

4.7.2　仪器、设备

同 4.6.2 条。

4.7.3　步骤

4.7.3.1　测定

取待测色值的未过滤糖液，在与测定色值相同的条件下，测其吸光度，并按式(8)计算其衰减指数。

$$衰减指数 = \frac{A_{420}}{b \times c} \times 1\,000 \qquad \cdots\cdots(8)$$

式中：A_{420}——在 420 nm 波长下测得的未过滤样液的吸光度；

b——比色皿厚度，cm；

c——样液浓度(由校正到 20℃的锤度乘上系数 0.985 4 后查表 4 求得)，g/mL。

4.7.3.2　计算及结果表示

混浊度用式(9)计算，单位为度，计算结果取整数。

$$混浊度 = \frac{x_1 - x_2}{20} \qquad \cdots\cdots(9)$$

式中：x_1——过滤前糖液衰减指数，IU；

x_2——过滤后溶糖色值指数,IU。

4.7.3.3 允许误差

两次测定值之差不得超过1度。

4.8 不溶于水杂质的测定

4.8.1 方法提要

用G3坩埚漏斗将糖液真空抽滤,再以较大量的蒸馏水洗涤滤渣,然后将滤渣干燥至恒重,计算出其在样品中的含量。

4.8.2 仪器、设备

4.8.2.1 G3坩埚漏斗:直径32 mm。

4.8.2.2 干燥箱。

4.8.2.3 天平:感量0.000 1 g。

4.8.3 试剂

4.8.3.1 1%α-萘酚乙醇溶液:称取α-萘酚1 g,用95%乙醇溶解至100 mL。

4.8.3.2 浓硫酸:含硫酸95%～98%。

4.8.4 步骤

4.8.4.1 测定

称取绵白糖样品500.0 g置于1 000 mL烧杯中,加约50℃蒸馏水700 mL,搅拌至糖全部溶解,倾入经恒重的G3坩埚漏斗中进行真空抽滤。以蒸馏水充分洗涤滤渣,用α-萘酚乙醇溶液检查,至洗涤液不含糖分为止。将G3坩埚漏斗置于干燥箱内,在125～130℃下烘干1.0 h,取出置于干燥器中冷却至室温后称量。然后再继续烘干0.5 h,冷却后称量,重复操作,直至相继两次质量相差不超过0.001 g为止,此时可认为达到恒重,记录其质量。

微糖检验方法:取2 mL洗涤液于试管中,加入数滴1%α-萘酚乙醇溶液,再沿管壁缓缓加入2 mL浓硫酸。在水与酸的界面出现紫色环,说明有糖存在;若为黄绿色环,则说明无糖存在。

4.8.4.2 计算及结果表示

每千克绵白糖样品所含不溶于水杂质毫克数用式(10)计算,计算结果取整数。

$$\text{不溶于水杂质} = \frac{m_2 - m_1}{m_0} \times 10^6 \qquad \cdots\cdots(10)$$

式中:m_1——G3坩埚漏斗的质量,g;

m_2——G3坩埚漏斗和不溶于水杂质的总质量,g;

m_0——称取绵白糖样品的质量,g。

4.8.4.3 允许误差

两次测定值之差不得超过其平均值的15%。

4.9 黑点的测定

4.9.1 方法提要

在瓷盘中盛满样品压平,检查表面黑点的个数后计算出单位面积内黑点的个数。

4.9.2 仪器、设备

4.9.2.1 白瓷盘:表面积约0.25 m^2。

4.9.2.2 玻璃板。

4.9.3 步骤

4.9.3.1 测定

在瓷盘中盛满样品,用玻璃板压平,然后在强光下检查长度大于0.2 mm黑点的个数。

4.9.3.2 计算及结果表示

绵白糖样品黑点个数(个/m^2)用式(11)计算。

$$黑点个数 = x \times 4 \quad \cdots\cdots (11)$$

式中：x——查得瓷盘内样品中黑点个数，个。

4.10 螨的测定

4.10.1 方法提要

取定量糖样用水溶于锥形瓶中，镜检糖液表面的漂浮物，以确定是否有螨及螨的数目。

4.10.2 仪器、设备

4.10.2.1 显微镜。

4.10.2.2 放大镜。

4.10.2.3 锥形瓶：500 mL。

4.10.3 步骤

4.10.3.1 测定

称取 250 g 绵白糖样品置于 500 mL 锥形瓶中，加入不高于 25℃的蒸馏水并不断搅拌，使其完全溶解。再渐渐补充蒸馏水至瓶口处，以不使水溢出为止。然后用洁净的盖玻片置于瓶口处，使之与液面接触，静置 15 min，取下镜检。这一操作重复若干次，镜检所有的漂浮物。

4.10.3.2 计算及结果表示

镜检出的螨的数目即为 250 g 绵白糖样品中的总螨数，以个为单位。

5 检验规则

5.1 型式检验

5.1.1 取样方法

每分离一罐糖膏为一个编号，在称量包装时，连续采取样品约 5 kg，放在带盖的容器中，混匀后为编号样品。该样品除供编号分析之用外，另取 0.5 kg 放在带盖的容器中，积累 24 h 后为日集合样品。

取 1.5 kg 日集合样品，用双层食品级塑料袋密封包装，或用磨砂口玻璃瓶盛装，标明产品编号、级别、生产日期、全批包数、检验结果及检验员，在相对湿度 50%～70%、温度不超过 30℃的环境中存留，供生产和质量管理查验之用。经供收双方认可，也可作为仲裁检验留样。

5.1.2 生产厂在保证质量的前提下，每编号样品和每日集合样品可按生产的实际情况进行指标的抽检。检验结果如有一项或多项不符合该级别的技术要求的，则按实达级别处理。达不到一级的按不合格处理。

5.1.3 有下列情况之一时，应进行本标准的技术要求中的全部指标的检验。

a) 生产期开始时，洗罐后恢复生产时，因故障停机后重新开机时；

b) 生产所用原料变化时；

c) 交收检验出现不合格批时；

d) 质量监督部门提出要求时。

5.2 交收检验

5.2.1 每一次交货的绵白糖为一个交收批，每批绵白糖必须附有生产厂的产品合格证，收货方凭合格证收货，交收双方均有权提出在现场抽检或抽样封存。日后如有质量争议，符合贮存保管条件的样品作为仲裁检验样品，由质量仲裁机构出具的检验结果为该批绵白糖的仲裁检验结果。

5.2.2 绵白糖每个交收批为一个检验批。

5.2.3 抽样规则

5.2.3.1 绵白糖抽样以堆为单位，从糖堆的四个侧面及上面共五个面抽样。上面抽中心一个点。每个侧面在其中一条对角线上按如下规定抽取若干点：300 t 以下(含 300 t)为三个点；300 t 以上每增加 100 t增加一个点，也即 300 t 以下(含 300 t)的糖堆每堆抽取 13 个点，300 t 以上的堆抽取的点数按式(12)计算。

$$n = 4(m/100) + 1 \quad \cdots\cdots (12)$$

式中：m——样品质量，t，$m/100$ 取整数；

n——抽样的点数，取整数。

5.2.3.2 每点抽取绵白糖样品 150 g，每堆各点抽样混匀后作为该堆样品。如果每批有多个糖堆，则各糖堆的抽样混匀后作为该批样品。

5.2.3.3 抽样器、盛装样品容器应干净、无菌。

5.2.4 交收检验项目为理化要求的全部项目，需增加项目时，在供、收双方的书面合同中明确，并应注明国家认可的质量检测机构为仲裁检验机构。

5.2.5 抽检或仲裁检验结果，如有不合格指标应重新抽取样品对不合格指标进行复检，复检结果即作为该批的最终结果。

6 标签、包装、运输、贮存

6.1 绵白糖标签应符合 GB 7718 的规定。

6.1.1 绵白糖标签须有下列内容：

a) 产品名称；

b) 级别；

c) 净含量(千克或克)；

d) 制造者的名称和地址；

e) 产品标准号；

f) 生产日期(可只标注年、月)。

6.1.2 绵白糖保存期不小于 18 个月。

6.2 包装

6.2.1 50 kg 包装

用内附一层聚乙烯薄膜的聚丙烯编织袋或其他符合食品包装要求的包装袋包装产品。包装袋必须干净、不破漏。每袋净含量偏差不得超过±0.1 kg，批量产品平均偏差应大于或等于零。

6.2.2 小袋包装

用符合食品包装要求的包装袋包装产品，装箱后捆好。每袋净含量偏差不得超过其净含量的±2%，每箱产品净含量平均偏差应大于或等于零。

6.3 每批糖出厂时，由生产厂附产品合格证、运输与保管条件说明书各一份。

6.4 严禁与有害、有毒、有异味和其他易污染物品混贮、混运。

6.5 车辆运输时用苫布盖严；船舶运输和仓贮时糖堆下面应有垫层，严防受潮。

6.6 运输、仓贮时相对湿度应保持在 50%～70%之间，温度不应超过 30℃，严防干燥。

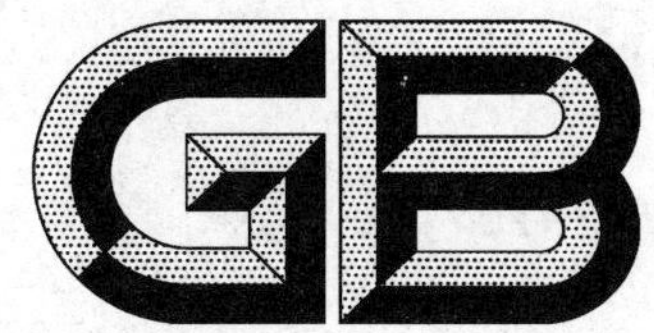

中华人民共和国国家标准

GB 2718—2014

食品安全国家标准
酿造酱

2014-12-24 发布 2015-05-24 实施

中华人民共和国
国家卫生和计划生育委员会 发布

前　言

本标准代替 GB 2718—2003《酱卫生标准》。

本标准与 GB 2718—2003 相比，主要变化如下：

——标准名称修改为“食品安全国家标准　酿造酱”；

——修改了范围；

——增加了术语和定义；

——修改了感官要求；

——修改了理化指标；

——修改了微生物限量。

食品安全国家标准
酿造酱

1 范围

本标准适用于酿造酱。

本标准不适用于半固态复合调味料。

2 术语和定义

2.1 酿造酱

以谷物和(或)豆类为主要原料经微生物发酵而制成的半固态的调味品,如面酱、黄酱、蚕豆酱等。

3 技术要求

3.1 原料要求

3.1.1 谷物、豆类应符合 GB 2715 的规定。

3.1.2 其他原辅料应符合相应的食品标准和有关规定。

3.2 感官要求

感官要求应符合表 1 的规定。

表 1 感官要求

项 目	要 求	检验方法
滋味、气味	无异味,无异嗅	取适量试样于白色瓷盘中,在自然光线下,观察其状态,闻其气味。用温开水漱口,品其滋味
状态	无正常视力可见霉斑、外来异物	

3.3 理化指标

理化指标应符合表 2 的规定。

表 2 理化指标

项 目		指 标	检验方法
氨基酸态氮/(g/100 g)	≥	0.3	GB/T 5009.40

3.4 污染物限量和真菌毒素限量

3.4.1 污染物限量应符合 GB 2762 的规定。

3.4.2 真菌毒素限量应符合 GB 2761 的规定。

3.5 微生物限量

3.5.1 致病菌限量应符合 GB 29921 的规定。

3.5.2 微生物限量应符合表 3 的规定。

表 3 微生物限量

项目	采样方案[a] 及限量				检验方法
	n	c	m	M	
大肠菌群/(CFU/g)	5	2	10	10^2	GB 4789.3 平板计数法
[a] 样品的分析及处理按 GB 4789.1 和 GB/T 4789.22 执行。					

3.6 食品添加剂

食品添加剂的使用应符合 GB 2760 的规定。

前　　言

本标准是对 GB 5461—1992《食用盐》的修订。

本标准非等效采用 ГОСТ 13830—1984《食用盐》。本标准增加了白度及化学指标按湿基百分数的计算，并针对我国食用盐生产原料、生产工艺及产品质量状况规定了卫生指标的限量。

本标准经修订删除了普通盐及粉碎洗涤盐和日晒盐的三级品，调整了碘酸钾、粒度、白度和部分化学成分指标。

本标准从实施之日起，同时代替 GB 5461—1992。

本标准由国家轻工业局提出。

本标准由全国海湖盐标准化中心归口并负责解释。

本标准起草单位：全国海湖盐标准化中心、全国井矿盐标准化中心。

本标准主要起草人：刘志达、陈素娟、张能君、王志斌、付淑英。

本标准于 1985 年 10 月首次发布，于 1992 年 6 月第一次修订，1999 年 12 月第二次修订。

中华人民共和国国家标准

GB 5461—2000

食 用 盐

代替 GB 5461—1992

Edible salt

1 范围

本标准规定了食用盐的技术要求、试验方法、检验规则和包装、标志、运输、贮存。

本标准适用于供食用的精制盐、粉碎洗涤盐及日晒盐。

2 引用标准

下列标准所包含的条文,通过在本标准中引用而构成为本标准的条文。本标准出版时,所示版本均为有效。所有标准都会被修订,使用本标准的各方应探讨使用下列标准最新版本的可能性。

GB/T 601—1988 化学试剂 滴定分析(容量分析)用标准溶液的制备

GB/T 602—1988 化学试剂 杂质测定用标准溶液的制备

GB/T 603—1988 化学试剂 试验方法中所用制剂及制品的制备

GB/T 6682—1992 分析实验室用水规格和试验方法

GB 7718—1994 食品标签通用标准

GB/T 8618—1988 制盐工业主要产品取样方法

GB/T 13025.1—1991 制盐工业通用试验方法 粒度的测定

GB/T 13025.2—1991 制盐工业通用试验方法 白度的测定

GB/T 13025.3—1991 制盐工业通用试验方法 水分的测定

GB/T 13025.4—1991 制盐工业通用试验方法 水不溶物的测定

GB/T 13025.5—1991 制盐工业通用试验方法 氯离子的测定

GB/T 13025.6—1991 制盐工业通用试验方法 钙和镁离子的测定

GB/T 13025.7—1999 制盐工业通用试验方法 碘离子的测定

GB/T 13025.8—1991 制盐工业通用试验方法 硫酸根离子的测定

GB/T 13025.9—1991 制盐工业通用试验方法 铅离子的测定(光度法)

GB/T 13025.10—1991 制盐工业通用试验方法 亚铁氰化钾的测定

GB/T 13025.11—1994 制盐工业通用试验方法 氟离子的测定

GB/T 13025.12—1994 制盐工业通用试验方法 钡离子的测定

GB/T 13025.13—1991 制盐工业通用试验方法 砷离子的测定

3 产品分类

食用盐为晶体氯化钠,用于食用。

食用盐按其生产和加工方法可分为:精制盐、粉碎洗涤盐、日晒盐。

按其等级可分为:优级、一级、二级。

分子式:NaCl

国家质量技术监督局 2000-04-20 批准　　2000-10-01 实施

分子量:58.44(按 1997 年国际原子量)

4 技术要求

4.1 感官指标:白色,味咸,无异味,无明显的与盐无关的外来异物。

4.2 理化指标应符合表 1 规定。

表 1

指标		精制盐			粉碎洗涤盐		日晒盐	
		优级	一级	二级	一级	二级	一级	二级
物理指标	白度,度 ≥	80	75	67	55		55	45
	粒度,% ≥	0.15～0.85 mm			0.5～2.5 mm		0.5～2.5 mm	1.0～3.5 mm
		85	80	75	80		85	70
化学指标(湿基) %	氯化钠 ≥	99.10	98.50	97.00	97.00	95.50	93.20	91.00
	水分 ≤	0.30	0.50	0.80	2.10	3.20	5.10	6.40
	水不溶物 ≤	0.05	0.10	0.20	0.10	0.20	0.10	0.20
	水溶性杂质 ≤	—	—	2.00	0.80	1.10	1.60	2.40
卫生指标 mg/kg	铅(以 Pb 计) ≤	1.0						
	砷(以 As 计) ≤	0.5						
	氟(以 F 计) ≤	5.0						
	钡(以 Ba 计)[1)] ≤	15.0						
碘酸钾 mg/kg	碘(以 I 计)[2)]	35±15(20～50)						
抗结剂 mg/kg	亚铁氰化钾 (以$[Fe(CN)_6]^{4-}$计) ≤	10.0						

1) 此项测定只限于以天然含钡卤水为原料制得的食用盐。

2) 对高碘地区居民和不宜食用碘盐人群专供的未加碘食用盐,其碘含量应小于 5 mg/kg,包装应有相应的标注,其他技术指标不变。

5 试验方法

本方法所用试剂和水,在没有注明其他要求时,均指分析纯试剂和 GB/T 6682 中规定的三级水。

试验中所需标准溶液、杂质标准溶液、制剂和制品,在没有注明其他要求时,均按 GB/T 601、GB/T 602、GB/T 603 之规定制备。

5.1 粒度的测定

按 GB/T 13025.1 规定执行。

5.2 白度的测定

按 GB/T 13025.2 规定执行。

5.3 水分含量的测定

按 GB/T 13025.3 规定执行。

5.4 水不溶物含量的测定

按 GB/T 13025.4 规定执行。

5.5 氯离子含量的测定

按 GB/T 13025.5 规定执行。

5.6 钙离子含量的测定

按 GB/T 13025.6 规定执行。

5.7 镁离子含量的测定

按 GB/T 13025.6 规定执行。

5.8 硫酸根离子含量的测定

按 GB/T 13025.8 规定执行。

5.9 碘离子含量的测定

按 GB/T 13025.7 规定执行。

5.10 铅离子限量的测定

按 GB/T 13025.9 规定执行。

5.11 砷离子限量的测定

按 GB/T 13025.13 规定执行。

5.12 钡离子限量的测定

按 GB/T 13025.12 规定执行。

5.13 氟离子限量的测定

按 GB/T 13025.11 规定执行。

5.14 亚铁氰化钾限量的测定

按 GB/T 13025.10 规定执行。

5.15 氯化钠及水溶性杂质成分的计算和检验结果的检查

由上述各项检验结果得出食用盐样品所含单项离子的百分含量，然后按表 2 中所注顺序号计算化合物成分。计算的硫酸钙、硫酸镁、硫酸钠、氯化钙、氯化镁之和为水溶性杂质的含量，其余氯离子计算为氯化钠含量。

表 2

阳离子 / 阴离子	钙离子(Ca^{2+})	镁离子(Mg^{2+})	钠离子(Na^{+})
硫酸盐(SO_4^{2-})	(1) 硫酸钙	(2) 硫酸镁	(3) 硫酸钠
氯离子(Cl^{-})	(4) 氯化钙	(5) 氯化镁	(6) 氯化钠

若以顺序号计算时，某种化合物因阴离子或阳离子不存在而不能形成，即依次以下一顺序号递补进行计算，计算结果至小数点后第三位，取至第二位。

检验所得化合物百分数总和加上水不溶物、水分(烘失重加残留结晶水或 600℃灼烧测定值)之和为 99.50%～100.40%时，认为分析数据成立。

食用盐经 140℃烘干后其残留结晶水，以硫酸钙含二分之一个结晶水，硫酸镁含 1 个结晶水，氯化镁含 2 个结晶水，氯化钙含 2 个结晶水计算。食用盐经 110℃烘干后其残留结晶水，以硫酸钙含二分之一个结晶水，硫酸镁含 2 个结晶水，氯化镁含 4 个结晶水，氯化钙含 2 个结晶水计算。

6 检验规则

6.1 组批

由相同的加工方法生产的同一等级的，一次交付的产品构成为一批。

6.2 食用盐产品出厂(场)前，应由生产厂(场)(或销售部门)的检验部门按本标准规定逐批进行检验，检验合格后，在包装内(外)附有质量合格证，该产品方可出厂(场)。

6.3 抽样方法和数量

按 GB/T 8618 规定执行。

6.4 食用盐产品质量以产品交付时检测质量为准，当供需双方对产品质量发生异议时，由供需双方共同委托提交仲裁单位，并按本标准的规定进行检验和判定。

6.5 食用盐产品包装的净含量与其标注的质量偏差应符合国家颁布的《定量包装商品计量监督规定》要求。

6.6 检验结果中如有一项指标(或粒度、白度、水溶性杂质中的两项指标)不符合本标准的规定,应以抽取同批产品的备用样,按不合格项目进行复验,若复验仍达不到该类产品最低一级的规定,则该批产品判为不合格。

7 包装、标志、运输、贮存

7.1 食用盐的大包装必须使用内衬聚乙烯薄膜的纸箱、编织袋,每件重量为 25 kg 或 50 kg。包装应附合格证或合格标签,并注明:生产企业名称、地址、产品名称、数量、批号、检验员姓名(代号)。

7.2 食用盐小包装,可使用聚乙烯塑料袋、纸盒、塑料盒(瓶)(无毒),每件重 1 000 g、500 g、250 g 或 250 g 以下,小包装上必须标注 GB 7718 规定的要素,贴有加碘盐防伪标志。

7.3 食用盐运输工具必须清洁、干燥,运输途中器具捆扎牢固,确保完好无损,禁止与能导致盐质污染的货物混装。由于运输造成破损和质量下降,应由有关责任方负责。

7.4 食用盐贮存中要妥善保管。存放仓库要通风,防止雨淋、受潮,堆放的食用盐应上有遮蔽,下有隔板。禁止与能导致盐质污染的货物共贮。

GB 5461—2000《食用盐》第 1 号修改单

本修改单经国家质量技术监督局于 2001 年 3 月 21 日以质技监办发[2001]76 号文批准,自 2001 年 6 月 1 日起实施。

技术要求表 1 中碘(以Ⅰ计)在上角加“2)”

表中底栏增加:

“2)对高碘地区居民和不宜食用碘盐人群专供的未加碘食用盐,其碘含量应小于 5 mg/kg,包装应有相应的标注,其他技术指标不变。”

GB 5461—2000《食用盐》第2号修改单

本修改单业经国家标准化管理委员会于2004年7月21日以国标委农轻函[2004]44号文批准，自批准之日起实施。

1. 第2章引用标准

增加：GB 2721　食用盐卫生标准

　　GB 14880　食品营养强化剂使用卫生标准

删去：GB/T 13025.11—1994　制盐工业通用标准试验方法　氟离子的测定

2. 卫生指标

铅(以Pb计)≤1.0、砷(以As计)≤0.5、钡(以Ba计)[1]≤15.0、氟(以F计)≤5.0改为：按GB 2721规定执行

3. 碘酸钾

碘(以I计)35±15(20～50)改为：碘(以I计)按GB 14880规定执行

4.5.13条取消

ICS 67.220.10
X 66

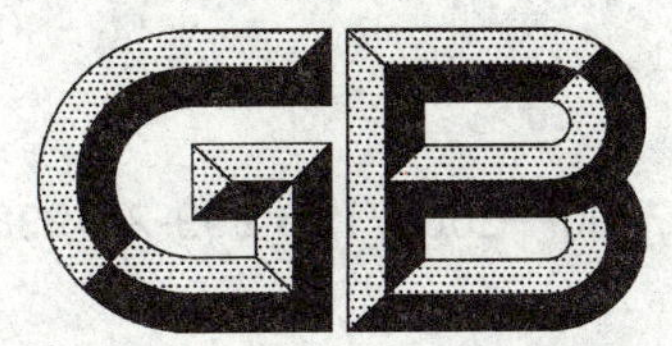

中华人民共和国国家标准

GB/T 7900—2008/ISO 959-2:1998
代替 GB/T 7900—1987

白胡椒

White pepper

[ISO 959-2:1998, Pepper(*Piper nigrum* L.), whole or ground—Specification—Part2: White pepper, IDT]

2008-05-04 发布　　2008-10-01 实施

中华人民共和国国家质量监督检验检疫总局
中国国家标准化管理委员会　发布

前　言

本标准是在等同采用ISO 959-2:1998《胡椒(整的或粉状)　规格　第2部分:白胡椒》(英文版)的同时,对GB/T 7900—1987进行的修订。本标准与ISO 959-2:1998的技术内容一致,做了下列编辑性修改:

a) ISO 959-2:1998第4章移到本标准4.1中,ISO标准的5.1和5.2合成本标准的4.1;

b) "本国际标准"一词改为"本标准";

c) 用小数点"."代替作为小数点的逗号","。

本标准的附录A为规范性附录。

本标准由中华全国供销合作总社提出并归口。

本标准起草单位:中华全国供销合作总社南京野生植物综合利用研究院。

本标准主要起草人:陈仕荣、张卫明。

本标准所代替标准的历次版本发布情况为:

——GB/T 7900—1987。

白 胡 椒

1 范围

本标准规定了整粒白胡椒(*Piper nigrum* L.)和白胡椒粉的技术要求、试验方法以及包装、标志、贮存和运输。

本标准适用于白胡椒的质量评定及其贸易。本标准不适用于轻质白胡椒的质量评定及其贸易。

2 规范性引用文件

下列文件中的条款通过本标准的引用而成为本标准的条款。凡是注日期的引用文件,其随后所有的修改单(不包括勘误的内容)或修订版均不适用于本标准,然而,鼓励根据本标准达成协议的各方研究是否可使用这些文件的最新版本。凡是不注日期的引用文件,其最新版本适用于本标准。

GB/T 5009.10 植物类食品中粗纤维的测定

GB/T 12729.2 香辛料和调味品 取样方法(GB/T 12729.2—1991,neq ISO 948:1980)

GB/T 12729.5 香辛料和调味品 外来物含量的测定(GB/T 12729.5—1991,neq ISO 927:1982)

GB/T 12729.6 香辛料和调味品 水分含量的测定(蒸馏法)(GB/T 12729.6—1991,neq ISO 939:1980)

GB/T 12729.7 香辛料和调味品 总灰分的测定(GB/T 12729.7—1991,neq ISO 928:1980)

GB/T 12729.9 香辛料和调味品 酸不溶性灰分的测定(GB/T 12729.9—1991,neq ISO 930:1980)

GB/T 12729.12 香辛料和调味品 不挥发性乙醚抽提物的测定(GB/T 12729.12—1991,neq ISO 1180:1980)

GB/T 12729.13 香辛料和调味品 污物的测定(GB/T 12729.13—1991,eqv ISO 1208:1982)

GB/T 17528 胡椒碱含量的测定 分光光度法(GB/T 17528—1998,eqv ISO 5564:1982)

ISO 6571 香辛料和调味品 挥发油含量的测定

3 术语和定义

下列术语和定义适用于本标准。

3.1

黑胡椒 black pepper

有外果皮的胡椒干果。

3.2

白胡椒 white pepper

用下列方法去掉外果皮的胡椒干果:

a) 成熟之前采摘的胡椒果,经过或不经水浸泡去掉外果皮,干燥;

b) 成熟的整粒胡椒果,用上述方法去掉外果皮。

3.3

半加工的白胡椒 white pepper semi-processed

进行简单的部分工艺处理的白胡椒。

3.4

加工的白胡椒 white pepper processed

经清洗、干燥、制备、磨碎等工艺处理的白胡椒。

3.5

白胡椒粉　white pepper ground

白胡椒果经研碎得到的产品。

3.6

黑果　black berry

白胡椒产品中果皮未完全去除且颜色较深的果实。

3.7

破碎果　broken berry

果实破裂成两部分或更多部分。

3.8

杂质　extraneous matter

除白胡椒以外的所有物质,包括植物类(如枝、叶、果穗渣、外果皮)和矿物质类(如砂、土)。

注:黑果和破碎果不属于杂质。

4　要求

4.1　外观及感官特性

白胡椒果直径 3 mm～6 mm,表面光滑,一端略扁平,另一端有小小突起。白胡椒表面通常有一条细小黑痕纵向嵌连在两端。白胡椒颜色为暗灰色至象牙白。

研碎时白胡椒应具有较浓芳香气味。白胡椒中不得带有活虫、虫尸、昆虫肢体及排泄物。

4.2　物理特性

白胡椒果的物理特性应符合表 1 的要求。

表 1　整粒白胡椒的物理特性要求

项　　目		要　求		检　验　方　法
		半加工的白胡椒	加工的白胡椒	
外来物(质量分数)/%	≤	1.0	0.8	GB/T 12729.5
碎果(质量分数)/%	≤	4.0	3.0	物理分离后称重
黑果(质量分数)/%	≤	15[a]	10[a]	物理分离后称重
堆积密度/(g/L)	≥	600	600	附录 A
[a] 此项指标不适用于三马林达胡椒,其黑果总量超过 20%。				

白胡椒粉按 GB/T 12729.13 的规定测定杂质含量。

4.3　化学特性

用规定的方法测定时,白胡椒产品应符合表 2 的要求。

表 2　白胡椒(整的或粉状)化学特性要求

项　　目		要　求		检验方法
		加工或半加工胡椒	胡椒粉	
水分含量(质量分数)/%	≤	14.0	14.0	GB/T 12729.6
总灰分(干态下)(质量分数)/%	≤	3.5	3.5	GB/T 12729.7
不挥发性乙醚提取物(干态下)(质量分数)/%	≥	1.0	0.7	GB/T 12729.12
挥发油(干态下)/%(或 mL/100 g)	≥	6.5	6.5[a]	ISO 6571
胡椒碱(质量分数)/%	≥	4.0	4.0	GB/T 17528

表 2（续）

项　　目		要　求		检验方法
		加工或半加工胡椒	胡椒粉	
酸不溶性灰分(干态下)(质量分数)/%	≤	—	0.3	GB/T 12729.9
粗纤维测定(干态下)(质量分数)/%	≤	—	6.5	GB/T 5009.10
[a] 研碎后应立即进行挥发油测定。				

5 取样方法

白胡椒的取样按 GB/T 12729.2 的规定执行。

整粒白胡椒样品应研碎，全部通过孔径 1 mm 的筛，才可用于表 2 中各参数的测定。

6 试验方法

6.1 外观和感官分析

6.1.1 色泽

用肉眼分辨样品的颜色，必要时与标准色板对照。

6.1.2 气味、味道

用嗅觉辨别样品的气味，用咬嚼判断样品的味道。

6.2 物理特性和化学特性的试验方法

样品的物理特性和化学特性按表 1、表 2 中相应的检验方法执行。

7 包装、标志、贮存和运输

7.1 包装

整粒白胡椒和白胡椒粉应使用密封、洁净、无毒和完好且不影响胡椒质量的材料包装。

7.2 标志

下列各项应标注在每一个包装或标签上：

a) 产品名称、商品名；

b) 生产企业或包装企业名称、地址；

c) 批号或代号、商标；

d) 净重；

e) 产品等级；

f) 生产国；

g) 到岸港口/城镇。

7.3 贮存

白胡椒应贮存在通风、干燥的库房中，地面要有垫仓板并能防虫、防鼠。堆垛要整齐，堆间要有适当的通道以利于通风。严禁与有毒、有害、有污染、有异味的物品混放。

7.4 运输

白胡椒在运输中应注意避免雨淋、日晒。严禁与有毒、有害、有异味的物品混运。禁用受污染的运输工具装载。

附 录 A
（规范性附录）
白胡椒堆积密度的测定

A.1 范围

本附录规定了整粒白胡椒堆积密度的测定方法。

A.2 原理

精确测定 1 L 体积的白胡椒质量。

A.3 仪器

国产 61/71 型 1 L 排气式容重器。

A.4 操作

A.4.1 测定

在平稳光洁工台上安装好容重器，校准零点。将约 1 000 g 样品装入漏斗筒，再使其流入辅助漏斗筒，然后通过拔插板的操作使其随同排气铊落入容重筒内，再插回插板，倒出插板上多余的试样，拔出插板，在容重器天平上称量已装满试样的容重筒，即得 1 L 样品的质量（密度）。

A.4.2 重复测量

测 3 次重复的数据。

A.5 结果表示

A.5.1 计算方法

密度以“g/L”表示。若重复测定的结果符合 A.5.2 要求，则取 3 次平行测定结果的算术平均值作为最终结果；若前 3 次的测定误差不符合 A.5.2 的要求，则再测 3 次数据，取 6 次测定数据的算术平均值作为最终结果。

A.5.2 重复性

相同设备和测试条件下两次测定结果相差不得大于 5 g/L。

A.6 检验报告

检验报告应评述检验方法及得出的数据，还应描述本附录中未提及的操作细节，或者另外附上影响检测结果的各个操作细节。检验报告应包括试验样品的必要信息。

ICS 67.220.10
X 66

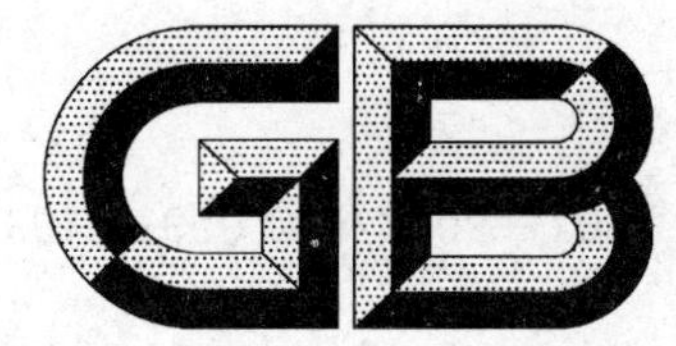

中华人民共和国国家标准

GB/T 7901—2008/ISO 959-1:1998
代替 GB/T 7901—1987

黑 胡 椒

Black pepper

[ISO 959-1:1998,Pepper(*Piper nigrum* L.),whole or ground—Specification—Part 1:Black pepper,IDT]

2008-05-04 发布　　2008-10-01 实施

中华人民共和国国家质量监督检验检疫总局
中国国家标准化管理委员会
发布

前 言

本标准是在等同采用ISO 959-1:1998《胡椒(整的或粉状)　规格　第1部分:黑胡椒》(英文版)的同时,对GB/T 7901—1987进行的修订。本标准与ISO 959-1:1998的技术内容一致,做了下列编辑性修改:

a) ISO 959-1:1998第4章移到本标准4.1中,ISO标准的5.1和5.2合成本标准的4.1;

b) “本国际标准”一词改为“本标准”;

c) 用小数点“.”代替作为小数点的逗号“,”。

本标准的附录A、附录B为规范性附录。

本标准由中华全国供销合作总社提出并归口。

本标准起草单位:中华全国供销合作总社南京野生植物综合利用研究院。

本标准主要起草人:陈仕荣、张卫明。

本标准所代替标准的历次版本发布情况为:

——GB/T 7901—1987。

黑　胡　椒

1　范围

本标准规定了整粒黑胡椒(*Piper nigrum* L.)和黑胡椒粉的技术要求、试验方法以及包装、标志、贮运条件。

本标准适用于黑胡椒的质量评定及其贸易。本标准不适用于轻质黑胡椒的质量评定及其贸易。

2　规范性引用文件

下列文件中的条款通过本标准的引用而成为本标准的条款。凡是注日期的引用文件,其随后所有的修改单(不包括勘误的内容)或修订版均不适用于本标准,然而,鼓励根据本标准达成协议的各方研究是否可使用这些文件的最新版本。凡是不注日期的引用文件,其最新版本适用于本标准。

GB/T 5009.10　植物类食品中粗纤维的测定

GB/T 12729.2　香辛料和调味品　取样方法(GB/T 12729.2—1991,neq ISO 948:1980)

GB/T 12729.5　香辛料和调味品　外来物含量的测定(GB/T 12729.5—1991,neq ISO 927:1982)

GB/T 12729.6　香辛料和调味品　水分含量的测定(蒸馏法)(GB/T 12729.6—1991,neq ISO 939:1980)

GB/T 12729.7　香辛料和调味品　总灰分的测定(GB/T 12729.7—1991,neq ISO 928:1980)

GB/T 12729.9　香辛料和调味品　酸不溶性灰分的测定(GB/T 12729.9—1991,neq ISO 930:1980)

GB/T 12729.12　香辛料和调味品　不挥发性乙醚抽提物的测定(GB/T 12729.12—1991,neq ISO 1180:1980)

GB/T 12729.13　香辛料和调味品　污物的测定(GB/T 12729.13—1991,eqv ISO 1208:1982)

GB/T 17528　胡椒碱含量的测定　分光光度法(GB/T 17528—1998, eqv ISO 5564:1982)

ISO 6571　香辛料和调味品　挥发油含量的测定

3　术语和定义

下列术语和定义适用于本标准。

3.1

黑胡椒　black pepper

有外果皮的胡椒干果。

3.2

未加工的黑胡椒　black pepper non-processed

不经过任何工艺处理的黑胡椒。

3.3

半加工的黑胡椒　black pepper semi-processed

进行简单的部分加工,而不经过制备和磨碎处理的黑胡椒。

3.4

加工的黑胡椒　black pepper processed

经除杂、干燥、制备、研磨等加工的黑胡椒。

3.5

黑胡椒粉　black pepper ground

黑胡椒果经磨碎,而不加任何添加物得到的产品。

3.6

灰胡椒　grey pepper

在商业上有时用于黑胡椒粉。

3.7

轻质果　light berry

外观发育正常,没有果仁的胡椒果。

3.8

针头果　pinhead berry

很小的未成熟果。

3.9

破碎果　broken berry

果实破裂成两部分或更多部分。

3.10

杂质　extraneous matter

除黑胡椒果以外的所有物质,包括植物类(如枝、叶、果穗渣、外果皮)和矿物类(如砂、土)。

注:轻质果、针头果和破碎果不属于杂质。

4　要求

4.1　外观和感官特性

整粒黑胡椒是在胡椒成熟前采摘、干燥后得到的干果 ,黑胡椒果粒直径为 3 mm~6 mm,果皮为灰色、棕色或黑色,表面有皱褶。磨碎时黑胡椒应具有较浓芳香味。黑胡椒中不得带有活虫、虫尸、昆虫肢体及其排泄物。

4.2　物理特性

黑胡椒果应符合表 1 的要求。

表 1　整黑胡椒的物理特性要求

项　目		要　求		检验方法
		未加工或半加工黑胡椒	加工黑胡椒	
外来物(质量分数)/%	≤	2.5	1.5	GB/T 12729.5
轻质果(质量分数)/%	≤	10	5.0	附录 A
针头果或破碎果(质量分数)/%	≤	7.0	4.0	物理分离后称重
堆积密度/(g/L)	≥	450	490	附录 B
注:如果是胡椒粉建议进行显微镜检查。				

黑胡椒粉按 GB/T 12729.13 的规定测定其杂质含量。

4.3　化学特性

黑胡椒的化学特性应符合表 2 的要求。

表 2　黑胡椒(整的或粉状)化学特性要求

项　目		要　求			检验方法
		半加工或未加工黑胡椒	加工黑胡椒	黑胡椒粉	
水分含量(质量分数)/%	≤	13.0	13.0	13.0	GB/T 12729.6
总灰分(干态下)(质量分数)/%	≤	7.0	6.0	6.0	GB/T 12729.7
不挥发性乙醚提取物(干态下)(质量分数)/%	≥	6.0	6.0	6.0	GB/T 12729.12
挥发油(干态下)/%(或 mL/100 g)	≥	2.0	2.0	1.0[a]	ISO 6571
胡椒碱(质量分数)/%	≥	4.0	4.0	4.0	GB/T 17528
酸不溶性灰分(干态下)(质量分数)/%	≤	—	—	1.2	GB/T 12729.9
不可溶粗纤维测定(干态下)(质量分数)/%	≤	—	—	17.5	GB/T 5009.10
[a] 研碎后应立即进行挥发油的测定。					

5　取样方法

黑胡椒的取样按 GB/T 12729.2 的规定执行。

整粒黑胡椒样品应进行研磨，并且全部通过孔径 1 mm 的筛，才可用于表 2 中各项参数的测定。

6　试验方法

6.1　外观和感官分析

6.1.1　色泽

用肉眼分辨样品的颜色，必要时应与标准色板对照。

6.1.2　气味、味道

用嗅觉辨别样品的气味，用咬嚼判断样品的味道。

6.2　物理特性和化学特性的试验方法

样品的物理特性和化学特性按表 1、表 2 中相应的检验方法执行。

7　包装、标志、贮存和运输

7.1　包装

整黑胡椒和黑胡椒粉应使用密封、洁净、无毒和完好且不影响黑胡椒质量的材料包装。

7.2　标志

下列各项应标注在每一个包装或标签上：

a)　产品名称、商品名；

b)　生产企业、包装企业名称、地址；

c)　批号或代号、商标；

d)　净重；

e)　产品等级(未加工、半加工或加工)；

f)　生产国(对出口产品)；

g)　到岸港口/城镇(对出口产品)。

7.3　贮存

黑胡椒应贮存在通风、干燥的库房中，地面要有垫仓板并能防虫、防鼠。堆垛要整齐，堆间要有适当的通道以利于通风。严禁与有毒、有害、有污染、有异味的物品混放。

7.4 运输

黑胡椒在运输中应注意避免雨淋、日晒。严禁与有毒、有害、有异味的物品混运。禁用受污染的运输工具装载。

附 录 A
（规范性附录）
黑胡椒中轻质果含量的测定

A.1 试剂

醇溶液：D_{20}^{20}＝0.80～0.82。

若温度不是20℃，应用校正因子，可用乙醇或预先精馏过的醇类或异丙醇制备该溶液。

A.2 方法

A.2.1 试样

称取50.0 g（精确至0.01 g）已事先剔除杂质的样品，置于600 mL烧杯中。

A.2.2 测定

于烧杯中加入300 mL醇溶液（A.1），用勺子搅拌，放置2 min后，用勺子捞出漂浮在液面的胡椒果，仅除去漂浮在液面上的胡椒果，而悬浮在液面以下离液面有一定距离的胡椒果不得捞出；重复搅拌、放置和捞出这项操作，直至连续两次搅拌后没有胡椒果上浮在液面为止。

将捞出的胡椒果放在吸水纸上除去夹带的溶液，然后在吸湿性纸或织物上将其摊开晾干，1 h后称重，精确至0.01 g。

A.3 结果表示

样品中轻质果质量百分数X按式（A.1）计算：

$$X = \frac{m_1}{m_0} \times 100\% \quad \cdots\cdots\cdots (A.1)$$

式中：

m_1——试样质量，单位为克（g）；

m_0——捞出的轻胡椒果质量，单位为克（g）。

附 录 B
（规范性附录）
黑胡椒堆积密度的测定

B.1 范围

本附录规定了整粒黑胡椒堆积密度的测定方法。

B.2 原理

精确测定 1 L 体积的黑胡椒质量。

B.3 仪器

国产 61/71 型 1 L 排气式容重器。

B.4 操作

B.4.1 测定

在平稳光洁工台上安装好容重器，校准零点。将约 1 000 g 样品装入漏斗筒，再使其流入辅助漏斗筒，然后通过拔插板的操作使其随同排气铊落入容重筒内，再插回插板，倒出插板上多余的试样，拔出插板，在容重器天平上称量已装满试样的容重筒，即得 1 L 样品的质量(密度)。

B.4.2 重复测量

测 3 次重复的数据。

B.5 结果表示

B.5.1 计算方法

密度以“g/L”表示。若重复测定的结果符合 B.5.2 要求，则取 3 次平行测定结果的算术平均值作为最终结果；若前 3 次的测定误差不符合 B.5.2 的要求，则再测 3 次数据，取 6 次测定数据的算术平均值作为最终结果。

B.5.2 重复性

相同设备和测试条件下两次测定结果相差不得大于 5 g/L。

B.6 检验报告

检验报告应评述检验方法及得出的数据，还应描述本附录中未提及的操作细节，或者另外附上影响检测结果的各个操作细节。检验报告应包括试验样品的必要信息。

ICS 67.220.10
X 66

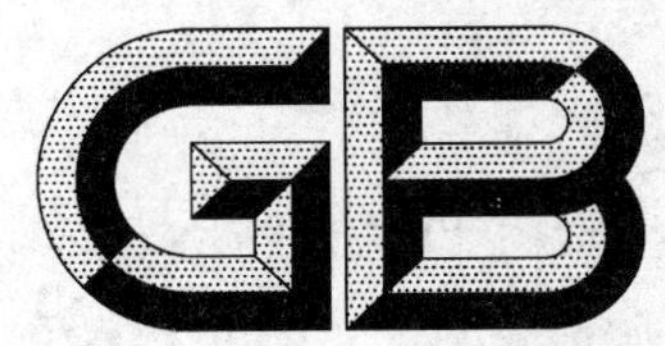

中华人民共和国国家标准

GB/T 8967—2007
代替 GB/T 8967—2000

谷氨酸钠（味精）

Monosodium L-glutamate

2007-02-02 发布　　　　2007-12-01 实施

中华人民共和国国家质量监督检验检疫总局
中国国家标准化管理委员会　发布

前　言

本标准非等效于日本《食品添加物公定书》第七版中的“谷氨酸钠”标准。本标准整合了 QB 1500—1992《味精》的有关内容，是对 GB/T 8967—2000《谷氨酸钠(99%味精)》的修订。

本标准自实施之日起，代替 GB/T 8967—2000，QB 1500—1992 自行废止。

本标准与 GB/T 8967—2000 相比主要变化如下：

——标准名称改为谷氨酸钠(味精)；

——对谷氨酸钠(味精)、加盐味精和增鲜味精进行了定义；

——对谷氨酸钠(味精)进行了产品分类；

——卫生要求执行相应的味精卫生标准，在本标准中不再作要求；

——氯化物分析方法：增加铬酸钾指示剂法(适用于添加食用盐的氯化物)；

——硫酸盐目视比浊法，味精、增鲜味精与加盐味精在细节上有不同；

——增加增鲜味精中三种增鲜剂的测定方法。

本标准的附录 A 为规范性附录，附录 B 为资料性附录。

本标准由全国食品工业标准化技术委员会工业发酵分技术委员会提出并归口。

本标准起草单位：中国食品发酵工业研究院、丰原股份生化有限公司、杭州西湖味精集团有限公司、浙江蜜蜂集团有限公司、沈阳红梅企业集团有限责任公司、河北梅花味精集团有限公司。

本标准主要起草人：张蔚、常珠侠、程长平、龚旭明、石中科、刘森芝。

本标准所代替标准的历次版本发布情况为：

——GB 8967—1988，GB/T 8967—2000。

谷氨酸钠(味精)

1 范围

本标准规定了谷氨酸钠(味精)的术语和定义、产品分类、要求、分析方法、检验规则和标志、包装、运输、贮存。

本标准适用于谷氨酸钠(味精)。

2 规范性引用文件

下列文件中的条款通过本标准的引用而成为本标准的条款。凡是注日期的引用文件,其随后所有的修改单(不包括勘误的内容)或修订版均不适用于本标准,然而,鼓励根据本标准达成协议的各方研究是否可使用这些文件的最新版本。凡是不注日期的引用文件,其最新版本适用于本标准。

GB/T 191 包装储运图示标志(GB/T 191—2000,eqv ISO 780:1997)

GB/T 601 标准滴定溶液的制备

GB/T 602—2002 化学试剂 杂质测定用标准溶液的制备(ISO 6353-1:1982,NEQ)

GB 2720 味精卫生标准

GB/T 5009.43 味精卫生标准的分析方法

GB/T 6682—1992 分析实验室用水规格和试验方法(neq ISO 3696:1987)

GB 7718 预包装食品标签通则

JJF 1070 定量包装商品净含量计量检验规则

QB/T 3798 食品添加剂 呈味核苷酸二钠

QB/T 3799 食品添加剂 5'-鸟苷酸二钠

国家质量监督检验检疫总局令[2005]第75号 定量包装商品计量监督管理办法

3 化学名称、分子式、结构式、相对分子质量

3.1 化学名称:L-谷氨酸一钠一水化物(L-α-氨基戊二酸一钠一水化物)。

3.2 分子式:$C_5H_8NNaO_4 \cdot H_2O$。

3.3 相对分子质量:187.13。

3.4 结构式:

$$\mathrm{NaOOC{-}CH_2{-}CH_2{-}\underset{\displaystyle NH_2}{\underset{|}{\overset{\displaystyle H}{\overset{|}{C}}}}{-}COOH \cdot H_2O}$$

4 术语和定义

下列术语和定义适用于本标准。

4.1

谷氨酸钠 monosodium L-glutamate(MSG)

味精

以淀粉质、糖质为原料,经微生物(谷氨酸棒杆菌等)发酵,提取、中和、结晶精制而成的谷氨酸钠含量等于或大于99.0%、具有特殊鲜味的白色结晶或粉末。

4.2

加盐味精 salted monosodium L-glutamate

在谷氨酸钠(味精)中,定量添加了精制盐的均匀混合物。

4.3

增鲜味精 special delicious monosodium L-glutamate

在谷氨酸钠(味精)中,定量添加了核苷酸二钠[5'-鸟苷酸二钠(GMP)、5'-肌苷酸二钠(IMP)或呈味核苷酸二钠(IMP+GMP)]等增鲜剂,其鲜味度超过混合前的谷氨酸钠(味精)。

5 产品分类

按加入成分分为三类。

5.1 味精。

5.2 加盐味精。

5.3 增鲜味精。

6 要求

6.1 原辅料要求

应符合相应产品标准、卫生标准的要求。对大米"不完整粒"和"碎米"不作要求。

6.2 感官要求

无色至白色结晶状颗粒或粉末,易溶于水,无肉眼可见杂质。具有特殊鲜味,无异味。

6.3 理化要求

6.3.1 谷氨酸钠(味精)

谷氨酸钠(味精)应符合表1的要求。

表1 谷氨酸钠(味精)理化要求

项目		指标
谷氨酸钠/(%)	≥	99.0
透光率/(%)	≥	98
比旋光度$[\alpha]_D^{20}$/(°)		+24.9~+25.3
氯化物(以Cl^-计)/(%)	≤	0.1
pH		6.7~7.5
干燥失重/(%)	≤	0.5
铁/(mg/kg)	≤	5
硫酸盐(以SO_4^{2-}计)/(%)	≤	0.05

6.3.2 加盐味精

加盐味精应符合表2的要求。

表2 加盐味精理化要求

项目		指标
谷氨酸钠/(%)	≥	80.0
透光率/(%)	≥	89
食用盐(以NaCl计)/(%)	<	20
干燥失重/(%)	≤	1.0

表 2(续)

项目		指标
铁/(mg/kg)	≤	10
硫酸盐(以 SO_4^{2-} 计)/(%)	≤	0.5
注:加盐味精需用 99%的味精加盐。		

6.3.3 增鲜味精

增鲜味精应符合表 3 的要求。

表 3 增鲜味精理化要求

项目		指标		
		添加 5'-鸟苷酸二钠(GMP)	添加呈味核苷酸二钠	添加 5'-肌苷酸二钠(IMP)
谷氨酸钠/(%)	≥	97.0		
呈味核苷酸二钠/(%)	≥	1.08	1.5	2.5
透光率/(%)	≥	98		
干燥失重/(%)	≤	0.5		
铁/(mg/kg)	≤	5		
硫酸盐(以 SO_4^{2-} 计)/(%)	≤	0.05		
注:增鲜味精需用 99%的味精增鲜。				

6.4 卫生要求

卫生要求应符合 GB 2720 要求。

6.5 净含量

净含量按国家质量监督检验检疫总局令[2005]第 75 号执行。

7 分析方法

本标准中所用的水,在未注明其他要求时,均指符合 GB/T 6682—1992 中要求的水。

本标准中所用的试剂,在未注明规格时,均指分析纯(AR)。若有特殊要求应另作明确规定。

本标准所用溶液在未注明用何种溶剂配制时,均指水溶液。

7.1 外观

称取试样约 10 g,肉眼观察、嗅闻并品尝其滋味,作出判断,做好记录。

7.2 鉴别试验

按附录 B 进行。

7.3 谷氨酸钠含量

7.3.1 高氯酸非水溶液滴定法

7.3.1.1 原理

在乙酸存在下,用高氯酸标准溶液滴定样品中的谷氨酸钠,以电位滴定法确定其终点,或以 α-萘酚苯基甲醇为指示剂,滴定溶液至绿色为其终点。

7.3.1.2 仪器

7.3.1.2.1 自动电位滴定仪(精度±5 mV)。

7.3.1.2.2 酸度计。

7.3.1.2.3 磁力搅拌器。

7.3.1.3 试剂和溶液

7.3.1.3.1 高氯酸标准滴定溶液[$c(HClO_4)=0.1$ mol/L]:按 GB/T 601 配制与标定。

7.3.1.3.2 乙酸。

7.3.1.3.3 甲酸。

7.3.1.3.4 α-萘酚苯基甲醇-乙酸指示液(2g/L):称取 0.1 g α-萘酚苯基甲醇,用乙酸(7.3.1.3.2)溶解并稀释至 50 mL。

7.3.1.4 **分析步骤**

7.3.1.4.1 **电位滴定法**

按仪器使用说明书处理电极和校正电位滴定仪。用小烧杯称取试样 0.15 g,精确至 0.000 1 g,加甲酸(7.3.1.3.3)3 mL,搅拌,直至完全溶解,再加乙酸(7.3.1.3.2)30 mL,摇匀。将盛有试液的小烧杯置于电磁搅拌器上,插入电极,搅拌,从滴定管中陆续滴加高氯酸标准滴定溶液(7.3.1.3.1),分别记录电位(或 pH)和消耗高氯酸标准滴定溶液的体积;滴定至终点前,每次滴加 0.05 mL 高氯酸标准滴定溶液并记录电位(或 pH)和消耗高氯酸标准滴定溶液的体积,超过突跃点后,继续滴加高氯酸标准滴定溶液至电位(或 pH)无明显变化为止。以电位 E(或 pH)为纵坐标,以滴定时消耗高氯酸标准滴定溶液的体积 v 为横坐标,绘制 E-v 滴定曲线,以该曲线的转折点(突跃点)为其滴定终点。

7.3.1.4.2 **指示剂法**

称取试样 0.15 g(精确至 0.000 1 g)于三角瓶内,加甲酸(7.3.1.3.3)3 mL,搅拌,直至完全溶解,再加乙酸(7.3.1.3.2)30 mL、α-萘酚苯基甲醇-乙酸指示液(7.3.1.3.4)10 滴,用高氯酸标准滴定溶液(7.3.1.3.1)滴定试样液,当颜色变绿即为滴定终点,记录消耗高氯酸标准滴定溶液的体积(V_1)。同时做空白试验,记录消耗高氯酸标准滴定溶液的体积(V_0)。

7.3.1.4.3 **高氯酸溶液浓度的校正**

若滴定试样与标定高氯酸标准溶液时温度之差超过 10℃ 时,则应重新标定高氯酸标准溶液的浓度;若不超过 10℃,则按式(1)加以校正。

$$c_1 = \frac{c_0}{1 + 0.001\,1 \times (t_1 - t_0)} \quad \cdots\cdots(1)$$

式中:

c_1——滴定试样时高氯酸溶液的浓度,单位为摩尔每升(mol/L);

c_0——标定时高氯酸溶液的浓度,单位为摩尔每升(mol/L);

0.001 1——乙酸的膨胀系数;

t_1——滴定试样时高氯酸溶液的温度,单位为摄氏度(℃);

t_0——标定时高氯酸溶液的温度,单位为摄氏度(℃)。

7.3.1.5 **计算**

样品中谷氨酸钠含量按式(2)计算:

$$X_1 = \frac{0.093\,57 \times (V_1 - V_0) \times c}{m} \times 100 \quad \cdots\cdots(2)$$

式中:

X_1——样品中谷氨酸钠含量,单位为%;

0.093 57——1.00 mL 高氯酸标准溶液[$c(HClO_4)$=1.000 mol/L]相当于谷氨酸钠($C_5H_8NNaO_4 \cdot H_2O$)的质量,单位为克(g);

V_1——试样消耗高氯酸标准滴定溶液的体积,单位为毫升(mL);

V_0——空白消耗高氯酸标准滴定溶液的体积,单位为毫升(mL);

c——高氯酸标准滴定溶液的浓度,单位为摩尔每升(mol/L);

m——试样质量,单位为克(g)。

计算结果保留至小数点后第一位。

7.3.1.6 **允许差**

同一试样测试结果,相对平均偏差不得超过 0.3%。

7.3.2 旋光法

7.3.2.1 原理

谷氨酸钠分子结构中含有一个不对称碳原子，具有光学活性，能使偏振光面旋转一定角度，因此可用旋光仪测定旋光度，根据旋光度换算谷氨酸钠的含量。

7.3.2.2 仪器

旋光仪(精度±0.01°)备有钠光灯(钠光谱 D 线 589.3 nm)。

7.3.2.3 试剂

盐酸。

7.3.2.4 分析步骤

称取试样 10 g(精确至 0.000 1 g)，加少量水溶解并转移至 100 mL 容量瓶中，加盐酸 20 mL，混匀并冷却至 20℃，定容并摇匀。

于 20℃，用标准旋光角校正仪器；将上述试液置于旋光管中(不得有气泡)，观测其旋光度，同时记录旋光管中试样液的温度。

7.3.2.5 计算

样品中谷氨酸钠含量按式(3)计算，其数值以%表示。

$$X_2 = \frac{\frac{\alpha}{L \times c}}{25.16 + 0.047(20 - t)} \times 100 \quad \cdots\cdots(3)$$

式中：

X_2——样品中谷氨酸钠含量，%；

α——实测试样液的旋光度，单位为度(°)；

L——旋光管长度(液层厚度)，单位为分米(dm)；

c——1 mL 试样液中含谷氨酸钠的质量，单位为克每毫升(g/mL)；

25.16——谷氨酸钠的比旋光度$[\alpha]_D^{20}$，单位为度(°)；

0.047——温度校正系数；

t——测定时试液的温度，单位为摄氏度(℃)。

计算结果保留至小数点后第一位。

7.3.2.6 允许差

同一样品测定结果，相对平均偏差不得超过 0.3%。

7.4 透光率

7.4.1 仪器

721 型分光光度计。

7.4.2 分析步骤

称取试样 10 g(精确至 0.1 g)，加水溶解，定容至 100 mL，摇匀；用 1 cm 比色皿，以水为空白对照，在波长 430 nm 下测定试样液的透光率，记录读数。

7.4.3 允许差

同一样品两次测试结果的绝对差值，不得超过算术平均值的 0.2%。

7.5 比旋光度

7.5.1 原理

同 7.3.2.1。

7.5.2 仪器

同 7.3.2.2。

7.5.3 试剂

同 7.3.2.3。

7.5.4 分析步骤

同7.3.2.4。

7.5.5 计算

7.5.5.1 若采用钠光谱 D 线，1 dm 旋光管，在样液温度 20℃测定时，可直接读数。

7.5.5.2 在样液温度 t℃测定时，样品的比旋光度按式(4)计算：

$$X_3 = [\alpha]_D^t - 0.047(20 - t) \quad \cdots\cdots(4)$$

式中：

X_3——样品的比旋光度，单位为度(°)；

$[\alpha]_D^t$——在 t℃时试样液的比旋光度，单位为度(°)；

t——测定样液的温度，单位为摄氏度(℃)；

0.047——温度校正系数。

计算结果保留至小数点后第一位。

7.5.6 允许差

同一样品两次测定，绝对值之差不得超过0.02%。

7.6 氯化物

7.6.1 比浊法(适于微量氯化物)

7.6.1.1 原理

试样溶液中含有的微量氯离子与硝酸银生成氯化银沉淀，其浊度与标准氯离子产生的氯化银比较，进行目视比浊。

7.6.1.2 试剂和溶液

7.6.1.2.1 硝酸

7.6.1.2.2 氯化物标准溶液(1 mL 溶液含有 0.1 mg 氯)

按 GB/T 602 配制。

7.6.1.2.3 10%(体积分数)硝酸溶液

量取1体积硝酸(7.6.1.2.1)，注入9体积水中。

7.6.1.2.4 硝酸银标准溶液[$c(AgNO_3)$=0.1 mol/L]

按 GB/T 601 配制与标定。

7.6.1.3 分析步骤

称取试样 10 g，精确至 0.1 g，加水溶解并定容至 100 mL，摇匀。

吸取试样液 10.00 mL 于一支 50 mL 钠氏比色管中，加水 13 mL，摇匀；准确吸取氯化物标准溶液(7.6.1.2.2)10.00 mL 于另一支 50 mL 钠氏比色管中，加水 13 mL，摇匀，同时向上述两管各加硝酸溶液(7.6.1.2.3)和硝酸银标准溶液(7.6.1.2.4)各 1 mL，立即摇匀，于暗处放置 5 min 后，取出，立即进行目视比浊。

若样品管浊度不高于标准管浊度，则氯化物含量≤0.1%。

7.6.2 铬酸钾指示剂法(适于添加食用盐的氯化钠)

7.6.2.1 原理

以铬酸钾作指示剂，用硝酸银标准滴定溶液滴定试样液中的氯化钠，根据硝酸银标准滴定溶液的消耗量，计算出样品中氯化钠的含量。

7.6.2.2 试剂和溶液

7.6.2.2.1 硝酸银标准溶液[$c(AgNO_3)$=0.1 mol/L]

同7.6.1.2.4。

7.6.2.2.2 铬酸钾指示液：称取铬酸钾 5g，加 95mL 水溶解，滴加硝酸银标准溶液(7.6.2.2.1)直至生成红色沉淀为止，放置过夜。过滤，收集滤液备用。

7.6.2.3 分析步骤

称取试样 10 g,精确至 0.000 1 g,加水溶解并定容至 100 mL,摇匀。

吸取上述制备的试样液 5.00 mL 于锥形瓶中,加水 40 mL、铬酸钾指示液(7.6.2.2.2)1 mL,以 0.1 mol/L硝酸银标准滴定溶液滴定试样液,直至砖红色为其终点.同时做空白试验。

7.6.2.4 计算

样品的氯化钠的含量按式(5)计算,其数值以%表示。

$$X_4 = \frac{(V - V_0) \times c \times 0.058\,44 \times 100}{m \times 5} \times 100 \quad \cdots\cdots(5)$$

式中:

X_4——样品中氯化钠的含量,%;

V——试样消耗硝酸银标准滴定溶液的体积,单位为毫升(mL);

V_0——空白消耗硝酸银标准滴定溶液的体积,单位为毫升(mL);

c——硝酸银标准滴定溶液的浓度,单位为摩尔每升(mol/L);

0.058 44——1.00 mL 硝酸银标准滴定溶液[$c(AgNO_3)_4$=1.000 mol/L]相当于以克表示的氯化钠的质量,单位为克(g);

100——试样定容的总体积,单位为毫升(mL);

m——样品质量,单位为克(g);

5——测定时,吸取试样液的体积。

计算结果保留至小数点后第一位。

7.6.2.5 允许差

同一试样测试结果,相对平均偏差不得超过 2%。

7.7 pH 值

7.7.1 原理

将指示电极和参比电极浸入被测溶液构成原电极,在一定温度下,原电池的电动势与溶液的 pH 呈直线关系,通过测量原电池的电动势即可得出溶液的 pH。

7.7.2 仪器

pH 计(酸度计):精度±0.02 pH。

7.7.3 试剂和溶液

磷酸盐标准缓冲溶液(pH 值 6.86):称取预先于 120℃烘干 2 h 的磷酸二氢钾(KH_2PO_4)3.40 g 和磷酸氢二钠(Na_2HPO_4)3.55 g,加入不含二氧化碳的水溶解并定容至 1 000 mL,摇匀。

7.7.4 分析步骤

用磷酸盐标准缓冲液,在 25℃下,校正 pH 计的 pH 为 6.86,定位,用水冲洗电极。

称取试样 5 g,精确至 0.1 g,加入不含二氧化碳的水溶解并定容至 50 mL,摇匀,作为试样液。用试样液洗涤电极,然后将电极插入试样液中,调整 pH 计温度补偿旋钮至 25℃,测定试样液的 pH。重复操作,直至 pH 读数稳定 1 min,记录结果。

测定结果准确至小数点后第一位。

7.7.5 允许差

同一样品两次测定,绝对值之差不得超过 0.05 pH。

7.8 干燥失重

7.8.1 原理

用干燥法测定失去的易挥发性物质的质量,以百分含量表示。

7.8.2 第一法 常规法

7.8.2.1 仪器

7.8.2.1.1 电热干燥箱:温控 98℃±1℃。

7.8.2.1.2 称量瓶:50 mm×30 mm。

7.8.2.1.3 干燥器:变色硅胶。

7.8.2.1.4 分析天平:感量 0.1 mg。

7.8.2.2 **分析步骤**

用烘至恒重的称量瓶称取试样 5 g,精确至 0.000 1 g,置于 98℃±1℃电热干燥箱中,烘干 5 h,取出,加盖,放入干燥器中,冷却至室温(30 min),称量。

7.8.2.3 **计算**

样品的干燥失重按式(6)计算,其数值以%表示。

$$X_5 = \frac{m_1 - m_2}{m_1 - m} \times 100 \quad \cdots\cdots(6)$$

式中:

X_5——样品的干燥失重,%;

m——称量瓶的质量,单位为克(g);

m_1——干燥前称量瓶和试样的质量,单位为克(g);

m_2——干燥后称量瓶和试样的质量,单位为克(g)。

计算结果保留至小数点后第一位。

7.8.2.4 **允许差**

同一样品测定结果,相对平均偏差不得超过 10%。

7.8.3 **第二法 快速法**

7.8.3.1 **仪器**

7.8.3.1.1 **电热干燥箱**

温控 103℃±2℃。

7.8.3.1.2 **称量瓶、干燥器、分析天平**

同 7.8.2.1.2~7.8.2.1.4。

7.8.3.2 **分析步骤**

用烘至恒重的称量瓶称取试样 5 g,精确至 0.000 1 g,置于 103℃±2℃电热干燥箱中,烘干 2 h,取出,加盖,放入干燥器中,冷却至室温(30 min),称量。

7.8.3.3 **计算**

同 7.8.2.3。

7.8.3.4 **允许差**

同 7.8.2.4。

7.9 **铁**

7.9.1 **原理**

在酸性条件下,样液中的铁离子与硫氰酸铵作用,其颜色深浅与铁离子的浓度成正比,可以进行比色测定。

7.9.2 **仪器**

具塞比色管:50 mL。

7.9.3 **试剂和溶液**

7.9.3.1 硝酸

7.9.3.2 1+1 硝酸溶液:量取 1 体积硝酸(7.9.3.1),注入 1 体积水中。

7.9.3.3 硫氰酸铵

7.9.3.4 硫氰酸铵溶液(150 g/L):称取硫氰酸铵(7.9.3.3)15.0 g,用水溶解并定容至 100 mL。

7.9.3.5 铁标准溶液Ⅰ(含铁 0.1 g/L):按 GB/T 602 配制。

7.9.3.6 铁标准溶液Ⅱ(含铁 0.01 g/L):吸取铁标准溶液Ⅰ(7.9.3.5)10 mL,加水稀释至 100 mL。

7.9.4 分析步骤

称取试样 1 g 于比色管中,精确至 0.1 g,加水 10 mL 溶解,再加硝酸溶液(7.9.3.2)2 mL,摇匀。准确吸取铁标准溶液Ⅱ(7.9.3.6)0.5 mL 于另一支比色管中,加水 9.5 mL 及硝酸溶液(7.9.3.2)2 mL,摇匀。将上述两管同时置于沸水浴中煮沸 20 min,取出,冷却至室温,同时向各管加入硫氰酸铵溶液(7.9.3.4)10.00 mL,补加水至 25 mL 刻度,摇匀,进行目视比色。

若试样管溶液颜色不高于标准管溶液的颜色,则含铁量≤5 mg/kg。

7.10 硫酸盐

7.10.1 原理

样液中微量的硫酸根与氯化钡作用,生成白色硫酸钡沉淀,与标准浊度比较定量。

7.10.2 仪器

7.10.2.1 具塞比色管:50 mL。

7.10.2.2 烧杯:50 mL。

7.10.3 试剂和溶液

7.10.3.1 10%盐酸溶液(体积分数):量取 1 体积盐酸,注入 9 体积水中。

7.10.3.2 50 g/L 氯化钡溶液:称取 5.0g 氯化钡,用水溶解并稀释至定容至 100 mL。

7.10.3.3 1.0 g/L 硫酸盐标准溶液Ⅰ:称取无水硫酸钠 1.480 g,按 GB/T 602—2002 中 4.28 配制。

7.10.3.4 0.1 g/L 硫酸盐标准溶液Ⅱ:按 GB/T 602—2002 中 4.28 配制。

7.10.4 分析步骤

7.10.4.1 味精、增鲜味精

称取试样 0.5 g 于 50 mL 具塞比色管中,精确至 0.01 g。加水 18 mL 溶解,再加盐酸溶液(7.10.3.1)2 mL,摇动混匀;准确吸取硫酸盐标准溶液Ⅱ(7.10.3.4)2.50 mL,置于另一支 50 mL 具塞比色管中,加水 15.5 mL、盐酸溶液(7.10.3.1)2 mL,摇动混匀。同时向上述两管各加氯化钡(7.10.3.2)5.00 mL,摇匀,于暗处放置 10 min 后,取出,进行目视比浊。

若试样管溶液的浊度不高于标准管溶液的浊度,则硫酸盐含量≤0.05%。

7.10.4.2 加盐味精

称取试样 0.5 g 于 50 mL 具塞比色管中,精确至 0.01 g。加水 18 mL 溶解,再加盐酸溶液(7.10.3.1)2 mL,摇动混匀;准确吸取硫酸盐标准溶液Ⅰ(7.10.3.3)2.50 mL,置于另一支 50 mL 具塞比色管中,加水 15.5 mL、盐酸溶液(7.10.3.1)2 mL,摇动混匀。同时向上述两管各加氯化钡(7.10.3.2)5.00 mL,摇匀,于暗处放置 10 min 后,取出,进行目视比浊。

若试样管溶液的浊度不高于标准管溶液的浊度,则硫酸盐含量≤0.5%。

7.11 5'-鸟苷酸二钠

按 QB/T 3799 的方法测定。

7.12 呈味核苷酸二钠

按 QB/T 3798 的方法测定。

7.13 5'-肌苷酸二钠

7.13.1 仪器

紫外分光光度计。

7.13.2 试剂

盐酸(0.01 mol/L)。

7.13.3 分析步骤

精确称取试样 0.5 g(准确至 0.000 1 g),用水溶解并稀释定容至 500 mL,吸取 5 mL,用 0.01 mol/L(7.13.2)盐酸溶液稀释并定容至 250 mL,作为试液备用。

将试液注入 10 mm 石英比色杯中，以 0.01 mol/L(7.13.2)盐酸溶液作空白，于紫外分光光度计 250 nm 处测定吸光度。

7.13.4 计算

5'-肌苷酸二钠(IMP)的含量按式(7)计算，其数值以%表示。

$$X_6 = \frac{A \times 25\ 000}{310 \times m_3 \times (1 - m_4)} \times 100 \quad \cdots\cdots(7)$$

式中：

X_6——5'-肌苷酸二钠的含量，%；

A——在 250 nm 波长下测得试液的吸光度；

310——5'-肌苷酸二钠溶液的百分吸收系数；

m_3——试样质量，单位为克(g)；

m_4——试样的干燥失重，单位为克(g)。

7.13.5 允许差

同一试样两次测定值之差，不得超过 1%。

7.14 卫生要求

按 GB/T 5009.43 方法测定。

7.15 净含量

按 JJF 1070 检验。

8 检验规则

8.1 组批

凡同一生产厂名、同一产品名称、同一规格、同一商标及批号，并具有同样质量合格证的产品为一批。

8.2 取样

按表 4 抽取样本。

表 4 样品抽样表

批量范围/箱	抽取样本数/箱	抽取单位包装数/袋
<100	4	1
100～250	6	1
251～500	10	1
>500	20	1

8.3 取样量及取样方法

每批抽取总样品量为 500 g，若按表 4 抽取的样品量不足时，可按比例适当加取。抽样后，迅速将其混匀，用四分法缩分后，分别装入两个干燥、洁净的容器中，贴上标签，注明：样品名称，生产厂名、商标、生产日期(批号)、取样日期、地点和取样人姓名。1 份送化验室进行检验，另 1 份封存 3 个月备查。

8.4 出厂检验

8.4.1 产品出厂前，按本标准规定逐批进行检验。

8.4.2 出厂检验项目

8.4.2.1 谷氨酸钠(味精)：包装、净含量、谷氨酸钠含量、透光率、比旋光度、干燥失重、铁、硫酸盐。

8.4.2.2 加盐味精：包装、净含量、谷氨酸钠含量、食用盐、透光率、干燥失重、铁、硫酸盐。

8.4.2.3 增鲜味精：包装、净含量、谷氨酸钠含量、透光率、核苷酸钠含量、干燥失重、铁、硫酸盐。

8.5 型式检验

型式检验为本标准中各种产品分别的感官、理化、卫生要求中的全部项目。产品在一般情况下，型式检验每季度一次，遇有下列情况之一时，亦应进行型式检验：

a） 原辅材料有较大变化时；

b） 更改关键工艺或设备；

c） 新试制的产品或正常生产的产品停产3个月后，重新恢复生产时；

d） 出厂检验与上次型式检验结果有较大差异时；

e） 国家质量监督检验机构按有关规定需要抽检时。

8.6 判定规则

8.6.1 当检验结果中有一项检验项目不合格时，应重新自同批产品中抽取两倍量样本进行复验，以复验结果为准。如仍有一项不合格，则判整批产品为不合格品。

8.6.2 当供需双方对产品质量发生异议时，由双方协商选定仲裁单位，按本标准进行复验。

9 标志、包装、运输和贮存

9.1 标志

9.1.1 产品的外包装标志宜符合GB/T 191的要求。

9.1.2 外包装物上应有明显的标识。标识内容应包括产品名称、厂名、厂址、净含量、生产日期（批号）等。

9.1.3 预包装产品包装按GB 7718规定标注，加盐味精包装上需标注谷氨酸钠具体含量。

9.2 包装

9.2.1 产品内包装材料需符合食品包装材料的卫生要求。

9.2.2 包装要求：内包装封口严密，不得透气，外包装不得受到污染。

9.3 运输和贮存

9.3.1 产品在运输过程中应轻拿轻放，严防污染、雨淋和曝晒。

9.3.2 运输工具应清洁、无毒、无污染。严禁与有毒、有害、有腐蚀性的物质混装混运。

9.3.3 产品贮存在阴凉、干燥、通风无污染的环境下，不应露天堆放。

附 录 A
（规范性附录）
半成品 L-谷氨酸（麸酸）质量要求

A.1 术语和定义

下列术语和定义适用于本附录。

A.1.1

L-谷氨酸（麸酸） L-glutamic acid

以淀粉质、糖质为原料，经微生物（谷氨酸棒杆菌等）发酵、提纯而制得的带有特征酸味的结晶或结晶性粉末。

A.2 要求

A.2.1 原料要求

应符合相应产品标准要求。对大米“不完整粒”和“碎米”不作要求。

A.2.2 外观及感官要求

白色、浅黄色（淀粉、大米等为原料）或棕黄色（糖蜜为原料）的结晶或结晶性粉末，略有特征酸味，无异味。

A.2.3 理化要求

应符合表 A.1 的规定。

表 A.1 L-谷氨酸（麸酸）理化要求

项　　目		优等品	合格品[a]
L-谷氨酸（麸酸）含量/（%）	≥	97	95
比旋光度$[\alpha]_D^{20}$/（°）	≥	31.0	30.3
透光率/（%）	≥	40	30
硫酸盐（SO_4^{-2}）/（%）	≤	0.35	
a 糖蜜原料半成品。			

A.3 分析方法

A.3.1 L-谷氨酸含量

A.3.1.1 旋光法

A.3.1.1.1 原理

同 7.3.2.1。

A.3.1.1.2 仪器

同 7.3.2.2。

A.3.1.1.3 试剂

同 7.3.2.3。

A.3.1.1.4 分析步骤

a) 试样液的制备：称取试样 10 g，精确至 0.000 1 g，加水 20 mL，边搅拌边加入盐酸 16.5 mL，样品全部溶解后移入 100 mL 容量瓶中，待溶液冷却至约 20℃时，定容并充分混匀。滤纸过滤，待用。

若试样液颜色较深，可加入活性炭 0.1 g(最多可加入 0.3 g)，搅拌脱色过滤，弃去前 5 mL 滤液，收集其余滤液，待用。

b) 测定：同 7.3.2.4。

A.3.1.1.5 计算

样品中 L-谷氨酸的含量按式(A.1)计算，其数值以%表示。

$$X_{A1}=\frac{\frac{\alpha}{L\times c}}{32.00+0.06(20-t)}\times 100 \quad\cdots\cdots(A.1)$$

式中：

X_{A1}——样品中谷氨酸的含量，%；

α——实测试液的旋光度，单位为度(°)；

L——旋光管长度(即液层厚度)，单位为分米(dm)；

c——1 mL 试样中谷氨酸的含量，单位为克每毫升(g/mL)；

32.00——谷氨酸的比旋光度$[\alpha]_D^{20}$，单位为度(°)；

t——测定时试样液的温度，单位为摄氏度(℃)；

0.06——温度校正系数。

计算结果精确至小数点后一位。

A.3.1.1.6 允许差

同 7.3.2.6。

A.3.1.2 中和滴定法

A.3.1.2.1 原理

谷氨酸具有两个酸性的羧基(—COOH)和一个碱性的氨基($—NH_2$)，可以用碱液滴定其中一个—COOH基，以消耗碱的量间接求得谷氨酸含量。

A.3.1.2.2 仪器

自动电位滴定仪。

A.3.1.2.3 试剂和溶液

a) 氢氧化钠标准溶液Ⅰ[c(NaOH)=0.1 mol/L]：按 GB/T 601 配制和标定；

b) 氢氧化钠标准溶液Ⅱ[c(NaOH)=0.05 mol/L]：将氢氧化钠标准溶液Ⅰ[A.3.1.2.3a)]准确稀释 1 倍。

A.3.1.2.4 分析步骤

a) 按仪器使用说明书处理电极和校正自动电位滴定仪；

b) 粗称样品 10 g，研细，待用；

c) 准确称取试样 0.25 g，精确至 0.000 1 g，置于 100 mL 烧杯中，加水 70 mL，加热使之全部溶解，冷却至室温，用氢氧化钠标准溶液Ⅱ[A.3.1.2.3b)]进行电位滴定，终点 pH 值控制在 7.0，记录消耗氢氧化钠标准溶液的体积(V)；

d) 同时做空白试验，记录消耗氢氧化钠标准溶液[A.3.1.2.3b)]的体积(V_0)。

A.3.1.2.5 计算

样品中 L-谷氨酸含量按式(A.2)计算，其数值以%表示。

$$X_{A2}=\frac{0.147\,1\times c\times(V-V_0)}{m}\times 100 \quad\cdots\cdots(A.2)$$

式中：

X_{A2}——样品中谷氨酸含量，%；

V——试液消耗氢氧化钠标准溶液的体积，单位为毫升(mL)；

V_0——空白消耗氢氧化钠标准溶液的体积，单位为毫升(mL)；

c——1.00 mL 氢氧化钠标准溶液[$c(NaOH)=1.000$ mol/L]相当于 L-谷氨酸($C_5H_9NO_4$)的质量,单位为克(g);

m——样品质量,单位为克(g)。

计算结果精确至小数点后一位。

A.3.1.2.6 允许差

同 7.3.1.6。

A.3.2 比旋光度

A.3.2.1 吸取试液[A.3.1.1.4a)],按 7.5 进行测定。

A.3.2.2 分析结果的表述

若采用钠光谱 D 线,1 dm 旋光管,在 20℃(液温)测定时,可直接读数;试液温度为 t℃时,则须按式(A.3)换算:

$$X_{A3} = [\alpha]_D^t - 0.06(20-t) \times 100 \quad \cdots\cdots (A.3)$$

式中:

X_{A3}——样品的比旋光度$[\alpha]_D^{20}$,单位为度(°);

$[\alpha]_D^t$——在 t℃时试液的比旋光度,单位为度(°);

t——测定时试液的温度,单位为摄氏度(℃);

0.06——温度校正系数。

计算结果精确至小数点后第一位。

A.3.2.3 允许差

同一样品两次测定,绝对值之差不得超过 0.02%。

A.3.3 透光率

A.3.3.1 仪器

分光光度计:精度±0.5%。

A.3.3.2 试剂

a) 盐酸;

b) 盐酸溶液[$c(HCl)=2$ mol/L]:量取盐酸[A.3.3.2a)]16.5 mL,注入 100 mL 水中,摇匀。

A.3.3.3 分析步骤

称取试样 5 g,精确至 0.1 g,用盐酸溶液[A.3.3.2b)]溶解并定容至 100 mL,摇匀,作为试液,用试样液冲洗比色皿,并用 1 cm 比色皿以同批盐酸溶液[A.3.3.2b)] 调零点,在波长 590 nm 处,测定其透光率。

A.3.3.4 允许差

同 7.4.3。

A.3.4 硫酸盐

A.3.4.1 原理

同 7.10.1。

A.3.4.2 试剂和溶液

同 7.10.3。

A.3.4.3 分析步骤

吸取试样液[A.3.1.1.4a)]1.00 mL,加 17mL 水、2mL 盐酸[10%(体积分数)],作为样品管;吸取 3.50 mL 硫酸盐标准溶液,加 14.5 mL 水、2 mL 盐酸[10%(体积分数)],作为标准对照管,以下按 7.10.4 进行测定。

若样品管浊度不高于标准管浊度,即硫酸盐含量≤0.35%。

附 录 B
（资料性附录）
谷氨酸钠的鉴别试验

B.1 氨基酸的确认

B.1.1 原理

在加热情况下，试样液中的氨基酸与茚三酮反应，生成紫色化合物。

B.1.2 试剂和溶液

1 g/L 茚三酮溶液：称取茚三酮 0.1 g，精确至 0.01 g，加水溶解，稀释至 100 mL。

B.1.3 分析步骤

B.1.3.1 称取试样 0.1 g，精确至 0.01 g，加水溶解并稀释至 100 mL；

B.1.3.2 吸取 5.0 mL 试样液（B.1.3.1），加入茚三酮溶液（B.1.2）1.0 mL，混匀，于水浴中加热 3 min，取出，观测。

若最终溶液呈现紫色，则确认为氨基酸。

B.2 钠盐的确认

B.2.1 原理

钠盐在无色或蓝色火焰中燃烧，呈黄色火焰。

B.2.2 试剂

盐酸。

B.2.3 器具

铂针（一端镶入玻璃棒中）：直径 0.8 mm，长 20 mm。

本生灯。

B.2.4 鉴别步骤

取少量试样（约 0.5 g），加 1 mL 盐酸（B.2.1）溶解，将铂针尖端插入试液内约 5 mm。然后，把铂针平放在本生灯的无色或蓝色火焰中燃烧。

若呈现黄色火焰，并持续约 4 s，则确认是钠盐。

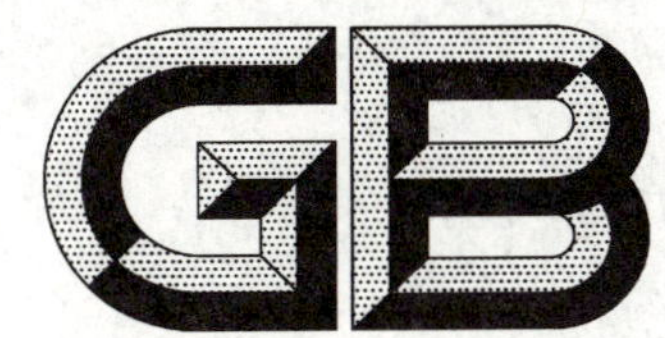

中华人民共和国国家标准

GB 10133—2014

食品安全国家标准
水产调味品

2014-12-24 发布　　　　2015-05-24 实施

中华人民共和国
国家卫生和计划生育委员会　发布

前　言

本标准代替 GB 10133—2005《水产调味品卫生标准》。

本标准与 GB 10133—2005 相比，主要变化如下：

——标准名称修改为“食品安全国家标准　水产调味品”；

——修改了术语和定义；

——修改了感官要求；

——修改了理化指标；

——修改了微生物限量。

食品安全国家标准
水产调味品

1 范围

本标准适用于水产调味品。

2 定义

2.1 水产调味品

以鱼、虾、蟹和贝类等水产品为主要原料，经相应工艺加工制成的调味品，如鱼露、虾酱、虾油和蚝油等。

3 技术要求

3.1 原料要求

3.1.1 鱼类、虾类、蟹类、贝类应符合 GB 2733 的规定。

3.1.2 其他原辅料应符合相应的食品标准和有关规定。

3.2 感官要求

感官要求应符合表 1 的规定。

表 1 感官要求

项 目	要 求	检验方法
滋味、气味	无异味	取适量试样于白色瓷盘中，在自然光线下，观察其状态。闻其气味，用温开水漱口，品其滋味
状态	无正常视力可见霉斑，无外来异物	

3.3 污染物限量

污染物限量应符合 GB 2762 的规定。

3.4 微生物限量

3.4.1 致病菌限量应符合 GB 29921 的规定。

3.4.2 微生物限量还应符合表 2 的规定。

表 2 微生物限量

项　目	采样方案[a]及限量				检验方法
	n	c	m	M	
菌落总数/(CFU/g 或 CFU/mL)	5	2	10^4	10^5	GB 4789.2
大肠菌群/(CFU/g 或 CFU/mL)	5	2	10	10^2	GB 4789.3 平板计数法
[a] 样品的分析及处理按 GB 4789.1 和 GB/T 4789.22 执行。					

3.5 食品添加剂

食品添加剂的使用应符合 GB 2760 的规定。

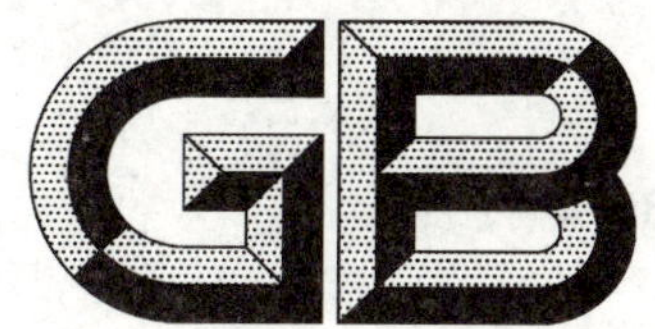

中华人民共和国国家标准

GB 13104—2014

食品安全国家标准
食糖

2014-12-24 发布　　　　2015-05-24 实施

中华人民共和国
国家卫生和计划生育委员会　发布

前　言

本标准代替 GB 13104—2005《食糖卫生标准》。

本标准与 GB 13104—2005 相比，主要变化如下：

——标准名称修改为“食品安全国家标准　食糖”；

——增加了术语和定义；

——修改了感官要求；

——删除了微生物指标。

食品安全国家标准
食糖

1 范围

本标准适用于以甘蔗、甜菜为原料生产的原糖、白砂糖、绵白糖、赤砂糖、红糖、方糖和冰糖等。

2 术语和定义

2.1 原糖

以甘蔗汁经清净处理、煮炼结晶、离心分蜜制成的带有糖蜜、不供作直接食用的蔗糖结晶。

2.2 白砂糖

以甘蔗或甜菜为原料，经提取糖汁、清净处理、煮炼结晶和分蜜等工艺加工制成的蔗糖结晶。

2.3 绵白糖

以甜菜或甘蔗为原料，经提取糖汁、清净处理、煮炼结晶、分蜜并加入适量转化糖浆等工艺制成的晶粒细小、颜色洁白、质地绵软的糖。

2.4 赤砂糖

以甘蔗为原料，经提取糖汁、清净处理等工艺加工制成的带蜜的棕红色或黄褐色砂糖。

2.5 红糖

以甘蔗为原料，经提取糖汁、清净处理后，直接煮制不经分蜜的棕红色或黄褐色的糖。

2.6 方糖

由粒度适中的白砂糖，加入少量水或糖浆，经压铸等工艺制成小方块的糖。

2.7 冰糖

砂糖经再溶、清净处理，重结晶而制得的大颗粒结晶糖。

3 技术要求

3.1 原料要求

原料应符合相应的食品标准和有关规定。

3.2 感官要求

感官要求应符合表 1 的规定。

表 1 感官要求

项目	要求	检验方法
色泽	具有产品应有的色泽	取适量试样于白色瓷盘中，在自然光下观察色泽和状态。闻其气味，用温开水漱口，品其滋味
滋味、气味	味甜，无异味，无异嗅	
状态	具有产品应有的状态，无潮解，无正常视力可见外来异物	

3.3 理化指标

理化指标应符合表 2 的规定。

表 2 理化指标

项目	指标	检验方法
不溶于水杂质[a]/(mg/kg) ≤	350	GB 15108
[a] 仅适用于原糖。		

3.4 污染物限量

污染物限量应符合 GB 2762 的规定。

3.5 生物指标

螨：不得检出。检验方法见附录 A。

3.6 食品添加剂

食品添加剂的使用应符合 GB 2760 的规定。

附　录　A

螨的检验方法

取食糖250 g放入1 000 mL的锥形瓶中，加20 ℃～25 ℃的分析实验室用水至瓶的三分之二处，用洁净的玻璃棒不断搅拌至充分溶解，补充20 ℃～25 ℃的分析实验室用水至瓶口处，不使水溢出为止。用洁净的玻片盖在瓶口上，使玻片与液面接触，静置15 min左右，取下镜检。

中华人民共和国国家标准

酿造酱油

GB 18186—2000

Fermented soy sauce

1 范围

本标准规定了酿造酱油的定义、产品分类、技术要求、试验方法、检验规则和标签、包装、运输、贮存的要求。

本标准适用于第3章所指的酿造酱油。

2 引用标准

下列标准所包含的条文，通过在本标准中引用而构成为本标准的条文。本标准出版时，所示版本均为有效。所有标准都会被修订，使用本标准的各方应探讨使用下列标准最新版本的可能性。

GB/T 601—1988 化学试剂 滴定分析(容量分析)用标准溶液的制备

GB 2715—1981 粮食卫生标准

GB 2717—1996 酱油卫生标准

GB 2760—1996 食品添加剂使用卫生标准

GB 4789.22—1994 食品卫生微生物学检验 调味品检验

GB/T 5009.39—1996 酱油卫生标准的分析方法

GB 5461—2000 食用盐

GB 5749—1985 生活饮用水卫生标准

GB/T 6682—1992 分析实验室用水规格和试验方法

GB 7718—1994 食品标签通用标准

3 定义

本标准采用下列定义。

酿造酱油 fermented soy sauce

以大豆和/或脱脂大豆、小麦和/或麸皮为原料，经微生物发酵制成的具有特殊色、香、味的液体调味品。

4 产品分类

按发酵工艺分为两类。

4.1 高盐稀态发酵酱油(含固稀发酵酱油)

以大豆和/或脱脂大豆、小麦和/或小麦粉为原料，经蒸煮、曲霉菌制曲后与盐水混合成稀醪，再经发酵制成的酱油。

4.2 低盐固态发酵酱油

以脱脂大豆及麦麸为原料，经蒸煮、曲霉菌制曲后与盐水混合成固态酱醅，再经发酵制成的酱油。

国家质量技术监督局2000-09-01批准　　2001-09-01实施

5 技术要求

5.1 主要原料和辅料

5.1.1 大豆、脱脂大豆、小麦、小麦粉、麸皮：应符合 GB 2715 的规定。

5.1.2 酿造用水：应符合 GB 5749 的规定。

5.1.3 食用盐：应符合 GB 5461 的规定。

5.1.4 食品添加剂：应选用 GB 2760 中允许使用的食品添加剂，还应符合相应的食品添加剂的产品标准。

5.2 感官特性

应符合表 1 的规定。

表 1

项目	要求							
	高盐稀态发酵酱油(含固稀发酵酱油)				低盐固态发酵酱油			
	特级	一级	二级	三级	特级	一级	二级	三级
色泽	红褐色或浅红褐色，色泽鲜艳，有光泽		红褐色或浅红褐色		鲜艳的深红褐色，有光泽	红褐色或棕褐色，有光泽	红褐色或棕褐色	棕褐色
香气	浓郁的酱香及酯香气	较浓的酱香及酯香气	有酱香及酯香气		酱香浓郁，无不良气味	酱香较浓，无不良气味	有酱香，无不良气味	微有酱香，无不良气味
滋味	味鲜美、醇厚、鲜、咸、甜适口		味鲜，咸、甜适口	鲜咸适口	味鲜美，醇厚，咸味适口	味鲜美，咸味适口	味较鲜，咸味适口	鲜咸适口
体态	澄清							

5.3 理化指标

5.3.1 可溶性无盐固形物、全氮、氨基酸态氮应符合表 2 的规定。

表 2

项目		指标							
		高盐稀态发酵酱油(含固稀发酵酱油)				低盐固态发酵酱油			
		特级	一级	二级	三级	特级	一级	二级	三级
可溶性无盐固形物，g/100 mL	≥	15.00	13.00	10.00	8.00	20.00	18.00	15.00	10.00
全氮(以氮计)，g/100 mL	≥	1.50	1.30	1.00	0.70	1.60	1.40	1.20	0.80
氨基酸态氮(以氮计)，g/100 mL	≥	0.80	0.70	0.55	0.40	0.80	0.70	0.60	0.40

5.3.2 铵盐

铵盐的含量不得超过氨基酸态氮含量的 30%。

5.4 卫生指标

应符合 GB 2717 的规定。

6 试验方法

所用试剂均为分析纯；实验用水应符合 GB/T 6682 中三级水规格。

6.1 感官特性

按 GB/T 5009.39—1996 第 3 章检验。

6.2 可溶性无盐固形物

样品中可溶性无盐固形物的含量按式(1)计算：

$$X = X_2 - X_1 \qquad \cdots\cdots\cdots\cdots (1)$$

式中：X——样品中可溶性无盐固形物的含量，g/100 mL；

X_2——样品中可溶性总固形物的含量，g/100 mL；

X_1——样品中氯化钠的含量，g/100 mL。

6.2.1 可溶性总固形物的测定

6.2.1.1 仪器

a）分析天平：感量 0.1 mg；

b）电热恒温干燥箱；

c）移液管；

d）称量瓶：ϕ25 mm。

6.2.1.2 试液的制备

将样品充分振摇后，用干滤纸滤入干燥的 250 mL 锥形瓶中备用。

6.2.1.3 分析步骤

吸取试液(6.2.1.2)10.00 mL 于 100 mL 容量瓶中，加水稀释至刻度，摇匀。

吸取上述稀释液 5.00 mL 置于已烘至恒重的称量瓶中，移入(103±2)℃电热恒温干燥箱中，将瓶盖斜置于瓶边。4 h 后，将瓶盖盖好，取出，移入干燥箱内，冷却至室温(约需 0.5 h)，称量。再烘 0.5 h，冷却，称量，直至两次称量差不超过 1 mg，即为恒重。

6.2.1.4 计算

样品中可溶性总固形物的含量按式(2)计算：

$$X_2 = \frac{m_2 - m_1}{\frac{10}{100} \times 5} \times 100 \qquad \cdots\cdots\cdots\cdots (2)$$

式中：X_2——样品中可溶性总固形物的含量，g/100 mL；

m_2——恒重后可溶性总固形物和称量瓶的质量，g；

m_1——称量瓶的质量，g。

6.2.1.5 允许差

同一样品平行试验的测定差不得超过 0.30 g/100 mL。

6.2.2 氯化钠的测定

6.2.2.1 仪器

微量滴定管。

6.2.2.2 试剂

0.1 mol/L 硝酸银标准滴定溶液：按 GB/T 601 规定的方法配制和标定。

铬酸钾溶液(50 g/L)：称取 5 g 铬酸钾，用少量水溶解后定容至 100 mL。

6.2.2.3 分析步骤

吸取 2.0 mL 的稀释液(吸取 5.0 mL 样品，置于 200 mL 容量瓶中，加水至刻度，摇匀)于 250 mL 锥形瓶中，加 100 mL 水及 1 mL 铬酸钾溶液，混匀。在白色瓷砖的背景下用 0.1 mol/L 硝酸银标准滴定溶液滴定至初显桔红色。同时做空白试验。

6.2.2.4 计算

样品中氯化钠的含量按式(3)计算：

$$X_1 = \frac{(V - V_0) \times c_1 \times 0.0585}{2 \times \frac{5}{200}} \times 100 \quad \cdots\cdots(3)$$

式中：X_1——样品中氯化钠的含量，g/100 mL；

V——滴定样品稀释液消耗 0.1 mol/L 硝酸银标准滴定溶液的体积，mL；

V_0——空白试验消耗 0.1 mol/L 硝酸银标准滴定溶液的体积，mL；

c_1——硝酸银标准滴定溶液的浓度，mol/L；

0.058 5——1.00 mL 硝酸银标准滴定溶液[$c(AgNO_3)$=1.000 mol/L]相当于氯化钠的质量，g。

6.2.2.5 允许差

同一样品平行试验的测定差不得超过 0.10 g/100 mL。

6.3 全氮

6.3.1 仪器

a) 凯氏烧瓶：500 mL；

b) 冷凝器；

c) 电热恒温干燥箱；

d) 氮球；

e) 分析天平：感量 0.1 mg；

f) 酸式滴定管：25 mL；

g) 移液管。

6.3.2 试剂

a) 混合指示液：1 份 0.2%甲基红乙醇溶液与 5 份 0.2%溴钾酚绿乙醇溶液配合；

b) 混合试剂：3 份硫酸铜与 50 份硫酸钾混合；

c) 硫酸：95%～98%；

d) 2%硼酸溶液：称取 2 g 硼酸，加水溶解定容至 100 mL；

e) 锌粒；

f) 40%氢氧化钠溶液：称取 40 g 氢氧化钠，溶于 60 mL 水中；

g) 0.1 mol/L 盐酸标准滴定溶液：按 GB/T 601 规定的方法配制和标定。

6.3.3 分析步骤

吸取试样 2.00 mL 于干燥的凯氏烧瓶中，加入 4 g 硫酸铜-硫酸钾混合试剂、10 mL 硫酸，在通风橱内加热(烧瓶口放一个小漏斗，将烧瓶 45°斜置于电炉上)。待内容物全部炭化、泡沫完全停止后，保持瓶内溶液微沸。至炭粒全部消失，消化液呈澄清的浅绿色，继续加热 15 min，取下，冷却至室温。缓慢加水 120 mL，将冷凝管下端的导管浸入盛有 30 mL2%硼酸溶液及 2～3 滴混合指示液的锥形瓶的液面下。沿凯氏烧瓶瓶壁缓慢加入 40 mL40%氢氧化钠溶液、2 粒锌粒，迅速连接蒸馏装置(整个装置应严密不漏气)，接通冷凝水，振摇凯氏烧瓶，加热蒸馏至馏出液约 120 mL。降低锥形瓶的位置，使冷凝管下端离开液面，再蒸馏 1 min，停止加热。用少量水冲洗冷凝管下端的外部，取下锥形瓶。用 0.1 mol/L 盐酸标准滴定溶液滴定收集液至紫红色为终点。记录消耗 0.1 mol/L 盐酸标准滴定溶液的毫升数。同时做空白试验。

6.3.4 计算

样品中全氮的含量按式(4)计算：

$$X_3 = \frac{(V_2 - V_1) \times c_2 \times 0.014}{2} \times 100 \quad \cdots\cdots(4)$$

式中：X_3——样品中全氮的含量(以氮计)，g/100 mL；

V_2——滴定样品消耗 0.1 mol/L 盐酸标准滴定溶液的体积，mL；

V_1——空白试验消耗 0.1 mol/L 盐酸标准滴定溶液的体积,mL;

c_2——盐酸标准滴定溶液浓度,mol/L;

0.014——1.00 mL 盐酸标准滴定溶液[c(HCl)=1.000 mol/L]相当于氮的质量,g。

6.3.5 允许差

同一样品平行试验的测定差不得超过 0.03 g/100 mL。

6.4 氨基酸态氮

6.4.1 仪器

a) 酸度计:附磁力搅拌器;

b) 碱式滴定管:25 mL;

c) 移液管。

6.4.2 试剂

a) 甲醛溶液:37%～40%;

b) 0.05 mol/L 氢氧化钠标准滴定溶液:按 GB/T 601 规定的方法配制和标定。

6.4.3 分析步骤

吸取 5.0 mL 样品,置于 100 mL 容量瓶中,加水至刻度,混匀后吸取 20.0 mL,置于 200 mL 烧杯中,加 60 mL 水,开动磁力搅拌器,用氢氧化钠标准溶液[c(NaOH)=0.05 mol/L]滴定至酸度计指示 pH=8.2[记下消耗氢氧化钠标准滴定溶液(0.05 mol/L)的毫升数,可计算总酸含量]。

加入 10.0 mL 甲醛溶液,混匀。再用氢氧化钠标准滴定溶液(0.05 mol/L)继续滴定至 pH=9.2,记下消耗氢氧化钠标准滴定溶液(0.05 mol/L)的毫升数。

同时取 80 mL 水,先用氢氧化钠溶液(0.05 mol/L)调节 pH 为 8.2,再加入 10.0 mL 甲醛溶液,用氢氧化钠标准滴定溶液(0.05 mol/L)滴定至 pH=9.2,同时做试剂空白试验。

6.4.4 计算

样品中氨基酸态氮的含量按式(5)计算:

$$X_4 = \frac{(V_4 - V_3) \times c_3 \times 0.014}{V_5 \times \frac{5}{100}} \times 100 \qquad \cdots\cdots(5)$$

式中:X_4——样品中氨基酸态氮的含量(以氮计),g/100 mL;

V_4——滴定样品稀释液消耗 0.05 mol/L 氢氧化钠标准滴定溶液的体积,mL;

V_3——空白试验消耗 0.05 mol/L 氢氧化钠标准滴定溶液的体积,mL;

V_5——样品稀释液取用量,mL;

c_3——氢氧化钠标准滴定溶液浓度,mol/L;

0.014——1.00 mL 氢氧化钠标准滴定溶液[c(NaOH)=1.000 mol/L]相当于氮的质量,g。

6.4.5 允许差

同一样品平行试验的测定差不得超过 0.03 g/100 mL。

6.5 卫生指标和铵盐

分别按 GB 4789.22 和 GB/T 5009.39 检验。

7 检验规则

7.1 交收检验

交收检验项目包括:感官特性、可溶性无盐固形物、全氮、氨基酸态氮、铵盐、微生物(菌落总数、大肠菌群)。

7.2 型式检验

型式检验项目包括:技术要求中的全部项目。

型式检验每半年进行一次，有下列情况之一时，亦应进行：

a）更改主要原料；

b）更改关键工艺；

c）国家质量监督机构提出要求时。

7.3 组批

同一天生产的同一品种产品为一批。

7.4 抽样

从每批产品的不同部位随机抽取6瓶(袋)，分别做感官特性、理化、卫生检验，留样。

7.5 判定规则

7.5.1 交收检验项目或型式检验项目全部符合本标准判为合格品。

7.5.2 交收检验项目或型式检验项目如有一项不符合本标准，可以加倍抽样复验。复验后如仍不符合本标准，判为不合格品。

8 标签

8.1 标签的标注内容应符合GB 7718的规定。产品名称应标明“酿造酱油”，还应标明氨基酸态氮的含量、质量等级、用于“佐餐和/或烹调”。

8.2 执行标准的标注方法：高盐稀态发酵酱油标为“GB 18186—2000　高盐稀态”；低盐固态发酵酱油标为“GB 18186—2000　低盐固态”。

9 包装

包装材料和容器应符合相应的国家卫生标准。

10 运输

产品在运输过程中应轻拿轻放，防止日晒雨淋。运输工具应清洁卫生，不得与有毒、有污染的物品混运。

11 贮存

11.1 产品应贮存在阴凉、干燥、通风的专用仓库内。

11.2 瓶装产品的保质期不应低于12个月；袋装产品的保质期不应低于6个月。

GB 18186—2000《酿造酱油》第1号修改单

本修改单业经国家质量监督检验检疫总局于2001年7月4日以质检办标函[2001]028号文批准，自发布之日起实施。

一、5.3.2条采用新条文：

“5.3.2 铵盐

铵盐(以氮计)的含量不得超过氨基酸态氮含量的30%。”

二、6.2.1.3条第四行中更改文字：

“移入干燥箱内”更改为“移入干燥器内”。

三、6.5条采用新条文：

“6.5 卫生指标和铵盐

按GB 4789.22和GB/T 5009.39检验。GB/T 5009.39铵盐含量计算公式中的0.017改为0.014。”

GB 18186—2000《酿造酱油》第2号修改单

本修改单经中国国家标准化管理委员会于2002年1月31日以国标委农轻函[2002]5号文批准，自2002年1月31日起实施。

第8章采用新条文：

“8 标签

标签的标注内容应符合GB 7718的规定。产品名称应标明‘酿造酱油’；还应标明产品类别、氨基酸态氮的含量、质量等级、用于‘佐餐和/或烹调’”。

前　　言

本标准的第8章为强制性的，其余为推荐性的。

本标准是在ZB X66 004—1986《液态法食醋质量标准》、ZB X66 015—1987《固态发酵食醋》和ZB X66 016—1987《固态发酵食醋检验方法》的基础上而制定的。

本标准的卫生指标与GB 2719—1996《食醋卫生标准》一致。

本标准由国家国内贸易局提出。

本标准主要起草单位：石家庄珍极酿造集团有限责任公司。

本标准主要起草人：张林、鲁肇元、李栓勤、李月。

本标准委托中国调味品协会负责解释。

中华人民共和国国家标准

酿造食醋

GB 18187—2000

Fermented vinegar

1 范围

本标准规定了酿造食醋的定义、产品分类、技术要求、试验方法、检验规则和标签、包装、运输、贮存的要求。

本标准仅适用于第3章所指的调味用酿造食醋，不适用于保健用酿造食醋。

2 引用标准

下列标准所包含的条文，通过在本标准中引用而构成为本标准的条文。本标准出版时，所示版本均为有效。所有标准都会被修订，使用本标准的各方应探讨使用下列标准最新版本的可能性。

GB/T 601—1988 化学试剂 滴定分析(容量分析)用标准溶液的制备

GB 2715—1981 粮食卫生标准

GB 2719—1996 食醋卫生标准

GB 2760—1996 食品添加剂使用卫生标准

GB 4789.22—1994 食品卫生微生物学检验 调味品检验

GB/T 5009.41—1996 食醋卫生标准的分析方法

GB 5461—2000 食用盐

GB 5749—1985 生活饮用水卫生标准

GB/T 6682—1992 分析实验室用水规格和试验方法

GB 7718—1994 食品标签通用标准

GB 10343—1989 食用酒精

3 定义

本标准采用下列定义。

酿造食醋 fermented vinegar

单独或混合使用各种含有淀粉、糖的物料或酒精，经微生物发酵酿制而成的液体调味品。

4 产品分类

按发酵工艺分为两类。

4.1 固态发酵食醋

以粮食及其副产品为原料，采用固态醋醅发酵酿制而成的食醋。

4.2 液态发酵食醋

以粮食、糖类、果类或酒精为原料，采用液态醋醪发酵酿制而成的食醋。

国家质量技术监督局2000-09-01批准　　2001-09-01实施

5 技术要求

5.1 主要原料及辅料

5.1.1 粮食:应符合 GB 2715 的规定。

5.1.2 酿造用水:应符合 GB 5749 的规定。

5.1.3 食用盐:应符合 GB 5461 的规定。

5.1.4 食用酒精:应符合 GB 10343 的规定。

5.1.5 糖类:应符合相应的国家标准或行业标准的规定。

5.1.6 食品添加剂:应选用 GB 2760 中允许使用的食品添加剂,还应符合相应的食品添加剂的产品标准。

5.2 感官特性

应符合表 1 的规定。

表 1

项　目	要　求	
	固态发酵食醋	液态发酵食醋
色　泽	琥珀色或红棕色	具有该品种固有的色泽
香　气	具有固态发酵食醋特有的香气	具有该品种特有的香气
滋　味	酸味柔和,回味绵长,无异味	酸味柔和,无异味
体　态	澄清	

5.3 理化指标

总酸、不挥发酸、可溶性无盐固形物应符合表 2 的规定。

表 2

项　目		指　标	
		固态发酵食醋	液态发酵食醋
总酸(以乙酸计),g/100 mL	≥	3.50	
不挥发酸(以乳酸计),g/100 mL	≥	0.50	—
可溶性无盐固形物,g/100 mL	≥	1.00	0.50
注:以酒精为原料的液态发酵食醋不要求可溶性无盐固形物。			

5.4 卫生指标

应符合 GB 2719 的规定。

6 试验方法

所用试剂均为分析纯,实验用水应符合 GB/T 6682 中三级水规格。

6.1 感官特性

按 GB/T 5009.41—1996 第 3 章检验。

6.2 总酸

按 GB/T 5009.41—1996 第 4 章检验。

6.3 不挥发酸

6.3.1 仪器

a) 酸度计:精度±0.1 pH;

b）单沸式蒸馏装置；

c）碱式滴定管。

6.3.2 试剂

a）0.05 mol/L 氢氧化钠标准滴定溶液：按 GB/T 601 规定的方法配制和标定；

b）1%酚酞指示液：称取 1 g 酚酞，溶于 100 mL95%乙醇中。

6.3.3 分析步骤

将样品摇匀后，准确吸取 2.00 mL 移入单沸式蒸馏装置的蒸馏管中，加入 8 mL 水摇匀。将蒸馏管插入装有适量水（其液面应高于蒸馏液液面而低于排气口）的蒸馏瓶中，连接蒸馏器和冷凝器，并将冷凝管下端的导管浸入盛有 10 mL 水的锥形瓶的液面下。

打开排气口，加热至烧瓶中的水沸腾 2 min 后，关闭排气口进行蒸馏。在蒸馏过程中，如蒸馏管内产生大量泡沫影响测定时，可重新取样，加一滴精制植物油或少量单宁再蒸馏。待馏出液至 180 mL 时，打开排气口，关闭电源（以防蒸馏瓶内真空）。将残余液倒入 200 mL 烧杯中，用水反复冲洗蒸馏管及管上的进气孔，洗液并入烧杯，再补加水至烧杯中溶液总量约为 120 mL。

将盛有 120 mL 残留液的烧杯置于酸度计的托盘上，开动磁力搅拌器，用 0.05 mol/L 氢氧化钠标准滴定溶液滴至 pH8.2，记录消耗的毫升数（V）。同时做空白试验。

6.3.4 计算

样品中不挥发酸的含量按式（1）计算：

$$X=\frac{(V-V_0)\times c\times 0.090}{2}\times 100 \qquad \cdots\cdots(1)$$

式中：X——样品中不挥发酸的含量（以乳酸计），g/100 mL；

V——滴定样品时消耗 0.05 mol/L 氢氧化钠标准滴定溶液的体积，mL；

V_0——空白试验消耗 0.05 mol/L 氢氧化钠标准滴定溶液的体积，mL；

c——氢氧化钠标准滴定溶液的浓度，mol/L；

0.090——1.00 mL 氢氧化钠标准滴定溶液[c(NaOH)＝1.000 mol/L]相当于乳酸的质量，g。

6.3.5 允许差

同一样品平行试验的测定差不得超过 0.04 g/100 mL。

6.4 可溶性无盐固形物

样品中可溶性无盐固形物的含量按式（2）计算：

$$X_1=X_3-X_2 \qquad \cdots\cdots(2)$$

式中：X_1——样品中可溶性无盐固形物的含量，g/100 mL；

X_3——样品中可溶性总固形物的含量，g/100 mL；

X_2——样品中氯化钠的含量，g/100 mL。

6.4.1 可溶性总固形物的测定

6.4.1.1 仪器

a）分析天平：感量 0.1 mg；

b）电热恒温干燥箱；

c）移液管；

d）称量瓶：ϕ25 mm。

6.4.1.2 试液的制备

将样品充分振摇后，用干滤纸滤入干燥的 250 mL 锥形瓶中备用。

6.4.1.3 分析步骤

吸取样品 2.00 mL 置于已烘至恒重的称量瓶中，移入（103±2）℃电热恒温干燥箱中，将瓶盖斜置于瓶边。4 h 后，将瓶盖盖好，取出，移入干燥器内，冷却至室温（约需 0.5 h），称量。再烘 0.5 h，冷却，称量，直至两次称量差不超过 1 mg，即为恒重。

6.4.1.4 计算

样品中可溶性总固形物的含量按式(3)计算：

$$X_3 = \frac{m_2 - m_1}{2} \times 100 \qquad \cdots\cdots (3)$$

式中：X_3——样品中可溶性总固形物的含量，g/100 mL；

m_2——恒重后可溶性总固形物和称量瓶的质量，g；

m_1——称量瓶的质量，g。

6.4.1.5 允许差

同一样品平行试验的测定差不得超过 0.02 g/100 mL。

6.4.2 氯化钠的测定

6.4.2.1 仪器

微量滴定管。

6.4.2.2 试剂

0.1 mol/L 硝酸银标准滴定溶液：按 GB/T 601 规定的方法配制和标定。

铬酸钾溶液(50 g/L)：称取 5 g 铬酸钾用少量水溶解后定容至 100 mL。

6.4.2.3 分析步骤

吸取 2.00 mL 的样品置于 250 mL 锥形瓶中，加 100 mL 水及 1 mL 铬酸钾溶液，混匀。在白色瓷砖的背景下用 0.1 mol/L 硝酸银标准滴定溶液滴定至初显桔红色。同时做空白试验。

6.4.2.4 计算

样品中氯化钠的含量按式(4)计算：

$$X_2 = \frac{(V_2 - V_1) \times c_1 \times 0.0585}{2} \times 100 \qquad \cdots\cdots (4)$$

式中：X_2——样品中氯化钠的含量，g/100 mL；

V_2——滴定样品稀释液消耗 0.1 mol/L 硝酸银标准滴定溶液的体积，mL；

V_1——空白试验消耗 0.1 mol/L 硝酸银标准滴定溶液的体积，mL；

c_1——硝酸银标准滴定溶液的浓度，mol/L；

0.0585——1.00 mL 硝酸银标准滴定溶液[$c(AgNO_3)$=1.000 mol/L]相当于氯化钠的质量，g。

6.4.2.5 允许差

同一样品平行试验的测定差不得超过 0.02 g/100 mL。

6.5 卫生指标

分别按 GB 4789.22 和 GB/T 5009.41 检验。

7 检验规则

7.1 交收检验

交收检验项目包括：感官特性、总酸、不挥发酸、可溶性无盐固形物、微生物(菌落总数、大肠菌群)。

7.2 型式检验

型式检验项目包括：技术要求中的全部项目。

型式检验每半年进行一次，有下列情况之一，亦应进行：

a) 更改主要原料；

b) 更改关键工艺；

c) 国家质量监督机构提出要求时。

7.3 组批

同一天生产的同一品种产品为一批。

7.4 抽样

从每批产品的不同部位随机抽取6瓶(袋),分别做感官特性、理化、卫生检验,留样。

7.5 判定规则

7.5.1 交收检验项目或型式检验项目全部符合本标准判为合格品。

7.5.2 交收检验项目或型式检验项目如有一项不符合本标准,可以加倍抽样复验。复验后如仍不符合本标准,判为不合格品。

8 标签

8.1 标签的标注内容应符合GB 7718的规定。产品名称应标明"酿造食醋",还应标明总酸的含量。

8.2 执行标准的标注方法:固态发酵食醋标为"GB 18187—2000 固态发酵";液态发酵食醋标为"GB 18187—2000 液态发酵"。

9 包装

包装材料和容器应符合相应的国家卫生标准。

10 运输

产品在运输过程中应轻拿轻放,防止日晒雨淋,运输工具应清洁卫生,不得与有毒、有污染的物品混运。

11 贮存

11.1 产品应贮存在阴凉、干燥、通风的专用仓库内。

11.2 瓶装产品的保质期不应低于12个月;袋装产品的保质期不应低于6个月。

GB 18187—2000《酿造食醋》第1号修改单

本修改单经中国国家标准化管理委员会于2002年1月31日以国标委农轻函[2002]5号文批准,自2002年1月31日起实施。

---

a 第8章采用新条文:

"8 标签

标签的标注内容应符合GB 7718的规定。产品名称应标明'酿造食醋';还应标明产品类别和总酸的含量。"

ICS 67.160.10
X 66

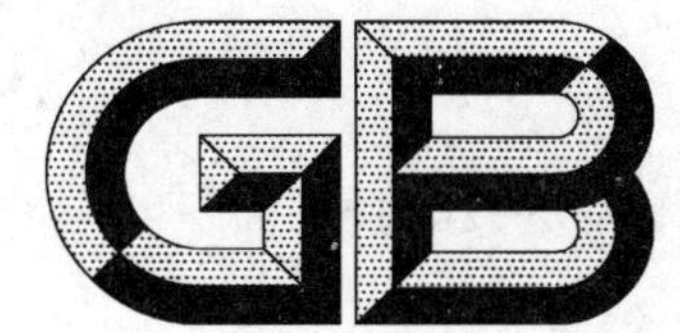

中华人民共和国国家标准

GB/T 18623—2011
代替 GB 18623—2002

地理标志产品 镇江香醋

**Product of geographical indication—
Zhenjiang vinegar**

2011-05-12 发布 2011-11-01 实施

中华人民共和国国家质量监督检验检疫总局
中国国家标准化管理委员会 发布

前　言

本标准根据国家质量监督检验检疫总局颁布的2005年第78号令《地理标志产品保护规定》、GB/T 17924—2008《地理标志产品标准通用要求》及GB/T 1.1—2009《标准化工作导则　第1部分:标准的结构和编写》制定。

本标准代替GB 18623—2002《镇江香醋》。

本标准与GB 18623—2002相比,除编辑性修改外主要技术变化如下:

——将标准属性由强制性国家标准改为推荐性国家标准;

——根据国家质量监督检验检疫总局颁布的《地理标志产品保护规定》,修改了标准中英文名称;

——修改了"炒米色"术语和定义的内容(见3.2,2002年版的4.2);

——明确了镇江香醋地理标志产品保护范围,增加了经纬度要求(见第4章);

——在原辅材料中增加了"麸皮"、"大糠"和"大米"的质量要求(见5.1.3、5.1.4和5.1.5);

——补充了对生产环境的要求(见5.2,2002年版的5.2);

——重新描述了主要工艺流程(见5.3.1,2002年版的5.3.1);

——增加了特征指标要求(见5.4.1);

——完善了感官特性中香气和体态特性的描述(见5.4.2表1,2002年版的5.4表1);

——在理化指标中,取消了规格,增加了产品等级要求;还增加了可溶性无盐固形物的要求(见5.4.3表2,2002年版的5.5表2);

——增加了食品添加剂使用要求(见5.6);

——增加了净含量的要求(见5.7);

——增加了有机酸的检测方法(见6.1和附录B);

——修改了判定规则,补充了复检要求(见7.5,2002年版的7.5)。

本标准由全国原产地域产品标准化工作组(SAC/WG 4)归口。

本标准起草单位:镇江市醋业协会、镇江市标准化协会、江苏恒顺集团有限公司。

本标准主要起草人:王明法、沈志远、许开慧、夏蓉、陈伟。

本标准所代替标准的历次版本发布情况为:

——GB 18623—2002。

地理标志产品 镇江香醋

1 范围

本标准规定了地理标志产品镇江香醋的术语和定义、保护范围、要求、试验方法、检验规则及标签、标志、包装、运输、贮存。

本标准适用于经国家质量监督检验检疫行政主管部门根据《地理标志产品保护规定》批准保护的镇江香醋，也适用于镇江陈醋。

2 规范性引用文件

下列文件对于本文件的应用是必不可少的。凡是注日期的引用文件，仅注日期的版本适用于本文件。凡是不注日期的引用文件，其最新版本(包括所有的修改单)适用于本文件。

GB/T 191 包装储运图示标志

GB 317 白砂糖

GB 1350 稻谷

GB 1354 大米

GB 2715 粮食卫生标准

GB 2719 食醋卫生标准

GB 2760 食品添加剂使用卫生标准

GB/T 5009.7 食品中还原糖的测定

GB 5461 食用盐

GB 5749 生活饮用水卫生标准

GB 7718 预包装食品标签通则

GB 8954 食醋厂卫生规范

GB 18186 酿造酱油

GB 18187 酿造食醋

NY/T 119 饲料用小麦麸

JJF 1070 定量包装商品净含量计量检验规程

国家质量监督检验检疫总局令[2007]第102号 食品标识管理规定

国家质量监督检验检疫总局令[2005]第75号 定量包装商品计量监督管理办法

3 术语和定义

GB 18187 界定的以及下列术语和定义适用于本文件。

3.1

镇江香醋 Zhenjiang vinegar

产自镇江地区的一种风味独特的酿造米醋。它以糯米、麸皮、大糠为主要原料，采用传统复式糖化、酒精发酵、固态分层醋酸发酵、加炒米色淋醋等特殊工艺制作，再经陈酿而成的香气浓郁、酸而不涩的食醋。

3.2

炒米色 parched rice

将大米炒制成黑色焦状物，适时溶于热水，再煮制而成的黑褐色微稠状液体。用于调制镇江香醋的色泽和香气。

4 地理标志产品保护范围

镇江香醋地理标志产品保护范围限于国家质量监督检验检疫行政主管部门批准划定的镇江市行政区，位于北纬31°37′～32°19′、东经118°58′～119°58′的区域内，详见附录A。

5 要求

5.1 原辅材料

5.1.1 主要原料来源

主要原料来自镇江及周边地区，少数来自其他地区。

5.1.2 糯米

符合GB 1350和GB 2715的规定。

5.1.3 麸皮

符合NY/T 119的规定。

5.1.4 大糠

清洁无杂质，符合相关标准的规定。

5.1.5 大米（炒色用米）

符合GB 1354和GB 2715的规定。

5.1.6 白砂糖

符合GB 317的规定。

5.1.7 食用盐

符合GB 5461的规定。

5.1.8 工艺用水

取自镇江地区，水质符合GB 5749的规定。

5.1.9 大曲

以小麦、大麦、豌豆为主要原料，在夏季发酵制成，贮存期不少于8个月。

5.2 酿造环境

气候为终年温暖湿润，属典型暖温带向亚热带过渡的季风性湿润气候；年平均最高温度20.3 ℃，平均最低温度 12.3 ℃,平均相对湿度 77%。生产环境符合 GB 8954 的规定。

5.3 传统工艺

5.3.1 主要工艺流程

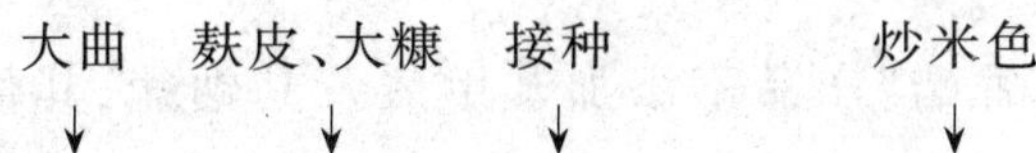

糯米→蒸煮→酒精发酵→拌料→醋酸发酵→封醅→淋醋→煎醋→装坛陈酿

5.3.2 主要工艺特点

精选优质糯米、麸皮、大糠和工艺用水,加特制大曲,采用传统复式糖化酒精发酵、固态分层醋酸发酵、加炒米色淋醋等特殊工艺,经大小共 40 多道工序,历时 70 d 左右产出熟醋。然后注入特制陶坛密封陈酿。镇江香、陈醋陈酿时间为 6 个月以上。

5.4 质量要求

5.4.1 特征指标

镇江香(陈)醋中含有乙酸、乳酸、琥珀酸和焦谷氨酸四种特征有机酸。其中乙酸含量不高于上述有机酸总含量的 65%,乳酸含量不低于上述有机酸总含量的 10%。

5.4.2 感官特性

感官特性应符合表 1 规定。

表 1 感官特性

项　目	特　性
色泽	深褐色或红棕色,有光泽
香气	具有米醋香、炒米焦香,香气浓郁
滋味	酸而不涩,香而微甜,口感醇厚、柔和
体态	无悬浮物,无杂质,允许有微量沉淀

5.4.3 理化指标

各规格镇江香醋的理化指标应符合表 2 规定。

表 2 理化指标

项　目		指　标			
		特级	优级	一级	二级
总酸(以乙酸计)/(g/100 mL)		≥6.00	5.50～5.99	5.00～5.49	4.50～4.99
不挥发酸(以乳酸计)/(g/100 mL)	≥	1.60	1.40	1.20	1.00
氨基酸态氮(以氮计)/(g/100 mL)	≥	0.18	0.15	0.12	0.10
还原糖(以葡萄糖计)/(g/100 mL)	≥	2.50	2.30	2.20	2.00
可溶性无盐固形物/(g/100 mL)	≥	6.00	5.50	5.00	4.50

5.5 卫生指标

符合 GB 2719 的规定。

5.6 食品添加剂

使用本标准规定的标签标注“镇江香醋”产品不添加苯甲酸及其钠盐,其他食品添加剂符合 GB 2760 的规定。

5.7 净含量

符合国家质量监督检验检疫总局令[2005]第 75 号的要求。

6 试验方法

6.1 特征指标

按附录 B 规定的方法进行。

6.2 感官特性

6.2.1 色泽、体态

将样品摇匀后,用量筒取 20 mL 放于 20 mL 比色管中,在白色背景下观察,鉴定其颜色。并对光观察其澄清度及有无沉淀物。

6.2.2 香气

用量筒取样品 50 mL 放于 150 mL 锥形瓶中,将瓶轻轻摇动,嗅其气味。

6.2.3 滋味

吸取样品 0.5 mL 滴入口内,反复吮咂,鉴别其滋味优劣及后味。第二次品尝时,须用清水漱口后进行。

6.3 理化指标

6.3.1 有机酸

按附录 B 规定的方法进行。

6.3.2 总酸

按 GB 18187 中规定的方法进行。

6.3.3 不挥发酸

按 GB 18187 中规定的方法进行。

6.3.4 氨基酸态氮

按 GB 18186 中规定的方法进行。

6.3.5 还原糖

按 GB/T 5009.7 中规定的方法进行。

6.3.6 可溶性无盐固形物

按 GB 18187 中规定的方法进行。

6.4 卫生指标

按 GB 2719 中规定的方法进行。

6.5 净含量

按 JJF 1070 的方法进行。

7 检验规则

7.1 组批

同一天生产灌装的同一品种相同规格的产品为一批。

7.2 抽样方式和数量

7.2.1 从成品库同批产品的不同部位随机抽取样品。

7.2.2 每批产品的抽取数量见表 3。

表 3 抽取数量

批量(瓶数或袋数)	样品量(瓶数或袋数)	允许数(瓶数或袋数)
4 800 或以下	6	0
4 801～24 000	13	2
24 001～48 000	21	3
48 001～84 000	29	4
84 001～144 000	48	6
144 001～240 000	84	9
240 000～以上	126	13

7.3 出厂检验

7.3.1 产品需经生产企业检验合格并签署质量合格证后方可出厂。

7.3.2 每批产品出厂检验必须检验的项目为感官特性，理化指标和卫生指标中游离矿酸、大肠菌群、菌落总数。

7.4 型式检验

7.4.1 有下列情况之一时，应进行型式检验：

a) 生产地址、生产设备、生产工艺或原辅料有较大改变，可能影响产品质量时；

b) 正常生产时，每半年进行一次检验；

c) 产品停产三个月以上，恢复生产时；

d) 出厂检验结果与上次型式检验有较大差异时；

e) 国家质量监督机构提出进行型式检验的要求时。

7.4.2 型式检验项目为本标准的全部技术内容。

7.5 判定规则

7.5.1 出厂检验判定与复检

7.5.1.1 出厂检验项目全部符合本标准，判为合格品。

7.5.1.2 出厂检验项目中有一项指标不符合本标准，可以加倍抽样复检，复检后如仍不符合本标准，判为不合格品。

7.5.1.3 卫生指标中的微生物指标和游离矿酸指标如不合格则不得复检。

7.5.2 型式检验判定与复检

7.5.2.1 型式检验项目全部符合本标准，判为合格品。

7.5.2.2 型式检验项目有一项不符合本标准，可以加倍抽样复检，复检后如仍不符合本标准，判为不合格品。

7.5.2.3 卫生指标中的微生物指标和游离矿酸指标如不合格则不得复检。

8 标签、包装、运输和贮存

8.1 标签

8.1.1 标签内容符合 GB 7718、GB 18187 及国家质量监督检验检疫总局令[2007]第 102 号的有关要求。标签上标注产品实际总酸及其等级。

8.1.2 标签上应标注符合本标准规定的产品名称，并按规定使用地理标志产品专用标志。不符合本标准规定要求，或未取得镇江香醋地理标志产品保护注册登记的醋产品，不得使用本标准规定的镇江香醋产品名称。

8.2 包装

内包装材料应符合食品卫生要求。外包装应标注“易碎物品”、“怕晒”、“怕雨”标志并符合 GB/T 191 的规定。

8.3 运输、贮存

产品运输应注意防晒、淋雨，严禁与不洁或有毒有害物品混运。产品应贮存在阴凉干燥的库内，严禁与不洁或有毒有害物品混贮。

附 录 A
（规范性附录）
镇江香醋地理标志产品保护范围图

镇江香醋地理标志产品保护范围见图 A.1。

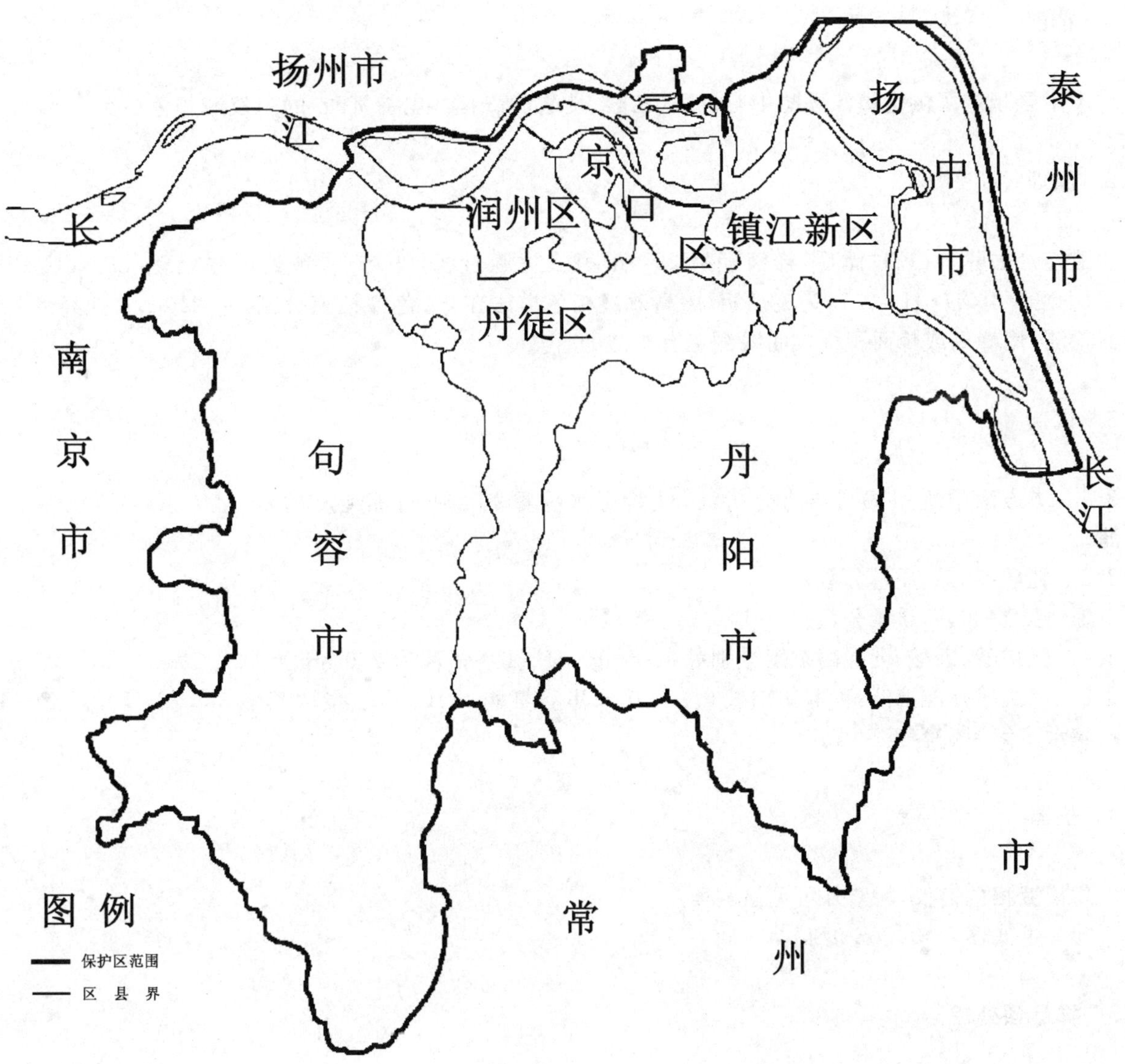

图 A.1 镇江香醋地理标志产品保护范围图

附 录 B
（规范性附录）
有机酸的检测方法

B.1 范围

本附录规定了测定镇江香醋中有机酸（乙酸、乳酸、琥珀酸、焦谷氨酸）的高效液相色谱法。

B.2 原理

醋样经去除蛋白、过滤后，样液经 0.22 μm 微孔滤膜过滤，ODS-C_{18} 预处理柱处理，以 NaH_2PO_4-H_3PO_4 缓冲溶液（pH=2.7）为流动相，用高效液相色谱法在 C_{18} 色谱柱上分离，于 210 nm 处经紫外检测器检测，用峰高或峰面积标准曲线测定有机酸的含量。

B.3 试剂

B.3.1 本方法中所用试剂均为分析纯，试验用水为重蒸水或同等纯度的水，经 0.45 μm 滤膜真空抽滤。
B.3.2 乳酸（90%，质量分数）。
B.3.3 乙酸（36%，质量分数）。
B.3.4 琥珀酸、乙酸、乳酸的浓度分别为 4.0 mg/mL，焦谷氨酸为 2.0 mg/mL。
B.3.5 有机酸标准溶液：称取琥珀酸 0.200 0 g、焦谷氨酸 0.100 0 g、量取乙酸 556 μL、乳酸 222 μL，用超滤水溶解后定容至 50 mL。

B.4 仪器

高校液相色谱仪，配紫外可见检测器。
针头过滤器，0.22 μm 滤膜。

B.5 样品预处理

取样品 5 mL，分别加入 2 mL 亚铁氰化钾（10.6%，即 10.6 g 亚铁氰化钾溶于 100 mL 超纯水中）和硫酸锌（30%，即 30 g 硫酸锌溶于 100 mL 超纯水中），定容至 100 mL，混匀沉淀 1 h，双层滤纸过滤，然后再用 0.22 μm 微孔滤膜过滤，过 ODS-C_{18} 预处理柱后进样分析。

B.6 色谱条件

高效液相色谱条件色谱柱：C_{18} 柱，5 μm，4.6 mm×150 mm。
流动相：20 mmol/L NaH_2PO_4，用 1 mol/L 磷酸调至 pH=2.7，临用前用超声波脱气。
流速：1.0 mL/min。
柱温：30 ℃。

紫外检测器波长:210 nm。

B.7 标准曲线的绘制

取标准使用液 0.50、1.00、2.00、5.00、8.00 mL,加入 0.2 mL 1 mol/L 磷酸,用超滤水稀释至 10 mL,混匀。进样 10 μL,于 210 nm 处测量峰高或峰面积,每个浓度重复进样 2~3 次,取平均值。以有机酸的浓度为横坐标,色谱峰高或峰面积的平均值为纵坐标,绘制标准曲线或经过线性回归得出回归方程。

B.8 试样测定

在与绘制标准曲线相同的色谱条件下,取 10 μL 试样液注入色谱仪,根据曲线或线性回归方程,求出样液中有机酸的浓度。

B.9 结果计算

试样中有机酸的浓度按式(B.1)计算:

$$X=\frac{c\times V_1}{V} \qquad \cdots\cdots\cdots\cdots(B.1)$$

式中:

X ——试样中有机酸的含量,单位为克每百毫升(g/100 mL);

c ——由标准曲线或线性回归方程中求得样液中某有机酸的浓度,单位为克每百毫升(g/100 mL);

V_1——试样的最后定容体积,单位为毫升(mL);

V ——分析所用试样体积,单位为毫升(mL)。

B.10 精密度

在重复性条件下获得的两次独立测定结果的绝对差不得超过算术平均值的 9%。

GB/T 18623—2011《地理标志产品　镇江香醋》国家标准第1号修改单

本修改单经国家标准化管理委员会于2012年8月6日批准，自2012年9月1日起实施。

一、将5.4.1中的“乙酸含量不高于上述有机酸总含量的65%”修改为“乙酸含量不高于上述有机酸总含量的78%”。

二、将5.6“使用本标准规定的标签标注‘镇江香醋’产品不添加苯甲酸及其钠盐，其他食品添加剂符合GB 2760的规定。”修改为“使用食品添加剂应符合GB 2760的规定。”

ICS 67.220.20
X 69

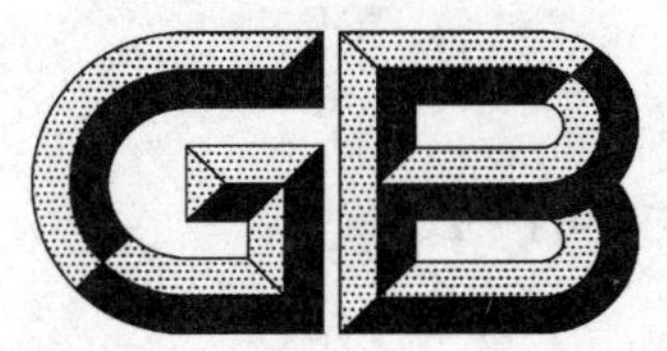

中华人民共和国国家标准

GB/T 19461—2008
代替 GB 19461—2004

地理标志产品　独流(老)醋

**Product of geographical indication—
Duliu (aged) vinegar**

2008-07-31 发布　　2008-11-01 实施

中华人民共和国国家质量监督检验检疫总局
中国国家标准化管理委员会　发布

前 言

本标准根据国家质量监督检验检疫总局颁布的2005第78号令《地理标志产品保护规定》及GB/T 17924《地理标志产品标准通用要求》制定。

本标准代替GB 19461—2004《原产地域产品　独流老醋》。

本标准与GB 19461—2004相比主要变化如下：

——标准属性由强制性国家标准改为推荐性国家标准；

——根据国家质量监督检验检疫总局颁布的《地理标志产品保护规定》，将标准名称改为《地理标志产品　独流(老)醋》；

——修改了术语和定义；

——增加了理化指标项目“可溶性无盐固形物”；

——增加了净含量要求及添加剂使用要求；

——补充保质期的相关规定。

本标准的附录A为规范性附录。

本标准由全国原产地域产品标准化工作组提出并归口。

本标准主要起草单位：天津市静海县质量技术监督局、天津市天立独流老醋股份有限公司、天津市天立永丰老醋有限公司。

本标准主要起草人：刘永贺、张殿瑛、张荣展、徐锦江。

本标准所代替标准的历次版本发布情况为：

——GB 19461—2004。

地理标志产品　独流(老)醋

1　范围

本标准规定了独流(老)醋的地理标志产品术语和定义、保护范围、要求、试验方法、检验规则及标签、标志、包装、运输、贮存。

本标准适用于国家质量监督检验检疫行政主管部门根据《地理标志产品保护规定》批准保护的独流(老)醋。

2　规范性引用文件

下列文件中的条款通过本标准的引用而成为本标准的条款。凡是注日期的引用文件,其随后所有的修改单(不包括勘误的内容)或修订版均不适用于本标准,然而,鼓励根据本标准达成协议的各方研究是否可使用这些文件的最新版本。凡是不注日期的引用文件,其最新版本适用于本标准。

GB/T 191　包装储运图示标志

GB 2719　食醋卫生标准

GB 2760　食品添加剂使用卫生标准

GB/T 4789.22　食品卫生微生物学检验　调味品检验

GB/T 5009.7　食品中还原糖的测定

GB/T 5009.39　酱油卫生标准的分析方法

GB/T 5009.41　食醋卫生标准的分析方法

GB 5749　生活饮用水卫生标准

GB 7718　预包装食品标签通则

GB/T 8231　高粱

GB/T 13356　黍米

GB 18187　酿造食醋

JJF 1070　定量包装商品净含量计量检验规则

国家质量监督检验检疫总局令[2005]第75号　《定量包装商品计量监督管理办法》

3　术语和定义

下列术语和定义适用于本标准。

3.1

陈酿　aged

独流(老)醋制醅生产工艺过程,指原料在室内经酒精发酵和醋酸发酵后,将醋醅装入室外缸中陈酿,需定期翻晒,用于增加独流(老)醋的色泽和香气。

3.2

独流老醋、独流醋　Duliu aged vinegar, Duliu vinegar

在本标准第4章规定的范围内,以优质黍米、高粱为原料,采用传统的复式糖化、酒精发酵、醋酸固态分层两次发酵工艺。醋醅经三年以上陈酿而成的香气浓郁、酸而回甜的食醋称为独流老醋,陈酿期一年以上的为独流醋。

4 地理标志产品保护范围

独流(老)醋的地理标志产品保护范围限于国家质量监督检验检疫行政主管部门根据《地理标志产品保护规定》批准的范围,见附录A。

5 要求

5.1 原辅材料

5.1.1 黍米

技术指标应符合GB/T 13356的规定。

5.1.2 高粱

技术指标应符合GB/T 8231的规定。

5.1.3 工艺用水

取自运河沿岸独流地区,水质应符合GB 5749的规定。

5.1.4 独流(老)醋大曲

以优质小麦、大麦及豌豆为原料,按独流(老)醋传统工艺在夏季自然发酵制成的大曲,其贮存期不少于4个月。

5.1.5 其他原辅材料

应符合相应的标准要求及相关规定。

5.2 酿造环境

季风显著,四季分明,属暖温带半湿润大陆性季风气候;年平均最高温度30.9℃,平均最低温度−9.2℃,平均相对湿度64%。

5.3 传统工艺

5.3.1 工艺流程

黍米、高粱→蒸煮→冷却→添加大曲糖化→液态酒精发酵→固态分层醋酸发酵→陈酿→淋醋→煮醋→贮存。

5.3.2 传统工艺特点

独流老醋采用独特的、传统的特殊工艺,以黍米、高粱为主要原料;经液态酒精发酵,固体分层醋酸发酵,时间不少于25 d,经大小共四十多道工序,历时35 d,产出醋醅;醋醅陈酿一年以上为独流醋,醋醅陈酿三年以上为独流老醋。

5.4 感官要求

感官应符合表1规定。

表1 感官要求

项 目	特 征
色泽	琥珀色或棕红色,有光泽
香气	香气浓郁
滋味	入口绵软回甜,酸而不涩,醇厚味鲜
体态	澄清液体,允许有微量沉淀
杂质	无肉眼可见外来杂质

5.5 理化指标

根据总酸度的不同,独流(老)醋分为四类,其理化指标应符合表2规定。

表 2 理化指标

项　目		指　标			
		3.0% 独流(老)醋	3.5% 独流(老)醋	4.0% 独流(老)醋	5.0% 独流(老)醋
总酸(以乙酸计)/(g/100 mL)	≥	3.0	3.5	4.0	5.0
不挥发酸(以乳酸计)/(g/100 mL)	≥	0.4	0.5	0.6	1.0
氨基酸态氮(以氮计)/(g/100 mL)	≥	0.08	0.10	0.11	0.16
还原糖(以葡萄糖计)/(g/100 mL)	≥	2.0	2.0	3.0	3.20
可溶性无盐固形物/(g/100 mL)	≥	6.0			

5.6 卫生指标

卫生指标应符合 GB 2719 的规定。

5.7 净含量

应符合标示量,允许短缺量应符合国家质量监督检验检疫总局令[2005]第 75 号的要求。

5.8 食品添加剂

应符合 GB 2760 的规定。

6 试验方法

6.1 感官

6.1.1 色泽、体态、杂质

将样品摇匀后,用量筒量取 20 mL 放于 20 mL 比色管中,在白色背景下观察其色泽,并对光观察其澄清度、沉淀物及杂质。

6.1.2 香气

用量筒量取样品 50 mL 放于 150 mL 锥形瓶中,将瓶轻轻摇动,嗅其气味。

6.1.3 滋味

用吸管吸取样品 0.5 mL 滴入口内,反复吮咂,鉴别其滋味优劣及后味。

6.2 理化指标

6.2.1 总酸

按 GB/T 5009.41 的规定执行。

6.2.2 不挥发酸

按 GB 18187 的规定执行。

6.2.3 氨基酸态氮

按 GB/T 5009.39 的规定执行。

6.2.4 还原糖

按 GB/T 5009.7 规定执行。

6.2.5 可溶性无盐固形物

按 GB 18187 的规定执行。

6.3 卫生指标

按 GB/T 5009.41、GB/T 4789.22 规定的方法测定。

6.4 净含量

按 JJF 1070 的规定执行。

7 检验规则

7.1 组批

同一天生产同一生产线灌装的同一品种相同规格的产品为一批。

7.2 抽样方式和数量

7.2.1 从成品库同批产品的不同部位随机抽取样品。

7.2.2 每批产品的抽取数量见表3。

表3 抽取数量

批量/瓶(袋)	样品量/瓶(袋)	允许数/瓶(袋)
4 800或以下	6	0
4 801～24 000	13	2
24 001～48 000	21	3
48 001～84 000	29	4
84 001～144 000	48	6
144 001～240 000	84	9
240 000以上	126	13

7.3 出厂检验

7.3.1 产品需经生产厂家检验合格并签署质量合格证后方可出厂。

7.3.2 每批产品出厂检验项目为感官要求、总酸、不挥发酸、氨基酸态氮、还原糖、净含量、卫生指标中的菌落总数和大肠菌群。

7.3.3 出厂检验判定规则与复检

7.3.3.1 出厂检验项目全部符合本标准,判该批产品为合格。

7.3.3.2 出厂检验项目有一项(菌落总数、大肠菌群除外)不符合本标准,为缺陷品。当缺陷品数超过表3的允许数时,可以加倍抽样复检。复检后仍不符合本标准,则判为不合格。

7.3.3.3 菌落总数和大肠菌群不符合本标准,即判为不合格,不得复验。

7.4 型式检验

7.4.1 正常生产时半年进行一次,型式检验项目为本标准的全部项目。

7.4.2 有下列情况之一时亦应做型式检验:

a) 工艺、原材料有较大改变时;

b) 停产半年后又恢复生产时;

c) 国家质量监督部门提出检验要求时;

d) 出厂检验结果与上次型式检验有较大差异时。

7.4.3 型式检验判定规则与复检

7.4.3.1 型式检验项目全部符合本标准,判为合格。

7.4.3.2 型式检验项目有一项(微生物指标除外)不符合本标准,为缺陷品,当缺陷品数超过表3的允许数时,可以加倍抽样复检。复检后仍不符合本标准,判该批产品为不合格。

7.4.3.3 微生物指标不符合本标准要求,即判为不合格品。

8 标签、标志、包装、运输、贮存

8.1 标签、标志

应按GB 7718、GB 18187的规定执行,并标注出酿造食醋及总酸含量。

不符合本标准的产品，其产品名称不得使用含有独流醋或独流老醋(包括连续或断开及内容类似)的名称。

获准使用地理标志产品专用标志的生产者，应按地理标志产品专用标志管理办法的规定在其产品上使用防伪专用标志。

8.2 包装

内包装材料应符合相应的国家卫生标准要求；外包装应标注“易碎物品”、“怕晒”、“怕雨”标志，应符合 GB/T 191 的规定。

8.3 运输、贮存

8.3.1 产品运输应注意防晒、雨淋，严禁与不洁或有毒、有害的物品混运。产品应贮存在阴凉、干燥的仓库内，严禁与不洁或有毒、有害物品混存。

8.3.2 保质期

满足以上条件下，自生产之日起保质期：瓶装产品不低于 12 个月，袋装产品不低于 6 个月。

附 录 A
（规范性附录）
独流（老）醋地理标志产品保护范围图

独流（老）醋地理标志产品保护范围见图 A.1。

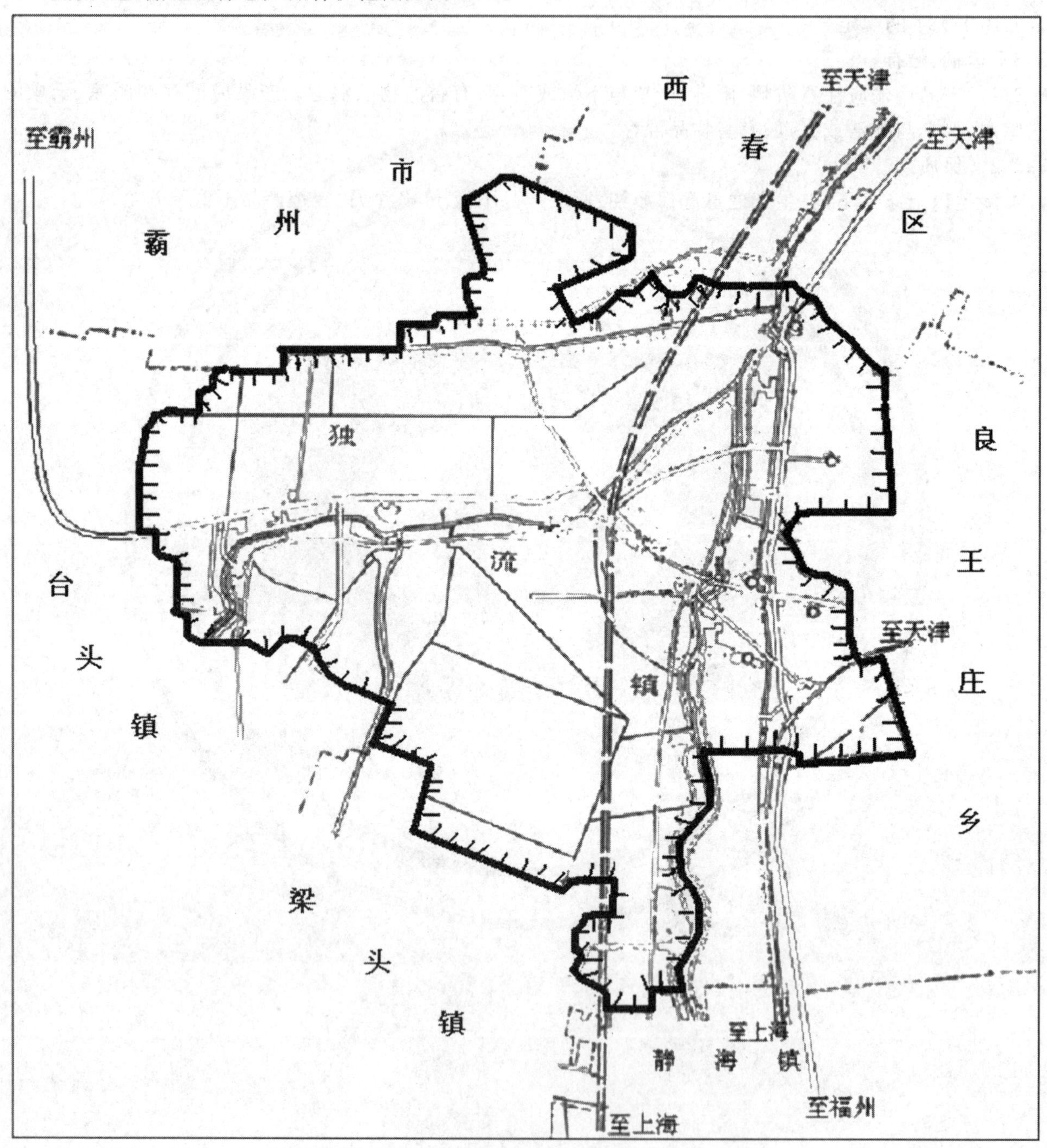

图 A.1 独流（老）醋地理标志产品保护范围图

ICS 67.220.10
X 66

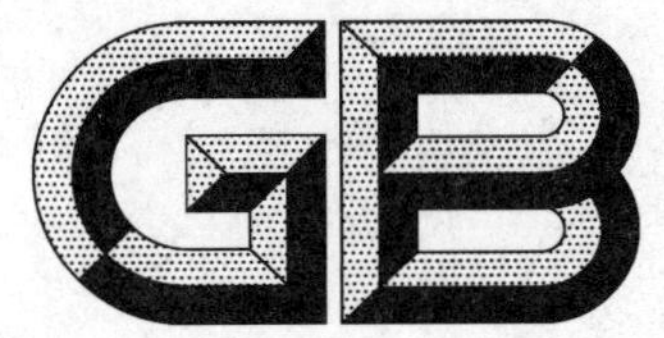

中华人民共和国国家标准

GB/T 19777—2013
代替 GB 19777—2005

地理标志产品　山西老陈醋

Product of geographical indication—Shanxi extra aged vinegar

2013-12-31 发布　　2014-10-01 实施

中华人民共和国国家质量监督检验检疫总局
中国国家标准化管理委员会　发布

中华人民共和国国家标准

Product of geographical indication

前言

本标准按照 GB/T 1.1—2009 给出的规则起草。

本标准根据 GB/T 17924—2008《地理标志产品标准通用要求》及中华人民共和国国家质量监督检验检疫总局颁布的 2005 年第 78 号令《地理标志产品保护规定》制定。

本标准代替 GB 19777—2005《原产地域产品　山西老陈醋》，与 GB 19777—2005 相比，除编辑性修改外主要技术变化如下：

——将标准名称由《原产地域产品　山西老陈醋》改为《地理标志产品　山西老陈醋》；

——将标准属性由强制性国家标准改为推荐性国家标准；

——增加了部分规范性引用文件（见第 2 章，2005 年版的第 2 章）；

——增加了部分原辅料的质量要求（见 5.1.1、5.1.2，2005 年版的 5.1.1）；

——修改了生产用水的规定范围（见 5.1.3，2005 年版的 5.1.2）；

——删除了食品添加剂的要求（见 5.1.5，2005 年版的 5.1.4、5.1.6）；

——补充了对生产加工过程卫生的要求（见 5.3）；

——重新描述了主要工艺流程（见 5.4.1，2005 年版的 5.3.1）；

——完善了感官特性中香气、滋味和体态特性的描述，尤其体态中注意到 GB 2719《食醋卫生标准》4.2 中“无沉淀”的要求，因具有独特工艺的山西老陈醋成品中沉淀物是由乳酸钙、残余淀粉、蛋白质等人体有益物质构成，因此本标准感官指标规定“允许有少量沉淀”，这一规定的特殊性与适用于所有食醋 GB 2719 的普遍性无实质性矛盾（见 5.5.2，2005 年版的 5.4）；

——在理化指标中，取消规格（见 5.5.3，2005 年版的 5.5）；

——增加了特征指标川芎嗪（四甲基吡嗪）、总黄酮（见 5.5.1）；

——增加了理化指标氨基酸态氮、pH、食盐的要求（见 5.5.3，2005 年版的 5.5）；

——修改了净含量的要求（见 5.5.5，2005 年版的 5.7）；

——修改了感官特性检验方法（见 6.1，2005 年版的 6.1）；

——增加了川芎嗪（四甲基吡嗪）的检测方法（见附录 B）；

——增加了总黄酮的检测方法（见附录 C）；

——增加了氨基酸态氮的检测方法（见 6.2.5）；

——增加了 pH 的检测方法（见 6.2.9）；

——增加了食盐的检测方法（见 6.2.10）；

——修改了抽样方法，补充了抽样方式和数量的方法（见 7.2，2005 年版的 7.2）；

——补充了出厂检验项目（见 7.3.2，2005 年版的 7.3.2）；

——修改了出厂检验判定规则和复检要求（见 7.5.1，2005 年版的 7.5.2）；

——修改了型式检验判定规则和复检要求（见 7.5.2，2005 年版的 7.5.2）；

——补充了标志的规定（见 8.1，2005 年版的 8.1）。

本标准的附录 A、附录 B、附录 C、附录 D、附录 E 为规范性附录。

本标准由全国原产地域产品标准化工作组（SAC/WG 4）归口。

本标准起草单位：山西老陈醋地理标志保护办公室、山西省醋产业协会、山西省食品工业研究所、山西老陈醋集团有限公司、山西水塔老陈醋股份有限公司、山西紫林食品有限公司、山西金醋生物科技有限公司。

本标准主要起草人：郑淑芳、曹文杰、刘晓刚、岳子泉、王永亮、何于飞、阎振恒、赵静、王振刚。

本标准所代替标准的历次版本发布情况为：

——GB 19777—2005。

地理标志产品 山西老陈醋

1 范围

本标准规定了地理标志产品山西老陈醋的术语和定义、保护范围、要求、试验方法、检验规则及标志、包装、运输和贮存。

本标准适用于经国家质量监督检验检疫部门根据《地理标志产品保护规定》批准保护的山西老陈醋。

2 规范性引用文件

下列文件对于本文件的应用是必不可少的。凡是注日期的引用文件，仅注日期的版本适用于本文件。凡是不注日期的引用文件，其最新版本(包括所有的修改单)适用于本文件。

GB/T 191 包装储运图示标志
GB/T 601 化学试剂 标准滴定溶液的制备
GB 2715 粮食卫生标准
GB 2719 食醋卫生标准
GB 5461 食用盐
GB 5749 生活饮用水卫生标准
GB/T 6682 分析实验室用水规格和试验方法
GB/T 7652 八角
GB 7718 食品安全国家标准 预包装食品标签通则
GB/T 8231 高粱
GB 8954 食醋厂卫生规范
GB/T 10460 豌豆
GB/T 11760 裸大麦
GB/T 13662 黄酒
GB 18186 酿造酱油
GB 18187 酿造食醋
SB/T 10040 花椒
JJF 1070 定量包装商品净含量计量检验规则
国家质量监督检验检疫总局令[2005]第75号 定量包装商品计量监督管理办法

3 术语和定义

GB 18187界定的以及下列术语和定义适用于本文件。

3.1

山西老陈醋 Shanxi extra aged vinegar

产自本标准第4章规定范围内的一种风味独特的酿造食醋，以高粱、麸皮为主要原料，以稻壳和谷壳为辅料，以大麦、豌豆为原料制作的大曲作为糖化发酵剂，经酒精发酵后采用固态醋酸发酵，再经熏醅、陈酿等工艺酿制而成。

4 地理标志产品保护范围

山西老陈醋地理标志产品保护范围限于国家质量监督检验检疫主管部门批准划定的位于山西省中部，处于北纬 37°16″～38°02″，东经 112°18″～113°10″之间的区域，即山西省太原市盆地的太原市清徐县、杏花岭区、万柏林区、小店区、迎泽区、晋源区、尖草坪区、晋中市榆次区、太谷县、祁县，保护范围图见附录 A。

5 要求

5.1 原辅料

5.1.1 原料

高粱应符合 GB/T 8231 的要求，麸皮应符合 GB 2715 的规定，主要来自忻定盆地和太原盆地及周边地区，不得使用玉米等其他粮食或代用粮食。

5.1.2 辅料

5.1.2.1 食用裸大麦应符合 GB/T 11760、豌豆应符合 GB/T 10460 的要求，主要来自忻定盆地和太原盆地及周边地区。所用谷壳、稻壳应清洁，不得有霉变、结块现象，并经除杂和清蒸处理，符合相应的国家标准和有关规定。

5.1.2.2 食用盐应符合 GB 5461 的要求。

5.1.2.3 花椒应符合 SB/T 10040、八角应符合 GB/T 7652 的要求，其他香辛料应符合相应的国家标准和有关规定。

5.1.3 生产用水

取自山西老陈醋地理标志产品保护区域内的水，应符合 GB 5749 的要求。

5.1.4 大曲

山西老陈醋生产所用大曲是以大麦、豌豆为主要原料，按传统工艺制成，贮存期为 3～6 个月。

5.2 酿造环境

为第 4 章规定保护范围内，气候特征为：四季分明，冬季寒冷干燥，春季多风干燥，夏季炎热多雨，秋季短暂凉爽，炎热气短，空气流动性大，湿度偏低，光照充足，降水集中。

5.3 生产加工过程卫生要求

应符合 GB 8954 的规定。

5.4 传统工艺

5.4.1 主要工艺流程

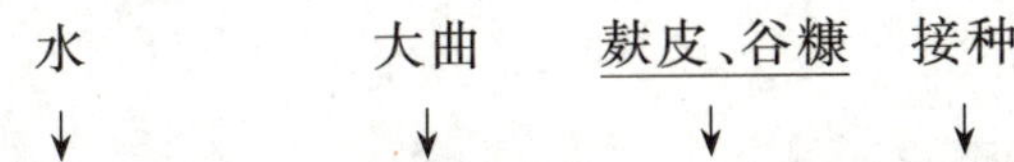

高粱→粉碎→蒸料→酒精发酵→高温固态醋酸发酵→熏醅→淋醋→陈酿→勾调→成品

5.4.2 主要工艺特点

山西老陈醋以高粱、麸皮为主要原料，以大曲为糖化发酵剂，经酒精发酵、高温固态醋酸发酵、熏醅、淋醋，入缸或池伏晒、捞冰陈酿，陈酿期 12 个月以上。

5.5 质量要求

5.5.1 特征指标

5.5.1.1 川芎嗪(四甲基吡嗪)含量应不低于 30 mg/L。

5.5.1.2 总黄酮含量应不低于 60 mg/100 g。

5.5.2 感官特性

感官特性应符合表 1 规定。

表 1 感官特性

项　　目	特　　性
色泽	深褐色或红棕色，有光泽
香气	以熏香为主体的特殊芳香、酯香、陈香复合，和谐，香气持久，空杯留香
滋味	食而绵酸，口感醇厚，滋味柔和，酸甜适口，味鲜，余香绵长
体态	体态均一，较浓稠，澄清，允许有少量沉淀

5.5.3 理化指标

理化指标应符合表 2 规定。

表 2 理化指标

项　　目		指　　标
总酸(以乙酸计)/(g/100 mL)	≥	6.00
不挥发酸(以乳酸计)/(g/100 mL)	≥	2.00
氨基酸态氮(以氮计)/(g/100 mL)	≥	0.20
还原糖(以葡萄糖计)/(g/100 mL)	≥	2.00
可溶性无盐固形物/(g/100 mL)	≥	9.00
总酯(以乙酸乙酯计)/(g/100 mL)	≥	2.50
pH		3.60～3.90
食盐/(g/100 mL)	≤	2.50

5.5.4 卫生指标

应符合 GB 2719 的规定。

5.5.5 净含量

应符合《定量包装商品计量监督管理办法》的要求。

6 试验方法

6.1 感官特性

6.1.1 色泽、体态

将样品摇匀静置后,取 20 mL 放于比色管中,在白色背景下观察其色泽和体态。

6.1.2 香气

用量筒取样品 50 mL 放于 150 mL 锥形瓶中,将瓶轻轻摇动,嗅其气味。

6.1.3 滋味

用刻度吸管定量,吸取样品 0.5 mL 滴入口内,反复吮咂,鉴别其滋味优劣及后味。第二次品尝时,须用清水嗽口后进行。

6.2 理化指标

6.2.1 川芎嗪(四甲基吡嗪)

按附录 B 规定的方法测定。

6.2.2 总黄酮

按附录 C 规定的方法测定。

6.2.3 总酸

按 GB 18187 中规定的方法测定。

6.2.4 不挥发酸

按 GB 18187 中规定的方法测定。

6.2.5 氨基酸态氮

按 GB 18186 中规定的方法测定。

6.2.6 还原糖

按附录 D 规定的方法测定。

6.2.7 可溶性无盐固形物

按 GB 18187 中规定的方法测定。

6.2.8 总酯

按附录E规定的方法测定。

6.2.9 pH

按GB/T 13662中6.5规定的方法测定。

6.2.10 食盐

按GB 18187规定的方法测定。

6.3 卫生指标

按GB 2719的规定执行。

6.4 净含量

按JJF 1070规定的方法测定。

7 检验规则

7.1 组批

同一天、同一班次灌装生产的同一品种、相同规格的产品为一批。

7.2 抽样方式和数量

7.2.1 抽样方式

从成品库同批产品的不同部位随机抽取样品。

7.2.2 抽样数量

每批产品的抽样基数不得少于200个最小独立包装，抽样数量为12个独立包装(总量不少于2 000 mL)。将所抽样品分成两份，一份用于检验，一份留样备用。

7.3 出厂检验

7.3.1 产品需经生产企业检验合格并签署质量合格证后方可出厂。

7.3.2 出厂检验项目包括净含量，标签，感官特性，理化指标中的总酸、不挥发酸、氨基酸态氮、还原糖、可溶性无盐固形物、总酯、pH、食盐和卫生指标中的游离矿酸、大肠菌群、菌落总数。

7.4 型式检验

7.4.1 型式检验应每半年进行一次，或有下列情况之一时进行检验：

a) 生产地址、生产设备、生产工艺或原辅料有较大改变，可能影响产品质量时；
b) 新产品投产或老产品转厂生产时；
c) 产品停产3个月以上，恢复生产时；
d) 出厂检验结果与上次型式检验结果有较大差异时；
e) 国家食品安全监管部门提出型式检验要求时。

7.4.2 型式检验项目包括本标准质量要求中规定的全部项目。

7.5 判定规则

7.5.1 出厂检验

7.5.1.1 出厂检验项目全部符合本标准,判为合格品。

7.5.1.2 出厂检验项目中有一项指标不符合本标准,可以加倍抽样复检,复检后如仍不符合本标准,判为不合格品。

7.5.1.3 卫生指标中的微生物指标和游离矿酸指标如不合格则不得复检。

7.5.2 型式检验

7.5.2.1 型式检验项目全部符合本标准,判为合格品。

7.5.2.2 型式检验项目有一项不符合本标准,可以加倍抽样复检,复检后如仍不符合本标准,判为不合格品。

7.5.2.3 卫生指标中的微生物指标和游离矿酸指标如不合格则不得复检。

8 标志、包装、运输和贮存

8.1 标志

8.1.1 标签内容应符合 GB 7718、GB 18187 的要求。标签上应标注产品实际总酸。

8.1.2 标签上应标注符合本标准规定的产品名称,并按规定使用地理标志产品专用标志。不符合本标准规定要求,或未取得山西老陈醋地理标志产品保护注册登记的产品,不得使用本标准规定的山西老陈醋产品名称。

8.1.3 外包装应标注“易碎物品”、“怕晒”、“怕雨”标志并符合 GB/T 191 的规定。

8.2 包装

包装材料应符合相应国家标准和有关规定。

8.3 运输

产品运输应注意防晒、防淋雨,严禁与不洁或有毒有害物品混运。

8.4 贮存

产品应贮存在阴凉干燥的食品专用库内,严禁与不洁或有毒有害物品混贮,产品离墙离地。

附　录　A
（规范性附录）
山西老陈醋地理标志产品保护范围图

山西老陈醋地理标志产品保护范围见图 A.1。

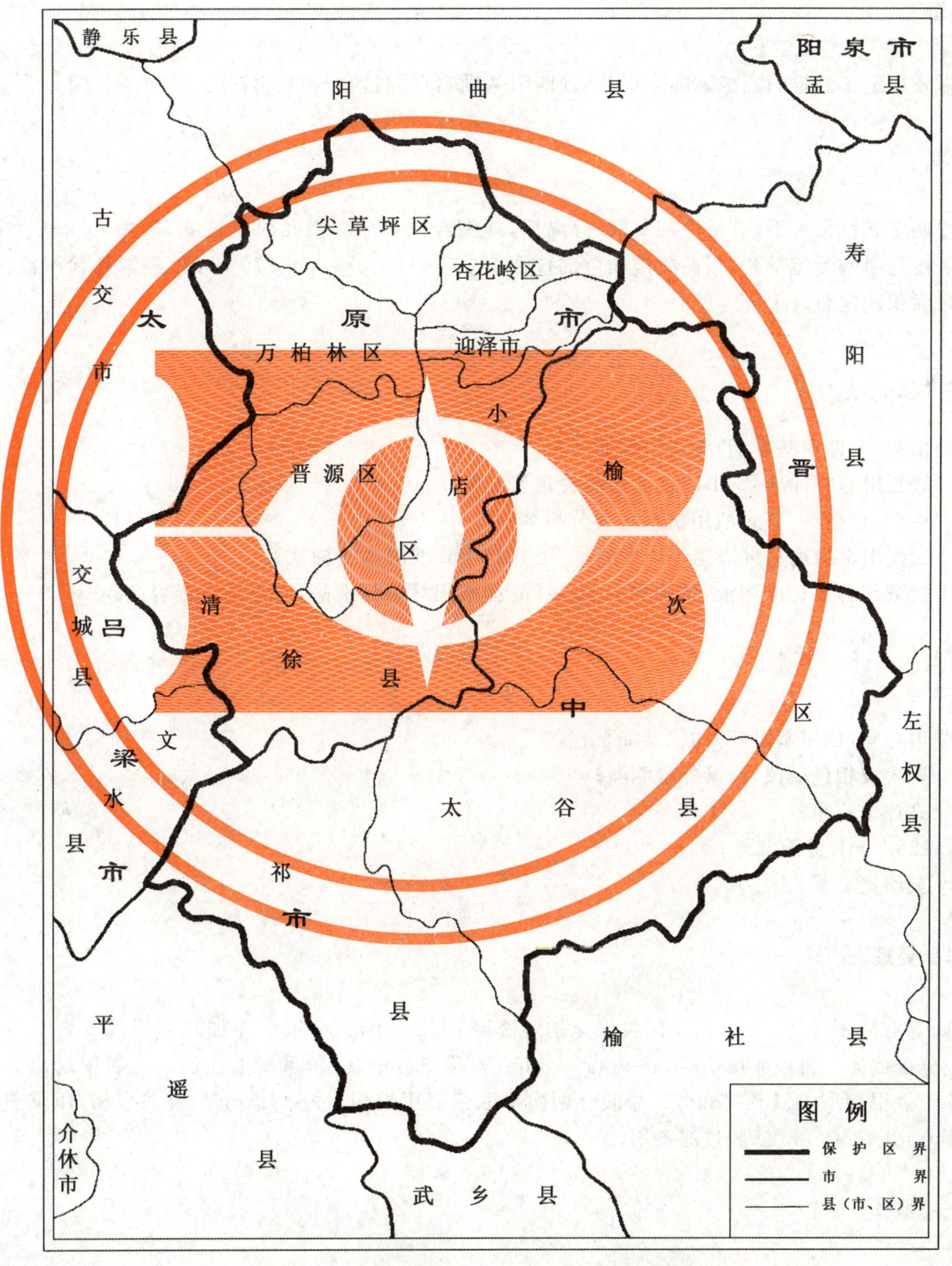

图 A.1　山西老陈醋地理标志产品保护范围图

附 录 B
(规范性附录)
川芎嗪(四甲基吡嗪)的检测方法

B.1 范围

本附录规定了测定山西老陈醋中川芎嗪(四甲基吡嗪)的高效液相色谱法。

B.2 原理

醋样调至碱性条件下,有机溶剂萃取、分离后,样液经 0.45 μm 微孔滤膜过滤,采用 ODS-C_{18}柱,以磷酸二氢铵与甲醇为流动相,用高效液相色谱仪在 C_{18}色谱柱上分离,于 279 nm 处经紫外检测器检测,用外标峰面积法定量。

B.3 试剂

检测川芎嗪(四甲基吡嗪)所用试剂如下:

a) 盐酸川芎嗪标准品,中国食品药品检定研究院;
b) 甲醇:色谱纯,其余所用试剂均为分析纯;
c) 试验用水为重蒸水或同等纯度的水,经 0.45 μm 滤膜真空抽滤;
d) 盐酸川芎嗪标准溶液:精确称取 50.0 mg 盐酸川芎嗪标准品,用重蒸水定容至 50 mL。

B.4 仪器

检测川芎嗪(四甲基吡嗪)的仪器如下:

a) 高效液相色谱仪,配紫外检测器;
b) 高速离心机;
c) 125.0 mL 分液漏斗;
d) 玻璃离心管。

B.5 样品处理

准确量取待测样品 10.00 mL,用氢氧化钠溶液调 pH>8.0,入分液漏斗加三氯甲烷 5 mL,混匀萃取,静止分层或离心机以 4 000 r/min 离心 15 min,转移三氯甲烷层;重复上述加入三氯甲烷以后的操作,合并三氯甲烷层。以 0.2 mol/L 盐酸分两次萃取三氯甲烷相,每次 4.5 mL,合并水相,用重蒸水定容至10.00 mL,0.45 μm 滤膜过滤备用。

B.6 色谱条件

检测川芎嗪(四甲基吡嗪)的色谱条件如下:

a) 色谱柱:Shim-pack CLC-ODS C_{18}柱(0.15 m×ϕ6.0 mm);

b） 流动相：0.2 mmol/L 磷酸二氢铵∶色谱甲醇＝6∶4；

c） 流速：0.8 mL/min；

d） 柱温：室温（20 ℃）；

e） 进样量：10 μL；

f） 紫外检测口检测波长：λ＝279 nm。

B.7 标准曲线的绘制

精密吸取盐酸川芎嗪标准溶液 0.05 mL、0.10 mL、0.25 mL、0.50 mL、1.00 mL，用重蒸水定容至 10 mL（相当于每毫升含盐酸川芎嗪 5.0 μg、10.0 μg、25.0 μg、50.0 μg、100.0 μg）；分别进样 10 μL，于 279 nm 处测量峰面积，每个浓度重复进样 2～3 次，取平均值，以质量浓度为横坐标，峰面积平均值为纵坐标，绘制标准曲线。

B.8 试样测定

在与绘制标准曲线相同的色谱条件下，取处理好试样 10 μL 进入色谱仪，根据曲线，求出样品中川芎嗪（四甲基吡嗪）的含量。

B.9 结果计算

见式（B.1）。

$$X = \frac{c \times V_2 \times 1\ 000}{V_1 \times 1\ 000} \qquad \cdots\cdots\cdots\cdots (B.1)$$

式中：

X ——样品中川芎嗪（四甲基吡嗪）的含量，单位为毫克每升（mg/L）；

c ——由标准曲线求得样液中川芎嗪（四甲基吡嗪）质量浓度，单位为微克每毫升（μg/mL）；

V_1——分析所取试样体积，单位为毫升（mL）；

V_2——试样最后定容体积，单位为毫升（mL）。

计算结果保留小数点后两位数字。

B.10 精密度

在重复条件下，获得的两次独立测定结果的绝对差不得超过算术平均值的 10%。

附　录　C
（规范性附录）
总黄酮的检测方法

C.1　方法摘要

在中性或碱性及亚硝酸钠存在的条件下，黄酮类化合物与铝盐生成螯合物，加氢氧化钠溶液后显红色，与芸香苷（芦丁、芸香叶苷）标准系列比较定量。

C.2　试剂

本试验方法中，所用试剂除特殊注明外，均为分析纯；所用水应符合GB/T 6682中三级水的规格。

C.2.1　乙醇溶液：体积分数为60%。

C.2.2　氢氧化钠溶液：10 g/L，称取10.0 g氢氧化钠，用水溶解后定容至1 L。

C.2.3　亚硝酸钠溶液：50 g/L，称取5.0 g亚硝酸钠，用水溶解后定容至100 mL。

C.2.4　硝酸铝溶液：100 g/L，称取10.0 g硝酸铝，用水溶解后定容至100 mL。

C.2.5　氢氧化钠溶液：200 g/L，称取20.0 g氢氧化钠，用水溶解后定容至100 mL。

C.2.6　芦丁标准贮备溶液：2.00 mg/mL，称取0.200 0 g（精确至0.000 2 g）经120 ℃减压干燥到恒重的无水芦丁（芸香苷、芸香叶苷，已知质量分数大于95%），置于100 mL容量瓶中，用乙醇溶液（C.2.1）溶解并定容至刻度，摇匀。

C.2.7　芦丁标准使用溶液：0.20 mg/mL，吸取10.00 mL芦丁标准贮备溶液（C.2.6）于100 mL容量瓶中，用水定容至刻度。临用现配。

C.3　仪器与设备

实验室常规仪器、设备见下列各项：

a)　分光光度计；

b)　具塞比色管：25 mL；

c)　分析天平：感量0.1 mg。

C.4　分析步骤

C.4.1　试液的制备

称取经混匀试样5.00g于100 mL烧杯中，以氢氧化钠溶液（C.2.2）调至中性，再多加2滴，移入100 mL容量瓶中，用水定容至刻度，摇匀，备用。

C.4.2　工作曲线的制备

吸取0.00 mL、0.50 mL、1.00 mL、2.00 mL、3.00 mL、4.00 mL芦丁标准使用溶液（C.2.7），相当于0.00 mg、0.10 mg、0.20 mg、0.40 mg、0.60 mg、0.80 mg无水芦丁，分别置于25 mL具塞比色管中，补水至约10 mL，加1.0 mL亚硝酸钠溶液（C.2.3），混匀，放置6 min；加1.0 mL硝酸铝溶液（C.2.4），混匀，

放置 6 min;加 4.0 mL 氢氧化钠溶液(C.2.5),再加水至刻度,混匀,放置 15 min。用 1 cm 比色皿,以试剂空白调节零点,在波长 510 nm 处测定吸光度。以吸光度为纵坐标,芦丁的质量为横坐标,绘制工作曲线或计算回归方程。

C.4.3 测定

吸取 2.00 mL 样品溶液(C.4.1)两份,分别置于 25 mL 具塞比色管中,补水至约 10 mL,以下步骤按 C.4.2 操作,其中一份不加硝酸铝溶液,做样品空白;以试剂空白调节零点,在波长 510 nm 处测吸光度,测得样品吸光度减去样品空白吸光度,以工作曲线上查出或用回归方程计算出样品溶液中总黄酮的质量 m_1。

C.5 结果计算

样品中总黄酮含量(以芦丁计)按式(C.1)计算:

$$X = \frac{m_1 \times 100}{m \times \frac{2}{100}} = \frac{m_1 \times 10\ 000}{m \times 2} \qquad \cdots\cdots\cdots (C.1)$$

式中:

X ——样品中总黄酮(以芦丁计)的含量,单位为毫克每 100 克(mg/100 g);

m_1——由工作曲线查出(或用回归方程计算出)试液中总黄酮(以芦丁计)的质量,单位为毫克(mg);

m ——样品的质量,单位为克(g)。

计算结果保留小数点后两位数字。

C.6 精密度

在重复条件下,获得的两次独立测定结果的绝对差不得超过算术平均值的 10%。

附 录 D
（规范性附录）
还原糖的检测方法

D.1 范围

本附录规定了山西老陈醋中还原糖的测定方法。

D.2 原理

在碱性溶液中，还原糖能将高价铜还原为低价铜，根据其被还原的数量，可求得还原糖的含量。

D.3 仪器

检测还原糖的仪器如下：

a） 滴定管：25 mL；
b） 锥形瓶：250 mL；
c） 吸量管：5.0 mL、2.0 mL；
d） 电炉：300 W～500 W。

D.4 试剂

检测还原糖的试剂如下：

a） 菲林氏甲液：称取硫酸铜（$CuSO_4 \cdot 5H_2O$）15 g 及次甲基蓝 0.05 g 溶解于 1 000 mL 蒸馏水中；
b） 菲林氏乙液：称取酒石酸钾钠 50 g，氢氧化钠 54 g 及亚铁氰化钾 4 g 溶解于 1 000 mL 蒸馏水中；
c） 葡萄糖标准溶液：准确称取在 100 ℃烘至恒重的无水葡萄糖 1.000 0 g，放于 100 mL 烧杯中，用蒸馏水溶解后倒入 1 000 mL 容量瓶中，用蒸馏水反复冲洗烧杯，洗液一并倒入容量瓶，加浓盐酸 5 mL，用蒸馏水稀释至刻度。此溶液每毫升相当于 1.000 0 mg 葡萄糖。

D.5 操作

D.5.1 空白滴定

取菲林氏甲、乙液各 5.0 mL 于 250 mL 锥形瓶中，加入 10 mL 蒸馏水，用滴定管加入约 9 mL 葡萄糖标准溶液，摇匀后加热（电炉应预热 15 min 后使用），使其在 2 min 内沸腾，沸腾 30 s 后，以每 2 s 一滴的速度匀速滴入葡萄糖标准溶液，至蓝紫色消失即为终点，溶液沸腾后葡萄糖标准溶液的耗用量应控制在 0.5 mL～1.0 mL 之内，否则重做。记录沸腾前后共耗用葡萄糖标准溶液的体积。

D.5.2 预备滴定

取菲林氏甲、乙液各 5.0 mL 于 250 mL 锥形瓶中，加入 10.0 mL 蒸馏水，加入体积浓度 5%的样品稀释液 2.0 mL，摇匀后加热，沸腾 30 s 后，以每 2 s 一滴的速度匀速滴入葡萄糖标准溶液，至蓝紫色消失即为终点，记录沸腾前后共耗用葡萄糖标准溶液的体积。

D.5.3 正式滴定

取菲林氏甲、乙液各 5.0 mL 于 250 mL 锥形瓶中，加入 10.0 mL 蒸馏水，加入体积浓度 5%样品稀释液 2.0 mL，再用滴定管加入比预滴定耗用量少约 1 mL 的葡萄糖标准溶液，摇匀后加热，沸腾 30 s 后，以每 2 s 一滴的速度匀速滴入葡萄糖标准溶液，至蓝紫色消失即为终点，溶液沸腾后，葡萄糖标准溶液的耗用量应控制在 0.5 mL～1.0 mL 之内，否则重做，记录沸腾前后共耗用葡萄糖标准溶液的体积。

D.6 计算

见式(D.1)。

$$X = \frac{(V_1 - V_2) \times \rho}{2.0 \times \frac{5}{100} \times 1\,000} \times 100 \qquad \text{(D.1)}$$

式中：

X ——样品中还原糖的含量，单位为克每 100 毫升(g/100 mL)；

V_1——标定菲林氏甲、乙液耗用葡萄糖标准溶液的体积，单位为毫升(mL)；

V_2——测定样液耗用葡萄糖标准溶液的体积，单位为毫升(mL)；

ρ ——葡萄糖标准溶液的质量浓度，单位为毫克每毫升(mg/mL)。

计算结果保留小数点后两位数字。

D.7 结果允许误差

同一样品两次测定值之差不得超过 0.05 g/100 mL。

附　录　E
（规范性附录）
总酯的检测方法

E.1　范围

本附录规定了山西老陈醋中总酯的测定方法。

E.2　原理

先用碱中和山西老陈醋中的酸，再加入一定量的碱使酯皂化，过量的碱再用酸进行反滴定。

E.3　仪器

检测总酯的仪器如下：

a)　酸度计或 pH 计(附磁力搅拌器)，精度±0.01 pH；
b)　全玻璃回流装置；
c)　水浴锅；
d)　酸式滴定管。

E.4　试剂

检测总酯的试剂如下：

a)　0.100 0 mol/L 氢氧化钠标准溶液，按 GB/T 601 规定的方法配制和标定；
b)　0.100 0 mol/L 硫酸标准溶液，按 GB/T 601 规定的方法配制和标定。

E.5　分析步骤

E.5.1　试样制备

按 6.2.3 测定总酸含量的样品处理规定，吸取 20.0 mL 样品稀释液，置于 250 mL 具塞锥形瓶中，准确加入测定总酸含量时消耗氢氧化钠标准溶液的毫升数(切勿过量)，然后再准确加入 0.100 0 mol/L (记录 c_1)氢氧化钠标准溶液 20.0 mL(记录 V_1)，摇匀，装上冷凝管，沸水浴回流皂化 0.5 h，取下，冷却至室温，将试样移入 250 mL 烧杯中，用 20.0 mL 蒸馏水冲洗锥形瓶，洗液并入烧杯中。

E.5.2　仪器的准备

安装好酸度计或 pH 计，接通电源，待稳定后，用 pH＝9.18(25 ℃)的缓冲液校正仪器。

E.5.3　滴定

向试样杯中放一枚转子，将其置于磁力搅拌器上，插入电极，开启搅拌，按下 pH 读数开关，用 0.100 0 mol/L(记录 c_2)硫酸标准溶液滴定至 pH 达到 8.2 即为终点，记录消耗硫酸标准溶液毫升数 V_2。

E.6 计算

见式(E.1)。

$$X=\frac{(c_1\times V_1-c_2\times V_2)\times 0.088}{20.0\times\frac{10}{100}}\times 100 \quad\cdots\cdots(\text{E.1})$$

式中：

X ——样品中总酯的含量，单位为克每100毫升(g/100 mL)；

c_1 ——氢氧化钠标准溶液的浓度，单位为摩尔每升(mol/L)；

c_2 ——硫酸标准溶液的浓度，单位为摩尔每升(mol/L)；

V_1 ——测定时消耗氢氧化钠标准溶液的体积，单位为毫升(mL)；

V_2 ——测定时消耗硫酸标准溶液的体积，单位为毫升(mL)；

0.088——与1.00 mL氢氧化钠标准溶液[c(NaOH)=1.000 mol/L]相当的以克表示的乙酸乙酯的质量。

计算结果保留小数点后两位数字。

E.7 精密度

在重复条件下，获得的两次独立测定结果的绝对差不得超过算术平均值的10%。

ICS 67.220.10
X 66

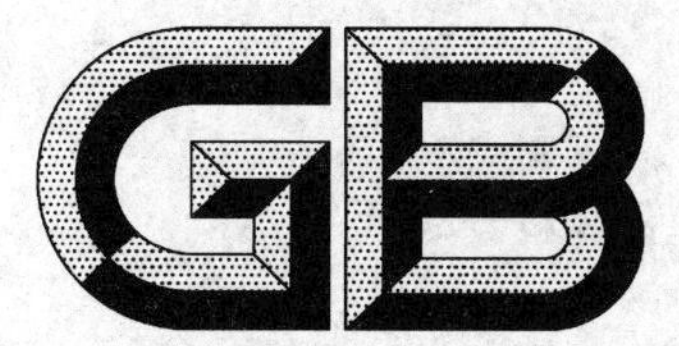

中华人民共和国国家标准

GB/T 20293—2006

油 辣 椒

Fried pepper sauce

2006-07-11 发布　　　　2006-12-01 实施

中华人民共和国国家质量监督检验检疫总局
中国国家标准化管理委员会　发布

前 言

本标准由贵州省经济贸易委员会、贵州省质量技术监督局提出。

本标准由全国食品工业标准化技术委员会归口。

本标准由贵州省标准化协会食品专业委员会、贵州省食品工业协会辣椒专业委员会、贵州省产品质量检验检测院及贵阳市标准化协会负责起草，贵阳南明老干妈风味食品有限责任公司、贵州老干爹食品有限公司参加起草。

本标准主要起草人：杨世尧、寻思颖、杨黎、王遵、罗敏、陈寄桥、吴刚、张振俭、姜莉锡。

油 辣 椒

1 范围

本标准规定了油辣椒的技术要求、试验方法和标签要求。

本标准适用于油辣椒的生产、销售和监督检验。

2 规范性引用文件

下列文件中的条款通过本标准的引用而成为本标准的条款。凡是注日期的引用文件，其随后所有的修改单(不包括勘误的内容)或修订版均不适用于本标准，然而，鼓励根据本标准达成协议的各方研究是否可使用这些文件的最新版本。凡是不注日期的引用文件，其最新版本适用于本标准。

GB 2716 食用植物油卫生标准

GB 2721 食用盐卫生标准

GB 2760 食品添加剂使用卫生标准

GB/T 4789.2 食品卫生微生物学检验 菌落总数测定

GB/T 4789.3 食品卫生微生物学检验 大肠菌群测定

GB/T 4789.4 食品卫生微生物学检验 沙门氏菌检验

GB/T 4789.5 食品卫生微生物学检验 志贺氏菌检验

GB/T 4789.10 食品卫生微生物学检验 金黄色葡萄球菌检验

GB/T 5009.3—2003 食品中水分的测定

GB/T 5009.11 食品中总砷及无机砷的测定

GB/T 5009.12 食品中铅的测定

GB/T 5009.22 食品中黄曲霉毒素 B_1 的测定

GB/T 5009.33 食品中亚硝酸盐与硝酸盐的测定

GB/T 5009.37 食用植物油卫生标准的分析方法

GB 5461 食用盐

GB 7718 预包装食品标签通则

GB 10146 食用动物油脂卫生标准

GB/T 12457 食品中氯化钠的测定方法

3 术语和定义

下列术语和定义适用于本标准。

3.1

油辣椒 fried pepper sauce

香辣浓郁，可供佐餐和调味的熟制食用油和辣椒的混合体。

注：产品中可添加或不添加辅料。

4 技术要求

4.1 主要原料和辅料要求

4.1.1 辣椒

无霉变、无虫害、无杂质。

4.1.2 食用油

应符合 GB 2716 和 GB 10146 的要求。

4.1.3 食用盐

应符合 GB 2721 和 GB 5461 的要求。

4.1.4 食品添加剂

食品添加剂应选用 GB 2760 规定的品种,并应符合相应标准的规定。

4.2 感官特性

应符合表 1 的规定。

表 1

项　目	要　求
外　观	产品油润光泽,无正常视力可见外来杂质,无霉变
气味、滋味	具有产品固有的气味和滋味,无异味

4.3 理化指标

应符合表 2 的规定。

表 2

项　目		要　求
干燥失重 /(%)	≤	25.0
食用盐(以 NaCl 计)/(%)	≤	15.0
酸价(以脂肪计)(KOH)/(mg/g)	≤	5.0
过氧化值(以脂肪计)/(%)	≤	0.25
总砷(As)/(mg/kg)	≤	0.5
铅(Pb)/(mg/kg)	≤	1.0
黄曲霉毒素 B_1/(μg/kg)	≤	10.0
亚硝酸盐[a](以 $NaNO_2$ 计)/(mg/kg)	≤	10.0
a　仅适用添加腌腊肉制品或酱腌菜的油辣椒。		

4.4 微生物指标

应符合表 3 的规定。

表 3

项　目		指　标
菌落总数[a]/(cfu/g)	≤	5 000
大肠菌群/(MPN/100 g)	≤	30
致病菌(沙门氏菌、志贺氏菌、金黄色葡萄球菌)		不得检出
a　以发酵制品为原辅料的油辣椒除外。		

5 试验方法

5.1 感官特性

取样品一瓶(袋),将内容物置于清洁的白瓷盘中,用视觉法鉴别外观,用嗅觉法鉴别气味,用味觉法鉴别滋味。

5.2 干燥失重

按 GB/T 5009.3—2003 中直接干燥法的规定检验。

5.3 食用盐

按 GB/T 12457 的规定检验。

5.4 酸价

5.4.1 试样的处理：称取混合均匀的试样 50 g，置于 250 mL 具塞锥形瓶中，加 50 mL 石油醚（沸程：30℃～60℃），静置 12 h；用快速滤纸过滤后，得到油脂供测定用。

5.4.2 按 GB/T 5009.37 的规定检验。

5.5 过氧化值

5.5.1 试样的处理：同 5.4.1。

5.5.2 按 GB/T 5009.37 的规定检验。

5.6 总砷

按 GB/T 5009.11 的规定检验。

5.7 铅

按 GB/T 5009.12 的规定检验。

5.8 黄曲霉毒素 B_1

按 GB/T 5009.22 的规定检验。

5.9 亚硝酸盐

按 GB/T 5009.33 的规定检验。

5.10 菌落总数

按 GB/T 4789.2 的规定检验。

5.11 大肠菌群

按 GB/T 4789.3 的规定检验。

5.12 致病菌

沙门氏菌、志贺氏菌、金黄色葡萄球菌分别按 GB/T 4789.4 、GB/T 4789.5 、GB/T 4789.10 的规定检验。

6 标签要求

6.1 预包装油辣椒产品标签应符合 GB 7718 的规定。

6.2 预包装油辣椒产品标签上应标明所使用食用油的具体产品名称，如：“菜籽油”、“大豆油”、“食用猪油”等。

6.3 预包装油辣椒产品中使用转基因原料的，应在标签上标明。

ICS 67.220.10
X 66

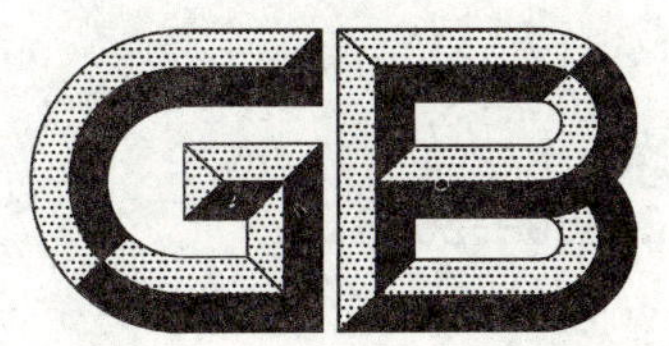

中华人民共和国国家标准

GB/T 20560—2006

地理标志产品　郫县豆瓣

Product of geographical indication—Pixian douban

2006-09-18 发布　　2007-02-01 实施

中华人民共和国国家质量监督检验检疫总局
中国国家标准化管理委员会　发布

前　言

本标准是依据《地理标志产品保护规定》与 GB 17924—1999《原产地域产品通用要求》而制定的。

本标准的附录 A 为规范性附录。

本标准由全国原产地域产品标准化工作组提出并归口。

本标准主要起草单位：四川省成都市郫县技术监督协会、郫县食品工业协会、四川省郫县豆瓣股份有限公司、四川省丹丹调味品有限公司。

本标准主要起草人：兰林彬、郭宪荣、杨友刚、李志群、马世玲、岳平。

地理标志产品　郫县豆瓣

1　范围

本标准规定了地理标志产品郫县豆瓣的产地范围、术语和定义、要求、试验方法、检验规则、标志、标签、包装、运输、贮存。

本标准适用于国家质量监督检验检疫行政主管部门根据《地理标志产品保护规定》批准保护的地理标志产品郫县豆瓣。

2　规范性引用文件

下列文件中的条款通过本标准的引用而成为本标准的条款。凡是注日期的引用文件，其随后所有的修改单(不包括勘误的内容)或修订版均不适用于本标准，然而，鼓励根据本标准达成协议的各方研究是否可使用这些文件的最新版本。凡是不注日期的引用文件，其最新版本适用于本标准。

GB/T 191　包装储运图示标志(GB/T 191—2000，eqv ISO 780:1997)

GB 1355　小麦粉

GB 2760　食品添加剂使用卫生标准

GB/T 4789.22　食品卫生微生物学检验　调味品检验

GB/T 5009.3—2003　食品中水分的测定

GB/T 5009.40　酱卫生标准的分析方法

GB 5461　食用盐

GB 5749　生活饮用水卫生标准

GB/T 6388　运输包装收发货标志

GB/T 6543　瓦楞纸箱

GB 7718　预包装食品标签通则

GB/T 10459　蚕豆

JJF 1070　定量包装商品净含量计量检验规则

定量包装商品计量监督管理办法　(国家质量监督检验检疫总局[2005]第75号令)

地理标志产品保护规定　(国家质量监督检验检疫总局[2005]第78号令)

3　产地范围

地理标志产品郫县豆瓣的产地范围限于国家质量监督检验检疫行政主管部门根据《地理标志产品保护规定》批准的范围，即四川省成都市郫县现辖行政区域，见附录A。

4　术语和定义

下列术语和定义适用于本标准。

4.1

郫县豆瓣　Pixian douban

在本标准第3章规定的范围内，以红辣椒、蚕豆为主要原料，食用盐、小麦粉等为辅料，按照本标准规定的传统工艺酿制而成的，具有色红褐、油润、酱酯香、瓣粒香脆、味鲜辣的豆瓣。

5 要求

5.1 原、辅料

5.1.1 红辣椒

主要产自郫县及郫县附近的双流、仁寿、中江、三台、盐亭等地区的二荆条红辣椒，采摘时间在每年的7月至立秋后15 d。其色泽红亮、肉头饱满、无霉变、无杂物，并符合国家相关卫生安全要求。

5.1.2 蚕豆

主要产自四川省和云南省，质量应符合GB/T 10459的规定。

5.1.3 加工用水

水源取自郫县地区的地下水源，水质应符合GB 5749的规定。

5.1.4 食用盐

应符合GB 5461的规定。

5.1.5 小麦粉

应符合GB 1355的规定。

5.2 酿造气候条件

气候温和，雨水充沛，无霜期长，四季分明，属亚热带湿润气候。年平均温度15.7℃，极端最高温度35.8℃，极端最低温度－5.2℃，年平均日照时数1 264.7 h，年平均相对湿度84％。

5.3 传统工艺

5.3.1 传统工艺特点

郫县豆瓣采用独特传统的特殊工艺，以红辣椒盐渍制成辣椒胚；采用蚕豆制曲发酵6个月以上制成甜瓣子；按一定比例拌合均匀，装入缸（池）中，经翻、晒、露等发酵工艺，历时3个月以上酿造成熟。其产品具有“色红褐、油润、酱酯香、瓣粒香脆、味鲜辣”之特色。

5.3.2 酿造工艺流程

5.3.2.1 辣椒胚

红辣椒──→去蒂、清洗──→拌盐、轧碎、盐渍──→入池发酵──→辣椒胚

5.3.2.2 甜瓣子

蚕豆──→精选、脱壳──→浸泡──→拌小麦粉、接种米曲酶（沪酿3.042）──→制曲──→发酵──→甜瓣子

5.3.2.3 郫县豆瓣

辣椒胚＋甜瓣子──→入缸（池）──→拌合──→翻、晒、露──→郫县豆瓣

5.4 感官指标

感官指标应符合表1的规定。

表1 感官指标

项 目	指 标		
	特 级	一 级	二 级
色 泽	红褐色，油润有光泽	浅红褐色，略油润有光泽	浅红褐色，有光泽
香 气	酱酯香和辣香浓郁	有酱酯香和辣香	有酱酯香和辣香
滋 味	味鲜辣醇厚，瓣粒香脆、化渣，回味深长	味鲜辣，瓣粒香脆、化渣，回味深长	味鲜辣，瓣粒香脆，化渣
体 态	粘稠适度，可见辣椒块和蚕豆瓣粒及其他辅料		
杂 质	无肉眼可见其他杂质		

5.5 **理化指标**

理化指标应符合表2的规定。

表2 理化指标

项目		指标		
		特级	一级	二级
水分/(g/100 g)	≤	53	57	60
氨基酸态氮(以氮计)/(g/100 g)	≥	0.25	0.20	0.18
总酸(以乳酸计)/(g/100 g)	≤	2.0		
食用盐(以氯化钠计)/(g/100 g)		15～22		

5.6 **卫生指标**

5.6.1 卫生指标应符合表3的规定。

表3 卫生指标

项目		指标
总砷(以As计)/(mg/kg)	≤	0.5
铅(Pb)/(mg/kg)	≤	1.0
黄曲霉毒素 B_1/(μg/kg)	≤	5
大肠菌群/(MPN/100 g)	≤	30
致病菌(沙门氏菌、金黄色葡萄球菌、志贺氏菌)		不得检出

5.6.2 食品添加剂的质量应符合相应的标准和有关规定。食品添加剂的品种和使用量应符合GB 2760的规定。

5.7 **净含量**

定量包装产品的净含量应符合《定量包装商品计量监督管理办法》的要求。

6 试验方法

6.1 **感官检验**

取10 g左右样品,置于培养皿中,用玻璃棒搅拌铺平,观察调料的体态、色泽,看有无肉眼可见杂质,嗅其气味,用玻璃棒蘸样品,品尝其滋味。

6.2 **理化检验**

6.2.1 **水分**

按GB/T 5009.3—2003中直接干燥法检验。

6.2.2 **食用盐、总酸、氨基酸态氮**

按GB/T 5009.40规定的方法检验。

6.3 **卫生指标**

6.3.1 **总砷、铅、黄曲霉毒素 B_1**

按GB/T 5009.40规定的方法检验。

6.3.2 **大肠菌群、致病菌测定**

按GB/T 4789.22规定的方法检验。

6.4 **净含量**

按JJF 1070的规定方法检验。

7 检验规则

7.1 组批与抽样

7.1.1 组批

以同批原料、同时投料生产的产品为一批。

7.1.2 抽样

由质检部门自同一批产品中,按检验项目的要求在生产车间或成品库房随机抽取足量样品 1 000 g~2 500 g。

7.2 检验分类

检验分出厂检验和型式检验。

7.2.1 出厂检验

出厂检验项目为:本标准要求中的感官指标、理化指标、大肠菌群和净含量。经检验合格后,附产品检验合格证方可出厂。

7.2.2 型式检验

型式检验为本标准要求中规定的全部项目。有下列情况之一时,应进行型式检验:

a) 原料、配方、工艺有较大改变时;

b) 停产一年以上,恢复生产时;

c) 国家质量监督机构进行产品质量的抽查时;

d) 供需双方对产品质量发生异议,进行仲裁检验时;

e) 产品正常生产时,每半年应进行一次。

7.3 判定规则

出厂检验与型式检验在其所检验项目中,均符合本标准要求中规定指标时,判该批产品为合格;若有一项或一项以上指标检验不合格时,可自同批产品中加倍抽取样品进行复检;若经复检仍不合格,则该批产品为不合格产品;若经复检合格,则该批产品为合格产品;微生物指标不合格时,不得进行复检。

8 标志、标签、包装、运输、贮存

8.1 标志与标签

8.1.1 标志

产品外包装标志应标明:制造者厂名和厂址、产品名称、商标、规格、质量等级、净含量、保质期,使用的地理标志产品专用标志应符合国家质量监督检验检疫总局[2005]第 78 号令的规定,其他应符合 GB/T 6388及 GB/T 191 的规定。

8.1.2 标签

标签应符合 GB 7718 的规定。

不符合本标准的产品,其产品名称不得使用含有郫县豆瓣(包括连续或断开)的名称。

8.2 包装

产品包装材料应符合相应的国家卫生标准。包装用瓦楞纸箱应符合 GB/T 6543 的规定。

8.3 运输

运输过程中不得与有毒、有害物品及易造成污染的物品混运。

8.4 贮存

产品的贮存条件应按有关卫生管理规定执行。不同产品应按生产日期分批存放,库房应干燥、通风,离地应保持一定距离。

附　录　A
（规范性附录）
郫县豆瓣地理标志产品保护范围图

郫县豆瓣地理标志产品保护范围见图 A.1。

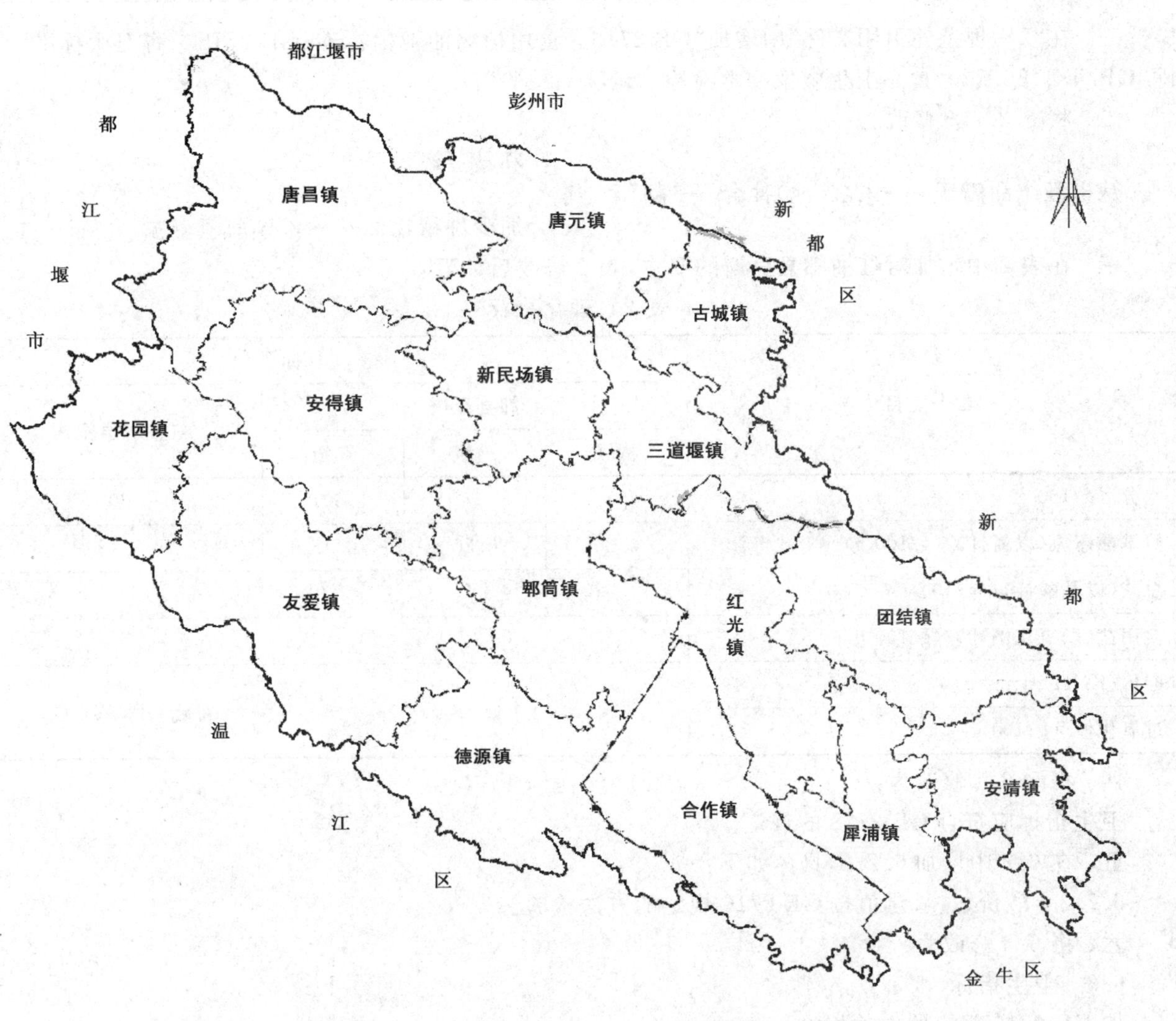

图 A.1　郫县豆瓣地理标志产品保护范围图

GB/T 20560—2006《地理标志产品　郫县豆瓣》国家标准第1号修改单

本修改单经国家标准化管理委员会于2014年12月29日批准，自2015年1月9日起实施。

一、在"2　规范性引用文件"中增加"GB 2716　食用植物油卫生标准、GB 2718　酱卫生标准"，删除"GB/T 4789.22　食品卫生微生物学检验　调味品检验"。

二、将5.3.2.3修改为：

辣椒胚＋甜瓣子──→入缸（池）拌合──→翻、晒、露 ⟨ 郫县豆瓣；加少许植物油──→红油郫县豆瓣

三、在表2中增加对红油郫县豆瓣的要求，表2修改后如下：

表2　理化指标

项　　目		指　　标			
		郫县豆瓣			红油郫县豆瓣
		特级	一级	二级	
水分/(g/100 g)	≤	53	57	60	60
氨基酸态氮(以氮计)/(g/100 g)	≥	0.25	0.20	0.18	0.18
总酸(以乳酸计)/(g/100 g)	≤	2.0			
食用盐(以氯化钠计)/(g/100 g)		15～22			
酸价(KOH)/(mg/g)	≤	—			符合GB 2716规定
过氧化值/(g/100 g)	≤				

四、将5.6.1修改为：

卫生指标应符合GB 2718的规定。

五、在6.2中增加6.2.3，具体如下：

6.2.3　酸价、过氧化值按GB 2716规定的方法检验。

六、将6.3修改为：

6.3　卫生指标

按GB 2718规定的方法检验。

ICS 67.220.10
X 66

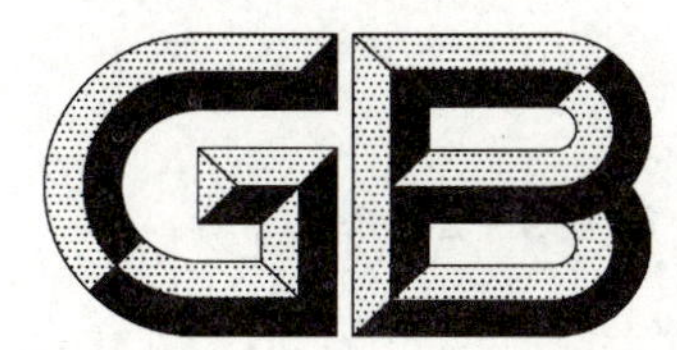

中华人民共和国国家标准

GB/T 21999—2008

蚝油

Oyster sauce

2008-08-28 发布　　2009-05-01 实施

中华人民共和国国家质量监督检验检疫总局
中国国家标准化管理委员会　发布

前　言

本标准由中华人民共和国商务部提出。

本标准由全国调味品标准化技术委员会归口。

本标准起草单位：佛山市海天调味食品有限公司、李锦记（新会）食品有限公司、广东美味鲜调味食品有限公司。

本标准主要起草人：黄文彪、邓嫣容、杨洁明、孙胜枚、杨明泉、贾爱娟。

蚝　　　油

1　范围

本标准规定了蚝油的术语和定义、技术要求、试验方法、检验规则、标签、包装、运输、贮存。

本标准适用于3.1所定义的产品。

2　规范性引用文件

下列文件中的条款通过本标准的引用而成为本标准的条款。凡是注日期的引用文件，其随后所有的修改单(不包括勘误的内容)或修订版均不适用于本标准，然而，鼓励根据本标准达成协议的各方研究是否可使用这些文件的最新版本。凡是不注日期的引用文件，其最新版本适用于本标准。

GB 2733　鲜、冻动物性水产品卫生标准

GB 2760　食品添加剂使用卫生标准

GB/T 4789.22　食品卫生微生物学检验　调味品检验

GB/T 5009.11　食品中总砷及无机砷的测定

GB/T 5009.12　食品中铅的测定

GB/T 5009.17　食品中总汞及有机汞的测定

GB/T 5009.39—2003　酱油卫生标准的分析方法

GB/T 5009.44—2003　肉与肉制品卫生标准的分析方法

GB/T 5009.190　食品中指示性多氯联苯含量的测定

GB/T 5009.191　食品中氯丙醇含量的测定

GB 5461　食用盐

GB 5749　生活饮用水卫生标准

GB/T 6682　分析实验室用水规格和试验方法

GB 7718　预包装食品标签通则

GB 10133　水产调味品卫生标准

GB 13104　食糖卫生标准

SB/T 10228　淀粉通用技术条件

JJF 1070　定量包装商品净含量计量检验规则

定量包装商品计量监督管理办法　国家质量监督检验检疫总局[2005]第75号令

3　术语和定义

下列术语和定义适用于本标准。

3.1

蚝油　oyster sauce

利用牡蛎蒸、煮后的汁液进行浓缩或直接用牡蛎肉酶解，再加入食糖、食盐、淀粉或改性淀粉等原料，辅以其他配料和食品添加剂制成的调味品。

4　技术要求

4.1　主要原料和辅料

4.1.1　牡蛎

应符合GB 2733的规定。

4.1.2 食糖

应符合 GB 13104 的规定。

4.1.3 食用盐

应符合 GB 5461 规定。

4.1.4 淀粉

应符合 SB/T 10228 规定。

4.1.5 水

应符合 GB 5749 规定。

4.1.6 食品添加剂

食品添加剂的品种和使用量应符合 GB 2760 规定的品种,其质量应符合相应的标准和有关规定。

4.1.7 其他辅料

质量应符合相应的标准和有关规定。

4.2 感官要求

感官要求应符合表 1 的规定。

表 1 感官要求

项目	要求
色泽	红棕色至棕褐色,鲜亮有光泽
气味	有熟蚝香
滋味	味鲜美,咸淡适口或鲜甜,无异味
体态	粘稠适中,均匀,不分层,不结块,无异物

4.3 理化指标

理化指标应符合表 2 的规定。

表 2 理化指标

项目		指标
氨基酸态氮/(g/100 g)	≥	0.3
总酸(以乳酸计)/(g/100 g)	≤	1.2
食盐(以氯化钠计)/(g/100 g)	≤	14.0
总固形物/(g/100 g)	≥	21.0
挥发性盐基氮/(mg/100 g)	≤	50

4.4 卫生指标

卫生指标应符合 GB 10133 规定,同时应符合表 3 的要求。

表 3 卫生指标

项目		指标
铅(Pb)/(mg/kg)	≤	1.0
甲基汞/(mg/kg)	≤	0.5
3-氯-1,2-丙二醇/(mg/kg)	≤	0.02

4.5 净含量

应符合《定量包装商品计量监督管理办法》的规定。

5 试验方法

本试验方法中实验室用水,应符合 GB/T 6682 中三级以上(含三级)水的规格。所用试剂除另有注明外,均为分析纯。

5.1 感官要求

5.1.1 取瓶装蚝油样品,观察有无固液分层现象,然后充分摇动,开盖闻其气味。

5.1.2 将样品倒入白瓷碟中,观察其颜色、体态。

5.1.3 取样品于舌面品尝滋味。

5.2 氨基酸态氮

5.2.1 原理、试剂、仪器

同 GB/T 5009.39—2003 中 4.2。

5.2.2 分析步骤

称取 5 g(精确到±0.01 g)试样置于 100 mL 烧杯中,加 50 mL 水,充分搅拌溶解(必要时加热),移入 100 mL 容量瓶中,用少量水分次洗涤烧杯,洗液并入容量瓶中,并加水至刻度,混匀。以下按 GB/T 5009.39—2003 中 4.2.1.4 自"混匀后吸取 20.0 mL……"起依法操作。

5.2.3 结果计算

试样中氨基酸态氮的含量(以氮计)按式(1)进行计算。

$$X = \frac{(V_1 - V_2) \times c \times 0.014}{m \times V_3 / 100} \times 100 \qquad \cdots\cdots(1)$$

式中:

X——试样中氨基酸态氮的含量,单位为克每百克(g/100 g);

V_1——测定用试样稀释液加入甲醛后消耗氢氧化钠标准滴定溶液的体积,单位为毫升(mL);

V_2——试剂空白试验加入甲醛后消耗氢氧化钠标准滴定溶液的体积,单位为毫升(mL);

V_3——试样稀释液取用量,单位为毫升(mL);

m——试样取用量,单位为克(g);

c——氢氧化钠标准滴定溶液的浓度,单位为摩尔每升(mol/L);

0.014——与 1.00 mL 氢氧化钠标准滴定溶液[c(NaOH)=1.000 mol/L]相当的氮的质量,单位为克(g)。

计算结果保留两位有效数字。

5.2.4 精密度

同 GB/T 5009.39—2003 中 4.2.1.6。

5.3 总酸

5.3.1 原理、试剂、仪器

同 GB/T 5009.39—2003 中 4.4.1~4.4.3。

5.3.2 分析步骤

称取 5 g(精确到±0.01 g)试样置于 100 mL 烧杯中,加 50 mL 水,充分搅拌溶解(必要时加热),移入 100 mL 容量瓶中,用少量水分次洗涤烧杯,洗液并入容量瓶中,并加水至刻度,混匀。混匀后吸取 20.0 mL,置于 200 mL 烧杯中,加 60 mL 水,开动磁力搅拌器,用氢氧化钠标准溶液[c(NaOH)=0.050 mol/L]滴定至酸度计指示 pH8.2,记下消耗的氢氧化钠标准滴定溶液(0.050 mol/L)的毫升数 V_1。

同时做试剂空白试验。取 80 mL 水,用氢氧化钠溶液(0.05 mol/L)调节至 pH 为 8.2,记下消耗的氢氧化钠标准滴定溶液(0.050 mol/L)的毫升数 V_2。

5.3.3 结果计算

试样中总酸的含量(以乳酸计)按式(2)进行计算。

$$X = \frac{(V_1 - V_2) \times c \times 0.090}{m \times V_3 / 100} \times 100 \qquad \cdots\cdots(2)$$

式中:

X——试样中总酸的含量(以乳酸计),单位为克每百克(g/100 g);

V_1——测定用试样稀释液消耗氢氧化钠标准滴定溶液的体积，单位为毫升(mL)；

V_2——试剂空白消耗氢氧化钠标准滴定溶液的体积，单位为毫升(mL)；

V_3——试样稀释液取用量，单位为毫升(mL)；

m——试样取用量，单位为克(g)；

c——氢氧化钠标准滴定溶液的浓度，单位为摩尔每升(mol/L)；

0.090——与1.00 mL氢氧化钠标准滴定溶液[$c(NaOH)=1.000$ mol/L]相当的乳酸的质量，单位为克(g)。

计算结果保留三位有效数字。

5.3.4 精密度

同GB/T 5009.39—2003中4.4.6。

5.4 食盐

5.4.1 原理、试剂、仪器

同GB/T 5009.39—2003中4.3.1～4.3.3。

5.4.2 分析步骤

称取5 g(精确到±0.01 g)试样置于100 mL烧杯中，加50 mL水，充分搅拌溶解(必要时加热)，移入100 mL容量瓶中，用少量水分次洗涤烧杯，洗液并入容量瓶中，并加水至刻度，混匀。吸取2.0 mL稀释液于150 mL～200 mL锥形瓶中，加100 mL水及1 mL铬酸钾溶液(50g/L)，混匀。以下按GB/T 5009.39—2003中4.3.4自“用硝酸银标准溶液(0.100 mol/L)……”起依法操作。

5.4.3 结果计算

试样中食盐的含量(以氯化钠计)按式(3)进行计算。

$$X=\frac{(V_1-V_2)\times c\times 0.0585}{m\times 2/100}\times 100 \quad \cdots\cdots(3)$$

式中：

X——试样中食盐的含量(以氯化钠计)，单位为克每百克(g/100 g)；

V_1——测定用试样稀释液消耗硝酸银标准滴定溶液的体积，单位为毫升(mL)；

V_2——试剂空白消耗硝酸银标准滴定溶液的体积，单位为毫升(mL)；

m——试样取用量，单位为克(g)；

c——硝酸银标准滴定溶液的浓度，单位为摩尔每升(mol/L)；

0.058 5——与1.00 mL硝酸银标准滴定溶液[$c(AgNO_3)=1.000$ mol/L]相当的氯化钠的质量，单位为克(g)。

计算结果保留三位有效数字。

5.4.4 精密度

同GB/T 5009.39—2003中4.3.6。

5.5 总固形物

5.5.1 原理

用直接干燥法在95 ℃～105 ℃温度下干燥样品，样品失去水分后剩下的物质含量。

5.5.2 试剂

海砂：取用水洗去泥土的海砂或河砂，先用6 mol/L盐酸煮沸0.5 h，用水洗至中性，再用6 mol/L氢氧化钠溶液煮沸0.5 h，用水洗至中性，经105 ℃干燥备用。

5.5.3 仪器

a) 分析天平：感量0.1 mg；

b) 电热恒温干燥箱；

c) 干燥器；

d） 蒸发皿。

5.5.4 操作方法

取洁净的蒸发皿，内加 10.0 g 海砂及一根小玻棒，置于 95 ℃～105 ℃干燥箱中，干燥 0.5 h～1.0 h 后取出，放在干燥器内冷却 0.5 h 后称量，并重复干燥至恒量。然后精密称取 1 g～2 g 试样，置于蒸发皿中，用小玻棒搅匀放在沸水浴中蒸干，并随时搅拌，擦去皿底的水滴，置 95 ℃～105 ℃干燥箱中干燥 4 h 后盖好取出，放在干燥器内冷却 0.5 h 后称量。

然后再放入 95 ℃～105 ℃干燥箱干燥 1 h 左右，取出，放干燥器内冷却 0.5 h 后再称量。至前后两次质量差不超过 2 mg，即为恒量。

5.5.5 结果计算

试样中总固形物含量按式(4)进行计算。

$$X = \frac{m_3 - m_1}{m_2 - m_1} \times 100 \qquad \cdots\cdots(4)$$

式中：

X——总固形物，单位为克每百克(g/100 g)；

m_1——蒸发皿加海砂和玻棒的质量，单位为克(g)；

m_2——蒸发皿加海砂、玻棒和样品干燥前的质量，单位为克(g)；

m_3——蒸发皿加海砂、玻棒和样品干燥后的质量，单位为克(g)。

计算结果保留三位有效数字。

5.5.6 精密度

在重复性条件下获得的两次独立测定结果的绝对差值不得超过算术平均值的 5%。

5.6 挥发性盐基氮

称取 10 g(精确到±0.01 g)试样置于 100 mL 烧杯中，加 50 mL 水，充分搅拌溶解(必要时加热)，移入 100 mL 容量瓶中，用少量水分次洗涤烧杯，洗液并入容量瓶中，并加水至刻度，混匀。

以下按 GB/T 5009.44—2003 中 4.1 执行。

5.7 卫生指标

5.7.1 无机砷

按 GB/T 5009.11 规定的方法测定。

5.7.2 铅

按 GB/T 5009.12 规定的方法测定。

5.7.3 甲基汞

按 GB/T 5009.17 规定的方法测定。

5.7.4 多氯联苯

按 GB/T 5009.190 规定的方法测定。

5.7.5 3-氯-1,2-丙二醇

按 GB/T 5009.191 规定的方法测定。

5.7.6 微生物

按 GB/T 4789.22 规定的方法测定。

5.8 净含量

按 JJF 1070 的规定执行。

6 检验规则

6.1 检验分出厂检验和型式检验

6.1.1 出厂检验

6.1.1.1 每批产品应进行出厂检验。

6.1.1.2 出厂检验项目为:感官要求和净含量,理化指标中的食盐、总酸、氨基酸态氮、总固形物、挥发性盐基氮,卫生指标中的菌落总数、大肠菌群。

6.1.2 型式检验

型式检验项目包括本标准中规定的全部项目。型式检验每年一次,有下列情况之一,亦应进行型式检验:

a) 停产超过6个月,恢复生产时;

b) 正式生产后,原料产地变化或改变生产工艺,可能影响产品质量时;

c) 国家质量监督机构提出进行型式检验要求时;

d) 出厂检验结果与上次型式检验有较大差异时;

e) 对质量有争议,需要仲裁时。

6.2 组批

同一天生产的同一品种产品为一批。

6.3 抽样

从每批产品的不同部位随机抽取6瓶(袋),分别做感官、理化、卫生检验和留样。

6.4 判定规则

6.4.1 出厂检验项目或型式检验项目全部符合本标准规定时判为合格品。

6.4.2 出厂检验项目或型式检验项目如有一项不符合本标准,可以加倍抽样复检。复检后仍不符合本标准,判为不合格品。

7 标签

标签的标注内容应符合 GB 7718 的规定;产品名称应标为"蚝油"。

8 包装

包装材料和容器应符合相应的国家卫生标准和有关规定。

9 运输

产品在运输过程中应轻拿轻放,防止日晒、雨淋,运输工具应清洁卫生,不得与有毒、有害、有污染的物品混运。

10 贮存

产品应贮存在阴凉、干燥、通风的仓库。

ICS 67.220.10
X 66

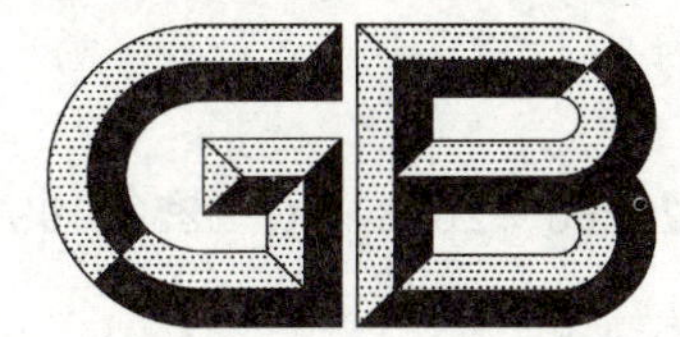

中华人民共和国国家标准

GB/T 22266—2008/ISO 2253:1999

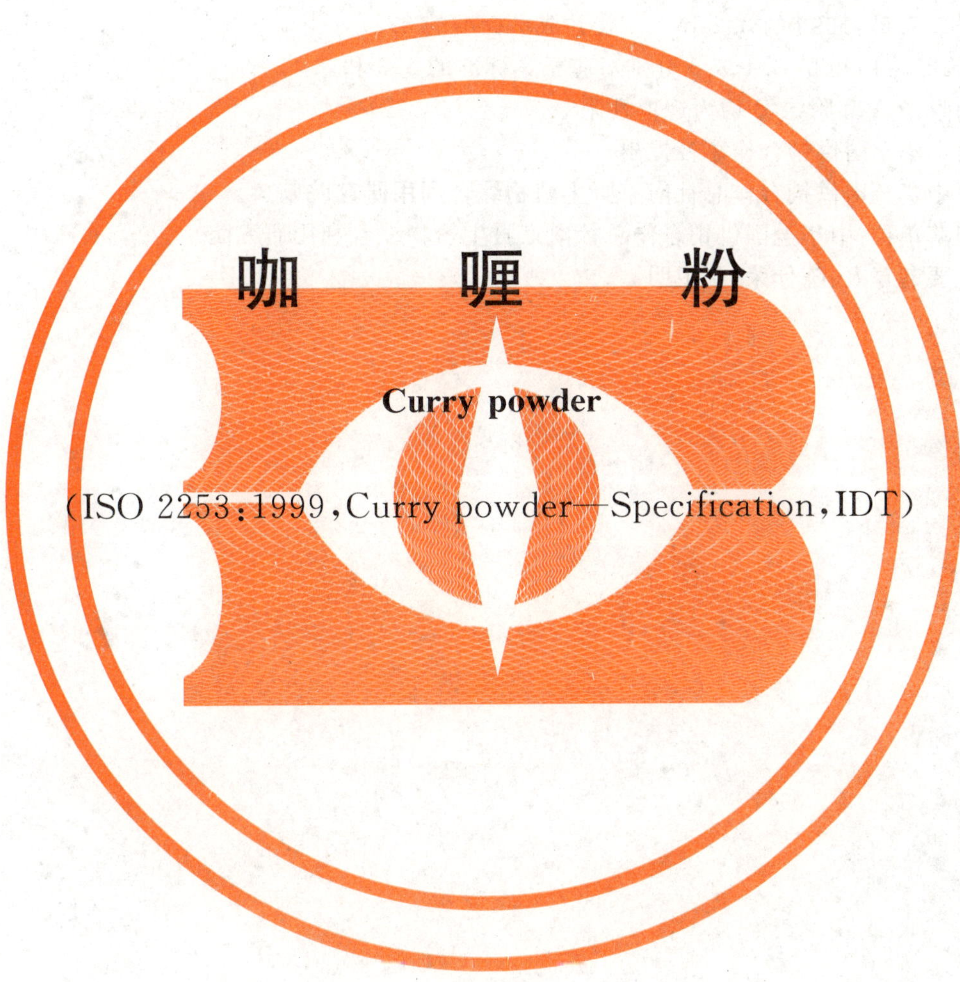

咖喱粉

Curry powder

(ISO 2253:1999,Curry powder—Specification,IDT)

2008-08-07 发布　　2009-03-01 实施

中华人民共和国国家质量监督检验检疫总局
中国国家标准化管理委员会　发布

前　言

本标准等同采用 ISO 2253:1999《咖喱粉　规格》(英文版)。本标准等同翻译 ISO 2253:1999。

为便于使用,本标准做了下列编辑性修改:

a) “本国际标准”一词改为本标准;

b) 用小数点“.”代替作为小数点的逗号“,”;

c) 将 ISO 2253:1999 的 3.2 和 3.3 合并成本标准的 3.2;

d) ISO 2253:1999 的 3.4、3.5 分别对应于本标准的 3.3 和 3.4。

本标准的附录 A 和附录 B 均为规范性附录。

本标准由中华全国供销合作总社提出。

本标准由中华全国供销合作总社南京野生植物综合利用研究院归口。

本标准起草单位:中华全国供销合作总社南京野生植物综合利用研究院。

本标准主要起草人:陈仕荣、张卫明。

咖 喱 粉

1 范围

本标准规定了食品调味料用咖喱粉的技术要求、试验方法、包装和标志。

本标准适用于咖喱粉的质量评定及其贸易。

2 规范性引用文件

下列文件中的条款通过本标准的引用而成为本标准的条款。凡是注日期的引用文件，其随后所有的修改单(不包括勘误的内容)或修订版均不适用于本标准，然而，鼓励根据本标准达成协议的各方研究是否可使用这些文件的最新版本。凡是不注日期的引用文件，其最新版本适用于本标准。

GB/T 12729.1 香辛料和调味品 名称(GB/T 12729.1—2008,ISO 676:1995,NEQ)

GB/T 12729.2 香辛料和调味品 取样方法(GB/T 12729.2—2008,ISO 948:1980,NEQ)

GB/T 12729.6 香辛料和调味品 水分含量的测定(蒸馏法)(GB/T 12729.6—2008,ISO 939:1980,NEQ)

GB/T 12729.7 香辛料和调味品 总灰分的测定(GB/T 12729.7—2008,ISO 928:1997,NEQ)

GB/T 12729.9 香辛料和调味品 酸不溶性灰分的测定(GB/T 12729.9—2008,ISO 930:1997,MOD)

GB/T 12729.13 香辛料和调味品 污物的测定(GB/T 12729.13—2008,ISO 1208:1982,MOD)

ISO 6571 香辛料、调味品和香草 挥发油含量的测定(蒸馏法)

3 要求

3.1 特性和组成

3.1.1 咖喱粉应是由洁净、干燥、完好的香辛料和调味品经研碎、混合后得到的产品；列于GB/T 12729.1中的任何香辛料和调味品均可用作制作咖喱粉的原料。

3.1.2 咖喱粉中香辛料和调味品的比例不得少于85%(质量分数)，用于咖喱粉的香辛料和调味品应符合相应国家标准要求。

3.1.3 咖喱粉可含食用淀粉(其特性应予说明)，其含量按附录A规定的方法测定；也可含食盐，其含量按附录B测定，不得超过5%(质量分数)。咖喱粉中不得加入人造色素。

3.2 气味、滋味

咖喱粉应具有特有的清新、洁净和刺激性气味；不得有异味和霉变、腐烂气味。咖喱粉不应含有虫尸、昆虫碎片和昆虫排泄物。

按GB/T 12729.13的规定对咖喱粉的污物进行测定。

3.3 不含粗颗粒

咖喱粉不得带粗颗粒，应达到相应国家标准规定的细度或购买者要求的细度。

3.4 理化指标

咖喱粉理化指标应符合表1的规定。

表 1 咖喱粉的理化指标

项　　目		指 标	检验方法
水分含量(质量分数)/%	≤	10	GB/T 12729.6
酸不溶性灰分(质量分数,干态)/%	≤	2.0	GB/T 12729.9
挥发油含量(干态)/(mL/100 g)	≥	0.25	ISO 6571

4 取样

按 GB/T 12729.2 的规定执行。

5 试验方法

按 3.1.3 和 3.2 及表 1 规定的方法进行测定,以确定咖喱粉是否符合本标准的要求。

6 包装、标志

6.1 包装

咖喱粉应包装在密封、洁净不影响其质量、防潮、防挥发油损失的材料制成的容器里,包装应符合各国有关环保法规要求。

6.2 标志

下列各项应直接标注在每一个包装或标签上:

a) 产品名、商品名或商标名;

b) 制造商或包装者的姓名、地址;

c) 批号或代号;

d) 净重;

e) 产地;

f) 制作咖喱粉的香辛料调味品及其他原料,在配料表中按质量大小顺序依次列出;

g) 若添加淀粉,应说明其特性。

附 录 A
（规范性附录）
淀粉的测定 酸水解法

A.1 原理

将咖喱粉中的淀粉经萃取后水解，用标准费林溶液滴定，测定葡萄糖含量，从而计算出淀粉含量。

A.2 试剂

A.2.1 乙醚。

A.2.2 乙醇：10%（体积分数）。

A.2.3 2.5%盐酸（体积分数）：将 20 mL 浓盐酸[ρ(HCl)=1.16 g/mL]与 200 mL 水混合。

A.2.4 碳酸钠溶液：20 g/L。

A.2.5 葡萄糖贮备液：准确称取 10 g 无水葡萄糖于 1 000 mL 单刻线容量瓶中，用水溶解，然后加入 2.5 g 安息香酸，振摇溶解，用水稀至刻度，该溶液有效期为 48 h。

A.2.6 葡萄糖标准溶液：用 0.25 g/L 的安息香酸溶液稀释已知整份数的葡萄糖贮备液(A.2.5)，使其浓度达到需用大于 15 mL 而小于 50 mL 的该溶液就可还原用于滴定的费林溶液(A.2.8)中全部的铜。在本标准溶液中无水葡萄糖浓度的单位为 mg/100 mL。需每天配制新鲜溶液。

注：当取 10 mL 费林溶液滴定时，为便于使用，葡萄糖标准溶液中无水葡萄糖的含量应在 0.11 g/L～0.30 g/L 之间。

A.2.7 次甲基蓝指示剂溶液：用水溶解 0.2 g 次甲基蓝，稀至 100 mL。

A.2.8 费林溶液（索氏校正）

A.2.8.1 制备

将等体积的溶液 A 和溶液 B 在使用前即刻溶合。溶液 A 和溶液 B 的制备方法如下：

a) 溶液 A：将 34.64 g 的水合硫酸铜($CuSO_4 \cdot 5H_2O$)用水溶于 500 mL 容量瓶中，加 0.5 mL 浓硫酸(ρ=1.84 g/mL)，稀至 500 mL，过滤或倾析。

b) 溶液 B：将 173 g 酒石酸钾钠($KNaC_4H_4O_6 \cdot 4H_2O$)和 50 g 氢氧化钠，用水溶于容量瓶中，稀释至 500 mL，放置 2 d，过滤或倾析。

A.2.8.2 费林溶液的标定

将葡萄糖标准溶液(A.2.6)倒入 50 mL 滴定管中，从表 A.1 中查出与葡萄糖标准溶液浓度相当的滴定度（即还原 10 mL 费林溶液中全部的铜所需要消耗的葡萄糖标准溶液体积）。

表 A.1 10 mL 费林溶液对应的葡萄糖因了

滴定度/ mL	葡萄糖因子 (f^a)	葡萄糖含量/100 mL 溶液/ (mg/100 mL)
15	49.1	327
16	49.2	307
17	49.3	289
18	49.3	274
19	49.4	260
20	19.5	247.4

表 A.1(续)

滴定度/mL	葡萄糖因子(f^a)	葡萄糖含量/100 mL 溶液/(mg/100 mL)
21	49.5	235.8
22	49.6	225.5
23	49.7	216.1
24	49.8	207.4
25	49.8	199.3
26	49.9	191.8
27	50.0	184.9
28	50.0	178.5
29	50.0	172.5
30	50.1	167.0
31	50.2	161.8
32	50.2	156.9
33	50.3	152.4
34	50.3	148.0
35	50.4	143.9
36	50.4	140.0
37	50.5	136.4
38	50.5	132.9
39	50.6	129.6
40	50.6	126.5
41	50.7	123.6
42	50.7	120.8
43	50.8	118.1
44	50.8	115.5
45	50.9	113.0
46	50.9	110.6
47	51.0	108.4
48	51.0	106.2
49	51.0	104.1
50	51.1	102.2
注：若测得值与本表不对应，需用无水葡萄糖标样重校正。		
[a] 与 10 mL 费林溶液对应的无水葡萄糖的毫克数。		

将 10 mL 费林溶液移入 300 mL 锥瓶中，从滴定管放入几乎可还原全部铜所需的葡萄糖标准溶液，以便完成后续滴定所需的体积小于 1 mL。将锥瓶缓慢煮沸 2 min，当煮沸到 2 min 时，不中断煮沸，加入 1 mL 次甲基蓝指示剂溶液(A.2.7)，在持续煮沸下从滴定管每次加入 1 滴～2 滴葡萄糖标准溶液，

直至指示剂蓝色刚好消失。滴定操作应在1 min内完成,煮沸持续时间共3 min,记录滴定度。

用1 mL葡萄糖标准溶液中的无水葡萄糖的毫克数乘以滴定度(由直接滴定得到)得到葡萄糖因子。将葡萄糖因子与表A.1给出的值作比较,就可测得校正值,若需要也适用于表A.1导出的葡萄糖因子。

注:在加葡萄糖溶液至反应混合物过程中,滴定管应握在手中处于锥瓶上方,滴定管应连接一小排液管,并在适当角度绕两圈,以便滴加溶液时滴定管身能置于蒸汽之外。由于蒸汽会使玻璃塞变热,同时有可能堵死,带玻璃塞的滴定管不适用于此项操作。应当注意到,不管是外加的还是标准的滴定方法,都应将装有反应混合物的锥瓶隔着石棉网在滴定全过程中始终处于热源之上。

A.2.8.3 示例

葡萄糖标准溶液中无水葡萄糖的浓度	167.0 mg/100 mL
直接滴定测得的滴定度	30.1 mL
30.1 mL葡萄糖标准溶液 对应的葡萄糖因子	滴定度(mL)×毫克数(1 mL葡萄糖标准溶液中无水葡萄糖的毫克数)=30.1×1.670=50.26
30.1 mL葡萄糖标准溶液的葡萄糖因子	50.11(从表A.1查得)
用于校正从表A.1查得的葡萄糖因子的校正值	50.267−50.11=0.157

A.3 仪器

通用实验室仪器,其他仪器如下。

A.3.1 单刻线容量瓶:1 000 mL、500 mL、250 mL。

A.3.2 分析天平:精度±0.001 g。

A.3.3 滴定管:50 mL。

A.3.4 锥瓶:300 mL。

A.3.5 回流冷凝管。

A.4 方法

A.4.1 测定液的制备

准确称取0.5 g咖喱粉,用5份10 mL的乙醚(A.2.1)萃取,然后用能留住最小淀粉颗粒的滤纸将萃取液过滤,待滤纸上沉淀物中的乙醚蒸发后,用150 mL乙醇洗涤。用200 mL冷水仔细将沉淀物从滤纸上洗脱下来,将不溶解的沉淀用220 mL稀盐酸(A.2.3)在带回流冷凝管的锥瓶中加热2 h,冷却后用碳酸钠溶液(A.2.4)中和,将溶液定量转移至250 mL烧瓶中,用水稀至刻度。

A.4.2 返滴定法

将试液(A.4.1)倒入50 mL的滴定管(若溶液不清澈可过滤,见A.2.8.2中的注),吸取10 mL费林溶液(A.2.8)至300 mL锥瓶中,并从滴定管放入15 mL试液(A.4.1),不稀释,在石棉网上将锥瓶加热至沸,沸腾约15 s后,全部铜基本上被还原,然后加1 mL次甲基蓝指示剂溶液(A.2.7),继续煮沸1 min~2 min,然后从滴定管少量滴加试液(每次1 mL或更少),在两次滴加溶液之间保持10 s沸腾,直至指示剂颜色刚好消失(见注1)。

如果费林溶液与15 mL试液的混合物煮沸15 s后仍出现未被还原的铜,应从滴定管中增加每次加入的试液量(每次大于1 mL,可调),每次加液后,将混合物煮沸15 s。

以15 s的间隔重复滴加试液,直至观察到加过量的试液不适宜,在这种情况下,继续煮沸2 min,然后加1 mL指示剂,通过加少量试液(每次少于1 mL)完成滴定(见注2)。

注1:建议快到终点时再加指示剂,因为指示剂在终点前依然保持此颜色,因而不能提示操作者放慢操作。

注2:当操作者熟悉本法后,在返滴定法中,通常的判断常常可以得到十分精确的结果,为达到本法可能的最好准确度,标准滴定法(A.4.3)是可选用的第2种滴定方法。

A.4.3　标准滴定方法

吸取 10 mL 费林溶液至 300 mL 锥瓶中，从滴定管放出几乎是还原全部铜所需的试液（在 A.4.2 中已测定），可能的话，最好是只剩下不到 1 mL 就能完成滴定，缓慢将锥瓶煮沸 2 min，在持续煮沸下，2 min后加 1 mL 次甲基蓝指示剂溶液（A.2.7），边煮沸边从滴定管放出试液（每次 1 滴～2 滴）直至指示剂的蓝色刚好消失（参见 A.4.2 的注），滴定应在 1 min 内完成，以便锥瓶中反应物连续加热时间不超过 3 min。

A.5　计算

A.5.1　参照表 A.1 葡萄糖因子与相应的滴定度（A.4.3 中测得），用 A.2.8.2 中测得的校正值，按式（A.1）计算试液（A.4.1）中葡萄糖含量。

$$m = \frac{f}{V_T} \qquad \cdots\cdots\cdots\cdots(A.1)$$

式中：

m——1 mL 试液中无水葡萄糖质量，单位为毫克（mg）；

f——葡萄糖因子；

V_T——所用的滴定度。

除了用 10 mL 费林溶液外，本法也可用 25 mL 替代（包括 A.2.8.2 中费林溶液的标定），这时，用于标定费林溶液的葡萄糖溶液及试液（A.4.1）每升应含 0.25 g～0.75 g 的无水葡萄糖，可用表 A.2 进行计算。

表 A.2　25 mL 费林溶液对应的葡萄糖因子

滴定度/ mL	葡萄糖因子 （f^a）	葡萄糖含量/100 mL 溶液/ （mg/100 mL）
15	120.2	801
16	120.2	751
17	120.2	707
18	120.2	668
19	120.3	638
20	120.3	601.5
21	120.3	572.9
22	120.4	547.3
23	120.4	523.6
24	120.5	501.9
25	120.5	482.0
26	120.6	463.7
27	120.6	446.8
28	120.7	431.0

表 A.2（续）

滴定度/mL	葡萄糖因子(f^a)	葡萄糖含量/100 mL 溶液/(mg/100 mL)
29	120.7	416.4
30	120.8	402.7
31	120.8	389.7
32	120.8	377.6
33	120.9	366.3
34	120.9	355.6
35	121.0	345.6
36	121.0	336.3
37	121.1	327.4
38	121.2	318.8
39	121.2	310.7
40	121.2	303.1
41	121.3	295.9
42	121.4	289.0
43	121.4	282.4
44	121.5	276.1
45	121.5	270.1
46	121.6	264.3
47	121.6	258.8
48	121.7	253.5
49	121.7	248.4
50	121.8	243.6

注：若测得值与本表不对应，需用无水葡萄糖标样重校正。

[a] 与 25 mL 费林溶液对应的无水葡萄糖的毫克数。

就标准滴定法而言，表 A.1 和表 A.2 列出了与整毫升数葡萄糖溶液对应的值，而中间的值则由添加法得到。

A.5.2 淀粉含量(干态)w_s，以质量分数计，数值以%表示，计算见式(A.2)：

$$w_s = \frac{9.3m_d \times V}{m_c \times (100 - w_m)} \quad \text{(A.2)}$$

式中：

m_d——1 mL 溶液(A.2.5)中无水葡萄糖质量，单位为毫克(mg)；

V——试液总体积，单位为毫升(mL)；

m_c——制备 V 试液所需咖喱粉的质量，单位为毫克(mg)；

w_m——咖喱粉水分含量(质量分数)，%。

附 录 B
(规范性附录)
氯化钠含量的测定

B.1 试剂

B.1.1 稀硝酸:用4体积水稀释1体积浓硝酸[$\rho(HNO_3)=1.42$ g/mL],并煮沸至无色,以除去低价氮氧化物。

B.1.2 标准硝酸银溶液:0.1 mol/L。

B.1.3 Fe^{3+} 指示剂溶液:硫酸铁铵[$FeNH_4(SO_4)_2\cdot 12H_2O$]饱和溶液。

B.1.4 标准硫氰化钾溶液:0.1 mol/L。

B.2 仪器

B.2.1 白金坩埚。

B.2.2 锥瓶。

B.3 方法

称取5.0 g咖喱粉于白金坩埚中,按GB/T 12729.7规定方法测定总灰分,将灰分溶于热水中,过滤,用热水彻底洗净坩埚和残留物,直至洗涤液不含氯。将滤液和洗涤液收集于锥瓶中(B.2.2),加入略为过量的已知体积的标准硝酸银溶液(B.1.2)、5 mL指示剂溶液(B.1.3)和12 mL稀硝酸(B.1.1),用标准铁氰化钾溶液滴定过量的硝酸银,直至出现淡棕色并不消褪为止。

B.4 计算

用式(B.1)计算氯化钠含量:

$$w=\frac{5.85(V_1\times c_1-V_2\times c_2)}{m} \qquad \text{(B.1)}$$

式中:

w——氯化钠含量(质量分数),%;

V_1——标准硝酸银溶液体积,单位为毫升(mL);

c_1——标准硝酸银溶液浓度,单位为摩尔每升(mol/L);

V_2——标准铁氰化钾溶液体积,单位为毫升(mL);

c_2——标准铁氰化钾溶液浓度,单位为摩尔每升(mol/L);

m——试样质量,单位为克(g)。

ICS 67.220.10
X 66

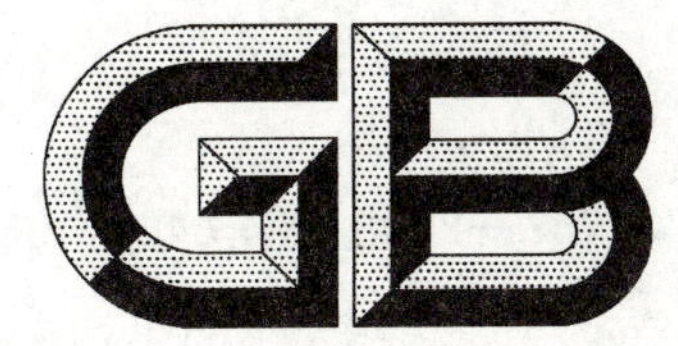

中华人民共和国国家标准

GB/T 22267—2008/ISO 6465:1984

整孜然

Whole cumin

(ISO 6465:1984, Whole cumin (*Cuminum cyminum* Linnaeus)—Specification, IDT)

2008-08-07 发布 2009-03-01 实施

中华人民共和国国家质量监督检验检疫总局
中国国家标准化管理委员会 发布

前 言

本标准等同采用 ISO 6465:1984《整孜然 规格》(英文版)。本标准等同翻译 ISO 6465:1984。

为便于使用,本标准做了下列编辑性修改:

a) “本国际标准”一词改为本标准;

b) 用小数点“.”代替作为小数点的逗号“,”;

c) 将 ISO 6465:1984 中的 3.2 和 3.3 合并成本标准的 3.2;

d) ISO 6465:1984 中的 3.4、3.5、3.6 对应本标准的 3.3、3.4、3.5;

e) 将 ISO 6465:1984 6.2 中与国家标准无关的内容(f~h)删除。

本标准由中华全国供销合作总社提出。

本标准由中华全国供销合作总社南京野生植物综合利用研究院归口。

本标准起草单位:中华全国供销合作总社南京野生植物综合利用研究院。

本标准主要起草人:陈仕荣、张卫明。

整 孜 然

1 范围

本标准规定了整孜然 *Cuminum cyminum* L. 的技术要求、试验方法、包装和标志。

本标准适用于孜然的质量评定及其贸易。

2 规范性引用文件

下列文件中的条款通过本标准的引用而成为本标准的条款。凡是注日期的引用文件，其随后所有的修改单(不包括勘误的内容)或修订版均不适用于本标准，然而，鼓励根据本标准达成协议的各方研究是否可使用这些文件的最新版本。凡是不注日期的引用文件，其最新版本适用于本标准。

GB/T 12729.2 香辛料和调味品 取样方法(GB/T 12729.2—2008,ISO 948:1980,NEQ)

GB/T 12729.3 香辛料和调味品 分析用粉末试样的制备(GB/T 12729.3—2008,ISO 2825:1981,MOD)

GB/T 12729.5 香辛料和调味品 外来物含量的测定(GB/T 12729.5—2008,ISO 927:1982,NEQ)

GB/T 12729.6 香辛料和调味品 水分含量的测定(蒸馏法)(GB/T 12729.6—2008,ISO 939:1980,NEQ)

GB/T 12729.7 香辛料和调味品 总灰分的测定(GB/T 12729.7—2008,ISO 928:1997,NEQ)

GB/T 12729.9 香辛料和调味品 酸不溶性灰分的测定(GB/T 12729.9—2008,ISO 930:1997,MOD)

GB/T 12729.12 香辛料和调味品 不挥发性乙醚抽提物的测定(GB/T 12729.12—2008,ISO 1108:1992,NEQ)

ISO 6571 香辛料、调味品和香草 挥发油含量的测定(蒸馏法)

3 要求

3.1 描述

整孜然由 *Cuminum cyminum* L. 的果实组成，果实带有两个相连的延伸分果瓣，分果瓣大小依来源不同而有所差异，呈浅暗灰色至淡棕色，带有五条细浅主棱纹和四条宽的深色次棱纹。

3.2 气味、滋味

应具有特有香味、滋味，不得发霉。

整孜然不得带有活虫、死虫、虫尸碎片及昆虫排泄物。

3.3 外来物

本标准将下列物质规定为外来物：

a) 不属孜然果实的所有物质，尤指所有其他种子；

b) 其他外来的动植物和矿物质。

用 GB/T 12729.5 规定方法测定，外来物含量应符合表 1 的规定。

表 1 整孜然的分级

级 别	外来物含量(质量分数)/% ≤	碎果含量(质量分数)/% ≤
一级	1	5
二级	3	5
三级	5	5

3.4 分级

整孜然可按其来源分类以及表1中规定的外来物含量和碎果比例分成三级。

3.5 理化指标

整孜然理化指标应符合表2的规定。

表2 整孜然的理化指标

项目		指标			检验方法
		一级	二级	三级	
水分含量(质量分数)/%	≤	9	10	13	GB/T 12729.6
总灰分(质量分数,干态)/%	≤	9.5	12	15	GB/T 12729.7
酸不溶性灰分(质量分数,干态)/%	≤	1.5	3	5	GB/T 12729.9
不挥发性乙醚提取物(质量分数,干态)/%	≥	15	15	12	GB/T 12729.12
挥发油含量/(mL/100 g)	≥	2.5	1.5	1.5	ISO 6571

4 取样

取样按GB/T 12729.2的规定执行。

分析用粉末样品的制备按GB/T 12729.3的规定执行,且样品全部能过500 μm的筛。

5 试验方法

按3.3和表2的规定测定,整孜然样品应符合本标准要求。

6 包装、标志

6.1 包装

整孜然应包装在洁净、完好、干燥的容器中,包装材料不得影响产品质量。

6.2 标志

下列各项应标注在每个包装上:

a) 产品名、商品名、商标名;

b) 包装或生产者姓名、地址;

c) 批号、代号;

d) 级别;

e) 净重。

ICS 67.220.10
B 36

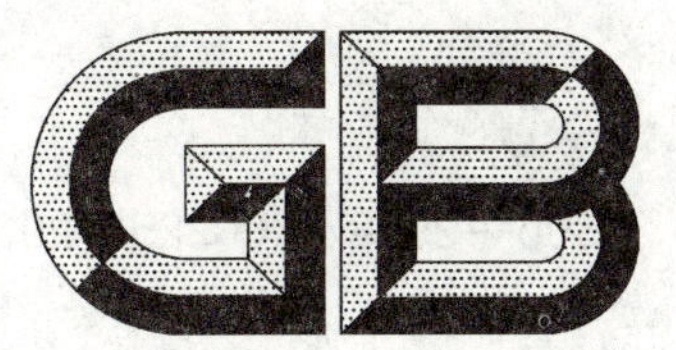

中华人民共和国国家标准

GB/T 22300—2008/ISO 2254:2004

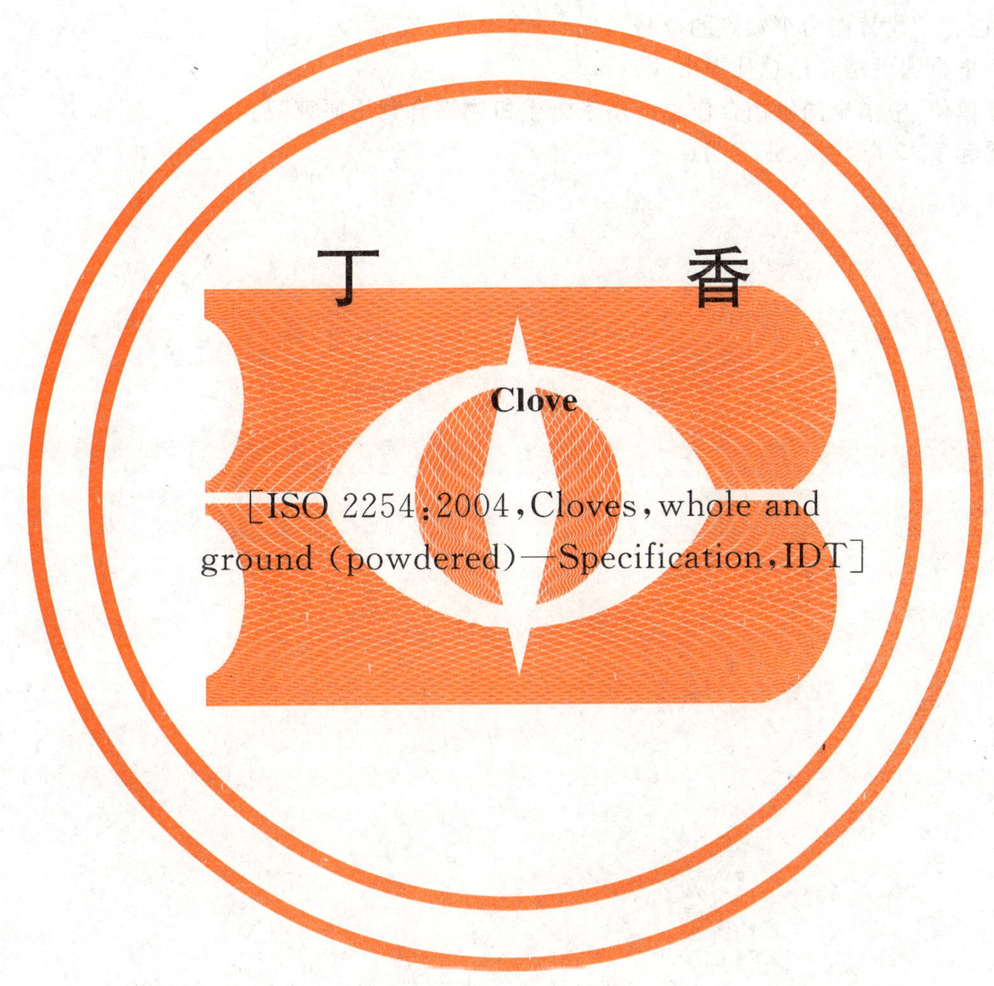

丁　香

Clove

[ISO 2254:2004,Cloves,whole and ground (powdered)—Specification,IDT]

2008-08-01 发布　　　　2008-11-01 实施

中华人民共和国国家质量监督检验检疫总局
中国国家标准化管理委员会　发布

前　言

本标准等同采用 ISO 2254:2004《丁香和丁香粉　规格》(英文版)。本标准等同翻译 ISO 2254:2004。

为便于使用,本标准做了下列编辑性修改:

a)　"本国际标准"一词改为本标准;

b)　用小数点"."代替作为小数点的逗号","。

本标准由中华全国供销合作总社提出并归口。

本标准起草单位:中华全国供销合作总社南京野生植物综合利用研究院。

本标准主要起草人:陈仕荣、张卫明。

丁　　香

1　范围

本标准规定了丁香[*Eugenia caryophyllus*(C. Sprengle)Bullock and Harrison](整的或粉状)的技术要求及贮运条件。

本标准适用于丁香的质量评定及其贸易。

2　规范性引用文件

下列文件中的条款通过本标准的引用而成为本标准的条款。凡是注日期的引用文件,其随后所有的修改单(不包括勘误的内容)或修订版均不适用于本标准,然而,鼓励根据本标准达成协议的各方研究是否可使用这些文件的最新版本。凡是不注日期的引用文件,其最新版本适用于本标准。

GB/T 12729.2　香辛料和调味品　取样方法(GB/T 12729.2—2008,ISO 948:1980,NEQ)

GB/T 12729.3　香辛料和调味品　分析用粉末试样的制备(GB/T 12729.3—2008,ISO 2825:1981,MOD)

GB/T 12729.5　香辛料和调味品　外来物含量的测定(GB/T 12729.5—2008,ISO 927:1982,NEQ)

GB/T 12729.6　香辛料和调味品　水分含量的测定(蒸馏法)(GB/T 12729.6—2008,ISO 939:1980,NEQ)

GB/T 12729.7　香辛料和调味品　总灰分的测定(GB/T 12729.7—2008,ISO 928:1997,NEQ)

GB/T 12729.9　香辛料和调味品　酸不溶性灰分的测定(GB/T 12729.9—2008,ISO 930:1997,MOD)

GB/T 12729.13　香辛料和调味品　污物的测定(GB/T 12729.13—2008,ISO 1208:1982,MOD)

ISO 5498　农产食品　粗纤维含量的测定　通用法

ISO 6571　香辛料、调味品和香草　挥发油含量的测定(蒸馏法)

3　术语和定义

下列术语和定义适用于本标准。

3.1

整丁香　whole clove

丁香[*Eugenia caryophyllus*(C. Sprengle)Bullock and Harrison]的干燥花蕾,上部花托中有子房2室,内含胚珠,4片分开的尖花萼片成冠状包裹着圆顶柱头,柱头由4个尚未绽放的膜质鳞状花瓣重叠而成,花瓣含有内曲、呈直立状的雄蕊。

3.2

无头丁香　headless clove

没有柱头,仅剩花托和萼片的丁香。

3.3

有瑕疵的丁香　khoker clove

由于干燥不完全而发酵,外观呈淡棕色,带粉白色斑点,表面有皱褶的丁香。

3.4

母丁香　mother clove

丁香[*Eugenia caryophyllus*(C. Sprengle) Bullock and Harrison]的果实，为棕色卵形浆果，顶部有4个内曲花萼片。

3.5

丁香梗　clove stem

丁香花柄的干燥碎片。

3.6

丁香粉　ground(powdered) clove

丁香研磨后得到的不含其他添加物的粉末。

4　要求

4.1　外观和感官特性

整丁香或丁香粉应具有浓烈刺激性芳香味和特有的滋味；不得有异味、霉变。整丁香应呈红棕至黑棕色。丁香粉应呈淡紫罗兰棕色。丁香中不得带有活虫、死虫、昆虫肢体及其排泄物。按GB/T 12729.13 的规定测定丁香粉中的污物。

4.2　外来物

外来物包括以下物质：

a)　污物、灰尘、石子、木屑等；

b)　除丁香以外的植物碎片、藤蔓、花梗；

c)　废丁香。

按 GB/T 12729.5 的规定，测定丁香中外来物含量，应符合表1的规定。

4.3　整丁香的分级

整丁香分级如表1所示。

表1　整丁香的分级

等　级	无头丁香/% ≤	藤蔓、母丁香/% ≤	有瑕疵的丁香/% ≤	外来物/% ≤
1级	2	0.5	0.5	0.5
2级	5	4	3	1
3级	不规定	6	5	1

4.4　理化指标

4.4.1　整丁香

整丁香理化指标应符合表2的规定。

表2　整丁香理化指标

项　目			指　标	检验方法
水分(质量分数)/%		≤	12	GB/T 12729.6
挥发油(干态)/(mL/100 g)	1级、2级	≥	17	ISO 6571
	3级	≥	15	

4.4.2　丁香粉

丁香粉应符合表3的规定。

表 3　丁香粉理化指标

项　　目		指　　标			检验方法
		1 级	2 级	3 级	
水分(质量分数)/%	≤	10	10	10	GB/T 12729.6
总灰分(质量分数,干态)/%	≤	7	7	7	GB/T 12729.7
酸不溶性灰分(质量分数,干态)/%	≤	0.5	0.5	0.5	GB/T 12729.9
挥发油(干态)/(mL/100 g)	≥	16	16	14	ISO 6571
粗纤维(质量分数)/%	≤	13	13	13	ISO 5498

5　取样方法

整丁香和丁香粉的取样按 GB/T 12729.2 的规定执行。

实验室最小取样量为 200 g。

6　试验方法

丁香(整的和粉状)样品按第 4 章、表 2 和表 3 规定的方法检验,以确定其是否符合本标准要求。

分析用粉末样品的制备按 GB/T 12729.3 的规定执行。

总灰分按 GB/T 12729.7 的规定执行,但灰化温度应为 600 ℃±2.5 ℃。

7　包装、标志、贮存和运输

7.1　包装

整丁香或丁香粉应包装在洁净、完好的容器里,包装材料不得影响其质量、应能防潮和防止挥发性物质的散失。

7.2　标志

下列各项应标志在每一个包装或标签上:

a)　产品名称、商品名或商标名称;

b)　制造者或包装者姓名、地址;

c)　批号、代号;

d)　净重;

e)　等级。

7.3　贮存

丁香应贮存在通风、干燥的库房中,地面要有垫仓板并能防虫、防鼠。堆垛要整齐,堆间要有适当的通道以利于通风。严禁与有毒、有害、有污染、有异味的物品混放。

7.4　运输

丁香在运输中应注意避免日晒、雨淋。严禁与有毒、有害、有异味的物品混运。禁用受污染的运输工具装载。

ICS 67.220.10
B 36

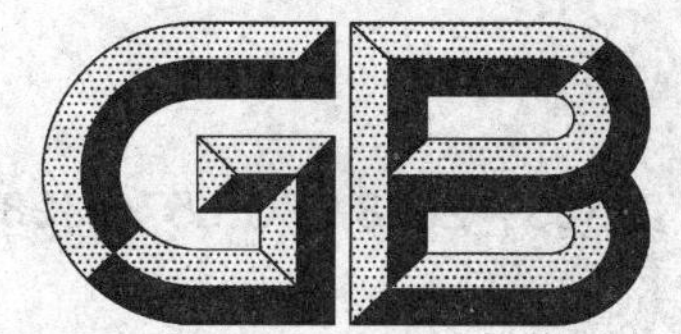

中华人民共和国国家标准

GB/T 22303—2008/ISO 6574:1986

芹　菜　籽

Celery seed

[ISO 6574:1986, Celery seed
(*Apium graveolens* Linnaeus)—Specification, IDT]

2008-08-01 发布　　2008-11-01 实施

中华人民共和国国家质量监督检验检疫总局
中国国家标准化管理委员会　发布

前　言

本标准等同采用 ISO 6574:1986《芹菜籽　规格》(英文版)。本标准等同翻译 ISO 6574:1986。

为便于使用,本标准做了下列编辑性修改:

a) “本国际标准”一词改为本标准;

b) 用小数点“.”代替作为小数点的逗号“,”。

本标准由中华全国供销合作总社提出并归口。

本标准起草单位:中华全国供销合作总社南京野生植物综合利用研究院。

本标准主要起草人:陈仕荣、张卫明。

芹　菜　籽

1　范围

本标准规定了用作香辛料的整芹菜籽(*Apium graveolens* Linnaeus)的技术要求以及贮运条件。

本标准适用于芹菜籽的质量评定及其贸易。

本标准不适用于农用芹菜籽的质量评定及其贸易。

2　规范性引用文件

下列文件中的条款通过本标准的引用而成为本标准的条款。凡是注日期的引用文件,其随后所有的修改单(不包括勘误的内容)或修订版均不适用于本标准,然而,鼓励根据本标准达成协议的各方研究是否可使用这些文件的最新版本。凡是不注日期的引用文件,其最新版本适用于本标准。

GB/T 12729.2　香辛料和调味品　取样方法(GB/T 12729.2—2008,ISO 948:1980,NEQ)

GB/T 12729.3　香辛料和调味品　分析用粉末试样的制备(GB/T 12729.3—2008,ISO 2825:1981,MOD)

GB/T 12729.5　香辛料和调味品　外来物含量的测定(GB/T 12729.5—2008,ISO 927:1982,NEQ)

GB/T 12729.6　香辛料和调味品　水分含量的测定(蒸馏法)(GB/T 12729.6—2008,ISO 939:1980,NEQ)

GB/T 12729.7　香辛料和调味品　总灰分的测定(GB/T 12729.7—2008,ISO 928:1997,NEQ)

GB/T 12729.9　香辛料和调味品　酸不溶性灰分的测定(GB/T 12729.9—2008,ISO 930:1997,MOD)

ISO 6571　香辛料、调味品和香草　挥发油含量的测定

3　特征描述

芹菜籽是植物 *Apium graveolens* L. 的干燥、成熟果实,呈淡棕或灰棕色,外形椭圆呈半球状,长约1 mm～1.5 mm,宽 0.5 mm～1 mm,沿纵轴方向有几条隆起的淡色条纹。

4　要求

4.1　气味、滋味

具有该品种特有的新鲜气味、滋味,微苦。无霉变和其他外来气味。芹菜籽中不应带活虫、虫尸及昆虫排泄物。

4.2　外来物

按本标准规定,除芹菜籽外的所有动植物及矿物质均视为外来物。

用 GB/T 12729.5 规定的方法测定,外来物的质量分数应符合表 1 的规定。

表 1　芹菜籽的分级

级　别	外来物含量(质量分数)/% ≤
1 级(特级)	1.0
2 级(优级)	2.0
3 级(良级)	4.0

4.3 芹菜籽的分级

按外来物含量和理化指标，芹菜籽可分成与表1、表2相对应的3个级别。

4.4 理化指标

各等级芹菜籽理化指标应符合表2的要求。

表2 芹菜籽理化指标

项目		指标		检验方法
		1级	2级、3级	
水分含量(质量分数)/%	≤	10	11	GB/T 12729.6
总灰分(质量分数,干态)/%	≤	10	12	GB/T 12729.7
酸不溶性灰分(质量分数,干态)/%	≤	2.0	3.0	GB/T 12729.9
挥发油含量(干态)/(mL/100 mg)	≥	2.0	1.5	ISO 6571

5 取样方法

取样按GB/T 12729.2的规定执行。

6 检验方法

按照4.3和表2中的规定，测定芹菜籽是否符合本标准要求。分析用的样品应磨碎，以便能通过500 μm孔径的筛，粉末样品的制备应符合GB/T 12729.3的规定。

7 包装、标志、贮存和运输

7.1 包装

芹菜籽应包装在密封、洁净、不影响其质量、防潮、防挥发油损失的材料制成的容器里，包装应符合各国有关环保法规要求。

7.2 标志

下列各项应标志在每一个包装或标签上：

a) 产品名称、贸易名、商标名；

b) 生产者或包装者的姓名、地址；

c) 批号或代号；

d) 净重；

e) 分级；

f) 购买者需要的其他信息，如收获年份和包装日期。

7.3 贮存

芹菜籽应贮存在通风、干燥的库房中，地面要有垫仓板并能防虫、防鼠。堆垛要整齐，堆间要有适当的通道以利于通风。严禁与有毒、有害、有污染、有异味的物品混放。

7.4 运输

芹菜籽在运输中应注意避免日晒、雨淋。严禁与有毒、有害、有异味的物品混运。禁用受污染的运输工具装载。

ICS 67.220.10
B 36

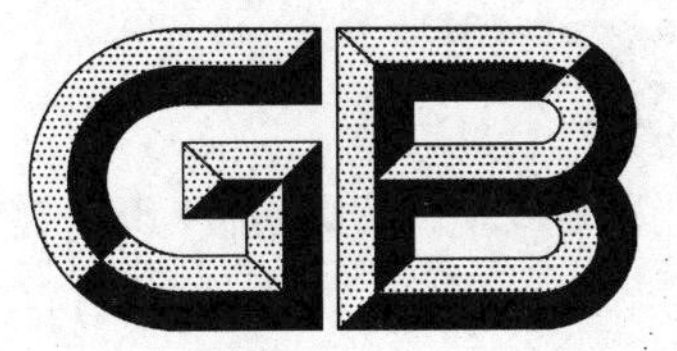

中华人民共和国国家标准

GB/T 22305.1—2008/ISO 882-1:1993

小豆蔻　第1部分:整果荚

Cardamom—Part 1:Whole capsules

[ISO 882-1:1993,Cardamom(*Elettaria cardamomum*(Linnaeus) Maton var. *minuscula* Burkill)—Specification—Part 1:Whole capsules,IDT]

2008-08-01 发布　　　　2008-11-01 实施

中华人民共和国国家质量监督检验检疫总局
中国国家标准化管理委员会　发布

前　言

GB/T 22305《小豆蔻》分为下列两个部分：

——第1部分：整果荚；

——第2部分：种子。

本部分为GB/T 22305的第1部分。

本部分等同采用ISO 882-1:1993《小豆蔻　规格　第1部分：整果荚》(英文版)。本部分等同翻译ISO 882-1:1993。

为便于使用，本部分做了下列编辑性修改：

a) “本国际标准”一词改为本部分；

b) 用小数点“.”代替作为小数点的逗号“,”；

c) 把ISO 882-1中的5.1和5.2合并成本部分的5.2。

本部分由中华全国供销合作总社提出并归口。

本部分起草单位：中华全国供销合作总社南京野生植物综合利用研究院。

本部分主要起草人：陈仕荣、张卫明。

小豆蔻 第1部分:整果荚

1 范围

GB/T 22305 的本部分规定了小豆蔻[*Elettaria cardamomum*(Linnaeus) Maton var. *minuscula* Burkill]整果荚的技术要求及有关贮运条件。

本部分适用于小豆蔻整果荚的质量评定及其贸易。

2 规范性引用文件

下列文件中的条款通过 GB/T 22305 的本部分的引用而成为本部分的条款,凡是注日期的引用文件,其随后所有的修改单(不包括勘误的内容)或修订版均不适用于本部分,然而,鼓励根据本部分达成协议的各方研究是否可使用这些文件的最新版本。凡是不注日期的引用文件,其最新版本适用于本部分。

GB/T 12729.2 香辛料和调味品 取样方法(GB/T 12729.2—2008,ISO 948:1980,NEQ)

GB/T 12729.3 香辛料和调味品 分析用粉末试样的制备(GB/T 12729.3—2008,ISO 2825:1981,MOD)

GB/T 12729.5 香辛料和调味品 外来物含量的测定(GB/T 12729.5—2008,ISO 927:1982,NEQ)

GB/T 12729.6 香辛料和调味品 水分含量的测定(蒸馏法)(GB/T 12729.6—2008,ISO 939:1980,NEQ)

GB/T 12729.7 香辛料和调味品 总灰分的测定(GB/T 12729.7—2008,ISO 928:1997,NEQ)

ISO 6571 香辛料、调味品和香草 挥发油含量的测定(蒸馏法)

3 术语和定义

下列术语和定义适用于 GB/T 22305 的本部分。

3.1

空的和畸形果荚 empty and malformed capsules

果荚内没有种子或种子稀少。

3.2

不成熟和皱缩果荚 immature and shrivelled capsules

果荚发育不完全。

3.3 **黑果和开裂果 black and splits**

3.3.1

黑果 black

果荚呈棕色至黑色。

3.3.2

开裂果 splits

边沿开裂过半的果荚。

3.4

未剪果荚 unclipped capsules

未经修剪的带刺果荚。

3.5

漂白或半漂白果荚　bleached or half-bleached capsules

果荚干燥且发育完全,经二氧化硫漂白或半漂白,呈灰白奶油色至白色。

4　特征描述

小豆蔻果荚为干燥、成熟的小豆蔻[*Elettaria cardamomum* (Linnaeus) Maton var. *minuscula* Burkill]果实,颜色为淡绿至棕色或淡奶白至白色,圆弧部分为椭圆形或三角形棱纹,而且果荚可以剥离,果梗可摘除,发育良好,内含壮实小豆蔻种子,果荚可以被漂白。

5　要求

5.1　气味、滋味

小豆蔻果荚应具有其特有的气味、滋味且新鲜,不得带有腐霉等异味、滋味。

小豆蔻果荚不得带有活虫、死虫、霉变以及昆虫排泄物。

注:仅在单个小豆蔻果荚上有蓟玛斑,不应认为果荚已被昆虫寄生。

5.2　外来物

小豆蔻果荚不得带有肉眼可见的灰尘或污物以及花萼、果梗、果荚等碎片,用GB/T 12729.5规定方法测定,外来物含量不得大于5%(质量分数)。

5.3　空的和畸形果荚

空的和畸形果荚的比例不得大于5%,即从样品中随机抽取100个果荚,破开后,数出空的和畸形果荚数目。

5.4　不成熟和皱缩果荚

用GB/T 12729.5规定方法测定,不成熟和皱缩果荚的比例不得大于7%(质量分数)。

5.5　理化指标

小豆蔻果荚的理化指标应符合表1的规定。

表1　小豆蔻理化指标

项　目		指标	检　验　方　法
水分含量(质量分数)/%	≤	13	GB/T 12729.6
挥发油含量(干态)/(mL/100 g)	≥	3.5	ISO 6571
总灰分(质量分数,干态)/%	≤	9.5	GB/T 12729.7

6　分级

小豆蔻果荚可基于其色泽、修剪状况、大小和是否漂白来分级,分级方法也随外来物含量或其原产地的不同有所变化。

由于缺乏小豆蔻分级国际标准,若有可能,也可按有关国家标准进行分级。

7　取样方法

取样按GB/T 12729.2的规定执行。

8　检验方法

按GB/T 12729.3规定的方法制备分析用粉末试样,采用5.3～5.5和表1中规定的方法测定粉状样品,以检验其是否符合本部分的要求。

9 包装、标志、贮存和运输

9.1 包装

小豆蔻果荚应包装在洁净、完好和干燥的镀锡容器里或内衬防水纸、工艺纸或塑料膜的木箱或新麻袋中。

9.2 标志

下列各项应标注在包装或标签上：

a) 品名、贸易名、品种；

b) 制造商或包装者的姓名、地址；

c) 批号、代号；

d) 净重；

e) 产品分级(若有分级，应说明依据的标准)；

f) 生产国；

g) 收获年代。

9.3 贮存

小豆蔻果荚应贮存在通风、干燥的库房中，地面要有垫仓板并能防虫、防鼠。堆垛要整齐，堆间要有适当的通道以利于通风。严禁与有毒、有害、有污染、有异味的物品混放。

9.4 运输

小豆蔻果荚在运输中应注意避免日晒、雨淋。严禁与有毒、有害、有异味的物品混运。禁用受污染的运输工具装载。

ICS 67.220.10
B 36

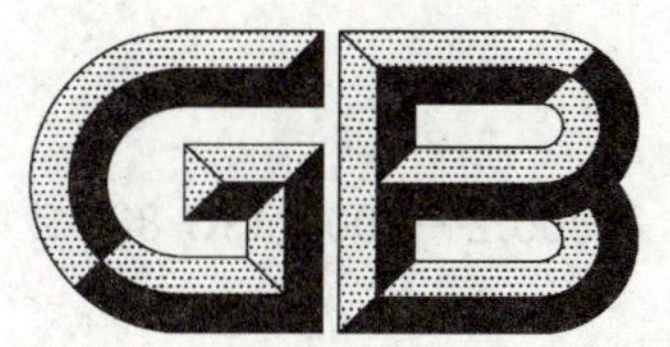

中华人民共和国国家标准

GB/T 22305.2—2008/ISO 882-2:1993

小豆蔻 第2部分:种子

Cardamom—Part 2:Seeds

[ISO 882-2:1993,Cardamom (*Elettaria cardamomum* (Linnaeus)Maton var. *minuscula* Burkill)—Specification—Part 2:Seeds,IDT]

2008-08-01 发布　　　　2008-11-01 实施

中华人民共和国国家质量监督检验检疫总局
中国国家标准化管理委员会　发布

前　言

GB/T 22305《小豆蔻》分为下列两个部分：

——第1部分：整果荚；

——第2部分：种子。

本部分为GB/T 22305的第2部分。

本部分等同采用ISO 882-2:1993《小豆蔻　规格　第2部分：种子》(英文版)。本部分等同翻译ISO 882-2:1993。

为便于使用，本部分做了下列编辑性修改：

a) "本国际标准"一词改为本部分；

b) 用小数点"."代替作为小数点的逗号"，"；

c) 将ISO 882-2:1993的4.1和4.2合并为本部分的4.1。

本部分由中华全国供销合作总社提出并归口。

本部分起草单位：中华全国供销合作总社南京野生植物综合利用研究院。

本部分主要起草人：陈仕荣、张卫明。

小豆蔻　第2部分:种子

1　范围

GB/T 22305的本部分规定了小豆蔻[*Elettaria cardamomum*(Linnaeus)Maton var. *minuscula* Burkill]种子的技术要求及有关贮运条件。

本部分适用于小豆蔻种子的质量评定及其贸易。

2　规范性引用文件

下列文件中的条款通过GB/T 22305的本部分的引用而成为本部分的条款。凡是注日期的引用文件,其随后所有的修改单(不包括勘误的内容)或修订版均不适用于本部分,然而,鼓励根据本部分达成协议的各方研究是否可使用这些文件的最新版本。凡是不注日期的引用文件,其最新版本适用于本部分。

GB/T 12729.2　香辛料和调味品　取样方法(GB/T 12729.2—2008,ISO 948:1980,NEQ)

GB/T 12729.3　香辛料和调味品　分析用粉末试样的制备(GB/T 12729.3—2008,ISO 2825:1981,MOD)

GB/T 12729.5　香辛料和调味品　外来物含量的测定(GB/T 12729.5—2008,ISO 927:1982,NEQ)

GB/T 12729.6　香辛料和调味品　水分含量的测定(蒸馏法)(GB/T 12729.6—2008,ISO 939:1980,NEQ)

GB/T 12729.7　香辛料和调味品　总灰分的测定(GB/T 12729.7—2008,ISO 928:1997,NEQ)

ISO 6571　香辛料、调味品和香草　挥发油含量的测定(蒸馏法)

3　特性描述

小豆蔻种子是由小豆蔻[*Elettaria cardamomum*(Linnaeus)Maton var. *minuscula* Burkill]果荚剥皮分离得到的种子。

4　要求

4.1　气味、滋味

小豆蔻种子应具有其特有气味和滋味,且新鲜,不得带腐霉等异味、滋味。小豆蔻种子不得夹带活虫、虫尸碎片及其排泄物。

4.2　外来物

小豆蔻种子不得含有可见的灰尘和污物以及花萼、果梗、果荚等碎片,用规定方法测定外来物含量不得大于2%(质量分数)。

4.3　轻质种子

轻质种子包括棕色或红色的种子,以及碎裂、未成熟和畸形的种子。按GB/T 12729.5的规定测定小豆蔻种子中轻质种子含量,结果不得大于5%(质量分数)。

4.4　理化指标

小豆蔻种子理化指标应符合表1的规定。

表1 小豆蔻种子理化指标

项目		指标	检验方法
水分含量(质量分数)/%	≤	13	GB/T 12729.6
挥发油含量(干态)/(mL/100 g)	≥	3.5	ISO 6571
总灰分(质量分数,干态)/%	≤	9.5	GB/T 12729.7

5 分级

小豆蔻种子可按外来物和轻质种子比例进行分级,也可按有关标准分级。

6 取样方法

取样按 GB/T 12729.2 的规定执行。

7 检验方法

按 GB/T 12729.3 的规定制备粉末样品。

用 4.3~4.4 和表 1 中规定的方法,测定粉末样品是否符合本部分的要求。

8 包装、标志、贮存和运输

8.1 包装

小豆蔻种子应包装在洁净、完好和干燥的镀锡容器里或内衬防水纸、工艺纸或塑料膜的木箱中。

8.2 标志

下列各项应标注在每一个包装或其标签上:

a) 品名(植物学名)、商品名称或商标名;

b) 制造商或包装者姓名和地址;

c) 批号或代号;

d) 净重;

e) 产品等级(若有分级,注明依据的标准);

f) 收获时间。

8.3 贮存

小豆蔻种子应贮存在通风、干燥的库房中,地面要有垫仓板并能防虫、防鼠。堆垛要整齐,堆间要有适当的通道以利于通风。严禁与有毒、有害、有污染、有异味的物品混放。

8.4 运输

小豆蔻种子在运输中应注意避免日晒、雨淋。严禁与有毒、有害、有异味的物品混运。禁用受污染的运输工具装载。

ICS 67.220.10
B 36

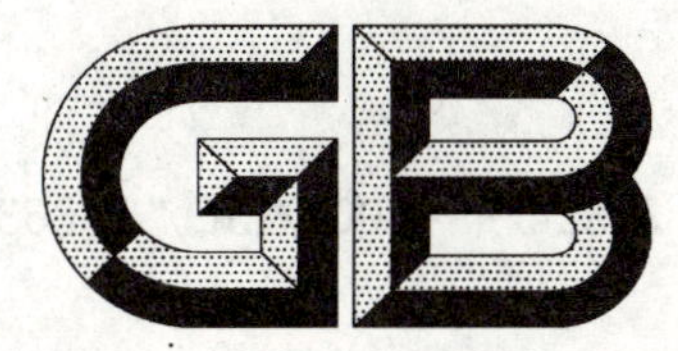

中华人民共和国国家标准

GB/T 22324.1—2008/ISO/TS 3632-1:2003

藏红花　第1部分:规格

Saffron—Part 1:Specification

[ISO/TS 3632-1:2003,Saffron(*Crocus sativus* L.)—Part 1:Specification,IDT]

2008-08-22 发布　　2008-12-01 实施

中华人民共和国国家质量监督检验检疫总局
中国国家标准化管理委员会　发布

前　言

GB/T 22324《藏红花》由下列两部分组成：

——第1部分：规格；

——第2部分：试验方法。

本部分为GB/T 22324的第1部分。

本部分等同采用ISO/TS 3632-1:2003《藏红花　第1部分：规格》(英文版)。本部分等同翻译ISO/TS 3632-1:2003。

为便于使用，本部分做了下列编辑性修改：

a) "本国际标准"一词改为本部分；

b) 用小数点"."代替作为小数点的逗号","；

c) 把ISO/TS 3632-1的4.2、4.3合并成本部分的4.2；

d) 把ISO/TS 3632-1中的部分脚注融入本部分条文中。

本部分由中华全国供销合作总社提出。

本部分由中华全国供销合作总社南京野生植物综合利用研究院归口。

本部分起草单位：中华全国供销合作总社南京野生植物综合利用研究院。

本部分主要起草人：陈仕荣、张卫明。

藏红花　第1部分:规格

1　范围

GB/T 22324 的本部分规定了藏红花(*Crocus sativus* L.)的技术要求。

本部分适用于藏红花的质量评定及其贸易。

2　规范性引用文件

下列文件中的条款通过 GB/T 22324 的本部分的引用而成为本部分的条款。凡是注日期的引用文件,其随后所有的修改单(不包括勘误的内容)或修订版均不适用于本部分,然而,鼓励根据本部分达成协议的各方研究是否可使用这些文件的最新版本。凡是不注日期的引用文件,其最新版本适用于本部分。

GB/T 12729.2　香辛料和调味品　取样方法(GB/T 12729.2—2008,ISO 948:1980,NEQ)

GB/T 12729.7　香辛料和调味品　总灰分的测定(GB/T 12729.7—2008,ISO 928:1997,NEQ)

GB/T 12729.9　香辛料和调味品　酸不溶性灰分的测定(GB/T 12729.9—2008,ISO 930:1997,MOD)

GB/T 12729.11　香辛料和调味品　冷水可溶性抽提物的测定(GB/T 12729.11—2008,ISO 941:1980,MOD)

GB/T 22324.2—2008　藏红花　第2部分:试验方法(ISO/TS 3632-2:2003,IDT)

ISO 1871　农产食品　克耶达(Kjeldahl)定氮法的一般说明

ISO 5498　农产食品　粗纤维含量的测定　通用法

3　术语和定义

下列术语和定义适用于 GB/T 22324 的本部分。

3.1

花丝藏红花　saffron in filaments

藏红花(*Crocus sativus* L.)的干燥柱头,呈喇叭形,深红色,顶端边沿显不整齐齿状,长度 20 mm～40 mm,花柱末端,柱头分离或两三个彼此相联,花柱为白色或黄色。

3.2

无花丝藏红花　saffron in cut filaments

除去花柱、彼此完全分离开的柱头。

3.3

黄花丝　yellow filaments

藏红花(*Crocus sativus* L.)干燥、黄色的雄蕊。

3.4

花附属物　floral waste

彼此分离的黄花丝、花粉粒、雄蕊、子房各部分及藏红花(*Crocus sativus* L.)的其他部分。

3.5

外来物　extraneous matter

叶、茎和花的膜片等植物性物质以及沙、土和灰尘。

3.6

藏红花粉　saffron in powder

花丝藏红花磨碎得到的粉末。

4 规格

4.1 花丝藏红花的分级

依据花附属物和外来物含量，花丝藏红花可分成 4 个等级(见表 1)；花附属物和外来物含量的测定，按 GB/T 22324.2—2008 的第 8 章、第 9 章的规定执行。

表 1 花丝藏红花的分级

项目	级别			
	1 级	2 级	3 级	4 级
花附属物(质量分数)/% ≤	0.5	4	7	10
外来物(质量分数)/% ≤	0.1	0.5	1.0	1.0

4.2 感官特性

藏红花应具有略带刺激性和微苦的特有气味，不得有其他异味。藏红花不得带有活虫、死虫、虫尸肢体及其排泄物。

4.3 理化要求

花丝藏红花和藏红花粉的理化指标应符合表 2 的规定。

表 2 花丝藏红花和藏红花粉理化指标

项目		指标		检验方法
		花丝	粉状	
水分和挥发物(质量分数)/% ≤		12	10	GB/T 22324.2—2008 第 7 章
总灰分(质量分数，干态)/% ≤		8	8	GB/T 12729.7、GB/T 22324.2—2008 第 12 章
酸不溶性灰分(质量分数，干态)/% ≤	1 级、2 级	1.0	1.0	GB/T 12729.9 GB/T 22324.2—2008 第 13 章
	3 级、4 级	1.5	1.5	
冷水溶解度(质量分数，干态)/% ≤		65	65	GB/T 12729.11
苦度[藏红花苦素在 257 nm 的吸收值(干态)] ≥	1 级	70	70	GB/T 22324.2—2008 第 14 章
	2 级	55	55	
	3 级	40	40	
	4 级	30	30	
藏红花醇[330 nm 的吸收值(A)(干态)]		20≤A≤50		GB/T 22324.2—2008 第 14 章
色度[藏红花素在 440 nm 的吸收值(干态)] ≥	1 级	190	190	GB/T 22324.2—2008 第 14 章
	2 级	150	150	
	3 级	110	110	
	4 级	80	80	
总氮[a](质量分数，干态)/% ≤		3.0	3.0	ISO 1871
粗纤维[a](质量分数，干态)/% ≤		6	6	ISO 5498

[a] 若样品足够，必要时可做此项附加试验。

按 GB/T 22324.2—2008 第 15 章的规定检验，花丝藏红花和藏红花粉不得检出含有非藏红花特有的色素或有机物。

5 取样方法

按 GB/T 12729.2 的规定执行。

6 试样的制备

按 GB/T 22324.2—2008 第 4 章的规定制备试样。样品制备完毕，根据样品性状(花丝或粉状)，严格按 GB/T 22324.2—2008 的表 1 或表 2 规定的试验顺序尽快检验。

注：若需要做附加试验(总氮、粗纤维含量测定)，需更多的样品。

7 试验方法

按照 4.1、4.3、第 6 章和本章及表 2 规定的理化方法分析藏红花样品，以确定其是否符合本部分的要求。藏红花粉按 GB/T 22324.2—2008 的第 5 章、第 6 章的规定进行鉴别试验和显微检查。

8 包装、标志

8.1 包装

花丝藏红花和藏红花粉应包装在牢固、防水、洁净、完好的容器里，包装材料不得影响藏红花的质量。

8.2 标志

8.2.1 花丝藏红花

下列各项应标注在每个包装或标签上：

a) 商品名、植物学名和产品状态；

b) 包装和生产者的姓名地址和标志；

c) 批号或代号；

d) 净重；

e) 产品级别。

8.2.2 藏红花粉

8.2.1 的 a)～e)各项应标注在每个包装上。若使用玻璃容器，应标注“玻璃·易碎！”字样。

ICS 67.220
B 36

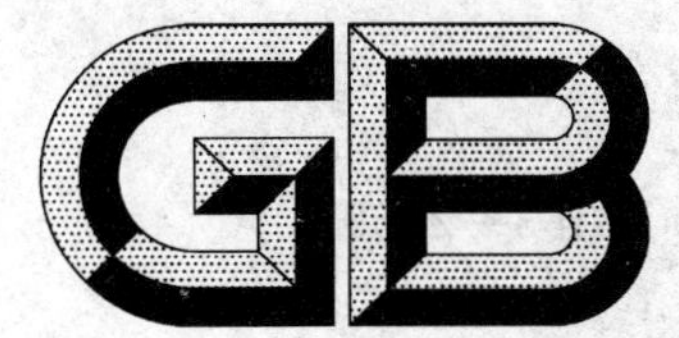

中华人民共和国国家标准

GB/T 23183—2009

辣　椒　粉

Chillies and capsicums powder

2009-04-14 发布　　2009-10-01 实施

中华人民共和国国家质量监督检验检疫总局
中国国家标准化管理委员会　发布

前　言

本标准是在参考了 ISO 972:1997《辣椒整椒或辣椒粉规范》和 ISO 7540:2006《红辣椒粉规范》的主要技术内容和技术指标的基础上，结合我国辣椒粉产品的市场情况制定的。

本标准由中华人民共和国商务部提出并归口。

本标准由国家农副加工产品及白酒质量监督检验中心（山西省食品质量监督检验中心）负责起草。

本标准参加起草单位：山西丰谷农业科技有限公司襄汾辣椒加工分公司。

本标准主要起草人：弓耀忠、刘军、冯晓斌、梁宝爱、李付军、巩强、张烨、王呈。

辣 椒 粉

1 范围

本标准规定了辣椒粉的技术要求、试验方法、检验规则和标志、标签、包装、运输、贮存的要求。

本标准适用于3.1定义的辣椒粉。

本标准不适用于调味辣椒粉。

2 规范性引用文件

下列文件中的条款通过本标准的引用而成为本标准的条款。凡是注日期的引用文件,其随后所有的修改单(不包括勘误的内容)或修订版均不适用于本标准,然而,鼓励根据本标准达成协议的各方研究是否可使用这些文件的最新版本。凡是不注日期的引用文件,其最新版本适用于本标准。

GB/T 191 包装储运图示标志(GB/T 191—2008,ISO 780:1997,MOD)

GB 2760 食品添加剂使用卫生规范

GB/T 5009.11 食品中总砷及无机砷的测定

GB/T 5009.12 食品中铅的测定

GB 7718 预包装食品标签通则

GB/T 12729.6 香辛料和调味品 水分含量的测定(蒸馏法)(GB/T 12729.6—2008,ISO 0939:1980,NEQ)

GB/T 12729.7 香辛料和调味品 总灰分的测定(GB/T 12729.7—2008,ISO 0928:1980,NEQ)

GB/T 12729.9 香辛料和调味品 酸不溶性灰分的测定(GB/T 12729.9—2008,ISO 0930:1980,MOD)

GB/T 19681 食品中苏丹红染料的检测方法 高效液相色谱法

JJF 1070 定量包装商品净含量计量检验规则

定量包装商品计量监督管理办法 国家质量监督检验检疫总局[2005]第75号令

散装食品卫生管理规范 中华人民共和国卫生部 卫法监发[2003]180号

3 术语和定义

下列术语和定义适用于本标准。

3.1

辣椒粉 chillies and capsicums powder

以茄科植物辣椒属辣椒或其变种的果实经干燥、粉碎、不添加其他成分(抗结剂除外)等工序制成的非即食性粉末。

4 技术要求

4.1 原料

同一品种,大小、光泽、颜色、滋味基本整齐一致,无明显缺陷(包括腐烂、霉变、异味、断裂、黄梢、花壳、异物、黑斑和虫蛀)的辣椒干。

4.2 质量要求

4.2.1 感官要求

应符合表1规定。

表 1 感官要求

项目	要求
滋味	具有辣椒粉应有的滋味，无异味
色泽	呈辣椒粉应有色泽
组织形态	疏松、均匀一致的颗粒

4.2.2 理化指标

应符合表 2 规定。

表 2 理化指标

项目		指标
水分[a]/(g/100 g)	≤	11.0
总灰分[a]/(g/100 g)	≤	10.0
酸不溶性灰分[a]/(g/100 g)	≤	1.6
磨碎细度(0.2 mm)筛上残留量[b]/(g/100 g)	≤	2.5

a 该指标引自 ISO 972:1997 中 5.5 表 1 的规定，添加抗结剂的辣椒粉酸不溶性灰分≤3.6 g/100 g。

b 该指标引自 GB/T 15691—2008 中 6.2 表 1 的规定。

4.2.3 卫生指标

应符合表 3 规定。

表 3 卫生指标

项目	指标
苏丹红/(mg/kg)	不得检出
食品添加剂	应符合 GB 2760 规定

4.2.4 净含量

应符合《定量包装商品计量监督管理办法》的规定。

5 试验方法

5.1 感官检验

将被测样品倒在洁净的白瓷盘中，在自然光下(或 40 W 日光灯)，用肉眼直接观察色泽、形态和杂质，嗅其气味，品尝滋味。

5.2 净含量检验

按 JJF 1070 规定的方法检验。

5.3 理化指标检验

5.3.1 水分

按 GB/T 12729.6 的规定检验。

5.3.2 总灰分

按 GB/T 12729.7 的规定检验。

5.3.3 酸不溶性灰分

按 GB/T 12729.9 的规定检验。

5.3.4 磨碎细度的检验

5.3.4.1 设备

a) 电动振荡机：1 400 r/min；

b) 标准金属丝网筛子:0.2 mm;

c) 天平:感量 0.1 g。

5.3.4.2 测定

称取样品 100 g 放入装有标准金属网筛子的电动振荡机内,振荡 4 min,对筛上残留物量进行称重。

5.4 卫生指标检验

5.4.1 苏丹红

按 GB/T 19681 的规定检验。

6 检验规则

6.1 出厂检验

出厂检验项目为感官、水分、总灰分、酸不溶性灰分、磨碎细度、净含量。

6.2 型式检验

6.2.1 正常生产每 6 个月进行一次型式检验。此外有下列情况之一时,也应进行型式检验:

a) 新产品试制鉴定时;

b) 原料、生产工艺有较大改变,可能影响产品质量时;

c) 产品停产半年以上,恢复生产时;

d) 出厂检验结果与上一次型式检验结果有较大差异时;

e) 国家质量监督机构提出要求时。

6.2.2 型式检验项目为本标准 4.2 的全部项目。

6.3 组批

同一班次、同一生产线、同一批投料生产的同一规格产品为一批。

6.4 抽样

6.4.1 在成品库内以随机取样法抽样,抽样单位以最小包装计。

6.4.2 每批抽样基数不得少于 200 袋(瓶),抽样数量为 12 袋(瓶),质量不低于 0.5 kg。样品分成 2 份,1 份用于检验,1 份备查。

6.5 判定规则

6.5.1 出厂检验判定规则

6.5.1.1 出厂检验项目全部符合标准的,判定为合格。

6.5.1.2 出厂检验项目如有一项或一项以上不符合标准的,可以在同批产品中加倍抽样复验,复验后如仍不符合标准,判该批产品为不合格批。

6.5.2 型式检验判定规则

型式检验项目全部符合本标准的要求时,判该批产品型式检验合格,型式检验项目中有一项及以上项目不合格,可取备样复验,复验后仍不符合标准的要求,判该批产品型式检验不合格。

7 标志和标签、包装、运输、贮存

7.1 标志和标签

7.1.1 预包装产品标签应符合 GB 7718 的规定;运输包装标志应符合 GB/T 191 的规定。

7.1.2 散装销售产品的标签应符合《散装食品卫生管理规范》。

7.2 包装

包装材料和容器应符合国家相关标准及规定的要求。

7.3 运输

7.3.1 运输工具应清洁、干燥、卫生且具有防雨、防潮、防曝晒等措施。严禁与有毒、有害、有异味、易污染的物品混装、混运;运输过程中不得曝晒、雨淋、受潮。

7.3.2 散装销售产品的运输应符合《散装食品卫生管理规范》。

7.4 **贮存**

7.4.1 产品应贮存在清洁卫生、阴凉、通风、干燥，具有防尘、防蝇、防虫、防鼠设施的仓库内，严禁与有毒、有害、有异味、易挥发、易腐蚀的物品同处贮存。产品应离墙离地，分类堆放。

7.4.2 散装销售的产品贮存应符合《散装食品卫生管理规范》。

7.4.3 保质期以标签明示为准。

参 考 文 献

［1］ ISO 972:1997《辣椒整椒或辣椒粉规范》[Chillies and capsicums, whole or ground(powdered)-Specification]

［2］ ISO 7540:2006《红辣椒粉规范》[Groung paprika (*Capsicum annuum L.*)-Specification]

［3］ GB/T 15691—2008《香辛料调味品通用技术条件》

ICS 67.220
X 66

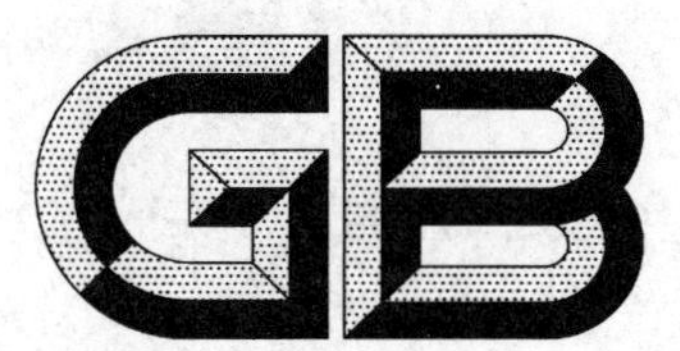

中华人民共和国国家标准

GB/T 24399—2009

黄　豆　酱

Soybean paste

2009-09-30 发布　　　　2010-03-01 实施

中华人民共和国国家质量监督检验检疫总局
中国国家标准化管理委员会　发布

前　言

本标准由北京市质量技术监督局提出。

本标准由全国调味品标准化技术委员会归口。

本标准起草单位：北京市食品酿造研究所、佛山市海天调味食品有限公司、烟台欣和味达美食品有限公司、北京六必居食品有限公司。

本标准主要起草人：王家槐、吴鸣、黄文彪、高丽华、鲁绯、侯庆云、邓嫣容、陈宇、酒香婷。

黄　豆　酱

1　范围

本标准规定了黄豆酱的技术要求、试验方法、检验规则及标签、包装、运输、贮存的要求。

本标准适用于以黄豆为主要原料，经微生物发酵酿制的酱类。

2　规范性引用文件

下列文件中的条款通过本标准的引用而成为本标准的条款。凡是注日期的引用文件，其随后所有的修改单(不包括勘误的内容)或修订版均不适用于本标准，然而，鼓励根据本标准达成协议的各方研究是否可使用这些文件的最新版本。凡是不注日期的引用文件，其最新版本适用于本标准。

GB 1352　大豆

GB 1355　小麦粉

GB 2718　酱卫生标准

GB 2760　食品添加剂使用卫生标准

GB/T 5009.3　食品中水分的测定

GB/T 5009.39—2003　酱油卫生标准的分析方法

GB/T 5009.40—2003　酱卫生标准的分析方法

GB 5461　食用盐

GB 5749　生活饮用水卫生标准

GB/T 6682　分析实验室用水规格和试验方法(GB/T 6682—2008,ISO 3696:1987,MOD)

GB 7718　预包装食品标签通则

JJF 1070　定量包装商品净含量计量检验规则

定量包装商品计量监督管理办法　国家质量监督检验检疫总局令[2005]第75号

3　技术要求

3.1　主要原料和辅料

3.1.1　黄豆

应符合 GB 1352 的规定。

3.1.2　生产用水

应符合 GB 5749 的规定。

3.1.3　小麦粉

应符合 GB 1355 的规定。

3.1.4　食用盐

应符合 GB 5461 的规定。

3.1.5　食品添加剂

食品添加剂质量应符合相应的标准和有关规定。

食品添加剂的品种和使用量应符合 GB 2760 的规定。

3.1.6　其他辅料

应符合相应的标准和有关规定。

3.2　感官要求

应符合表1的规定。

表1　感官要求

项　目	要　求
色泽	红褐色或棕褐色,有光泽
气味	有酱香和酯香,无不良气味
滋味	味鲜醇厚,咸甜适口,无苦、涩、焦糊及其他异味
体态	稀稠适度,允许有豆瓣颗粒,无异物

3.3　理化指标

3.3.1　氨基酸态氮、水分

应符合表2的规定。

表2　氨基酸态氮、水分指标

项　目		要　求
氨基酸态氮(以氮计)/(g/100 g)	≥	0.50
水分/(g/100 g)	≤	65.0

3.3.2　铵盐

铵盐(以氮计)的含量不得超过氨基酸态氮(以氮计)含量的30%。

3.4　卫生指标

卫生指标应符合GB 2718的规定。

3.5　净含量

应符合《定量包装商品计量监督管理办法》的规定。

4　试验方法

本标准中实验室用水应符合GB/T 6682中三级以上(含三级)水的规格。所用试剂除另有注明外,均为分析纯。

4.1　感官检验

4.1.1　称取50 g试样,置于白色瓷盘中,观察黄豆酱的色泽、气味和体态。

4.1.2　用玻璃棒蘸试样,尝其味。

4.2　理化检验

4.2.1　氨基酸态氮

按GB/T 5009.40—2003中4.1执行。

4.2.2　水分

按GB/T 5009.3执行。

4.2.3　铵盐

4.2.3.1　原理、试剂

同GB/T 5009.39—2003中4.9.1、4.9.2。

4.2.3.2　分析步骤

称取约2.0 g已研磨均匀的试样,置于500 mL蒸馏瓶中,以下按GB/T 5009.39—2003中4.9.3自“加约150 mL水及约1 g氧化镁……”起依法操作。

4.2.3.3　结果计算

试样中铵盐的含量(以氮计)按式(1)计算。

$$X=\frac{(V_1-V_2)\times c\times 0.014}{m}\times 100 \qquad \cdots\cdots(1)$$

式中：

X——试样中铵盐的含量(以氮计)，单位为克每百克(g/100 g)；

V_1——测定用试样消耗盐酸标准滴定溶液的体积，单位为毫升(mL)；

V_2——试剂空白消耗盐酸标准滴定溶液的体积，单位为毫升(mL)；

c——盐酸标准滴定溶液的实际浓度，单位为摩尔每升(mol/L)；

0.014——与1.00 mL盐酸标准滴定溶液[$c(HCl)=1.000$ mol/L]相当的铵盐(以氮计)的质量，单位为克(g)；

m——称取试样的质量，单位为克(g)。

计算结果保留两位有效数字。

4.2.3.4 精密度

在重复性条件下获得两次独立测定结果的绝对差值不得超过算术平均值的10%。

4.3 卫生指标

按GB 2718规定执行。

4.4 净含量

按JJF 1070执行。

5 检验规则

5.1 组批

以同一天生产的同一品种、同一规格的产品为一批。

5.2 抽样

从成品库同批产品的不同部位随机抽取6瓶(袋)分别做感官要求、理化指标、卫生指标检验，留样。

5.3 检验分类

5.3.1 出厂检验

产品出厂前，应由生产企业的质量检验部门按本标准逐批检验。检验合格并签发质量合格证明的产品，方可出厂。

出厂检验项目包括：净含量、感官要求、水分、氨基酸态氮、大肠菌群。

5.3.2 型式检验

型式检验的项目包括：本标准的3.2、3.3、3.4和3.5规定的全部项目。型式检验每半年进行一次。有下列情况之一时，亦应进行：

a) 新产品试制鉴定时；

b) 正式生产后，如原料、工艺有较大变化，可能影响产品质量时；

c) 产品长期停产后，恢复生产时；

d) 国家质量监督机构提出要求时。

5.4 判定规则

5.4.1 大肠菌群和致病菌如有一项不符合要求时，判整批产品不合格。

5.4.2 净含量、感官要求、理化指标及卫生指标(大肠菌群、致病菌除外)如有不符合要求时，可以在同批产品中抽取两倍量的样品复检，以复检结果为准。

6 标签、包装、运输、贮存

6.1 标签

6.1.1 标签的标注内容应符合GB 7718的规定。

6.1.2 外包装箱上除应标明产品名称、制造者的名称和地址外，还应标明单位包装的净含量和总数量。

6.2 包装

包装材料和容器应符合相应的卫生标准和有关规定。

6.3 运输

产品在运输过程中应轻拿轻放，避免日晒、雨淋。运输工具应清洁卫生，不得与有毒、有害、有异味或影响产品质量的物品混装运输。

6.4 贮存

产品应贮存于阴凉、干燥、通风良好的场所，不得与有毒、有害、有异味、易挥发、易腐蚀的物品同处贮存。

ICS 67.160.10
X 66

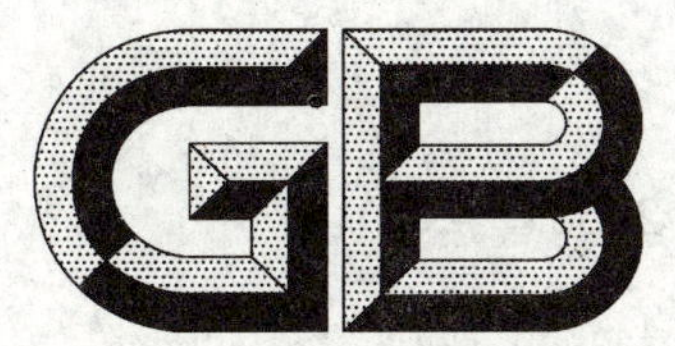

中华人民共和国国家标准

GB/T 26531—2011

地理标志产品　永春老醋

Product of geographical indication—Yongchun aged vinegar

2011-05-12 发布　　2011-11-01 实施

中华人民共和国国家质量监督检验检疫总局
中国国家标准化管理委员会　发布

前　言

本标准根据《地理标志产品保护规定》、GB/T 17924—2008《地理标志产品标准通用要求》和GB/T 1.1—2009《标准化工作导则　第1部分:标准的结构和编写》制定。

本标准由全国原产地域产品标准化工作组(SAC/WG 4)归口。

本标准起草单位:福建省永春县质量技术监督协会、福建省永春县永春老醋有限责任公司、福建永春顺德堂食品有限公司、福建泉州市福泉春食品有限公司、福建省永春县岵山津源酱醋厂、福建省永春县金春酿造有限公司。

本标准主要起草人:李南材、陈维川、张晓强、林育民、周建平、郑荣年、刘承林、林舒懿、林秀吉。

地理标志产品　永春老醋

1　范围

本标准规定了永春老醋地理标志产品的术语和定义、保护范围、产品分级、要求、试验方法、检验规则和标签、标志、包装、运输、贮存的要求。

本标准适用于国家质量监督检验检疫行政主管部门根据《地理标志产品保护规定》批准保护的永春老醋。

2　规范性引用文件

下列文件对于本文件的应用是必不可少的。凡是注日期的引用文件，仅注日期的版本适用于本文件。凡是不注日期的引用文件，其最新版本(包括所有的修改单)适用于本文件。

GB/T 191　包装储运图示标志

GB 2715　粮食卫生标准

GB 2719　食醋卫生标准

GB 2760　食品添加剂使用卫生标准

GB 4926　食品添加剂　红曲米(粉)

GB/T 5009.41　食醋卫生标准的分析方法

GB 5461　食用盐

GB 5749　生活饮用水卫生标准

GB/T 6682　分析实验室用水规格和试验方法

GB 7718　预包装食品标签通则

GB/T 11761　芝麻

GB/T 13662—2000　黄酒

GB 14881　食品企业通用卫生规范

GB 18186　酿造酱油

GB 18187　酿造食醋

JJF 1070　定量包装商品净含量计量检验规则

国家质量监督检验检疫总局令[2005]第75号　定量包装商品计量监督管理办法

3　术语和定义

下列术语和定义适用于本文件。

3.1

永春老醋　Yongchun aged vinegar

在本标准第4章规定的范围内，以优质糯米为主要原料，以红曲米为糖化发酵剂，经酒精发酵后采用液态醋酸发酵，经三年以上陈酿而成的，具有地方特色的食醋。

3.2

陈酿　aged

永春老醋生产的特色关键工序，指原料经酒精发酵和醋酸发酵后，装入缸或罐中放置，需定期搅拌，用于增加永春老醋的香气和滋味。

4 地理标志产品保护范围

限于国家质量监督检验检疫行政主管部门根据《地理标志产品保护规定》批准的范围，位于福建省东南部，东邻仙游县，南接南安市、安溪县，西连漳平市，北与德化县、大田县毗邻；地处东经117°40′55″～118°31′9″，北纬25°13′15″～25°33′45″之间；全境东西长84.7 km，南北宽37.2 km，狭长如带的永春县现辖行政区域内（面积1 468 km^2）。

地理标志产品保护范围图见附录A。

5 产品分级

根据理化指标的不同，永春老醋分为特酿级、精酿级、优酿级和佳酿级四级。

6 要求

6.1 原辅料

6.1.1 糯米

应符合GB 2715的要求，主要产自第4章规定的保护范围内，淀粉含量不小于72%，含水量不大于12%，不变率小于3.5%，不完善率小于6%，具有糯米正常色泽和气味，无霉变。

6.1.2 生产用水

取自第4章规定的保护范围内的地下水，水质应符合GB 5749的规定。

6.1.3 红曲米

应符合GB 4926的规定，糖化率不小于1 200 mg/(g·h)，酒精度不小于15% vol，颜色呈暗红色，具有红曲米特有香气，无染杂，发酵均匀、完整。

6.1.4 食用盐

应符合GB 5461的规定。

6.1.5 糖类

应符合相应的国家或行业标准规定。

6.1.6 芝麻

应符合GB/T 11761的规定。

6.2 酿造环境

在第4章规定地域环境内，其气候特征为：年平均气温20.4 ℃，7月均温28.1 ℃，1月均温11.9 ℃，年均降雨1 708 mm，相对湿度77%，年蒸发量1 572 mm，年日照时数1 908 h，非常适宜永春老醋风味品质形成的多种微生物的生长和繁殖，也非常适合于老醋的陈酿。

酿造企业卫生要求应符合GB 14881的规定。

6.3 主要工艺流程

糯米→浸泡→蒸煮→冷却→红曲米糖化酒精发酵→液态醋酸发酵→陈酿→调兑→成品

6.4 关键工艺

6.4.1 红曲米糖化酒精发酵

发酵周期需保证 30 d 以上，酒精度控制在 10% vol～12% vol 之间。

6.4.2 陈酿

陈酿房温度控制在 18 ℃～26 ℃之间。

陈酿时间要求：特酿级 5 年以上，精酿级 4 年以上，优酿级 3 年半以上，佳酿级 3 年以上。

在陈酿过程中，根据需要可添加按特定工艺炒制的米乌(≤4.0%)、芝麻(≤0.5%)、糖类(≤3.0%)等添加物。

6.5 感官指标

感官指标应符合表 1 的规定。

表 1 感官指标

项目	要　求
色泽	棕褐或棕红色，有光泽
香气	具有液态发酵永春老醋特有的酯香味，无其他不良气味
滋味	入口柔和，稍有甜味，不涩，无杂味
体态	澄清，允许有微量沉淀

6.6 理化指标

理化指标应符合表 2 的规定。

表 2 理化指标

项　目		指　标			
		特酿级	精酿级	优酿级	佳酿级
总酸(以乙酸计)/(g/100 mL)	≥	6.5	6.0	5.5	5.0
可溶性无盐固形物/(g/100 mL)	≥	2.0	1.8	1.5	1.0
氨基酸态氮(以氮计)/(g/100 mL)	≥	0.10	0.10	0.08	0.08
总糖(以葡萄糖计)/(g/100 mL)	≥	2.2	2.0	1.8	1.5

6.7 卫生指标

应符合 GB 2719 的规定。

6.8 净含量

应符合国家质量监督检验检疫总局令[2005]第 75 号的规定。

6.9 食品添加剂

食品添加剂的质量应符合国家的相关标准和有关规定,食品添加剂的品种和使用量应符合GB 2760的规定。

7 试验方法

7.1 试验条件

所用试剂均为分析纯,试验用水应符合GB/T 6682中三级水的规定。

7.2 感官指标

取2 mL不含沉淀物的试样置于25 mL具塞比色管中,加水到刻度,振摇,观察色泽、体态。

取30 mL试样置于50 mL的烧杯中,用玻璃棒搅拌烧杯中的试样,闻其香气,尝其滋味。

7.3 总酸

按GB/T 5009.41规定执行。

7.4 可溶性无盐固形物

按GB 18187规定执行。

7.5 氨基酸态氮

按GB 18186规定执行。

7.6 总糖

吸取试样2 mL～4 mL,按GB/T 13662—2000 6.3.1规定的方法进行检验。

7.7 卫生指标

按GB 2719规定检验。

7.8 净含量

按JJF 1070的规定执行。

8 检验规则

8.1 组批

同一天生产灌装的同一品种、同一规格的产品为一批。

8.2 抽样

从每批产品的不同部位随机抽取12瓶,4瓶用于净含量的检测,4瓶用于感官指标、理化指标、卫生指标的检测,4瓶留样。

8.3 出厂检验

8.3.1 本产品出厂时应经生产企业质量检验部门检验合格并签署合格证后方可出厂。

8.3.2 出厂检验项目包括感官指标、总酸、可溶性无盐固形物、净含量、卫生指标中的菌落总数和大肠菌群。

8.4 型式检验

8.4.1 正常生产每半年进行一次检验；有下列情况之一时，应进行型式检验：

a) 新产品投产时；

b) 原料、配方、生产工艺有重大变化时；

c) 停止生产半年以上重新恢复生产时；

d) 国家质量监督行政主管部门提出要求时。

8.4.2 型式检验项目为本标准规定的全部项目。

8.5 判定与复检规则

8.5.1 出厂检验项目或型式检验项目全部符合本标准规定时，该批产品判为合格品。

8.5.2 出厂检验项目或型式检验项目中，如感官指标、理化指标和净含量出现不符合本标准要求时，可在同批产品中加倍抽样，对不合格项目进行复检，若该项目仍不合格，则判该批产品为不合格。卫生指标中的微生物指标不符合本标准要求时，判为不合格品，且不允许复检。

9 标签、标志、包装、运输、贮存

9.1 标签、标志

按 GB 7718 和 GB 18187 的规定执行，并标出产品等级和地理标志产品专用标志，不符合本标准的产品，其名称不得使用含有永春老醋(包括连续或断开)的名称。

9.2 包装

包装材料和容器应符合相应的国家食品卫生标准。外包装标志应符合 GB/T 191 的规定。

9.3 运输

产品在运输过程中应轻拿轻放，防止日晒、雨淋，不得与有毒、有污染的物品混运。

9.4 贮存

产品应贮存在阴凉、干燥、通风、无污染的专用仓库内。

附 录 A
（规范性附录）
永春老醋地理标志产品保护范围图

永春老醋地理标志产品保护范围见图 A.1。

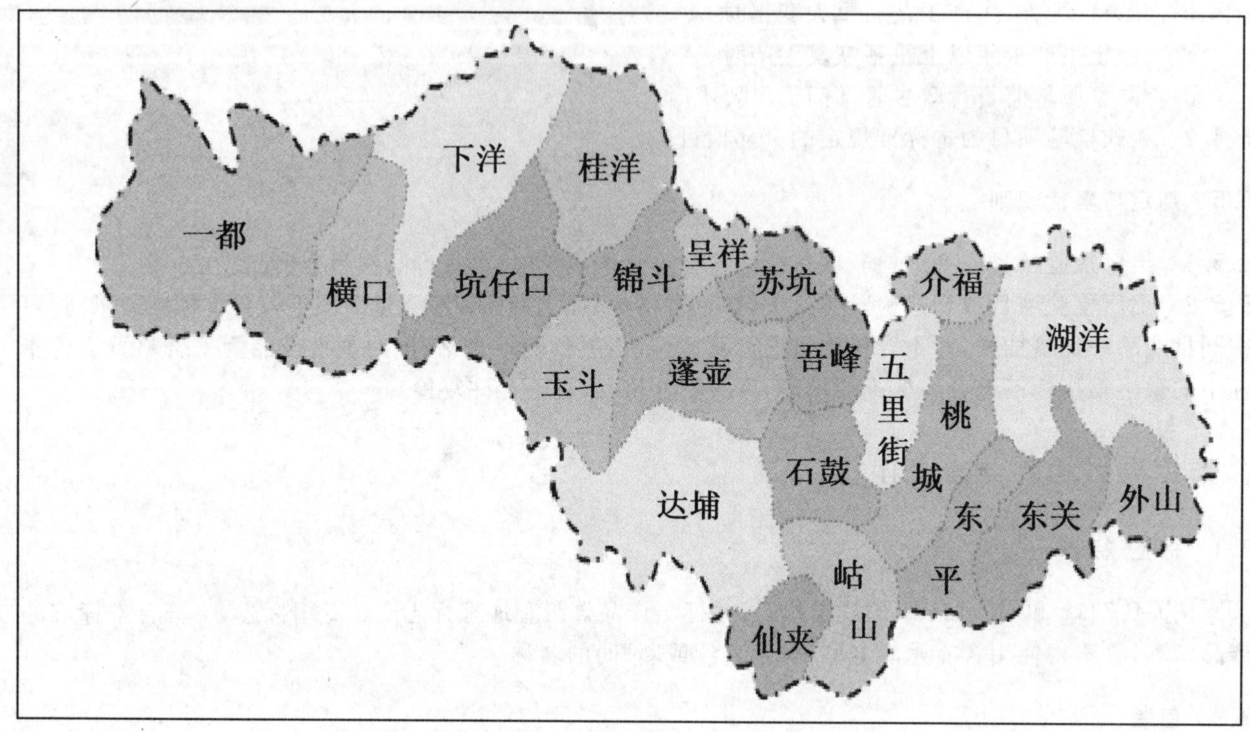

图 A.1 永春老醋地理标志产品保护范围图

ICS 67.220.10
X 66

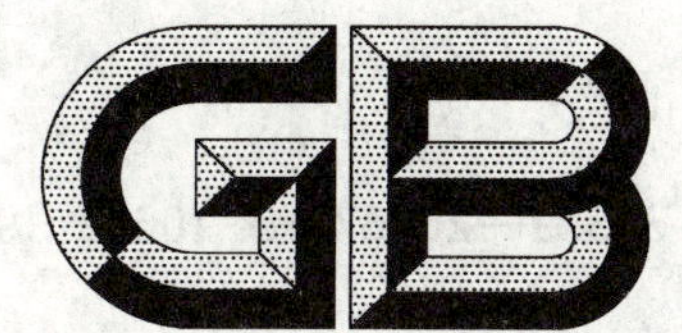

中华人民共和国国家标准

GB/T 30379—2013/ISO 10622:1997

大豆蔻

Large cardamom

(ISO 10622:1997,Large cadamom (*Amomum sublatum* Roxb.),
as capsules and seed—Specification,IDT)

2013-12-31 发布　　2014-06-22 实施

中华人民共和国国家质量监督检验检疫总局
中国国家标准化管理委员会　发布

前　言

本标准按照 GB/T 1.1—2009 给出的规则起草。

本标准用翻译法等同采用 ISO 10622:1997《大豆蔻　规格》。

与本标准中规范性引用的国际文件有一致性对应关系的我国文件如下：

——GB/T 12729.2—2008　香辛料和调味品　取样方法(ISO 948:1980,NEQ)；

——GB/T 12729.3—2008　香辛料和调味品　分析用粉末试样的制备(ISO 2825:1981,MOD)；

——GB/T 12729.5—2008　香辛料和调味品　外来物含量的测定(ISO 927:1982,NEQ)；

——GB/T 12729.6—2008　香辛料和调味品　水分含量的测定(蒸馏法)(ISO 939:1980,NEQ)；

——GB/T 12729.7—2008　香辛料和调味品　总灰分的测定(ISO 928:1997,NEQ)；

——GB/T 12729.9—2008　香辛料和调味品　酸不溶性灰分的测定 (ISO 930:1997,MOD)。

本标准做了下列编辑性修改：

——为与我国大豆蔻产品名称一致,将标准名称改为《大豆蔻 》。

本标准由中华全国供销合作总社提出。

本标准由全国辛香料标准化技术委员会(SAC/TC 408)归口。

本标准起草单位:宏芳香料(昆山)有限公司、南京野生植物综合利用研究院。

本标准主要起草人:廖英崇、吴耀军、陈仕荣、张卫明。

大 豆 蔻

1 范围

本标准规定了大豆蔻(果荚和种子)的技术要求、试验方法、包装、标志。

本标准适用于大豆蔻(果荚和种子)的质量评定及其贸易。

2 规范性引用文件

下列文件对于本文件的应用是必不可少的。凡是注日期的引用文件,仅注日期的版本适用于本文件。凡是不注日期的引用文件,其最新版本(包括所有的修改单)适用于本文件。

ISO 927 香辛料和调味品 外来物含量的测定(Spices and condiments—Determination of extraneous matter content)

ISO 928 香辛料和调味品 总灰分的测定(Spices and condiments—Determination of total ash)

ISO 930 香辛料和调味品 酸不溶性灰分的测定(Spices and condiments—Determination of acid-insoluble ash)

ISO 939 香辛料和调味品 水分含量的测定(蒸馏法)(Spices and condiments—Determination of moisture content—Entrainment method)

ISO 948 香辛料和调味品 取样方法(Spices and condiments—Sampling)

ISO 2825 香辛料和调味品 分析用粉末试样的制备(Spices and condiments—Preparation of a ground sample for analysis)

ISO 6571 香辛料和调味品 挥发油含量的测定(蒸馏法)(Spices,condiments and herbs—Determination of volatile oil content—Hydrodistillation method)

3 描述

3.1 大豆蔻果荚

大豆蔻果荚系 *Amomum subulatum* Roxb.的干燥、成熟的果实,其颜色为棕色至粉红色,呈卵型或三角形,外表有螺纹状;果实可剪收,其果柄可摘除,正常生长的果荚里有完好的种子。

3.2 大豆蔻种子

大豆蔻果荚去壳后可得到大豆蔻种子。

4 要求

4.1 气味、滋味

具有大豆蔻果荚和种子特有的新鲜气味,不得有异味、腐烂和霉味。

4.2 无虫、无霉变

大豆蔻果荚和种子不得带活虫,不得霉变,更不得带肉眼可见的死虫、虫尸碎片及啮齿动物的残留物，必要时可借助放大镜观察，当放大倍数大于10倍时，应在检验报告中加以说明。

4.3 外来物

大豆蔻不得带污物或灰尘。按ISO 927规定的方法测定，大豆蔻果荚和种子中花萼果梗碎片及其他外来物的含量分别不应大于5%和2%（质量分数）。

4.4 空壳果、畸形果

从样品中随机取100个果荚，剥开果壳，计算空壳果（果内无种子）和畸形果（果内种子少）的数目，空壳果或畸形果的比例应不大于5%。

4.5 未熟果、枯萎果

分拣出未熟果和枯萎果（果荚发育不完全），按ISO 927的规定测定，其质量分数应不大于7%。

4.6 轻种子

轻种子包括红色、棕色、碎裂、未成熟和枯萎的种子；按ISO 927的规定测定，大豆蔻种子中轻种子的质量分数应不大于5%。

4.7 理化指标

按规定的方法测定，大豆蔻（果荚或种子）的理化指标应符合表1的要求。

表1 大豆蔻的理化指标

项目		指标		检验方法
		果荚	种子	
水分（质量分数）/%	≤	12	12	ISO 939
挥发油（干基）/（mL/100 g）	≥	1	1	ISO 6571
总灰分（质量分数，干基）/%	≤	8	8	ISO 928
酸不溶性灰分（质量分数，干基）/%	≤	2	2	ISO 930
注：水分含量、总灰分和酸不溶性灰分的测定用整果荚；挥发油的测定用果荚中的种子。				

5 取样方法

取样按ISO 948的规定执行。

6 试验方法

大豆蔻（果荚或种子）样品按4.2～4.7和表1规定的理化方法测定，以确定是否符合本标准的要求。分析用粉末试样的制备按ISO 2825的规定执行。

7 包装、标志

7.1 包装

大豆蔻应包装在洁净完好的包装中；包装材料不得影响产品质量，应能防止湿气的进入和挥发性物质的散失。包装应符合国家有关环境保护法规的要求。

7.2 标志

下列各项应标注于每个包装或标签上：

a) 产品名称和商品名称(如有)；

b) 生产商或包装商名称、地址及商标(如有)；

c) 批号或代号；

d) 净重；

e) 生产国；

f) 购买者需要的其他信息，如收获年代和包装日期等；

g) 本标准的编号。

ICS 67.220.10
X 66

中华人民共和国国家标准

GB/T 30381—2013/ISO 6538:1997

桂 皮

Cassia

(ISO 6538:1997,Cassia,Chinese type,Indonesian type and Vietnamese type[*Cinnamomum aromaticum*(Nees)syn.*Cinnamomum cassia*(Nees)ex Blume,*Cinnamomum burmanii*(C.G.Nees)Blume and *Cinnamomum loureirii* Nees]—Specification,IDT)

2013-12-31 发布　　2014-06-22 实施

中华人民共和国国家质量监督检验检疫总局
中国国家标准化管理委员会　发布

前言

本标准按照 GB/T 1.1—2009 给出的规则起草。

本标准用翻译法等同采用 ISO 6538:1997《桂皮　规格》。

与本标准中规范性引用的国际文件有一致性对应关系的我国文件如下：

——GB/T 12729.2—2008　香辛料和调味品　取样方法(ISO 948:1980,NEQ)；

——GB/T 12729.3—2008　香辛料和调味品　分析用粉末试样的制备(ISO 2825:1981,MOD)；

——GB/T 12729.5—2008　香辛料和调味品　外来物含量的测定(ISO 927:1982,NEQ)；

——GB/T 12729.6—2008　香辛料和调味品　水分含量的测定(蒸馏法)(ISO 939:1980,NEQ)；

——GB/T 12729.7—2008　香辛料和调味品　总灰分的测定(ISO 928:1997,NEQ)；

——GB/T 12729.9—2008　香辛料和调味品　酸不溶性灰分的测定 (ISO 930:1997,MOD)；

——GB/T 12729.13　香辛料和调味品　污物的测定(ISO 1208:1982,MOD)。

本标准做了下列编辑性修改：

——为与我国桂皮产品名称一致，将标准名称改为《桂皮》。

本标准由中华全国供销合作总社提出。

本标准由全国辛香料标准化技术委员会(SAC/TC 408)归口。

本标准起草单位：南京野生植物综合利用研究院、玉林市赫香源香料食品有限公司。

本标准主要起草人：陈仕荣、张卫明、杨福明。

桂　　皮

1　范围

本标准规定了中国桂皮、印尼桂皮、越南桂皮的技术要求、试验方法、包装、标志。

本标准适用于中国桂皮、印尼桂皮、越南桂皮的质量评定及其贸易。

2　规范性引用文件

下列文件对于本文件的应用是必不可少的。凡是注日期的引用文件，仅注日期的版本适用于本文件。凡是不注日期的引用文件，其最新版本(包括所有的修改单)适用于本文件。

ISO 927　香辛料和调味品　外来物含量的测定(Spices and condiments—Determination of extraneous matter content)

ISO 928　香辛料和调味品　总灰分的测定(Spices and condiments—Determination of total ash)

ISO 930　香辛料和调味品　酸不溶性灰分的测定(Spices and condiments—Determination of acid—insoluble ash)

ISO 939　香辛料和调味品　水分含量的测定(蒸馏法)(Spices and condiments—Determination of moisture content—Entrainment method)

ISO 948　香辛料和调味品　取样方法(Spices and condiments—Sampling)

ISO 1208　香辛料和调味品　污物的测定(Spices and condiments—Determination of filth)

ISO 2825　香辛料和调味品　分析用粉末试样的制备(Spices and condiments—Preparation of a ground sample for analysis)

ISO 6571　香辛料和调味品　挥发油含量的测定(蒸馏法)(Spices, condiments and herbs—Determination of volatile oil content—Hydrodistillation method)

3　术语和定义

下列术语和定义适用于本文件。

3.1

整筒　whole quill

削去外表皮的成熟嫩枝皮，洗净干燥后，自然卷成的单卷或多卷的筒状。

3.2

削皮　scraped bark

将成熟桂皮树嫩枝的外表皮削去，再剥取桂皮。

3.3

不削皮　unscraped bark

不削去成熟桂皮树嫩枝的外表皮，直接剥取桂皮。

3.4

桂碎　piece

采收、分级、搬运和包装过程中产生的、大小不等的碎片(削皮或不削皮)。

3.5

桂皮粉　ground cassia

各型桂皮经研碎后得到的、不含添加物的粉状产品。

4　型式和分级

4.1　型式

4.1.1　中国桂皮

来自 *Cinnamomum cassia*(Nees)ex Blume 的树枝皮,有筒状的单卷或多卷重叠。

4.1.2　印尼桂皮(爪洼桂皮)

来自 *Cinnamomum burmanii*(C.G.Nees)的树干皮,有薄的或厚的、削皮的单卷或多卷,呈深红棕色。

4.1.3　越南桂皮

来自 *Cinnamomum loureirii* Nees 的小树枝皮,有单卷和多卷。

4.2　商品分级

4.2.1　中国桂皮

中国桂皮,筒长 250 mm～380 mm 不等,直径 20 mm,有削皮和不削皮,厚度通常为 3 mm(有时达 6 mm),具有甜的芳香味,有时略带涩味。中国桂皮分为三个级别,见表 1。

表 1　中国桂皮的分级

商品分级	中国桂皮的物理特性
广东桂皮	削皮或不削皮的筒状;不削皮产品为棕灰色,表面带灰白斑、粗糙不规则。不太令人愉快的气味。削皮的桂皮呈淡红棕色(有时灰白色),表面光滑或接近光滑
广西桂皮	筒状(整的或碎片、削皮或不削皮),芳香味浓烈,表面不像广东桂皮那样粗糙
桂碎(1 级和 2 级)	采收、分级、搬运和包装卷状(削皮或不削皮)产品的过程中产生的小碎片

4.2.2　印尼桂皮

印尼桂皮为筒状的单卷和多卷,长约 1 m、宽为 50 mm～100 mm 的条状树皮,皮厚 1 mm～5 mm 不等。印尼桂皮分为四个等级,见表 2。

4.2.3　越南桂皮

越南桂皮主要有单卷和多卷,呈棕灰色,长 150 mm～300 mm 不等,直径 10 mm～38 mm,皮厚达 6 mm。越南桂皮分为四个等级,见表 3。

表 2　印尼桂皮的分级

商品分级	印尼桂皮的物理特性
AA 级:优选	直径 5 mm～15 mm 的削皮卷状,黄色至棕黄色,无白斑,具有印尼桂皮特有的刺激性甜味
A 级:爪洼桂皮(korintje 或印尼桂皮)	削皮;黄色至褐黄色,具有印尼桂皮特有的刺激性甜味
B 级:爪洼桂皮(korintje 或印尼桂皮)	削皮或部分削皮;棕色至棕灰色,表面粗糙,具有印尼桂皮特有的刺激性甜味
C 级:桂碎	采收、分级、搬运和包装卷状(削皮或不削皮)产品的过程中产生的小碎片

表 3　越南桂皮的分级

商品分级	越南桂皮的物理特性
整卷(薄)	厚度达 1.5 mm,皮薄略粗糙,深棕色,纵向有脊状波浪、许多树瘤状疤痕凸起物
整卷(中)	皮厚 1.5 mm～3.0 mm 之间
整卷(厚)	皮厚 3 mm～6 mm,皮厚质较轻,呈灰色,粗糙,无凸起物
桂碎	采收、分级、搬运和包装卷状产品的过程中产生的小碎片

5　桂皮粉

各型桂皮(4.1)的粉状产品(不加任何添加物)。

注:若标明产地,应使用来自该产地的桂皮生产桂皮粉。

6　要求

6.1　气味、滋味

具有该产地产品所特有的新鲜气味和滋味,不得发霉,不得带异味。

6.2　颜色

桂皮粉为淡黄色至红棕色;整桂皮的颜色如 4.2 所述。

6.3　无霉变、不生虫

整桂皮不得带活虫,不得霉变,更不得带肉眼可见的死虫、虫尸碎片及啮齿动物的残留物,必要时可借助放大镜观察,当放大倍数大于 10 倍时,应在检验报告中加以说明。

若有争议,桂皮粉中残留物可按 ISO 1208 的规定进行测定。

6.4　外来物

外来物包括茎、叶、壳以及其他植物性物质和砂土、灰尘,外来物含量按 ISO 927 规定的方法测定,其质量分数不得超过 1%。

6.5 理化指标

桂皮(筒状、卷状和粉状)应符合表 4 的要求。

表 4 理化指标

项 目		要 求			试验方法
		中国桂皮	印尼桂皮	越南桂皮	
水分(质量分数)/% 整桂皮 桂皮粉	 ≤ ≤	 15 14	 15 14	 15 14	ISO 939
总灰分(质量分数,干基)/%	≤	4.0	5.0	4.5	ISO 928
酸不溶性灰分(质量分数,干基)/%	≤	0.8	1.0	2.0	ISO 930
挥发油(干基)/(mL/100g) 整桂皮 桂皮粉	 ≥ ≥	 1.5 1.1	 1.0 0.8	 3.0 3.0	ISO 6571

7 取样

取样按 ISO 948 的规定执行。

8 试验方法

8.1 样品按 6.3、6.4 和表 4 规定的理化分析方法测定,以确定其是否符合本标准的要求。

8.2 制备分析用粉末试样时,应先将样品粗碎成直径约 5 mm 的颗粒后,再按 ISO 2825 的规定执行。

9 包装、标志

9.1 包装

包装应符合以下要求:

a) 整桂皮或桂皮粉应包装在洁净、完好、干燥的包装中;

b) 包装材料不得影响产品风味,并能防止湿气的进入和挥发性物质的散失。

c) 包装应符合国家有关环境保护法规的要求。

9.2 标志

下列各项应直接标注在每个包装上或包装的标签上:

a) 产品名称;

b) 商品名称或商标名称(如有);

c) 生产商或包装商的名称和地址;

d) 批号或代号;

e) 净重;

f) 等级;

g） 生产国；

h） 购买者要求的其他标注，如收获年代、包装日期；

i） 本标准的参考资料。

ICS 67.220.10
X 66

中华人民共和国国家标准

GB/T 30382—2013/ISO 972:1997

辣椒(整的或粉状)

Chillies(whole or ground)

(ISO 972:1997,Chillis and capsicums,
whole or ground(powdered)—Specification,IDT)

2013-12-31 发布　　2014-06-22 实施

中华人民共和国国家质量监督检验检疫总局
中国国家标准化管理委员会　发布

前　言

本标准按照 GB/T 1.1—2009 给出的规则起草。

本标准用翻译法等同采用 ISO 972:1997《辣椒(整的或粉状)　规格》。

与本标准中规范性引用的国际文件有一致性对应关系的我国文件如下:

——GB/T 12729.2—2008　香辛料和调味品　取样方法(ISO 948:1980,NEQ);

——GB/T 12729.3—2008　香辛料和调味品　分析用粉末试样的制备(ISO 2825:1981,MOD);

——GB/T 12729.5—2008　香辛料和调味品　外来物含量的测定(ISO 927:1982,NEQ);

——GB/T 12729.6—2008　香辛料和调味品　水分含量的测定(蒸馏法)(ISO 939:1980,NEQ);

——GB/T 12729.7—2008　香辛料和调味品　总灰分的测定(ISO 928:1997,NEQ);

——GB/T 12729.9—2008　香辛料和调味品　酸不溶性灰分的测定 (ISO 930:1997,MOD);

——GB/T 12729.13　香辛料和调味品　污物的测定(ISO 1208:1982,MOD)。

本标准做了下列编辑性修改:

——为与我国辣椒产品名称一致,将标准名称改为《辣椒(整的或粉状)》。

本标准由中华全国供销合作总社提出。

本标准由全国辛香料标准化技术委员会(SAC/TC 408)归口。

本标准起草单位:重庆骄业生物科技有限公司、南京野生植物综合利用研究院。

本标准主要起草人:聂勋杰、聂勋良、陈仕荣、张卫明。

辣椒(整的或粉状)

1 范围

本标准规定了辣椒(整的或粉状)的技术要求、试验方法、包装、标志。

本标准适用于4.1中所述辣椒(整的或粉状)的质量评定及其贸易。

2 规范性引用文件

下列文件对于本文件的应用是必不可少的。凡是注日期的引用文件,仅注日期的版本适用于本文件。凡是不注日期的引用文件,其最新版本(包括所有的修改单)适用于本文件。

ISO 927 香辛料和调味品 外来物含量的测定(Spices and condiments—Determination of extraneous matter content)

ISO 928 香辛料和调味品 总灰分的测定(Spices and condiments—Determination of total ash)

ISO 930 香辛料和调味品 酸不溶性灰分的测定(Spices and condiments—Determination of acid—insoluble ash)

ISO 939 香辛料和调味品 水分含量的测定(蒸馏法)(Spices and condiments—Determination of moisture content—Entrainment method)

ISO 948 香辛料和调味品 取样方法(Spices and condiments—Sampling)

ISO 1208 香辛料和调味品 污物的测定(Spices and condiments—Determination of filth)

ISO 2825 香辛料和调味品 分析用粉末试样的制备(Spices and condiments—Preparation of a ground sample for analysis)

3 术语和定义

下列术语和定义适用于本文件。

3.1

未熟果 unripe fruit

呈绿色至淡黄色、尚未成熟的辣椒果,与同批次的其他辣椒果明显不同。

3.2

斑痕果 marked fruit

黑色或带黑斑的辣椒果。

3.3

碎果 broken fruit

加工过程中碎裂或部分缺失的辣椒果。

3.4

碎片 fragment

来自碎果的辣椒碎。

4 描述

4.1 辣椒是辣椒属(*Capsicum*)的干果荚,果荚纵截面大致呈三角形,三角形底边位于胎座(果梗)连接点上,三角形的内角依据品种的不同,差别很大,果梗连接点的对角为锐角,为钝角的很少。果荚内有数目不等、质硬、呈盘状分布、直径 1 mm～5 mm 的黄白色种子,种子数及大小与品种有关。成熟时,果荚内的种子分别通过各自胎座(叶柄)与柔软的中心果核相连,但商品辣椒干中,种子与中心果核分离,种子可在果荚内自由移动。现已知胎座中刺激性成分(辣椒碱)的含量最高。辣椒的品种不同,成熟果荚的颜色也有较大差别,从深棕红色到橙黄色再到黄绿色。色素类物质尤其是红色,保存期间暴露在空气中或受光照,其色度会随时间的延长而降低。果荚长 10 mm～120 mm 、直径 4 mm～50 mm,果荚大小与辣椒的品种有关。

4.2 辣椒粉为整辣椒经研碎得到的、不添加其他物质的粉末。辣椒的品种不同,其粉末的颜色也有很大差别,从深红色到橙黄色再到淡绿色。贸易上,可根据买卖双方的约定,将辣椒研碎成不同粒度的粉末,通常最大粒度为 500 μm。为保持稳定的辣椒碱含量(辣度)或预期色泽,通常将辣椒和辣椒类混合,调配成复合粉。

5 要求

5.1 气味和滋味

辣椒(整的或粉状)具有浓烈的刺激性气味、滋味。

5.2 无虫、无霉变

辣椒及辣椒类(整的或粉状)不得带活虫,不得霉变,更不得带肉眼可见的死虫、虫尸碎片及啮齿动物的残留物,必要时可借助放大镜观察,当放大倍数大于 10 倍时,应在检验报告中加以说明;若有争议,可按 ISO 1208 的规定对残留物进行测定。

5.3 外来物

不属辣椒或辣椒类的所有其他物质,以及梗、叶、砂土均为外来物;未熟果、斑点果、碎果和碎片(见 5.4)不属于外来物。外来物含量按 ISO 927 的规定测定,应不超过 1%(质量分数)。

5.4 未熟果、斑点果和碎果

按附录 A 测定,整辣椒中未熟果和斑点果应不超过 2%,碎果和碎片应不超过 5%(质量分数)。

5.5 理化指标

辣椒(整的或粉状)理化指标应符合表 1 的规定。

表 1 辣椒(整的或粉状)的理化指标

项　　目		指　　标	试验方法
水分(质量分数)/%	≤	11	ISO 939
总灰分(质量分数,干基)/%	≤	10	ISO 928
酸不溶性灰分(质量分数,干基)/%	≤	1.6	ISO 930

6 取样

取样按 ISO 948 的规定执行。

7 试验方法

试验方法按以下规定执行：

a) 辣椒(整的或粉状)应按 5.2～5.5、表 1 和附录 A 的规定测定；

b) 分析用粉末试样的制备按 ISO 2825 的规定执行；

c) 分析用的辣椒粉，应有 95%以上能通过孔径为 500 μm 的筛，其粒度才符合要求。

8 包装、标志

8.1 包装

辣椒产品应包装在洁净、完好的包装中；包装材料不得影响产品质量，应能防止湿气的进入和挥发性物质的散失。包装应符合国家有关环境保护法规的要求。

8.2 标志

下列各项应直接标注于包装或包装的标签上：

a) 产品名称和商品名称(如有)；

b) 制造商或包装商的名称、地址及商标名称；

c) 代号或批号；

d) 净重；

e) 生产国；

f) 购买者需要的其他信息，如收获年代、包装日期；

g) 本标准的参考文献。

附 录 A
（规范性附录）
未熟果、斑点果、碎果和碎片的测定

A.1 将已除去外来物的整辣椒样品平摊在白纸上，分拣出未熟果、斑点果、碎果和碎片。

A.2 分别称量未成熟果、斑点果、碎果和碎片的质量（m_0、m_1、m_2），精确至0.1g。

未成熟果的含量（质量分数）按式（A.1）计算：

$$\frac{m_0}{m}\times 100\% \qquad \cdots\cdots(A.1)$$

斑点果的含量（质量分数）按式（A.2）计算：

$$\frac{m_1}{m}\times 100\% \qquad \cdots\cdots(A.2)$$

碎果和碎片的含量（质量分数）按式（A.3）计算：

$$\frac{m_2}{m}\times 100\% \qquad \cdots\cdots(A.3)$$

式中：

m ——初始样品质量，单位为克（g）；

m_0——未熟果质量，单位为克（g）；

m_1——斑点果质量，单位为克（g）；

m_2——碎果和碎片的质量，单位为克（g）。

ICS 67.220.10
X 66

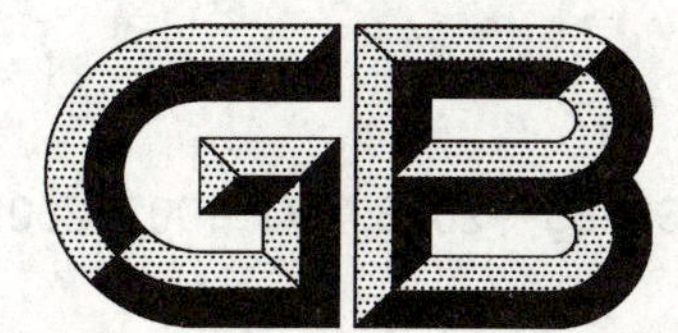

中华人民共和国国家标准

GB/T 30383—2013/ISO 1003:2008

生　　姜

Ginger

(ISO 1003:2008,Spices—Gringer(*Zingiber officinale* Roscoe)—Specification,IDT)

2013-12-31 发布　　2014-06-22 实施

中华人民共和国国家质量监督检验检疫总局
中国国家标准化管理委员会　发布

前　言

本标准按照 GB/T 1.1—2009 给出的规则起草。

本标准用翻译法等同采用 ISO 1003:2008《香料和调味品　姜、姜片或姜粉　规范》。

与本标准中规范性引用的国际文件有一致性对应关系的我国文件如下：

——GB/T 12729.2—2008　香辛料和调味品　取样方法(ISO 948:1980,NEQ)；

——GB/T 12729.3—2008　香辛料和调味品　分析用粉末试样的制备(ISO 2825:1981,MOD)；

——GB/T 12729.5—2008　香辛料和调味品　外来物含量的测定(ISO 927:1982,NEQ)；

——GB/T 12729.6—2008　香辛料和调味品　水分含量的测定(蒸馏法)(ISO 939:1980,NEQ)；

——GB/T 12729.7—2008　香辛料和调味品　总灰分的测定(ISO 928:1997,NEQ)；

——GB/T 12729.9—2008　香辛料和调味品　酸不溶性灰分的测定 (ISO 930:1997,MOD)；

——GB/T 12729.13　香辛料和调味品 污物的测定(ISO 1208:1982,MOD)。

本标准做了下列编辑性修改：

——为与我国生姜产品名称一致，将标准名称改为《生姜》。

本标准由中华全国供销合作总社提出。

本标准由全国辛香料标准化技术委员会(SAC/TC 408)归口。

本标准起草单位：宏芳香料(昆山)有限公司、南京野生植物综合利用研究院。

本标准主要起草人：廖英崇、吴耀军、陈仕荣、张卫明。

生　　姜

1　范围

本标准规定了生姜的技术要求、试验方法、包装、标志。

本标准适用于生姜的质量评定及其贸易。

2　规范性引用文件

下列文件对于本文件的应用是必不可少的。凡是注日期的引用文件，仅注日期的版本适用于本文件。凡是不注日期的引用文件，其最新版本(包括所有的修改单)适用于本文件。

ISO 565　试验筛　金属丝编织网布、孔板和电加工成形薄板　孔径的公称尺寸(Test sieves—Metal wire cloth、perforated metal plate and electroformed sheet—Nominal sizes of openings)

ISO 927　香辛料和调味品　外来物含量的测定(Spices and condiments—Determination of extraneous matter content)

ISO 928　香辛料和调味品　总灰分的测定(Spices and condiments—Determination of total ash)

ISO 930　香辛料和调味品　酸不溶性灰分的测定(Spices and condiments—Determination of acid-insoluble ash)

ISO 939　香辛料和调味品　水分含量的测定(蒸馏法)(Spices and condiments—Determination of moisture content—Entrainment method)

ISO 948　香辛料和调味品　取样方法(Spices and condiments—Sampling)

ISO 1208　香辛料和调味品　污物的测定(Spices and condiments—Determination of filth)

ISO 6571　香辛料和调味品　挥发油含量的测定(蒸馏法)(Spices，condiments and herbs—Determination of volatile oil content—Hydrodistillation method)

3　描述

3.1　形状和外观

生姜是姜科植物 *Zingiber officinale* Roscoe 的带皮或不带皮的干燥块根茎；形状有长大于 20 mm 的不规则碎块、薄片、小切块和姜粉。生姜为黄白色，可刮皮或削皮后洗净、干燥，可用熟石灰漂白。生姜可按产地、加工方式或颜色进行分级。

3.2　气味和滋味

应具有生姜特有的、清新的刺激性气味。不得发霉、腐烂或带苦味。

4　要求

4.1　通用要求

应符合食品安全和消费者保护法规有关掺杂(包括用天然或合成色素着色)、残留(如：重金属和霉菌毒素)、杀虫剂和卫生规范的相关要求。当买卖双方达成协议后,才能进行诸如使用溴甲烷、磷化铝、环氧乙烷、辐照以及加工助剂、化学漂白剂进行处理。

4.2 物理要求

4.2.1 虫害

生姜不得带活虫,更不得带有可见的死虫或虫尸碎片;姜粉中污物按 ISO 1208 的规定测定。

4.2.2 外来物和异物

按 ISO 927 的规定测定,生姜的外来物含量应不大于 1%、异物含量应不大于 1.0%(质量分数)。

4.2.3 无粗颗粒

姜粉中不得带纤维和粗颗粒,姜粉粒度应达到买卖双方约定的要求。

4.3 理化指标

生姜及姜粉的理化指标应符合表 1 的规定。

表 1 生姜及姜粉的理化指标

项目		指标	试验方法
水分(质量分数,干基)/% : a) 整的或片状 b) 姜粉	 ≤ ≤	 12.0 11.0	ISO 939
总灰分(质量分数,干基)/%	≤	8.0	ISO 928
酸不溶性灰分(质量分数,干基)/%	≤	1.5	ISO 930
挥发油(干基)/(mL/100 g): a) 整的或片状 b) 姜粉	 ≥ ≥	 1.5 1.0	ISO 6571
钙(质量分数,以氧化物计)/% : a) 未漂白 b) 漂白(可选)[a]	 ≤ ≤	 1.1 2.5	附录 A
[a] 由买卖双方约定。			

4.4 卫生要求

4.4.1 生姜应按《国际推荐规范准则 食品卫生通则》及《香辛料和干制芳香植物卫生规范准则》相关章节的要求进行处理。

4.4.2 还应满足以下要求:

a) 不带危害健康的微生物,具体由买卖双方协商;

b) 不带危害健康的杀虫剂;

c) 应符合进口国现行有效的食品安全法规。

5 取样

5.1 取样按 ISO 948 的规定执行。

5.2 整的或片状的生姜样品应研碎至全部通过 1 mm 孔径的筛,才可用于表 1 中各项指标的测定。

6 试验方法

生姜按表 1 的规定测定。总灰分测定的灰化温度为 600 ℃±25 ℃(而不是 ISO 928 中规定的 550 ℃±25 ℃)。

7 包装、标志或标签

7.1 包装

生姜应包装在洁净、密封、完好的包装中;包装材料不得影响产品质量或安全,能防止湿气的进入和挥发性物质或色素的散失。

包装应符合国家有关食品分级和环境保护法规的要求。

7.2 标志或标签

由买卖双方就标志或标签要求达成一致,应包括以下内容:

a) 产品名称(植物学名和形态),商品名称或品种名称;

b) 生产商或包装商名称、地址;

c) 商标名称;

d) 代号或批号;

e) 质量等级;

f) 净重;

g) 保质期;

h) 产地国名称;

i) 产地国产区;

j) 购买者要求的其他信息;

k) 本标准的参考文件。

上述信息的全部或部分可写在买卖双方达成协议的文件里。

附　录　A
（规范性附录）
钙的测定

A.1　定义

A.1.1

钙含量　calcium content

本标准条件下被测样品中钙的质量分数(以氧化钙质量分数表示)。

A.2　原理

试样经灰化得到总灰分,用盐酸处理,将钙以草酸钙形式沉淀后,用高锰酸钾溶液滴定。

A.3　试剂

所用试剂为分析纯,水为蒸馏水。

A.3.1　乙酸。

A.3.2　浓盐酸:$\rho_{20}(HCl)=1.16$ g/mL。

A.3.3　稀盐酸:2 体积浓盐酸加 5 体积水。

A.3.4　氢氧化铵溶液:$\rho(NH_4OH)=0.90$ g/mL。

A.3.5　草酸铵饱和溶液。

A.3.6　硫酸溶液:20%(质量分数);1 体积浓硫酸[$\rho_{20}(H_2SO_4)=1.84$ g/mL]加 4 体积水。

A.3.7　高锰酸钾标准滴定液:$c(KMnO_4)=0.05$ mol/L。

A.3.8　溴甲酚绿指示液:0.4 g/L;称取 0.1 g 溴甲酚绿(精确至 0.001 g),置研钵中,加 14.3 mL 0.01 mol/L氢氧化钠溶液研磨,定量移入 250 mL 容量瓶中,用水稀至刻度。该指示液的 pH 为 3.8～5.4,在酸性介质中显黄色,在碱性介质中显绿色。

A.4　仪器

A.4.1　坩埚。

A.4.2　定量滤纸。

A.4.3　烧杯:250 mL。

A.4.4　蒸汽浴。

A.4.5　水浴。

A.4.6　分析天平。

A.4.7　容量瓶。

A.4.8　研钵。

A.5　方法

A.5.1　试样

称取 2 g～4 g 样品,精确至±0.001 g。

A.5.2 测定

按 GB/T 12729.7 灰化试样(温度 600 ℃±25 ℃),用稀盐酸溶解坩埚中的灰分,在蒸汽浴上蒸干,再用稀盐酸溶解残渣后再蒸干。用 5 mL～10 mL 浓盐酸处理残渣,然后加 50 mL 水,置水浴上几分钟后滤入 250 mL 烧杯(A)中,用热水洗涤不溶性残渣,将洗涤液也收集于烧杯(A)中,往烧杯中滴加 8～10 滴溴甲酚绿指示液,加氢氧化铵溶液至显蓝色(pH 为 4.8～5.0),然后逐滴加醋酸至溶液明显变绿(pH 为 4.4～4.6),定量过滤溶液,将滤液和洗涤液收集于烧杯(B)中,煮沸后滴加乙酸铵溶液至沉淀形成,再滴加少量(过量)乙酸铵溶液,加热至沸,然后放置 3 h 以上,通过滤纸倾出并弃去上层清液,再用 13 mL～20 mL 热水洗涤沉淀弃去清液。

热稀盐酸溶解沉淀,再倾出清液,溶解残留于滤纸上的沉淀,合并入烧杯(C)中,用热水彻底洗涤滤纸,沸腾下加足量的氢氧化铵和少量乙酸铵溶液进行二次沉淀,放置 3 h 以上,用上述滤纸过滤,热水洗涤至滤液不含氯为止。将滤纸锥体顶点处戳破,将沉淀洗入烧杯(D)中,然后用热硫酸(A.3.6)洗涤滤纸,溶液在低于 70 ℃下,用高锰酸钾溶液返滴定,直至稳定的粉红色出现时为终点。

A.6 结果表示

钙含量(w_{CaO})以氧化钙质量分数表示,如式(A.1):

$$w_{CaO}=\frac{0.028\times V}{m}\times 100\% \qquad \text{(A.1)}$$

式中:

w_{CaO}——钙含量(质量分数);

m ——试样质量,单位为克(g);

V ——高锰酸钾溶液体积,单位为毫升(mL)。

注:若滴定液浓度不是 0.05 mol/L,则用实际使用浓度对应的校正系数进行计算。

ICS 67.220.10
X 66

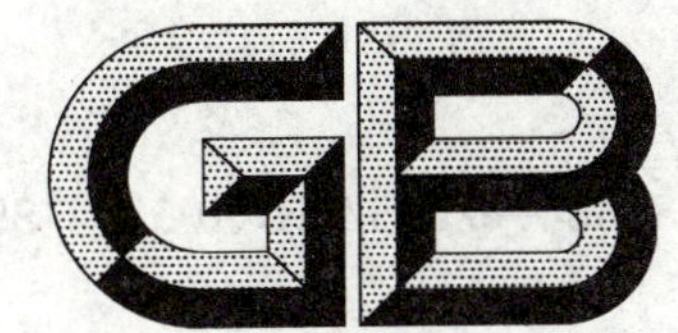

中华人民共和国国家标准

GB/T 30384—2013/ISO 10621:1997

脱水绿胡椒

Dehydrated green pepper

(ISO 10621:1997, Dehydrated green pepper(*Piper nigrum* L.)—Specification, IDT)

2013-12-31 发布　　2014-06-22 实施

中华人民共和国国家质量监督检验检疫总局
中国国家标准化管理委员会　发布

前言

本标准按照 GB/T 1.1—2009 给出的规则起草。

本标准用翻译法等同采用 ISO 10621:1997《脱水鲜胡椒　规范》。

与本标准中规范性引用的国际文件有一致性对应关系的我国文件如下:

——GB/T 12729.2—2008　香辛料和调味品　取样方法(ISO 948:1980, NEQ);

——GB/T 12729.5—2008　香辛料和调味品　外来物含量的测定(ISO 927:1982, NEQ);

——GB/T 12729.6—2008　香辛料和调味品　水分含量的测定(蒸馏法)(ISO 939:1980, NEQ);

——GB/T 12729.7—2008　香辛料和调味品　总灰分的测定(ISO 928:1997, NEQ);

——GB/T 12729.9—2008　香辛料和调味品　酸不溶性灰分的测定 (ISO 930:1997,MOD)。

本标准做了下列编辑性修改:

——为与我国脱水绿胡椒产品名称一致,将标准名称改为《脱水绿胡椒》。

本标准由中华全国供销合作总社提出。

本标准由全国辛香料标准化技术委员会(SAC/TC 408)归口。

本标准起草单位:宁波海通食品科技有限公司、南京野生植物综合利用研究院。

本标准主要起草人:孙金才、陈仕荣、张卫明、国维华。

脱 水 绿 胡 椒

1 范围

本标准规定了脱水绿胡椒的技术要求、试验方法、包装、标志。

本标准适用于脱水绿胡椒的质量评定及其贸易。

2 规范性引用文件

下列文件对于本文件的应用是必不可少的。凡是注日期的引用文件,仅注日期的版本适用于本文件。凡是不注日期的引用文件,其最新版本(包括所有的修改单)适用于本文件。

ISO 927 香辛料和调味品 外来物含量的测定(Spices and condiments—Determination of extraneous matter content)

ISO 928 香辛料和调味品 总灰分的测定(Spices and condiments—Determination of total ash)

ISO 930 香辛料和调味品 酸不溶性灰分的测定(Spices and condiments—Determination of acid-insoluble ash)

ISO 939 香辛料和调味品 水分含量的测定(蒸馏法)(Spices and condiments—Determination of moisture content—Entrainment method)

ISO 948 香辛料和调味品 取样方法(Spices and condiments—Sampling)

ISO 5522 水果、蔬菜及其制品 二氧化硫总含量的测定(Fruits, vegetables and derived products—Determination of total sulphur dioxide content)

3 术语和定义

下列术语和定义适用于本文件。

3.1

碎果 broken berry

裂成两瓣或两瓣以上的胡椒果。

3.2

轻质果 light berry

外表生长正常,但无果核的胡椒果。

3.3

针头果 pinhead berry

果形很小且发育不完全的胡椒果。

3.4

黑果 dark-coloured berry

果色比正常鲜果深的胡椒果。

3.5

褪色果 discoloured berry

颜色消退或带色斑的胡椒果。

4 描述

脱水绿胡椒是由来自 *Piper nigrum* L.的新鲜绿胡椒果在可控条件下,经干燥处理后得到的产品。

5 要求

5.1 色泽

胡椒果应具有合适成熟度的绿胡椒所具有的特征颜色。

5.2 无虫、无霉变

脱水绿胡椒不得带活虫,不得霉变,更不得带肉眼可见的死虫、虫尸碎片及啮齿动物的残留物,必要时可借助放大镜观察,当放大倍数大于10倍时,应在检验报告中加以说明。

5.3 外来物

本标准规定的外来物如下:

a) 除脱水绿胡椒以外的所有其他物质;

b) 不管是源自植物的茎叶,还是源自矿物的砂土,均属外来物;

c) 外来物按 ISO 927 规定的方法测定,应不大于1%(质量分数)。

注:轻质果、针头果和碎果不属外来物。

5.4 不完善果

不完善果包括:褪色果、黑果、轻质果、碎果和针头果。不完善果最大不得超过7%,黑果不得超过4%(质量分数)。

5.5 脱水性

将1份脱水绿胡椒与10份1%(质量分数)氯化钠共煮20 min后,脱水绿胡椒应能复原成质量优良的绿胡椒,质感柔软,具有绿胡椒的特征刺激性香辛气味、滋味和颜色。

脱水绿胡椒不得霉变或带烟熏的印迹。

5.6 理化指标

脱水绿胡椒的理化指标应符合表1的规定。

表1 脱水绿胡椒的理化指标

项目		指标	试验方法
水分(质量分数)/%	≤	8	ISO 939
总灰分(质量分数,干基)/%	≤	5	ISO 928
酸不溶性灰分(质量分数,干基)/%	≤	0.3	ISO 930
二氧化硫/(mg/kg)	≤	500	ISO 5522

6 取样

取样按 ISO 948 执行。

7 测定方法

按 5.3～5.6 和表 1 的规定测定，以确定脱水绿胡椒是否符合本标准的要求。

8 包装、标志

8.1 包装

包装应符合以下要求：

a) 脱水绿胡椒应包装在洁净、完好的包装中；

b) 包装材料不得影响产品质量，并能防止湿气进入；

c) 包装应符合国家有关环境保护法规的要求。

8.2 标志

下列各项应直接标注于包装或包装的标签上：

a) 产品名称；

b) 加工商或包装商的名称、地址；

c) 商品名称或商标名称；

d) 代号或批号；

e) 净重；

f) 生产国；

g) 购买者需要的其他信息，如包装日期、收获年代等；

h) 本标准的参考资料；

i) 产品是否含添加剂，进口国是否允许添加这些添加剂。

ICS 67.220.10
X 66

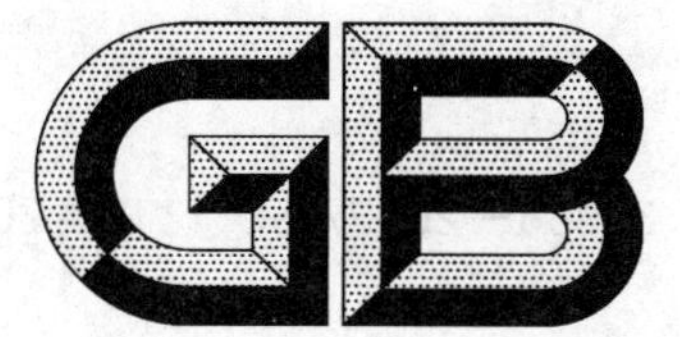

中华人民共和国国家标准

GB/T 30386—2013/ISO 11162:2001

盐水胡椒

Peppercorns in brine

(ISO 11162:2001,Peppercorns(*Piper nigrum* L.) in brine—Specification and test methods,IDT)

2013-12-31 发布　　2014-06-22 实施

中华人民共和国国家质量监督检验检疫总局
中国国家标准化管理委员会　发布

前　言

本标准按照 GB/T 1.1—2009 给出的规则起草。

本标准用翻译法等同采用 ISO 11162:2001《盐渍胡椒子(*Piper nigrum* L.)　规范和测定方法》。

与本标准中规范性引用的国际文件有一致性对应关系的我国文件如下：

——GB/T 12729.2—2008　香辛料和调味品　取样方法(ISO 948:1980,NEQ)；

——GB/T 12729.5—2008　香辛料和调味品　外来物含量的测定(ISO 927:1982,NEQ)；

——GB/T 12729.6—2008　香辛料和调味品　水分含量的测定(蒸馏法)(ISO 939:1980,NEQ)。

本标准做了下列编辑性修改：

——为与我国盐水胡椒产品名称一致,将标准名称改为《盐水胡椒》。

本标准由中华全国供销合作总社提出。

本标准由全国辛香料标准化技术委员会(SAC/TC 408)归口。

本标准起草单位:宁波海通食品科技有限公司、南京野生植物综合利用研究院。

本标准主要起草人:孙金才、陈仕荣、张卫明、国维华。

盐 水 胡 椒

1 范围

本标准规定了盐水胡椒的技术要求、试验方法、包装、标志。

本标准适用于盐水胡椒的质量评定及其贸易。

2 规范性引用文件

下列文件对于本文件的应用是必不可少的。凡是注日期的引用文件，仅注日期的版本适用于本文件。凡是不注日期的引用文件，其最新版本（包括所有的修改单）适用于本文件。

ISO 927 香辛料和调味品 外来物含量的测定(Spices and condiments—Determination of extraneous matter content)

ISO 939 香辛料和调味品 水分含量的测定(蒸馏法)(Spices and condiments—Determination of moisture content—Entrainment method)

ISO 948 香辛料和调味品 取样方法(Spices and condiments—Sampling)

ISO 3310-1 试验筛 技术要求和试验 第1部分：金属丝网布试验筛(Test sieves—Technical requirements and testing—Part 1:Test sieves of metal wire cloth)

ISO 5564 整粒黑、白胡椒或胡椒粉 胡椒碱含量的测定(Black pepper and white pepper,whole or ground—Determination of piperine content)

3 术语和定义

下列术语和定义适用于本文件。

3.1

盐水胡椒 peppercorns in brine

部分成熟的鲜绿胡椒果(*Piper nigrum* L.)盐渍得到的产品。

3.2

盐水总酸度 total acidity of brine

盐水胡椒中所有酸性物质的酸度，以柠檬酸的质量分数表示。

注：柠檬酸是三元酸，其摩尔质量为192.13 g/mol。

3.3

胡椒碱含量 piperine content

本标准测得的刺激性成分(胡椒碱)的含量。

注：含量以质量分数表示。

3.4

氯化物含量 chloride content

本标准测得的胡椒盐水中所含氯离子的质量分数(以氯化钠计)。

4 要求

4.1 颜色和大小

胡椒果应具有成熟鲜胡椒特有的浅绿至绿色，果径3 mm～6 mm，同批次产品大小应大致相同。

4.2 气味和滋味

具有鲜绿胡椒果特有的气味、滋味，不得有其他异味。

4.3 外来物

不属盐水胡椒的物质均属外来物，外来物按 ISO 927 测定，总质量分数应不超过 1%。

注：轻质果、针头果、碎果不属外来物。

4.4 不完善果

不完善果包括：褪色果、黑果、轻果、碎果和针头果。在 500 g 沥干胡椒粒中分拣、称量，不完善果最大应不超过 4%(质量分数)。

4.5 无霉变、无虫，不含防腐剂、着色剂和调味剂

不得霉变、带虫，不得添加防腐剂、着色剂、调味剂等添加物。

4.6 盐水胡椒中胡椒碱含量

胡椒碱含量应按附录 A 的规定测定。

4.7 盐水胡椒参数和加工条件

4.7.1 盐水胡椒应符合表 1 规定的要求。

表 1 盐水胡椒的质量要求

项 目		指 标	试验方法
外观		清澈、无沉淀	感官检验
乙酸或柠檬酸(质量分数)/%	≤	0.6	附录 B
氯化物含量(质量分数，以氯化钠计)/%		12～15	附录 C
pH 值		4.0～4.5	pH 计

4.7.2 盐水胡椒应在卫生符合要求的环境条件下加工。

4.8 沥干质量

沥干质量按附录 D 的规定测定，应不少于净质量的 50%(质量分数)。

5 取样

取样按 ISO 948 执行。

6 包装、标志

6.1 包装

包装应符合以下要求：

a) 盐水胡椒应包装在洁净、完好的包装中；

b） 包装不得影响产品质量，并能防止产品损毁；

c） 包装应符合国家有关环境保护法规的要求。

6.2 标志

下列各项应直接标注于每个包装或标签上：

a） 产品名称或商品名称（如有）；

b） 制造商或包装商的名称、地址；

c） 商标名称（如有）；

d） 批号或代号；

e） 净重；

f） 保质期；

g） 购买者要求的其他标注（收获年代和包装日期）或国家法规要求的标注（盐水的柠檬酸含量）；

h） 加工国；

i） 本标准的参考资料。

附　录　A
（规范性附录）
胡椒碱的测定

A.1　导言

ISO 5564 虽已规定了胡椒碱测定方法，但由于氯化钠的存在，盐水胡椒中胡椒碱的测定难以获得稳定的结果，本附录为盐水胡椒中胡椒碱含量测定的校正方法。

A.2　原理

用乙醇萃取样品中的刺激性成分，在 343 nm 下进行光谱测定，然后计算胡椒碱含量。

A.3　试剂

仅使用分析纯试剂。

A.3.1　乙醇：96％（体积分数）。

A.4　仪器

所用仪器如 ISO 5564 所述，其他仪器如下。

A.4.1　塑料容器：直径大于 10 cm；

A.4.2　调温烘箱：50 ℃±5 ℃；

A.4.3　分析天平：感量 0.001 g。

A.5　试样的准备

将青胡椒果沥干盐水。称取（精确至 0.01 g）沥干后的胡椒果 50 g～60 g，置于塑料容器中，摊平后放入 50 ℃烘箱中烘 24 h。

A.6　试验方法

A.6.1　氯化钠含量测定

按附录 C 执行。

A.6.2　水分含量测定

按 ISO 939 的规定执行。

A.6.3　胡椒碱含量的测定

按 ISO 5564 测定胡椒果（沥干、干燥、研碎后）的胡椒碱含量（干基）。

A.7 结果表示

胡椒碱含量(干态),按式(A.1)计算:

$$P \Big/ \left[\left(1-\frac{H}{100}\right)\left(1+\frac{S}{100}\right)-\frac{S}{100}\times\frac{250}{100}\times\frac{(m_1-m_0)}{(m_2-m_0)}\right] \cdots\cdots\cdots\cdots\cdots\cdots (A.1)$$

式中:

P ——胡椒碱含量(干态)(质量分数);

H ——胡椒果水分含量(质量分数);

S ——氯化钠含量(质量分数);

m_0——塑料容器质量,单位为克(g);

m_1——塑料容器和沥干胡椒果质量,单位为克(g);

m_2——塑料容器和干胡椒果质量,单位为克(g)。

附　录　B
(规范性附录)
总酸度的测定(以柠檬酸表示)

B.1　原理

用酚酞作指示剂,氢氧化钠为滴定液,测定盐水的总酸度。

B.2　试剂

仅使用分析纯试剂、蒸馏水或纯度相当的水。

B.2.1　乙醇:95%~96%(体积分数)。

B.2.2　酚酞溶液:将约 2 g 的酚酞溶于 1 L 乙醇中,用移液管吸取该溶液 10 mL,然后用水稀释至 1 L。

B.2.3　氢氧化钠溶液:0.1 mol/L。

B.3　仪器

常用实验室仪器,其他仪器如下:

a)　烧杯:50 mL~100 mL;

b)　移液管:10 mL;

c)　滴定管:25 mL;

d)　磁力搅拌器;

e)　分析天平:感量 0.001 g。

B.4　方法

B.4.1　试样

按式(B.1)估算从滴定管取出的试样(液)量(5 mL~20 mL),用 100 mL 烧杯称量,精确至 0.001 g:

$$\frac{5}{a} \leqslant m \leqslant \frac{10}{a} \qquad \cdots\cdots(B.1)$$

式中:

m ——试样质量,单位为克(g);

a ——预估的总酸度,以柠檬酸的质量分数表示。

B.4.2　柠檬酸含量的测定

在盛有试液的 50 mL 烧杯中加入酚酞溶液(B.2.2)至满刻度。用氢氧化钠溶液(B.2.3)进行 2 次平行滴定,酚酞的粉红色出现即为滴定终点。

B.4.3　结果表示

总酸度 a,用柠檬酸质量分数表示,如式(B.2):

$$a=\frac{M\times c_{s}\times V}{3\times m} \qquad \cdots\cdots(B.2)$$

式中：

a ——总酸度；

M——柠檬酸摩尔质量，192.13 g/mol；

c_s——氢氧化钠的浓度，单位为摩尔每升(mol/L)；

V ——氢氧化钠溶液体积，单位为毫升(mL)；

m——试样质量，单位为克(g)。

注：由于柠檬酸是三元酸，一定摩尔数的当量体积比相同摩尔数的乙酸(一元酸)的当量体积大三倍，由于柠檬酸与乙酸的相对分子质量比为 192.13/60.04=3.2，用柠檬酸表示的酸度(a)与用乙酸表示的酸度(b)很接近，其关系表示为：$a/b=1.07$。

附 录 C
（规范性附录）
氯化物含量的测定

C.1 引言

本附录规定了测定胡椒盐水中氯离子的方法。
用硝酸银沉淀滴定法测定氯离子，用自动滴定电位计指示终点。

C.2 试剂

仅用分析纯试剂。
C.2.1 蒸馏水或去离子水。
C.2.2 硝酸银溶液：0.1 mol/L。

C.3 仪器

实验室常用仪器，其他仪器如下：
a) 电位滴定仪：带银电极、玻璃电极和滴定烧瓶；
b) 分析天平：感量 0.000 1 g。

C.4 试样的准备

试样为测定沥干净质量（见附录 D）时，盐水胡椒沥干后收集到的盐水。

C.5 测定

C.5.1 试液

从滴定管中取试样（溶液）约 0.5 g，称量（精确至 0.000 1 g），用水（C.2.1）稀至约 50 mL。

C.5.2 测定

用硝酸银溶液（C.2.2）滴定试样（溶液）（C.5.1）中的氯离子，1 mL 硝酸银溶液相当于 5.844 mg 氯化钠。

C.6 结果表示

氯化物含量（w），以氯化钠质量分数表示，如式（C.1）：

$$w = 0.584\,4 \times \frac{V_{eq}}{m} \qquad \text{(C.1)}$$

式中：
V_{eq}——硝酸银溶液体积，单位为毫升（mL）；
m ——试样质量，单位为克（g）。

附　录　D
（规范性附录）
净质量和沥干质量的测定

D.1　导言

本附录D规定了测定盐水胡椒中胡椒果净质量和沥干净质量的方法。

D.2　仪器

实验室常用仪器，其他仪器如下：

a)　扁平筛：孔径2.5 mm，网厚0.85 mm，直径200 mm或300 mm，符合ISO 3310-1的要求；

b)　秒表；

c)　天平：感量0.1 g。

D.3　操作方法

先称量盐水胡椒（整包装）的质量（m），精确至0.1 g，然后称量筛的质量（m_1）精确至1 g（容量小于等于850 mL的包装用直径200 mm的筛，大于850 mL的用直径300 mm的筛）。将筛放在合适的容器上，将盐水胡椒倒在筛上，将筛水平倾斜20°，当胡椒倒入的瞬间开始计时，精确计时2 min，计时结束立刻将筛连同筛中物一起称量（m_2）。将装过盐水胡椒的容器沥洗、烘干、称量（m_3），精确至0.1 g。

保留盐水供附录C使用。

D.4　结果表示

D.4.1　净质量的测定

按式（D.1）计算净质量（m_N）：

$$m_N = m - m_3 \qquad \text{(D.1)}$$

D.4.2　沥干净质量的测定

按式（D.2）计算沥干质量（m_E）：

$$m_E = m_2 - m_1 \qquad \text{(D.2)}$$

式中：

m_N——净质量，单位为克（g）；

m_E——沥干质量，单位为克（g）；

m　——盐水胡椒（整包装）的质量，单位为克（g）；

m_1——筛的质量，单位为克（g）；

m_2——筛和沥干胡椒的质量，单位为克（g）；

m_3——盐水胡椒包装的质量，单位为克（g）。

ICS 67.220.10
X 66

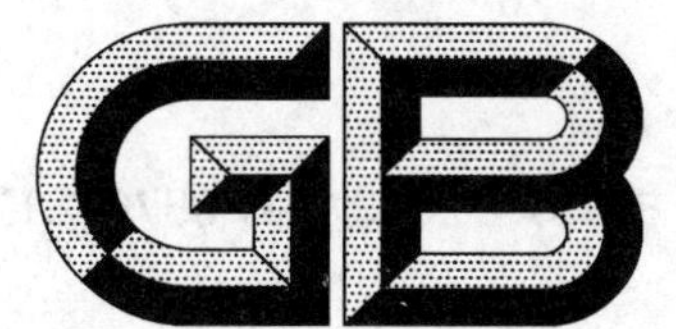

中华人民共和国国家标准

GB/T 30387—2013/ISO 6576:2004

月　桂　叶

Laurel

(ISO 6576:2004,Laurel (*Laurus nobilis* L.)—Whole and ground leaves—Specification,IDT)

2013-12-31 发布　　2014-06-22 实施

中华人民共和国国家质量监督检验检疫总局
中国国家标准化管理委员会　发布

前 言

本标准按照 GB/T 1.1—2009 给出的规则起草。

本标准用翻译法等同采用 ISO 6576:2004《月桂叶　规格》。

与本标准中规范性引用的国际文件有一致性对应关系的我国文件如下：

——GB/T 12729.2—2008　香辛料和调味品　取样方法(ISO 948:1980，NEQ)；

——GB/T 12729.3—2008　香辛料和调味品　分析用粉末试样的制备(ISO 2825:1981,MOD)；

——GB/T 12729.5—2008　香辛料和调味品　外来物含量的测定(ISO 927:1982，NEQ)；

——GB/T 12729.6—2008　香辛料和调味品　水分含量的测定(蒸馏法)(ISO 939:1980，NEQ)；

——GB/T 12729.7—2008　香辛料和调味品　总灰分的测定(ISO 928:1997，NEQ)；

——GB/T 12729.9—2008　香辛料和调味品　酸不溶性灰分的测定 (ISO 930:1997,MOD)。

本标准做了下列编辑性修改：

——为与我国月桂叶产品名称一致,将标准名称改为《月桂叶》。

本标准由中华全国供销合作总社提出。

本标准由全国辛香料标准化技术委员会(SAC/TC 408)归口。

本标准起草单位:南京野生植物综合利用研究院。

本标准主要起草人:陈仕荣、张卫明。

月 桂 叶

1 范围

本标准规定了月桂叶(整的或碎叶)的技术要求、试验方法、包装、标志。

本标准适用于月桂叶(整的或碎叶)的质量评定及其贸易。

2 规范性引用文件

下列文件对于本文件的应用是必不可少的。凡是注日期的引用文件,仅注日期的版本适用于本文件。凡是不注日期的引用文件,其最新版本(包括所有修改单)适用于本文件。

ISO 927 香辛料和调味品 外来物含量的测定(Spices and condiments—Determination of extraneous matter content)

ISO 928 香辛料和调味品 总灰分的测定(Spices and condiments—Determination of total ash)

ISO 930 香辛料和调味品 酸不溶性灰分的测定(Spices and condiments—Determination of acid-insoluble ash)

ISO 939 香辛料和调味品 水分含量的测定(蒸馏法)(Spices and condiments—Determination of moisture content—Entrainment method)

ISO 948 香辛料和调味品 取样方法(Spices and condiments—Sampling)

ISO 2825 香辛料和调味品 分析用粉末试样的制备(Spices and condiments—Preparation of a ground sample for analysis)

ISO 5498 农产食品 粗纤维含量的测定 通用法(Agricultural food products—Determination of crude fibre content—General method)

ISO 6571 香辛料和调味品 挥发油含量的测定(蒸馏法)(Spices, condiments and herbs—Determination of volatile oil content—Hydrodistillation method)

3 要求

3.1 描述

月桂叶为 *Laurus nobilis* L.的干叶,椭圆形,顶部尖(或钝),短叶柄,边沿波浪状,叶面绿色(有时黄色),背面色浅,叶长 25 mm～100 mm、宽 20 mm～45 mm。干叶光亮柔软,可见叶脉,背面暗淡,叶脉更明显。

3.2 气味、滋味

月桂叶味微苦,略带刺激性,揉搓时会散发出令人愉快、浓烈、清新的气味。月桂叶不得有异味,更不得发霉。

3.3 无虫、不霉变

月桂叶不得带活虫,不得霉变,更不得带肉眼可见的死虫、虫尸碎片及啮齿动物的残留物,必要时可借助放大镜观察,当放大倍数大于 10 倍时,应在检验报告中加以说明。

3.4 外来物

本标准规定的外来物如下：

a) 不属于月桂叶的所有物质，尤其是茎；

b) 所有其他外来的动植物和矿物质。

外来物总量按 ISO 927 的规定测定，其质量分数应不大于 2%。

3.5 分类

月桂叶按产地和叶的大小进行分类。

3.6 理化指标

月桂叶理化指标应符合表 1 的规定。

表 1 月桂叶理化指标

项目		指标	试验方法
水分(质量分数)/%	≤	8	ISO 939
总灰分(质量分数，干基)/%	≤	7	ISO 928
酸不溶性灰分(质量分数，干基)/%	≤	2	ISO 930
挥发油(干基)/(mL/100 g)	≥	1	ISO 6571
粗纤维 (质量分数，干基)/%	≤	30	ISO 5498

4 取样

取样按 ISO 948 执行。

分析用粉末试样的制备按 ISO 2825 执行，粉末试样应全部通过 500 μm 的筛。

5 试验方法

按 3.4 和表 1 规定的试验方法测定，以确定样品是否符合本标准的要求。

6 包装、标志

6.1 包装

月桂叶应包装在洁净、完好的包装中，包装材料不得影响月桂叶。月桂叶通常以压缩方包的形式装运。

6.2 标志

下列信息应标注于每个包装或包装的标签上：

a) 产品名称(植物学名和形态)，以及商品名称或商标名称(如有)；

b) 生产商或包装商的名称、地址；

c) 批号或代号；

d） 级别；

e） 净重；

f） 生产国；

g） 购买者需要的其他信息；

h） 收获年代；

i） 本标准的编号。

ICS 67.220.10
X 66

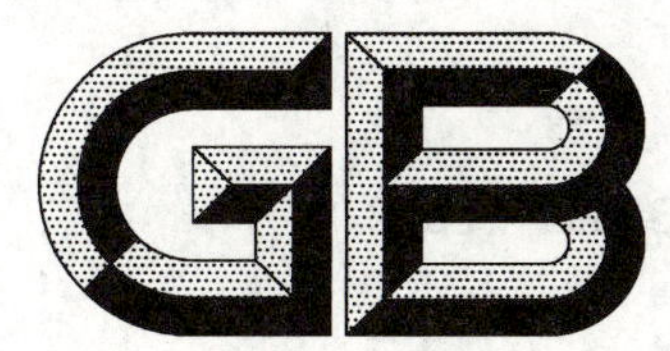

中华人民共和国国家标准

GB/T 30391—2013

花椒

Prickly ash

2013-12-31 发布 2014-06-22 实施

中华人民共和国国家质量监督检验检疫总局
中国国家标准化管理委员会 发布

前　言

本标准按照 GB/T 1.1—2009 给出的规则起草。

本标准由全国辛香料标准化技术委员会(SAC/TC 408)归口。

本标准负责起草单位:重庆骄业生物科技有限公司。

本标准参加起草单位:西北农林科技大学、南京野生植物综合利用研究院。

本标准主要起草人:李孟楼、聂勋杰、张卫明、李菲菲、陈仕荣、聂勋良、胡世宇。

花　　椒

1　范围

本标准规定了鲜花椒、冷藏花椒、干花椒和花椒粉的质量指标、试验方法、检验规则、包装、标志和贮运要求。

本标准适用于作为食品调味料用的花椒(*Zanthoxylum bungeanum* Maxim.)、竹叶椒(*Z. armatum* DC.)和青椒(*Z. schinifolium* Sieb.et Zucc.)的质量评定及其贸易。

2　规范性引用文件

下列文件对于本文件的应用是必不可少的。凡是注日期的引用文件,仅注日期的版本适用于本文件。凡是不注日期的引用文件,其最新版本(包括所有的修改单)适用于本文件。

GB 4789.3　食品安全国家标准　食品微生物学检验　大肠菌群计数

GB/T 4789.16　食品卫生微生物学检验　常见产毒霉菌的鉴定

GB/T 4789.32　食品卫生微生物学检验　大肠菌群的快速检测

GB/T 5009.11　食品中总砷及无机砷的测定

GB 5009.12　食品安全国家标准　食品中铅的测定

GB/T 5009.15　食品中镉的测定

GB/T 5009.17　食品中总汞及有机汞的测定

GB/T 5009.20　食品中有机磷农药残留量的测定

GB/T 12729.2　香辛料和调味品　取样方法

GB/T 12729.3　香辛料和调味品　分析用粉末试样的制备

GB/T 12729.5　香辛料和调味品　外来物含量的测定

GB/T 12729.6　香辛料和调味品　水分含量的测定(蒸馏法)

GB/T 12729.7　香辛料和调味品　总灰分的测定

GB/T 12729.12　香辛料和调味品　不挥发性乙醚抽提物的测定

GB/T 17527　胡椒精油含量的测定

3　术语和定义

下列术语和定义适用于本文件。

3.1

花椒　prickly ash

花椒(*Zanthoxylum bungeanum* Maxim.)、竹叶椒(*Z. armatum* DC.)和青椒(*Z. schinifolium* Sieb.et Zucc.)的果皮。

3.2

鲜花椒　fresh prickly ash

未干制的新鲜花椒。

3.3

冷藏花椒　fresh keeping of prickly ash

经杀青、冷藏的鲜花椒。

3.4

干花椒　dried prickly ash

晒干或干燥后的花椒。

3.5

花椒粉　prickly ash powder

干燥花椒经粉碎得到的粉状物。

3.6

过油椒　fried prickly ash

提取了花椒油素或经过油炸后的花椒。

3.7

闭眼椒　closed exocarp of prickly ash

干燥后果皮未开裂或开裂不充分、椒籽不能脱出的花椒果实。

3.8

霉粒　moldy prickly ash

酶变的花椒果实。

3.9

色泽　color and luster

成品花椒固有的颜色与光泽。

3.10

杂质　impurity

除花椒果实、种籽、果梗以外的所有物质。

3.11

外加物　foreign matter

来自外部、不是花椒果实固有的物质，包括染色剂及其他人为添加物。

4　采收、干制

4.1　采收

鲜花椒采收时，应根据品种和级别要求，确定具体采收时间。可手摘或剪采。鲜花椒可采带花椒复叶1个～2个；干制花椒只采摘伞状、总状果穗或果实。

4.2　干制

采用晾晒或加热(50 ℃～60 ℃)干燥进行干制，晾晒时应将鲜花椒摊平于洁净、无污染的场所。

5　要求

5.1　分级

以花椒精油含量为依据，将鲜花椒、冷藏花椒、干花椒、花椒粉分为一、二两个等级。

5.2 感官指标

花椒及花椒粉的感官指标应符合表1的要求。

表1 鲜花椒、冷藏花椒、干花椒和花椒粉感官指标

项目	鲜花椒及冷藏花椒	干花椒	花椒粉
油腺形态	油腺大而饱满	油腺凸出，手握硬脆	—
色泽	青花椒呈鲜绿或黄绿色；红花椒呈绿色、鲜红色或紫红色	青花椒褐色或绿褐色；红花椒鲜红或紫红色	青花椒粉为棕褐色或灰褐色；红花椒粉为棕红或褐红色
气味	气味清香、芳香，无异味	清香、芳香，无异味	芳香，舌感麻味浓、刺舌
杂质	无刺、霉腐粒，具种子，或果穗具1片～2片复叶及果穗柄	闭眼椒、椒籽含量≤8%，果梗≤3%，霉粒≤2%，无过油椒	—

5.3 理化指标

花椒及花椒粉理化指标应符合表2的要求。

表2 鲜花椒、冷藏花椒、干花椒、花椒粉理化指标

项目		鲜花椒及冷藏花椒		干花椒		花椒粉	
		一级	二级	一级	二级	一级	二级
精油/(mL/100 g)	≥	0.9	0.7	3.0	2.5	2.5	1.5
不挥发性乙醚提取物(质量分数)/%	≥	1.8	1.6	7.5	6.5	7.0	5.0
水分(质量分数)/%	≤	80.0		9.5	10.5	10.5	
总灰分(质量分数)/%	≤	3.0		5.5		4.5	
杂质(质量分数)/%	≤	10.0		5.0		2.0	
外加物		不得检出					

5.4 卫生指标

花椒卫生指标应符合表3的要求。

表3 鲜花椒、冷藏花椒、干花椒、花椒粉卫生指标

项目		指标		检验方法
		鲜花椒及冷藏花椒	干花椒及花椒粉	
总砷/(mg/kg)	≤	0.07	0.30	GB/T 5009.11
铅/(mg/kg)	≤	0.42	1.86	GB 5009.12
镉/(mg/kg)	≤	0.11	0.50	GB/T 5009.15
总汞/(mg/kg)	≤	0.01	0.03	GB/T 5009.17
马拉硫磷/(mg/kg)	≤	1.82	8.00	GB/T 5009.20

表 3（续）

项　　目		指　　标		检验方法
		鲜花椒及冷藏花椒	干花椒及花椒粉	
大肠菌群/(MPN/100 g)	≤	30		GB/T 4789.32
霉菌/(CFU/g)	≤	10 000		GB/T 4789.16
致病菌(指肠道致病菌及致病性球菌)		不得检出		

6 试验方法

6.1 取样方法及试样制备

按照 GB/T 12729.2 或 7.1 执行。粉末试样制备按 GB/T 12729.3 执行。

6.2 感官检验

观察样品的色泽、油腺形态、果形，有无霉粒、过油椒、杂质；鼻嗅或品尝其滋味；手感粗糙、硬脆、易碎者含水量适宜，反之含水量高；湿手撮捏椒粒，若手指染红或沾粘糊状物，表明花椒含有添加物；若内果皮成红色或紫红色，表明含有染色剂。

6.3 杂质的测定

按 GB/T 12729.5 的规定执行。

6.4 水分含量的测定

按 GB/T 12729.6 的规定执行。

6.5 花椒精油的测定

按 GB/T 17527 的规定执行。

6.6 总灰分的测定

按 GB/T 12729.7 的规定执行。

6.7 不挥发性乙醚抽提物的测定

按 GB/T 12729.12 的规定执行。

6.8 异物的检验

6.8.1 等体积称量检验

用量筒分别量取花椒标准样、待检验花椒样品各 200 mL，分别称重，若花椒样品重量大于标准样的 5%时，表明花椒样品含异物。

6.8.2 浸泡检验

称取待检验花椒样品 20 g，置于烧杯中，加入 100 mL 水，浸泡 20 min 后，若椒粒变形、水浑浊或变色，表明花椒含染色剂或异物。

6.9 卫生指标检验

按 GB 4789.3、GB/T 4789.16、GB/T 5009.11、GB 5009.12、GB/T 5009.15、GB/T 5009.17、GB/T 5009.20 的规定执行。

7 检验规则

7.1 取样

7.1.1 组批

同品种、同等级、同生产日期、同一次发运的花椒产品为一批，凡品种混杂、等级混淆、包装破损者，由交货方整理后再进行抽检。

7.1.2 抽样

成批包装的花椒按 GB/T 12729.2 取样，散装花椒应随机从样本的上、中、下抽取小样，混合小样后再从中抽取实验室样品，未加工的鲜花椒和干花椒的实验室样品总量不得少于 2 kg，花椒粉的取样量不少于 500 g；批量在 1 000 kg 以上的货物抽取 0.5％、500 kg～1 000 kg 取 1％、200 kg～500 kg 取 2％、200 kg 以下取 2 kg 的混合小样。

7.2 检验类别和判定规则

7.2.1 出厂检验

出厂检验项目为感官、水分、挥发油、总灰分和杂质。

7.2.2 型式检验

型式检验项目为第 5 章的全部项目。正常生产每 6 个月进行一次型式检验。

此外有下列情形之一时，也应进行型式检验：

a) 新产品鉴定；

b) 原辅材料、工艺有较大改变，影响产品质量；

c) 产品停产 6 个月以上，重新恢复生产；

d) 出厂检验与前一次型式检验结果有较大差异。

7.2.3 判定规则

7.2.3.1 出厂检验及判定规则

出厂检验项目全部符合标准的，判定为合格。

出厂检验项目如有一项或一项以上不符合标准的，可在同批产品中加倍抽样复验，复验后仍不符合的，按实测结果定级或判为不合格。

7.2.3.2 型式检验判定规则

型式检验项目全部符合标准要求时，判该批产品型式检验合格；型式检验项目有一项及以上项目不合格，可取备样复验，复验后仍不符合标准要求的，判该批产品型式检验不合格。

8 标志

下列各项应直接标注在包装上：

a) 品名、等级、产地；

b) 生产企业名址、电话；

c) 保质期、合格标志；

d) 净重；

e) 生产日期。

9 包装、贮存和运输

9.1 包装

包装材料应符合食品卫生要求。内包装应用聚乙烯薄膜袋(厚度≥0.18 mm)密封包装，外包装可用编织袋、麻袋、纸箱(盒)、塑料袋或盒等。所有包装应封口严实、牢固、完好、洁净。

9.2 贮存和运输

9.2.1 贮存

9.2.1.1 冷藏花椒

冷藏花椒应在－5 ℃～－3 ℃下冷藏。冷库应干燥、洁净，不得与有毒、有异味的物品混放。

9.2.1.2 干花椒、花椒粉

常温贮存，库房应通风、防潮，垛高不超过 3 m，严禁与有毒害、有异味的物品混放。

9.2.2 运输

运输途中应防止日晒雨淋，严禁与有毒害、有异味的物品混运；严禁使用受污染的运输工具装载。冷藏花椒在运输途中应保持在 25 ℃下。

ICS 67.160
X 66
备案号:20846—2007

中华人民共和国国内贸易行业标准

SB/T 10170—2007
代替 SB/T 10170—1993

腐乳

Fermented bean curd

2007-05-30 发布 2007-11-01 实施

中华人民共和国商务部 发布

前　言

本标准代替 SB/T 10170—1993《腐乳》。

本标准与 SB/T 10170—1993 相比主要变化如下：

——按照 GB/T 1.1—2000《标准化工作导则　第 1 部分：标准的结构和编写规则》对标准文本格式进行修改；

——对原标准的结构进行了修改，增加了净含量负偏差、生产加工过程的卫生要求；

——增加了腐乳产品的术语和定义；

——取消了原标准的理化指标中“小包装”的区分；

——降低了“食盐”下限；

——去掉了“水溶性无盐固形物”指标；

——理化指标中增加了水溶性蛋白质、总酸指标。

本标准由中国调味品协会提出。

本标准由中华人民共和国商务部归口。

本标准起草单位：北京市食品酿造研究所、王致和食品集团有限公司、上海鼎丰酿造食品有限公司、成都市调味品研究所。

本标准主要起草人：王家槐、吴鸣、车有荣、鲁绯、高丽华、张延华、王丽英、王瑞芝、万成龙、何英、李幼筠。

本标准所代替标准的历次版本发布情况为：

——SB/T 10170—1993。

腐　　乳

1　范围

本标准规定了腐乳的术语和定义、要求、生产加工过程的卫生要求、试验方法、检验规则、标志、包装、运输和贮存。

本标准适用于第3章所指的腐乳。

本标准不适用于以腐乳为原料，经再加工制成的、不具有腐乳形态的其他产品。

2　规范性引用文件

下列文件中的条款通过本标准的引用而成为本标准的条款。凡是注日期的引用文件，其随后所有的修改单(不包括勘误的内容)或修订版均不适用于本标准，然而，鼓励根据本标准达成协议的各方研究是否可使用这些文件的最新版本。凡是不注日期的引用文件，其最新版本适用于本标准。

GB 317　白砂糖

GB/T 601　化学试剂　标准滴定溶液的制备

GB 1352　大豆

GB 2712　发酵性豆制品卫生标准

GB 2757　蒸馏酒及配制酒卫生标准

GB 2760　食品添加剂使用卫生标准

GB/T 4789.23　食品卫生微生物学检验　冷食菜、豆制品检验

GB/T 5009.5—2003　食品中蛋白质的测定

GB/T 5009.52　发酵性豆制品卫生标准的分析方法

GB 5461　食用盐

GB/T 6682　分析实验室用水规格和试验方法

GB 7718　预包装　食品标签通则

GB 10343　食用酒精

GB/T 13662　黄酒

GB 14881　食品企业通用卫生规范

JJF1070　定量包装商品净含量计量检验规则

国家质量监督检验检疫总局令第75号(2005)《定量包装商品计量监督管理办法》

3　术语和定义

下列术语和定义适用于本标准。

3.1

腐乳　fermented bean curd

以大豆为主要原料，经加工磨浆、制坯、培菌、发酵而制成的调味、佐餐制品。

3.1.1

红腐乳　red fermented bean curd

红方　red sufu

在后期发酵的汤料中，配以着色剂红曲酿制而成的腐乳。

3.1.2

白腐乳　white fermented bean curd

白方　white sufu

在后期发酵过程中，不添加任何着色剂，汤料以黄酒、酒酿、白酒、食用酒精、香料为主酿制而成的腐

乳。在酿制过程中因添加不同的调味辅料,使其呈现不同的风味特色。大致包括糟方、油方、霉香、醉方、辣方等品种。

3.1.3

青腐乳　grey fermented bean curd

青方　grey sufu

在后期发酵过程中,以低度盐水为汤料酿制而成的腐乳。具有特有的气味,表面呈青色。

3.1.4

酱腐乳　paste fermented bean curd

酱方　paste sufu

在后期发酵过程中,以酱曲(大豆酱曲、蚕豆酱曲、面酱曲等)为主要辅料酿制而成的腐乳。

4　要求

4.1　原料和辅料要求

应符合相应的标准和有关规定。

4.1.1　大豆

应符合 GB 1352 的规定。

4.1.2　白酒

应符合 GB 2757 的规定。

4.1.3　黄酒

应符合 GB/T 13662 的规定。

4.1.4　食用酒精

应符合 GB 10343 的规定。

4.1.5　食用盐

应符合 GB 5461 的规定。

4.1.6　白砂糖

应符合 GB 317 的规定。

4.1.7　食品添加剂

应选用 GB 2760 中允许使用的食品添加剂,还应符合相应的食品添加剂的产品标准。

4.2　感官要求

感官要求应符合表 1 的规定。

表 1　感官要求

项　目	要　求			
	红腐乳	白腐乳	青腐乳	酱腐乳
色泽	表面呈鲜红色或枣红色,断面呈杏黄色或酱红色	呈乳黄色或黄褐色,表里色泽基本一致	呈豆青色,表里色泽基本一致	呈酱褐色或棕褐色,表里色泽基本一致
滋味、气味	滋味鲜美,咸淡适口,具有红腐乳特有气味,无异味	滋味鲜美,咸淡适口,具有白腐乳特有香味,无异味	滋味鲜美,咸淡适口,具有青腐乳特有之气味,无异味	滋味鲜美,咸淡适口,具有酱腐乳特有之香味,无异味
组织形态	块形整齐,质地细腻			
杂　质	无外来可见杂质			

4.3 理化指标

理化指标应符合表2的要求。

表2 理化指标

项目		要求			
		红腐乳	白腐乳	青腐乳	酱腐乳
水分/(%)	≤	72.0	75.0	75.0	67.0
氨基酸态氮(以氮计)/(g/100 g)	≥	0.42	0.35	0.60	0.50
水溶性蛋白质/(g/100 g)	≥	3.20	3.20	4.50	5.00
总酸(以乳酸计)/(g/100 g)	≤	1.30	1.30	1.30	2.50
食盐(以氯化钠计)/(g/100 g)	≥	6.5			

4.4 卫生指标

总砷、铅、黄曲霉毒素 B_1、大肠菌群、致病菌、食品添加剂应符合GB 2712的规定。

4.5 净含量负偏差

应符合《定量包装商品计量监督管理办法》的要求。

5 生产加工过程的卫生要求

应符合GB 14881的规定。

6 试验方法

本试验方法中所使用的水均为GB/T 6682规定的3级(或以上)分析实验室用的蒸馏水或去离子水;所用试剂在未特殊注明时,均为分析纯。

6.1 水分

6.1.1 原理

试样中的水分是指在100℃左右直接干燥的情况下,所失去物质的总量。

6.1.2 仪器

6.1.2.1 电热恒温干燥箱。

6.1.2.2 扁形玻璃制称量瓶:内径60 mm~70 mm,高35 mm以下。

6.1.2.3 分析天平:感量0.1 mg。

6.1.3 试样制备

将漏斗置于三角瓶上,用不锈钢筷子将样品从瓶中直接取出,放于漏斗上静置30 min,以除去卤汤。取约150 g左右不含卤汤的腐乳样品,放入洁净干燥的研钵中研磨成糊状,混匀后备用。

6.1.4 分析步骤

称取试样(6.1.3)5 g~10 g,于已知恒重的称量瓶中,均匀摊平后,加盖,精密称量后,置100℃~105℃干燥箱内,瓶盖斜支于瓶边,干燥4 h,盖好取出,放入干燥器内冷却0.5 h后称量,然后再干燥1 h,取出,放干燥器内冷却0.5 h后再称量。至前后两次质量差不超过2 mg,即为恒重。

6.1.5 结果计算

试样中水分含量按式(1)进行计算。

$$X_1 = \frac{m_1 - m_2}{m_1 - m_3} \times 100\% \qquad \cdots\cdots(1)$$

式中:

X_1——试样中水分的含量,%;

m_1——称量瓶和试样的质量,单位为克(g);

m_2——称量瓶和试样干燥后的质量，单位为克(g)；

m_3——称量瓶的质量，单位为克(g)。

计算结果保留三位有效数字。

6.1.6 **精密度**

在重复性条件下获得的两次独立测定结果的绝对差值不得超过算术平均值的5%。

6.2 **氨基酸态氮**

6.2.1 **原理**

利用氨基酸的两性作用，加入甲醛以固定氨基的碱性，使羧基显示出酸性，用氢氧化钠标准滴定溶液滴定后定量，以酸度计测定终点。

6.2.2 **试剂**

6.2.2.1 甲醛溶液(36%)：应不含有聚合物。

6.2.2.2 氢氧化钠标准滴定溶液[$c(NaOH)=0.0500$ mol/L]：按GB/T 601配制和标定。

6.2.3 **仪器**

6.2.3.1 酸度计。

6.2.3.2 磁力搅拌器。

6.2.4 **试液的制备**

称取约20.000 g(6.1.3)试样于150 mL烧杯中，加入60℃水80 mL，搅拌均匀并置于电炉上加热煮沸后即取下，冷却至室温(每隔0.5 h搅拌一次)，然后移入200 mL容量瓶中，用少量水分次洗涤烧杯，洗液并入容量瓶中，并加水至刻度，混匀，用干燥滤纸滤入250 mL磨口瓶中备用。

6.2.5 **分析步骤**

吸取10.0 mL上述滤液(6.2.4)，置于150 mL烧杯中，加50 mL水，开动磁力搅拌器，用氢氧化钠标准滴定溶液(6.2.2.2)滴定至酸度计指示pH8.2，记下消耗氢氧化钠标准滴定溶液的毫升数，可计算总酸含量。

加入10.0 mL甲醛溶液(6.2.2.1)，混匀。再用氢氧化钠标准滴定溶液(6.2.2.2)滴定至pH9.2，记下消耗氢氧化钠标准滴定溶液的毫升数。

同时做试剂空白试验，取50 mL水，先用氢氧化钠标准滴定溶液(6.2.2.2)调节至pH为8.2，记下消耗氢氧化钠标准滴定溶液的毫升数。再加入10.0 mL甲醛溶液，用氢氧化钠标准滴定溶液滴定至pH9.2，记下消耗氢氧化钠标准滴定溶液的毫升数。

6.2.6 **结果计算**

试样中氨基酸态氮含量按式(2)计算。

$$X_2=\frac{(V_1-V_2)\times c\times 0.014}{\frac{m}{200}\times 10}\times 100 \qquad \cdots\cdots(2)$$

式中：

X_2——试样中氨基酸态氮的含量(以氮计)，单位为克每百克(g/100 g)；

V_1——加甲醛后，测定试样时消耗0.050 0 mol/L氢氧化钠标准滴定溶液的体积，单位为毫升(mL)；

V_2——加甲醛后，空白试验时消耗0.050 0 mol/L氢氧化钠标准滴定溶液的体积，单位为毫升(mL)；

m——称取试样的质量，单位为克(g)；

c——氢氧化钠标准滴定溶液的浓度，单位为摩尔每升(mol/L)；

0.014——与1.00 mL氢氧化钠标准滴定溶液[$c(NaOH)=1.000$ mol/L]相当的氮的质量，单位为克(g)。

计算结果保留两位有效数字。

6.2.7 精密度

在重复性条件下获得的两次独立测定结果的绝对差值不得超过算术平均值的3%。

6.3 食盐

6.3.1 原理

用硝酸银标准滴定溶液滴定试样中的氯化钠，生成氯化银沉淀，待全部氯化银沉淀后，多滴加的硝酸银与铬酸钾指示剂生成铬酸银使溶液呈桔红色即为终点。由硝酸银标准滴定溶液消耗量计算氯化钠的含量。

6.3.2 试剂

a) 硝酸银标准滴定溶液[$c(AgNO_3)$=0.100 mol/L]：按GB/T 601配制和标定。

b) 50 g/L铬酸钾指示剂：称取5 g铬酸钾用少量水溶解后定容至100 mL。

6.3.3 分析步骤

吸取2.0 mL试液(6.2.4)，于150 mL锥形瓶中，加50 mL水及1 mL铬酸钾指示剂，混匀。用硝酸银标准滴定溶液(0.100 mol/L)滴定至初显砖红色。

量取50 mL水，同时做试剂空白试验。

6.3.4 结果计算

试样中食盐含量按式(3)计算。

$$X_3 = \frac{(V_1 - V_2) \times c \times 0.0585}{\frac{m}{200} \times 2} \times 100 \qquad (3)$$

式中：

X_3——试样中食盐(以氯化钠计)的含量，单位为克每百克(g/100 g)；

V_1——测定试样时，消耗硝酸银标准滴定溶液的体积，单位为毫升(mL)；

V_2——空白试验时，消耗硝酸银标准滴定溶液的体积，单位为毫升(mL)；

c——硝酸银标准滴定溶液的浓度，单位为摩尔每升(mol/L)；

m——称取试样的质量，单位为克(g)；

0.058 5——与1.00 mL硝酸银标准滴定溶液的浓度[$c(AgNO_3)$=1.000 mol/L]相当于氯化钠的质量，单位为克(g)。

计算结果保留两位有效数字。

6.3.5 精密度

在重复性条件下获得的两次独立测定结果的绝对差值不得超过算术平均值的3%。

6.4 水溶性蛋白质

吸取10.0 mL试液(6.2.4)，按GB/T 5009.5—2003“第一法”测定。蛋白质换算系数为5.71。

6.5 总酸

6.5.1 原理

腐乳中含有多种有机酸，用氢氧化钠标准溶液滴定，以酸度计测定终点，结果以乳酸表示。

6.5.2 试剂

氢氧化钠标准滴定溶液[$c(NaOH)$ = 0.050 0 mol/L]。

6.5.3 仪器

同6.2.3。

6.5.4 分析步骤

按6.2.5操作，量取80 mL水，同时做试剂空白试验。

6.5.5 结果计算

试样中总酸含量按式(4)计算。

$$X_3 = \frac{(V_1 - V_2) \times c \times 0.090}{\frac{m}{200} \times 10} \times 100 \quad \cdots\cdots(4)$$

式中：

X_2——试样中总酸的含量(以乳酸计)，单位为克每百克(g/100 g)；

V_1——测定试样时消耗0.050 0 mol/L氢氧化钠标准滴定溶液的体积，单位为毫升(mL)；

V_2——空白试验时消耗0.050 0 mol/L氢氧化钠标准滴定溶液的体积，单位为毫升(mL)；

m——称取试样的质量，单位为克(g)；

c——氢氧化钠标准滴定溶液的浓度，单位为摩尔每升(mol/L)；

0.090——与1.00 mL氢氧化钠标准滴定溶液[$c(NaOH)=1.000$ mol/L]相当的乳酸的质量，单位为克(g)。

计算结果保留三位有效数字。

6.6 总砷、铅、黄曲霉毒素B_1、食品添加剂

按GB/T 5009.52测定。

6.7 大肠菌群、致病菌

按GB/T 4789.23检验。

6.8 包装净含量检验

按JJF 1070的规定检测

7 检验规则

7.1 组批

以同一条件、同一天生产的同一品种、同一规格的产品为一批。

7.2 抽样

从成品库同批产品的不同部位随机抽取6瓶(坛)分别做感官要求、理化指标、卫生指标检验，留样。

7.3 检验分类

7.3.1 出厂检验

7.3.1.1 产品出厂前，应由生产企业的质量检验部门按本标准逐批检验。检验合格并签发质量合格证的产品，方可出厂。

7.3.1.2 出厂检验项目包括：净含量、感官要求、大肠菌群、水分、氨基酸态氮、水溶性蛋白质、总酸、食盐。

7.3.2 型式检验

型式检验的项目包括：本标准中规定的全部要求。型式检验每半年进行一次。有下列情况之一时，亦应进行：

a) 新产品试制鉴定时；

b) 正式生产后，如原料、工艺有较大变化，可能影响产品质量时；

c) 产品长期停产后，恢复生产时；

d) 国家质量监督机构提出要求时。

7.4 判定规则

7.4.1 卫生指标如有一项不符合要求时，判整批产品不合格。

7.4.2 净含量、感官要求及理化指标，如有一项或两项不符合要求时，可以在同批产品中抽取两倍量的样品复检，以复检结果为准；若仍有一项不合格时，则判整批产品不合格。

8 标志、包装、运输、贮存

8.1 标志

8.1.1 标签的标注内容应符合 GB 7718 的规定。

8.1.2 外包装箱上除应标明产品名称、制造者的名称和地址外，还应标明单位包装的净含量和总数量。

8.2 包装

包装材料和容器应符合相应的卫生标准和有关规定。

8.3 运输

产品在运输过程中应轻拿轻放，避免日晒、雨淋。运输工具应清洁卫生。不得与有毒、有害、有异味或影响产品质量的物品混装运输。

8.4 贮存

产品应贮存于干燥、通风良好的场所。不得与有毒、有害、有异味、易挥发、易腐蚀性的物品同处贮存。

ICS 67.220
X 66
备案号:26094—2009

中华人民共和国国内贸易行业标准

SB/T 10296—2009
代替 SB/T 10296—1999

甜　　面　　酱

Wheat paste

2009-04-02 发布　　　　2009-12-01 实施

中华人民共和国商务部　　发 布

前　言

本标准代替SB/T 10296—1999《甜面酱》。

本标准与SB/T 10296—1999相比的主要变化如下：

——修订了理化指标中的水分限量；

——增加了理化指标中的食盐、氨基酸态氮指标要求；

——规定了出厂检验项目。

本标准由中华人民共和国商务部提出。

本标准由全国调味品标准化技术委员会归口。

本标准主要修订单位：天津市利民调料有限公司、天津市调味品研究所。

本标准主要起草人：刘泽俊、郑广泉、沈宪良、王丽平。

本标准所代替标准的历次版本发布情况为：

——ZB X 66017—1987、SB/T 10296—1999。

甜　面　酱

1　范围

本标准规定了甜面酱的要求、试验方法、检验规则及标志、包装、运输与贮存的要求。

本标准适用于以小麦粉、水、食盐为主要原料，采用微生物发酵酿造加工而成的甜面酱。

2　规范性引用文件

下列文件中的条款通过本标准的引用而成为本标准的条款。凡是注日期的引用文件，其随后所有的修改单(不包括勘误的内容)或修订版均不适用于本标准，然而，鼓励根据本标准达成协议的各方研究是否可使用这些文件的最新版本。凡是不注日期的引用文件，其最新版本适用于本标准。

GB 1355　小麦粉

GB 2718　酱卫生标准

GB 2760　食品添加剂使用卫生标准

GB/T 5009.40　酱卫生标准的分析方法

GB 5461　食用盐

GB 5749　生活饮用水卫生标准

GB 7718　预包装食品标签通则

SB/T 10308—1999　甜面酱检验方法

JJF 1070　定量包装商品净含量计量检验规则

定量包装商品计量监督管理办法　国家质量监督检验检疫总局令[2005]第75号

3　要求

3.1　原料

3.1.1　小麦粉应符合 GB 1355 的规定。

3.1.2　食用盐应符合 GB 5461 的规定。

3.1.3　生产用水应符合 GB 5749 的规定。

3.2　感官特性

感官特性应符合表1的规定。

表1　感官特性

项　　目	要　　求
色泽	黄褐色或红褐色、有光泽
香气	有酱香和酯香气，无不良气味
滋味	甜咸适口，味鲜醇厚，无酸、苦、焦糊及其他异味
体态	粘稠适度，无杂质

3.3　理化指标

理化指标应符合表2的规定。

3.4　卫生指标

卫生指标应符合 GB 2718 的规定。

3.5 食品添加剂

3.5.1 食品添加剂质量应符合相应的标准和有关规定。

3.5.2 食品添加剂的品种和使用量应符合 GB 2760 的规定。

表 2 理化指标

项目		指标
水分(g/100 g)	≤	55.0
食盐(以 NaCl 计)/(g/100 g)	≥	7.0
氨基酸态氮(以氮计)/(g/100 g)	≥	0.3
还原糖(以葡萄糖计)/(g/100 g)	≥	20.0

3.6 净含量负偏差

应符合《定量包装商品计量监督管理办法》的规定。

4 试验方法

4.1 感官特性

按 SB/T 10308—1999 中第 2 章感官检验中规定检验。

4.2 理化指标

4.2.1 水分、还原糖

按 SB/T 10308—1999 中 3.1 和 3.2 规定测定。

4.2.2 食盐、氨基酸态氮

按 GB/T 5009.40 规定测定。

4.2.3 净含量

按 JJF 1070 规定执行。

5 检验规则

5.1 组批

同一天生产的同一品种的产品为一批。

5.2 抽样

每批产品中随机抽取 6 袋(瓶)样品,分别进行检验、留样。

5.3 出厂检验

每批产品出厂检验项目为标签、感官特性、水分、食盐、氨基酸态氮、还原糖、大肠菌群、净含量。

5.4 型式检验

型式检验包括技术要求中的全部项目。在正常生产的情况下,每半年进行一次型式检验。有下列情况之一时,亦应进行型式检验:

a) 新产品投产前;

b) 停产六个月恢复生产时;

c) 原料或工艺变动可能影响产品质量时;

d) 出厂检验结果与上次型式检验结果有较大差异时;

e) 国家质量监督机构提出进行型式检验的要求时。

5.5 判定规则

检验结果中有不符合本标准要求时,允许在原批次产品中加倍抽取样品对不合格项进行复验,检验结果若仍不合格则判定该批次产品不合格。微生物指标若有一项不合格即判定该批产品不合格。

6 标签、包装、运输和贮存

6.1 标签

产品标签应符合 GB 7718 规定。

6.2 包装

包装材料应符合相应的卫生标准和有关规定。

6.3 运输

运输工具应保持清洁。运输中应避免日晒雨淋，不得与不洁或有害物品混装混运。运输及装卸时应注意防震，要轻拿轻放，严禁摔撞、重压，以免破损污染产品。

6.4 贮存

产品应贮存在阴凉干燥的成品库内。不应与不洁或有毒有害物品混贮及露天存放。

中华人民共和国商业行业标准

SB/T 10303—1999

老陈醋质量标准

代替 ZB X 66002—86

Quality standard of ripened vinegar

本标准适用于以高粱为主要原料,以大曲为发酵剂,采用固态醋酸发酵,经陈酿而成的食醋。

1 质量标准

1.1 感官指标

1.1.1 色泽

棕红色到深褐色,有光泽。

1.1.2 香气

具有老陈醋的熏香和酯香。

1.1.3 滋味

酸味柔和,回味绵长,酸甜适口。

1.1.4 体态

浓度适当,无沉淀,无悬浮物。

1.2 理化指标见表1。

表 1

项目		指标
总酸(以醋酸计),g/100mL	≥	9.00
氨基酸态氮(以氮计),g/100mL	≥	0.30
无盐固形物,g/100mL	≥	20.00

1.3 卫生指标按 GB 2719《食醋卫生标准》规定,见表2。

表 2

项目		指标
砷(以 As 计),mg/L	≤	0.5
铅(以 Pb 计),mg/L	≤	1.0
游离矿酸		不得检出
黄曲霉毒素 B_1,μg/kg	≤	5
食品添加剂		按 GB 2760 规定
细菌总数,个/mL	≤	5 000
大肠菌群,个/100g	<	3
致病菌(系指肠道致病菌)		不得检出

国家国内贸易局1999-04-15批准　　　　1999-04-15实施

2 检验方法

按《酱油、食醋、酱类质量标准和检验方法》执行。

附加说明：

本标准由国家国内贸易局提出。

本标准由山西省副食品公司负责起草。

本标准主要起草人王桂琴。

中华人民共和国商业行业标准

SB/T 10304—1999

代替 ZB X 66003—86

麸 醋 质 量 标 准

Quality standard of bran vinegar

本标准适用于以麸皮为主要原料,以醋曲为发酵剂,采用固态发酵工艺酿制而成的麸醋。

1 质量标准

1.1 感观指标

1.1.1 色泽:棕红色到棕褐色,有光泽。

1.1.2 香气:具有麸醋的醇香和酯香。

1.1.3 滋味:酸味柔和,味鲜回甜,具有麸醋特有的滋味。

1.1.4 体态:浓度适宜、澄清、无沉淀、无浮膜。

1.2 理化指标见表1。

表 1

项 目		指 标		
		特级	一级	二级
总酸(以醋酸计),g/100mL	≥	6.00	5.00	3.50
氨基酸态氮(以氮计),g/100mL	≥	0.40	0.30	0.20
还原糖(以葡萄糖计),g/100mL	≥	2.50	2.00	1.40

1.3 卫生指标按 GB 2719《食醋卫生标准》规定,见表2。

表 2

项 目		指 标
砷(以 As 计),mg/L	≤	0.5
铅(以 Pb 计),mg/L	≤	1.0
游离矿酸		不得检出
黄曲霉毒素 B_1,μg/kg	≤	5
食品添加剂		按 GB 2760 规定
细菌总数,个/mL	≤	5 000
大肠菌群,个/100g	<	3
致病菌(系指肠道致病菌)		不得检出

国家国内贸易局1999-04-15批准　　　　1999-04-15实施

2 检验方法

按照《酱油，食醋、酱类质量标准和检验方法》中的规定执行。

附加说明：

本标准由国家国内贸易局提出。

本标准由四川省酿造调味品质量监督检验站负责起草。

本标准主要起草人张成英、余登美。

ICS 67.220
X 66
备案号：39879—2012

中华人民共和国国内贸易行业标准

SB/T 10336—2012
代替 SB 10336—2000

配制酱油

Blended soy sauce

2012-09-19 发布 2012-12-01 实施

中华人民共和国商务部 发布

前　言

本标准按照 GB/T 1.1—2009 给出的规则起草。

本标准代替 SB 10336—2000《配制酱油》。

本标准与 SB 10336—2000 相比，除编辑性修改外主要技术变化如下：

——将标准属性由强制性行业标准改为推荐性行业标准；

——修改了定义；

——修改了铵盐指标；

——删除了“其他要求”；

——修改了标签、包装、贮存内容。

本标准由中华人民共和国商务部提出。

本标准由全国调味品标准化技术委员会(SAC/TC 398)归口。

本标准起草单位：佛山市海天调味食品股份有限公司、石家庄珍极酿造集团有限公司。

本标准主要起草人：黄文彪、张林。

本标准代替标准的历次版本发布情况为：

——SB 10336—2000。

配 制 酱 油

1 范围

本标准规定了配制酱油的术语和定义、技术要求、试验方法、检验规则和标签、包装、运输、贮存的要求。

本标准适用于配制酱油的生产、检验和流通。

2 规范性引用文件

下列文件对于本文件的应用是必不可少的。凡是注日期的引用文件，仅注日期的版本适用于本文件。凡是不注日期的引用文件，其最新版本(包括所有的修改单)适用于本文件。

GB 2760 食品安全国家标准 食品添加剂使用标准

GB 7718 食品安全国家标准 预包装食品标签通则

GB 14880 食品安全国家标准 食品营养强化剂使用标准

GB/T 18186 酿造酱油

SB 10338 酸水解植物蛋白调味液

3 术语和定义

下列术语和定义适用于本文件。

3.1

配制酱油 blended soy sauce

以酿造酱油为主体，与酸水解植物蛋白调味液、食品添加剂等配制而成的液体调味品，其中酿造酱油的含量(以全氮计)不得少于50%。

4 技术要求

4.1 主要原料及辅料

4.1.1 酿造酱油：应符合GB/T 18186的规定。

4.1.2 酸水解植物蛋白调味液：应符合SB 10338的规定。

4.1.3 食品添加剂：品种和使用限量应符合GB 2760的规定，还应符合相应的食品添加剂的产品标准。

4.1.4 营养强化剂：品种和使用限量应符合GB 14880的规定，还应符合相应的营养强化剂的产品标准。

4.2 感官特性

应符合表1的规定。

表 1　感官特性

项　　目	要　　求
色泽	棕红色或红褐色
香气	有酱香气，无不良气味
滋味	鲜咸适口
体态	澄清

4.3　理化指标

应符合表 2 的规定。

表 2　理化指标

项　　目		指　　标
可溶性无盐固形物/(g/100 mL)	≥	8.0
全氮(以氮计)/(g/100 mL)	≥	0.70
氨基酸态氮(以氮计)/(g/100 mL)	≥	0.40
铵盐(以氮计)/(g/100 mL)		不得超过氨基酸态氮含量的 28%

4.4　食品安全指标

应符合相应的食品安全国家标准。

5　试验方法

感官特性、可溶性无盐固形物、全氮、氨基酸态氮、铵盐，按 GB/T 18186 检验。

6　检验规则

6.1　组批

同一天生产的同一品种产品为一批。

6.2　抽样

从每批产品的不同部位随机抽取 6 瓶(罐、袋)，分别做感官特性、理化指标、食品安全指标检验和留样。

6.3　检验分类

6.3.1　出厂检验

出厂检验项目包括：感官特性、可溶性无盐固形物、全氮、氨基酸态氮、铵盐。

6.3.2 型式检验

型式检验项目包括技术要求中的全部项目。正常生产时型式检验每半年进行一次，有下列情况之一时，亦应进行：

a) 新产品投产前；

b) 停产半年以上，恢复生产时；

c) 更改主要原料，可能影响产品质量实际时；

d) 更改关键工艺或设备，可能影响产品质量时；

e) 出厂检验结果与上一次型式检验结果有较大差异时；

f) 食品安全监督部门提出进行型式检验要求时。

6.4 判定规则

6.4.1 检验结果全部符合本标准规定时，则判该批产品为合格品。

6.4.2 检验结果中有一项或一项以上不符合本标准时，可从原批次产品中加倍抽样复检。复检结果合格时，则判定该批产品为合格品；复检结果仍有一项或一项以上不合格，则判定该批产品为不合格品。

7 标签

标签的标注内容应符合 GB 7718 及相关法规的规定。产品名称应标为“配制酱油”，还应标明氨基酸态氮的含量。

8 包装

包装材料和容器应符合相应的食品安全国家标准。

9 运输

产品在运输过程中应轻拿轻放，防止日晒雨淋。运输工具应清洁卫生，不得与有毒、有污染的物品混运。

10 贮存

产品应贮存在阴凉、干燥、通风的仓库内。

ICS 67.220.10
X 66
备案号:39880—2012

中华人民共和国国内贸易行业标准

SB/T 10337—2012
代替 SB 10337—2000

配 制 食 醋

Blended vinegar

2012-09-19 发布　　2012-12-01 实施

中华人民共和国商务部　发布

前　言

本标准按照 GB/T 1.1—2009 给出的规则起草。

本标准代替 SB 10337—2000《配制食醋》。

本标准与 SB 10337—2000 相比，除编辑性修改外，主要变化如下：

——将标准属性由强制性行业标准改为推荐性行业标准；

——更新了规范性引用文件中的相关引用标准；

——修改了配制食醋的定义；

——修改了食品安全指标执行要求，去除了相应的试验方法；

——修改完善了检验规则；

——去除了贮存要求中保质期的相关要求。

本标准由全国调味品标准化技术委员会(SAC/TC 398)提出并归口。

本标准起草单位：江苏恒顺醋业股份有限公司，石家庄珍极酿造集团有限公司。

本标准主要起草人：陈伟、张林。

本标准所代替标准的历次版本发布情况为：

——SB 10337—2000。

配 制 食 醋

1 范围

本标准规定了配制食醋的定义、技术要求、试验方法、检验规则和标签、包装、运输、贮存的要求。

本标准适用于3.1所指的调味用配制食醋，不适用于保健用配制食醋。

2 规范性引用文件

下列文件对于本文件的应用是必不可少的。凡是注日期的引用文件，仅注日期的版本适用于本文件。凡是不注日期的引用文件，其最新版本(包括所有的修改单)适用于本文件。

GB 1903 食品添加剂 冰乙酸(冰醋酸)

GB 2760 食品安全国家标准 食品添加剂使用标准

GB/T 5009.41—2003 食醋卫生标准的分析方法

GB 7718 食品安全国家标准 预包装食品标签通则

GB/T 18187 酿造食醋

3 术语和定义

下列术语和定义适用于本文件。

3.1

配制食醋 blended vinegar

以酿造食醋为主体，与冰乙酸等混合配制而成的调味食醋，且酿造食醋的添加量不得少于50%。

4 技术要求

4.1 主要原料和辅料

4.1.1 酿造食醋

应符合GB/T 18187的规定。

4.1.2 冰乙酸

应符合GB 1903的规定。

4.1.3 食品添加剂

品种和使用限量应符合GB 2760规定的品种，还应符合相应的食品添加剂的产品标准。

4.2 感官特性

应符合表1的规定。

表 1 感官特性

项目	要求
色泽	具有产品应有的色泽
香气	具有产品特有的香气
滋味	酸味柔和,无异味
体态	澄清

4.3 理化指标

应符合表 2 的规定。

表 2 理化指标

项目		指标
总酸(以乙酸计)/(g/100 mL)	≥	2.50
可溶性无盐固形物/(g/100 mL)	≥	0.50
注:使用以酒精为原料的酿造食醋配制而成的食醋不要求可溶性无盐固形物。		

4.4 食品安全指标

食品安全指标应符合相应的食品安全国家标准的规定。

5 试验方法

5.1 感官特性

按 GB/T 5009.41—2003 第 3 章检验。

5.2 总酸

按 GB/T 5009.41—2003 第 4 章检验。

5.3 可溶性无盐固形物

按 GB/T 18187 规定的方法进行。

6 检验规则

6.1 组批

同一天生产的同一品种产品为一批。

6.2 抽样

从每批产品的不同部位随机抽取 6 瓶(袋),分别做感官特性、理化指标、食品安全指标检验和留样。

6.3 检验分类

6.3.1 出厂检验

出厂检验项目包括:感官特性、总酸、可溶性无盐固形物,食品安全指标的检验按照相关规定执行。

6.3.2 型式检验

型式检验项目包括技术要求中规定的全部项目。正常生产时型式检验每半年进行一次,有下列情况之一,亦应进行:

a) 新产品投产前;

b) 停产半年以上,恢复生产时;

c) 更改主要原料,可能影响产品质量时;

d) 更改关键工艺或设备,可能影响产品质量时;

e) 出厂检验结果与上一次型式检验结果有较大差异时;

f) 食品安全监管部门提出进行型式检验要求时。

6.4 判定规则

6.4.1 检验结果全部符合本标准规定时,则判该批产品为合格品。

6.4.2 检验结果中有一项或一项以上不符合本标准时,可从原批次产品中加倍抽样复检。复检结果合格时,则判定该批产品为合格品;复检结果仍有一项或一项以上不合格,则判定该批产品为不合格品。

7 标签

标签的标注内容应符合 GB 7718 及相关法律法规的规定;产品名称应标为"配制食醋",还应标明总酸的含量。

8 包装

包装材料和容器应符合相应的食品安全国家标准。

9 运输

产品在运输过程中应轻拿轻放,防止日晒、雨淋,运输工具应清洁卫生,不得与有毒、有害、有污染的物品混运。

10 贮存

产品应贮存在阴凉、干燥、通风的仓库内。

前　　言

本标准的第 3 章、第 7 章和第 4.3.2 条、第 4.4 条为强制性的，其余为推荐性的。

本标准的附录 A 为标准的附录，等同采用美国食品用化学品法规（FCC）酸水解蛋白产品质量规格 1998 年第四版第一增补版。

本标准由国家国内贸易局提出。

本标准主要起草单位：石家庄珍极酿造集团有限责任公司、保定味康食品有限公司。

本标准主要起草人：张林、鲁肇元、李栓勤、李月、李保生。

本标准由国家国内贸易局委托中国调味品协会负责解释。

中华人民共和国商业行业标准

SB 10338—2000

酸水解植物蛋白调味液

Acid hydrolyzed vegetable protein seasoning

1 范围

本标准规定了酸水解植物蛋白调味液的定义、技术要求、试验方法、检验规则和标签、包装、运输、贮存的要求。

本标准适用于第3章所指的酸水解植物蛋白调味液。

2 引用标准

下列标准所包含的条文，通过在本标准中引用而构成为本标准的条文。本标准出版时，所示版本均为有效。所有标准都会被修订，使用本标准的各方应探讨使用下列标准最新版本的可能性。

GB 2760—1996 食品添加剂使用卫生标准

GB 4789.22—1994 食品卫生微生物学检验 调味品检验

GB/T 5009.39—1996 酱油卫生标准的分析方法

GB 5749—1985 生活饮用水卫生标准

GB 7718—1994 食品标签通用标准

GB 18186—2000 酿造酱油

SB/T 10322—1999 pH 测定法

3 定义

本标准采用下列定义。

酸水解植物蛋白调味液 acid hydrolyzed vegetable protein seasoning

以含有食用植物蛋白的脱脂大豆、花生粕、小麦蛋白或玉米蛋白为原料，经盐酸水解，碱中和制成的液体鲜味调味品。

4 技术要求

4.1 主要原料和辅料

4.1.1 脱脂大豆、花生粕、小麦蛋白、玉米蛋白：应符合相应的国家标准或行业标准。

4.1.2 工艺用水：应符合 GB 5749 的规定。

4.1.3 食品添加剂：应选用 GB 2760 中允许使用的食品添加剂，还应符合相应的食品添加剂的产品标准。

4.2 感官特性

感官特性应符合表1的规定。

国家国内贸易局2000-06-20批准 2000-12-20实施

表 1

项　　目	要　　求
色　　泽	浅棕褐色或棕红色
香　　气	香气正常，无异味
滋　　味	鲜咸适口
体　　态	澄清

4.3　理化指标

4.3.1　可溶性无盐固形物、全氮、氨基酸态氮、pH 应符合表 2 的规定。

表 2

项　　目		指　　标
可溶性无盐固形物，g/100mL	≥	14.00
全氮(以氮计)，g/100mL	≥	1.50
氨基酸态氮(以氮计)，g/100mL	≥	1.00
pH		4.80～5.20

4.3.2　铵盐(以氮计)的含量不得超过氨基酸态氮含量的 30%。

4.4　卫生指标

卫生指标应符合表 3 的规定。

表 3

项　　目		指　　标
砷，mg/kg	≤	0.5
铅，mg/kg	≤	1
3-氯-1，2-丙二醇，mg/kg	≤	1
食品添加剂		按 GB 2760 的规定
菌落总数，个/mL	≤	30 000
大肠菌群，MPN/100mL	≤	30
致病菌(系指肠道致病菌)		不得检出

5　试验方法

5.1　感官特性

按 GB/T 5009.39—1996 第 3 章检验。

5.2　可溶性无盐固形物

按 GB 18186—2000 第 6 章检验。

5.3　全氮

按 GB 18186—2000 第 6 章检验。

5.4　卫生指标、氨基酸态氮、铵盐、3-氯-1，2-丙二醇

分别按 GB 4789.22、GB/T 5009.39 和本标准附录 A 检验。

5.5　pH

按 SB/T 10322 检验。

6 检验规则

6.1 交收检验

交收检验项目包括：感官特性、可溶性无盐固形物、全氮、氨基酸态氮、pH、铵盐、微生物（菌落总数、大肠菌群）。

6.2 型式检验

型式检验项目包括：技术要求中的全部项目。

型式检验每半年进行一次，有下列情况之一时，亦应进行：

a）更改主要原料；

b）更改关键工艺；

c）国家质量监督机构提出要求时。

6.3 组批

同一天生产的同一品种产品为一批。

6.4 抽样

从每批产品的不同部位随机抽取 6 瓶，分别做感官特性、理化、卫生检验，留样。

6.5 判定规则

6.5.1 交收检验项目或型式检验项目全部符合本标准判为合格品。

6.5.2 交收检验项目或型式检验项目如有一项不符合本标准，可以加倍抽样复验。复验后如仍不符合本标准，判为不合格品。

7 标签

7.1 标签的标注内容应符合 GB 7718 的规定。产品名称应标明“酸水解植物蛋白调味液”，还应标明氨基酸态氮的含量。

7.2 不得将“酸水解植物蛋白调味液”标为“酱油”。

8 包装

包装材料和容器应符合相应的国家卫生标准。

9 运输

产品在运输过程中应轻拿轻放，防止日晒雨淋。运输工具应清洁卫生，不得与有毒、有污染的物品混运。

10 贮存

10.1 产品应贮存在阴凉、干燥、通风的专用仓库内。

10.2 瓶装产品的保质期不应低于 12 个月。

附 录 A

（标准的附录）

3-氯-1,2-丙二醇的测定方法

A1 试液的制备

A1.1 3-氯-1,2-丙二醇储备液：准确称量 12.5mg 试剂级的 3-氯-1,2-丙二醇，移入 100mL 容量瓶中，并用乙酸乙酯稀释到刻度，混匀备用。

A1.2 3-氯-1,2-丙二醇稀释液：用乙酸乙酯将 5mL 3-氯-1,2-丙二醇储备液稀释到 100mL，所得到的溶液中 3-氯-1,2-丙二醇含量为 6.25μg/mL。

A1.3 内标液：称取 50mg 1-氯癸烷，移入 50mL 容量瓶，用乙酸乙酯稀释到刻度，再将 1mL 上述溶液用乙酸乙酯稀释到 100mL，所得溶液浓度为 10μg/mL。

A1.4 标准溶液

A 标液：吸取 2mL 3-氯-1,2-丙二醇稀释液和 2.5mL 内标液，移入 25mL 容量瓶，用乙酸乙酯稀释到刻度，混匀，所得溶液 3-氯-1,2-丙二醇的含量为 0.5μg/mL。

B 标液：吸取 8mL 3-氯-1,2-丙二醇稀释液和 2.5mL 内标液，移入 25mL 容量瓶，用乙酸乙酯稀释到刻度，混匀，所得溶液 3-氯-1,2-丙二醇的含量为 2.0μg/mL。

C 标液：吸取 16mL 3-氯-1,2-丙二醇稀释液和 2.5mL 内标液，移入 25mL 容量瓶，用乙酸乙酯稀释到刻度，混匀，所得溶液 3-氯-1,2-丙二醇的含量为 4.0μg/mL。

A2 色谱体系：带有以卤素方式进行工作的电导检测器的气相色谱仪。这种气相色谱仪既适用于毛细管进样器，又适用于带有玻璃填充物的干净的填充式进样器，使用的柱子为 30m×0.53 mm(内径)的外面套有 1μm Supelcowax10 的熔融的 SiO_2 柱或等价的键合的 Carbowax 柱，此柱子适合于 0.53 mm 的钝化的凝溶的 SiO_2 的 50cm 的滞留空间。使用氦气作为载气，其流速为 8mL/min。柱温为 170℃，保温时间为 5min，然后以 5℃/min 速度升温到 250℃，然后保温 10 min，进样温度为 225℃。

A3 用氢气作为反应气体，其流速为 30mL/min，用 1-丙醇作为溶剂，流速为 0.5mL/min，或采用生产者在电导检测器所允许的范围内的最佳流速。反应温度应该是 900℃，其基本温度为 275℃。通过不间断地排出测试液来减小柱的污染。

A4 标定：分别注入 1μL 的 A 标液、B 标液、C 标液于气相色谱仪，计算对每种标液来说，3-氯-1,2-丙二醇对内标液的相应面积比，作面积比对每种标液中 3-氯-1,2-丙二醇的量(μg)的曲线，得到标准曲线。

A5 步骤：准确称取酸水解蛋白样品，用 20%的 NaCl 溶液调节，得到固形物含量为 36%的溶液，称取 20g 此溶液直接注入 Extrelut 柱(EM Science，Gibbstown，NJ，或等效产品)使之平衡 15 min。用乙酸乙酯进行洗脱，用 250mL 矮颈、带有 24/40 接口的圆底烧瓶收集洗脱液。将洗脱液浓缩至大约 3mL(50℃条件下用旋转蒸发仪)。在洗脱液中加入 0.5mL 内标液，将此混合液移入 4dram(打兰)带螺旋盖的小玻璃瓶，稀释到 5.0mL，吸取 1μL 注入气相色谱仪，量出 3-氯-1,2-丙二醇对内标液的相应峰面积比，从标准曲线上查得此 20g 液体中 3-氯-1,2-丙二醇的含量。

SB 10338—2000《酸水解植物蛋白调味液》第1号修改单

本修改单经中国商业联合会2001年以中商会行字[2001]14号文批准，自发布之日起实施。

1. 5.4 改用新条文：

“5.4　氨基酸态氮

按 GB 18186—2000 第6章检验。”

2. 5.5 改用新条文：

“5.5　卫生指标、铵盐和3-氯-1,2-内二醇

分别按 GB 4789.22、GB/T 5009.39 和本标准附录 A 检验。GB/T 5009.39 铵盐含量计算公式中的 0.017 改为 0.014。”

3. 5.6 改用新条文：

“5.6　pH

按 SB/T 10322 检验。”

刊载于2001年第9期《中国标准化》

ICS 67.220.10
X 66

中华人民共和国商业行业标准

SB/T 10371—2003

鸡精调味料

Chicken essence seasoning

2004-01-09 发布　　2004-07-01 实施

中华人民共和国国家发展和改革委员会　发布

前　　言

本标准由中国商业联合会提出。

本标准由中国调味品协会归口。

本标准起草单位:上海太太乐调味食品有限公司。

本标准主要起草人:荣耀中、孙小琦、余兆好、张琼、李伟。

本标准为首次发布。

鸡精调味料

1 范围

本标准规定了鸡精调味料的术语和定义、要求、试验方法、检验规则、标签、包装、运输和贮存。

本标准适用于第3章所指的鸡精调味料。

2 规范性引用文件

下列文件中的条款通过本标准的引用而成为本标准的条款。凡是注日期的引用文件，其随后所有的修改单(不包括勘误的内容)或修订版均不适用于本标准，然而，鼓励根据本标准达成协议的各方研究是否可使用这些文件的最新版本。凡是不注日期的引用文件，其最新版本适用于本标准。

GB 2720 味精卫生标准

GB 2760 食品添加剂使用卫生标准

GB/T 4789.2 食品卫生微生物学检验 菌落总数测定

GB/T 4789.3 食品卫生微生物学检验 大肠菌群测定

GB/T 4789.4 食品卫生微生物学检验 沙门氏菌检验

GB/T 4789.5 食品卫生微生物学检验 志贺氏菌检验

GB/T 4789.10 食品卫生微生物学检验 金黄色葡萄球菌检验

GB/T 4789.11 食品卫生微生物学检验 溶血性链球菌检验

GB/T 5009.11 食品中总砷及无机砷的测定

GB/T 5009.12 食品中铅的测定

GB/T 5009.39—2003 酱油卫生标准的分析方法

GB 5461 食用盐

GB 7718 食品标签通用标准

GB/T 8967—2000 谷氨酸钠(99%味精)

GB 16869 鲜、冻禽产品

GB 18186—2000 酿造酱油

QB/T 1500—1992 味精

JJF 1070 定量包装商品净含量检验规则

国家技术监督局令第43号(1995) 定量包装商品计量监督规定

3 术语和定义

下列术语和定义适用于本标准。

3.1

鸡精调味料 chicken essence seasoning

以味精、食用盐、鸡肉/鸡骨的粉末或其浓缩抽提物、呈味核苷酸二钠及其他辅料为原料，添加或不添加香辛料和/或食用香料等增香剂经混合、干燥加工而成，具有鸡的鲜味和香味的复合调味料。

4 要求

4.1 主要原料和辅料

4.1.1 鸡肉：应符合GB 16869的规定。

4.1.2 味精：应符合GB 2720和GB/T 8967或QB/T 1500的规定。

4.1.3 食用盐:应符合 GB 5461 的规定。

4.1.4 食品添加剂:应选用 GB 2760 中允许使用的食品添加剂,还应符合相应的食品添加剂的产品标准。

4.2 外观和感官特性

4.2.1 色泽:具有原、辅料混合加工后特有的色泽。

4.2.2 香气:鸡香味纯正,无不良气味。

4.2.3 滋味:具有鸡的鲜美滋味,口感和顺,无不良滋味。

4.2.4 形态:可为粉状、小颗粒状或块状。

4.3 理化指标

理化指标应符合表 1 的规定。

表 1 理化指标

项目		指标
谷氨酸钠/(g/100 g)	≥	35.0
呈味核苷酸二钠/(g/100 g)	≥	1.10
干燥失重/(g/100 g)	≤	3.0
氯化物(以 NaCl 计)/(g/100 g)	≤	40.0
总氮(以 N 计)/(g/100 g)	≥	3.00
其他氮(以 N 计)/(g/100 g)	≥	0.20

4.4 净含量负偏差

应符合《定量包装商品计量监督规定》的规定。

4.5 卫生指标

卫生指标应符合表 2 的规定。

表 2 卫生指标

项目		指标
总砷(以 As 计)/(mg/kg)	≤	0.5
铅(以 Pb 计)/(mg/kg)	≤	1
菌落总数/(cfu/g)	≤	10 000
大肠菌群/(MPN/100 g)	≤	90
致病菌(系指肠道致病菌和其他致病性球菌)		不得检出

5 试验方法

5.1 外观和感官检查

5.1.1 色泽:取样品 5 g,放置在白色滤纸上或玻璃器皿内,进行目测。

5.1.2 香气:配制 1%的鸡精调味料溶液,嗅其气味。

5.1.3 滋味:配制 1%的鸡精调味料溶液,取少许样品溶液放入口内,仔细品尝。

5.1.4 形态:目测。

5.2 理化指标测定

5.2.1 谷氨酸钠的测定(甲醛值法)

5.2.1.1 原理、试剂

同 GB/T 5009.39—2003 中的 4.2.1.1~4.2.1.2。

5.2.1.2 **仪器**

5.2.1.2.1 酸度计。

5.2.1.2.2 磁力搅拌器。

5.2.1.2.3 25mL 碱式滴定管。

5.2.1.3 **分析步骤**

准确称取均匀样品 3 g～4 g，用适量水溶解，移入 100 mL 容量瓶中，加水至刻度，混匀后吸取 10.00 mL，置于 200 mL 的烧杯中，加 60 mL 水，开动磁力搅拌器，用氢氧化钠标准滴定溶液(0.05 mol/L)滴定至酸度计指示 pH8.2。

加入 10.0 mL 甲醛溶液，混匀。再用氢氧化钠标准滴定溶液(0.05mol/L)继续滴定至 pH9.6，记下加入甲醛溶液后消耗氢氧化钠标准滴定溶液(0.05mol/L)的毫升数。

同时，取 70 mL 水，先用氢氧化钠标准滴定溶液(0.05mol/L)调节至 pH 为 8.2，再加入 10.0 mL 甲醛溶液，用氢氧化钠标准滴定溶液(0.05mol/L)滴定至 pH9.6，做试剂空白试验。

5.2.1.4 **计算**

样品中谷氨酸钠的含量应按式(1)计算：

$$X_1=\frac{(V_1-V_0)\times c_1\times 0.187}{m_1\times(V_2/100)}\times 100 \quad\cdots\cdots(1)$$

式中：

X_1——样品中谷氨酸钠的含量(含 1 分子结晶水)，单位为克每百克(g/100 g)；

V_1——测定用样品稀释液加入甲醛溶液后消耗氢氧化钠标准滴定溶液的体积，单位为毫升(mL)；

V_0——试剂空白试验加入甲醛溶液后消耗氢氧化钠标准滴定溶液的体积，单位为毫升(mL)；

c_1——氢氧化钠标准滴定溶液的准确数字，单位为摩尔每升(mol/L)；

0.187——与 1.00 mL 氢氧化钠标准滴定溶液[c(NaOH)=1.000mol/L]相当的含 1 分子结晶水谷氨酸钠的质量，单位为克(g)；

m_1——样品的质量，单位为克(g)；

V_2——样品稀释液取用量，单位为毫升(mL)。

计算结果保留三位有效数字。

5.2.1.5 **结果允许差**

同一样品相对平均偏差不得超过 1%。

5.2.2 **氯化物的测定**

5.2.2.1 **原理及试剂**

同 QB/T 1500—1992 中的 6.5.2.1～6.5.2.2。

5.2.2.2 **分析步骤**

准确称取均匀的样品 5g～10 g，用适量水溶解，移入 100 mL 容量瓶中，加水至刻度，混匀后吸取 2.00 mL于三角烧瓶中，加入 100 mL 水和 1 mL 铬酸钾指示液，混匀。在白色背景下用 0.1mol/L 硝酸银标准滴定溶液滴定至初呈桔红色。同时做试剂空白试验。

5.2.2.3 **计算**

样品中氯化钠的含量应按式(2)计算：

$$X_2=\frac{c_2\times(V_3-V_4)\times 0.058\,45}{m_2\times(2/100)}\times 100 \quad\cdots\cdots(2)$$

式中：

X_2——样品中氯化钠的含量，单位为克每百克(g/100 g)；

c_2——硝酸银标准滴定溶液的准确数字，单位为摩尔每升(mol/L)；

V_3——滴定样品溶液时消耗硝酸银标准滴定溶液的体积,单位为毫升(mL);

V_4——试剂空白试验消耗硝酸银标准滴定溶液的体积,单位为毫升(mL);

0.058 45——与 1.00 mL 硝酸银标准滴定溶液[$c(AgNO_3)=1.000mol/L$]相当的氯化钠的质量,单位为克(g);

m_2——样品质量,单位为克(g)。

计算结果保留三位有效数字。

5.2.2.4 结果允许差

同一样品相对平均偏差不得超过 1%。

5.2.3 干燥失重

按 GB/T 8967—2000 中的 6.8.2 测定。

5.2.4 呈味核苷酸二钠

5.2.4.1 原理、仪器及试剂

同 QB/T 1500—1992 中的 6.3.1～6.3.3。

5.2.4.2 分析步骤

准确称取均匀的样品 2g～4g,用少量 0.01mol/L 的盐酸溶液溶解,定容于 100 mL 的容量瓶中,混匀,过滤,弃去初滤液,吸取滤液 5.00 mL 于 100 mL 的容量瓶,用 0.01mol/L 的盐酸溶液定容,混匀,此溶液即为测试液。

将测试液注入 10mm 的石英比色皿中,以 0.01mol/L 的盐酸溶液作空白,测其在波长 250nm 下的吸光度。

5.2.4.3 计算

呈味核苷酸二钠含量应按式(3)计算:

$$X_3=\frac{A\times530\times2\ 000}{m_3\times11\ 950\times1\ 000}\times100 \qquad \cdots\cdots(3)$$

式中:

X_3——样品中呈味核苷酸二钠的含量(含 7.25 分子结晶水),单位为克每百克(g/100 g);

A——样品在波长 250nm 处的吸光度;

530——含 7.25 分子结晶水呈味核苷酸二钠的平均分子量;

2 000——样品的稀释倍数;

m_3——样品质量,单位为克(g);

11 950——呈味核苷酸二钠的平均摩尔吸光系数。

计算结果保留三位有效数字。

5.2.4.4 结果允许差

同一样品相对平均偏差不得超过 4%。

5.2.5 总氮

5.2.5.1 原理

鸡精调味料中含蛋白质、谷氨酸钠、呈味核苷酸二钠等含氮的有机化合物,与硫酸和催化剂一同加热消化,使其分解,分解的氨与硫酸结合生成硫酸铵。然后碱化蒸馏使氨游离,用硼酸吸收后再以盐酸标准滴定溶液滴定,根据酸的消耗量计算出总氮。

5.2.5.2 试剂及仪器

同 GB 18186—2000 中的 6.3.1～6.3.2。

5.2.5.3 分析步骤

准确称取适量的样品,使之含有 0.025g～0.030 g 氮,置于干燥的凯氏烧瓶中,加入 4g 硫酸铜—硫酸钾混合试剂、10 mL 硫酸,在通风橱内加热(将烧瓶 45°斜置于电炉上)。待内容物全部炭化,泡沫完全停止后，保持瓶内溶液微沸，至炭粒全部消失，消化液呈澄清的浅绿色，继续加热 15min，取下，冷却至室温。缓慢加水 120 mL。将冷凝管下端的导管浸入盛有 30 mL 硼酸溶液(20 g/L)及 2 滴～3 滴混合指示液的锥形瓶的液面下，沿凯氏烧瓶瓶壁缓慢加入 40 mL 氢氧化钠溶液(400 g/L)、2 粒锌粒，迅速连接蒸馏装置(整个装置应严密不漏气)。接通冷凝水，振摇凯氏烧瓶，加热蒸馏至馏出液约 120 mL。降低锥形瓶的位置，使冷凝管下端离开液面，再蒸馏 1min，停止加热。用少量水冲洗冷凝管下端外部，取下锥形瓶。用 0.1mol/L 盐酸标准滴定溶液滴定收集液至紫红色为终点。记录消耗 0.1mol/L 盐酸标准滴定溶液的毫升数。同时做试剂空白试验。

5.2.5.4 **计算**

总氮的含量应按式(4)计算：

$$X_4=\frac{(V_5-V_6)\times c_3\times 0.0140}{m_4}\times 100 \quad\cdots\cdots(4)$$

式中：

X_4——样品中总氮的含量(以 N 计)，单位为克每百克(g/100 g)；

V_5——滴定样品消耗 0.1 mol/L 盐酸标准滴定溶液的体积，单位为毫升(mL)；

V_6——试剂空白试验消耗 0.1 mol/L 盐酸标准滴定溶液的体积，单位为毫升(mL)；

c_3——盐酸标准滴定溶液的准确数字，单位为摩尔每升(mol/L)；

0.014 0——与 1.00 mL 盐酸标准滴定溶液[c(HCl)=1.000 mol/L]相当的氮的质量，单位为克(g)；

m_4——样品质量，单位为克(g)。

计算结果保留三位有效数字。

5.2.5.5 **允许误差**

同一样品两次测定值之差，不得超过 0.04 g/100 g。

5.2.6 **其他氮**

$$X_5=\text{总氮}-(\text{谷氨酸钠氮}+\text{呈味核苷酸二钠氮}) \quad\cdots\cdots(5)$$

$$\text{谷氨酸钠氮}=\text{样品中谷氨酸钠含量}\times\frac{14.0}{187} \quad\cdots\cdots(6)$$

$$\text{呈味核苷酸二钠氮}=\text{样品中呈味核苷酸二钠含量}\times\frac{63.0}{530} \quad\cdots\cdots(7)$$

式中：

X_5——样品中其他氮的含量(以 N 计)，单位为克每百克(g/100 g)；

$\frac{14.0}{187}$——含 1 分子结晶水谷氨酸钠的氮含量；

$\frac{63.0}{530}$——含 7.25 分子结晶水呈味核苷酸二钠的氮含量。

5.3 **包装净含量检验**

按 JJF 1070 的规定检测。

5.4 **卫生指标测定**

5.4.1 **总砷**

按 GB/T 5009.11 测定。

5.4.2 **铅**

按 GB/T 5009.12 测定。

5.4.3 **菌落总数**

按 GB/T 4789.2 测定。

5.4.4 **大肠菌群**

按 GB/T 4789.3 测定。

5.4.5 致病菌

分别按 GB/T 4789.4、GB/T 4789.5、GB/T 4789.10、GB/T 4789.11 测定。

6 检验规则

6.1 出厂检验

出厂检验项目为:外观和感官特性,理化指标中的谷氨酸钠、干燥失重、氯化物。卫生指标中的菌落总数、大肠菌群。

6.2 型式检验

型式检验的项目包括:本标准中规定的全部要求。型式检验每年一次,有下列情况之一,亦应进行:

a) 新产品试制鉴定时;

b) 正式生产后,如原料、工艺有较大变化,可能影响产品质量时;

c) 产品长期停产后,恢复生产时;

d) 出厂检验结果与上次型式检验有大差异时;

e) 国家质量监督机构提出进行型式检验的要求时。

6.3 组批

同一天生产的同一品种产品为一批。

6.4 抽样

从每批产品的不同部位随机抽取 6 包(罐),分别做外观和感官特性、理化、卫生检验,留样。

6.5 判定规则

出厂检验项目或型式检验项目全部符合本标准判为合格品。

7 标签

标签的标注内容应符合 GB 7718 的规定;产品名称应标为“鸡精调味料”。

8 包装

包装材料和容器应符合相应的国家卫生标准。

9 运输

产品在运输过程中应轻拿轻放,防止日晒雨淋,运输工具应清洁卫生,不得与有毒有害、有污染的物品混运。

10 贮存

应贮存在通风、干燥、阴凉的仓库内,避免太阳暴晒。

ICS 67.220.10
X 66
备案号:20180—2007

中华人民共和国国内贸易行业标准

SB/T 10415—2007

鸡　粉　调　味　料

Chicken powder seasoning

2007-01-25 发布　　2007-07-01 实施

中华人民共和国商务部　发 布

前　言

本标准由中国调味品协会提出。

本标准由中华人民共和国商务部归口。

本标准起草单位：上海太太乐食品有限公司、联合利华食品(中国)有限公司、雀巢(中国)有限公司、广东佳隆食品股份有限公司、佳百欧洲食品(惠州)有限公司、东莞永益食品有限公司、沈阳红梅企业集团有限责任公司、东莞市百味佳食品有限公司、四川豪吉食品有限公司、四川成都金宫味业食品有限公司。

本标准主要起草人：荣耀中、孙小琦、沈康克、邸雪枫、余兆好、张琼、卓国光、蔡燕芬、刘均、王营、潘显宗、邓天野、龚永泽。

本标准为首次发布。

鸡 粉 调 味 料

1 范围

本标准规定了鸡粉调味料的术语和定义、要求、试验方法、检验规则、标签、包装、运输和贮存。

本标准适用于第3章所指的鸡粉调味料。

2 规范性引用文件

下列文件中的条款通过本标准的引用而成为本标准的条款。凡是注日期的引用文件,其随后所有的修改单(不包括勘误的内容)或修订版均不适用于本标准,然而,鼓励根据本标准达成协议的各方研究是否可使用这些文件的最新版本。凡是不注日期的引用文件,其最新版本适用于本标准。

GB 2720 味精卫生标准

GB 2760 食品添加剂使用卫生标准

GB/T 4789.2 食品卫生微生物学检验 菌落总数测定

GB/T 4789.3 食品卫生微生物学检验 大肠菌群测定

GB/T 4789.4 食品卫生微生物学检验 沙门氏菌检验

GB/T 4789.5 食品卫生微生物学检验 志贺氏菌检验

GB/T 4789.10 食品卫生微生物学检验 金黄色葡萄球菌检验

GB/T 4789.11 食品卫生微生物学检验 溶血性链球菌检验

GB/T 5009.11 食品中总砷及无机砷的测定

GB/T 5009.12 食品中铅的测定

GB 5461 食用盐

GB 7718 预包装食品标签通则

GB/T 8967—2000 谷氨酸钠(99%味精)

GB 16869 鲜、冻禽产品

JJF 1070 定量包装商品净含量计量检验规则

QB/T 1500 味精

SB/T 10371—2003 鸡精调味料

国家质量监督检验检疫总局令[2005年]第75号 定量包装商品计量监督管理办法

3 术语和定义

下列术语和定义适用于本标准。

3.1

鸡粉调味料 chicken powder seasoning

以食用盐、味精、鸡肉/鸡骨的粉末或其浓缩抽提物、呈味核苷酸二钠及其他辅料为原料,添加或不添加香辛料和/或食用香料等增香剂经混合加工而成,具有鸡的浓郁香味和鲜美滋味的复合调味料。

4 要求

4.1 主要原料和辅料

4.1.1 鸡肉:应符合GB 16869的规定。

4.1.2 味精:应符合GB 2720、GB/T 8967—2000或QB/T 1500的规定。

4.1.3 食用盐:应符合 GB 5461 的规定。

4.1.4 食品添加剂:应选用 GB 2760 中允许使用的食品添加剂,还应符合相应的食品添加剂的产品标准。

4.2 外观和感官特性

4.2.1 色泽:具有原、辅料混合加工后特有的色泽。

4.2.2 香气:鸡香味浓郁,无不良气味。

4.2.3 滋味:具有鸡的鲜美滋味,无不良滋味。

4.2.4 形态:粉状。

4.3 理化指标

理化指标应符合表 1 的规定。

表 1 理化指标

项 目		指 标
谷氨酸钠/(g/100 g)	≥	10.0
呈味核苷酸二钠/(g/100 g)	≥	0.30
干燥失重/(g/100 g)	≤	5.0
氯化物(以 NaCl 计)/(g/100 g)	≤	45.0
总氮(以 N 计)/(g/100 g)	≥	1.40
其他氮(以 N 计)/(g/100 g)	≥	0.40

4.4 净含量负偏差

应符合《定量包装商品计量监督管理办法》的规定。

4.5 卫生指标

卫生指标应符合表 2 的规定。

表 2 卫生指标

项 目		指 标
总砷(以 As 计)/(mg/kg)	≤	0.5
铅(以 Pb 计)/(mg/kg)	≤	1
菌落总数/(CFU/g)	≤	15 000
大肠菌群/(MPN/100 g)	≤	150
致病菌(系指肠道致病菌和其他致病性球菌)		不得检出

5 试验方法

5.1 外观和感官检查

5.1.1 色泽:取样品 5 g,放置在白色滤纸或玻璃器皿内,进行目测。

5.1.2 香气:配制 1%的鸡粉调味料溶液,嗅其气味。

5.1.3 滋味:配制 1%的鸡粉调味料溶液,取少许样品溶液放入口内,仔细品尝。

5.1.4 形态:目测。

5.2 理化指标测定

5.2.1 谷氨酸钠的测定(甲醛值法)

按 SB/T 10371—2003 中的 5.2.1 测定。

5.2.2 氯化物的测定

按 SB/T 10371—2003 中的 5.2.2 测定。

5.2.3 干燥失重

按 GB/T 8967—2000 中的 6.8.2 测定。

5.2.4 呈味核苷酸二钠

按 SB/T 10371—2003 中的 5.2.4 测定。

5.2.5 总氮

按 SB/T 10371—2003 中的 5.2.5 测定。

5.2.6 其他氮

按 SB/T 10371—2003 中的 5.2.6 计算。

5.3 包装净含量检验

按 JJF 1070 的规定检测。

5.4 卫生指标测定

5.4.1 总砷

按 GB/T 5009.11 测定。

5.4.2 铅

按 GB/T 5009.12 测定。

5.4.3 菌落总数

按 GB/T 4789.2 测定。

5.4.4 大肠菌群

按 GB/T 4789.3 测定。

5.4.5 致病菌

分别按 GB/T 4789.4、GB/T 4789.5、GB/T 4789.10、GB/T 4789.11 测定。

6 检验规则

6.1 出厂检验

出厂检验项目为：外观和感官特性，理化指标中的谷氨酸钠、干燥失重、氯化物。卫生指标中的菌落总数、大肠菌群。

6.2 型式检验

型式检验的项目包括本标准中规定的全部要求。型式检验每年一次，有下列情况之一，亦应进行型式检验。

a) 新产品试制鉴定时；

b) 正式生产后，如原料、工艺有较大变化，可能影响产品质量时；

c) 产品长期停产后，恢复生产时；

d) 出厂检验结果与上次型式检验有大差异时；

e) 国家质量监督机构提出进行型式检验的要求时。

6.3 组批

同一天生产的同一品种产品为一批。

6.4 抽样

从每批产品的不同部位随机抽取 6 包(罐)，分别做外观和感官特性、理化、卫生检验，留样。

6.5 判定规则

出厂检验项目或型式检验项目全部符合本标准判为合格品。

7 标签

标签的标注内容应符合 GB 7718 的规定；产品名称应标为“鸡粉调味料”。

8 包装

包装材料和容器应符合相应的国家卫生标准。

9 运输

产品在运输过程中应轻拿轻放,防止日晒雨淋,运输工具应清洁卫生,不得与有毒有害、有污染的物品混运。

10 贮存

应贮存在通风、干燥、阴凉的仓库内,避免太阳暴晒。

ICS 67.160
X 66
备案号：20181—2007

中华人民共和国国内贸易行业标准

SB/T 10416—2007

调味料酒

Seasoning wine

2007-01-25 发布　　　　2007-07-01 实施

中华人民共和国商务部　发布

前　言

本标准由中国调味品协会提出。

本标准由中华人民共和国商务部归口。

本标准起草单位:北京市食品酿造研究所、北京市王致和食品集团有限公司。

本标准主要起草人:王家槐、吴鸣、车有荣、王之琳、高丽华。

调 味 料 酒

1 范围

本标准规定了调味料酒的术语和定义、要求、试验方法、检验规则、标志、包装、运输和贮存。

本标准适用于第3章所指的调味料酒。

本标准不适用于饮料酒。

2 规范性引用文件

下列文件中的条款通过本标准的引用而成为本标准的条款。凡是注日期的引用文件，其随后所有的修改单(不包括勘误的内容)或修订版均不适用于本标准，然而，鼓励根据本标准达成协议的各方研究是否可使用这些文件的最新版本。凡是不注日期的引用文件，其最新版本适用于本标准。

GB/T 601—2002 化学试剂 标准滴定溶液的制备

GB 2758 发酵酒卫生标准

GB 2760 食品添加剂使用卫生标准

GB/T 4789.25 食品卫生微生物学检验 酒类检验

GB/T 5009.12 食品中铅的测定

GB/T 5009.34 食品中亚硫酸盐的测定

GB/T 5009.49 发酵酒卫生标准的分析方法

GB 5461 食用盐

GB/T 6682 分析实验室用水规格和试验方法

GB 7718 预包装食品标签通则

GB/T 13662—2000 黄酒

GB 14881 食品企业通用卫生规范

国家质量监督检验检疫总局令[2005年]第75号 定量包装商品计量监督管理办法

3 术语和定义

3.1

调味料酒 seasoning wine

以发酵酒、蒸馏酒或食用酒精成分为主体，添加食用盐(可加入植物香辛料)，配制加工而成的液体调味品。

4 要求

4.1 原料和辅料要求

食用盐应符合GB 5461的规定，其他原料和辅料应符合相应的标准和有关规定。

4.2 感官要求

感官要求应符合表1的规定。

表 1 感官要求

项目	要求
色泽	色泽浅黄至红褐色、有光泽
香气	具有调味料酒特有的醇香，香气协调
滋味	滋味纯正、无异味
体态	清亮透明、允许有微量聚集物[a]
[a] 聚集物：指成品调味料酒在贮存过程中自然产生的沉淀（或沉降）物。	

4.3 理化指标

理化指标应符合表 2 的要求。

表 2 理化指标

项目		要求
酒精度(20℃)/% vol	≥	10.0
氨基酸态氮（以氮计）/(g/L)	≥	0.2
总酸（以乳酸计）/(g/L)	≤	5.0
食盐（以氯化钠计）/(g/L)	≥	10.0

4.4 卫生指标

4.4.1 菌落总数、大肠菌群、致病菌、铅、甲醛、二氧化硫应符合 GB 2758 的规定。

4.4.2 食品添加剂的品种和使用量应符合 GB 2760 的规定。

4.5 净含量

应符合《定量包装商品计量监督管理办法》的要求。

5 生产加工过程的卫生要求

应符合 GB 14881 的规定。

6 试验方法

本试验方法中所使用的水均为 GB/T 6682 规定的 3 级（或以上）分析实验室用的蒸馏水或去离子水；所用试剂在未特殊注明时，均为分析纯。

6.1 酒精度

按 GB/T 13662—2000 中 6.5 方法检验。

6.2 总酸及氨基酸态氮

6.2.1 原理

利用氨基酸的两性作用，加入甲醛以固定氨基的碱性，使羧基显示出酸性，用氢氧化钠标准滴定溶液滴定后定量，以酸度计测定终点。

6.2.2 试剂

6.2.2.1 甲醛溶液(36%)：应不含有聚合物。

6.2.2.2 氢氧化钠标准滴定溶液[c(NaOH) = 0.100 mol/L]：按 GB/T 601—2002 中 4.1 配制和标定。

6.2.3 仪器

6.2.3.1 酸度计。

6.2.3.2 磁力搅拌器。

6.2.4 **分析步骤**

吸取10.0 mL试样，置于150 mL烧杯中，加50 mL水，开动磁力搅拌器，用氢氧化钠标准滴定溶液(6.2.2.2)滴定至酸度计指示pH为8.20，记下消耗氢氧化钠标准滴定溶液的毫升数。

加入10.0 mL甲醛溶液(6.2.2.1)，混匀。再用氢氧化钠标准滴定溶液(6.2.2.2)滴定至pH为9.20，记下消耗氢氧化钠标准滴定溶液的毫升数。

同时做试剂空白试验，取50 mL水，先用氢氧化钠标准滴定溶液(6.2.2.2)滴定至pH为8.20，记下消耗氢氧化钠标准滴定溶液的毫升数。再加入10.0 mL甲醛溶液，用氢氧化钠标准滴定溶液滴定至pH为9.20，记下消耗氢氧化钠标准滴定溶液的毫升数。

6.2.5 **结果计算**

试样中总酸含量按式(1)进行计算。

$$X=\frac{(V_1-V_2)\times c\times 0.090}{V}\times 1\,000 \qquad \cdots\cdots (1)$$

式中：

X——试样中总酸的含量，单位为克每升(g/L)；

V_1——测定试样时，消耗0.100 mol/L氢氧化钠标准滴定溶液的体积，单位为毫升(mL)；

V_2——试剂空白试验时，消耗0.100 mol/L氢氧化钠标准滴定溶液的体积，单位为毫升(mL)；

c——氢氧化钠标准滴定溶液的浓度，单位为摩尔每升(mol/L)；

0.090——与1.00 mL氢氧化钠标准滴定溶液[c(NaOH)=1.000 mol/L]相当的乳酸的质量，单位为克(g)；

V——吸取试样的体积，单位为毫升(mL)。

试样中氨基酸态氮含量按式(2)计算。

$$Y=\frac{(V_3-V_4)\times c\times 0.014}{V}\times 1\,000 \qquad \cdots\cdots (2)$$

式中：

Y——试样中氨基酸态氮的含量，单位为克每升(g/L)；

V_3——加甲醛后，测定试样时消耗0.100 mol/L氢氧化钠标准滴定溶液的体积，单位为毫升(mL)；

V_4——加甲醛后，空白试验时消耗0.100 mol/L氢氧化钠标准滴定溶液的体积，单位为毫升(mL)；

c——氢氧化钠标准滴定溶液的浓度，单位为摩尔每升(mol/L)；

0.014——与1.00 mL氢氧化钠标准滴定溶液[c(NaOH)=1.000 mol/L]相当的氮的质量，单位为克(g)；

V——吸取试样的体积，单位为毫升(mL)。

计算结果保留两位有效数字。

6.2.6 **精密度**

在重复性条件下获得的两次独立滴定结果的绝对差值，总酸不得超过0.05 mL；氨基酸态氮不得超过0.10 mL。

6.3 **食盐**

6.3.1 **原理**

用硝酸银标准滴定溶液滴定试样中的氯化钠，生成氯化银沉淀，待全部氯化银沉淀后，多滴加的硝酸银与铬酸钾指示剂生成铬酸银使溶液呈桔红色即为终点。由硝酸银标准滴定溶液消耗量计算氯化钠的含量。

6.3.2 **试剂**

a) 硝酸银标准滴定溶液[$c(AgNO_3)$=0.100 mol/L]：按GB/T 601—2002中4.21配制和标定。

b) 50 g/L铬酸钾指示剂：称取5 g铬酸钾用少量水溶解后定容至100 mL。

6.3.3 分析步骤

吸取 10.0 mL 试样，于 150 mL 锥形瓶中，加 50 mL 水及 1 mL 铬酸钾指示剂，混匀。用硝酸银标准滴定溶液(0.1 mol/L)滴定至初显桔红色。记下消耗硝酸银标准滴定溶液的毫升数。

量取 50 mL 水，同时做试剂空白试验。

6.3.4 结果计算

试样中食盐含量按式(3)计算。

$$X = \frac{(V - V_0) \times c \times 0.0585}{V} \times 1000 \quad \cdots\cdots (3)$$

式中：

X——试样中食盐(以氯化钠计)的含量，单位为克每升(g/L)；

V——测定试样时，消耗硝酸银标准滴定溶液的体积，单位为毫升(mL)；

V_0——空白试验时，消耗硝酸银标准滴定溶液的体积，单位为毫升(mL)；

c——硝酸银标准滴定溶液的浓度，单位为摩尔每升(mol/L)；

0.058 5——1.00 mL 硝酸银标准滴定溶液的浓度[$c(AgNO_3)$=1.000 mol/L]相当于氯化钠的质量，单位为克(g)；

V——吸取试样的体积，单位为毫升(mL)。

计算结果保留两位有效数字。

6.3.5 精密度

在重复性条件下获得的两次独立测定结果的绝对差值不得超过算术平均值的 5%。

6.4 菌落总数、大肠菌群、致病菌

按 GB/T 4789.25 规定的方法检验。

6.5 二氧化硫

按 GB/T 5009.34 测定。

6.6 铅

按 GB/T 5009.12 测定。

6.7 甲醛

按 GB/T 5009.49 测定。

7 检验规则

7.1 组批

以同一条件、同一天生产的同一品种、同一规格的产品为一批。

7.2 抽样

从成品库同批产品的不同部位随机抽取 6 瓶(袋)分别做感官要求、理化指标、卫生指标检验，留样。

7.3 检验分类

7.3.1 出厂检验

7.3.1.1 产品出厂前，应由生产企业的质量检验部门按本标准逐批检验。检验合格并签发质量合格证的产品，方可出厂。

7.3.1.2 出厂检验项目包括：净含量、感官要求、菌落总数、大肠菌群、酒精度、总酸、氨基酸态氮、食盐和标签。

7.3.2 型式检验

7.3.2.1 型式检验项目包括：本标准中规定的全部要求。

7.3.3.2 型式检验每半年进行一次。有下列情况之一时，亦应进行型式检验。

a) 新产品试制鉴定时；

b) 正式生产后，如原料、工艺有较大变化，可能影响产品质量时；

c) 产品长期停产后，恢复生产时；

d) 国家质量监督机构提出要求时。

7.4 判定规则

7.4.1 卫生指标如有一项不符合要求时，判整批产品不合格。

7.4.2 净含量、感官要求及理化指标，如有一项或两项不符合要求时，可以在同批产品中抽取两倍量的样品复检，以复检结果为准；若仍有一项不合格时，则判整批产品不合格。

8 标志、包装、运输、贮存

8.1 标志

8.1.1 标签的标注内容应符合 GB 7718 的规定。

8.1.2 外包装箱上除应标明产品名称、制造者的名称和地址外，还应标明单位包装的净含量和总数量。

8.2 包装

包装材料和容器应符合相应的卫生标准和有关规定。

8.3 运输

产品在运输过程中应轻拿轻放，避免日晒、雨淋。运输工具应清洁卫生。不得与有毒、有害、有异味或影响产品质量的物品混装运输。

8.4 贮存

产品应贮存于干燥、通风良好的场所。不得与有毒、有害、有异味、易挥发、易腐蚀性的物品同处贮存。

ICS 67.220
X 66
备案号：21284—2007

中华人民共和国国内贸易行业标准

SB/T 10431—2007

榨菜酱油

Zhacai sauce

2007-07-24 发布　　2007-12-01 实施

中华人民共和国商务部　发布

前　言

本标准的附录 A 为规范性附录。

本标准由中国调味品协会提出。

本标准由中华人民共和国商务部归口。

本标准起草单位:重庆市涪陵榨菜(集团)有限公司。

本标准主要起草人:周斌全、向瑞玺、方明强、李德彬、刘德君。

本标准为首次发布。

榨 菜 酱 油

1 范围

本标准规定了榨菜酱油的术语和定义、技术要求、试验方法、检验规则、标志、包装、运输和贮存等要求。

本标准适用于3.1所指的榨菜酱油。

2 规范性引用文件

下列文件中的条款通过本标准的引用而成为本标准的条款。凡是注日期的引用文件，其随后所有的修改单(不包括勘误的内容)或修订版均不适用于本标准，然而，鼓励根据本标准达成协议的各方研究是否可使用这些文件的最新版本。凡是不注日期的引用文件，其最新版本适用于本标准。

GB/T 191 包装储运图示标志

GB 2760 食品添加剂使用卫生标准

GB/T 4789.22 食品卫生微生物学检验 调味品检验

GB/T 5009.33 食品中亚硝酸盐与硝酸盐的测定方法

GB/T 5009.39 酱油卫生标准的分析方法

GB 7718 预包装食品标签通则

GB 18186—2000 酿造酱油

JJF 1070 定量包装商品净含量计量检验规则

国家质量监督检验检疫总局第75号令[2005年] 定量包装商品计量监督管理办法

3 术语和定义

下列术语和定义适用于本标准。

3.1

榨菜酱油 zhacai sauce

以茎瘤芥的茎瘤(青菜头)在腌制发酵过程中的榨菜腌制液为原料，经过滤、浓缩、调配、均质、灭菌、灌装等而成的具有特殊色、香、味的液体调味品，属于配制酱油。

3.2

榨菜腌制液 liquid brine cured pickle of zhacai

茎瘤芥的茎瘤(青菜头)在腌制发酵过程中从其组织内部渗出的含有可溶性营养成分的含盐汁液。

4 技术要求

4.1 原辅料

4.1.1 榨菜腌制液

应符合本标准附录A和国家相关规定。

4.1.2 食品添加剂

应选用GB 2760中允许使用的食品添加剂，还应符合相应的食品添加剂产品标准。

4.2 感官特性

感官特性应符合表1的规定。

表 1　感官特性

项　目	指　　标		
	一级	二级	三级
色　泽	红褐色，色泽鲜艳，有光泽	棕褐色或浅红褐色，有光泽	棕褐色
香　气	具有浓郁的榨菜酱油清香、酱香，无不良气味	具有较浓郁的榨菜酱油清香、酱香，无不良气味	具有榨菜酱油的清香，无不良气味
滋　味	味鲜美、醇厚、咸甜适口，无异味	味鲜美、醇厚，无异味	味鲜美，无异味
体　态	澄清		

4.3　理化指标

理化指标应符合表 2 的规定。

表 2　理化指标

项　　目		指　　标		
		一级	二级	三级
氨基酸态氮(以氮计)/(g/100 mL)	≥	0.70	0.55	0.40
可溶性无盐固形物/(g/100 mL)	≥	10.00	7.00	5.00
总酸(以乳酸计)/(g/100 mL)	≤	2.50		

4.4　铵盐

铵盐(以氮计)的含量不得超过氨基酸态氮含量的 30%。

4.5　卫生指标

卫生指标应符合表 3 的规定。

表 3　卫生指标

项　　目		指　　标
总砷(以 As 计)/(mg/L)	≤	0.5
铅(以 Pb 计)/(mg/L)	≤	1
黄曲霉毒素 B_1/(μg/L)	≤	5
亚硝酸盐(以 $NaNO_2$ 计)/(mg/L)	≤	10
菌落总数/(CFU/mL)	≤	30 000
大肠菌群/(MPN/100 mL)	≤	30
致病菌(沙门氏菌、志贺氏菌、金黄色葡萄球菌)		不得检出

4.6　净含量

应符合国家质量监督检验检疫总局第 75 号令《定量包装商品计量监督管理办法》的规定。

5　试验方法

5.1　感官指标

采用目测、鼻嗅、品尝的方法进行检验。

5.2　理化指标

总酸按 GB/T 5009.39 规定执行，其他指标按 GB 18186—2000 中第 6 章的规定执行。

5.3　铵盐

按 GB 18186—2000 中 6.5 的规定执行。

5.4 卫生指标

亚硝酸盐按 GB/T 5009.33 规定执行,微生物指标按 GB/T 4789.22 规定执行,其他卫生指标按 GB/T 5009.39 的规定执行。

5.5 净含量

按 JJF 1070 的规定执行。

6 检验规则

6.1 出厂检验

出厂检验逐批进行,其检验项目包括:感官指标、可溶性无盐固形物、铵盐、氨基酸态氮、总酸、菌落总数、大肠菌群。

6.2 型式检验

型式检验项目包括 4.2~4.6 规定的全部项目;型式检验每半年进行一次,有下列情况之一时,亦应进行:

a) 更改主要原料;

b) 更改关键工艺;

c) 国家质量监督机构提出要求时。

6.3 组批

同一天生产的同一品种产品为一批。

6.4 抽样

6.4.1 桶装产品抽样

从每批产品的不同部位随机选取 6 桶,现场平均抽取共计 1 500 mL,分别做感官、理化、卫生检验,留样。

6.4.2 瓶装产品抽样

从每批产品的不同部位随机抽取 6 瓶,分别做感官、理化、卫生检验,留样。

6.5 判定规则

6.5.1 出厂检验项目或型式检验项目全部符合本标准判为合格品。

6.5.2 出厂检验或型式检验,如有不合格项目时,在该批产品中加倍抽样复检;若复检合格,则判该批产品合格;若复检仍有一项不合格,则判定该批产品不合格。在出厂检验或型式检验中,卫生指标中菌落总数、大肠菌群及致病菌(沙门氏菌、志贺氏菌、金黄色葡萄球菌)如有一项不符合本标准 4.5 的规定,则判定该批产品为不合格。

7 标志

应符合 GB/T 191 及 GB 7718 的规定。产品名称标为"榨菜酱油",还应标明质量等级和氨基酸态氮的含量。

8 包装、运输和贮存

8.1 包装

包装材料和容器应符合相应的国家卫生标准和国家有关规定。

8.2 运输

产品在运输过程中应轻拿轻放,防止日晒雨淋。运输工具应清洁卫生,不得与有毒、有污染的物品混运。

8.3 贮存

产品应贮存在阴凉、干燥、通风的仓库内。

附 录 A
（规范性附录）
榨菜腌制液质量指标

榨菜腌制液质量指标见表 A.1。

表 A.1 榨菜腌制液质量指标

项 目			指 标
感官特性	色 泽		浅黄色
	气 味		具有榨菜腌制液固有的气味，无不良气味
	体 态		澄清，无杂质
	滋 味		具有榨菜腌制液固有的滋味，无异味
理化指标	可溶性无盐固形物/(g/100 mL)	≥	3.50
	总酸(以乳酸计)/(g/100 mL)	≤	0.90
	食盐(以氯化钠计)/(g/100 mL)	≥	5.00
卫生指标	亚硝酸盐(以 $NaNO_2$ 计)/(mg/L)	≤	10

ICS 67.080.20
X 26
备案号：21774—2007

中华人民共和国国内贸易行业标准

SB/T 10439—2007
代替 SB/T 10215～10221—1994

酱 腌 菜

Pickled vegetable

2007-09-10 发布　　2008-03-01 实施

中华人民共和国商务部　发布

前　言

本标准代替 SB/T 10215—1994《酱渍菜》、SB/T 10216—1994《盐渍菜》、SB/T 10217—1994《酱油渍菜》、SB/T 10218—1994《虾油渍菜》、SB/T 10219—1994《糖醋渍菜》、SB/T 10220—1994《盐水渍菜》、SB/T 10221—1994《糟渍菜》。

本标准与以上标准相比主要变化如下：

——修改了标准的中文名称，标准中文名称改为《酱腌菜》；

——按照 GB/T 1.1—2000《标准化工作导则　第 1 部分：标准的结构和编写规则》对标准的文本格式进行修改；

——依据 SB/T 10297—1999《酱腌菜分类》增加了产品的分类；

——调整了标准中的水分、食盐、总酸、氨基酸态氮、还原糖、总糖的指标；

——加入了对食品添加剂的使用和用量的限制；

——标准中的卫生指标依据 GB 2714《酱腌菜卫生标准》的要求；

——对原标准的结构进行了修改，增加了生产加工过程的卫生要求和净含量要求；

——对原标准的检验方法进行了修订，按 GB/T 5009.54《酱腌菜卫生标准的分析方法》规定的方法检验。

本标准自实施之日起以上标准同时废止。

本标准由中国调味品协会提出。

本标准由中华人民共和国商务部归口。

本标准主要起草单位：北京六必居食品有限公司。

本标准主要起草人：李书圣、陈杰、陈宇。

本标准由中华人民共和国商务部委托中国调味品协会负责解释。

本标准所代替标准的历次版本发布情况为：

——SB/T 10215—1994、SB/T 10216—1994、SB/T 10217—1994、SB/T 10218—1994、SB/T 10219—1994、SB/T 10220—1994、SB/T 10221—1994；

——SB 94—1980、SB 95—1980、SB 96—1980、SB 97—1980、SB 98—1980、SB 99—1980、SB 100—1980、SB 101—1980。

酱 腌 菜

1 范围

本标准规定了酱腌菜的术语和定义、要求、试验方法、检验规则、标签、包装、运输和贮存。

本标准适用于酱渍菜、盐渍菜、酱油渍菜、糖渍菜、醋渍菜、糖醋渍菜、虾油渍菜、盐水渍菜和糟渍菜。

2 规范性引用文件

下列文件中的条款通过本标准的引用而成为本标准的条款。凡是注日期的引用文件，其随后所有的修改单(不包括勘误的内容)或修订版均不适用于本标准，然而，鼓励根据本标准达成协议的各方研究是否可使用这些文件的最新版本。凡是不注日期的引用文件，其最新版本适用于本标准。

GB/T 191 包装储运图示标志

GB 2714 酱腌菜卫生标准

GB 2760 食品添加剂使用卫生标准

GB/T 5009.54 酱腌菜卫生标准的分析方法

GB 7718 预包装食品标签通则

GB 14881 食品企业通用卫生规范

JJF 1070 定量包装商品净含量计量检验规则

定量包装商品计量监督管理办法 国家质量监督检验检疫总局[2005年]75号令

3 术语和定义

下列术语和定义适用于本标准。

3.1

酱渍菜 pickled vegtable with soy paste

以蔬菜咸坯，经脱盐、脱水后，用酱渍加工而成的蔬菜制品。

3.2

盐渍菜 salted vegtable

以蔬菜为原料，用食盐盐渍加工而成的蔬菜制品。

3.3

酱油渍菜 pickled vegtable with soy sauce

以蔬菜咸坯，经脱盐、脱水后，用酱油浸渍加工而成的蔬菜制品。

3.4

糖渍菜 sugared vegetable

以蔬菜咸坯，经脱盐、脱水后，用糖渍加工而成的蔬菜制品。

3.5

醋渍菜 vinegared vegetable

以蔬菜咸坯，经脱盐、脱水后，用醋渍加工而成的蔬菜制品。

3.6

糖醋渍菜 sugared and vinegared vegetable

以蔬菜咸坯，经脱盐、脱水后，用糖醋渍加工而成的蔬菜制品。

3.7

虾油渍菜 pickled vegetable with shrimp oil

以蔬菜为主要原料，用食盐盐渍后再经虾油渍制加工而成的蔬菜制品。

3.8

盐水渍菜 pickle

以蔬菜为原料，用盐水经生渍或熟渍加工而成的蔬菜制品。

3.9

糟渍菜 pickled vegetable with lees

以蔬菜咸坯为原料，用酒糟或醪糟经糟渍加工而成的蔬菜制品。

4 要求

4.1 主要原料和辅料

应符合相应的标准和有关要求。

4.2 感官特性

感官特性应符合表1规定。

表1 感观特性

项目	要求								
	酱渍菜	盐渍菜	酱油渍菜	糖渍菜	醋渍菜	糖醋渍菜	虾油渍菜	盐水渍菜	糟渍菜
色泽	红褐色，有光泽	具有应有色泽	红褐色，有光泽	乳白或金黄色，有光泽	金黄或红褐色，有光泽	金黄或红褐色，有光泽	具有蔬菜的天然色泽	具有应有色泽	具有应有色泽
香气	具有酱香气，无不良气味	具有应有香气，无不良气味	具有酱油香气，无不良气味	具有应有香气，无不良气味	具有应有香气，无不良气味	具有应有香气，无不良气味	具有应有香气，无不良气味	具有应有香气，无不良气味	具有酯香气，无不良气味
滋味	无酸味，无异味	无酸味，无异味	无酸味，无异味	无酸味，无异味	无异味	无异味	无酸味，无异味	无异味	无酸味，无异味
体态	具有各种产品应有规格，厚薄均匀，无杂质，卤汁无混浊								
质地	具有各种产品特有的脆、嫩质地								

4.3 理化指标

4.3.1 酱渍菜理化指标

酱渍菜理化指标应符合表2要求。

表2 酱渍菜理化指标

项目		指标
水分/(g/100 g)	≤	85
食盐(以氯化钠计)/(g/100 g)	≥	3
总酸(以乳酸计)/(g/100 g)	≤	2
氨基酸态氮(以氮计)/(g/100 g)	≥	0.1
还原糖(以葡萄糖计)/(g/100 g)	≥	1

4.3.2 盐渍菜理化指标

盐渍菜理化指标应符合表3的要求。

表 3 盐渍菜理化指标

项 目		指标
水分/(g/100 g)	≤	85
食盐(以氯化钠计)/(g/100 g)	≥	6

4.3.3 酱油渍菜理化指标

酱油渍菜理化指标应符合表 4 的要求。

表 4 酱油渍菜理化指标

项 目		指标
水分/(g/100 g)	≤	85
食盐(以氯化钠计)/(g/100 g)	≥	3
总酸(以乳酸计)/(g/100 g)	≤	2
氨基酸态氮(以氮计)/(g/100 g)	≥	0.1

4.3.4 糖渍菜理化指标

糖渍菜理化指标应符合表 5 的要求。

表 5 糖渍菜理化指标

项 目		指标
水分/(g/100 g)	≤	70
食盐(以氯化钠计)/(g/100 g)	≤	4
总酸(以乳酸计)/(g/100 g)	≤	2
总糖(以葡萄糖计)/(g/100 g)	≥	20

4.3.5 醋渍菜理化指标

醋渍菜理化指标应符合表 6 的要求。

表 6 醋渍菜理化指标

项 目		指标
水分/(g/100 g)	≤	80
食盐(以氯化钠计)/(g/100 g)	≤	6
总酸(以乳酸计)/(g/100 g)	≤	3

4.3.6 糖醋渍菜理化指标

糖醋渍菜理化指标应符合表 7 的要求。

表 7 糖醋渍菜理化指标

项 目		指标
水分/(g/100 g)	≤	70
食盐(以氯化钠计)/(g/100 g)	≤	6
总酸(以乳酸计)/(g/100 g)	≤	3
总糖(以葡萄糖计)/(g/100 g)	≥	10

4.3.7 虾油渍菜理化指标

虾油渍菜理化指标应符合表 8 的要求。

表 8 虾油渍菜理化指标

项　　目		指标
水分/(g/100 g)	≤	75
食盐(以氯化钠计)	≤	20
总酸(以乳酸计)/(g/100 g)	≤	2
氨基酸态氮(以氮计)/(g/100 g)	≥	0.3

4.3.8 盐水渍菜理化指标

盐水渍菜理化指标应符合表 9 的要求。

表 9 盐水渍菜理化指标

项　　目		指标
水分/(g/100 g)	≤	93
食盐(以氯化钠计)	≤	9
总酸(以乳酸计)/(g/100 g)	≤	2

4.3.9 糟渍菜

糟渍菜理化指标应符合表 10 的要求。

表 10 糟渍菜理化指标

项　　目		指标
水分/(g/100 g)	≤	73
食盐(以氯化钠计)	≥	6
总酸(以乳酸计)/(g/100 g)	≤	2
氨基酸态氮(以氮计)/(g/100 g)	≥	0.1
还原糖(以葡萄糖计)/(g/100 g)	≥	10

4.4 食品添加剂

4.4.1 食品添加剂质量应符合相应的标准和有关规定。

4.4.2 食品添加剂的品种和使用量应符合 GB 2760 的规定。

4.5 卫生指标

卫生指标应符合 GB 2714 的规定。

4.6 净含量

应符合国家质量监督检验检疫总局[2005 年]75 号令的规定。

4.7 生产加工过程的卫生要求

应符合 GB 14881 的规定。

5 试验方法

5.1 感官检验

在自然光线条件下观察容器密封情况、外观,并将内容物倒入洁净的瓷盘中,用肉眼观察其色泽及杂质,嗅其气味,尝其滋味。结果应符合 4.2 的规定。

5.2 理化指标检验

按 GB/T 5009.54 规定的方法检验。

5.3 卫生指标检验

按 GB/T 5009.54 规定的方法检验。

5.4　净含量负偏差检验

按 JJF 1070 规定的方法检验。

6　检验规则

6.1　组批规则

在原料及生产条件基本相同下，同一天或同一班组生产的产品为一批。按批号抽样。

6.2　抽样方法

从每批产品中随机抽取 6 瓶(袋)分别进行检验，留样。

6.3　检验分类

产品检验分为出厂检验和型式检验。

6.4　出厂检验

出厂检验项目包括：净含量、感官、水分、食盐、总酸、亚硝酸盐、大肠菌群等指标。

6.5　型式检验

有下列情况之一时应进行型式检验。检验项目为本标准中规定的全部项目。

a）新产品投产前；

b）长期停产，恢复生产时；

c）正式生产中，原料、加工工艺或生产条件有较大变化，可能影响产品质量时；

d）出厂检验与上次型式检验有大差异时；

e）国家质量监督机构提出进行型式检验要求时。

6.6　判定规则

6.6.1　卫生指标不合格时判为不合格品。

6.6.2　净含量、感官、水分、食盐、总酸、氨基酸态氮、还原糖、总糖出现不合格项时，可以加倍抽样复验。复验后仍不符合本标准要求，判定为不合格品。

7　标志、包装、运输及贮存

7.1　标志

本标准标签应符合 GB 7718 的规定，外包装标志还应符合 GB/T 191 的规定。

7.2　包装

7.2.1　包装材料

应符合食品卫生有关标准的要求。

7.2.2　包装要求

应封装严密、无渗漏、无鼓盖或无涨袋。

7.3　运输

产品在运输过程中应轻拿轻放，防止日晒雨淋。运输工具应清洁卫生，不得与有毒、有污染的物品混运。

7.4　贮存

产品应贮存在阴凉、干燥、通风的专用仓库内，不得与有毒、有污染的物品混存。

ICS 67.220.10
X 66
备案号:24725—2008

中华人民共和国国内贸易行业标准

SB/T 10458—2008

鸡 汁 调 味 料

Chicken bruillon

2008-07-03 发布　　　　2008-12-01 实施

中华人民共和国商务部　　发 布

前　言

本标准由中国调味品协会提出。

本标准由中华人民共和国商务部归口。

本标准起草单位：山东中科凤祥生物工程有限公司、东莞市百味佳食品有限公司、重庆昊元生物产业（集团）有限公司、广东佳隆食品股份有限公司、广东嘉豪食品股份有限公司、联合利华食品（中国）有限公司。

本标准主要起草人：寻兆勇、周福明、潘显宗、李武恒、刘燕、林平涛、林长春、陈志雄、刘亚萍、沈家生、何香。

本标准为首次发布。

鸡 汁 调 味 料

1 范围

本标准规定了鸡汁调味料的术语和定义、要求、试验方法、检验规则、标签、包装、运输和贮存。

本标准适用于第3章所指的鸡汁调味料。

2 规范性引用文件

下列文件中的条款通过本标准的引用而成为本标准的条款。凡是注日期的引用文件，其随后所有的修改单(不包括勘误的内容)或修订版均不适用于本标准，然而，鼓励根据本标准达成协议的各方研究是否可使用这些文件的最新版本。凡是不注日期的引用文件，其最新版本适用于本标准。

GB 2760 食品添加剂使用卫生标准

GB/T 4789.2 食品卫生微生物学检验 菌落总数测定

GB/T 4789.3 食品卫生微生物学检验 大肠菌群测定

GB/T 4789.4 食品卫生微生物学检验 沙门氏菌检验

GB/T 4789.5 食品卫生微生物学检验 志贺氏菌检验

GB/T 4789.10 食品卫生微生物学检验 金黄色葡萄球菌检验

GB/T 5009.3—2003 食品中水分的测定

GB/T 5009.11 食品中总砷及无机砷的测定

GB/T 5009.12 食品中铅的测定

GB/T 5009.39—2003 酱油卫生标准的分析方法

GB 5461 食用盐

GB 7718 预包装食品标签通则

GB 16869 鲜、冻禽产品

SB/T 10371—2003 鸡精调味料

JJF 1070 定量包装商品净含量计量检验规则

定量包装商品计量监督管理办法 国家质量监督检验检疫总局令(2005年)第75号

3 术语和定义

下列术语和定义适用于本标准。

3.1

鸡汁调味料 chicken bruillon

以磨碎的鸡肉或鸡骨或其浓缩抽提物以及其他辅料等为原料，添加或不添加香辛料和(或)食用香料等增香剂，加工而成的，具有鸡的浓郁鲜味和香味的汁状复合调味料。

4 要求

4.1 主要原料和辅料

4.1.1 鸡肉：应符合GB 16869的规定。

4.1.2 食用盐：应符合GB 5461的规定。

4.1.3 食品添加剂：应选用GB 2760中允许使用的食品添加剂，还应符合相应的食品添加剂的产品标准。

4.2 感官特性

感官特性应符合表1的规定。

表1 感官特性

项　目	指　标
色泽	黄褐、淡黄、乳黄或乳白色
香气	鸡香味纯正,无不良气味
滋味	具有鸡汁的鲜美滋味,无不良滋味
形态	浓稠状液体,无异物

4.3 理化指标

理化指标应符合表2的规定。

表2 理化指标

项　目		指　标
总固形物/(g/100 g)	≥	30.0
氯化物(以 NaCl 计)/(g/100 g)	≤	20.0
总氮(以 N 计)/(g/100 g)	≥	1.0
氨基酸态氮(以 N 计)/(g/100 g)	≥	0.5
其他氮(以 N 计)/(g/100 g)	≥	0.25
总砷(以 As 计)/(mg/kg)	≤	0.5
铅(Pb)/(mg/kg)	≤	1.0

4.4 微生物指标

微生物指标应符合表3的规定。

表3 微生物指标

项　目		指　标
菌落总数/(CFU/g)	≤	10 000
大肠菌群/(MPN/100 g)	≤	30
致病菌(沙门氏菌、志贺氏菌、金黄色葡萄球菌等)		不得检出

4.5 净含量负偏差

应符合《定量包装商品计量监督管理办法》的规定。

5 试验方法

5.1 外观和感官检验

5.1.1 色泽和形态

取样品 10 mL,放置玻璃器皿内,进行目测。

5.1.2 香气

配制3%溶液,嗅其气味。

5.1.3 滋味

配制3%溶液或按推荐食用方法配制溶液,取少许溶液放入口内,仔细品尝。

5.2 理化检验

5.2.1 总固形物的测定

按 GB/T 5009.3—2003 第一法规定的方法测定水分，并按下式计算总固形物：

总固形物＝100－水分

5.2.2 氯化物的测定

按 SB/T 10371—2003 中的 5.2.2 测定。

5.2.3 总氮

按 SB/T 10371—2003 中的 5.2.5 测定。

5.2.4 氨基酸态氮

按 GB/T 5009.39—2003 第一法规定的方法测定。

5.2.5 其他氮

按以下方法计算：其他氮＝总氮－氨基酸态氮

5.2.6 总砷

按 GB/T 5009.11 规定的方法测定。

5.2.7 铅

按 GB/T 5009.12 规定的方法测定。

5.3 微生物测定

5.3.1 菌落总数

按 GB/T 4789.2 规定的方法测定。

5.3.2 大肠菌群

按 GB/T 4789.3 规定的方法测定。

5.3.3 致病菌

分别按 GB/T 4789.4、GB/T 4789.5、GB/T 4789.10 规定的方法测定。

5.4 净含量

按 JJF 1070 规定的方法测定。

6 检验规则

6.1 出厂检验项目

外观和感官特性，理化指标中的总固形物、氯化物、总氮、氨基酸态氮、其他氮，卫生指标中的菌落总数、大肠菌群。

6.2 型式检验

型式检验的项目包括本标准中规定的全部要求。型式检验每年一次，有下列情况之一，亦应进行：

a) 新产品试制鉴定时；

b) 正式生产后，如原料或工艺有较大变化，可能影响产品质量时；

c) 产品长期停产后，恢复生产时；

d) 出厂检验结果与上次型式检验有大差异时；

e) 国家质量监督机构提出进行型式检验的要求时。

6.3 组批

同一天生产的同一品种的产品为一批。

6.4 抽样

从每批产品的不同部位随机抽取 6 瓶（罐），分别做外观和感官特性、理化、卫生检验，留样。

6.5 判定规则

出厂检验项目或型式检验全部符合本标准判为合格品。

7 标识、标签

产品标签的标注内容应符合 GB 7718 的规定。产品名称应标为“鸡汁调味料”。

8 包装、运输和贮存

8.1 包装

包装材料和容器应符合相应的国家食品卫生标准和相关规定。

8.2 运输

运输工具应保持清洁、卫生、干燥，运输时不得与有毒、有害物混装、混运，运输过程中应轻拿轻放，不得暴晒、雨淋。

8.3 贮存

产品应贮存在通风、干燥、阴凉的仓库内，避免太阳暴晒。

ICS 67.220.10
X 66
备案号：24726—2008

中华人民共和国国内贸易行业标准

SB/T 10459—2008

番茄调味酱

Ketchup

2008-07-03 发布　　2008-12-01 实施

中华人民共和国商务部　发布

前　言

本标准由中国调味品协会提出。

本标准由中华人民共和国商务部归口。

本标准起草单位:东莞市永益食品有限公司、上海味好美食品有限公司、亨氏(青岛)食品有限公司。

本标准主要起草人:简江峰、刘均、郭良、赵艳荣、潘丽萍、马海江、张同春。

本标准为首次发布。

番 茄 调 味 酱

1 范围

本标准规定了番茄调味酱的术语和定义、要求、试验方法、检验规则、标签、包装、运输和贮存。

本标准适用第3章所指的番茄调味酱。

2 规范性引用文件

下列文件中的条款通过本标准的引用而成为本标准的条款。凡是注日期的引用文件，其随后所有的修改单(不包括勘误的内容)或修订版均不适用于本标准，然而，鼓励根据本标准达成协议的各方研究是否可使用这些文件的最新版本。凡是不注日期的引用文件，其最新版本适用于本标准。

GB 2760 食品添加剂使用卫生标准

GB/T 4789.2 食品卫生微生物学检验 菌落总数测定

GB/T 4789.3 食品卫生微生物学检验 大肠菌群测定

GB/T 4789.4 食品卫生微生物学检验 沙门氏菌检验

GB/T 4789.5 食品卫生微生物学检验 志贺氏菌检验

GB/T 4789.10 食品卫生微生物学检验 金黄色葡萄球菌检验

GB/T 5009.3 食品中水分的测定

GB/T 5009.11 食品中总砷及无机砷的测定

GB/T 5009.12 食品中铅的测定

GB/T 5009.16 食品中锡的测定

GB 5461 食用盐

GB 5749 生活饮用水卫生标准

GB 7718 预包装食品标签通则

GB/T 14215—1993 番茄酱罐头

GB 18187 酿造食醋

NY/T 956 番茄酱

SB 10337 配制食醋

JJF 1070 定量包装商品净含量计量检验规则

定量包装商品计量监督管理办法 国家质量监督检验检疫总局令[2005]第75号

3 术语和定义

下列术语和定义适用于本标准。

3.1

番茄调味酱 ketchup

以浓缩番茄酱为主要原料，添加或不添加食糖、食用盐、食醋或食用冰醋酸、香辛料和食用增稠剂等辅料经调配、杀菌、灌装而成的复合调味料，也称番茄沙司。

4 要求

4.1 主要原料和辅料

4.1.1 浓缩番茄酱:应符合 NY/T 956 的规定。

4.1.2 加工用水:应符合 GB 5749 的规定。

4.1.3 食醋:应符合 GB 18187 或 SB 10337 的规定。

4.1.4 食用盐:应符合 GB 5461 的规定。

4.1.5 食品添加剂:品种和限量应符合 GB 2760 中的规定,还应符合相应的食品添加剂的产品标准。

4.2 感官特性

感官特性应符合表 1 的规定。

表 1 感官特性

项 目	要 求
色泽	红色或橙红色,允许表面有褐色
滋味,气味	具有番茄调味酱应有的滋味及气味,无异味
形态	体态均匀,粘稠适度

4.3 理化指标

理化指标应符合表 2 的规定。

表 2 理化指标

项 目		指 标
总固形物/(mg/100 g)	≥	12.0
番茄红素/(mg/100 g)	≥	7.0
总砷(以 As 计)/(mg/kg)	≤	0.5
铅(Pb)/(mg/kg)	≤	1
锡(Sn)/(mg/kg)(仅适用于马口铁罐产品)	≤	200

4.4 微生物指标

微生物指标应符合表 3 的规定。

表 3 卫生指标

项 目		指 标
菌落总数/(CFU/g)	≤	1 000
大肠菌群/(MPN/100 g)	≤	30
致病菌(沙门氏菌、志贺氏菌、金黄色葡萄球菌)		不得检出

4.5 净含量

应符合《定量包装商品计量监督管理》的规定。

5 试验方法

5.1 感官检验

5.1.1 色泽、形态

取 50 g 样品倒入白色瓷盘中,用肉眼观察,检查其色泽、形态及杂质。

5.1.2 滋味及气味

取 50 g 样品倒入白色瓷盘中,嗅其气味,然后品尝。

5.2 理化检验

5.2.1 总固形物

按 GB/T 5009.3 进行测定。

5.2.2 番茄红素

5.2.2.1 原理、试剂、仪器

同 GB/T 14215—1993 附录 A 进行。

5.2.2.2 分析步骤

5.2.2.2.1 标准曲线的绘制

同 GB/T 14215—1993 附录 A 进行。

5.2.2.2.2 试样中番茄红素的提取

称取试样 0.3 g ～0.5 g，准确至 0.000 1 g，于 50 mL 的小烧杯中。

在盛有试样的小烧杯中加入 8 mL～15 mL 甲醇，浸泡 2 min～3 min 后用玻璃棒充分搅散，抽提番茄调味酱中的黄色素。充分搅拌分散后沉淀约 2 min，将抽提液移入带滤纸的玻璃漏斗中过滤。烧杯里剩余的残渣加入 8 mL～15 mL 甲醇，重复上述操作，直至滤液无色，弃去滤液。

用少量甲苯分数次按以上步骤提取番茄红素，直至滤液无色为止，滤液接入 50 mL 棕色容量瓶中，用甲苯定容，摇匀，即为番茄红素提取液。

5.2.2.2.3 测定、分析结果计算，允许差

同 GB 14215—1993 附录 A 进行。

5.2.3 总砷

按 GB/T 5009.11 进行。

5.2.4 铅

按 GB/T 5009.12 进行。

5.2.5 锡

按 GB/T 5009.16 进行。

5.3 微生物检验

5.3.1 菌落总数

按 GB/T 4789.2 进行。

5.3.2 大肠菌群

按 GB/T 4789.3 进行。

5.3.3 致病菌

分别按 GB/T 4789.4、GB/T 4789.5、GB/T 4789.10 进行。

5.4 净含量

按 JJF 1070 进行测定。

6 检验规则

6.1 出厂检验

出厂检验项目为：感官特性、总固形物、菌落总数、大肠菌群、包装、标签。

6.2 型式检验

型式检验的项目包括：本标准中规定的全部要求。型式检验应每年进行一次，有下列情况之一，亦应进行：

a） 新产品试制鉴定时；

b） 正式生产后，如原料或工艺有较大变化，可能影响产品质量时；

c） 产品长期停产后，恢复生产时；

d） 出厂检验结果与上次要求检验有大差异时；

e） 国家质量监督机构提出进行型式检验的要求时。

6.3 组批

同一天生产的同一品种的产品为一批。

6.4 抽样

从每组批产品的不同部位随机抽样6包装，分别做感官检验、理化检验、微生物检验、留样。

6.5 判定规则

出厂检验项目或型式检验项目全部符合本标准判为合格品。

7 标签

标签的标识内容应符合GB 7718的规定；产品名称应标为"番茄调味酱"或"番茄沙司"。

8 包装、运输和贮存

8.1 包装

包装材料和容器应符合相应的国家卫生标准。

8.2 运输

运输工具要清洁、卫生、无杂物，不应与有毒物品混装、混运。

8.3 贮存

应贮存在通风、干燥、阴凉的仓库内，避免太阳暴晒。

SB/T 10459—2008《番茄调味酱》
第1号修改单

本修改单经中华人民共和国商务部于2008年12月4日以部[2008]102号公告批准，自批准之日起实施。

《番茄调味酱》(SB/T 10459—2008)表2理化指标中总固形物的设定修改为：

表2 理化指标

项　目		指　标
总固形物/(g/100 g)	≥	12.0

ICS 67.220.10
X 66
备案号:25130—2008

中华人民共和国国内贸易行业标准

SB/T 10484—2008

菇 精 调 味 料

Edible mushroom essence seasoning

2008-09-27 发布 2009-03-01 实施

中华人民共和国商务部 发 布

前　言

本标准由中华人民共和国商务部提出。

本标准由全国调味品标准化技术委员会归口。

本标准起草单位：大山合集团有限公司、上海太太乐食品有限公司、东莞雀巢有限公司。

本标准主要起草人：毛传福、李玉峰、荣耀中、余兆好、邸雪枫、赵缨。

菇精调味料

1 范围

本标准规定了菇精调味料的术语和定义、产品分类、要求、检验方法、检验规则、标签、包装、运输和贮存。

本标准适用于第3章所指的菇精调味料。

2 规范性引用文件

下列文件中的条款通过本标准的引用而成为本标准的条款。凡是注日期的引用文件，其随后所有的修改单(不包括勘误的内容)或修订版均不适用于本标准，然而，鼓励根据本标准达成协议的各方研究是否可使用这些文件的最新版本。凡是不注日期的引用文件，其最新版本适用于本标准。

GB 2760 食品添加剂使用卫生标准

GB/T 4789.2 食品卫生微生物学检验 菌落总数测定

GB/T 4789.3 食品卫生微生物学检验 大肠菌群测定

GB/T 4789.4 食品卫生微生物学检验 沙门氏菌检验

GB/T 4789.5 食品卫生微生物学检验 志贺氏菌检验

GB/T 4789.10 食品卫生微生物学检验 金黄色葡萄球菌检验

GB/T 5009.11 食品中总砷及无机砷的测定

GB/T 5009.12 食品中铅的测定

GB 5461 食用盐

GB 7096 食用菌卫生标准

GB 7718 预包装食品标签通则

GB/T 8967—2007 谷氨酸钠(味精)

SB/T 10371—2003 鸡精调味料

JJF 1070 定量包装商品净含量计量检验规则

定量包装商品计量监督管理办法 国家质量监督检验检疫总局令[2005]第75号

3 术语和定义

下列术语和定义适用于本标准。

3.1

菇精调味料 edible mushroom essence seasoning

以食用菌的粉末或食用菌浓缩抽提物、增味剂、食用盐及其他辅料为原料，添加或不添加香辛料和/或食用香料等增香剂经混合等工序加工而成，具有食用菌鲜味和香味的复合调味料。

4 产品分类

按理化指标分为两类：增鲜型菇精调味料和增味型菇精调味料。

5 要求

5.1 主要原料和辅料

5.1.1 食用菌：应符合 GB 7096 的规定。

5.1.2 食用盐:应符合 GB 5461 的规定。

5.1.3 食品添加剂:食品添加剂的品种和限量应符合 GB 2760 的规定,还应符合相应的食品添加剂的产品标准。

5.2 感官特性

5.2.1 色泽:具有原、辅料混合加工后特有的色泽。

5.2.2 香气:菇香纯正,无不良气味。

5.2.3 滋味:具有菇的鲜香滋味,口感和顺,无不良滋味。

5.2.4 形态:可分为粉状、颗粒状或块状。

5.3 理化指标

理化指标应符合表 1 的规定。

表 1 理化指标

项 目	指 标	
	增鲜型	增味型
氨基酸态氮/(g/100 g) ≥	3.0	1.4
呈味核苷酸二钠/(g/100 g) ≥	1.6	1.0
总氮(以 N 计)/(g/100 g) ≥	3.6	2.0
干燥失重/(g/100 g) ≤	5.0	
氯化物(以 NaCl 计)/(g/100 g) ≤	40	

5.4 卫生指标

卫生指标应符合表 2 的规定。

表 2 卫生指标

项 目	指 标
总砷(以 As 计)/(mg/kg) ≤	0.5
铅(以 Pb 计)/(mg/kg) ≤	1
菌落总(CFU/g) ≤	15 000
大肠菌(MPN/100 g) ≤	150
致病菌(沙门氏菌、志贺氏菌、金黄色葡萄球菌)	不得检出

5.5 净含量负偏差

应符合《定量包装商品计量监督管理办法》的规定。

6 检验方法

6.1 感官特性

6.1.1 色泽与形态:取样品 5 g,放置在白色滤纸上或玻璃器皿内,进行目测。

6.1.2 香气:配制 1%的菇精调味料溶液,嗅其气味。

6.1.3 滋味:配制 1%的菇精调味料溶液,取少许样品溶液放入口内,仔细品尝。

6.2 理化指标

6.2.1 氨基酸态氮

6.2.1.1 原理

利用氨基酸的两性作用,加入甲醛以固定氨基的碱性,使羧基显示出酸性,用氢氧化钠标准溶液滴定后定量,以酸度计测定终点。

6.2.1.2 试剂

6.2.1.2.1 甲醛(36%):应不含有聚合物。

6.2.1.2.2 氢氧化钠标准滴定溶液[c(NaOH)=0.05 mol/L]。

6.2.1.3 仪器

6.2.1.3.1 酸度计。

6.2.1.3.2 磁力搅拌器。

6.2.1.3.3 25 mL 碱式滴定管。

6.2.1.4 分析步骤

准确称取均匀样品 3 g～4 g,用适量水溶解,移入 100 mL 容量瓶中,加水至刻度,混匀后吸取 10.00 mL,置于 200 mL 的烧杯中,加 60 mL 水,开动磁力搅拌器,用氢氧化钠标准滴定溶液(0.05 mol/L)滴定至酸度计指示 pH8.2。

加入 10.0 mL 甲醛溶液,混匀。再用氢氧化钠标准滴定溶液(0.05 mol/L)继续滴定至 pH9.6,记下加入甲醛溶液后消耗氢氧化钠标准滴定溶液(0.05 mol/L)的毫升数。

同时,取 70 mL 水,先用氢氧化钠标准滴定溶液(0.05 mol/L)调节至 pH 为 8.2,再加入 10.0 mL 甲醛溶液,用氢氧化钠标准滴定溶液(0.05 mol/L)滴定至 pH9.6,做试剂空白试验。

6.2.1.5 计算

样品中氨基酸态氮的含量按式(1)计算:

$$X_1 = \frac{(V_1 - V_0) \times c_1 \times 0.014}{m_1 \times (V_2/100)} \times 100 \qquad \cdots\cdots(1)$$

式中:

X_1——样品中氨基酸态氮的含量,单位为克每百克(g/100 g);

V_1——测定用样品稀释液加入甲醛溶液后消耗氢氧化钠标准滴定溶液的体积,单位为毫升(mL);

V_0——试剂空白试验加入甲醛溶液后消耗氢氧化钠标准滴定溶液的体积,单位为毫升(mL);

c_1——氢氧化钠标准滴定溶液的浓度,单位为摩尔每升(mol/L);

0.014——与 1.00 mL 氢氧化钠标准滴定溶液[c(NaOH)=1.000 mol/L]相当的氮的质量,单位为克(g);

m_1——样品的质量,单位为克(g);

V_2——样品稀释液取用量,单位为毫升(mL)。

计算结果保留两位有效数字。

6.2.1.6 结果允许差

同一样品相对平均偏差不得超过 2%。

6.2.2 呈味核苷酸二钠

按 SB/T 10371—2003 中的 5.2.4 测定。

6.2.3 总氮

按 SB/T 10371—2003 中的 5.2.5 测定。

6.2.4 干燥失重

按 GB/T 8967—2007 中的 7.8.2 测定。

6.2.5 氯化物

按 SB/T 10371—2003 中的 5.2.2 测定。

6.3 卫生指标

6.3.1 总砷

按 GB/T 5009.11 测定。

6.3.2 铅

按 GB/T 5009.12 测定。

6.3.3 菌落总数

按 GB/T 4789.2 测定。

6.3.4 大肠菌群

按 GB/T 4789.3 测定。

6.3.5 致病菌

分别按 GB/T 4789.4、GB/T 4789.5、GB/T 4789.10 测定。

6.4 净含量

按 JJF 1070 的规定检测。

7 检验规则

7.1 出厂检验

出厂检验项目为:感官特性,理化指标中的氨基酸态氮、干燥失重、氯化物,卫生指标中的菌落总数、大肠菌群。

7.2 型式检验

型式检验的项目包括本标准中规定的全部要求。型式检验每年一次,有下列情况之一,亦应进行型式检验:

a) 新产品试制鉴定时;

b) 正式生产后,如原料、工艺有较大变化,可能影响产品质量时;

c) 产品长期停产后,恢复生产时;

d) 出厂检验结果与上次型式检验有大差异时;

e) 国家质量监督机构提出进行型式检验的要求时。

7.3 组批

同一天生产的同一品种产品为一批。

7.4 抽样

从每批产品的不同部位随机抽取 6 包(罐),分别做感官特性、理化、卫生检验,留样。

7.5 判定规则

出厂检验项目或型式检验项目全部符合本标准判为合格品。

8 标签、包装、运输和贮存

8.1 标签

标签的标注内容应符合 GB 7718 的规定,产品名称可标注:产品所使用食用菌原料的名称+“精”/“粉”+“调味料”,如“蘑菇精调味料”、“香菇粉调味料”、“松茸精调味料”等,并按第 4 章标示产品类型。

8.2 包装

包装材料和容器应符合相应的国家卫生标准。

8.3 运输

产品在运输过程中应轻拿轻放,防止日晒雨淋,运输工具应清洁卫生,不得与有毒有害、有污染的物品混运。

8.4 贮存

应贮存在通风、干燥、阴凉的仓库内,避免太阳暴晒。

ICS 67.220.10
X 66
备案号:25131—2008

中华人民共和国国内贸易行业标准

SB/T 10485—2008

海鲜粉调味料

Seafood powder seasoning

2008-09-27 发布 2009-03-01 实施

中华人民共和国商务部 发布

前　言

本标准由中华人民共和国商务部提出。

本标准由全国调味品标准化技术委员会归口。

本标准起草单位：福建省泉州安记食品有限公司、上海太太乐食品有限公司、希杰（青岛）食品有限公司、宁波超星海洋生物制品有限公司。

本标准主要起草人：林肖芳、王秀黎、荣耀中、余兆好、杨哲、麻连波、章元炳、叶再镯。

海鲜粉调味料

1 范围

本标准规定了海鲜粉调味料的术语和定义、要求、试验方法、检验规则和标签、包装、运输、贮存。

本标准适用于第3章定义的海鲜粉调味料。

2 规范性引用文件

下列文件中的条款通过本标准的引用而成为本标准的条款。凡是注日期的引用文件，其随后所有的修改单(不包括勘误的内容)或修订版均不适用于本标准，然而，鼓励根据本标准达成协议的各方研究是否可使用这些文件的最新版本。凡是不注日期的引用文件，其最新版本适用于本标准。

GB 2720 味精卫生标准

GB 2733 鲜、冻动物性水产品卫生标准

GB 2760 食品添加剂使用卫生标准

GB/T 4789.2 食品卫生微生物学检验 菌落总数测定

GB/T 4789.3 食品卫生微生物学检验 大肠菌群测定

GB/T 4789.4 食品卫生微生物学检验 沙门氏菌检验

GB/T 4789.5 食品卫生微生物学检验 志贺氏菌检验

GB/T 4789.7 食品卫生微生物学检验 副溶血性弧菌检验

GB/T 4789.10 食品卫生微生物学检验 金黄色葡萄球菌检验

GB/T 5009.5 食品中蛋白质的测定

GB/T 5009.11 食品中总砷及无机砷的测定

GB/T 5009.12 食品中铅的测定

GB/T 5009.39 酱油卫生标准的分析方法

GB 5461 食用盐

GB 7718 预包装食品标签通则

GB/T 8967—2007 谷氨酸钠(味精)

JJF 1070 定量包装商品净含量计量检验规则

QB/T 1500 味精

QB/T 3798 食品添加剂 呈味核苷酸二钠

SB/T 10371—2003 鸡精调味料

定量包装商品计量监督管理办法国家质量监督检验检疫总局令[2005]第75号

3 术语和定义

下列术语和定义适用于本标准。

3.1

海鲜粉调味料 Seafood powder seasoning

以水产鱼、虾、贝类的粉末或其浓缩抽提物、味精、食用盐等为主要原料，添加香辛料、呈味核苷酸二钠等其他辅料，经混合加工而成的具有海鲜鲜味和香味的复合调味料。

4 要求

4.1 主要原料和辅料

4.1.1 水产鱼、虾、贝类

应符合 GB 2733 的规定。

4.1.2 味精

应符合 GB 2720 和 GB/T 8967 或 QB/T 1500 的规定。

4.1.3 食用盐

应符合 GB 5461 的规定。

4.1.4 呈味核苷酸二钠

应符合 QB/T 3798 的规定。

4.1.5 香辛料

应干燥，无霉变，香味正常。

4.2 感官特性

感官特性应符合表 1 的要求。

表 1 感官特性

项目	要求
色泽	具有原、辅料混合加工后特有的色泽
香气	海鲜气味纯正，无不良气味
滋味	具有海鲜的鲜美滋味，口感和顺，无不良滋味
形态	粉状、小颗粒状或块状

4.3 理化指标

理化指标应符合表 2 的规定。

表 2 理化指标

项目		指标
谷氨酸钠/(g/100 g)	≥	12.0
呈味核苷酸二钠/(g/100 g)	≥	0.3
干燥失重/(g/100 g)	≤	5.0
氯化物(以 NaCl 计)/(g/100 g)	≤	53.0
总氮(以 N 计)/(g/100 g)	≥	1.40

4.4 微生物指标

微生物指标应符合表 3 的规定。

表 3 微生物指标

项目		指标
无机砷(以 As 计)/(mg/kg)	≤	0.5
铅(以 Pb 计)/(mg/kg)	≤	1.0
菌落总数/(CFU/g)	≤	15 000
大肠菌群/(MPN/100 g)	≤	150
致病菌(沙门氏菌、志贺氏菌、副溶血性弧菌、金黄色葡萄球菌)		不得检出

4.5 食品添加剂

4.5.1 食品添加剂质量应符合相应的标准和有关规定。

4.5.2 食品添加剂的品种和使用量应符合 GB 2760 的规定。

4.6 净含量负偏差

应符合《定量包装商品计量监督管理办法》的规定。

5 检验方法

5.1 感官指标

5.1.1 色泽、形态

取样品 5 g,放置在白色滤纸上或玻璃器皿内,进行目测。

5.1.2 香气

配制 1%的海鲜粉调味料溶液,嗅其气味。

5.1.3 滋味

配制 1%的海鲜粉调味料溶液,取少许样品溶液放入口内,仔细品尝。

5.2 理化指标

5.2.1 谷氨酸钠(甲醛值法)

按 SB/T 10371—2003 中的 5.2.1 测定。

5.2.2 氯化物

按 GB/T 5009.39 规定的方法测定。

5.2.3 干燥失重

按 GB/T 8967—2007 中 7.8.2 规定的方法测定。

5.2.4 呈味核苷酸二钠

按 SB/T 10371—2003 中的 5.2.4 测定。

5.2.5 总氮

按 GB/T 5009.5 规定的方法测定。

5.2.6 无机砷

按 GB/T 5009.11 规定的方法测定。

5.2.7 铅

按 GB/T 5009.12 规定的方法测定。

5.3 包装净含量检测

按 JJF 1070 的规定检测。

5.4 微生物指标

5.4.1 菌落总数

按 GB/T 4789.2 规定的方法测定。

5.4.2 大肠菌群

按 GB/T 4789.3 规定的方法测定。

5.4.3 致病菌

分别按 GB/T 4789.4、GB/T 4789.5、GB/T 4789.7、GB/T 4789.10 规定的方法测定。

5.5 净含量

按 JJF 1070 规定测定。

6 检验规则

6.1 出厂检验

6.1.1 每批产品应由生产企业质检部门按本标准规定的方法检验合格,并签发合格证后方可出厂。

6.1.2 出厂检验项目包括感官指标、谷氨酸钠、干燥失重、氯化物、菌落总数和大肠菌群。

6.2 型式检验

6.2.1 型式检验每年至少一次，有下列情况之一，亦应进行：

a) 新产品试制鉴定时；

b) 正式生产后，如原料、工艺有较大变化，可能影响产品质量时；

c) 产品长期停产后，恢复生产时；

d) 出厂检验结果与上次型式检验有大差异时；

e) 国家质量监督机构提出进行型式检验的要求时。

6.2.2 型式检验的项目包括本标准中规定的全部要求。

6.3 组批

同一天生产的同一品种、同一规格的产品为一批。

6.4 抽样

从每批产品的不同部位随机抽取6包(罐)，分别做感官、理化、微生物指标检验，留样。

6.5 判定规则

6.5.1 出厂检验项目或型式检验项目全部符合本标准要求时，判该批产品为合格品。

6.5.2 微生物指标中有一项或一项以上的检验结果不符合本标准要求时，判该批产品为不合格品。

6.5.3 除微生物指标外，其他项目检验结果不符合本标准要求时，可在原批次产品中加倍抽样复检一次；判定以复检结果为准，若仍有一项或一项以上项目不符合本标准的要求时，则判该批产品为不合格品。

7 标签、包装、运输、贮存

7.1 标签

标签的标注内容应符合GB 7718的规定；产品名称可标注：产品所使用海鲜原料的名称＋“精”/“粉”＋“调味料”，如“虾精调味料”、“海鲜粉调味料”、“海鲜调味料”、“鱼精调味料”等。

7.2 包装

包装材料和容器应符合相应的国家卫生标准。

7.3 运输

产品在运输过程中应轻拿轻放，防止日晒雨淋，运输工具应清洁卫生，不得与有毒有害、有污染的物品混运。

7.4 贮存

应贮存在通风、干燥、阴凉的仓库内，避免太阳暴晒。

ICS 67.220.10
X 66
备案号:25509—2009

中华人民共和国国内贸易行业标准

SB/T 10513—2008

牛 肉 粉 调 味 料

Beef powder seasoning

2008-12-29 发布　　2009-08-01 实施

中华人民共和国商务部　发 布

前　　言

本标准由中华人民共和国商务部提出。

本标准由全国调味品标准化技术委员会归口。

本标准起草单位：希杰（青岛）食品有限公司、福建省泉州市安记食品有限公司、上海太太乐食品有限公司、东莞雀巢有限公司。

本标准主要起草人：刘朋兵、付荣、林肖芳、王秀黎、荣耀中、余兆好、邸雪枫、方义敏。

牛肉粉调味料

1 范围

本标准规定了牛肉粉调味料的术语和定义、要求、试验方法、检验规则和标签、包装、运输、贮存。

本标准适用于第3章所指的牛肉粉调味料。

2 规范性引用文件

下列文件中的条款通过本标准的引用而成为本标准的条款。凡是注日期的引用文件，其随后所有的修改单(不包括勘误的内容)或修订版均不适用于本标准，然而，鼓励根据本标准达成协议的各方研究是否可使用这些文件的最新版本。凡是不注日期的引用文件，其最新版本适用于本标准。

GB 2707 鲜(冻)畜肉卫生标准

GB 2720 味精卫生标准

GB 2760 食品添加剂使用卫生标准

GB/T 4789.2 食品卫生微生物学检验 菌落总数测定

GB/T 4789.3 食品卫生微生物学检验 大肠菌群测定

GB/T 4789.4 食品卫生微生物学检验 沙门氏菌检验

GB/T 4789.5 食品卫生微生物学检验 志贺氏菌检验

GB/T 4789.10 食品卫生微生物学检验 金黄色葡萄球菌检验

GB/T 5009.5 食品中蛋白质的测定

GB/T 5009.11 食品中总砷及无机砷的测定

GB/T 5009.12 食品中铅的测定

GB 5461 食用盐

GB 7718 预包装食品标签通则

GB/T 8967—2007 谷氨酸钠(味精)

GB/T 12457 食品中氯化钠的测定方法

GB/T 15691 香辛料调味品通用技术条件

GB/T 17238 鲜、冻分割牛肉

JJF 1070 定量包装商品净含量计量检验规则

SB/T 10371—2003 鸡精调味料

定量包装商品计量监督管理办法 国家质量监督检验检疫总局令[2005]第75号

3 术语和定义

下列术语和定义适用于本标准。

3.1

牛肉粉调味料 beef powder seasoning

以牛肉/牛骨的粉末或其浓缩抽提物、食用盐、味精、呈味核苷酸二钠及其他辅料为原料，添加或不添加香辛料和(或)食用香料等增香剂经混合等工序加工而成，具有牛肉特有的鲜美滋味和香味的复合调味料。

4 要求

4.1 主要原料和辅料

4.1.1 牛肉

应符合 GB 2707、GB/T 17238 的规定。

4.1.2 味精

应符合 GB 2720、GB/T 8967 的规定。

4.1.3 食用盐

应符合 GB 5461 的规定。

4.1.4 香辛料

应符合 GB/T 15691 的规定。

4.1.5 食品添加剂

应选用 GB 2760 允许使用的食品添加剂，还应符合相应的食品添加剂的产品标准。

4.2 感官要求

应符合表 1 的规定。

表 1 感官要求

项目	要求
外观	包装良好，无污垢、不破损，标签规整
色泽	具有原、辅料混合加工后特有的色泽
组织状态	可为小颗粒状、粉状和块状，无外来可见异物
气味和滋味	牛肉味纯正浓郁，口感和顺，无不良气味和滋味

4.3 理化指标

应符合表 2 的规定。

表 2 理化指标

项目		指标
氯化物(以 NaCl 计)/(g/100 g)	≤	53.0
谷氨酸钠/(g/100 g)	≥	15.0
呈味核苷酸二钠/(g/100 g)	≥	0.90
总氮(以 N 计)/(g/100 g)	≥	1.80
其他氮(以 N 计)/(g/100 g)	≥	0.20
干燥失重/(g/100 g)	≤	5.0

4.4 卫生指标

应符合表 3 的规定。

表 3 卫生指标

项目		指标
总砷(以 As 计)/(mg/kg)	≤	0.5
铅(Pb)/(mg/kg)	≤	1.0
菌落总数/(CFU/g)	≤	15 000
大肠菌群/(MPN/100 g)	≤	90
致病菌(沙门氏菌、志贺氏菌、金黄色葡萄球菌)		不得检出

4.5 净含量负偏差

应符合《定量包装商品计量监督管理办法》的规定。

5 试验方法

5.1 感官要求

5.1.1 在自然光线充足的实验室(或评比室)中,将样品放入白瓷盘内,观察被测样品的外观、色泽和组织状态。

5.1.2 配制1%的牛肉粉调味料溶液,嗅其气味,并取少许样品溶液放入口内,仔细品尝,检测被测样品的气味和滋味。

5.2 理化指标

5.2.1 氯化物

按GB/T 12457测定。

5.2.2 谷氨酸钠(甲醛值法)

按SB/T 10371—2003中的5.2.1测定。

5.2.3 呈味核苷酸二钠

按SB/T 10371—2003中的5.2.4测定。

5.2.4 总氮

按GB/T 5009.5测定。

5.2.5 其他氮

按SB/T 10371—2003中的5.2.6计算。

5.2.6 干燥失重

按GB/T 8967—2007中的7.8测定。

5.3 卫生指标

5.3.1 总砷

按GB/T 5009.11测定。

5.3.2 铅

按GB/T 5009.12测定。

5.3.3 菌落总数

按GB/T 4789.2测定。

5.3.4 大肠菌群

按GB/T 4789.3测定。

5.3.5 致病菌

分别按GB/T 4789.4、GB/T 4789.5、GB/T 4789.10的规定测定。

5.4 包装净含量检测

按JJF 1070的规定检测。

6 检验规则

6.1 组批

同一天生产的同一品种产品为一批。

6.2 抽样

从每批产品的不同部位随机抽取6包(罐),分别做感官要求、理化、卫生、净含量检验和留样。

6.3 出厂检验

6.3.1 产品出厂前,须经企业质量检验部门按本标准规定逐批进行检验,检验合格后签发合格证书方可出厂。

6.3.2 出厂检验项目为：感官要求，理化指标中的氯化物、谷氨酸钠、干燥失重，卫生指标中的菌落总数、大肠菌群，净含量。

6.4 型式检验

型式检验的项目包括本标准中规定的全部要求。型式检验每年一次，有下列情况之一时，亦须进行型式检验：

a) 产品试制鉴定时；

b) 正式生产后，如原料、工艺有较大变化，可能影响产品质量时；

c) 产品长期停产后，恢复生产时；

d) 出厂检验结果与上次型式检验有大差异时；

e) 国家质量监督机构提出进行型式检验的要求时。

6.5 判定原则

产品经抽样检验合格，则判整批产品合格。经检验如出现不合格项，可加倍抽样对该项进行复验，若仍不合格，则判整批产品不合格。微生物指标不得复验。

7 标签、包装、运输、贮存

7.1 标签

标签的标注内容应符合 GB 7718 的规定；产品名称应标为“牛肉粉调味料”。

7.2 包装

产品内外包装材料和容器应符合相应的国家卫生标准。包装应完整、严密、牢固、无破损。

7.3 运输

产品在运输过程中应轻拿轻放，防止日晒雨淋，运输工具应清洁卫生，不得与有毒有害、有污染的物品混运。

7.4 贮存

应贮存在通风、干燥、阴凉、清洁的仓库内，避免太阳曝晒。

ICS 67.220.10
X 66
备案号:26090—2009

中华人民共和国国内贸易行业标准

SB/T 10525—2009

2009-04-02 发布 2009-12-01 实施

中华人民共和国商务部 发布

前　言

本标准由中华人民共和国商务部提出。

本标准由全国调味品标准化技术委员会归口。

本标准起草单位:李锦记(新会)食品有限公司。

本标准主要起草人:孙胜枚、黄洁仪、谢建萍、卢健瑜、杨洁明。

虾　　酱

1　范围

本标准规定了虾酱的定义、技术要求、试验方法、检验规则及标签、包装、运输、贮存的要求。

本标准适用于第3章所定义的虾酱。

2　规范性引用文件

下列文件中的条款通过本标准的引用而成为本标准的条款。凡是注日期的引用文件，其随后所有的修改单(不包括勘误的内容)或修订版均不适用于本标准，然而，鼓励根据本标准达成协议的各方研究是否可使用这些文件的最新版本。凡是不注日期的引用文件，其最新版本适用于本标准。

GB 2760　食品添加剂使用卫生标准

GB 2762　食品中污染物限量

GB/T 4789.22　食品卫生微生物学检验　调味品检验

GB/T 5009.3—2003　食品中水分的测定

GB/T 5009.11　食品中总砷及无机砷的测定

GB/T 5009.12　食品中铅的测定

GB/T 5009.17　食品中总汞及有机汞的测定

GB/T 5009.39—2003　酱油卫生标准的分析方法

GB/T 5009.44—2003　肉与肉制品卫生标准的分析方法

GB/T 5009.190　食品中指示性多氯联苯含量的测定

GB 5461　食用盐

GB 5749　生活饮用水卫生标准

GB/T 6682　分析实验室用水规格和试验方法

GB 7718　预包装食品标签通则

GB 10133　水产调味品卫生标准

JJF 1070　定量包装商品净含量计量检验规则

定量包装商品计量监督管理办法　国家质量监督检验检疫总局令[2005]第75号

3　术语和定义

下列术语和定义适用于本标准。

3.1

虾酱　shrimp sauce

以海虾为主要原料，经盐渍、发酵酶解，配以各种香辛料和其他辅料制成的酱。

4　技术要求

4.1　主要原料和辅料

4.1.1　海虾：新鲜、无污染，无杂质。

4.1.2　食用盐：应符合GB 5461规定。

4.1.3　生产用水：应符合GB 5749的规定。

4.2 感官特性

感官特性应符合表 1 的规定。

表 1 感官特性

项目	指标
色泽	紫红色或灰紫色
香气	具有发酵虾酱的香气
滋味	具有发酵成熟的虾酱滋味,无异味
体态	幼滑或含碎虾的酱状,粘稠适中,质地均匀,无外来异物

4.3 净含量

应符合《定量包装商品计量监督管理办法》的规定。

4.4 理化指标

理化指标应符合表 2 的规定。

表 2 理化指标

项目		指标
挥发性盐基氮/(mg/100 g)	≤	450
水分/(g/100 g)	≤	60.0
氨基酸态氮(以 N 计)/(g/100 g)	≥	1.1
食盐(以 NaCl 计)/(g/100 g)	≤	28.0
甲基汞/(mg/kg)	≤	0.5
无机砷/(mg/kg)	≤	0.5
铅(Pb)/(mg/kg)	≤	0.5
多氯联苯[a]/(mg/kg)	≤	2.0
PCB 138/(mg/kg)	≤	0.5
PCB 153/(mg/kg)	≤	0.5
[a] 多氯联苯以 PCB28、PCB52、PCB101、PCB118、PCB138、PCB153 和 PCB180 总和计。		

4.5 微生物指标

微生物指标应符合表 3 的规定。

表 3 微生物指标

项目		指标
菌落总数/(CFU/g)	≤	8 000
大肠菌群/(MPN/100 g)	≤	30
致病菌(沙门氏菌、金黄色葡萄球菌、副溶血性弧菌、志贺氏菌)		不得检出

4.6 食品添加剂

4.6.1 食品添加剂的质量应符合相应的标准和有关规定。

4.6.2 食品添加剂的品种和使用量应符合 GB 2760 的规定。

5 试验方法

所用试剂均为分析纯,实验用水应符合 GB/T 6682 中三级水规格。

5.1 感官检验

5.1.1 取瓶装虾酱样品,充分摇动,开盖闻其气味。

5.1.2　将样品倒入洁净的直径为10 cm的白瓷碟中，观察其颜色、体态。

5.1.3　取样品于舌面品尝滋味。

5.2　净含量

按JJF 1070执行。

5.3　理化检验

5.3.1　挥发性盐基氮

5.3.1.1　原理、试剂

同GB/T 5009.44—2003中的4.1.1.1～4.1.1.3。

5.3.1.2　分析步骤

精确称取8.0 g～10.0 g(精确到±0.01 g)已研磨均匀的样品于锥形瓶中，加入100 mL蒸馏水不时振摇，浸渍30 min后过滤，滤液置冰箱备用。以下按GB/T 5009.44—2003中4.1.1.4.2自“蒸馏滴定……”起依法操作。

5.3.1.3　结果计算、精密度

同GB/T 5009.44—2003中的4.1.1.5及4.1.1.6。

5.3.2　水分

5.3.2.1　原理

同GB/T 5009.3—2003中的第2章。

5.3.2.2　仪器

a)　分析天平：感量0.1 mg；

b)　电热恒温干燥箱；

c)　干燥器；

d)　称量瓶。

5.3.2.3　分析步骤

同GB/T 5009.3—2003中的5.1。

5.3.2.4　结果计算、精密度

同GB/T 5009.3—2003中的6及7。

5.3.3　氨基酸态氮

5.3.3.1　原理、试剂、仪器

同GB/T 5009.39—2003中4.2.1.1～4.2.1.3。

5.3.3.2　分析步骤

准确称取5 g(精确到±0.2 mg)已研磨均匀的样品于100 mL烧杯中，加水50 mL，充分搅拌溶解后移入100 mL容量瓶中，用少量水分次洗涤烧杯，洗液并入容量瓶中，并定容至刻度，摇匀过滤，在滤液中吸取10 mL置于烧杯中，加水60 mL。以下按GB/T 5009.39—2003中4.2.1.4自“开动磁力搅拌器……”起依法操作。

5.3.3.3　结果计算

按式(1)计算。

$$X=\frac{(V_1-V_2)\times c\times 0.014}{5\times V_3/100}\times 100 \quad\cdots\cdots(1)$$

X——试样中氨基酸态氮的含量，单位为克每百克(g/100 g)；

V_1——测定用试样稀释液加入甲醛后消耗氢氧化钠标准滴定溶液的体积，单位为毫升(mL)；

V_2——试剂空白试验加入甲醛后消耗氢氧化钠标准滴定溶液的体积，单位为毫升(mL)；

V_3——试样稀释液取用量，单位为毫升(mL)；

c——氢氧化钠标准溶液的浓度，单位为摩尔每升(mol/L)；

0.014——与1.00 mL氢氧化钠标准滴定溶液[c(NaOH)=1.000 mol/L]相当氮的质量,单位为克(g)。

计算结果保留两位有效数字。

5.3.3.4 精密度

同GB/T 5009.39—2003中4.2.1.6。

5.3.4 食盐(以氯化钠计)

5.3.4.1 原理、试剂、仪器

同GB/T 5009.39—2003中4.3.1~4.3.3。

5.3.4.2 分析步骤

吸取2.0 mL 5.3.3.2滤液于200 mL锥形瓶中,加100 mL水及1 mL铬酸钾溶液(50 g/L),混匀,以下按GB/T 5009.39—2003中4.3.4自"用硝酸银标准溶液(0.100 mol/L)……"起依法操作。

5.3.4.3 结果计算、精密度

同GB/T 5009.39—2003中4.3.5及4.3.6。

5.3.5 甲基汞

按GB/T 5009.17规定的方法测定。

5.3.6 无机砷

按GB/T 5009.11规定的方法测定。

5.3.7 铅

按GB/T 5009.12规定的方法测定。

5.3.8 多氯联苯

按GB/T 5009.190规定的方法测定。

5.4 微生物指标

按GB/T 4789.22规定的方法测定。

6 检验规则

6.1 出厂检验

出厂检验项目包括:感官特性、净含量、氨基酸态氮、食盐、总固形物、挥发性盐基氮、菌落总数、大肠菌群。

6.2 型式检验

6.2.1 型式检验每年至少一次,有下列情况之一,亦应进行:

a) 新产品试制鉴定时;

b) 正式生产后,如原料、工艺有较大变化,可能影响产品质量时;

c) 产品长期停产后,恢复生产时;

d) 出厂检验结果与上次型式检验有大差异时;

e) 国家质量监督机构提出进行型式检验的要求时。

6.2.2 型式检验的项目包括本标准中规定的全部要求。

6.3 组批

同一天生产的同一品种产品为一批。

6.4 抽样

从每批产品的不同部位随机抽取6瓶(袋),分别做感官特性、理化指标、卫生检验,留样。

6.5 判定规则

6.5.1 出厂检验项目或型式检验项目全部符合本标准判为合格品。

6.5.2 出厂检验项目或型式检验项目如有一项不符合本标准,可以加倍抽样复验,复验后仍不符合本标准，判为不合格品。

7 标签、包装、运输和贮存

7.1 标签

预包装食品的标签标注内容应符合 GB 7718 的规定。

7.2 包装

包装材料和容器应符合相应的国家卫生标准和有关规定。

7.3 运输

产品在运输过程中应轻拿轻放，防止日晒、雨淋，运输工具应清洁卫生，不得与有毒、有害、有污染的物品混运。

7.4 贮存

产品应贮存在阴凉、干燥、通风的专用仓库内。

ICS 67.220.10
X 66
备案号：26091—2009

中华人民共和国国内贸易行业标准

SB/T 10526—2009

2009-04-02 发布　　2009-12-01 实施

中华人民共和国商务部　发布

前　言

本标准由中华人民共和国商务部提出。

本标准由全国调味品标准化技术委员会归口。

本标准起草单位：福建省泉州市安记食品有限公司。

本标准主要起草人：林肖芳、王秀黎、周倩、李秋琼。

排 骨 粉 调 味 料

1 范围

本标准规定了排骨粉调味料的术语和定义、技术要求、试验方法、检验规则及标签、包装、运输与贮存的要求。

本标准适用于第3章所定义的排骨粉调味料。

2 规范性引用文件

下列文件中的条款通过本标准的引用而成为本标准的条款。凡是注日期的引用文件,其随后所有的修改单(不包括勘误的内容)或修订版均不适用于本标准,然而,鼓励根据本标准达成协议的各方研究是否可使用这些文件的最新版本。凡是不注日期的引用文件,其最新版本适用于本标准。

GB 317 白砂糖(GB 317—2006,Codex Stan 212—1999,NEQ)

GB 2720 味精卫生标准

GB 2760 食品添加剂使用卫生标准

GB/T 4789.2 食品卫生微生物学检验 菌落总数测定

GB/T 4789.3 食品卫生微生物学检验 大肠菌群计数

GB/T 4789.4 食品卫生微生物学检验 沙门氏菌检验

GB/T 4789.5 食品卫生微生物学检验 志贺氏菌检验

GB/T 4789.10 食品卫生微生物学检验 金黄色葡萄球菌检验

GB/T 5009.11 食品中总砷及无机砷的测定

GB/T 5009.12 食品中铅的测定

GB 5461 食用盐

GB 7718 预包装食品标签通则

GB/T 8967—2007 谷氨酸钠(味精)

GB 9959.1 鲜、冻片猪肉

GB/T 9959.2 分割鲜 冻猪瘦肉

GB/T 12457 食品中氯化钠的测定

QB/T 1500 味精

QB/T 2343.1 赤砂糖

QB/T 3798 食品添加剂 呈味核苷酸二钠

SB/T 10371—2003 鸡精调味料

SB/T 10415 鸡粉调味料

JJF 1070 定量包装商品净含量计量检验规则

定量包装商品计量监督管理办法 国家质量监督检验检疫总局令[2005]第75号

3 术语和定义

下列术语和定义适用于本标准。

3.1

排骨粉调味料 rib for seasoning

以猪排骨的浓缩抽提物、味精、食用盐等为主要原料,添加香辛料、呈味核苷酸二钠等其他辅料,经混合、干燥加工而成的具有猪排骨鲜味和香味的复合调味料。

4 要求

4.1 主要原料和辅料

4.1.1 猪排骨(猪肉)

应符合 GB 9959.1 或 GB/T 9959.2 的规定。

4.1.2 味精

应符合 GB 2720 和 GB/T 8967 或 QB/T 1500 的规定。

4.1.3 食用盐

应符合 GB 5461 的规定。

4.1.4 食糖

应符合 GB 317 或 QB/T 2343.1 的规定。

4.1.5 呈味核苷酸二钠

应符合 QB/T 3798 的规定。

4.1.6 香辛料

应干燥,无霉变,香味正常。

4.2 感官特性

感官特性应符合表 1 的要求。

表 1 感官特性

项目	要求
色泽	具有原、辅料混合加工后特有的色泽
香气	猪排骨味纯正,无不良气味
滋味	具有猪排骨的鲜美滋味,无不良滋味
体态	粉状、小颗粒状或块状、无异物

4.3 理化指标

理化指标应符合表 2 的规定。

表 2 理化指标

项目		指标
氨基酸态氮/(g/100 g)	≥	0.9
呈味核苷酸二钠/(g/100 g)	≥	0.8
干燥失重/(g/100 g)	≤	3.0
氯化钠(以 NaCl 计)/(g/100 g)	≤	50.0
总氮(以 N 计)/(g/100 g)	≥	1.4
其他氮(以 N 计)/(g/100 g)	≥	0.4
无机砷(以 As 计)/(mg/kg)	≤	0.1
铅(Pb)/(mg/kg)	≤	1.0

4.4 净含量负偏差

应符合《定量包装商品计量监督管理办法》的规定。

4.5 微生物指标

微生物指标应符合表 3 的规定。

表 3 微生物指标

项 目		指 标
菌落总数/(CFU/g)	≤	15 000
大肠菌群/(MPN/100 g)	≤	150
致病菌(沙门氏菌、志贺氏菌、金黄色葡萄球菌)		不得检出

4.6 食品添加剂

4.6.1 食品添加剂质量应符合相应的标准和有关规定。

4.6.2 食品添加剂的品种和使用量应符合 GB 2760 的规定。

5 检验方法

5.1 感官指标

5.1.1 色泽、形态

取样品 5 g,放置在白色滤纸上或玻璃器皿内,进行目测。

5.1.2 香气

配制 1%的排骨粉调味料溶液,嗅其气味。

5.1.3 滋味

配制 1%的排骨粉调味料溶液,取少许样品溶液放入口内,仔细品尝。

5.2 理化指标

5.2.1 氨基酸态氮

5.2.1.1 原理

利用氨基酸的两性作用,加入甲醛以固定氨基的碱性,使羧基显示出酸性,用氢氧化钠标准溶液滴定后定量,以酸度计测定终点。

5.2.1.2 试剂

5.2.1.2.1 甲醛(36%):应不含有聚合物。

5.2.1.2.2 氢氧化钠标准滴定溶液[c(NaOH)=0.05 mol/L]。

5.2.1.3 仪器

5.2.1.3.1 酸度计。

5.2.1.3.2 磁力搅拌器。

5.2.1.3.3 25 mL 碱式滴定管。

5.2.1.4 分析步骤

准确称取均匀样品 10 g,用适量水溶解,移入 100 mL 容量瓶中,加水至刻度,混匀后吸取 10.00 mL,置于 200 mL 的烧杯中,加 60 mL 水,开动磁力搅拌器,用氢氧化钠标准溶液[c(NaOH)=0.05 mol/L]滴定至酸度计指示 pH8.2。加入 10.0 mL 甲醛溶液,混匀。再用氢氧化钠标准滴定溶液(0.05 mol/L)继续滴定至 pH9.2,记下加入甲醛溶液后消耗氢氧化钠标准滴定溶液(0.05 mol/L)的毫升数。

同时,取 80 mL 水,先用氢氧化钠标准溶液(0.05 mol/L)调节至 pH8.2,再加入 10.0 mL 甲醛溶液,用氢氧化钠标准滴定溶液(0.05 mol/L)滴定至 pH9.2,同时做试剂空白试验。

5.2.1.5 计算

试样中氨基酸态氮的含量按式(1)进行计算:

$$X=\frac{(V_1-V_2)\times c\times 0.014}{m\times (V_3/100)}\times 100 \qquad \cdots\cdots(1)$$

式中：

X——样品中氨基酸态氮的含量，单位为克每百克(g/100 g)；

V_1——测定用试样稀释液加入甲醛后消耗氢氧化钠标准滴定溶液的体积，单位为毫升(mL)；

V_2——试剂空白试验加入甲醛溶液后消耗氢氧化钠标准滴定溶液的体积，单位为毫升(mL)；

c——氢氧化钠标准滴定溶液的浓度，单位为摩尔每升(mol/L)；

m——试样的质量，单位为克(g)；

V_3——试样稀释液取用量，单位为毫升(mL)；

0.014——与 1.00 mL 氢氧化钠标准滴定溶液[c(NaOH)＝1.000 mol/L]相当的氮的质量，单位为克(g)。

计算结果保留两位有效数字。

5.2.1.6 精密度

在重复性条件下获得的两次独立测定结果的绝对差不得超过算术平均值的 10%。

5.2.2 氯化钠

按 SB/T 10371—2003 中的 5.2.2 测定。

5.2.3 干燥失重

按 GB/T 8967—2007 中 7.8 规定的方法测定。

5.2.4 呈味核苷酸二钠

按 SB/T 10371—2003 中的 5.2.4 测定。

5.2.5 总氮

按 SB/T 10371—2003 中 5.2.5 规定的方法测定。

5.2.6 其他氮

按 SB/T 10371—2003 中 5.2.6 规定的方法测定。

5.2.7 无机砷

按 GB/T 5009.11 规定的方法测定。

5.2.8 铅

按 GB/T 5009.12 规定的方法测定。

5.3 微生物指标

5.3.1 菌落总数

按 GB/T 4789.2 规定的方法测定。

5.3.2 大肠菌群

按 GB/T 4789.3 规定的方法测定。

5.3.3 致病菌

分别按 GB/T 4789.4、GB/T 4789.5、GB/T 4789.10 规定的方法测定。

5.4 净含量

按 JJF 1070 规定的方法测定。

6 检验规则

6.1 出厂检验

出厂检验项目包括：感官特性、氨基酸态氮、干燥失重、氯化钠。卫生指标中的菌落总数和大肠菌群。

6.2 型式检验

6.2.1 型式检验每年至少一次，有下列情况之一，亦应进行：

a) 新产品试制鉴定时；

b） 正式生产后，如原料、工艺有较大变化，可能影响产品质量时；

c） 产品长期停产后，恢复生产时；

d） 出厂检验结果与上次型式检验有大差异时；

e） 国家质量监督机构提出进行型式检验的要求时。

6.2.2 型式检验的项目包括本标准中规定的全部要求。

6.3 组批

同一天生产的同一品种、同一规格的产品为一批。

6.4 抽样

从每批产品的不同部位随机抽取6包（罐），分别做感官、理化、微生物指标检验，留样。净含量检验的抽样按JJF 1070规定的方法执行。

6.5 判定规则

6.5.1 出厂检验项目或型式检验项目全部符合本标准要求时，判该批产品为合格品。

6.5.2 微生物指标中有一项或一项以上的检验结果不符合本标准要求时，判该批产品为不合格品。

6.5.3 除微生物指标外，其他项目检验结果不符合本标准要求时，可在原批次产品中加倍抽样复检一次；判定以复检结果为准，若仍有一项或一项以上项目不符合本标准的要求时，则判该批产品为不合格品。

7 标签、包装、运输、贮存

7.1 标签

标签的标注内容应符合GB 7718的规定；产品名称应标为“排骨粉调味料”。

7.2 包装

包装材料和容器应符合相应的国家卫生标准。

7.3 运输

产品在运输过程中应轻拿轻放，防止日晒雨淋，运输工具应清洁卫生，不得与有毒有害、有污染的物品混运。

7.4 贮存

应贮存在通风、干燥、阴凉的仓库内，避免太阳曝晒。

ICS 67.220.10
X 66
备案号：37206—2012

中华人民共和国国内贸易行业标准

SB/T 10753—2012

2012-08-01 发布　　　　2012-11-01 实施

中华人民共和国商务部　发 布

前　言

本标准依据 GB/T 1.1—2009 的规定编写。

本标准由中华人民共和国商务部提出。

本标准由全国调味品标准化技术委员会(SAC/TC 398)归口。

本标准主要起草单位：亨氏(青岛)食品有限公司、上海味好美食品有限公司、联合利华食品(中国)有限公司、北京丘比食品有限公司。

本标准主要起草人:张同春、李嘉燚、徐巧丽、周劲松、赵丽哲、石朝军。

沙 拉 酱

1 范围

本标准规定了沙拉酱产品的术语和定义、原料要求、技术要求、试验方法、标签标志、包装、运输和贮存要求。

本标准适用于符合3.1中规定的产品。

2 规范性引用文件

下列文件对于本文件的应用是必不可少的。凡是注日期的引用文件,仅所注日期的版本适用于本文件。凡是不注日期的引用文件,其最新版本(包括所有的修改单)适用于本文件。

GB 2716 食用植物油卫生标准

GB 2719 食醋卫生标准

GB 2748 鲜蛋卫生标准

GB 2749 蛋制品卫生标准

GB 2760 食品安全国家标准 食品添加剂使用标准

GB 5749 生活饮用水卫生标准

GB 7718 食品安全国家标准 预包装食品标签通则

GB/T 10786 罐头食品的检验方法

JJF 1070 定量包装商品净含量检验规则

《定量包装商品计量监督管理办法》(国家质量监督检验检疫总局令2005年第75号)

3 术语和定义

下列术语和定义适用于本文件。

3.1

沙拉酱 salad dressing (mayonnaise)

以植物油、水、酸性配料为主要原料,添加或不添加食糖、含蛋黄的配料、食用盐、香辛料等辅料经乳化而成的半固体复合调味料。

3.2

含蛋黄的配料 ingredients containing egg yolk

含有蛋黄的食品配料,包括液态蛋黄、冷冻蛋黄、蛋黄粉、液态全蛋、冷冻全蛋、全蛋粉,均指鸡蛋产品。

3.3

酸性配料 acidic ingredients

在沙拉酱产品中起到调节酸度的酸性食品配料,包括食醋、柠檬汁、酸橙汁。

4 要求

4.1 主要原料和辅料

4.1.1 食用植物油

应符合 GB 2716 的要求。

4.1.2 含蛋黄配料

应符合 GB 2748 和 GB 2749 的要求。

4.1.3 食醋

应符合 GB 2719 的要求。

4.1.4 生产用水

应符合 GB 5749 的要求。

4.1.5 其他辅料

质量应符合相应的标准和有关规定。

4.1.6 食品添加剂

食品添加剂的品种和使用量应符合 GB 2760 规定的品种,其质量应符合相应的标准和有关规定。

4.2 感官要求

应符合表 1 的规定。

表 1 感官要求

项目	要求
色泽	乳白色、淡黄色、红褐色、淡绿色,有光泽
香气	有沙拉酱应有的气味
滋味	酸咸或甜酸味,无异味
体态	细腻均匀一致,无明显分层

4.3 理化指标

应符合表 2 的规定。

表 2 理化指标

项目		要求
pH	≤	4.3
油脂含量/%	≥	10.0

4.4 食品安全指标

应符合相关食品安全国家标准。

4.5 净含量

应符合《定量包装商品计量监督管理办法》的规定。

5 试验方法

5.1 感官检验

5.1.1 色泽和体态

打开试样外包装，取部分试样，置于白色容器中，在自然光下观察色泽和组织状态。

5.1.2 香味和滋味

取适量试样，先闻其气味，然后用温开水漱口，品尝样品的滋味。

5.2 理化指标检验

5.2.1 pH 值

按 GB/T 10786 罐头食品的检验方法中 pH 值的测定方法进行测定。

5.2.2 油脂含量检验

按 GB/T 5009.6 食品中脂肪的测定第二法酸水解法。

5.3 净含量负偏差

按《定量包装商品计量监督管理办法》测定。

6 检验规则

6.1 总则

产品由企业质检部门按本标准规定检验，合格产品方可出厂。

6.2 检验形式

检验分为出厂检验和型式检验。

6.2.1 出厂检验

6.2.1.1 每批产品应进行出厂检验。

6.2.1.2 出厂检验项目为感官和净含量，pH。

6.2.2 型式检验

型式检验项目包括本标准中规定的全部项目。型式检验每半年一次，有下列情况之一，亦应进行型式检验。

a) 新产品试制鉴定时；

b) 停产超过6个月，恢复生产时；

c) 正式生产后，原料产地变化或改变生产工艺，可能影响产品质量时；

d) 国家质量监督机构提出进行型式检验要求时；

e) 出厂检验结果与上次型式检验有较大差异时；

f) 对质量有争议，需要仲裁时；

6.3 组批

同一天生产的同一品种的产品为一批。

6.4 抽样

从每批产品的不同部位随机抽样，按照检验项目所需样品量的三倍进行抽样，1份用于检验，1份用于复检，1份用于备查。

6.5 判定规则

6.5.1 出厂检验项目或型式检验项目全部符合本标准规定时判为合格品。

6.5.2 出厂检验项目或型式检验项目如有不符合本标准，可取备样复检。复检后仍不符合本标准，判为不合格品。

7 标签

标签的标注内容应符合GB 7718的规定；产品名称应标为“沙拉酱”。

8 包装

包装材料和容器应符合相应的国家有关规定。

9 运输

产品在运输过程中应轻拿轻放，防止日晒、雨淋，运输工具应清洁卫生，不得与有毒、有害、有污染的物品混运。

10 贮存

产品应贮存在清洁卫生、通风、干燥的仓库中。仓库内有防尘、防虫、防鼠等设施。勿使产品受热受冻或温度骤然升降。

ICS 67.220.10
X 66
备案号：37207—2012

中华人民共和国国内贸易行业标准

SB/T 10754—2012

蛋 黄 酱

Mayonnaise

（Codex Stan168-1989，Codex Standard For Mayonnaise，NEQ）

2012-08-01 发布　　　　2012-11-01 实施

中华人民共和国商务部　　发 布

前　言

本标准使用重新起草法参考国际食品法典委员会(CAC)的标准 Codex Stan168-1989,《Codex Standard For Mayonnaise》(Regional European Standard)编制,与 Codex Stan168-1989 一致性程度为非等效。

本标准按照 GB/T 1.1—2009 给出的规则起草。

本标准由中华人民共和国商务部提出。

本标准由全国调味品标准化技术委员会(SAC/TC 398)归口。

本标准主要起草单位:上海味好美食品有限公司、联合利华(中国)有限公司、北京丘比食品有限公司。

本标准主要起草人:李嘉燚、徐巧丽、周劲松、赵丽哲、石朝军。

蛋 黄 酱

1 范围

本标准规定了蛋黄酱产品的术语和定义、原料要求、技术要求、试验方法、标签标志、包装、运输和贮存要求。

本标准适用于3.1中所定义的产品。

2 规范性引用文件

下列文件对于本文件的应用是必不可少的。凡是注日期的引用文件，仅注日期的版本适用于本文件。凡是不注日期的引用文件，其最新版本(包括所有的修改单)适用于本文件。

GB/T 191 包装储运图示标志

GB 2716 食用植物油卫生标准

GB 2748 鲜蛋卫生标准

GB 2749 蛋制品卫生标准

GB 2719 食醋卫生标准

GB 5749 生活饮用水卫生标准

GB 2760 食品安全国家标准 食品添加剂使用标准

GB/T 6682 分析实验室用水规格和试验方法

GB/T 5009.6 食品中脂肪的测定

GB 7718 食品安全国家标准 预包装食品标签通则

GB/T 10786 罐头食品的检验方法

JJF 1070 定量包装商品净含量计量检验规则

《定量包装商品计量监督管理办法》（国家质量技术监督检验检疫总局2005年第75号令）

3 术语和定义

下列术语和定义适用于本文件。

3.1

蛋黄酱 mayonnaise

通过含蛋黄的配料，将食用植物油与含有酸性配料和/或酸度调节剂的水相乳化，添加或不添加其它辅料、食品添加剂形成稳定的半固态酸性乳化调味酱。

3.2

含蛋黄的配料 ingredients containing egg yolk

含有蛋黄的食品配料，包括液态蛋黄、冷冻蛋黄、蛋黄粉、液态全蛋、冷冻全蛋、全蛋粉，均指鸡蛋产品。

3.3

酸性配料 acidic ingredients

在蛋黄酱产品中起到调节酸度的酸性食品配料，包括食醋、柠檬汁、酸橙汁。

4 要求

4.1 主要原料和辅料

4.1.1 食用植物油

应符合 GB 2716 的要求。

4.1.2 含蛋黄配料

应符合 GB 2748、GB 2749 的要求。

4.1.3 食醋

应符合 GB 2719 的要求。

4.1.4 生产用水

应符合 GB 5749 的要求。

4.1.5 其他辅料

应符合相应的标准和有关规定。

4.1.6 食品添加剂

食品添加剂的品种和使用量应符合 GB 2760 的规定，其质量应符合相应的标准和有关规定。

4.2 感官要求

应符合表 1 的规定。

表 1 感官要求

项 目	要 求
色泽	乳白色、淡黄色、红褐色、淡绿色等
香气	产品应有的香气，无酸败(哈喇)气味及其他不良气味
滋味	酸咸或酸甜并带有产品的特征风味，无异味
体态	柔软适度，无异物，呈粘稠、均匀的软膏状，无明显油脂析出、分层现象

4.3 理化指标

应符合表 2 的规定。

表 2 理化指标

项 目		指 标
油脂含量/%	≥	65
pH	≤	4.2

4.4 食品安全指标

应符合相应的食品安全国家标准。

4.5 净含量

应符合《定量包装商品计量监督管理办法》的规定。

5 试验方法

本试验方法中实验室用水，应符合 GB/T 6682 中三级以上(含三级)水的规格。所用试剂除另有注明外，均为分析纯。

5.1 感官检测

5.1.1 色泽和体态

打开试样外包装，取部分试样，置于白色容器中，在自然光下观察色泽和组织状态。

5.1.2 香气

取适量试样，闻其气味。

5.1.3 滋味

取适量试样，用温开水漱口，品尝样品的滋味。

5.2 理化检验

5.2.1 油脂含量

按 GB/T 5009.6 食品中脂肪的测定中第二法酸水解法规定的方法测定。

5.2.2 pH 值

按 GB/T 10786 罐头食品的检验方法中 pH 值的测定方法进行测定。

5.2.3 精密度

5.3 净含量检验

按 JJF 1070 的规定执行。

6 检验规则

6.1 总则

产品由企业质检部门按本标准规定检验，合格产品方可出厂。

6.2 检验形式

检验分为出厂检验和型式检验。

6.2.1 出厂检验

6.2.1.1 每批产品应进行出厂检验。

6.2.1.2 出厂检验项目为感官要求和净含量，理化指标中的pH。

6.2.2 型式检验

型式检验项目包括本标准中规定的全部项目。型式检验每半年一次，有下列情况之一，亦应进行型式检验。

a) 停产超过6个月，恢复生产时；
b) 正式生产后，原料产地变化或改变生产工艺，可能影响产品质量时；
c) 国家质量监督机构提出进行型式检验要求时；
d) 出厂检验结果与上次型式检验有较大差异时；
e) 对质量有争议，需要仲裁时。

6.3 组批

同一天生产的同一品种的产品为一批。

6.4 抽样

从每批产品的不同部位随机抽样，按照检验项目所需样品量的三倍进行抽样，1份用于检验，1份用于复检，1份用于备查。

6.5 判定规则

6.5.1 出厂检验项目或型式检验项目全部符合本标准规定时判为合格品。

6.5.2 出厂检验项目或型式检验项目如有不符合本标准，可取备样复检。复检后仍不符合本标准，判为不合格品。

7 标签

标签的标注内容应符合GB 7718及相关法律法规的规定；运输包装标志应符合GB/T 191的规定；产品名称应标为"蛋黄酱"。

8 包装

包装材料和容器应符合相应的国家有关规定。

9 运输

产品在运输过程中应轻拿轻放，防止日晒、雨淋，运输工具应清洁卫生，不得与有毒、有害、有污染的物品混运。

10 贮存

产品应贮存在清洁卫生、阴凉、通风、干燥的仓库中。仓库内有防尘、防虫、防鼠等设施。适宜贮存温度在1 ℃～30 ℃之间，勿使产品受热受冻或温度骤然升降。

ICS 67.220.10
X 66
备案号：37208—2012

中华人民共和国国内贸易行业标准

SB/T 10755—2012

2012-08-01 发布　　　　2012-11-01 实施

中华人民共和国商务部　发 布

前　言

本标准依据 GB/T 1.1—2009 的规定编写。

本标准由中华人民共和国商务部提出。

本标准由全国调味品标准化技术委员会(SAC/TC 398)归口。

本标准起草单位:广东嘉豪食品股份有限公司。

本标准主要起草人:陈志雄、陈世豪、刘亚萍。

芥　末　酱

1　范围

本标准规定了芥末酱产品的术语和定义、原料要求、技术要求、试验方法、标签标志、包装、运输和贮存要求。

本标准适用于第3章中定义的芥末酱。

2　规范性引用文件

下列文件对于本文件的应用是必不可少的。凡是注日期的引用文件，仅注日期的版本适用于本文件。凡是不注日期的引用文件，其最新版本(包括所有的修改单)适用于本文件。

GB 2716　食用植物油卫生标准

GB 2760　食品安全国家标准　食品添加剂使用标准

GB 2762　食品中污染物限量

GB 2763　食品中农药最大残留限量

GB 5009.3　食品安全国家标准　食品中水分的测定

GB 5461　食用盐

GB 5749　生活饮用水卫生标准

GB/T 6682　分析实验室用水规格和试验方法

GB 7718　食品安全国家批准　预包装食品标签通则

GB/T 12457　食品中氯化钠的测定

JJF 1070　定量包装商品净含量计量检验规则

NY/T 714　脱水蔬菜通用技术条件

《定量包装商品计量监督管理办法》(国家质量监督检验检疫总局(2005)第75号令)

3　术语和定义

下列术语和定义适用于本文件。

3.1

青芥辣酱　wasabi

以辣根、山葵等为主要原料，经磨碎、发制、调配等工艺制成的半固态复合调味料。

3.2

黄芥末酱　mustard

以芥菜籽粒或芥菜类植物块茎为原料，经磨碎、发制、调配等工艺制成的半固态复合调味料。

4　技术要求

4.1　主要原料和辅料

4.1.1　脱水辣根、山葵、黄芥籽、白芥籽

应符合 GB 2762、GB 2763、NY/T 714 的规定。

4.1.2 食用植物油

应符合 GB 2716 的规定。

4.1.3 食用盐

应符合 GB 5461 的规定。

4.1.4 生产加工用水

应符合 GB 5749 生活饮用水卫生标准规定。

4.1.5 其他辅料

应符合相应的标准和有关规定。

4.1.6 食品添加剂

食品添加剂的品种和使用量应符合 GB 2760 规定的品种,其质量应符合相应的标准和有关规定。

4.2 感官要求

应符合表 1 规定。

表 1 感官要求

项　目	要　求	
	青芥辣酱	黄芥末酱
色泽	暗绿色、青绿色至浅绿色	黄色至乳白色
香气	具有特有的呛鼻辛辣味,无不良气味	
滋味	辛辣可口,具有本品特有的风味,无异味	
体态	半固体膏状,允许有原料细小颗粒或纤维存在,无肉眼可见的外来杂质	

4.3 理化指标

应符合表 2 的规定。

表 2 理化指标

项　目		指　标	
		青芥辣酱	黄芥末酱
干燥失重/%	≤	40.0	70.0
食盐(以 NaCl 计)/%	≤	10.0	10.0
芥籽油挥发性成分(以异硫氰酸烯丙酯计)/%	≥	0.23	0.10

4.4 食品安全指标

应符合相应的食品安全国家标准。

4.5 净含量

应符合《定量包装商品计量监督管理办法》的规定。

5 试验方法

本试验方法中用水，应符合 GB/T 6682 中三级以上（含三级）水的规格，所用试剂除另有注明外，均为分析纯。

5.1 感官检验

5.1.1 色泽和体态

取样品 10 g，放置白色瓷盘内，进行目测。

5.1.2 香气

配制 3%样品溶液，嗅其气味。

5.1.3 滋味

配制 3%样品溶液，取少许溶液放入口内，仔细品尝。

5.2 理化指标检验

5.2.1 干燥失重

按 GB 5009.3—2010 第一法规定的方法测定。

5.2.2 食盐（以 NaCl 计）

按 GB/T 12457 中的方法测定。

5.2.3 芥籽油挥发性成分（以异硫氰酸烯丙酯计）

按附录 A 方法测定。

5.3 净含量

按 JJF 1070 规定的方法测定。

6 检验规则

6.1 总则

产品由企业质检部门按本标准规定检验，合格产品方可出厂。

6.2 检验形式

检验分为出厂检验和型式检验。

6.2.1 出厂检验

6.2.1.1 每批产品应进行出厂检验。

6.2.1.2 出厂检验项目为感官要求和净含量,理化指标中的总固形物、食盐。

6.2.2 型式检验

型式检验项目包括本标准中规定的全部项目。型式检验每半年一次,有下列情况之一,亦应进行型式检验。

a) 新产品试制鉴定;

b) 正式投产后,如更换原料供应商或产地,可能影响产品质量时;

c) 产品停产半年以上,恢复生产时;

d) 出厂检验结果与上次型式检验有较大差异时;

e) 国家质量监督部门提出要求时;

f) 对质量有争议,需要仲裁时。

6.3 组批

同一天生产的同一品种的产品为一批。

6.4 判定规则

6.4.1 出厂检验项目或型式检验项目全部符合本标准规定时判为合格品。

6.4.2 出厂检验项目或型式检验项目如有一项不符合本标准,可以加倍抽样复检。复检后仍不符合本标准,判为不合格品。

7 标签

标签的标注内容应符合 GB 7718 的规定。产品名称应标为“芥末酱”。

8 包装

包装材料和容器应符合相应的国家有关规定。

9 运输

产品在运输过程中应轻拿轻放,防止日晒、雨淋,运输工具应清洁卫生,不得与有毒、有害、有污染的物品混运。

10 贮存

产品应贮存在阴凉、干燥、通风的仓库。

附 录 A
（规范性附录）
芥籽油挥发性成分含量的测定

A.1 原理

芥籽油主要成分异硫氰酸烯丙酯用水蒸汽蒸馏后，用氨水吸收生成硫脲，再加一定量的硝酸银溶液，二者等物质的量反应。反应结束后，用硫氰酸铵定量滴定剩余的硝酸银，求出和硫脲反应的硝酸银量。

A.2 试剂

a) 氨水溶液：浓氨水用水稀释(1+1)；
b) 0.1 mol/L 硝酸银溶液；
c) 10%硫酸铁溶液；
d) 0.1 mol/L 硫氰酸铵溶液；
e) 浓硝酸；
f) 95%乙醇。

A.3 仪器

a) 异硫氰酸烯丙酯蒸馏装置：如图 A.1，其中 a 为 500 mL 三角瓶，b 为 250 mL 圆底烧瓶(在 60 mL处有一刻度)；
b) 电炉；
c) 分析天平：感量 0.000 1 g；
d) 容量瓶：100 mL；
e) 滤纸；
f) 移液管：10，25 mL；
g) 吸量管：5，10 mL；
h) 滴定管：25 mL；
i) 回流冷凝器，可与瓶 b 相配。

单位为毫米(mm)

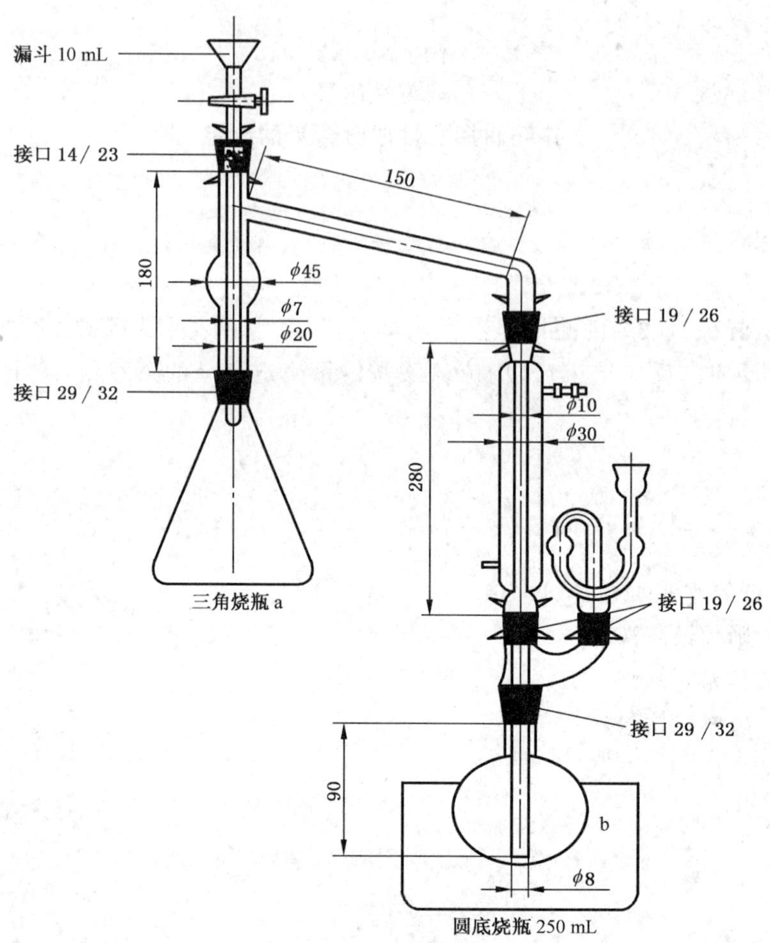

图 A.1 异硫氰酸烯丙酯蒸馏装置

A.4 分析步骤

称取芥末酱 1 g(精确至 0.000 2 g),放入三角瓶中,加入 100 mL 水和 20 mL95%乙醇振荡均匀。安装好蒸馏装置。圆底烧瓶 b 中加入 10 mL 氨水溶液作为接收溶液,三角瓶 a 用明火缓慢加热至沸腾,蒸馏至约 60 mL 停止蒸馏(约 20 min),用少量水洗蒸馏管 2～3 次,加入 0.1 mol/L 硝酸银溶液 20 mL充分混合,静置 5 h 以上。然后,把此圆底烧瓶在沸水中加热,使瓶内溶液沸腾,完成反应,冷却加水定容至 100 mL 容量瓶后,用滤纸过滤。取 50 mL 滤液,加 5 mL 浓硝酸使呈酸性,加 0.5 mL 硫酸铁溶液做指示剂,用 0.1 mol/L 硫氰酸铵溶液滴定至溶液呈褐色且不褪色为终点。

A.5 计算公式

芥籽油挥发性成分含量按式(A.1)计算。

$$\text{芥籽油挥发性成分含量}(\%)=\frac{(20\times C_1-2\times V\times C_2)\times 99.15}{100\,m} \quad \cdots\cdots\cdots(\text{A.1})$$

式中:

C_1 ——硝酸银溶液物质的量浓度,单位为摩尔每升(mol/L);

C_2 ——硫氰酸铵溶液物质的量浓度,单位为摩尔每升(mol/L);

V ——硫氰酸铵溶液的滴定体积，单位为毫升（mL）；

m ——芥末酱样品的质量，单位为克（g）；

99.15——1 物质的量的异硫氰酸烯丙酯相对应的分子质量。

计算结果保留两位有效数字。

A.6 结果允许差

同一样品相对平均偏差不得超过 10%。

ICS 67.220.10
X 66
备案号:37209—2012

中华人民共和国国内贸易行业标准

SB/T 10756—2012

泡　　　　菜

PAO CAI

2012-08-01 发布　　　　2012-11-01 实施

中华人民共和国商务部　　发 布

前　言

本标准按照 GB/T 1.1—2009 给出的规则起草。

本标准由中华人民共和国商务部提出。

本标准由全国调味品标准化技术委员会(SAC/TC 398)归口。

本标准主要起草单位:四川省吉香居食品有限公司。

本标准主要起草人:余志刚、伍学明、陈功、丁文军、王艳丽、颜正财。

泡　　菜

1　范围

本标准规定了泡菜产品的术语和定义、原料要求、技术要求、试验方法、标签标志、包装、运输和贮存要求。

本标准适用于符合3.1中规定的产品。

2　规范性引用文件

下列文件对于本文件的应用是必不可少的。凡是注日期的引用文件，仅注日期的版本适用于本文件。凡是不注日期的引用文件，其最新版本(包括所有的修改单)适用于本文件。

GB/T 191　包装储运图示标志

GB 2716　食用植物油卫生标准

GB 2720　味精卫生标准

GB 2721　食用盐卫生标准

GB 2760　食品安全国家标准　食品添加剂使用标准

GB/T 5009.54　酱腌菜卫生标准的分析方法

GB 5749　生活饮用水卫生标准

GB 7718　食品安全国家标准　预包装食品标签通则

JJF 1070　定量包装商品净含量计量检验规则

《定量包装商品计量监督管理办法》(国家质量监督检验检疫总局[2005]第75号令)

3　术语和定义

下列术语和定义适用于本文件。

3.1

泡菜　PAO CAI

以新鲜蔬菜等为主要原料，添加或不添加辅料，经食用盐或食用盐水渍制等工艺加工而成的蔬菜制品。

3.2

中式泡菜(简称泡菜)　Pao cai

以新鲜蔬菜等为主要原料，添加或不添加辅料，经食用盐或食用盐水泡渍发酵等工艺加工而成的蔬菜制品。

3.3

韩式泡菜　Korean pickle

以新鲜蔬菜等为主要原料，添加红辣椒粉、大蒜、虾酱等选择性辅料调味，经食用盐或食用盐水处理、低温腌渍等工艺加工而成的蔬菜制品。

3.4

日式泡菜 **Japanese pickle**

以新鲜蔬菜等为主要原料，添加或不添加辅料，经食用盐或酱油或醋等渍制加工而成的蔬菜制品。

4 要求

4.1 原辅料

4.1.1 新鲜蔬菜等

应符合相应的标准和有关要求。

4.1.2 食用植物油

应符合 GB 2716 的规定。

4.1.3 食用盐

应符合 GB 2721 的规定。

4.1.4 味精

应符合 GB 2720 的规定。

4.1.5 生产加工用水

应符合 GB 5749 的规定。

4.1.6 食品添加剂

食品添加剂的品种和使用量应符合 GB 2760 规定，其质量应符合相应的标准和有关规定。

4.1.7 其他原辅料

质量应符合相应的标准和有关规定。

4.2 感官要求

感官要求应符合表 1 的规定。

表 1 感官要求

项 目	指 标
色泽	具有泡菜应有的色泽，有光泽
香气	具有泡菜应有的香气，无不良气味
滋味	具有泡菜应有的滋味，无异味
体态	具有泡菜应有的形态、质地，无可见杂质

4.3 理化指标

理化指标应符合表 2 的规定。

表 2 理化指标

项　目		指　标		
		中式泡菜	韩式泡菜	日式泡菜
固形物/(g/100 g)	≥	50		
食盐(以氯化钠计)/(g/100 g)	≤	15.0	4.0	5.0
总酸(以乳酸计)/(g/100 g)	≤	1.5		

4.4 食品安全指标

应符合相应的食品安全国家标准。

4.5 净含量

应符合《定量包装商品计量监督管理办法》的规定。

5 试验方法

5.1 感官检验

在自然光线条件下，观察容器密封情况、外观，并将内容物倒入洁净的白色瓷盘中，用肉眼观察其色泽、体态，嗅其气味，尝其滋味，其结果应符合4.2的规定。

5.2 理化指标检验

5.2.1 固形物

按JJF 1070规定的方法测定。

5.2.2 食盐

按GB/T 5009.54规定的方法测定。

5.2.3 总酸

按GB/T 5009.54规定的方法测定。

5.3 净含量检验

按JJF 1070规定的方法执行。

6 检验规则

6.1 总则

产品由企业质检部门按本标准规定检验，合格产品方可出厂。

6.2 检验类别

检验分为出厂检验和型式检验。

6.2.1 出厂检验

6.2.1.1 每批产品应进行出厂检验。

6.2.1.2 出厂检验项目为:感官、净含量,理化指标的食盐、固形物、总酸,相关法规要求的其他项目。

6.2.2 型式检验

型式检验项目包括本标准中规定的全部项目和相关法规要求的其他项目。型式检验每半年一次,有下列情况之一,亦应进行型式检验:

a) 停产超过6个月,恢复生产时;

b) 正式生产后,原料产地变化或改变生产工艺,可能影响产品质量时;

c) 国家质量监督机构提出进行型式检验要求时;

d) 出厂检验结果与上次型式检验有较大差异时;

e) 对质量有争议,需要仲裁时。

6.3 组批

同一天生产的同一品种的产品为一批。

6.4 抽样

从每批产品的不同部位随机抽取6瓶(袋),分别做感官、净含量、理化检验、相关法规要求的其他项目和留样。

6.5 判定规则

6.5.1 出厂检验项目或型式检验项目全部符合本标准规定时判为合格品。

6.5.2 出厂检验项目或型式检验项目如有不符合本标准,可加倍抽样复检。复检后仍不符合本标准,判为不合格品。

7 标签、包装、运输与贮存

7.1 标签

销售包装标签按GB 7718的规定执行,外包装标志应符合GB/T 191的规定;产品名称应标为"泡菜"。

7.2 包装

包装材料和容器应符合相应的国家食品安全标准和有关规定。

7.3 运输

产品在运输过程中应轻拿轻放,防止日晒、雨淋,运输工具应清洁卫生,不得与有毒、有害、有污染的物品混运。

7.4　贮存

泡菜应贮存于阴凉、通风、干燥、防鼠防虫的设施，不得与有毒、有害、有异味的物质混贮，未灭菌销售的泡菜应采用冷链保存和销售。

ICS 67.220.10
X 66
备案号：37210—2012

中华人民共和国国内贸易行业标准

SB/T 10757—2012

牛肉汁调味料

Beef bouillon

2012-08-01 发布　　2012-11-01 实施

中华人民共和国商务部　　发布

前 言

本标准按照GB/T 1.1—2009给出的规则起草。

本标准由中华人民共和国商务部提出。

本标准由全国调味品标准化技术委员会(SAC/TC 398)归口。

本标准起草单位:广东嘉豪食品股份有限公司。

本标准主要起草人:陈志雄、陈世豪、刘亚萍。

牛肉汁调味料

1 范围

本标准规定了牛肉汁调味料产品的术语和定义、原料要求、技术要求、试验方法、标签标志、包装、运输和贮存要求。

本标准适用于3.1所定义的产品。

2 规范性引用文件

下列文件对于本文件的应用是必不可少的。凡是注日期的引用文件，仅注日期的版本适用于本文件。凡是不注日期的引用文件，其最新版本(包括所有的修改单)适用于本文件。

GB 2707 鲜(冻)畜肉卫生标准

GB 2760 食品安全国家标准 食品添加剂使用标准

GB 5009.3—2010 食品中水分的测定

GB/T 5009.39 酱油卫生标准的分析方法

GB 5461 食用盐

GB 5749 生活饮用水卫生标准

GB/T 6682 分析实验室用水规格和试验方法

GB 7718 食品安全国家标准 预包装食品标签通则

SB/T 10371—2003 鸡精调味料

SB/T 10458—2008 鸡汁调味料

JJF 1070 定量包装商品净含量计量检验规则

《定量包装商品计量监督管理办法》(国家质量技术监督检验检疫总局(2005)第75号令)

3 术语和定义

下列术语和定义适用于本文件。

3.1

牛肉汁调味料 Beef bouillon

以磨碎的牛肉/牛骨或其浓缩抽提物以及其他辅料等为原料，添加或不添加香辛料和/或食用香精等增香剂，加工而成的，具有牛肉的滋味和香气的汁状复合调味料。

4 技术要求

4.1 主要原料和辅料

4.1.1 牛肉

应符合GB 2707的规定。

4.1.2 食用盐

应符合 GB 5461 的规定。

4.1.3 生产加工用水

应符合 GB 5749 生活饮用水卫生标准的规定。

4.1.4 其他辅料

应符合相应的标准和有关规定。

4.1.5 食品添加剂

食品添加剂的品种和使用量应符合 GB 2760 的规定，其质量应符合相应的标准和有关规定。

4.2 感官要求

应符合表 1 的规定。

表 1 感官要求

项 目	要 求
色泽	黄褐、棕黑、淡黄、乳黄或乳白色
香气	具有牛肉香气，无不良气味
滋味	具有牛肉汁的滋味，无不良滋味
体态	浓稠状液体，无异物

4.3 理化指标

应符合表 2 的规定。

表 2 理化指标

项 目		指 标
干燥失重/(g/100 g)	≤	70.0
氯化物(以 NaCl 计)/(g/100 g)	≤	22.0
总氮(以 N 计)/(g/100 g)	≥	1.0
氨基酸态氮(以 N 计)/(g/100 g)	≥	0.5
其他氮(以 N 计)/(g/100 g)	≥	0.25

4.4 食品安全指标

应符合相应的食品安全国家标准。

4.5 净含量

应符合《定量包装商品计量监督管理办法》的规定。

5 试验方法

本试验方法中实验室用水,应符合 GB/T 6682 中三级以上(含三级)水的规格。所用试剂除另有注明外,均为分析纯。

5.1 感官检测

5.1.1 色泽和体态

取样品 10 mL,放置玻璃器皿内,在自然光线条件下,进行目测。

5.1.2 香气

配制 3%样品溶液或按推荐食用方法配制溶液,嗅其气味。

5.1.3 滋味

配制 3%样品溶液或按推荐食用方法配制溶液,取少许溶液放入口内,仔细品尝。

5.2 理化检验

5.2.1 干燥失重

按 GB 5009.3—2010 第一法规定的方法测定。

5.2.2 氯化物

按 SB/T 10371—2003 中的 5.2.2 的方法测定。

5.2.3 总氮

按 SB/T 10371—2003 中的 5.2.5 的方法测定。

5.2.4 氨基酸态氮

按 GB/T 5009.39—2003 第一法规定的方法测定。

5.2.5 其他氮

按 SB/T 10458--2008 中的 5.2.5 的方法测定:其他氮=总氮-氨基酸态氮。

5.3 净含量

按 JJF 1070 的规定执行。

6 检验规则

6.1 总则

产品由企业质检部门按本标准规定检验,合格产品方可出厂。

6.2 检验形式

检验分为出厂检验和型式检验

6.2.1 出厂检验

6.2.1.1 每批产品应进行出厂检验。

6.2.1.2 出厂检验项目为感官要求和净含量，理化指标中的干燥失重、氯化物、氨基酸态氮。

6.2.2 型式检验

型式检验项目包括本标准中规定的全部项目。型式检验每半年一次，有下列情况之一，亦应进行型式检验。

a) 新产品试制鉴定；

b) 正式投产后，如更换原料供应商或产地，可能影响产品质量时；

c) 产品停产半年以上，恢复生产时；

d) 出厂检验结果与上次型式检验有较大差异时；

e) 国家质量监督部门提出要求时；

f) 对质量有争议，需要仲裁时。

6.3 组批

同一天生产的同一品种的产品为一批。

6.4 判定规则

6.4.1 出厂检验项目或型式检验项目全部符合本标准规定时判为合格品。

6.4.2 出厂检验项目或型式检验项目如有一项不符合本标准，可以加倍抽样复检。复检后仍不符合本标准，判为不合格品。

7 标签

标签的标注内容应符合 GB 7718 的规定；产品名称应标为“牛肉汁调味料”。

8 包装

包装材料和容器应符合相应的食品安全国家标准和有关规定。

9 运输

产品在运输过程中应轻拿轻放，防止日晒、雨淋，运输工具应清洁卫生，不得与有毒、有害、有污染的物品混运。

10 贮存

产品应贮存在清洁卫生、阴凉、干燥、通风的仓库。

三、试验方法标准

ICS 07.100.30
C 53

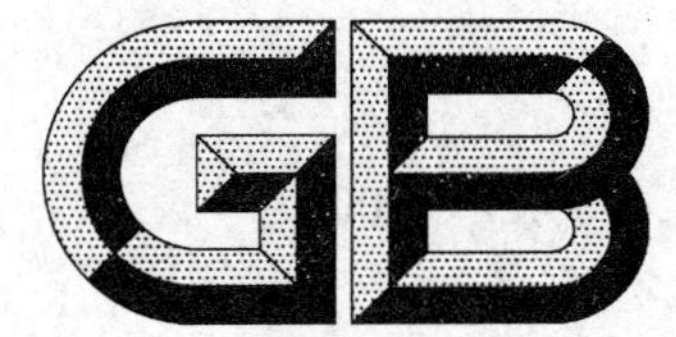

中华人民共和国国家标准

GB/T 4789.22—2003
代替 GB/T 4789.22—1994

食品卫生微生物学检验
调味品检验

**Microbiological examination of food hygiene—
Examination of flavourings**

2003-08-11 发布　　　　2004-01-01 实施

中华人民共和国卫生部
中国国家标准化管理委员会　发布

前言

本标准对 GB/T 4789.22—1994《食品卫生微生物学检验　调味品检验》进行修订。

本标准与 GB/T 4789.22—1994 相比主要修改如下：

——按照 GB/T 1.1—2000 对标准文本的格式和文字进行修改。

——按照食品卫生标准重新分类，增加了水产调味品。

——原标准的“本标准适用于调味品（包括酱油、酱类和醋等以豆类为原料发酵制成的食品）”修改为“本标准适用于调味品（包括酱油、酱类和醋等以豆类及其他粮食作物为原料发酵制成的）和水产调味品”。

——修改并规范原标准方法中的“设备和材料”。

——修改和规范“引用标准”。

本标准自实施之日起，GB/T 4789.22—1994 同时废止。

本标准由中华人民共和国卫生部提出并归口。

本标准起草单位：北京市卫生防疫站、中国疾病预防控制中心营养与食品安全所。

本标准主要起草人：刘以贤、计融、付萍、杨宝兰、姚景会。

本标准于 1984 年首次发布，1994 年第一次修订，本次为第二次修订。

食品卫生微生物学检验
调味品检验

1 范围

本标准规定了调味品的检验方法。

本标准适用于调味品(包括酱油、酱类和醋等以豆类及其他粮食作物为原料发酵制成的)及水产调味品的检验。

2 规范性引用文件

下列文件中的条款通过本标准的引用而成为本标准的条款。凡是注日期的引用文件,其随后所有的修改单(不包括勘误的内容)或修订版均不适用于本标准,然而,鼓励根据本标准达成协议的各方研究是否可使用这些文件的最新版本。凡是不注日期的引用文件,其最新版本适用于本标准。

GB/T 4789.1 食品卫生微生物学检验 总则

GB/T 4789.2 食品卫生微生物学检验 菌落总数测定

GB/T 4789.3 食品卫生微生物学检验 大肠菌群测定

GB/T 4789.4 食品卫生微生物学检验 沙门氏菌检验

GB/T 4789.5 食品卫生微生物学检验 志贺氏菌检验

GB/T 4789.7 食品卫生微生物学检验 副溶血性弧菌检验

GB/T 4789.10 食品卫生微生物学检验 金黄色葡萄球菌检验

3 设备和材料

3.1 现场采样用品

根据采样需要准备。

3.2 实验室检验用品

见 GB/T 4789.2、GB/T 4789.3、GB/T 4789.4、GB/T 4789.5、GB/T 4789.7、GB/T 4789.10。

4 培养基和试剂

见 GB/T 4789.2、GB/T 4789.3、GB/T 4789.4、GB/T 4789.5、GB/T 4789.7、GB/T 4789.10 和 20%～30%灭菌碳酸钠溶液。

5 操作步骤

5.1 样品的采取和送检

样品送往化验室后应立即检验或放置冰箱暂存。

5.2 样品采取数量

按 GB/T 4789.1 执行。

5.3 检样的处理

5.3.1 瓶装样品:用点燃的酒精棉球烧灼瓶口灭菌,石碳酸纱布盖好,再用灭菌开瓶器启开,袋装样品用 75%酒精棉球消毒袋口后进行检验。

5.3.2 酱类:用无菌操作称取 25 g,放入灭菌容器内,加入 225 mL 蒸馏水,吸取酱油 25 mL,加入灭菌

225 mL 蒸馏水，制成混悬液。

5.3.3 食醋：用 20%～30% 灭菌碳酸钠溶液调 pH 到中性。

5.4 检验方法

——菌落总数测定：按 GB/T 4789.2 执行；

——大肠菌群测定：按 GB/T 4789.3 执行；

——沙门氏菌检验：按 GB/T 4789.4 执行；

——志贺氏菌检验：按 GB/T 4789.5 执行；

——副溶血性弧菌检验：按 GB/T 4789.7 执行；

——金黄色葡萄球菌检验：按 GB/T 4789.10 执行。

ICS 67.040
C 53

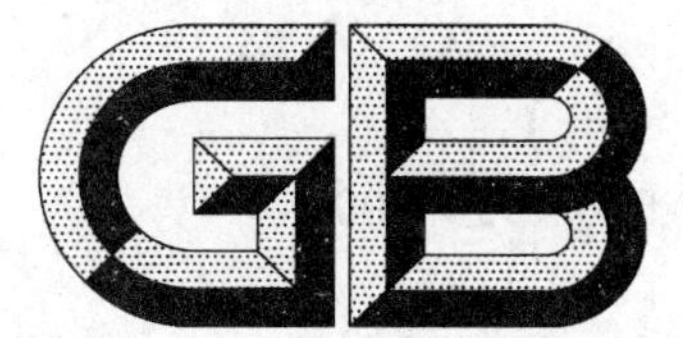

中华人民共和国国家标准

GB/T 5009.39—2003
代替 GB/T 5009.39—1996

酱油卫生标准的分析方法

Method for analysis of hygienic standard of soybean sauce

2003-08-11 发布　　2004-01-01 实施

中华人民共和国卫生部
中国国家标准化管理委员会 发布

前言

本标准代替 GB/T 5009.39—1996《酱油卫生标准的分析方法》。

本标准与 GB/T 5009.39—1996 相比主要修改如下：

——按照 GB/T 20001.4—2001《标准编写规则　第 4 部分：化学分析方法》对原标准的结构进行了修改；

——增加了氨基酸态氮的比色法作为第二法。

本标准由中华人民共和国卫生部提出并归口。

本标准由北京市卫生防疫站、邯郸市卫生防疫站、唐山市卫生防疫站负责起草。

本标准于 1985 年首次发布，1996 年第一次修订，本次为第二次修订。

酱油卫生标准的分析方法

1 范围

本标准规定了酱油各项卫生指标的分析方法。

本标准适用于以粮食和其副产品豆饼、麸皮等为原料酿造或配制的酱油各项卫生指标的分析。

本标准中氨基酸态氮第二法检出限为 0.070 μg/mL，线性范围 0～10 μg/mL。

2 规范性引用文件

下列文件中的条款通过本标准的引用而成为本标准的条款。凡是注日期的引用文件，其随后所有的修改单(不包括勘误的内容)或修订版均不适用于本标准，然而，鼓励根据本标准达成协议的各方研究是否可使用这些文件的最新版本。凡是不注日期的引用文件，其最新版本适用于本标准。

GB/T 5009.2 食品的相对密度的测定

GB/T 5009.11 食品中总砷及无机砷的测定

GB/T 5009.12 食品中铅的测定

GB/T 5009.22 食品中黄曲霉毒素 B_1 的测定

GB/T 5009.29 食品中苯甲酸、山梨酸的测定

3 感官检查

3.1 取 2 mL 试样于 25 mL 具塞比色管中，加水至刻度，振摇观察色泽、澄明度，应不浑浊，无沉淀物。

3.2 取 30 mL 试样于 50 mL 烧杯中，观察应无霉味，无霉花浮膜。

3.3 用玻璃棒搅拌烧杯中试样后，尝其味不得有酸、苦、涩等异味。

4 理化检验

4.1 相对密度

按 GB/T 5009.2 中相对密度计法操作。

4.2 氨基酸态氮

4.2.1 第一法 甲醛值法

4.2.1.1 原理

利用氨基酸的两性作用，加入甲醛以固定氨基的碱性，使羧基显示出酸性，用氢氧化钠标准溶液滴定后定量，以酸度计测定终点。

4.2.1.2 试剂

4.2.1.2.1 甲醛(36%)：应不含有聚合物。

4.2.1.2.2 氢氧化钠标准滴定溶液[c(NaOH)=0.050 mol/L]。

4.2.1.3 仪器

4.2.1.3.1 酸度计。

4.2.1.3.2 磁力搅拌器。

4.2.1.3.3 10 mL 微量滴定管。

4.2.1.4 分析步骤

吸取 5.0 mL 试样，置于 100 mL 容量瓶中，加水至刻度，混匀后吸取 20.0 mL，置于 200 mL 烧杯中，加 60 mL 水，开动磁力搅拌器，用氢氧化钠标准溶液[c(NaOH)=0.050 mol/L]滴定至酸度计指示

pH8.2,记下消耗氢氧化钠标准滴定溶液(0.05 mol/L) 的毫升数,可计算总酸含量。

加入 10.0 mL 甲醛溶液,混匀。再用氢氧化钠标准滴定溶液(0.05 mol/L)继续滴定至 pH9.2,记下消耗氢氧化钠标准滴定溶液(0.05 mol/L)的毫升数。

同时取 80 mL 水,先用氢氧化钠溶液(0.05 mol/L)调节至 pH 为 8.2,再加入 10.0 mL 甲醛溶液,用氢氧化钠标准滴定溶液(0.05 mol/L)滴定至 pH9.2,同时做试剂空白试验。

4.2.1.5 **结果计算**

试样中氨基酸态氮的含量按式(1)进行计算。

$$X=\frac{(V_1-V_2)\times c\times 0.014}{5\times V_3/100}\times 100 \qquad \cdots\cdots(1)$$

式中:

X——试样中氨基酸态氮的含量,单位为克每百毫升(g/100 mL);

V_1——测定用试样稀释液加入甲醛后消耗氢氧化钠标准滴定溶液的体积,单位为毫升(mL);

V_2——试剂空白试验加入甲醛后消耗氢氧化钠标准滴定溶液的体积,单位为毫升(mL);

V_3——试样稀释液取用量,单位为毫升(mL);

c——氢氧化钠标准滴定溶液的浓度,单位为摩尔每升(mol/L);

0.014——与 1.00 mL 氢氧化钠标准滴定溶液〔c(NaOH)=1.000 mol/L〕相当的氮的质量,单位为克(g)。

计算结果保留两位有效数字。

4.2.1.6 **精密度**

在重复性条件下获得的两次独立测定结果的绝对差值不得超过算术平均值的 10%。

4.2.2 **第二法 比色法**

4.2.2.1 **原理**

在 pH 4.8 的乙酸钠-乙酸缓冲液中,氨基酸态氮与乙酰丙酮和甲醛反应生成黄色的 3,5-二乙酰-2,6-二甲基-1,4 二氢化吡啶氨基酸衍生物。在波长 400 nm 处测定吸光度,与标准系列比较定量。

4.2.2.2 **试剂**

4.2.2.2.1 乙酸溶液(1 mol/L):量取 5.8 mL 冰乙酸,加水稀释至 100 mL。

4.2.2.2.2 乙酸钠溶液(1 mol/L):称取 41 g 无水乙酸钠或 68 g 乙酸钠($CH_3COONa\cdot 3H_2O$),加水溶解后并稀释至 500 mL。

4.2.2.2.3 乙酸钠-乙酸缓冲液:量取 60 mL 乙酸钠溶液(1 mol/L)与 40 mL 乙酸溶液(1 mol/L)混合,该溶液为 pH4.8。

4.2.2.2.4 显色剂:15 mL 37%甲醇与 7.8 mL 乙酰丙酮混合,加水稀释至 100 mL,剧烈振摇混匀(室温下放置稳定三日)。

4.2.2.2.5 氨氮标准储备溶液(1.0 g/L):精密称取 105℃干燥 2 h 的硫酸铵 0.472 0 g,加水溶解后移入 100 mL 容量瓶中,并稀释至刻度,混匀,此溶液每毫升相当于 1.0 mg NH_3-N(10℃下冰箱内贮存稳定 1 年以上)。

4.2.2.2.6 氨氮标准使用溶液(0.1 g/L):用移液管精密称取 10 mL 氨氮标准储备液(1.0 mg/mL)于 100 mL 容量瓶内,加水稀释至刻度,混匀,此溶液每毫升相当于 100 μg NH_3-N(10℃下冰箱内贮存稳定 1 个月)。

4.2.2.3 **仪器**

4.2.2.3.1 分光光度计。

4.2.2.3.2 电热恒温水浴锅(100℃±0.5℃)。

4.2.2.3.3 10 mL 具塞玻璃比色管。

4.2.2.4 分析步骤

4.2.2.4.1 精密吸取1.0 mL试样于50 mL容量瓶中,加水稀释至刻度,混匀。

4.2.2.4.2 标准曲线的绘制:精密吸取氨氮标准使用溶液0,0.05,0.1,0.2,0.4,0.6,0.8,1.0 mL(相当于NH_3-N 0,5.0,10.0,20.0,40.0,60.0,80.0,100.0 μg)分别于10 mL比色管中。向各比色管分别加入4 mL乙酸钠-乙酸缓冲溶液(pH4.8)及4 mL显色剂,用水稀释至刻度,混匀。置于100℃水浴中加热15 min,取出,水浴冷却至室温后,移入1 cm比色皿内,以零管为参比,于波长400 nm处测量吸光度,绘制标准曲线或计算直线回归方程。

4.2.2.4.3 试样测定:精密吸取2 mL试样稀释溶液(约相当于氨基酸态氮100 μg)于10 mL比色管中。以下按4.2.2.4.2自"加入4 mL乙酸钠-乙酸缓冲溶液(pH4.8)及4 mL显色剂……"起依法操作。试样吸光度与标准曲线比较定量或代入标准回归方程,计算试样含量。

4.2.2.5 结果计算

试样中氨基酸态氮的含量按式(2)进行计算。

$$X=\frac{c}{V_1\times\frac{V_2}{50}\times 1\,000\times 1\,000}\times 100 \qquad \cdots\cdots(2)$$

式中:

X——试样中氨基酸态氮的含量,单位为克每百毫升(g/100 mL);

c——试样测定液中氮的质量,单位为微克(μg);

V_1——试样体积,单位为毫升(mL);

V_2——测定用试样溶液体积,单位为毫升(mL)。

4.2.2.6 精密度

在重复性条件下获得的两次独立测定结果的绝对差值不得超过算术平均值的10%。

4.3 食盐(以氯化钠计)

4.3.1 原理

用硝酸银标准溶液滴定试样中的氯化钠,生成氯化银沉淀,待全部氯化银沉淀后,多滴加的硝酸银与铬酸钾指示剂生成铬酸银使溶液呈桔红色即为终点。由硝酸银标准滴定溶液消耗量计算氯化钠的含量。

4.3.2 试剂

4.3.2.1 硝酸银标准滴定溶液[$c(AgNO_3)$=0.100 mol/L]。

4.3.2.2 铬酸钾溶液(50 g/L):称取5 g铬酸钾用少量水溶解后定容至100 mL。

4.3.3 仪器

10 mL微量滴定管。

4.3.4 分析步骤

吸取2.0 mL试样稀释液,于150 mL~200 mL锥形瓶中,加100 mL水及1 mL铬酸钾溶液(50 g/L),混匀。用硝酸银标准溶液(0.100 mol/L)滴定至初显桔红色。

量取100 mL水,同时做试剂空白试验。

4.3.5 结果计算

试样中食盐(以氯化钠计)的含量按式(3)进行计算。

$$X=\frac{(V_1-V_2)\times c\times 0.058\,5}{5\times 2/100}\times 100 \qquad \cdots\cdots(3)$$

式中:

X——试样中食盐(以氯化钠计)的含量,单位为克每百毫升(g/100 mL);

V_1——测定用试样稀释液消耗硝酸银标准滴定溶液的体积,单位为毫升(mL);

V_2——试剂空白消耗硝酸银标准滴定溶液的体积,单位为毫升(mL);

c——硝酸银标准滴定溶液的浓度,单位为摩尔每升(mol/L);

0.058 5——与 1.00 mL 硝酸银标准溶液〔$c(AgNO_3)=1.000$ mol/L〕相当的氯化钠的质量，单位为克(g)。

计算结果保留三位有效数字。

4.3.6 精密度

在重复性条件下获得的两次独立测定结果的绝对差值不得超过算术平均值的10%。

4.4 总酸

4.4.1 原理

酱油中含有多种有机酸，用氢氧化钠标准溶液滴定，以酸度计测定终点，结果以乳酸表示。

4.4.2 试剂

氢氧化钠标准滴定溶液〔$c(NaOH)=0.050$ mol/L〕。

4.4.3 仪器

同 4.2.1.3。

4.4.4 分析步骤

按 4.2.1.4 操作，量取 80 mL 水，同时做试剂空白试验。

4.4.5 结果计算

试样中总酸的含量(以乳酸计)按式(4)进行计算。

$$X=\frac{(V_1-V_2)\times c\times 0.090}{5\times V_3/100}\times 100 \quad \cdots\cdots(4)$$

式中：

X——试样中总酸的含量(以乳酸计)，单位为克每百毫升(g/100 mL)；

V_1——测定用试样稀释液消耗氢氧化钠标准滴定溶液的体积，单位为毫升(mL)；

V_2——试剂空白消耗氢氧化钠标准滴定溶液的体积，单位为毫升(mL)；

V_3——试样稀释液取用量，单位为毫升(mL)；

c——氢氧化钠标准滴定溶液的浓度，单位为摩尔每升(mol/L)；

0.090——与 1.00 mL 氢氧化钠标准溶液〔$c(NaOH)=1.000$ mol/L〕相当的乳酸的质量，单位为克(g)。

计算结果保留三位有效数字。

4.4.6 精密度

在重复性条件下获得的两次独立测定结果的绝对差值不得超过算术平均值的10%。

4.5 砷

按 GB/T 5009.11 操作。

4.6 铅

按 GB/T 5009.12 操作。

4.7 黄曲霉毒素 B_1

按 GB/T 5009.22 操作。

4.8 苯甲酸、山梨酸

按 GB/T 5009.29 操作。

4.9 铵盐(半微量定氮法)

4.9.1 原理

试样在碱性溶液中加热蒸馏，使氨游离蒸出，被硼酸溶液吸收，然后用盐酸标准溶液滴定计算含量。

4.9.2 试剂

4.9.2.1 氧化镁。

4.9.2.2 硼酸溶液(20 g/L)。

4.9.2.3 盐酸标准滴定溶液〔c(HCl)=0.100 mol/L〕。

4.9.2.4 混合指示液:甲基红-乙醇溶液(2 g/L)1份与溴甲酚绿-乙醇溶液(2 g/L)5份,临用时混匀。

4.9.3 **分析步骤**

吸取2 mL试样,置于500 mL蒸馏瓶中,加约150 mL水及约1 g氧化镁,连接好蒸馏装置,并使冷凝管下端连接弯管伸入接收瓶液面下,接收瓶内盛有10 mL硼酸溶液(20 g/L)及2滴~3滴混合指示液,加热蒸馏,由沸腾开始计算约蒸30 min即可,用少量水冲洗弯管,以盐酸标准溶液(0.100 mol/L)滴至终点。取同量水、氧化镁、硼酸溶液按同一方法做试剂空白试验。

4.9.4 **结果计算**

试样中铵盐的含量(以氨计)按式(5)进行计算。

$$X=\frac{(V_1-V_2)\times c\times 0.017}{V_3}\times 100 \quad \cdots\cdots(5)$$

式中:

X——试样中铵盐的含量(以氨计),单位为克每百毫升(g/100 mL);

V_1——测定用试样消耗盐酸标准滴定溶液的体积,单位为毫升(mL);

V_2——试剂空白消耗盐酸标准滴定溶液的体积,单位为毫升(mL);

c——盐酸标准滴定溶液的实际浓度,单位为摩尔每升(mol/L);

0.017——与1.00 mL盐酸标准溶液[c(HCl)=1.000 mol/L]相当的铵盐(以氨计)的质量,单位为克(g);

V_3——试样体积,单位为毫升(mL)。

计算结果保留两位有效数字。

4.9.5 **精密度**

在重复性条件下获得的两次独立测定结果的绝对差值不得超过算术平均值的10%。

ICS 67.040
C 53

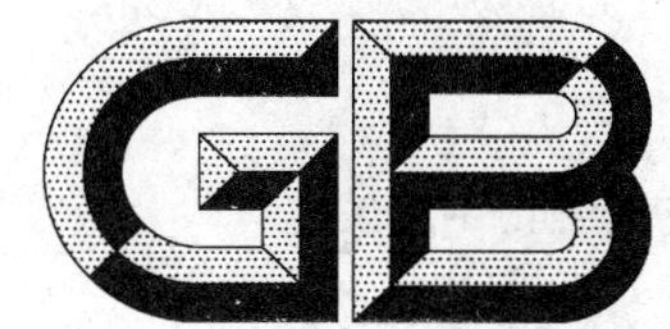

中华人民共和国国家标准

GB/T 5009.40—2003
代替 GB/T 5009.40—1996

酱卫生标准的分析方法

Method for analysis of hygienic standard for grain paste

2003-08-11 发布　　2004-01-01 实施

中华人民共和国卫生部
中国国家标准化管理委员会　发布

前言

本标准代替 GB/T 5009.40—1996《酱卫生标准的分析方法》。

本标准与 GB/T 5009.40—1996 相比主要修改如下：

按照 GB/T 20001.4—2001《标准编写规则　第 4 部分：化学分析方法》对原标准的结构进行了修改。

本标准由中华人民共和国卫生部提出并归口。

本标准由北京市卫生防疫站负责起草。

本标准于 1985 年首次发布，于 1996 年第一次修订，本次为第二次修订。

酱卫生标准的分析方法

1 范围

本标准规定了以粮食为原料酿造的酱类各项卫生指标的分析方法。

本标准适用于以粮食为原料酿造的酱类各项卫生指标的分析。

2 规范性引用文件

下列文件中的条款通过本标准的引用而成为本标准的条款。凡是注日期的引用文件，其随后所有的修改单(不包括勘误的内容)或修订版均不适用于本标准，然而，鼓励根据本标准达成协议的各方研究是否可使用这些文件的最新版本。凡是不注日期的引用文件，其最新版本适用于本标准。

GB/T 5009.11 食品中总砷及无机砷的测定

GB/T 5009.12 食品中铅的测定

GB/T 5009.22 食品中黄曲霉毒素 B_1 的测定

GB/T 5009.39—2003 酱油卫生标准的分析方法

3 感官检查

3.1 称取 10 g 试样，置于培养皿中，用玻璃棒搅拌铺平，观察应有酿造酱正常的色泽，无不良气味，无杂质。

3.2 用玻璃棒蘸试样，尝其味不得有酸、苦、焦糊及其他异味。

4 理化检验

4.1 氨基酸态氮

4.1.1 原理、试剂、仪器

同 GB/T 5009.39—2003 中 4.2。

4.1.2 分析步骤

称取约 5.0 g 已研磨均匀的试样置于 100 mL 烧杯中，加 50 mL 水，充分搅拌(必要时加热)，移入 100 mL 容量瓶中，用少量水分次洗涤烧杯，洗液并入容量瓶中，并加水至刻度，混匀。吸取 10.0 mL，置于 200 mL 烧杯中，加 60 mL 水，以下按 GB/T 5009.39—2003 中 4.2.1.4 自“开动磁力搅拌器……”起依法操作。

4.1.3 结果计算、精密度

同 GB/T 5009.39—2003 中 4.2.1.5 及 4.2.1.6。

4.2 食盐(以氯化钠计)

4.2.1 原理、试剂、仪器

同 GB/T 5009.39—2003 中 4.3.1～4.3.3。

4.2.2 分析步骤

吸取 2.0 mL 4.1.2 稀释液于 200 mL 锥形瓶中，加 100 mL 水及 1 mL 铬酸钾溶液(50 g/L)，混匀。以下按 GB/T 5009.39—2003 中 4.3.4 自“用硝酸银标准溶液(0.100 mol/L)……”起依法操作。

4.2.3 结果计算、精密度

同 GB/T 5009.39—2003 中 4.3.5 及 4.3.6。

4.3 总酸

4.3.1 原理、试剂、仪器

同 GB/T 5009.39—2003 中 4.4.1～4.4.3。

4.3.2 分析步骤

吸取 10.0 mL 4.1.2 稀释液，以下按 GB/T 5009.39—2003 中 4.2.1.4 自“置于 200 mL 烧杯中……”起依法操作。量取 70 mL 水，同时做试剂空白试验。

4.3.3 计算结果

同 GB/T 5009.39—2003 中 4.4.5。

4.3.4 精密度

同 GB/T 5009.39—2003 中 4.4.6。

4.4 砷

按 GB/T 5009.11 操作。

4.5 铅

按 GB/T 5009.12 操作。

4.6 黄曲霉毒素 B_1

按 GB/T 5009.22 操作。

ICS 67.040
C 53

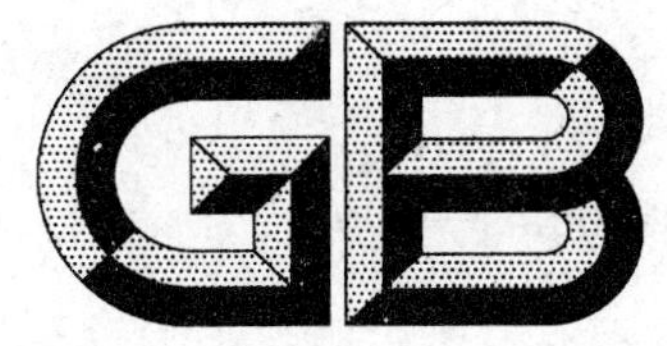

中华人民共和国国家标准

GB/T 5009.41—2003
代替 GB/T 5009.41—1996

食醋卫生标准的分析方法

Method for analysis of hygienic standard of vinegar

2003-08-11 发布　　　　2004-01-01 实施

中华人民共和国卫生部
中国国家标准化管理委员会　发布

前　言

本标准代替 GB/T 5009.41—1996《食醋卫生标准的分析方法》。

本标准与 GB/T 5009.41—1996 相比主要修改如下：

按照 GB/T 20001.4—2001《标准编写规则　第 4 部分：化学分析方法》对原标准的结构进行了修改。

本标准由中华人民共和国卫生部提出并归口。

本标准由北京市卫生防疫站负责起草。

本标准于 1985 年首次发布，于 1996 年第一次修订，本次为第二次修订。

食醋卫生标准的分析方法

1 范围

本标准规定了食醋各项卫生指标的分析方法。

本标准适用于食醋各项卫生指标的分析。

2 规范性引用文件

下列文件中的条款通过本标准的引用而成为本标准的条款。凡是注日期的引用文件，其随后所有的修改单(不包括勘误的内容)或修订版均不适用于本标准，然而，鼓励根据本标准达成协议的各方研究是否可使用这些文件的最新版本。凡是不注日期的引用文件，其最新版本适用于本标准。

GB/T 5009.11 食品中总砷及无机砷的测定

GB/T 5009.12 食品中铅的测定

GB/T 5009.22 食品中黄曲霉毒素 B_1 的测定

GB/T 5009.39—2003 酱油卫生标准的分析方法

3 感官检查

3.1 取 2 mL 试样置于 25 mL 具塞比色管中，加水至刻度，振摇，观察色泽、澄明度，不应浑浊，无沉淀。

3.2 取 30 mL 试样置于 50 mL 烧杯中观察，应无悬浮物，无霉花浮膜，无“醋鳗”、“醋虱”。

3.3 用玻璃棒搅拌烧杯中试样，尝味应不涩，无其他不良气味与异味。

4 理化检验

4.1 总酸

4.1.1 原理

食醋中主要成分是乙酸，含有少量其他有机酸，用氢氧化钠标准溶液滴定，以酸度计测定 pH8.2 终点，结果以乙酸表示。

4.1.2 试剂

氢氧化钠标准滴定溶液〔c(NaOH)＝0.050 mol/L〕。

4.1.3 仪器

同 GB/T 5009.39—2003 中 4.2.1.3。

4.1.4 分析步骤

吸取 10.0 mL 试样置于 100 mL 容量瓶中，加水至刻度，混匀。吸取 20.0 mL，置于 200 mL 烧杯中，加 60 mL 水，以下按 GB/T 5009.39—2003 中 4.2.1.4 自“开动磁力搅拌器……”起依法操作。同时做试剂空白试验。

4.1.5 结果计算

试样中总酸的含量(以乙酸计)按式(1)进行计算。

$$X = \frac{(V_1 - V_2) \times c \times 0.060}{V \times 10/100} \times 100 \qquad \cdots\cdots(1)$$

式中：

X——试样中总酸的含量(以乙酸计)，单位为克每百毫升(g/100 mL)；

V_1——测定用试样稀释液消耗氢氧化钠标准滴定液的体积，单位为毫升(mL)；

V_2——试剂空白消耗氢氧化钠标准滴定溶液的体积，单位为毫升(mL)；

c——氢氧化钠标准滴定溶液的浓度，单位为摩尔每升(mol/L)；

0.060——与 1.00 mL 氢氧化钠标准溶液〔c(NaOH)＝1.000 mol/L〕相当的乙酸的质量，单位为克(g)；

V——试样体积，单位为毫升(mL)。

计算结果保留三位有效数字。

4.1.6 精密度

在重复性条件下获得的两次独立测定结果的绝对差值不得超过算术平均值的 10%。

4.2 游离矿酸

4.2.1 原理

游离矿酸(硫酸、硝酸、盐酸等)存在时，氢离子浓度增大，可改变指示剂颜色。

4.2.2 试剂

4.2.2.1 百里草酚蓝试纸：取 0.10 g 百里草酚蓝，溶于 50 mL 乙醇中，再加 6 mL 氢氧化钠溶液(4 g/L)，加水至 100 mL。将滤纸浸透此液后晾干、贮存备用。

4.2.2.2 甲基紫试纸：称取 0.10 g 甲基紫，溶于 100 mL 水中，将滤纸浸于此液中，取出晾干、贮存备用。

4.2.3 分析步骤

用毛细管或玻璃棒沾少许试样，点在百里草酚蓝试纸上，观察其变化情况。若试纸变为紫色斑点或紫色环(中心淡紫色)，表示有游离矿酸存在，最低检出量为 5 μg。不同浓度的乙酸、冰乙酸在百里草酚蓝试纸上呈现桔黄色环、中心淡黄色或无色。

用甲基紫试纸沾少许试样，若试纸变为蓝色、绿色，表示有游离矿酸存在。

4.3 铅

按 GB/T 5009.12 操作。

4.4 砷

按 GB/T 5009.11 操作。

4.5 黄曲霉毒素 B_1

按 GB/T 5009.22 操作。

ICS 67.040
C 53

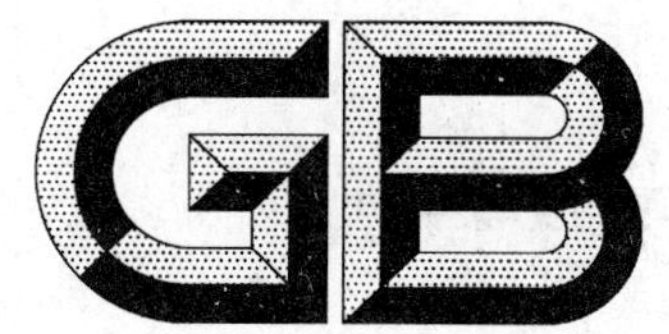

中华人民共和国国家标准

GB/T 5009.42—2003
代替 GB/T 5009.42—1996

食盐卫生标准的分析方法

Method for analysis of hygienic standard of table salt

2003-08-11 发布 2004-01-01 实施

中华人民共和国卫生部
中国国家标准化管理委员会 发布

前　言

本标准代替 GB/T 5009.42—1996《食盐卫生标准的分析方法》。

本标准与 GB/T 5009.42—1996 相比主要修改如下：

按照 GB/T 20001.4—2001《标准编写规则　第 4 部分：化学分析方法》对原标准的结构进行了修改。

本标准由中华人民共和国卫生部提出并归口。

本标准由卫生部食品卫生监督检验所、北京市卫生防疫站、江苏省连云港市卫生防疫站、湖南省卫生防疫站、四川绵阳地区卫生防疫站、广东省卫生防疫站、四川省卫生防疫站负责起草。

本标准于 1985 年首次发布，于 1996 年第一次修订，本次为第二次修订。

食盐卫生标准的分析方法

1 范围

本标准规定了食盐的各项卫生指标的分析方法。

本标准适用于食盐的各项卫生指标的分析。

氟的比色法测定最低检出浓度为 1.0 mg/kg，硫酸盐的测定的最低检出浓度为 0.050 g/100 g。

2 规范性引用文件

下列文件中的条款通过本标准的引用而成为本标准的条款。凡是注日期的引用文件，其随后所有的修改单(不包括勘误的内容)或修订版均不适用于本标准，然而，鼓励根据本标准达成协议的各方研究是否可使用这些文件的最新版本。凡是不注日期的引用文件，其最新版本适用于本标准。

GB/T 5009.4 食品中水分的测定

GB/T 5009.11 食品中总砷及无机砷的测定

GB/T 5009.12 食品中铅的测定

GB/T 5009.13 食品中铜的测定

GB/T 5009.14 食品中锌的测定

GB/T 5009.15 食品中镉的测定

GB/T 5009.17 食品中总汞及有机汞的测定

GB/T 5009.18—2003 食品中氟的测定

GB/T 5009.33 食品中亚硝酸盐及硝酸盐的测定

GB/T 5009.39—2003 酱油卫生标准的分析方法

3 感官检查

3.1 将试样均匀铺在一张白纸上，观察其颜色，应为白色，或白色带淡灰色或淡黄色，加有抗结剂铁氰化钾的为淡蓝色，因其来源而异，不应含有肉眼可见的外来机械杂质。

3.2 约取 20 g 试样于瓷乳钵中研碎后，立即检查，不应有气味。

3.3 约取 5 g 试样，用 100 mL 温水溶解，其水溶液应具有纯净的咸味，无其他异味。

4 理化检验

4.1 水分

按 GB/T 5009.4 中直接干燥法操作。

4.2 水不溶物

4.2.1 试剂

硝酸银溶液(50 g/L)。

4.2.2 分析步骤

4.2.2.1 预先取 ϕ12.5 cm(或 9 cm)新华快速定量滤纸，折叠后置高型称量瓶中，滤纸连同称量瓶在 100℃±5℃烘至恒量。

4.2.2.2 称取 25.00 g 试样，置于 400 mL 烧杯中，加约 200 mL 水，置沸水浴上加热，时刻用玻璃棒搅拌，使全部溶解。

4.2.2.3 将 4.2.2.2 溶液通过恒量滤纸过滤，滤液收集于 500 mL 容量瓶中，用热水反复冲洗沉淀及滤纸至无氯离子反应为止(加 1 滴硝酸银溶液检查不发现白色混浊为止)。加水至刻度,混匀,此液留作其他项目测定用。

4.2.2.4　将沉淀及滤纸置于已干燥至恒量的高型称量瓶中,在 100℃±5℃干燥至恒量,首次干燥 1 h,以后每次为 0.5 h。取出放干燥器中 0.5 h,称量,至两次所称质量之差不超过 0.001 0 g。

4.2.3　**结果计算**

试样中水不溶物的含量按式(1)进行计算。

$$X=\frac{m_1-m_2}{m_3}\times 100 \qquad \cdots\cdots(1)$$

式中:

X ——试样中水不溶物的含量,单位为克每百克(g/100 g);

m_1 ——称量瓶和带有水不溶物的滤纸质量,单位为克(g);

m_2 ——称量瓶加滤纸质量,单位为克(g);

m_3 ——试样质量,单位为克(g)。

计算结果保留两位有效数字。

4.2.4　**精度度**

在重复性条件下获得的两次独立测定结果的绝对差值不得超过算术平均值的 5%。

4.3　**食盐(以氯化钠计)**

4.3.1　**原理、试剂、仪器**

同 GB/T 5009.39—2003 中 4.3.1~4.3.3。

4.3.2　**分析步骤**

吸取 25.0 mL 4.2.2.3 滤液于 250 mL 容量瓶中,加水至刻度,混匀。再吸取 25.0 mL 置于 200 mL锥型瓶中,加水至 50 mL,以下按 GB/T 5009.39—2003 中 4.3.4 自"加入 1 mL 铬酸钾溶液(50 g/L)……"起依法操作。

4.3.3　**结果计算**

试样中食盐(以氯化钠计)含量(以干基计)按式(2)进行计算。

$$X=\frac{(V_1-V_2)\times c\times 0.0585}{m\times\frac{25}{500}\times\frac{25}{250}}\times 100/(1-A) \qquad \cdots\cdots(2)$$

式中:

X ——试样中食盐(以氯化钠计)含量(以干基计),单位为克每百克(g/100 g);

A ——试样中水分,g/g;

m ——试样质量,单位为克(g);

V_1、V_2、c、0.058 5 ——分别同 GB/T 5009.39—2003 中 4.3.5 中的 V_1、V_2、c。

计算结果保留三位有效数字。

4.3.4　**精密度**

在重复性条件下两次平行滴定标准滴定液体积的绝对差值不得超过 0.10 mL。

4.4　**硫酸盐(铬酸钡法)**

4.4.1　**原理**

铬酸钡溶解于稀盐酸中,可与试样中硫酸盐生成硫酸钡沉淀,溶液中和后,多余的铬酸钡及生成的硫酸钡呈沉淀状态,过滤除去,而滤液则含有为硫酸根所取代出的铬酸离子。与标准系列比较定量。

4.4.2　**试剂**

4.4.2.1　铬酸钡混悬液:称取 19.44 g 铬酸钾与 24.44 g 氯化钡($BaCl_2\cdot 2H_2O$)分别溶于 1 000 mL 水中,加热至沸腾。将两液共同倾入 3 000 mL 烧杯内,生成黄色铬酸钡沉淀。待沉淀沉降后,倾出上层液体,然后每次用 1 000 mL 水冲洗沉淀 5 次左右。最后加水至 1 000 mL,成混悬液,每次使用前混匀。

4.4.2.2 盐酸(1+4)。

4.4.2.3 氨水(1+2)。

4.4.2.4 硫酸盐标准溶液:准确称取 1.478 7 g 干燥过的无水硫酸钠或 1.814 1 g 干燥过的无水硫酸钾,溶于少量水中,移入 1 000 mL 容量瓶,加水稀释至刻度,此溶液每毫升含 1.0 mg 硫酸根。

4.4.3 仪器

分光光度计。

4.4.4 分析步骤

吸取 10.0 mL~20.0 mL4.2.2.3 滤液,置于 150 mL 锥形瓶中,加水至 50 mL。吸取 0,0.50,1.0,3.0,5.0,7.0 mL 硫酸盐标准溶液(相当于 0,0.50,1.0,3.0,5.0,7.0 mg 硫酸根),分别置于 150 mL 锥形瓶中,各加水至 50 mL。于每瓶中加入 3 粒~5 粒玻璃珠(以防爆沸)及 1 mL 盐酸(1+4),加热煮沸 5 min。再分别加入 2.5 mL 铬酸钡混悬液,再煮沸 5 min 左右,使铬酸钡和硫酸盐生成硫酸钡沉淀。取下锥形瓶放冷,于每瓶内逐滴加入氨水(1+2),中和至呈柠檬黄色为止。再分别过滤于 50 mL 具塞比色管中(滤液应透明),用水洗涤三次,洗液收集于比色管中,最后用水稀释至刻度,用1 cm比色杯以零管调节零点,于波长 420 nm 处,测吸光度,绘制标准曲线比较。

4.4.5 结果计算

试样中硫酸盐的含量(以硫酸根计)按式(3)进行计算。

$$X=\frac{m_1}{m_2\times\frac{V}{500}\times 1\,000}\times 100 \qquad\cdots\cdots(3)$$

式中:

X ——试样中硫酸盐的含量(以硫酸根计),单位为克每百克(g/100 g);

V ——测定时试样稀释液体积,单位为毫升(mL);

m_1 ——测定用试样相当硫酸盐的质量,单位为毫克(mg);

m_2 ——试样质量,单位为克(g)。

计算结果保留两位有效数字。

4.4.6 精密度

在重复性条件下获得的两次独立测定结果的绝对差值不得超过算术平均值的 10%。

4.5 镁

4.5.1 滴定法

4.5.1.1 原理

钙、镁离子可与乙二胺四乙酸二钠生成可溶性络合物,铬黑 T 指示剂与钙、镁离子生成酒石红色,当滴定至终点时,乙二胺四乙酸二钠和钙、镁络合成无色络合物而使铬黑 T 游离,溶液即由红色变为亮蓝色,根据溶液 pH 不同及用不同指示剂分别测出钙、镁总量及钙量,两者之差即为镁含量。

4.5.1.2 试剂

4.5.1.2.1 乙二胺四乙酸二钠标准滴定溶液[$c(C_{10}H_{14}N_2O_8Na_2\cdot 2H_2O)=0.010$ mol/L]。

4.5.1.2.2 紫尿酸铵混合指示剂(2%):取 10 g 干燥氯化钠及 0.2 g 紫尿酸铵于玻璃乳钵中混合,研细,贮于棕色广口瓶中备用。

4.5.1.2.3 氢氧化钠溶液(80 g/L):取 8 g 氢氧化钠溶于水并稀释至 100 mL。

4.5.1.2.4 氨缓冲溶液:取 20 g 氯化铵溶于 300 mL 水中,加 100 mL 氨水,再加水稀释至 1 000 mL,贮于棕色瓶中。

4.5.1.2.5 铬黑 T 混合指示剂(1%):取 10 g 干燥氯化钠研细,加 0.10 g 铬黑 T 于玻璃乳钵中,混合研细,贮于棕色广口瓶中备用。

4.5.1.3 仪器

10 mL微量滴定管。

4.5.1.4 分析步骤

吸取50 mL4.2.2.3的滤液，置于250 mL锥形瓶中。加入2 mL氢氧化钠溶液(80 g/L)及约5 mg紫尿酸铵混合指示剂(2%)，搅拌溶解后，立即用乙二胺四乙酸二钠标准溶液滴定，至溶液由红色变成蓝紫色为止，记录消耗溶液毫升数。再吸取50 mL 4.2.2.3滤液，置于250 mL锥形瓶中，加5 mL氨缓冲溶液及约5 mg铬黑T混合指示剂，搅拌溶解后立即以乙二胺四乙酸二钠标准溶液滴定，至溶液由酒石红色变为亮蓝色为止。记录消耗溶液毫升数。

4.5.1.5 结果计算

试样中镁的含量按式(4)进行计算。

$$X = \frac{(V_1 - V_2) \times c \times 0.0243}{m \times \frac{50}{500}} \times 100 \qquad \cdots\cdots(4)$$

式中：

X——试样中镁的含量，单位为克每百克(g/100 g)；

V_1——滴定钙离子消耗乙二胺四乙酸二钠标准滴定溶液的体积，单位为毫升(mL)；

V_2——滴定钙镁离子总量消耗乙二胺四乙酸二钠标准滴定溶液的体积，单位为毫升(mL)；

c——乙二胺四乙酸二钠标准滴定溶液的浓度，单位为摩尔每升(mol/L)；

m——试样质量，单位为克(g)；

0.024 3——与1 mL乙二胺四乙酸二钠标准溶液[$c(C_{10}H_{14}N_2O_8Na_2 \cdot 2H_2O)$=0.010 mol/L]相当的镁的质量，单位为克(g)。

计算结果保留两位有效数字。

4.5.1.6 精密度

在重复性条件下两次平行滴定标准滴定液体积的绝对差值不得超过0.10 mL。

4.5.2 示波极谱法

4.5.2.1 原理

镁-铬黑T络合物在乙二胺-氢氧化钾催化体系中于1.03 V(VS・SCE)处有一尖锐良好对称络合物吸附波，最佳支持电解质为乙二胺(20%)-铬黑T(5×0.000 10 mol/L)-氢氧化钾(0.050 mol/L)，在此底液中波高与镁浓度在0.10 μg/mL～4.0 μg/mL之间呈直线关系，试样中镁的波峰电流与标准系列波峰电流比较定量。

4.5.2.2 试剂

所有试验用水均为去离子水。

4.5.2.2.1 乙二胺(20%)：吸取20 mL乙二胺(一水合物)用水稀释至100 mL。

4.5.2.2.2 铬黑T溶液(5×0.000 10 mol/L)：称取0.230 7g铬黑T用三乙醇胺溶液(5%)溶解至100 mL，贮冰箱保存，三日内使用有效，临用时将此溶液用三乙醇胺溶液(5%)稀释10倍。

4.5.2.2.3 氢氧化钾溶液(0.050 mol/L)：称取2.8 g氢氧化钾，用水溶解并稀释至100 mL。

4.5.2.2.4 镁标准溶液：准确称取0.500 0 g金属镁，加9 mL盐酸(1+1)溶解后，再加盐酸(1+99)定容至500 mL，此溶液1 mL相当于1.0 mg镁，临用时再将此溶液用水稀释至标准使用液，每毫升相当于10.0 μg镁。

4.5.2.3 仪器

4.5.2.3.1 示波极谱仪。

4.5.2.3.2 25 mL试管。

4.5.2.3.3 10 μL～100 μL微量注射器或吸液器。

4.5.2.3.4 玻璃器皿：所有玻璃器皿均用硝酸(10%)浸泡过夜，最后用水冲洗干净，并在无尘、无烟环境中晾干备用。

4.5.2.4 **试样处理**

采集市售食盐试样(如系颗粒性状态,先置玻璃乳钵磨成粉状)置清洁瓷盘内于100℃±5℃干燥箱中加热干燥4 h,冷却至室温,贮广口塑料瓶内,加盖备用。

4.5.2.5 **分析步骤**

4.5.2.5.1 称取约0.500 g食盐,加水溶解定容至50 mL,吸取此试样溶液0.01 mL~2.0 mL(相当于含0.10 μg~4 μg镁)于25 mL试管中,用水稀释至5.0 mL待测。

4.5.2.5.2 吸取镁标准溶液(4.5.2.2.4)0,0.010,0.025,0.050,0.10,0.20,0.30,0.40 mL(相当于含0,0.10,0.25,0.50,1.0,2.0,3.0,4.0 μg镁)于25 mL试管中,加水至5.0 mL,待测。

4.5.2.5.3 于试样管及标准管中,依次加入1.0 mL乙二胺(20%),1.0 mL铬黑T溶液(5×10^{-4} mol/L),0.5 mL氢氧化钾溶液(0.50 mol/L),加水至10 mL,摇匀,于原点电位-0.7 V,三电极、阴极化,调节电流倍率适当进行一次导数扫描测定,于-1.03 V处分别记录试样和镁标准的波峰电流值,采用直接比较法计算结果。

4.5.2.6 **结果计算**

试样中镁含量按式(5)进行计算。

$$X=\frac{(h_i-h_o)\times C_s\times V_1\times 100}{(h_s-h_o)\times V_2\times m\times 1\,000} \qquad (5)$$

式中:

X——试样中镁含量,单位为克每百克(g/100 g);

h_i——试样中波峰电流值,单位为微安(μA);

h_o——试剂空白波峰电流值,单位为微安(μA);

h_s——镁标准波峰电流值,单位为微安(μA);

C_s——镁标准质量,单位为微克(μg);

V_1——试样溶液定容体积,单位为毫升(mL);

V_2——用于测定时试样溶液的体积,单位为毫升(mL);

m——试样质量,单位为克(g)。

计算结果保留两位有效数字。

4.5.2.7 **精密度**

在重复性条件下获得的两次独立测定结果的绝对差值不得超过算术平均值的10%。

4.6 **钡**

4.6.1 **原理**

钡离子与硫酸根生成硫酸钡,混浊,利用比浊作限量测定。

4.6.2 **试剂**

4.6.2.1 稀硫酸:量取5.7 mL硫酸,倒入50 mL水中,再加水稀释至100 mL。

4.6.2.2 钡标准溶液:准确称取1.788 7 g氯化钡($BaCl_2\cdot 2H_2O$),溶于水,移入100 mL容量瓶中,加水至刻度,混匀,此溶液每毫升相当于10.0 mg钡。

4.6.2.3 钡标准使用液:吸取1.0 mL钡标准溶液,置于100 mL容量瓶中,加水稀释至刻度。此溶液每毫升相当于钡0.10 mg。

4.6.3 **分析步骤**

称取50.00 g试样,加水溶解至500 mL,过滤,弃去初滤液,量取50 mL滤液于50 mL比色管中,另取1 mL钡标准溶液(相当于0.10 mg钡)置于50 mL比色管中,加水至刻度,混匀。于两管中各加2 mL稀硫酸,摇匀,放置2 h,试样管不得比标准管混浊,即≤20 mg/kg的钡。

4.7 氟

4.7.1 比色法

4.7.1.1 原理

某些含有羟基的天然物质中,对一些元素离子具有良好的吸附交换性能,在氟化物存在的环境下,羟基与氟离子之间发生离子交换,利用此反应可进行微量氟化物的分离和富集,然后在酸性溶液中使氟与镧(Ⅲ)、茜素氨羧络合剂生成蓝色三元络合物。

4.7.1.2 试剂

4.7.1.2.1 稀盐酸:吸取 23.4 mL 盐酸加水稀释至 100 mL。

4.7.1.2.2 氯化钡溶液(100 g/L)。

4.7.1.2.3 氢氧化镁混悬液:取 15.6 g 硫酸镁($MgSO_4 \cdot 7H_2O$),置于 2 000 mL 锥形瓶内,加 100 mL 水,溶解,在不断搅拌下缓缓加入 1 350 mL 氢氧化钠溶液(4 g/L),加热混悬液并在 60℃～70℃保持 10 min～15 min,冷却至室温,待混悬物沉降后,用虹吸法吸弃上层溶液。如此反复用水洗涤混悬物,直至洗液滴加稀盐酸与氯化钡溶液不再发生混浊。将此混悬物移入 500 mL 容量瓶中,加水稀释至刻度,使用前充分混匀,混悬液保持两个月吸附性能不变。

4.7.1.2.4 缓冲液(pH4.7):称取 30 g 无水乙酸钠,溶于 400 mL 水中,加 22 mL 冰乙酸,再缓缓加冰乙酸调 pH 为 4.7,然后加水稀释至 500 mL。

4.7.1.2.5 硝酸镧溶液(0.001 0 mol/L):同 GB/T 5009.18—2003 中 3.7。

4.7.1.2.6 茜素氨羧络合剂溶液(0.001 0 mol/L):同 GB/T 5009.18—2003 中 3.5。

4.7.1.2.7 丙酮。

4.7.1.2.8 氟标准溶液:同 GB/T 5009.18—2003 中 3.12。

4.7.1.2.9 氟标准使用液:临用时吸取 1.0 mL 氟标准溶液(4.7.1.2.8),于 100 mL 容量瓶中,加水稀释至刻度。此溶液每毫升相当于 10.0 μg 氟。

4.7.1.2.10 硝酸(1+31):量取 5 mL 硝酸,加水稀释至 160 mL。

4.7.1.3 仪器

离心机。

4.7.1.4 分析步骤

称取 5.00 g 试样于 50 mL 离心管中,加水溶解至 20 mL。另分别吸取 0,1.0,2.0,3.0,4.0,5.0 mL氟标准使用液(4.7.1.2.9)(相当于 0,10,20,30,40,50 μg 氟)于 50 mL 离心管中,再各加水至 20 mL。于试样及标准管中各加入氢氧化镁混悬液 20 mL,充分搅拌后,于沸水浴中加热 10 min,放冷。以2 000 r/min离心 5 min,小心倾出上清液,再加 40 mL 水,混匀后再离心,如此反复 2 次～3 次,最后倾出上清液。各管均加入 20 mL 硝酸(1+31),并于水浴上加热振摇,使沉淀完全溶解。将各管溶液分别移入 50 mL 比色管中,并用水洗涤离心管数次,洗液合并于比色管中,加水至刻度,混匀,再于各管中加 3 mL 茜素氨羧络合剂溶液(0.001 0 mol/L),3 mL 缓冲液(pH4.7),8 mL 丙酮,3 mL硝酸镧溶液(0.001 0 mol/L),混匀,放置 10 min,用 1 cm 比色杯以零管调节零点,于波长 580 nm 处测吸光度,绘制标准曲线,比较定量。

4.7.1.5 结果计算

试样中氟的含量按式(6)进行计算。

$$X = \frac{m_1 \times 1\ 000}{m_2 \times 1\ 000} \qquad \cdots\cdots(6)$$

式中:

X ——试样中氟的含量,单位为毫克每千克(mg/kg);

m_1 ——测定用试样中的氟质量,单位为微克(μg);

m_2 ——试样质量,单位为克(g)。

计算结果保留两位有效数字。

4.7.1.6 精密度

在重复性条件下获得的两次独立测定结果的绝对差值不得超过算术平均值的10%。

4.7.2 氟电极法

4.7.2.1 原理、试剂、仪器

离子强度缓冲液：称取无水乙酸钠62.0 g，柠檬酸钠0.3 g，冰乙酸15 mL，溶解后稀释至1 L。其他同GB/T 5009.18—2003中第10、11、12章，但要求氟标准使用液每毫升相当于50.0 μg氟。

4.7.2.2 分析步骤

称取约100 g试样，置于乳钵中适当研细(粒径约0.5 mm左右)备用。

称取2.00 g研细试样，置于25 mL小烧杯中，加10 mL水、10 mL离子强度缓冲液，放在磁力搅拌器上，将电极浸入被测溶液中，搅拌30 min，于静态读取毫伏数为E_1。再加入0.2 mL氟标准使用液(1 mL相当于0.050 mg氟)，搅拌10 min，测得毫伏数为E_2。此时E_2小于E_1，同时记录测定时溶液温度。

4.7.2.3 结果计算

4.7.2.3.1 试样中氟的含量按式(7)进行计算。

$$X = \frac{m_1 \times 1\,000}{m_2 \times 1\,000} \quad \cdots\cdots (7)$$

式中：

X——试样中氟的含量，单位为毫克每千克(mg/kg)；

m_1——测定用试样中氟的质量，单位为微克(μg)；

m_2——试样质量，单位为克(g)。

4.7.2.3.2 测定用试样中氟的质量按式(8)进行计算。

$$m_1 = \frac{c}{(\log^{-1}\frac{\Delta E}{S}) - 1} \quad \cdots\cdots (8)$$

式中：

c——加入已知氟的质量，为10 μg；

ΔE——两次毫伏之差，即$E_1—E_2$；

S——表示斜率，25℃时为59.16 mV。

计算结果保留两位有效数字。

4.7.2.4 精密度

在重复性条件下获得的两次独立测定结果的绝对差值不得超过算术平均值的10%。

4.8 铅

按GB/T 5009.12操作。

4.9 砷

按GB/T 5009.11操作。

4.10 锌

按GB/T 5009.14中第二法操作。

4.11 亚铁氰化钾(硫酸亚铁法)

4.11.1 原理

亚铁氰化钾在酸性条件下与硫酸亚铁生成蓝色复盐，与标准比较定量。最低检出浓度为1.0 mg/kg。

4.11.2 试剂

4.11.2.1 硫酸亚铁溶液(80 g/L)。

4.11.2.2 稀硫酸：量取5.7 mL硫酸，倒入50 mL水中，冷后再加水至100 mL。

4.11.2.3 亚铁氰化钾标准溶液:准确称取 0.100 0 g 亚铁氰化钾,溶于少量水,移入 100 mL 容量瓶中,加水稀释至刻度。此溶液每毫升相当 1.0 mg 亚铁氰化钾。

4.11.2.4 亚铁氰化钾标准使用液:吸取 10.0 mL 亚铁氰化钾标准溶液,置于 100 mL 容量瓶中,加水稀释至刻度,此溶液每毫升相当 0.10 mg 亚铁氰化钾。

4.11.3 仪器

分光光度计。

4.11.4 分析步骤

称取 10.00 g 试样溶于水,移入 50 mL 容量瓶中,加水至刻度,混匀,过滤,弃去初滤液,然后吸取 25.0 mL 滤液于比色管中。

吸取 0,0.1,0.2,0.3,0.4 mL 亚铁氰化钾使用液(相当 0,10.0,20.0,30.0,40.0 μg 亚铁氰化钾),分别置于 25 mL 比色管中,各加水至 25 mL。

试样管与标准管各加 2 mL 硫酸亚铁溶液(80 g/L)及 1 mL 稀硫酸,混匀。20 min 后,用 3 cm 比色杯,以零管调节零点,于波长 670 nm 处测吸光度,绘制标准曲线,试样从曲线上查出含量,或与标准色列目测比较。

4.11.5 结果计算

试样中亚铁氰化钾的含量按式(9)进行计算。

$$X = \frac{m_1 \times 1\,000}{m_2 \times \frac{25}{50} \times 1\,000 \times 1\,000} \quad \cdots\cdots(9)$$

式中:

X ——试样中亚铁氰化钾的含量,单位为克每千克(g/kg);

m_1 ——测定用样液中亚铁氰化钾的质量,单位为微克(μg);

m_2 ——试样质量,单位为克(g)。

计算结果保留两位有效数字。

4.11.6 精密度

在重复性条件下获得的两次独立测定结果的绝对差值不得超过算术平均值的 10%。

4.12 碘(加碘食盐)

4.12.1 定性

4.12.1.1 试剂

混合试剂:硫酸(1+3)4 滴;亚硝酸钠溶液(5 g/L)8 滴;淀粉溶液(5 g/L)20 mL。临用时混合。

4.12.1.2 分析步骤

取约 2 g 试样,置于白瓷板上,滴(2~3)滴混合试剂于试样上,如显蓝紫色,表示有碘化物存在。

4.12.2 碘酸钾定性

4.12.2.1 原理

碘酸钾为氧化剂,在酸性条件下,易被硫代硫酸钠还原生成碘,遇淀粉显蓝色,硫代硫酸钠控制一定浓度可以建立此定性反应。

4.12.2.2 试剂

显色液配制:淀粉溶液(5 g/L)10 mL;硫代硫酸钠($Na_2S_2O_4 \cdot 5H_2O$)(10 g/L)12 滴;硫酸(5+13)5 滴~10 滴。临用时现配。

4.12.2.3 分析步骤

称取数克试样,滴 1 滴显色液,显浅蓝色至蓝色为阳性反应,阴性者不反应(此反应特异)。测定范围:每克盐含 30 μg 碘酸钾(即含 18 μg 碘),立即显浅蓝色,含 50 μg 呈蓝色,含碘越多蓝色越深。

4.12.3 **定量**

4.12.3.1 **原理**

试样中的碘化物在酸性条件下用饱和溴水氧化成碘酸钾，再于酸性条件中氧化碘化钾而游离出碘，以淀粉作指示剂，用硫代硫酸钠标准溶液滴定，计算含量。

4.12.3.2 **试剂**

4.12.3.2.1 磷酸。

4.12.3.2.2 碘化钾溶液(50 g/L)：临用时配制。

4.12.3.2.3 饱和溴水。

4.12.3.2.4 淀粉指示液：称取 0.5 g 可溶性淀粉，加少量水搅匀后，倒入 50 mL 沸水中，煮沸，临用现配。

4.12.3.2.5 硫代硫酸钠标准溶液〔$c(Na_2S_2O_3)=0.100$ mol/L〕，临用时准确稀释 50 倍，浓度为0.002 0 mol/L。

4.12.3.3 **分析步骤**

称取 10.00 g 试样，置于 250 mL 锥形瓶中，加水溶解，加 1 mL 磷酸摇匀。滴加饱和溴水至溶液呈浅黄色，边滴边振摇至黄色不褪为止(约 6 滴)，溴水不宜过多，在室温放置 15 min，在放置期内，如发现黄色褪去，应再滴加溴水至淡黄色。

放入玻璃珠 4 粒～5 粒，加热煮沸至黄色褪去，再继续煮沸 5 min，立即冷却。加 2 mL 碘化钾溶液(50 g/L)，摇匀，立即用硫代硫酸钠标准溶液(0.002 0 mol/L)滴定至浅黄色，加入 1 mL 淀粉指示剂(5 g/L)，继续滴定至蓝色刚消失即为终点。

如盐样含杂质过多，应先取盐样加水 150 mL 溶解，过滤，取 100 mL 滤液至 250 mL 锥形瓶中，然后进行操作。

4.12.3.4 **结果计算**

试样中碘的含量按式(10)进行计算。

$$X=\frac{V\times c\times 21.15\times 1\,000}{m} \qquad \cdots\cdots(10)$$

式中：

X——试样中碘的含量，单位为毫克每千克(mg/kg)；

V——测定用试样消耗硫代硫酸钠标准滴定溶液的体积，单位为毫升(mL)；

c——硫代硫酸钠标准滴定溶液浓度，单位为摩尔每升(mol/L)；

m——试样质量，单位为克(g)；

21.15——与 1.0 mL 硫代硫酸钠标准溶液〔$c(Na_2S_2O_3)=1.000$ mol/L〕相当的碘的质量，单位为毫克(mg)。

计算结果保留两位有效数字。

4.12.3.5 **精密度**

在重复性条件下两次平行滴定标准滴定液体积的绝对差值不得超过 0.10 mL。

4.13 **铜**

按 GB/T 5009.13 操作。

4.14 **镉**

按 GB/T 5009.15 操作。

4.15 **总汞**

按 GB/T 5009.17 操作。

4.16 **亚硝酸盐**

按 GB/T 5009.33 操作。

GB/T 5009.42—2003《食盐卫生标准的分析方法》第1号修改单

本修改单业经国家标准化管理委员会于2006年5月31日以国标委农轻函[2006]16号文批准，自批准之日起实施。

GB/T 5009.42—2003《食盐卫生标准的分析方法》修改以下内容：

1. 将"2　规范性引用文件"中"GB/T 5009.4　食品中水分的测定"修改为："GB/T 5009.3　食品中水分的测定"。

2. 将"4.1　水分"中的"GB/T 5009.4"修改为"GB/T 5009.3"。

ICS 67.040
C 53

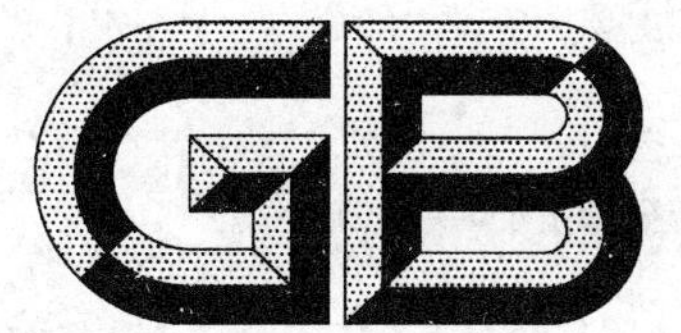

中华人民共和国国家标准

GB/T 5009.43—2003
代替 GB/T 5009.43—1996

味精卫生标准的分析方法

Method for analysis of hygienic standard of monosodium glutamate

2003-08-11 发布　　　　2004-01-01 实施

中华人民共和国卫生部
中国国家标准化管理委员会　发布

前　言

本标准代替 GB/T 5009.43—1996《味精卫生标准的分析方法》。

本标准与 GB/T 5009.43—1996 相比主要修改如下：

按照 GB/T 20001.4—2001《标准编写规则　第 4 部分：化学分析方法》对原标准的结构进行了修改。

本标准由中华人民共和国卫生部提出并归口。

本标准由北京市卫生防疫站、浙江省食品卫生监督检验所负责起草。

本标准于 1985 年首次发布，于 1996 年第一次修订，本次为第二次修订。

味精卫生标准的分析方法

1 范围

本标准规定了味精卫生指标的分析方法。

本标准适用于以粮食为原料经发酵提纯的麸氨酸钠结晶卫生指标的分析。

2 规范性引用文件

下列文件中的条款通过本标准的引用而成为本标准的条款。凡是注日期的引用文件，其随后所有的修改单(不包括勘误的内容)或修订版均不适用于本标准，然而，鼓励根据本标准达成协议的各方研究是否可使用这些文件的最新版本。凡是不注日期的引用文件，其最新版本适用于本标准。

GB/T 5009.11 食品中总砷及无机砷的测定

GB/T 5009.12 食品中铅的测定

GB/T 5009.14 食品中锌的测定

GB/T 5009.39—2003 酱油卫生标准的分析方法

3 感官检查

将味精试样平铺在一张白纸上，观察其颜色应为白色结晶，无夹杂物。尝其味应无异味。

4 理化检验

4.1 麸氨酸钠

4.1.1 旋光计法

4.1.1.1 原理

麸氨酸钠分子结构含有一个不对称碳原子，具有旋转偏光振动平面的能力，即具有光学活动性，旋转通过其间的偏振光线的偏光平面的能力，以角度表示叫做旋光度，可用旋光计观察。

4.1.1.2 试剂

盐酸溶液(1+1)。

4.1.1.3 仪器

旋光计。

4.1.1.4 分析步骤

称取约 5.0 g 充分混匀试样，置于烧杯中，加 20 mL～30 mL 水。再加 16 mL 盐酸溶液(1+1)，溶解后移入 50 mL 容量瓶中加水至刻度，摇匀。

将该溶液置于 2 dm 旋光管内观察旋光度，同时需测定旋光管内溶液的温度。如温度低于或高于 2℃，需要校正后计算。

4.1.1.5 结果计算

4.1.1.5.1 当温度为 20℃时直接按式(1) 计算。

$$X = \frac{d_{20} \times 50 \times 187.13}{5 \times 2 \times 32 \times 147.13} \times 100 \qquad \cdots\cdots(1)$$

式中：

X ——试样中麸氨酸钠的含量(含 1 分子结晶水)，单位为克每百克(g/100 g)；

d_{20} ——20℃时观察所得的旋光度；

32——纯麸酸 20℃时比旋度；
187.13——麸酸钠含1分子结晶水分子量；
147.13——麸酸的分子量；
2——旋光管长度。

如温度不在 20℃，测定应加以校正，麸酸校正值为 0.060。

4.1.1.5.2 t℃ 时纯麸酸之比旋光度按式(2)计算。

$$[d_t]=[32+0.06(20-t)]\times 147.13/187.13=25.16+0.047(20-t) \quad \cdots\cdots(2)$$

4.1.1.5.3 试样中麸氨酸钠的含量(含1分子结晶水)按式(3)进行计算。

$$X=\frac{d_t\times 50\times 1\,000}{5\times 2\times[25.16+0.047(20-t)]} \quad \cdots\cdots(3)$$

式中：

X_2 ——试样中麸氨酸钠的含量(含1分子结晶水)，单位为克每百克(g/100 g)；
d_t ——t℃时观察所得的旋光度；
t ——测定时温度，单位为摄氏度(℃)。

计算结果保留三位有效数字。

4.1.1.6 **精密度**

在重复性条件下获得的两次独立测定结果的绝对差值不得超过算术平均值的10%。

4.1.2 **酸度计法**

4.1.2.1 **原理、试剂、仪器**

同 GB/T 5009.39—2003 中 4.2.1.1～4.2.1.3。

4.1.2.2 **分析步骤**

称取 0.50 g 试样置于 200 mL 烧杯中，加 60 mL 水，开动磁力搅拌器，用氢氧化钠标准溶液(0.050 mol/L)滴定至酸度计指示 pH8.2[记下消耗氢氧化钠标准滴定溶液 (0.050 mol/L)的毫升数，可计算总酸含量]。

加入 10.0 mL 甲醛溶液，混匀。再用氢氧化钠标准溶液(0.050 mol/L)继续滴定至 pH9.2，记下消耗氢氧化钠标准溶液(0.050 mol/L) 的毫升数。

同时取 60 mL 水，先用氢氧化钠标准溶液(0.050 mol/L) 调节至 pH 8.2。再加 10.0 mL 甲醛溶液，用氢氧化钠标准溶液(0.050 mol/L) 滴定至 pH9.2，做试剂空白试验。

4.1.2.3 **结果计算**

试样中麸氨酸钠的含量(含1分子结晶水)按式(4)进行计算。

$$X_3=\frac{(V_1-V_2)\times c\times 0.187}{m}\times 100 \quad \cdots\cdots(4)$$

式中：

X_3 ——试样中麸氨酸钠的含量(含1分子结晶水)，单位为克每百克(g/100 g)；
m ——试样质量，单位为克(g)；
V_1 ——测定用试样稀释液加入甲醛后消耗氢氧化钠标准溶液的体积，单位为毫升(mL)；
V_2 ——试剂空白试验加入甲醛后消耗氢氧化钠标准溶液的体积，单位为毫升(mL)；
c ——氢氧化钠标准滴定溶液的浓度，单位为摩尔每升(mol/L)；
0.187——与 1.00 mL 氢氧化钠标准滴定液[c(NaOH)=1.000 mol/L]相当含1分子结晶水麸酸钠的质量，单位为克(g)。

计算结果保留三位有效数字。

4.1.2.4 **精密度**

在重复性条件下获得的两次独立测定结果的绝对差值不得超过算术平均值的10%。

4.2 铅

按 GB/T 5009.12 操作。

4.3 砷

按 GB/T 5009.11 操作。

4.4 锌

按 GB/T 5009.14 操作。

ICS 67.040
C 53

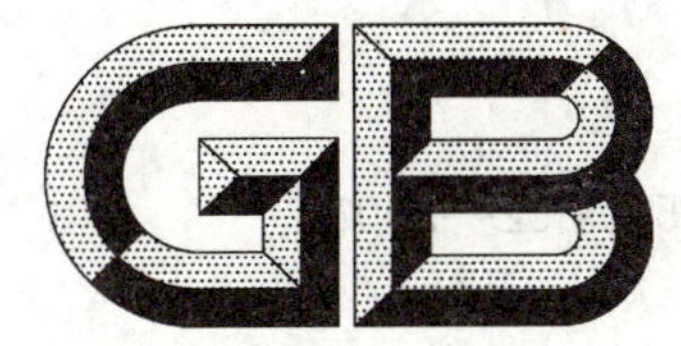

中华人民共和国国家标准

GB/T 5009.52—2003
代替 GB/T 5009.52—1996

发酵性豆制品卫生标准的分析方法

Method for analysis of hygienic standard of fermented bean products

2003-08-11 发布　　2004-01-01 实施

中华人民共和国卫生部
中国国家标准化管理委员会　发布

前　言

本标准代替 GB/T 5009.52—1996《发酵性豆制品卫生标准的分析方法》。

本标准与 GB/T 5009.52—1996 相比主要修改如下：

——按照 GB/T 20001.4—2001《标准编写规则　第 4 部分：化学分析方法》对原标准的结构进行了修改。

本标准由中华人民共和国卫生部提出并归口。

本标准由北京市卫生防疫站负责起草。

本标准于 1985 年首次发布，1996 年第一次修订，本次为第二次修订。

发酵性豆制品卫生标准的分析方法

1 范围

本标准规定了发酵豆制品的各项卫生指标的分析方法。

本标准适用于以大豆或其他杂豆为原料经发酵制成的腐乳、豆豉等制品中各项卫生指标的分析。

2 规范性引用文件

下列文件中的条款通过本标准的引用而成为本标准的条款。凡是注日期的引用文件,其随后所有的修改单(不包括勘误的内容)或修订版均不适用于本标准,然而,鼓励根据本标准达成协议的各方研究是否可使用这些文件的最新版本。凡是不注日期的引用文件,其最新版本适用于本标准。

GB 2712 发酵性豆制品卫生标准

GB/T 5009.3 食品中水分的测定

GB/T 5009.5 食品中蛋白质的测定

GB/T 5009.11 食品中总砷及无机砷的测定

GB/T 5009.12 食品中铅的测定

GB/T 5009.22 食品中黄曲霉毒素 B_1 的测定

GB/T 5009.29 食品中山梨酸、苯甲酸的测定

GB/T 5009.39—2003 酱油卫生标准的分析方法

GB/T 5009.51—2003 非发酵性豆制品及面筋卫生标准的分析方法

3 感官检查

应具有发酵豆制品的特有色、香、味,无异味、异臭、杂质。应符合 GB 2712 的规定。

4 理化检验

4.1 砷

按 GB/T 5009.11 操作。

4.2 铅

按 GB/T 5009.12 操作。

4.3 防腐剂

按 GB/T 5009.29 操作。

4.4 黄曲霉毒素 B_1

按 GB/T 5009.22 操作。

4.5 水分

按 GB/T 5009.3 中直接干燥法操作。

4.6 总酸

按 GB/T 5009.51—2003 中 4.6 操作。

4.7 蛋白质

按 GB/T 5009.5 操作。

4.8 氨基酸态氮

4.8.1 原理、试剂、仪器

同 GB/T 5009.39—2003 中 4.2.1.1～4.2.1.3。

4.8.2 分析方法

按 4.6 总酸测定制备试样溶液。吸取 10.0 mL～20.0 mL 试样溶液，按 GB/T 5009.39—2003 中 4.2.1.4 自“置于 200.0 mL 烧杯中”起依法操作。

ICS 67.040
C 53

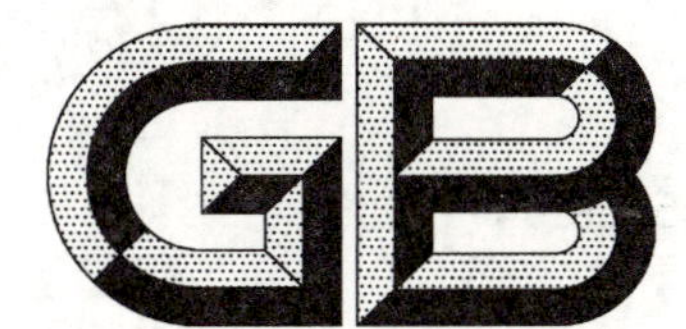

中华人民共和国国家标准

GB/T 5009.54—2003
代替 GB/T 5009.54—1996

酱腌菜卫生标准的分析方法

Method for analysis of hygienic standard of picked vegetables

2003-08-11 发布　　2004-01-01 实施

中华人民共和国卫生部
中国国家标准化管理委员会 发布

前　言

本标准代替 GB/T 5009.54—1996《酱腌菜卫生标准的分析方法》。

本标准与 GB/T 5009.54—1996 相比主要修改如下：

——按照 GB/T 20001.4—2001《标准编写规则　第 4 部分：化学分析方法》对原标准的结构进行了修改。

本标准由中华人民共和国卫生部提出并归口。

本标准由北京市卫生防疫站负责起草。

本标准于 1985 年首次发布，1996 年第一次修订，本次为第二次修订。

酱腌菜卫生标准的分析方法

1 范围

本标准规定了酱腌菜卫生指标的分析方法。

本标准适用于各种酱菜、发酵与非发酵性腌菜及渍菜等制品中各项卫生指标的分析。

2 规范性引用文件

下列文件中的条款通过本标准的引用而成为本标准的条款。凡是注日期的引用文件,其随后所有的修改单(不包括勘误的内容)或修订版均不适用于本标准,然而,鼓励根据本标准达成协议的各方研究是否可使用这些文件的最新版本。凡是不注日期的引用文件,其最新版本适用于本标准。

GB 2714 酱腌菜卫生标准

GB/T 5009.3 食品中水分的测定

GB/T 5009.11 食品中总砷及无机砷的测定

GB/T 5009.12 食品中铅的测定

GB/T 5009.28 食品中糖精钠的测定

GB/T 5009.29 食品中山梨酸、苯甲酸的测定

GB/T 5009.33 食品中亚硝酸盐与硝酸盐的测定

GB/T 5009.35 食品中合成着色剂的测定

GB/T 5009.39—2003 酱油卫生标准的分析方法

GB/T 5009.51—2003 非发酵性豆制品及面筋卫生标准的分析方法

3 感官检查

具有酱腌菜固有的色、香、味。不得有杂质,无异味、异臭,无霉变。应符合 GB 2714 的规定。

4 理化检验

4.1 水分

按 GB/T 5009.3 中直接干燥法操作。

4.2 砷

按 GB/T 5009.11 操作。

4.3 铅

按 GB/T 5009.12 操作。

4.4 食品添加剂

4.4.1 防腐剂

按 GB/T 5009.29 操作。

4.4.2 甜味剂

按 GB/T 5009.28 操作。

4.4.3 着色剂

按 GB/T 5009.35 操作。

4.5 食盐

按 GB/T 5009.51—2003 中 4.8 操作。

4.6 **总酸**

按 GB/T 5009.51—2003 中 4.6 操作。

4.7 **氨基酸态氮**

按 GB/T 5009.39—2003 中 4.2 操作。

4.8 **亚硝酸盐**

按 GB/T 5009.33 操作。

ICS 67.220.10
B 36

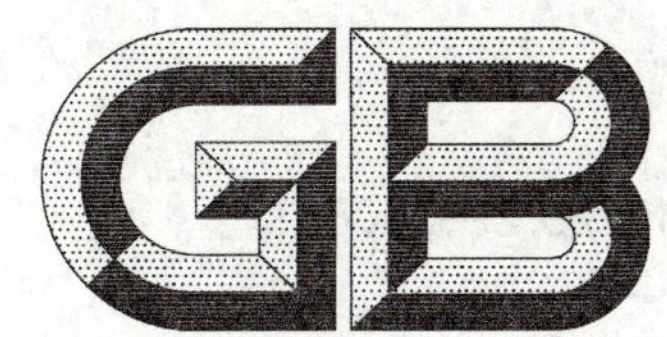

中华人民共和国国家标准

GB/T 12729.2—2008
代替 GB/T 12729.2—1991

香辛料和调味品　取样方法

Spices and condiments—Sampling

(ISO 948:1980,NEQ)

2008-07-16 发布　　　　2008-11-01 实施

中华人民共和国国家质量监督检验检疫总局
中国国家标准化管理委员会　发布

前　言

GB/T 12729《香辛料和调味品》由下列部分组成：

——GB/T 12729.1　香辛料和调味品　名称

——GB/T 12729.2　香辛料和调味品　取样方法

——GB/T 12729.3　香辛料和调味品　分析用粉末试样的制备

——GB/T 12729.4　香辛料和调味品　磨碎细度的测定(手筛法)

——GB/T 12729.5　香辛料和调味品　外来物含量的测定

——GB/T 12729.6　香辛料和调味品　水分含量的测定(蒸馏法)

——GB/T 12729.7　香辛料和调味品　总灰分的测定

——GB/T 12729.8　香辛料和调味品　水不溶性灰分的测定

——GB/T 12729.9　香辛料和调味品　酸不溶性灰分的测定

——GB/T 12729.10　香辛料和调味品　醇溶抽提物的测定

——GB/T 12729.11　香辛料和调味品　冷水可溶性抽提物的测定

——GB/T 12729.12　香辛料和调味品　不挥发性乙醚抽提物的测定

——GB/T 12729.13　香辛料和调味品　污物的测定

本部分为 GB/T 12729 的第 2 部分。

本部分对应于 ISO 948:1980《香辛料和调味品　取样方法》(英文版)，一致性程度为非等效。与 ISO 948:1980 的主要差异是：

——本部分增加了第 2 章“规范性引用文件”；

——本部分对“取样报告”不作规定，予以删除。

本部分是对 GB/T 12729.2—1991《香辛料和调味品　取样方法》的修订，与 GB/T 12729.2—1991 相比，具体技术内容没有变动，仅在格式和文字上作了一些编辑性修改。

本部分代替 GB/T 12729.2—1991。

本部分由中华全国供销合作总社提出并归口。

本部分起草单位：中华全国供销合作总社南京野生植物综合利用研究院。

本部分主要起草人：陈仕荣、张卫明。

本部分所代替标准的历次版本发布情况为：

——GB/T 12729.2—1991。

香辛料和调味品　取样方法

1 范围

GB/T 12729 的本部分规定了香辛料和调味品的取样方法。

本部分适用于香辛料和调味品的取样。

2 术语和定义

下列术语和定义适用于 GB/T 12729 的本部分。

2.1

交货批　consignment

一次发运或接收的货物。其数量以合同或货运清单为凭证。可以由一批或多批货物组成。

2.2

批　lot

交货批中品质相同、数量独立的货物为一批，可用于质量评价。

2.3

基础样品　basic sample

从一批的一个位置取出的少量货物，多个基础样品应从批的不同位置取样。

2.4

混合样品　bulk sample

将批的全部基础样品混合均匀后的样品。

2.5

实验室样品　laboratory sample

从混合样品分出用于分析检测的样品。

3 取样的一般要求

3.1 取样应在贸易双方协商一致后进行，并由贸易双方指定取样人员。

3.2 在取样之前，要核实被检货物。

3.3 要保证取样工具或容器清洁、干燥。

3.4 取样要在干燥、洁净的环境中进行，避免样品或容器受到污染。

3.5 取样完成后，随即填写取样报告。

4 取样方法

4.1 基础样品的取样方法

按表 1 的要求，取样人员从批中抽取包装检验。抽取包装的数目(n)取决于批的大小(N)。

表 1　批与抽取包装数

批的大小(N)	抽取的包装数(n)
1 个～4 个包装	全部包装
5 个～49 个包装	5 个包装
50 个～100 个包装	10%的包装
100 个包装以上	包装数的算术平方根，四舍五入取整数

在装货、卸货或码垛、倒垛时从任一包装开始，每数到$\frac{N}{n}$时从批中取出包装，在选出包装的不同位置取基础样品。

4.2　混合样品的取样方法

将抽取的全部基础样品混合均匀。

将混合样品等分为四份：一份用于实验室分析检验，一份给买方，一份给卖方，再一份当场封存作为仲裁样品。

4.3　实验室样品的取样方法

实验室样品的数量应按照合同要求或按检验项目所需样品量的 3 倍从混合样品中抽取，其中一份作检验，一份作复验，一份作备查。

5　实验室样品的包装和标志

5.1　样品的包装

实验室样品要放在洁净、干燥的玻璃容器内，容器的大小以样品全部充满为宜。容器装入样品后，立即密封。

5.2　样品的标志

实验室样品应做好标志，标签内容包括以下项目：

a)　品名、种类、品种、等级；

b)　产地；

c)　进货日期；

d)　取样人姓名和地址；

e)　取样时间、地点。

取样时发现样品有污染，应记录下来。

6　实验室样品的贮存和运送

实验室样品应在常温下保存，需长期贮存的样品要存放于阴凉、干燥的地方。

用于分析的实验室样品应尽快送达实验室。

ICS 67.220.10
B 36

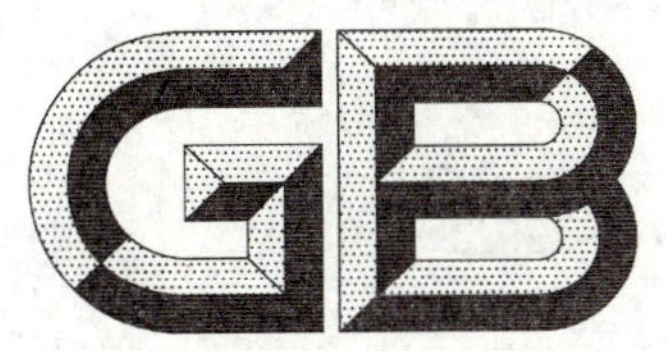

中华人民共和国国家标准

GB/T 12729.3—2008
代替 GB/T 12729.3—1991

香辛料和调味品 分析用粉末试样的制备

Spices and condiments—Preparation of a ground sample for analysis

(ISO 2825:1981,MOD)

2008-07-16 发布　　2008-11-01 实施

中华人民共和国国家质量监督检验检疫总局
中国国家标准化管理委员会　发布

前　言

GB/T 12729《香辛料和调味品》由下列部分组成：
——GB/T 12729.1　香辛料和调味品　名称
——GB/T 12729.2　香辛料和调味品　取样方法
——GB/T 12729.3　香辛料和调味品　分析用粉末试样的制备
——GB/T 12729.4　香辛料和调味品　磨碎细度的测定(手筛法)
——GB/T 12729.5　香辛料和调味品　外来物含量的测定
——GB/T 12729.6　香辛料和调味品　水分含量的测定(蒸馏法)
——GB/T 12729.7　香辛料和调味品　总灰分的测定
——GB/T 12729.8　香辛料和调味品　水不溶性灰分的测定
——GB/T 12729.9　香辛料和调味品　酸不溶性灰分的测定
——GB/T 12729.10　香辛料和调味品　醇溶抽提物的测定
——GB/T 12729.11　香辛料和调味品　冷水可溶性抽提物的测定
——GB/T 12729.12　香辛料和调味品　不挥发性乙醚抽提物的测定
——GB/T 12729.13　香辛料和调味品　污物的测定

本部分为 GB/T 12729 的第 3 部分。

本部分修改采用 ISO 2825:1981《香辛料和调味品　分析用粉末试样的制备》(英文版)，主要差异是：

——本部分删除了 ISO 2825:1981 中的 6.1。

本部分是对 GB/T 12729.3—1991《香辛料和调味品　分析用粉末试样的制备》的修订。与 GB/T 12729.3—1991 相比，技术内容没有变动，在格式和文字上作了一些修改，把“注”作为技术内容写入 4.2 中。

本部分代替 GB/T 12729.3—1991。

本部分由中华全国供销合作总社提出并归口。

本部分起草单位：中华全国供销合作总社南京野生植物综合利用研究院。

本部分主要起草人：陈仕荣、张卫明。

本部分所代替标准的历次版本发布情况为：

——GB/T 12729.3—1991。

香辛料和调味品
分析用粉末试样的制备

1 范围

GB/T 12729 的本部分规定了将实验室样品制备为分析用粉末试样的一种方法。

本部分适用于香辛料和调味品分析用粉末试样的制备。

2 规范性引用文件

下列文件中的条款通过 GB/T 12729 的本部分的引用而成为本部分的条款。凡是注日期的引用文件，其随后所有的修改单(不包括勘误的内容)或修订版均不适用于本部分，然而，鼓励根据本部分达成协议的各方研究是否可使用这些文件的最新版本。凡是不注日期的引用文件，其最新版本适用于本部分。

GB/T 12729.2 香辛料和调味品 取样方法(GB/T 12729.2—2008,ISO 948:1980,NEQ)

3 原理

将实验室样品充分混匀，按香辛料和调味品国家标准规定的颗粒度粉碎。没有规定的均按 1 mm 大小颗粒粉碎。

4 仪器设备

4.1 粉碎机

粉碎机由不吸水的材料制成，易清洗、死角小，操作时尽可能避免与外界空气接触，不产生过热现象，能迅速粉碎而不改变试样组成，使用方便。

4.2 样品容器

样品容器为洁净、干燥、密封的玻璃容器，不使用其他材质的容器，其大小以装满粉末试样为宜。

5 取样

按 GB/T 12729.2 的规定取样。

6 操作步骤

6.1 筛网选择

按有关香辛料和调味品国家标准的规定选择筛网，没有规定的均选用 1 mm 大小的筛网。

6.2 粉碎试样

混匀样品。用选定筛网的粉碎机粉碎，弃去最初少量试样，收集粉碎试样，小心混匀，避免层化，装入样品容器中立即密封。

ICS 67.220.10
B 36

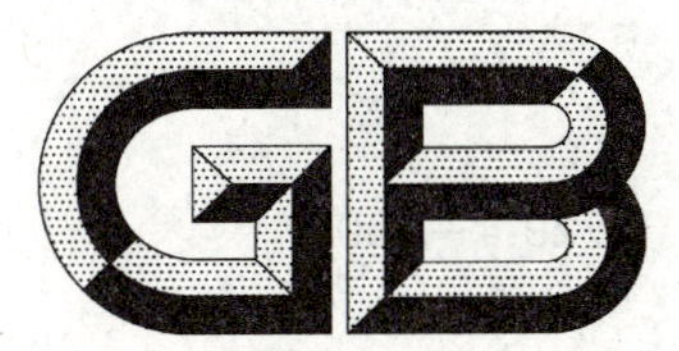

中华人民共和国国家标准

GB/T 12729.4—2008
代替 GB/T 12729.4—1991

香辛料和调味品 磨碎细度的测定（手筛法）

Spices and condiments—Determination of degree of fineness of grinding (hand sieving method)

（ISO 3588:1977,NEQ）

2008-07-16 发布 2008-11-01 实施

中华人民共和国国家质量监督检验检疫总局
中国国家标准化管理委员会 发布

前　言

GB/T 12729《香辛料和调味品》由下列部分组成：

——GB/T 12729.1　香辛料和调味品　名称

——GB/T 12729.2　香辛料和调味品　取样方法

——GB/T 12729.3　香辛料和调味品　分析用粉末试样的制备

——GB/T 12729.4　香辛料和调味品　磨碎细度的测定(手筛法)

——GB/T 12729.5　香辛料和调味品　外来物含量的测定

——GB/T 12729.6　香辛料和调味品　水分含量的测定(蒸馏法)

——GB/T 12729.7　香辛料和调味品　总灰分的测定

——GB/T 12729.8　香辛料和调味品　水不溶性灰分的测定

——GB/T 12729.9　香辛料和调味品　酸不溶性灰分的测定

——GB/T 12729.10　香辛料和调味品　醇溶抽提物的测定

——GB/T 12729.11　香辛料和调味品　冷水可溶性抽提物的测定

——GB/T 12729.12　香辛料和调味品　不挥发性乙醚抽提物的测定

——GB/T 12729.13　香辛料和调味品　污物的测定

本部分为 GB/T 12729 的第 4 部分。

本部分对应于 ISO 3588:1977《香辛料和调味品　磨碎细度的测定(手筛法)》(英文版),一致性程度为非等效。主要差异是：

——删除了 ISO 3588:1977 的资料性附录；

——增加了“5.3　重复性”。

本部分是对 GB/T 12729.4—1991《香辛料和调味品　磨碎细度的测定(手筛法)》的修订。与 GB/T 12729.4—1991 相比,具体技术内容没有变动,在格式和文本上作了一些修改,用 GB/T 6003.1 代替 GB 6003 和 GB 6004;将第 6 章“允许差”的内容移至新增加的“5.3　重复性”中。

本部分代替 GB/T 12729.4—1991。

本部分由中华全国供销合作总社提出并归口。

本部分起草单位:中华全国供销合作总社南京野生植物综合利用研究院。

本部分主要起草人:陈仕荣、张卫明。

本部分所代替标准的历次版本发布情况为：

——GB/T 12729.4—1991。

香辛料和调味品　磨碎细度的测定（手筛法）

1　范围

GB/T 12729 的本部分规定了手筛法测定香辛料和调味品磨碎细度的方法。

本部分适用于香辛料和调味品磨碎细度的测定。

2　规范性引用文件

下列文件中的条款通过 GB/T 12729 的本部分的引用而成为本部分的条款。凡是注日期的引用文件，其随后所有的修改单（不包括勘误的内容）或修订版均不适用于本部分，然而，鼓励根据本部分达成协议的各方研究是否可使用这些文件的最新版本。凡是不注日期的引用文件，其最新版本适用于本部分。

GB/T 6003.1　金属丝编织网试验筛（GB/T 6003.1—1997，eqv ISO 3310-1：1990）

3　仪器设备

试验筛应符合 GB/T 6003.1 的要求。

根据产品标准选定试验筛目数。

3.1　试验筛网

试验筛网应符合 GB/T 6003.1 的要求。

3.2　试验筛的大小和形状

试验筛为直径 200 mm 的圆形筛。

4　操作步骤

4.1　称样

称取大于 100 g、具有代表性的磨碎试样。

4.2　过筛方法

取所需目数的一个或一组试验筛连同接收盘和盖一起使用。将试样置于筛网上，双手握住试验筛呈水平方向或倾斜 20°角，往复摇动。每分钟约 120 次，振幅约 70 mm。

4.3　过筛终点

当 1 min 内通过某目数试验筛的质量小于试样质量的 0.1％时即为过筛终点。

特殊试样过筛终点应通过试验确定。

5　结果的表述

5.1　称量

称量试验筛上的筛上物质量，精确至 0.1 g。

5.2　计算

按式(1)计算每千克试样中某目数筛上物的克数。

$$X = \frac{m_1}{m} \times 1\,000 \qquad \cdots\cdots (1)$$

式中：

X——某目数筛上物的含量，单位为克每千克(g/kg)；

m_1——某目数筛上物的质量，单位为克(g)；

m——试样质量，单位为克(g)。

5.3 重复性

同一试样两次测定结果的相对偏差不大于15%。

ICS 67.220.10
B 36

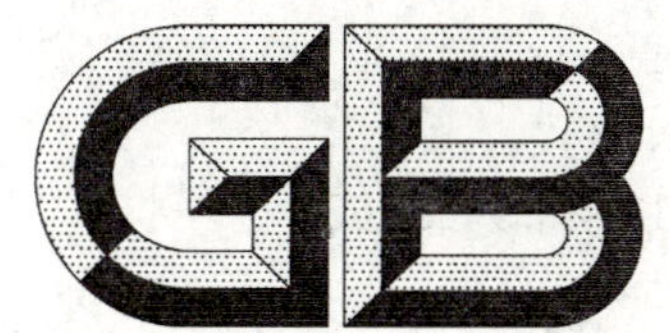

中华人民共和国国家标准

GB/T 12729.5—2008
代替 GB/T 12729.5—1991

香辛料和调味品　外来物含量的测定

Spices and condiments—Determination of extraneous matter content

(ISO 927:1982,NEQ)

2008-07-16 发布　　2008-11-01 实施

中华人民共和国国家质量监督检验检疫总局
中国国家标准化管理委员会　发布

前　言

GB/T 12729《香辛料和调味品》由下列部分组成：

——GB/T 12729.1　香辛料和调味品　名称

——GB/T 12729.2　香辛料和调味品　取样方法

——GB/T 12729.3　香辛料和调味品　分析用粉末试样的制备

——GB/T 12729.4　香辛料和调味品　磨碎细度的测定(手筛法)

——GB/T 12729.5　香辛料和调味品　外来物含量的测定

——GB/T 12729.6　香辛料和调味品　水分含量的测定(蒸馏法)

——GB/T 12729.7　香辛料和调味品　总灰分的测定

——GB/T 12729.8　香辛料和调味品　水不溶性灰分的测定

——GB/T 12729.9　香辛料和调味品　酸不溶性灰分的测定

——GB/T 12729.10　香辛料和调味品　醇溶抽提物的测定

——GB/T 12729.11　香辛料和调味品　冷水可溶性抽提物的测定

——GB/T 12729.12　香辛料和调味品　不挥发性乙醚抽提物的测定

——GB/T 12729.13　香辛料和调味品　污物的测定

本部分为GB/T 12729的第5部分。

本部分对应于ISO 927:1982《香辛料和调味品　外来物含量的测定》(英文版)，一致性程度为非等效。主要差异是：

——本部分将称样的质量范围扩大为100 g～1 000 g，以满足不同产品对取样量的要求；

——以克每千克(g/kg)表示测定结果，以提高方法准确度；

——删除了“检验报告”有关内容。

本部分是对GB/T 12729.5—1991《香辛料和调味品　外来物含量的测定》的修订。与GB/T 12729.5—1991相比，具体技术内容没有改动，仅在格式和文字上作了一些编辑性修改。

本部分代替GB/T 12729.5—1991。

本部分由中华全国供销合作总社提出并归口。

本部分起草单位：中华全国供销合作总社南京野生植物综合利用研究院。

本部分主要起草人：陈仕荣、张卫明。

本部分所代替标准的历次版本发布情况为：

——GB/T 12729.5—1991。

香辛料和调味品　外来物含量的测定

1　范围

GB/T 12729 的本部分规定了香辛料和调味品外来物的物理测定方法。

本部分适用于香辛料和调味品外来物含量的测定。

2　规范性引用文件

下列文件中的条款通过 GB/T 12729 的本部分的引用而成为本部分的条款。凡是注日期的引用文件，其随后所有的修改单(不包括勘误的内容)或修订版均不适用于本部分，然而，鼓励根据本部分达成协议的各方研究是否可使用这些文件的最新版本。凡是不注日期的引用文件，其最新版本适用于本部分。

GB/T 12729.2　香辛料和调味品　取样方法(GB/T 12729.2—2008，ISO 948:1980，NEQ)

3　术语和定义

下列术语和定义适用于 GB/T 12729 的本部分。

外来物　extraneous matter

在香辛料和调味品产品标准中指明的或用本部分方法及其他特定方法分离得到的香辛料和调味品以外的物质。

4　原理

样品经物理方法分离，称量计算出外来物含量。

5　主要仪器

5.1　表面皿。

5.2　分析天平：感量 0.001 g、0.1 g。

6　取样

按 GB/T 12729.2 规定的方法取样。

7　分析步骤

7.1　表面皿的准备

洗净表面皿，干燥，称量，精确至 1 mg。

7.2　称样

根据试样的不同，称取 100 g ～1 000 g，精确至 0.1 g。

7.3　测定

从试样中分离外来物，放入表面皿中称量，精确至 1 mg。

8　分析结果的表述

外来物含量以克每千克(g/kg)表示，按式(1)计算：

$$X = \frac{m_2 \times m_1}{m_0} \times 10^3 \qquad \cdots\cdots (1)$$

式中：

X——外来物含量，单位为克每千克(g/kg)；

m_2——表面皿和外来物质量，单位为克(g)；

m_1——表面皿质量，单位为克(g)；

m_0——试样质量，单位为克(g)。

注：如果香辛料调味品产品标准中对某些外来物成分规定了限量，应分别测定并报告结果。

ICS 67.220.10
B 36

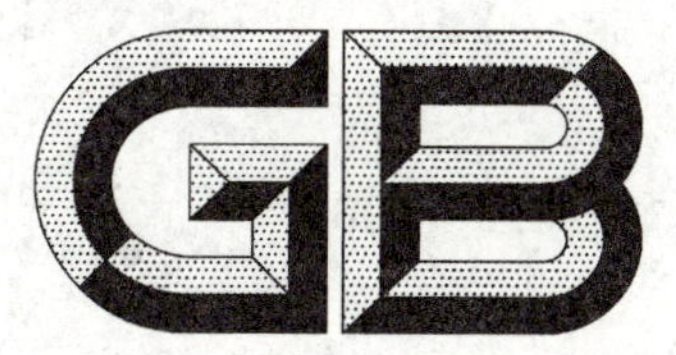

中华人民共和国国家标准

GB/T 12729.6—2008
代替 GB/T 12729.6—1991

香辛料和调味品 水分含量的测定(蒸馏法)

Spices and condiments—Determination of moisture content(entrainment method)

(ISO 939:1980,NEQ)

2008-07-16 发布　　2008-11-01 实施

中华人民共和国国家质量监督检验检疫总局
中国国家标准化管理委员会　发布

前　言

GB/T 12729《香辛料和调味品》由下列部分组成：

——GB/T 12729.1　香辛料和调味品　名称

——GB/T 12729.2　香辛料和调味品　取样方法

——GB/T 12729.3　香辛料和调味品　分析用粉末试样的制备

——GB/T 12729.4　香辛料和调味品　磨碎细度的测定(手筛法)

——GB/T 12729.5　香辛料和调味品　外来物含量的测定

——GB/T 12729.6　香辛料和调味品　水分含量的测定(蒸馏法)

——GB/T 12729.7　香辛料和调味品　总灰分的测定

——GB/T 12729.8　香辛料和调味品　水不溶性灰分的测定

——GB/T 12729.9　香辛料和调味品　酸不溶性灰分的测定

——GB/T 12729.10　香辛料和调味品　醇溶抽提物的测定

——GB/T 12729.11　香辛料和调味品　冷水可溶性抽提物的测定

——GB/T 12729.12　香辛料和调味品　不挥发性乙醚抽提物的测定

——GB/T 12729.13　香辛料和调味品　污物的测定

本部分为 GB/T 12729 的第 6 部分。

本部分对应于 ISO 939:1980《香辛料和调味品　水分含量的测定(蒸馏法)》(英文版),一致性程度为非等效。主要差异是：

——把 ISO 939:1980 的资料性附录合并到第 5 章“仪器设备”中。

本部分是对 GB/T 12729.6—1991《香辛料和调味品　水分含量的测定(蒸馏法)》的修订。与 GB/T 12729.6—1991 相比,具体技术内容没有变动,在文本格式和文字上作了一些编辑性修改,将第 8 章分成 8.1、8.2 两条;将第 9 章“允许差”的技术内容移至新增加的 8.2 中。

本部分代替 GB/T 12729.6—1991。

本部分由中华全国供销合作总社提出并归口。

本部分起草单位:中华全国供销合作总社南京野生植物综合利用研究院。

本部分主要起草人:陈仕荣、张卫明。

本部分所代替标准的历次版本发布情况为：

——GB/T 12729.6—1991。

香辛料和调味品
水分含量的测定(蒸馏法)

1 范围

GB/T 12729 的本部分规定了香辛料和调味品水分含量的测定方法。

本部分适用于香辛料和调味品水分含量的测定。

2 规范性引用文件

下列文件中的条款通过 GB/T 12729 的本部分的引用而成为本部分的条款。凡是注日期的引用文件,其随后所有的修改单(不包括勘误的内容)或修订版均不适用于本部分,然而,鼓励根据本部分达成协议的各方研究是否可使用这些文件的最新版本。凡是不注日期的引用文件,其最新版本适用于本部分。

GB/T 12729.2 香辛料和调味品 取样方法(GB/T 12729.2—2008,ISO 948:1980,NEQ)

GB/T 12729.3 香辛料和调味品 分析用粉末试样的制备(GB/T 12729.3—2008,ISO 2825:1981,MOD)

3 原理

在试样中加入有机溶剂,采用共沸蒸馏法,将试样中水分分离。按分离出水分的容量,计算试样的水分含量。

4 试剂

甲苯(分析纯):用前加水饱和,振摇数分钟,分去水层,蒸馏,收集澄清透明的蒸馏液备用。

5 仪器设备

5.1 水分测定器:见图 1。

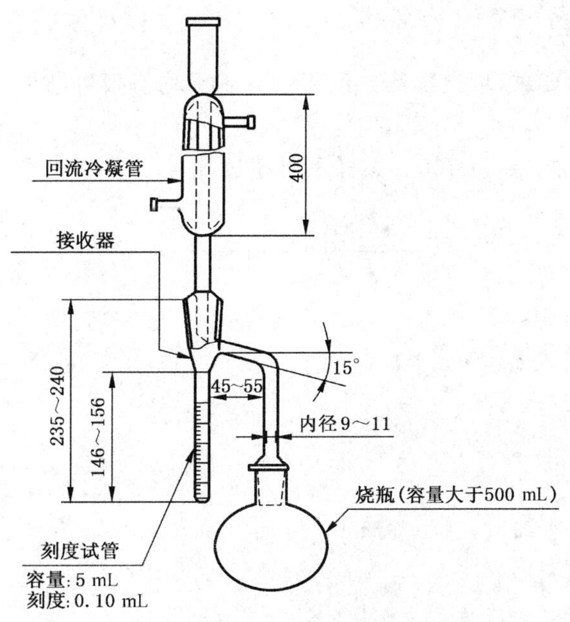

图 1 水分测定器

5.2 调温电热套。

6 试样的制备

按 GB/T 12729.2 取样，按 GB/T 12729.3 制备试样。

7 分析步骤

7.1 水分测定器的准备

使用前须用铬酸洗涤液充分洗涤，除净油污，烘干。

7.2 称样

称取适量试样(含水量 2.0 mL～4.5 mL)，精确至 0.01 g，置于水分测定器烧瓶中。

7.3 测定

加适量甲苯于烧瓶中，将试样浸没，振摇混合。连接水分测定器各部分，从冷凝管上口注入甲苯，直至装满接收器并溢入烧瓶。在冷凝管上口填塞少量脱脂棉或加装盛有氯化钙的干燥管，以减少大气中水分凝结。用石棉布将烧瓶上部和接收器导管包裹。加热缓慢蒸馏(蒸馏速度 2 滴/s)。当大部分水分已蒸出时，加快蒸馏速度(蒸馏速度 4 滴/s)，直至冷凝管尖端无水滴。从冷凝管上口加入甲苯，将冷凝管内壁附着的水滴洗入接收器。继续蒸馏至接收器上部及冷凝管壁无水滴，且接收器中的水相液面保持 30 min 不变，关闭热源。

取下接收器，冷却至室温。读取接收器中水的毫升数，精确至 0.05 mL。

8 分析结果的表述

8.1 计算方法

试样的水分含量以质量分数计，数值以%表示，按式(1)计算：

$$X=\frac{V\times\rho}{m}\times 100 \qquad \cdots\cdots(1)$$

式中：

X——试样的水分含量，%；

V——接收器中水的体积，单位为毫升(mL)；

ρ——水的密度，1 g/mL；

m——试样的质量，单位为克(g)。

如果重复性符合 8.2 的要求，取两次测定结果的算术平均值报告结果，表示到小数点后一位。

8.2 重复性

同一试样两次测定结果之差，每 100 g 试样不得超过 0.4 g。

ICS 67.220.10
B 36

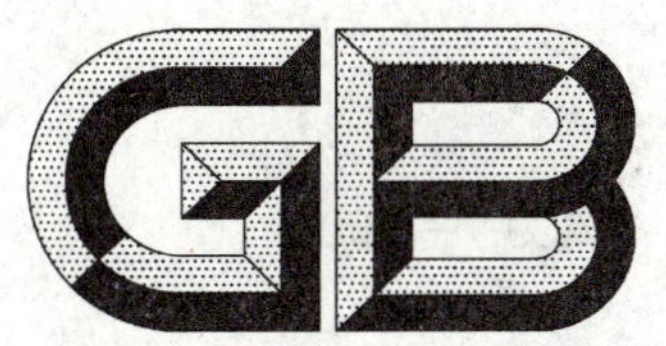

中华人民共和国国家标准

GB/T 12729.7—2008
代替 GB/T 12729.7—1991

香辛料和调味品　总灰分的测定

Spices and condiments—Determination of total ash

(ISO 928:1997,NEQ)

2008-07-16 发布　　2008-11-01 实施

中华人民共和国国家质量监督检验检疫总局
中国国家标准化管理委员会　发布

前　言

GB/T 12729《香辛料和调味品》由下列部分组成：

——GB/T 12729.1　香辛料和调味品　名称

——GB/T 12729.2　香辛料和调味品　取样方法

——GB/T 12729.3　香辛料和调味品　分析用粉末试样的制备

——GB/T 12729.4　香辛料和调味品　磨碎细度的测定(手筛法)

——GB/T 12729.5　香辛料和调味品　外来物含量的测定

——GB/T 12729.6　香辛料和调味品　水分含量的测定(蒸馏法)

——GB/T 12729.7　香辛料和调味品　总灰分的测定

——GB/T 12729.8　香辛料和调味品　水不溶性灰分的测定

——GB/T 12729.9　香辛料和调味品　酸不溶性灰分的测定

——GB/T 12729.10　香辛料和调味品　醇溶抽提物的测定

——GB/T 12729.11　香辛料和调味品　冷水可溶性抽提物的测定

——GB/T 12729.12　香辛料和调味品　不挥发性乙醚抽提物的测定

——GB/T 12729.13　香辛料和调味品　污物的测定

本部分为 GB/T 12729 的第 7 部分。

本部分对应于 ISO 928:1997《香辛料和调味品　总灰分的测定》(英文版)，一致性程度为非等效。主要差异是：

——删除了 ISO 928:1997 的规范性技术文件 ISO 3696《实验室分析用水　规范和测试方法》；

——增加了对检测精密度的要求，增加了“8.3　重复性”，以提高测定准确性；

——本部分对检测报告不作规定；

——删除了 ISO 928:1997 的附录 A。

本部分是对 GB/T 12729.7—1991《香辛料和调味品　总灰分的测定》的修订。与 GB/T 12729.7—1991 相比，具体技术内容没有变动，在格式和文字上作了一些编辑性修改，将第 9 章“允许差”的技术内容移至新增加的 8.3 中。

本部分代替 GB/T 12729.7—1991。

本部分由中华全国供销合作总社提出并归口。

本部分起草单位：中华全国供销合作总社南京野生植物综合利用研究院。

本部分主要起草人：陈仕荣、张卫明。

本部分所代替标准的历次版本发布情况为：

——GB/T 12729.7—1991。

香辛料和调味品　总灰分的测定

1　范围

GB/T 12729 的本部分规定了香辛料和调味品总灰分的测定方法。

本部分适用于香辛料和调味品总灰分的测定。

2　规范性引用文件

下列文件中的条款通过 GB/T 12729 的本部分的引用而成为本部分的条款。凡是注日期的引用文件，其随后所有的修改单(不包括勘误的内容)或修订版均不适用于本部分，然而，鼓励根据本部分达成协议的各方研究是否可使用这些文件的最新版本。凡是不注日期的引用文件，其最新版本适用于本部分。

GB/T 12729.2　香辛料和调味品　取样方法(GB/T 12729.2—2008，ISO 948:1980，NEQ)

GB/T 12729.3　香辛料和调味品　分析用粉末试样的制备(GB/T 12729.3—2008，ISO 2825:1981，MOD)

3　原理

试样炭化后于 550 ℃±25 ℃温度下灼烧至恒重，称量残留的无机物。

4　试剂

盐酸溶液(1+5)。

5　主要仪器设备

5.1　分析天平：感量 1 mg。

5.2　瓷坩埚。

5.3　干燥器。

5.4　电热板或水浴锅。

5.5　调温电炉。

5.6　高温电炉：550 ℃±25 ℃。

6　试样的制备

按 GB/T 12729.2 取样，按 GB/T 12729.3 制备试样。

7　分析步骤

7.1　坩埚的准备

将坩埚浸没于盐酸溶液中，加热煮沸 10 min～60 min，洗净，干燥，在 550 ℃±25 ℃高温电炉中灼烧 4 h，待炉温降至 200 ℃时取出坩埚，将其移入干燥器中冷却至室温，称量(精确至 1 mg)。重复灼烧至连续两次称量差不超过 1 mg 为恒重。

7.2　称样

7.2.1　固体试样称取 2 g～3 g，精确至 1 mg。

7.2.2　液体试样称取 30 g～40 g，精确至 10 mg。

7.3 测定

将盛有试样的坩埚放在电热板(或水浴锅)上,缓慢加热,待试样中水分蒸干后置于电炉上炭化至无烟。移入高温电炉中,升温至550 ℃±25 ℃灼烧2 h。待炉温降至200 ℃时取出坩埚,小心加入少量水使残灰充分湿润,再于电热板(或水浴锅)上蒸干,移入高温电炉中升温至550 ℃±25 ℃灼烧1 h。若湿润时灰分中无碳粒,则待炉温降至200 ℃时取出坩埚放入干燥器中冷却至室温,称量。若湿润时灰分中有碳粒,则重复用水湿润和灼烧至无碳粒为止,再置于高温电炉中灼烧1 h。待炉温降至200 ℃时取出坩埚,移入干燥器中冷却至室温,称量。重复灼烧至连续两次称量差不超过1 mg为恒重。

8 分析结果的表述

8.1 总灰分含量(以湿态计)的计算

总灰分含量以湿态质量分数计,数值以%表示,按式(1)计算:

$$X_1 = \frac{m_2 - m_0}{m_1 - m_0} \times 100 \qquad \cdots\cdots(1)$$

式中:

X_1——总灰分含量(以湿态计),%;

m_2——坩埚和总灰分的质量,单位为克(g);

m_0——坩埚的质量,单位为克(g);

m_1——坩埚和试样的质量,单位为克(g)。

8.2 总灰分含量(以干态计)的计算

总灰分含量以干态质量分数计,数值以%表示,按式(2)计算:

$$X_2 = X_1 \times \frac{100}{100 - H} \qquad \cdots\cdots(2)$$

式中:

X_2——总灰分含量(以干态计),%;

X_1——总灰分含量(以湿态计),%;

H——试样水分含量,%。

如果重复性符合8.3的要求,取两次测定结果的算术平均值报告结果。

灰分大于10%,结果表示到小数点后一位(0.1%)。

灰分1%~10%,结果表示到小数点后两位(0.01%)。

灰分小于10%,结果表示到小数点后三位(0.001%)。

8.3 重复性

同一样品的两次测定结果之差:

灰分小于10%,每100 g试样不得超过0.2 g;

灰分大于或等于10%,不得超过平均值的2%。

ICS 67.220.10
B 36

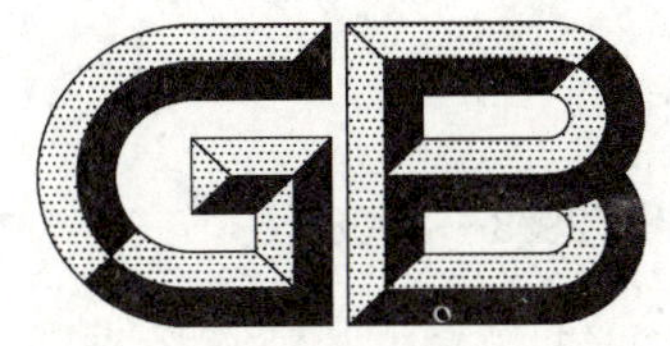

中华人民共和国国家标准

GB/T 12729.8—2008
代替 GB/T 12729.8—1991

香辛料和调味品 水不溶性灰分的测定

Spices and condiments—Determination of water-insoluble ash

(ISO 929:1980,NEQ)

2008-07-16 发布 2008-11-01 实施

中华人民共和国国家质量监督检验检疫总局
中国国家标准化管理委员会 发布

前　言

GB/T 12729《香辛料和调味品》由下列部分组成：

——GB/T 12729.1　香辛料和调味品　名称

——GB/T 12729.2　香辛料和调味品　取样方法

——GB/T 12729.3　香辛料和调味品　分析用粉末试样的制备

——GB/T 12729.4　香辛料和调味品　磨碎细度的测定(手筛法)

——GB/T 12729.5　香辛料和调味品　外来物含量的测定

——GB/T 12729.6　香辛料和调味品　水分含量的测定(蒸馏法)

——GB/T 12729.7　香辛料和调味品　总灰分的测定

——GB/T 12729.8　香辛料和调味品　水不溶性灰分的测定

——GB/T 12729.9　香辛料和调味品　酸不溶性灰分的测定

——GB/T 12729.10　香辛料和调味品　醇溶抽提物的测定

——GB/T 12729.11　香辛料和调味品　冷水可溶性抽提物的测定

——GB/T 12729.12　香辛料和调味品　不挥发性乙醚抽提物的测定

——GB/T 12729.13　香辛料和调味品　污物的测定

本部分为GB/T 12729的第8部分。

本部分对应ISO 929:1980《香辛料和调味品　水不溶性灰分的测定》(英文版)，一致性程度为非等效，主要差异是：

——增加了对检测精度的要求，将重复性列于7.2中，以提高测定的准确性；

——本部分对检验报告不作规定。

本部分是对GB/T 12729.8—1991《香辛料和调味品　水不溶性灰分的测定》的修订。与GB/T 12729.8—1991相比，具体技术内容没有变动，在格式和文字上作了一些修改，将第7章分成7.1、7.2，将第8章“允许差”的技术内容移至新增加的“7.2　重复性”中。

本部分代替GB/T 12729.8—1991。

本部分由中华全国供销合作总社提出并归口。

本部分起草单位：中华全国供销合作总社南京野生植物综合利用研究院。

本部分主要起草人：陈仕荣、张卫明。

本部分所代替标准的历次版本发布情况为：

——GB/T 12729.8—1991。

香辛料和调味品　水不溶性灰分的测定

1　范围

GB/T 12729 的本部分规定了香辛料和调味品水不溶性灰分的测定方法。

本部分适用于香辛料和调味品水不溶性灰分的测定。

2　规范性引用文件

下列文件中的条款通过 GB/T 12729 的本部分的引用而成为本部分的条款。凡是注日期的引用文件，其随后所有的修改单(不包括勘误的内容)或修订版均不适用于本部分，然而，鼓励根据本部分达成协议的各方研究是否可使用这些文件的最新版本。凡是不注日期的引用文件，其最新版本适用于本部分。

GB/T 12729.3　香辛料和调味品　分析用粉末试样的制备(GB/T 12729.3—2008，ISO 2825:1981,MOD)

GB/T 12729.7　香辛料和调味品　总灰分的测定(GB/T 12729.7—2008，ISO 928:1997,NEQ)

3　术语和定义

下列术语和定义适用于 GB/T 12729 的本部分。

3.1

水不溶性灰分　water-insoluble ash

在本部分规定的条件下，用热水处理总灰分后所得的残渣。

4　原理

用热水溶解按 GB/T 12729.7 所述方法获得的总灰分，经定量滤纸过滤，灼烧并称量残渣。

5　主要仪器

5.1　高温电炉：550 ℃±25 ℃。

5.2　水浴锅。

5.3　定量滤纸。

5.4　干燥器。

5.5　分析天平。

6　分析步骤

6.1　试样

6.1.1　如果将测定总灰分得到的灰分用于测定水不溶性灰分，试样则是用于测定总灰分的试样。

6.1.2　也可另取试样，按 GB/T 12729.3 的要求制备总灰分。

6.2　测定

加蒸馏水于预先准备的盛有总灰分的坩埚中，加热至近沸，过滤，用热水洗涤，直到滤液和洗涤液合并的体积约 60 mL 为止。将滤纸和残渣移入原坩埚中，在水浴上蒸干，并在高温电炉中于 550 ℃灼烧 1 h。于干燥器中冷却，称量(精确至 1 mg)。重复进行灰化、冷却和称量操作，直至连续两次称量差小于 1 mg 为止。

7 分析结果的表述

7.1 计算方法

水不溶性灰分以干态质量分数计，数值以%表示，按式(1)计算：

$$X = (m_2 - m_0) \times \frac{100}{m_1 - m_0} \times \frac{100}{100 - H} \qquad \cdots\cdots(1)$$

式中：

X——水不溶性灰分，%；

m_2——坩埚和水不溶性灰分的质量，单位为克(g)；

m_0——坩埚的质量，单位为克(g)；

m_1——坩埚和试样的质量，单位为克(g)；

H——样品的水分含量，%。

如果重复性符合7.2的要求，取两次结果的算术平均值作为结果，表示到小数点后两位。

7.2 重复性

由同一分析者同时或相继进行的两次测定结果之差，水不溶性灰分大于或等于2%时，绝对偏差不超过0.20%；水不溶性灰分小于2%时，绝对偏差不超过0.10%。

ICS 67.220.10
B 36

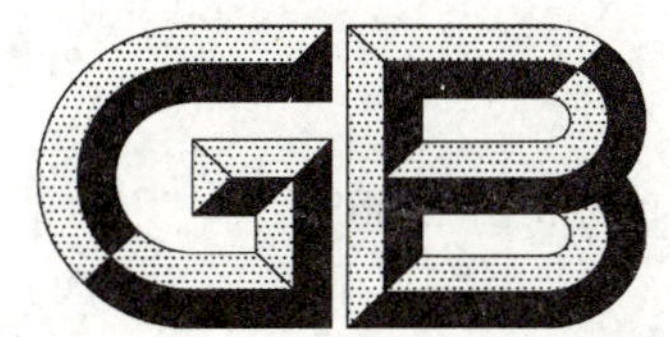

中华人民共和国国家标准

GB/T 12729.9—2008
代替 GB/T 12729.9—1991

香辛料和调味品 酸不溶性灰分的测定

Spices and condiments—Determination of acid-insoluble ash

(ISO 930:1997,MOD)

2008-07-16 发布　　2008-11-01 实施

中华人民共和国国家质量监督检验检疫总局
中国国家标准化管理委员会　发布

前 言

GB/T 12729《香辛料和调味品》由下列部分组成：

——GB/T 12729.1 香辛料和调味品 名称

——GB/T 12729.2 香辛料和调味品 取样方法

——GB/T 12729.3 香辛料和调味品 分析用粉末试样的制备

——GB/T 12729.4 香辛料和调味品 磨碎细度的测定(手筛法)

——GB/T 12729.5 香辛料和调味品 外来物含量的测定

——GB/T 12729.6 香辛料和调味品 水分含量的测定(蒸馏法)

——GB/T 12729.7 香辛料和调味品 总灰分的测定

——GB/T 12729.8 香辛料和调味品 水不溶性灰分的测定

——GB/T 12729.9 香辛料和调味品 酸不溶性灰分的测定

——GB/T 12729.10 香辛料和调味品 醇溶抽提物的测定

——GB/T 12729.11 香辛料和调味品 冷水可溶性抽提物的测定

——GB/T 12729.12 香辛料和调味品 不挥发性乙醚抽提物的测定

——GB/T 12729.13 香辛料和调味品 污物的测定

本部分为 GB/T 12729 的第 9 部分。

本部分修改采用 ISO 930:1997《香辛料和调味品 酸不溶性灰分的测定》(英文版)，主要差异是：

——本部分对检测精度作了规定，增加了“8.2 重复性”；

——本部分对检测报告不作规定；

——删除了 ISO 930:1997 的附录 A。

本部分是对 GB/T 12729.9—1991《香辛料和调味品 酸不溶性灰分的测定》的修订。与 GB/T 12729.9—1991 相比，主要差异如下：

——根据 ISO 930:1997 的规定，不用“水不溶性灰分”来测定酸不溶性灰分，本部分第 2 章“规范性引用文件”中删去了 GB/T 12729.8《香辛料和调味品 水不溶性灰分的测定》、第 3 章“术语和定义”和第 4 章“原理”中也删去了与“水不溶性灰分”有关的内容；

——本部分将第 8 章分成 8.1、8.2，将第 9 章“允许差”的内容移至新增加的“8.2 重复性”中。

本部分代替 GB/T 12729.9—1991。

本部分由中华全国供销合作总社提出并归口。

本部分起草单位：中华全国供销合作总社南京野生植物综合利用研究院。

本部分主要起草人：陈仕荣、张卫明。

本部分所代替标准的历次版本发布情况为：

——GB/T 12729.9—1991。

香辛料和调味品
酸不溶性灰分的测定

1 范围

GB/T 12729 的本部分规定了香辛料和调味品酸不溶性灰分的测定方法。

本部分适用于香辛料和调味品酸不溶性灰分的测定。

2 规范性引用文件

下列文件中的条款通过 GB/T 12729 的本部分的引用而成为本部分的条款。凡是注日期的引用文件，其随后所有的修改单(不包括勘误的内容)或修订版均不适用于本部分，然而，鼓励根据本部分达成协议的各方研究是否可使用这些文件的最新版本。凡是不注日期的引用文件，其最新版本适用于本部分。

GB/T 12729.7　香辛料和调味品　总灰分的测定(GB/T 12729.7—2008,ISO 928:1997,NEQ)

3 术语和定义

下列术语和定义适用于 GB/T 12729 的本部分。

3.1

酸不溶性灰分　acid-insoluble ash

在本部分规定的条件下，总灰分经盐酸处理后的残留物。

4 原理

用盐酸溶液处理总灰分，过滤、灰化、称量灰化后的残留物。

5 试剂

5.1　盐酸溶液(1+9)。

5.2　硝酸银溶液[$c(AgNO_3)=0.59$ mol/L]。

6 主要仪器

6.1　高温电炉：550 ℃±25 ℃。

6.2　水浴锅。

6.3　定量滤纸。

6.4　干燥器。

6.5　分析天平。

7 分析步骤

7.1 试样

按 GB/T 12729.7 的规定执行。

7.2 测定

在盛有总灰分的坩埚中，加入盐酸溶液 15 mL～25 mL，盖上表面皿，煮沸 10 min。冷却后，过滤，用水洗涤直至洗液不含氯离子 Cl^- 为止(用硝酸银溶液检查),将灰分连同滤纸移入原坩埚中。于水浴上蒸干并在 550 ℃±25 ℃高温电炉中灼烧 1 h,在干燥器中冷却,称量。重复进行灼烧、冷却、称量这一操作过程,直到连续两次称量差小于 1 mg 为止。

8 分析结果的表述

8.1 计算方法

酸不溶性灰分以干态质量分数计,数值以%表示,按式(1)计算:

$$X = \frac{m_2 - m_0}{m_1} \times \frac{100}{100 - H} \times 100 \qquad \cdots\cdots(1)$$

式中:

X——酸不溶性灰分,%;

m_2——坩埚和酸不溶性灰分的质量,单位为克(g);

m_0——坩埚质量,单位为克(g);

m_1——试样质量,单位为克(g);

H——试样水分含量,%。

如果重复性符合 8.2 的要求,取两次测定结果的算术平均值作为结果,表示到小数点后两位。

8.2 重复性

由同一分析者同时或相继进行的两次测定结果之差,酸不溶性灰分大于或等于 1%时,绝对偏差不超过 0.20%;酸不溶性灰分小于 1%时,绝对偏差不超过 0.05%。

ICS 67.220.10
B 36

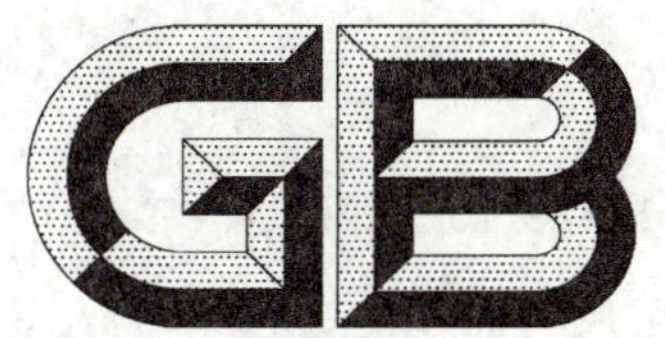

中华人民共和国国家标准

GB/T 12729.10—2008
代替 GB/T 12729.10—1991

香辛料和调味品　醇溶抽提物的测定

Spices and condiments—Determination of ethanol-soluble extract

(ISO 940:1979,MOD)

2008-07-16 发布　　2008-11-01 实施

中华人民共和国国家质量监督检验检疫总局
中国国家标准化管理委员会　发布

前言

GB/T 12729《香辛料和调味品》由下列部分组成:

——GB/T 12729.1 香辛料和调味品 名称

——GB/T 12729.2 香辛料和调味品 取样方法

——GB/T 12729.3 香辛料和调味品 分析用粉末试样的制备

——GB/T 12729.4 香辛料和调味品 磨碎细度的测定(手筛法)

——GB/T 12729.5 香辛料和调味品 外来物含量的测定

——GB/T 12729.6 香辛料和调味品 水分含量的测定(蒸馏法)

——GB/T 12729.7 香辛料和调味品 总灰分的测定

——GB/T 12729.8 香辛料和调味品 水不溶性灰分的测定

——GB/T 12729.9 香辛料和调味品 酸不溶性灰分的测定

——GB/T 12729.10 香辛料和调味品 醇溶抽提物的测定

——GB/T 12729.11 香辛料和调味品 冷水可溶性抽提物的测定

——GB/T 12729.12 香辛料和调味品 不挥发性乙醚抽提物的测定

——GB/T 12729.13 香辛料和调味品 污物的测定

本部分为GB/T 12729的第10部分。

本部分修改采用ISO 940:1979《香辛料和调味品 醇溶抽提物的测定》(英文版),主要差异是:

——本部分对检测精密度作了规定,增加了“9.2 重复性”;

——本部分对检测报告不作规定。

本部分是对GB/T 12729.10—1991《香辛料和调味品 醇溶抽提物的测定》的修订。与GB/T 12729.10—1991相比,具体技术内容没有变动,在格式和文字上作了一些修改,将第9章分成9.1、9.2两条,将第10章“允许差”的内容移至新增加的9.2中。

本部分代替GB/T 12729.10—1991。

本部分由中华全国供销合作总社提出并归口。

本部分起草单位:中华全国供销合作总社南京野生植物综合利用研究院。

本部分主要起草人:陈仕荣、张卫明。

本部分所代替标准的历次版本发布情况为:

——GB/T 12729.10—1991。

香辛料和调味品　醇溶抽提物的测定

1　范围

GB/T 12729 的本部分规定了香辛料和调味品醇溶抽提物的测定方法。

本部分适用于香辛料和调味品醇溶抽提物的测定。

2　规范性引用文件

下列文件中的条款通过 GB/T 12729 的本部分的引用而成为本部分的条款。凡是注日期的引用文件,其随后所有的修改单(不包括勘误的内容)或修订版均不适用于本部分,然而,鼓励根据本部分达成协议的各方研究是否可使用这些文件的最新版本。凡是不注日期的引用文件,其最新版本适用于本部分。

GB/T 12729.2　香辛料和调味品　取样方法(GB/T 12729.2—2008,ISO 948:1980,NEQ)

GB/T 12729.3　香辛料和调味品　分析用粉末试样的制备(GB/T 12729.3—2008, ISO 2825:1981,MOD)

3　术语和定义

下列术语和定义适用于 GB/T 12729 的本部分。

3.1

醇溶抽提物　ethanol-soluble extract

在本部分规定的条件下,乙醇抽提物的总和。

4　原理

用乙醇抽提试样,过滤,将抽提液烘干、称重。

5　试剂

乙醇,95%(体积分数)。

6　主要仪器

6.1　容量瓶:容量 100 mL。

6.2　移液管:容量 50 mL。

6.3　表面皿。

6.4　滤纸:中速。

6.5　烘箱:103 ℃±2 ℃。

6.6　水浴锅。

6.7　干燥器。

6.8　分析天平:感量 1 mg。

7　取样

按 GB/T 12729.2 规定的方法取样。

8 分析步骤

8.1 试样的制备

按 GB/T 12729.3 规定的方法制备试样。

8.2 试样

称取约 2 g 试样(8.1),精确到 1 mg。

8.3 测定

用乙醇将试样全部转移至 100 mL 容量瓶中,加乙醇至刻度,每隔 30 min 振摇一次,经 8 h 后,静置 16 h,过滤,吸取 50 mL 滤液放入预先干燥并恒重的表面皿中,在水浴上蒸干,并在烘箱中于 103 ℃±2 ℃烘 1 h,在干燥器中冷却,称重。重复进行烘干、冷却、称重这一操作过程,直至连续两次称量差不超过 2 mg 为止,记录最终的质量。

9 分析结果的表述

9.1 计算方法

醇溶抽提物以质量分数计,数值以%表示,按式(1)计算:

$$X=(m_2-m_0)\times\frac{100}{50}\times\frac{100}{m_1-m_0}\times\frac{100}{100-H} \qquad \cdots\cdots(1)$$

式中:

X——醇溶抽提物,%;

m_2——醇溶抽提物和表面皿的质量,单位为克(g);

m_0——表面皿质量,单位为克(g);

m_1——试样和表面皿的质量,单位为克(g);

H——样品的水分含量,%。

如果重复性符合 9.2 的要求,取两次测定的算术平均值作为结果,表示到小数点后两位。

9.2 重复性

同一分析者同时或相继进行的两次测定结果之差不超过 0.20%。

ICS 67.220.10
B 36

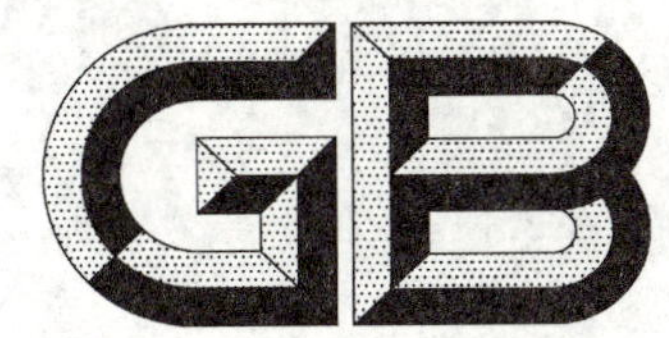

中华人民共和国国家标准

GB/T 12729.11—2008
代替 GB/T 12729.11—1991

香辛料和调味品 冷水可溶性抽提物的测定

Spices and condiments—Determination of cold water-soluble extract

(ISO 941:1980,MOD)

2008-07-16 发布

2008-11-01 实施

中华人民共和国国家质量监督检验检疫总局
中国国家标准化管理委员会 发布

前　言

GB/T 12729《香辛料和调味品》由下列部分组成：

——GB/T 12729.1　香辛料和调味品　名称

——GB/T 12729.2　香辛料和调味品　取样方法

——GB/T 12729.3　香辛料和调味品　分析用粉末试样的制备

——GB/T 12729.4　香辛料和调味品　磨碎细度的测定(手筛法)

——GB/T 12729.5　香辛料和调味品　外来物含量的测定

——GB/T 12729.6　香辛料和调味品　水分含量的测定(蒸馏法)

——GB/T 12729.7　香辛料和调味品　总灰分的测定

——GB/T 12729.8　香辛料和调味品　水不溶性灰分的测定

——GB/T 12729.9　香辛料和调味品　酸不溶性灰分的测定

——GB/T 12729.10　香辛料和调味品　醇溶抽提物的测定

——GB/T 12729.11　香辛料和调味品　冷水可溶性抽提物的测定

——GB/T 12729.12　香辛料和调味品　不挥发性乙醚抽提物的测定

——GB/T 12729.13　香辛料和调味品　污物的测定

本部分为 GB/T 12729 的第 11 部分。

本部分修改采用 ISO 941:1980《香辛料和调味品　冷水可溶性抽提物的测定》(英文版)，主要差异是：

——本部分的第 5 章“主要仪器”中增加了分析天平；

——8.2 中对重复性作出规定，有利于提高方法的准确度。

本部分是对 GB/T 12729.11—1991《香辛料和调味品　冷水可溶性抽提物的测定》的修订。与 GB/T 12729.11—1991 相比，具体技术内容没有变动，在格式和文字上作了一些修改，将第 8 章分成 8.1、8.2，将第 9 章“允许差”的内容移至新增加的“8.2 重复性”中。

本部分代替 GB/T 12729.11—1991。

本部分由中华全国供销合作总社提出并归口。

本部分起草单位：中华全国供销合作总社南京野生植物综合利用研究院。

本部分主要起草人：陈仕荣、张卫明。

本部分所代替标准的历次版本发布情况为：

——GB/T 12729.11—1991。

香辛料和调味品
冷水可溶性抽提物的测定

1 范围

GB/T 12729 的本部分规定了香辛料和调味品冷水可溶性抽提物的测定方法。

本部分适用于香辛料和调味品冷水可溶性抽提物的测定。

2 规范性引用文件

下列文件中的条款通过 GB/T 12729 的本部分的引用而成为本部分的条款。凡是注日期的引用文件,其随后所有的修改单(不包括勘误的内容)或修订版均不适用于本部分,然而,鼓励根据本部分达成协议的各方研究是否可使用这些文件的最新版本。凡是不注日期的引用文件,其最新版本适用于本部分。

GB/T 12729.2 香辛料和调味品 取样方法(GB/T 12729.2—2008,ISO 948:1980,NEQ)

GB/T 12729.3 香辛料和调味品 分析用粉末试样的制备(GB/T 12729.3—2008,ISO 2825:1981,MOD)

3 术语和定义

下列术语和定义适用于 GB/T 12729 的本部分。

3.1

冷水可溶性抽提物 cold water-soluble extract

在本部分规定的条件下,冷水抽提物的总和。

4 原理

用冷水抽提试样、过滤、烘干得到提取物并称量。

5 主要仪器

5.1 容量瓶:容量 100 mL。

5.2 移液管:容量 50 mL。

5.3 表面皿。

5.4 滤纸:中速。

5.5 烘箱:控温 103 ℃±2 ℃。

5.6 水浴锅。

5.7 干燥器。

5.8 分析天平。

6 取样

按 GB/T 12729.2 规定的方法取样。

7 分析步骤

7.1 试样的制备

按 GB/T 12729.3 规定的方法制备试样。

7.2 称样

称取约 2 g 试样(7.1),精确至 1 mg。

7.3 测定

水为蒸馏水或同等纯度的水。

将试样与一定量的水一起移入容量瓶中,加水至刻度,每隔 30 min 振摇一次,经 8 h 后,静置 16 h,过滤,吸取 50 mL 滤液放入预先干燥并恒重的表面皿中,在水浴上蒸干,移入烘箱内于 103 ℃±2 ℃加热 1 h,在干燥器中冷却,称量,重复进行加热、冷却、称量这一操作过程,直至连续两次称量差不超过 2 mg为止。

8 分析结果的表述

8.1 计算方法

冷水可溶性抽提物以干态质量分数计,数值以%表示,按式(1)计算:

$$X = (m_2 - m_0) \times \frac{100}{50} \times \frac{100}{m_1 - m_0} \times \frac{100}{100 - H} \qquad \cdots\cdots (1)$$

式中:

X——冷水可溶性抽提物,%;

m_2——冷水可溶性抽提物和表面皿的质量,单位为克(g);

m_0——表面皿质量,单位为克(g);

m_1——试样和表面皿的质量,单位为克(g);

H——样品的水分含量,%。

如果重复性符合 8.2 的要求,取两次测定结果的算术平均值作为结果,表示到小数点后两位。

8.2 重复性

由同一分析者同时或相继进行的两次测定结果之差不超过 0.20%。

ICS 67.220.10
B 36

中华人民共和国国家标准

GB/T 12729.12—2008
代替 GB/T 12729.12—1991

香辛料和调味品 不挥发性乙醚抽提物的测定

Spices and condiments—Determination of non-volatile ether extract

(ISO 1108:1992,NEQ)

2008-07-16 发布 2008-11-01 实施

中华人民共和国国家质量监督检验检疫总局
中国国家标准化管理委员会 发布

前言

GB/T 12729《香辛料和调味品》由下列部分组成：

——GB/T 12729.1 香辛料和调味品 名称

——GB/T 12729.2 香辛料和调味品 取样方法

——GB/T 12729.3 香辛料和调味品 分析用粉末试样的制备

——GB/T 12729.4 香辛料和调味品 磨碎细度的测定(手筛法)

——GB/T 12729.5 香辛料和调味品 外来物含量的测定

——GB/T 12729.6 香辛料和调味品 水分含量的测定(蒸馏法)

——GB/T 12729.7 香辛料和调味品 总灰分的测定

——GB/T 12729.8 香辛料和调味品 水不溶性灰分的测定

——GB/T 12729.9 香辛料和调味品 酸不溶性灰分的测定

——GB/T 12729.10 香辛料和调味品 醇溶抽提物的测定

——GB/T 12729.11 香辛料和调味品 冷水可溶性抽提物的测定

——GB/T 12729.12 香辛料和调味品 不挥发性乙醚抽提物的测定

——GB/T 12729.13 香辛料和调味品 污物的测定

本部分为GB/T 12729的第12部分。

本部分对应于ISO 1108:1992《香辛料和调味品 不挥发性乙醚抽提物的测定》(英文版)，一致性程度为非等效。主要差异是：

——用索氏提取器代替旋转蒸发器，实验步骤和结果相同，简便易行；

——增加了对测定精度的要求，将重复性列于9.2中；

——对检测报告不作规定。

本部分是对GB/T 12729.12—1991《香辛料和调味品 不挥发性乙醚抽提物的测定》的修订。与GB/T 12729.12—1991相比，具体技术内容没有变动，在格式和文字上作了一些修改，将第9章分列成9.1、9.2，将第10章“允许差”的内容移至新增加的“9.2 重复性”中。

本部分代替GB/T 12729.12—1991。

本部分由中华全国供销合作总社提出并归口。

本部分起草单位：中华全国供销合作总社南京野生植物综合利用研究院。

本部分主要起草人：陈仕荣、张卫明。

本部分所代替标准的历次版本发布情况为：

——GB/T 12729.12—1991。

香辛料和调味品
不挥发性乙醚抽提物的测定

1 范围

GB/T 12729 的本部分规定了香辛料和调味品不挥发性乙醚抽提物的测定方法。

本部分适用于香辛料和调味品不挥发性乙醚抽提物的测定。

2 规范性引用文件

下列文件中的条款通过 GB/T 12729 的本部分的引用而成为本部分的条款。凡是注日期的引用文件，其随后所有的修改单(不包括勘误的内容)或修订版均不适用于本部分，然而，鼓励根据本部分达成协议的各方研究是否可使用这些文件的最新版本。凡是不注日期的引用文件，其最新版本适用于本部分。

GB/T 12729.2　香辛料和调味品　取样方法(GB/T 12729.2—2008，ISO 948：1980，NEQ)

GB/T 12729.3　香辛料和调味品　分析用粉末试样的制备(GB/T 12729.3—2008，ISO 2825：1981，MOD)

3 术语和定义

下列术语和定义适用于 GB/T 12729 的本部分。

3.1

不挥发性乙醚抽提物　non-volatile ether extract

在本部分规定的条件下，用乙醚抽提得到的不挥发性物质的总和。

4 原理

用乙醚抽提试样，除去挥发部分，干燥并称量抽提物。

5 试剂

无水乙醚：分析纯。

6 主要仪器

6.1　滤纸筒。

6.2　脱脂棉。

6.3　索氏提取器：150 mL 或 250 mL。

6.4　水浴锅。

6.5　烘箱：控温 110 ℃±1 ℃。

6.6　干燥器。

6.7　分析天平。

7 取样

按 GB/T 12729.2 规定的方法取样。

8 分析步骤

8.1 试验样品的制备

按 GB/T 12729.3 规定的方法制备试样。

8.2 称样

称取约 2g 试样，精确至 1 mg。

8.3 测定

8.3.1 抽提

将盛有样品的滤纸筒用脱脂棉塞住，放入索氏提取器中，连接经干燥并恒重的接收瓶，加入无水乙醚至接收瓶容积的 2/3 处，于水浴上加热，3 min～6 min 回流一次，抽提 18 h。

8.3.2 称量

取下接收瓶，回收溶剂，待接收瓶中溶剂剩 1 mL～2 mL 时，在水浴上蒸干，于烘箱中 110 ℃加热 1 h，干燥器中冷却，称量，精确至 1 mg，重复加热、冷却、称量，直至连续两次称量差不超过 2 mg 为止。

9 分析结果的表述

9.1 计算方法

不挥发性乙醚抽提物以干态质量分数计，数值以%表示，按式(1)计算：

$$X = (m_2 - m_1) \times \frac{100}{m_0} \times \frac{100}{100 - H} \qquad (1)$$

式中：

X——不挥发性乙醚抽提物，%；

m_2——接收瓶和不挥发性乙醚抽提物的质量，单位为克(g)；

m_1——接收瓶质量，单位为克(g)；

m_0——试样质量，单位为克(g)；

H——样品水分含量，%。

如果重复性符合 9.2 的要求，取两次测定结果的算术平均值作为结果，表示到小数点后两位。

9.2 重复性

由同一分析者同时或相继进行的两次测定结果之差，不挥发性乙醚抽提物大于或等于 2%时，绝对偏差不得超过 0.50%；不挥发性乙醚抽提物小于 2%时，绝对偏差不得超过 0.20%。

ICS 67.220.10
B 36

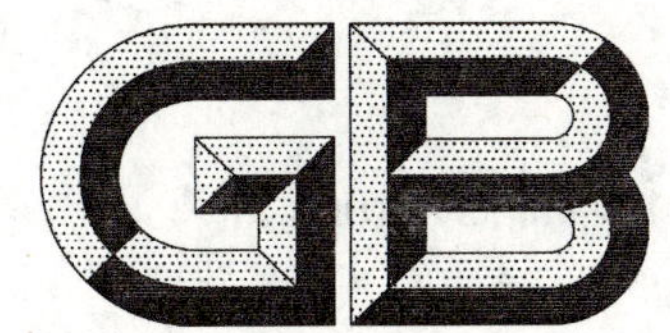

中华人民共和国国家标准

GB/T 12729.13—2008
代替 GB/T 12729.13—1991

香辛料和调味品　污物的测定

Spices and condiments—Determination of filth

(ISO 1208:1982,MOD)

2008-07-16 发布　　2008-11-01 实施

中华人民共和国国家质量监督检验检疫总局
中国国家标准化管理委员会　发布

前　言

GB/T 12729《香辛料和调味品》由下列部分组成：

——GB/T 12729.1　香辛料和调味品　名称

——GB/T 12729.2　香辛料和调味品　取样方法

——GB/T 12729.3　香辛料和调味品　分析用粉末试样的制备

——GB/T 12729.4　香辛料和调味品　磨碎细度的测定(手筛法)

——GB/T 12729.5　香辛料和调味品　外来物含量的测定

——GB/T 12729.6　香辛料和调味品　水分含量的测定(蒸馏法)

——GB/T 12729.7　香辛料和调味品　总灰分的测定

——GB/T 12729.8　香辛料和调味品　水不溶性灰分的测定

——GB/T 12729.9　香辛料和调味品　酸不溶性灰分的测定

——GB/T 12729.10　香辛料和调味品　醇溶抽提物的测定

——GB/T 12729.11　香辛料和调味品　冷水可溶性抽提物的测定

——GB/T 12729.12　香辛料和调味品　不挥发性乙醚抽提物的测定

——GB/T 12729.13　香辛料和调味品　污物的测定

本部分为 GB/T 12729 的第 13 部分。

本部分修改采用 ISO 1208:1982《香辛料和调味品　污物的测定》(英文版)，主要差异是：

——删除了 ISO 1208:1982 的第 10 章“检验报告”；

——对收集瓶的图示作了简化，只标示其结构示意图，删除使用示意图。

本部分是对 GB/T 12729.13—1991《香辛料和调味品　污物的测定》的修订。与 GB/T 12729.13—1991 相比，在格式和文字上作了一些编辑性修改，具体技术内容没有变动。

本部分代替 GB/T 12729.13—1991。

本部分的附录 A 为资料性附录。

本部分由中华全国供销合作总社提出并归口。

本部分起草单位：中华全国供销合作总社南京野生植物综合利用研究院。

本部分主要起草人：陈仕荣、张卫明。

本部分所代替标准的历次版本发布情况为：

——GB/T 12729.13—1991。

香辛料和调味品　污物的测定

1　范围

GB/T 12729 的本部分规定了香辛料和调味品中污物的测定方法。

本部分适用于香辛料和调味品中污物的测定。

2　规范性引用文件

下列文件中的条款通过 GB/T 12729 的本部分的引用而成为本部分的条款。凡是注日期的引用文件，其随后所有的修改单(不包括勘误的内容)或修订版均不适用于本部分，然而，鼓励根据本部分达成协议的各方研究是否可使用这些文件的最新版本。凡是不注日期的引用文件，其最新版本适用于本部分。

GB/T 12729.2　香辛料和调味品　取样方法(GB/T 12729.2—2008，ISO 948:1980，NEQ)

3　术语和定义

下列术语和定义适用于 GB/T 12729 的本部分。

3.1

污物　filth

在本部分规定的条件下，从样品中分离出来的无机杂质(砂、土)和动物性污物(昆虫碎片、啮齿动物的毛发和排泄物)。

4　原理

用三氯甲烷洗样品(必要时，先用石油醚抽提)，检查洗液中是否有重污物和砂、土。用水洗样品(用或不用胰酶处理)，而后加入石油醚搅拌，将集聚在两层液体之间界面处的轻污物转移到滤纸上，用显微镜检查是否有动物性污物。

5　试剂

5.1　三氯甲烷：分析纯。

5.2　四氯化碳：分析纯。

5.3　胰酶溶液：使用符合附录 A 要求的胰酶，其冷藏温度为 10 ℃。胰酶溶液配制如下：

将 10 g 胰酶加入 100 mL 温度不超过 40 ℃ 的温水中混合，机械搅拌 10 min 或在间歇搅拌下放置 30 min。在直径 100 mm～125 mm 的 60°漏斗中松散地垫一块 100 mm 厚的脱脂棉，将此溶液倒在上面，重复过滤。如果过滤速度很慢，用布氏漏斗，通过快速滤纸抽滤。如果过滤速度仍然很慢，必要时重复过滤直至溶液迅速通过滤纸(可溶性胰酶直接通过滤纸抽滤)。每 10 g 胰酶的滤液稀释至 100 mL。

5.4　50 g/L 磷酸三钠($Na_3PO_4 \cdot 12H_2O$)溶液。

5.5　甲醛：38%(体积分数)。

5.6　石油醚：分析纯(沸程 30 ℃～60 ℃)。

5.7　石油醚：分析纯(沸程 60 ℃～90 ℃)。

6　主要仪器

6.1　收集瓶：1 000 mL 锥形瓶，内插一根金属棒，棒的下端装有橡皮塞。金属棒直径 5 mm，比瓶口高约100 mm,棒的下端有螺纹,装上螺母和垫圈使橡皮塞固定在棒上。金属棒底端装有橡皮头以防打破瓶底(见图1)。

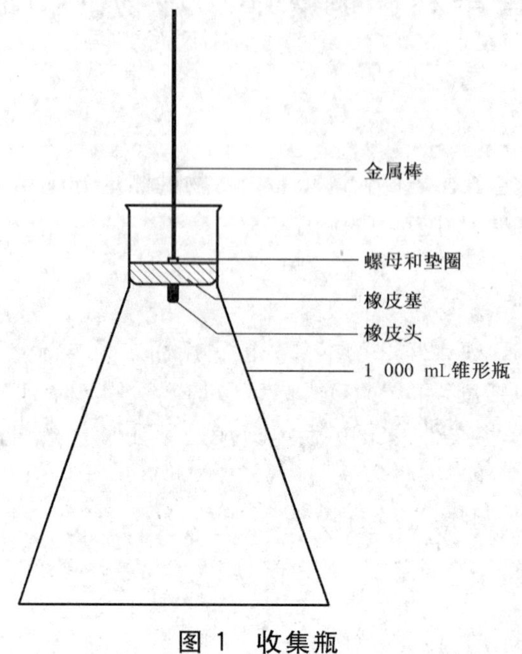

图1 收集瓶

6.2 烧杯:500 mL。

6.3 布氏漏斗:直径15 cm(用滤纸)。

6.4 布氏漏斗:直径7 cm,用划有间距5 mm平行线的滤纸。

6.5 定量滤纸。

6.6 瓷坩埚。

6.7 烘箱:控温80 ℃。

6.8 烘箱:控温103 ℃。

6.9 培养皿:直径80 mm。

6.10 放大镜或显微镜。

6.11 分析天平。

7 取样

按GB/T 12927.2规定的方法取样。

8 操作程序

若需要除去挥发油或脂肪,按(8.2)操作,否则直接按(8.3)操作。

注:为了更好地分离轻污物,需要除去大部分挥发油、脂肪和(或)用胰酶处理试样以消化淀粉和蛋白质。

8.1 试样

8.1.1 块状试样

称取25 g±0.1 g的小块样品于烧杯中。

8.1.2 粉状试样

称取25 g±0.1 g样品于烧杯中。

8.2 预先除去挥发油和脂肪

向装有样品的烧杯中加入200 mL石油醚(5.6)。在水浴中缓慢煮沸15 min。小心倾去石油醚,以免损失样品。

8.3 重污物的分离

将 400 mL 三氯甲烷(5.1)加入试样(8.1 或 8.2)操作后的残留物中。放置 1 h,不时搅拌。然后转移到布氏漏斗(6.3)中,重残留物砂和土留在烧杯里,将漂浮于三氯甲烷液面的香辛料及三氯甲烷转移到布氏漏斗中,只剩重残留物于烧杯底部。有较多的香辛料组织留在烧杯底部时,连续加数份与四氯化碳混合的三氯甲烷,逐渐增加溶液的密度,直至所有香辛料组织转移到布氏漏斗中。将重残留物从烧杯中移到定量滤纸(6.5)上,水洗除去香辛料中的氯化钠。残留物量较大时,将滤纸放在已恒重的坩埚(6.6)中,灼烧后称量重污物。

8.4 布氏漏斗上残留物的处理

在 80 ℃烘箱(6.7)中烘干布氏漏斗中的残留物(8.3)1 h。

8.4.1 不进行酶处理的操作程序

将残留物移入收集烧瓶,加 150 mL 水,加热至沸,在搅拌下缓慢煮沸 15 min。用水洗烧瓶内壁,并冷却至 20 ℃以下,用水稀释至 600 mL。

8.4.2 进行酶处理的操作程序

将烘干的残留物移入烧杯,加 300 mL 水,搅匀。加 50 mL 胰酶溶液混合。用磷酸三钠调至 pH8,15 min、45 min 后分别再次调整 pH 值。加 5 滴甲醛溶液,于 37 ℃~40 ℃中消化过夜。冷却后移入收集瓶,加水至 600 mL。

8.5 轻污物的分离

8.5.1 降下收集瓶的搅棒,加 25 mL 石油醚(5.7),快速振摇 1 min,放置 5 min,然后加水至液面升至瓶颈内,放置 30 min,每 5 min 搅拌一次。

8.5.2 旋转橡皮塞除去其上的沉积,将塞子升到烧瓶颈内,一定要使石油醚和水的界面位于塞子以上至少 1 cm 处。安置好塞子,将塞子上收集的液体移入布氏漏斗(6.4),过滤。

8.5.3 向收集瓶的内容物中加 15 mL 石油醚(5.7)。15 min 后重复(8.5.2)中所述操作。如果第二次萃取液中的污物量较多,从烧瓶中倾倒出大部分液体,再加入 15 mL 石油醚(5.7)进行第三次萃取。

8.6 轻污物的显微镜检查

从布氏漏斗上取下载有轻污物的滤纸,放在培养皿上,将培养皿放在 103 ℃烘箱(6.8)中烘30 min。烘干的滤纸应紧紧地贴在培养皿底部。

在反射光下,用放大镜或显微镜检查滤纸整个面积,用解剖针划下检查。

第一次从左到右、从上到下检查,第二次从下到上检查,第三次从上到下检查,如此反复检查。

9 结果表述

9.1 重污物

重污物以质量分数计,数值以%表示,按式(1)计算:

$$X = m_1 \times \frac{100}{m} \qquad (1)$$

式中:

X——重污物含量,%;

m_1——重污物(8.3)质量,单位为克(g);

m——试样的质量,单位为克(g)。

9.2 轻污物

分别记录每 25 g 样品中轻污物的种类和数目。

附 录 A
（资料性附录）
胰酶的规格

A.1 概述

胰酶主要含有胰酶、胰蛋白酶和胰脂酶。胰酶可将不低于25倍其质量的NF马铃薯淀粉标准品转化为可溶性糖，将不低于25倍其质量的酪蛋白转化为朊。消化力较强的胰酶与乳糖，与含淀粉不超过3.25%的蔗糖或与消化力较低的胰酶混合均可使其达到此标准。

注：NF即national formulay of U.S.A的缩写。

A.2 特性

胰酶是一种奶油色非晶体状粉末，具有轻微的特殊气味。胰酶可将蛋白质转化为朊和其衍生物，将淀粉转化为糊精和糖类。在中性或弱碱性介质中活性最大；微量的无机酸类或大量的碱性氢氧化物可使其变成惰性。过量的碱性碳酸盐可抑制其活性。

A.3 测定脂肪消化力

将2 g胰酶加入容量为50 mL的烧瓶中，加20 mL乙醚，加塞，放置1 h，不时旋转混合。用导棒将上层乙醚倾倒入直径为7 cm用乙醚预先浸湿的滤纸上，将滤液收集到已称恒重的烧瓶中。向烧瓶内的残留物中再加10 mL乙醚，如前操作，然后加第三份10 mL乙醚，将乙醚和其余的胰酶转移到滤纸上，使乙醚自然挥发干，在105 ℃中烘干残留物2 h。称重脂肪残留物不得超过6 mg(3.0%)。

也可用索氏连续提取器测定脂肪。

A.4 测定淀粉消化力

准确称取500 mg±1 mg的马铃薯淀粉标准品(NF)，于120 ℃中烘干4 h，测定其水分质量分数，取足量水煮沸10 min，冷却至室温，作为稀释用水。

称取相当于375 g干标准品的马铃薯淀粉标准品，加入10 mL水混匀。将此混合物加入55 ℃ 75 mL水(装在已称恒重的250 mL烧杯)中。

用10 mL水将残留下的淀粉冲洗入烧杯。将此混合物加热至沸，在不断搅拌下缓慢煮沸5 min，加足量水使此混合物达到100 g。冷却至40 ℃后，将烧杯放在40 ℃水浴中。向250 mL烧杯中加入5 mL水和150 mg样品，形成悬浮液，而后将其加到淀粉浆糊中。将混合物从一个烧杯倾倒入另一个烧杯30 s混匀。此混合物在40 ℃中准确保温5 min。搅拌。立即将此混合物0.1 mL加到预先配制的溶液[23 ℃～25 ℃ 60 mL水中含0.2 mL碘溶液$c(1/2\ I_2)=0.1$ mol/L]中，不出现蓝色或紫色。

A.5 测定蛋白消化力

将100 mg酪蛋白粉末加入50 mL容量瓶，加30 mL水，振摇使其形成悬浮液。加0.1 mL氢氧化钠溶液[$c(NaOH)=0.1$ mol/L]，在40 ℃中加热使酪蛋白完全溶解，时间不得超过30 min。冷却后加水稀释至50 mL，将100 mg胰酶样品溶于500 mL水中。将100 mg测定酪蛋白消化力的NF胰酶标准品溶于另一500 mL水中。将1 mL冰乙酸分别与9 mL水、10 mL乙醇混合，2个试管中各加5 mL酪蛋白溶液。于一个试管中加入2 mL胰酶溶液，于另一试管中加入2 mL标准品溶液。各管中加入3 mL水，轻轻搅拌混匀，立即将两个试管浸入40 ℃水浴中保温1 h，然后从水浴中取出试管，各滴加

3滴乙酸混合液。

装有胰酶样品溶液的试管中的浑浊程度不得超过装标准品溶液的试管中的浑浊程度。

A.6 包装和贮存

胰酶应保存在密封容器中，温度为10 ℃左右，在任何情况下不得超过30 ℃。

ICS 67.220.10
X 66

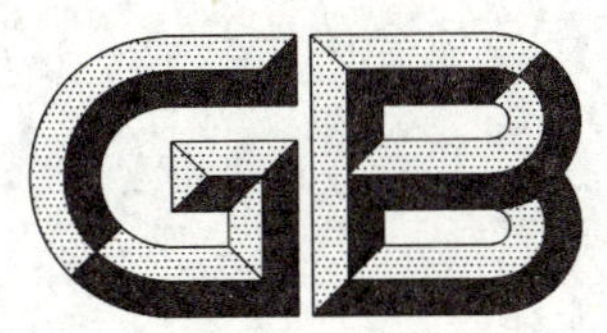

中华人民共和国国家标准

GB/T 18782—2002

调味品中3-氯-1,2-丙二醇的测定

Determination of 3-chloro-1,2-propandiol in condiments

2002-07-21发布　　2003-02-01实施

中华人民共和国
国家质量监督检验检疫总局　发布

前　言

本标准的气相色谱/质谱检测法(GC/MS)为仲裁法。

本标准由全国食品工业标准化技术委员会提出并归口。

本标准的起草单位：

气相色谱/质谱检测法(GC/MS)由上海出入境检验检疫局起草，广州出入境检验检疫局、佛山市海天调味食品有限公司、联合利华食品(中国)有限公司、李锦记食品有限公司参加起草；气相色谱-电子俘获检测法(GC-ECD)由广州出入境检验检疫局起草，佛山市海天调味食品有限公司、国家副食品质量监督检验中心、石家庄珍极酿造集团、上海出入境检验检疫局参加起草；气相色谱-火焰离子化检测法(GC-FID)由国家食品质量监督检验中心起草，佛山市海天调味食品有限公司、联合利华食品(中国)有限公司、上海出入境检验检疫局参加起草。

本标准主要起草人：朱坚、盛永刚[气相色谱/质谱检测法(GC/MS)]；王志元、陈捷、张思群[气相色谱-电子俘获检测法(GC-ECD)]；尹建军、蔡心尧[气相色谱-火焰离子化检测法(GC-FID)]。

调味品中3-氯-1,2-丙二醇的测定

1 范围

本标准规定了用气相色谱/质谱检测法、气相色谱-电子俘获检测法和气相色谱-火焰离子化检测法测定调味品中3-氯-1,2-丙二醇的条件和详细分析步骤。

本标准适用于酱油、酱油粉、酸水解植物蛋白调味液(粉)和其他调味液(粉)中3-氯-1,2-丙二醇含量的测定。

样品中3-氯-1,2-丙二醇的检出限:气相色谱/质谱检测法和气相色谱-电子俘获检测法为0.01 mg/kg;气相色谱-火焰离子化检测法为0.2 mg/kg。

2 气相色谱/质谱检测法

2.1 方法提要

样品中的3-氯-1,2-丙二醇经层析柱分离、净化,与七氟丁酰咪唑衍生成1,2-二(七氟丁酰氧基)-3-氯丙烷。衍生物用气相色谱-质谱联用仪定性,外标法定量。

2.2 反应式

$$\begin{array}{l} CH_2\text{—}Cl \\ | \\ CH\text{—}OH \\ | \\ CH_2\text{—}OH \end{array} + 2\ \text{(imidazole-N)}\text{—}C(=O)\text{—}C_3F_7 \longrightarrow \begin{array}{l} CH_2\text{—}Cl \\ | \\ CH\text{—}O\text{—}C(=O)\text{—}C_3F_7 \\ | \\ CH_2\text{—}O\text{—}C(=O)\text{—}C_3F_7 \end{array} + 2\ \text{imidazole (N—H)}$$

2.3 试剂和溶液

除非另有规定,仅使用分析纯试剂、蒸馏水或去离子水。

2.3.1 正己烷:重蒸馏。

2.3.2 无水乙醚:重蒸馏。

2.3.3 乙酸乙酯:重蒸馏。

2.3.4 淋洗溶液:9体积正己烷加1体积无水乙醚。

2.3.5 七氟丁酰咪唑〔N-(Heptafluoro-n-butyryl) imidazole;缩写HFBI〕:分子式$C_7H_3F_7N_2O$。

2.3.6 提取填充料:Extrelut® NT(含游离晶体硅酸);或与Extrelut® NT相当的提取填充料。

2.3.7 无水硫酸钠:650℃灼烧4 h,冷却后贮于密闭容器中。

2.3.8 3-氯-1,2-丙二醇标准品:纯度不低于99%。

2.3.9 标准贮备溶液:称取约0.1 g(精确至0.1 mg)3-氯-1,2-丙二醇(2.3.8),用乙酸乙酯溶解并定容至100 mL。此标准贮备溶液的浓度约1 mg/mL。

2.3.10 标准系列溶液:用正己烷(2.3.1)将标准贮备溶液(2.3.9)稀释至约0.00 μg/mL、0.01 μg/mL、0.05 μg/mL、0.1 μg/mL、0.5 μg/mL、1.0 μg/mL和2.0 μg/mL。

2.4 仪器和设备

实验室常规仪器、设备及下列各项。

2.4.1 离心机:转速不低于4 000 r/min。

2.4.2 旋转蒸发器或吹氮浓缩器。

2.4.3 玻璃层析柱:长200 mm,内径25 mm;带活塞。

2.4.4 涡旋混合器。

2.4.5 气相色谱/质谱联用仪。

2.4.6 色谱柱:石英毛细管柱,HP-5(柱长 60 m,内径 0.32 mm,涂膜厚度 0.25 μm;固定液:5%-二苯基和 95%-二甲基硅氧烷共聚物);或与 HP-5 相当的色谱柱。

2.4.7 刻度离心试管:10 mL,具塞。

2.5 分析步骤

2.5.1 装柱

2.5.1.1 液体试样(酱油,酸水解植物蛋白调味液,其他调味液)

称取 5 g 试液(精确至 0.001 g)于 100 mL 烧杯中。加 5 g 提取填充料(2.3.6),搅拌均匀。装入已依次充填 1c m(高)的无水硫酸钠(2.3.7)和 5 g 提取填充料(2.3.6)的玻璃层析柱(2.4.3)中。压实后再充填 1c m(高)的无水硫酸钠(2.3.7)。

2.5.1.2 固体、半固体试样(酱油粉,酸水解植物蛋白调味粉,其他调味粉,调味酱)

称取 5 g 试样(精确至 0.001 g)于 100 mL 烧杯中。加入 5.0 mL 水,搅拌成浆状。以下按 2.5.1.1 中的步骤操作(加 5 g 提取填充料……)。

2.5.2 提取

用 80 mL 淋洗溶液(2.3.4)淋洗玻璃层析柱中的物料(2.5.1.1 或 2.5.1.2),淋洗速度约 3 mL/min。弃去淋洗液,再用 150 mL 无水乙醚洗脱,洗脱速度约 3 mL/min。收集洗脱液于 250 mL 圆底烧瓶中,在 40℃下用旋转蒸发器或吹氮浓缩器浓缩至近干(不得干透)。用正己烷(2.3.1)将浓缩物移入10 mL刻度离心试管,用正己烷(2.3.1)定容至 5 mL。

2.5.3 衍生

2.5.3.1 试样的衍生

在上述盛有正己烷溶液(2.5.2)的刻度离心试管中加入 50 μL 七氟丁酰咪唑(2.3.5),塞紧试管塞,用涡旋混合器充分涡旋混合 1 min。在 70℃恒温 30 min,冷却至室温。加水 3 mL,塞紧试管塞,涡旋混合 1 min,离心 3 min。用尖嘴吸管将水层吸出后,重复"加水 3 mL、涡旋混合、离心、吸去水层"的操作。将溶液在 40℃下充入小股氮气流,浓缩至 1.0 mL,移入 2 mL 样品瓶中,加入约 300 mg 无水硫酸钠(2.3.7),加塞,充分振摇 1 min,静置后供气相色谱/质谱分析。

2.5.3.2 标准系列溶液的衍生

分别取 5 mL 标准系列溶液(2.3.10)于 7 只 10 mL 刻度离心试管(2.4.7)中。以下按 2.5.3.1 中的步骤操作(加入 50 μL 七氟丁酰咪唑……)。

2.5.4 测定

2.5.4.1 气相色谱/质谱条件

色谱柱温度:60℃,1 min $\xrightarrow{5℃/min}$ 120℃,3 min $\xrightarrow{20℃/min}$ 250℃,2 min;

进样口温度:250℃;

接口温度:280℃;

载气:氦气,纯度不低于 99.999%,流速 1.0 mL/min;

进样方式:无分流进样;

进样体积:1 μL;

电离模式:电子电离(EI);

电离电压:70 eV;

选择离子:质荷比(m/z)253、289、453;

电子倍增器电压:自动调谐值加 200 V;

溶剂延迟时间:11 min。

2.5.4.2 定量

用进样器分别吸取 1 μL 衍生后的标准系列溶液，注入气相色谱仪，在上述质谱条件(2.5.4.1)下测定标准系列溶液的响应峰面积。以响应峰面积为纵坐标，标准系列溶液的浓度为横坐标，绘制标准曲线或计算回归方程。

吸取 1 μL 衍生后的试样注入气相色谱仪，在上述质谱条件(2.5.4.1)下测定试样的响应峰面积(应在仪器检测的线性范围内)。依据测定的响应峰面积，在标准曲线上查出(或用回归方程计算出)样品中 3-氯-1,2-丙二醇的含量。

在上述色谱条件(2.5.4.1)下，3-氯-1,2-丙二醇的保留时间约 13 min。

标准系列溶液衍生物的质谱图见图 1 和图 2。

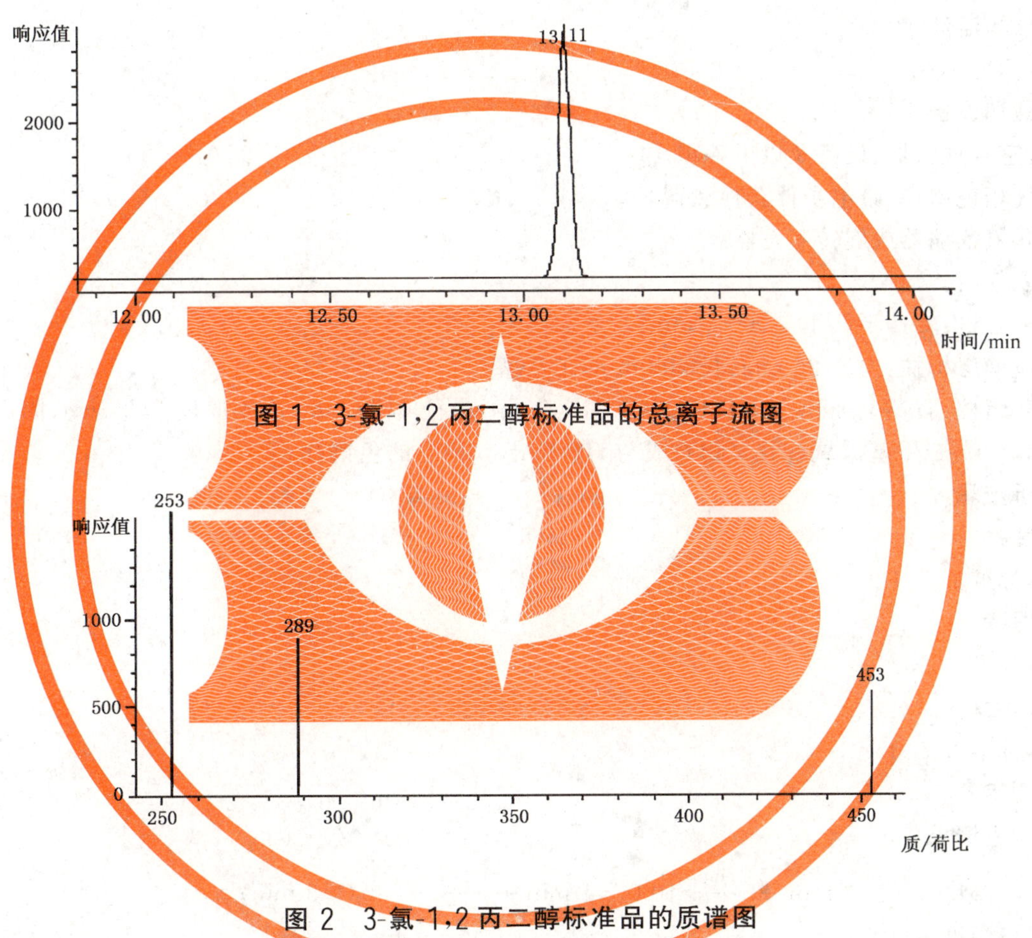

图 1　3-氯-1,2 丙二醇标准品的总离子流图

图 2　3-氯-1,2 丙二醇标准品的质谱图

2.5.5　空白试验

用 5 mL 水代替试样，按 2.5.1～2.5.4 的步骤做空白试验。

2.6　结果计算

样品中 3-氯-1,2-丙二醇的含量(X_1)以 mg/kg 表示，按式(1)计算：

$$X_1 = \frac{(C_1 - C_2) \times V}{m} \quad \cdots\cdots(1)$$

式中：

C_1——试样中 3-氯-1,2-丙二醇的含量，单位为微克每毫升(μg/mL)；

C_2——空白试验 3-氯-1,2-丙二醇的含量，单位为微克每毫升(μg/mL)；

V——试样最终定容的体积数，单位为毫升(mL)；

m——最终试样的质量的数值，单位为克(g)。

计算结果应表示到小数点后 2 位。

2.7 允许差

同一样品，两次平行测定结果之差，不得超过平均值的10%。

3 气相色谱-电子俘获检测法

3.1 方法提要

样品中的3-氯-1,2-丙二醇经层析柱分离、净化，与七氟丁酰咪唑衍生成1,2-二(七氟丁酰氧基)-3-氯丙烷。衍生物用气相色谱仪的电子俘获检测器测定，外标法定量。

3.2 反应式

同本标准2.2。

3.3 试剂和溶液

同本标准2.3。

3.4 仪器和设备

实验室常规仪器、设备及以下各项。

3.4.1 气相色谱仪：带电子俘获检测器。

3.4.2 吹氮浓缩器或旋转蒸发器。

3.4.3 混匀器。

3.4.4 离心机：转速不低于4 000 r/min。

3.4.5 玻璃层析柱：内径25 mm，长200 mm，带活塞。

3.4.6 色谱柱：石英毛细管柱，HP-PAS-5(柱长30 m，内径0.32 mm，涂膜厚度0.25 μm；固定液：5%-二苯基和95%-二甲基硅氧烷共聚物)；或与HP-PAS-5相当的色谱柱。

3.5 分析步骤

3.5.1 装柱

同本标准2.5.1。

3.5.2 提取

同本标准2.5.2。

3.5.3 衍生

同本标准2.5.3。

3.5.4 测定

3.5.4.1 色谱条件

色谱柱温度：50℃，3 min $\xrightarrow{5℃/min}$ 100℃，1 min $\xrightarrow{30℃/min}$ 280℃，3 min；

进样口温度：260℃；

检测器温度：300℃；

进样方式：不分流进样；

进样体积：1 μL；

载气：氮气，纯度不低于99.99%，流速3.0 mL/min；

尾吹气流速：50 mL/min。

3.5.4.2 定量

用进样器分别量取1 μL衍生后的标准系列溶液，注入气相色谱仪，在上述色谱条件(3.5.4.1)下测定标准系列溶液的响应峰面积。以响应峰面积为纵坐标，标准系列溶液的浓度为横坐标，绘制标准曲线或计算回归方程。

用进样器量取1 μL衍生后的试样，注入气相色谱仪，在上述色谱条件(3.5.4.1)下测定试样的响应峰面积(应在仪器检测的线性范围内)。依据测定的响应峰面积，在标准曲线上查出(或用回归方程计算出)样品中 3-氯-1,2-丙二醇的含量。

在上述色谱条件(3.5.4.1)下,3-氯-1,2-丙二醇的保留时间约为 11.9 min。

标准系列溶液衍生物的气相色谱图见图 3。

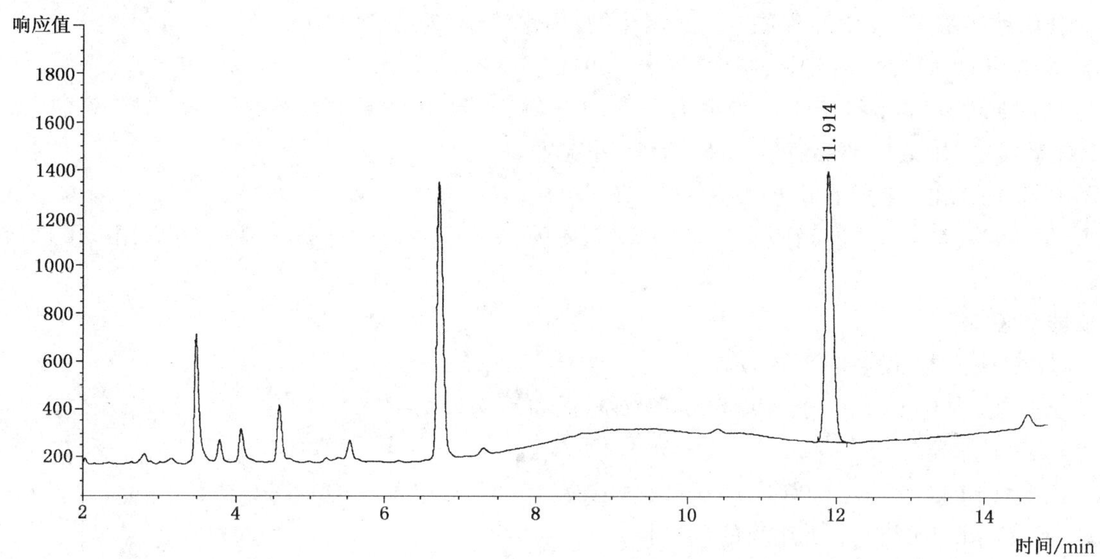

图 3 3-氯-1,2-丙二醇标准品与七氟丁酰咪唑衍生后的气相色谱图

3.5.5 空白试验

同本标准 2.5.5。

3.6 结果计算

同本标准 2.6。

3.7 允许差

同本标准 2.7。

4 气相色谱-火焰离子化检测法

4.1 方法提要

样品中的 3-氯-1,2-丙二醇经层析柱分离、净化,与苯基硼酸衍生成 3-氯-1,2-丙二醇苯基硼酸酯(4-氯甲基-2-苯基-2-硼杂-1,3-二氧杂环戊烷)。衍生物用气相色谱仪的火焰离子化检测器测定,内标法定量。酸水解植物蛋白调味液(粉)不经层析柱处理,可直接衍生。

4.2 反应式

$CH_2—Cl$ / $CH—OH$ / $CH_2—OH$ + $(HO)_2B—C_6H_5$ ⟶ $CH_2—O$ / $CH—O$ (>B—C_6H_5) / $CH_2—Cl$ + $2H_2O$

4.3 试剂和溶液

除非另有规定,仅使用分析纯试剂、蒸馏水或去离子水。

4.3.1 正己烷:重蒸馏。

4.3.2 无水乙醚:重蒸馏。

4.3.3 丙酮。

4.3.4 提取填充料:同本标准 2.3.6

4.3.5 无水硫酸钠:同本标准 2.3.7。

4.3.6 苯基硼酸:纯度不低于97%。

4.3.7 苯基硼酸溶液(250 mg/mL):称取6.25 g苯基硼酸(4.3.6),加入1.25 mL水,用丙酮(4.3.3)溶解并定容至25 mL。

4.3.8 氯化钠溶液(120 g/L):称取12.0 g氯化钠,用水溶解,定容至100 mL。

4.3.9 氯化钠溶液(30 g/L):称取3.0 g氯化钠,用水溶解,定容至100 mL。

4.3.10 3-氯-1,2-丙二醇标准品:纯度不低于99%。

4.3.11 标准储备溶液(1 g/L):准确称取0.1 g(精确至0.000 1 g)3-氯-1,2-丙二醇(4.3.10)于100 mL容量瓶中,用氯化钠溶液(4.3.8)溶解,并定容。

4.3.12 1,2-丙二醇:纯度不低于98%。

4.3.13 内标溶液(1%):准确吸取0.50 mL 1,2-丙二醇(4.3.12)于50 mL容量瓶中,用水溶解,并定容。

4.4 仪器和设备

实验室常规仪器、设备及下列各项。

4.4.1 层析柱:内径15 mm,长400 mm,带砂芯板和活塞。

4.4.2 K.D浓缩器。

4.4.3 色谱柱:石英交联毛细管柱,HP-1(固定液:100%-二甲基聚硅氧烷),柱长25 m,内径0.2 mm,涂膜厚度0.33 μm;或与HP-1相当的色谱柱。

4.4.4 气相色谱仪:配有火焰离子化检测器。

4.4.5 超声波浴。

4.5 分析步骤

4.5.1 衍生和提取

4.5.1.1 酸水解植物蛋白调味液

称取10 g试液(精确至0.001 g)于25 mL具塞比色管中。加入0.10 mL内标溶液(4.3.13)和1 mL苯基硼酸溶液(4.3.7),塞紧比色管塞,摇匀,90℃保温20 min,冷却至室温。加入2 mL正己烷(4.3.1),振摇1 min。静止分层后,将上层清液移入1 mL具塞样品瓶中,供测定。

4.5.1.2 酸水解植物蛋白调味粉

称取3 g试样(精确至0.001 g)于25 mL具塞比色管中,加10 mL水,用超声波浴溶解15 min。以下按4.5.1.1的步骤操作(加入0.10 mL内标溶液……)。

4.5.1.3 酱油

称取10 g试液(精确至0.001 g)于10 mL烧杯中。移入底部盛有1 g无水硫酸钠,上层装有7 g提取填充料(4.3.4)的层析柱中。打开层析柱下部活塞,使试液浸入层析柱中,放置40 min,关闭层析柱下部活塞。用150 mL无水乙醚淋洗,淋洗速度约3 mL/min。淋洗液收集在250 mL具塞三角瓶中。用K.D浓缩器将淋洗液浓缩至近干,用氯化钠溶液(4.3.8)冲洗装有浓缩液的梨形瓶3次,每次1 mL。洗出液转移至10 mL具塞比色管中。以下步骤按4.5.1.1操作(加入0.10 mL内标溶液……),但正己烷仅用1 mL。

4.5.1.4 酱油粉

称取3 g试样(精确至0.001 g)于10 mL烧杯中。加10 mL水,用超声波浴溶解15 min。以下步骤按4.5.1.3操作(移入底部盛有1 g无水硫酸钠……)。

4.5.2 测定

4.5.2.1 色谱条件

色谱柱温度:120℃,1 min $\xrightarrow{5℃/min}$ 180℃ $\xrightarrow{20℃/min}$ 280℃,15 min;

进样口温度:250℃;

检测器温度:300℃;

氢气流速:30 mL/min;

空气流速:400 mL/min;

尾吹气流速:30 mL/min;

进样方式:分流进样,分流比 20∶1;

载气:氮气,纯度不低于 99.99%,流速 0.46 mL/min;柱头压力 100 kPa。

注:空气、氢气、尾吹气的流速可依据仪器说明书适当调整。

4.5.2.2 相对质量校正因子的测定

分别按 4.5.1.1～4.5.1.4 称取试液或试样、溶解(不进行衍生和提取)、添加适量的标准储备溶液(4.3.11),按 4.5.1.1～4.5.1.4 衍生、提取,按 4.5.2.3 测定。扣除按 4.5 测定的样品本底,按式(2)计算 3-氯-1,2-丙二醇的相对质量的校正因子 f。

$$f=\frac{A_{内1}}{A_1-A}\times\frac{G_1}{1\ 036} \qquad \cdots\cdots(2)$$

式中:

$A_{内1}$——添加标准贮备溶液后,内标物质衍生物的峰面积;

A_1——添加标准贮备溶液后,3-氯-1,2-丙二醇衍生物的峰面积;

A——样品本底中内标物质衍生物的峰面积折算成等同于 $A_{内1}$ 时,相应的 3-氯-1,2-丙二醇衍生物的峰面积;

G_1——添加标准储备溶液的质量的数值,单位为微克(μg);

1 036——内标物质的质量的数值,单位为微克(μg)。

4.5.2.3 定量

吸取 2 μL 经 4.5.1.1、4.5.1.2、4.5.1.3 或 4.5.1.4 提取的衍生物试液,注入气相色谱仪,在上述色谱条件(4.5.2.1)下测定试样。根据标样保留时间,确定 3-氯-1,2-丙二醇和 1,2-丙二醇(内标物质)衍生物响应峰的位置;并记录 3-氯-1,2-丙二醇衍生物和 1,2-丙二醇衍生物响应峰的面积,计算样品中 3-氯-1,2-丙二醇的含量。

在上述色谱条件(4.5.2.1)下,酸水解植物蛋白调味液和酱油样品的色谱图见图 4 和图 5。

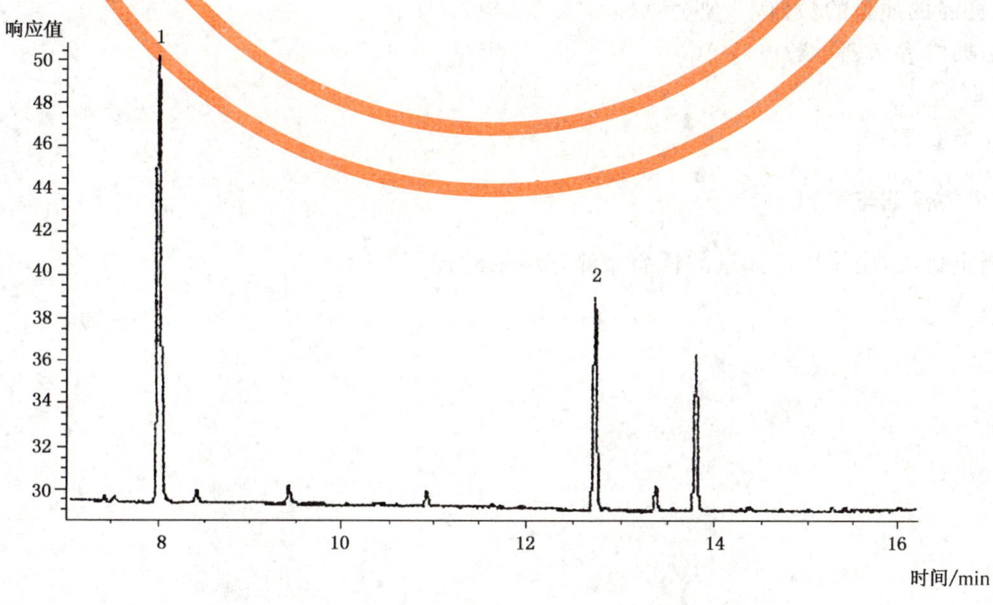

图 4 酸水解植物蛋白调味液样品的色谱图

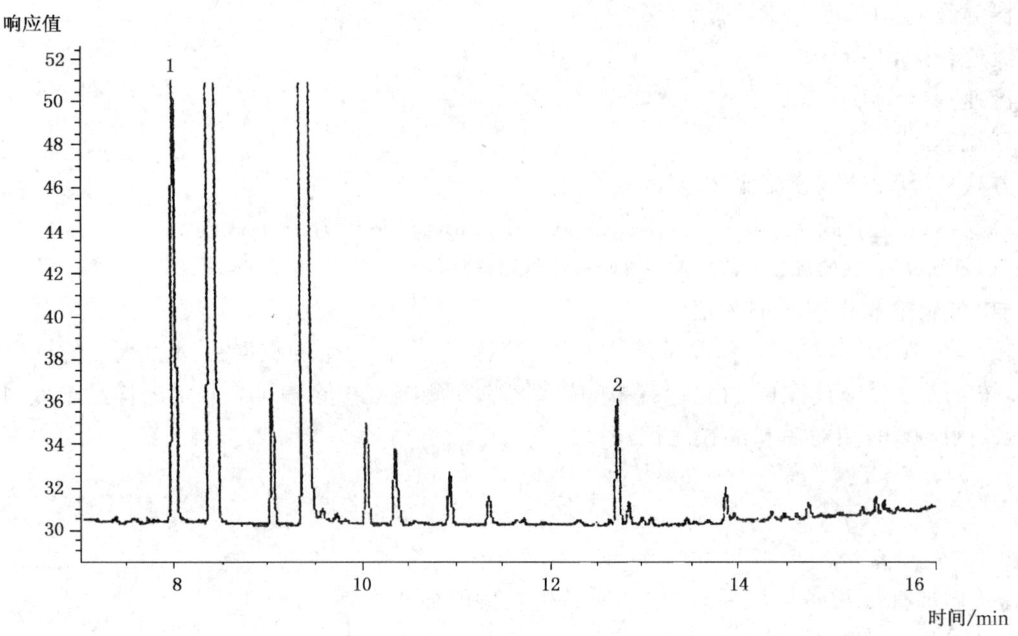

图 5　酱油样品的色谱图

图 4、图 5 中组分峰 1:1,2-丙二醇衍生物;组分峰 2:3-氯-1,2-丙二醇衍生物。

4.6　结果计算

样品中 3-氯-1,2-丙二醇的含量(X_2)以 mg/kg 表示,按式(3)计算:

$$X_2 = \frac{A_2}{A_{内2}} \times f \times \frac{1\ 036}{m_1} \qquad \cdots\cdots(3)$$

式中:

f——3-氯-1,2-丙二醇的相对质量校正因子;

$A_{内2}$——样品中 1,2-丙二醇(内标物质)衍生物响应峰的面积;

A_2——样品中 3-氯-1,2-丙二醇衍生物响应峰的面积;

1 036——内标物的质量的数值,单位为微克(μg);

m_1——样品的质量的数值,单位为克(g)。

计算结果应表示到小数点后 2 位。

4.7　允许差

同本标准 2.7。

5　测定结果的保证与控制

每一测定批次,应使用已知量的样品做测定结果的控制试验。

参考文献

气相色谱/质谱检测法

[1] Colin G. Hamlet. 1998. Analytical methods for the determination of 3-chloro-1,2-propanediol and 2- chloro-1,3-propanediol in hydrolysed vegetable protein, seasonings and food products using gas chromatography/ion trap tandem mass spectrometry. *Food Additives and Contaminants*, 15(4): 451-465.

[2] Larry E. Rodman and R. Dudley Ross. 1986. Gas-liquid chromatography of 3-chloropropanediol. *Journal of Chromatography*, 369: 97-103.

[3] Spyres G., 1993. Determination of 3-chloropropane-1,2-diol in hydrolyzed vegetable proteins by capillary gas chromatography with electrolytic conductivity detection. *Journal of Chromatography*, 638: 71-74.

[4] Van Bergen C.A., P.D.Collier, D.D.O.cromie, R.A.Lucas, H.D.Preston and D.J.Sissons. 1992. Determination of chloropropanols in protein hydrolysates. *Journal of Chromatography*, 589: 109-119.

[5] Velisek J., J.Davidek, V.Kubelka, G.Janicek, Z.Svobodova and Z.Simicova. 1980. New chlorine-containing organic compounds in protein hydrolysates. *J. Agric Food Chem.*, 28: 1142-1144.

气相色谱-电子俘获检测法

[6] PESSELMAN.R.L and FEIT.M.J. 1988 Determination of residual epichlorohydrin and 3-chloropropaneoliol in water by gas chromatography with electron-capture detection. Journal of chromatography 439: 448-452

[7] VAN BERGEN C.A. COLLIER. P.D. CROMIE D.D.O. 1992 Determination of chloropropanols in protein hydrolysates. Journal of Agricultural and Food Chemistry 28: 1142-1144.

气相色谱-火焰离子化检测法

[8] W. J. Plantinga, W. G. Van Toorn and G. H. D. Van Der Stegen. 1991. Determination of 3-chloropropane-1,2-diol in liquid hydrolysed vegetable proteins by capillary gas chromatography with flame ionization detection. *Journal of Chromatography*, 555: 311-314.

[9] Larry E. Rodman and R. Dudley Ross. 1986. Gas-liquid chromatography of 3-chloropropanediol. *Journal of Chromatography*, 369: 97-103.

[10] Colin G. Hamlet and Peter G. Sutton. 1997. Determination of the Chloropropanols, 3-Chloro-1,2-propanediol and 2-Chloro-1,3-propanediol, in Hydrolysed Vegetable Proteins and seasonings by Gas Chromatography/Ion Trap Tandem Mass Spectrometry. *Rapid Communications in Mass Spectrometry*, 11: 1417-1424.

ICS 13.060.25
P 41

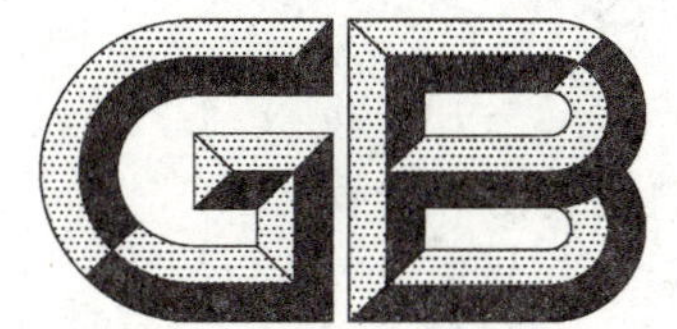

中华人民共和国国家标准

GB/T 18916.9—2014
代替 GB/T 18916.9—2006

取水定额　第9部分:味精制造

Norm of water intake—Part 9: Monosodium L-glutamate production

2014-06-09 发布　　　　2014-10-01 实施

中华人民共和国国家质量监督检验检疫总局
中国国家标准化管理委员会　发布

前　言

GB/T 18916《取水定额》,目前已制定的部分有:

——第1部分:火力发电;

——第2部分:钢铁联合企业;

——第3部分:石油炼制;

——第4部分:纺织染整产品;

——第5部分:造纸产品;

——第6部分:啤酒制造;

——第7部分:酒精制造;

——第8部分:合成氨;

——第9部分:味精制造;

——第10部分:医药产品;

——第11部分:选煤;

——第12部分:氧化铝生产;

——第13部分:乙烯生产;

——第14部分:毛纺织产品;

——第15部分:白酒制造;

——第16部分:电解铝生产。

本部分为GB/T 18916的第9部分。

本部分按照GB/T 1.1—2009给出的规则起草。

本部分按照GB/T 18820《工业企业产品取水定额编制通则》所规定的原则制定。

本部分代替GB/T 18916.9—2006《取水定额　第9部分:味精制造》。

本部分与GB/T 18916.9—2006相比,主要变化如下:

——修改了规范性引用文件;

——修改和删除了有关的术语;

——修改了味精制造的取水量定额指标;

——对原标准第4章“计算方法”和第6章“定额使用说明”进行了修改。

本部分由水利部、国家发展和改革委员会提出。

本部分由全国工业节水标准化技术委员会(SAC/TC 442)归口。

本部分起草单位:中国食品发酵工业研究院、中国生物发酵产业协会、中国标准化研究院、菱花集团有限公司、水利部水资源管理中心。

本部分主要起草人:郭新光、李晓燕、朱春雁、杨玉岭、熊正河、王晓龙、白雪、朱厚华。

本部分历次版本发布情况为:

——GB/T 18916.9—2006。

取水定额　第9部分：味精制造

1　范围

GB/T 18916的本部分规定了味精制造取水定额的术语和定义、计算方法和取水定额。

本部分适用于现有和新建味精制造企业取水量的管理。

2　规范性引用文件

下列文件对于本文件的应用是必不可少的。凡是注日期的引用文件，仅注日期的版本适用于本文件。凡是不注日期的引用文件，其最新版本(包括所有的修改单)适用于本文件。

GB/T 8967　谷氨酸钠(味精)

GB/T 12452　企业水平衡测试通则

GB/T 18820　工业企业产品取水定额编制通则

GB/T 21534　工业用水节水　术语

GB 24789　用水单位水计量器具配备和管理通则

3　术语和定义

GB/T 8967、GB/T 18820和GB/T 21534界定的以及下列术语和定义适用于本文件。

3.1

味精(谷氨酸钠)制造　monosodium L-glutamate production

以淀粉质、糖质为原料，经微生物(谷氨酸棒杆菌等)发酵、提取、中和、结晶，制成具有特殊鲜味白色结晶或粉末的生产过程。

3.2

吨味精取水量　quantity of water intake for per ton monosodium L-glutamate

企业生产每吨99%(质量分数)味精需要从常规水资源提取的水量。

4　计算方法

4.1　一般规定

4.1.1　取水量范围

取水量范围是指企业从常规水资源提取的水量，包括取自地表水(以净水厂供水计量)、地下水、城镇供水工程，以及企业从市场购得的其他水或水的产品(如蒸汽、热水等)的水量。

现有企业从江、河、湖等水体取水经直流冷却系统直接排回原水体的水量不计入取水量范围；企业从直流冷却水(不包括海水)系统中取水用做其他用途，则该部分应计入企业的取水量范围。

4.1.2　取水量供给范围

味精制造取水量的供给范围包括主要生产[即以淀粉质、糖质为原料，经微生物发酵、提取、中和、结晶，制成味精（质量分数为99%的谷氨酸钠）的生产全过程］、辅助生产（包括机修、锅炉、空压站、污水处理站、检验、化验、综合利用、运输等）和附属生产（包括办公、绿化、厂内食堂和浴室、卫生间等）三个生产过程的取水量。

4.1.3 各种水量的计量

取水量、外购水量、外供水量以企业的一级计量表计量为准。

4.2 吨味精取水量计算

吨味精取水量按式(1)计算：

$$V_{ui}=\frac{V_i}{Q} \qquad \cdots\cdots(1)$$

式中：

V_{ui}——在一定的计量时间内吨味精取水量，单位为立方米每吨(m^3/t)；

V_i ——在一定的计量时间内味精生产过程中取水量总和，单位为立方米(m^3)；

Q ——在一定的计量时间内，质量分数为99%的味精产量，单位为吨(t)。

5 取水定额

5.1 现有企业取水定额

现有味精制造企业吨味精取水量定额应不大于50 m^3/t。

5.2 新建企业取水定额

新建味精制造企业吨味精取水量定额应不大于30 m^3/t。

5.3 先进企业取水定额

先进味精制造企业吨味精取水量定额应不大于25 m^3/t。

6 定额使用说明

6.1 味精企业用水计量器具配备和管理应符合GB 24789的要求。

6.2 取水定额管理中，企业水平衡测试应依据GB/T 12452的规定。

ICS 67.040
C 53

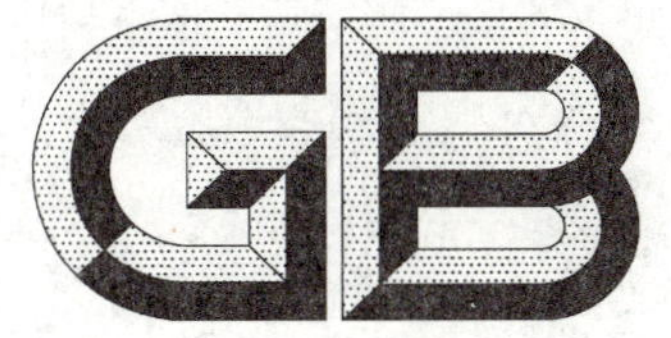

中华人民共和国国家标准

GB/T 21234—2007

铁强化酱油中乙二胺四乙酸铁钠的测定

Determination of sodium iron(Ⅲ)ethylenediaminetetraacetate, trihydrate ($NaFeEDTA \cdot 3H_2O$) in iron fortified soy sauce

2007-10-29 发布 2008-04-01 实施

中华人民共和国卫生部
中国国家标准化管理委员会 发布

前　言

本标准由中华人民共和国卫生部提出并归口。

本标准由中国疾病预防控制中心营养与食品安全所、佛山市海天调味食品有限公司负责起草。

本标准主要起草人：霍军生、黄建、魏峰、黄文彪、于波、孙静。

铁强化酱油中乙二胺四乙酸铁钠的测定

1 范围

本标准规定了铁强化酱油中乙二胺四乙酸铁钠(NaFeEDTA)的测定方法。

本标准适用于铁强化酱油中乙二胺四乙酸铁钠的测定。

本标准第一法的检出限为 0.030 μg/mL,当取样为 2.5 mL 时,最低检出浓度为 6.0 μg/mL,最佳线性范围为 0.2 μg/mL~20 μg/mL。第二法的最低检出限为 0.24 μg/mL,当取样为 3.0 mL 时,最低检出浓度为 40 μg/mL,最佳线性范围为 4.0 μg/mL~24 μg/mL。

第一法 高效液相色谱法

2 原理

铁强化酱油试样,经甲醇沉淀后,过滤,稀释,用反相离子对高效液相色谱法将乙二胺四乙酸铁钠中的 $FeEDTA^-$ 与试样中的杂质分离,经紫外检测器 254 nm 波长处检测,根据色谱峰保留时间定性,标准曲线法峰面积定量。

3 试剂

本方法中所用试剂,除另有规定外,均为分析纯试剂,水为蒸馏水或同等纯度水。

3.1 甲醇:色谱纯。

3.2 40%四丁基氢氧化铵水溶液(TBAOH)。

3.3 甲酸稀溶液:将 88%甲酸用水稀释 10 倍进行配制。

3.4 乙二胺四乙酸铁钠标准物:纯度(以 $NaFeEDTA \cdot 3H_2O$ 计)≥99.0%。

3.5 75%甲醇溶液:将体积为 750 mL 的甲醇加到体积为 250 mL 的水中,混匀。

3.6 乙二胺四乙酸铁钠标准储备溶液:准确称取乙二胺四乙酸铁钠标准物 0.1 g,置入 50 mL 棕色容量瓶中,用水溶解并稀释至刻度,摇匀,此溶液浓度为 2 000 μg/mL。于冰箱中避光保存,推荐 15 日内使用。

3.7 乙二胺四乙酸铁钠标准中间溶液:准确吸取乙二胺四乙酸铁钠标准储备溶液 2.50 mL,置于 50 mL棕色容量瓶中,用 75%甲醇溶液定容,摇匀,此溶液浓度为 100 μg/mL。于冰箱中避光保存,推荐 15 日内使用。

3.8 乙二胺四乙酸铁钠标准使用溶液:分别吸取乙二胺四乙酸铁钠标准中间溶液 1.0 mL、2.0 mL、4.0 mL、6.0 mL、8.0 mL、10.0 mL 于 50 mL 容量瓶中,用水定容至刻度,摇匀后,即得到乙二胺四乙酸铁钠标准系列,分别含 $NaFeEDTA \cdot 3H_2O$ 为 2.0 μg/mL、4.0 μg/mL、8.0 μg/mL、12.0 μg/mL、16.0 μg/mL、20.0 μg/mL。临用时配制。

4 设备与仪器

4.1 实验室常用设备。

4.2 高效液相色谱仪:具有紫外检测器。

4.3 酸度计。

5 分析步骤

5.1 试样处理

吸取铁强化酱油试样 2.50 mL，置于 50 mL 棕色容量瓶中，加 75% 甲醇溶液定容，摇匀。于避光处静置 50 min 后，滤纸过滤。吸取滤液 5.00 mL，置于 50 mL 棕色容量瓶中，用水定容至刻度，摇匀，用 0.45 μm 滤膜过滤，即得试样液，供仪器测定用。

5.2 高效液相色谱分析

5.2.1 色谱条件（参考条件）

5.2.1.1 分析柱：Zorbax C_8 柱 4.6 mm×150 mm，5 μm。

5.2.1.2 流动相：吸取 40% 四丁基氢氧化铵水溶液 3.25 mL，置于烧杯中，加水 130 mL，再用甲酸稀溶液将 pH 调至 3.30，将此溶液转移至 1 000 mL 容量瓶中，加 125 mL 甲醇，用水稀释至刻度，摇匀，脱气后使用。

5.2.1.3 紫外检测器检测波长：254 nm。

5.2.1.4 进样量：20 μL。

5.2.1.5 流速：1.0 mL/min。

5.2.2 标准曲线的制备

分别用 3.8 中的标准使用溶液 20 μL 进行 HPLC 分析，以浓度为横坐标、峰面积为纵坐标绘制标准曲线，或计算回归方程。

5.2.3 试样分析

取试样液 20 μL 进行 HPLC 分析。

5.2.3.1 定性：与标准品色谱峰的保留时间比较定性。

5.2.3.2 定量：在实验条件下，对试样液进行测定。取其峰面积平均值从标准曲线上查得或根据回归方程计算其含量。

6 结果计算

试样中乙二胺四乙酸铁钠含量按式(1)计算：

$$X = \frac{X_1 \cdot V_1}{V} \times \frac{50}{5 \times 1\,000} \qquad \cdots\cdots (1)$$

式中：

X——试样中乙二胺四乙酸铁钠的含量，单位为毫克每毫升(mg/mL)；

X_1——由标准曲线上查到的乙二胺四乙酸铁钠含量，单位为微克每毫升(μg/mL)；

V_1——试样液定容体积，单位为毫升(mL)；

V——试样的体积，单位为毫升(mL)；

计算结果保留三位有效数字。

7 精密度

在重复条件下获得的两次重复测定结果的相对差值不得超过算术平均值的 10%。

8 分离色谱图

铁强化酱油试样液中的分离色谱图见图 1。

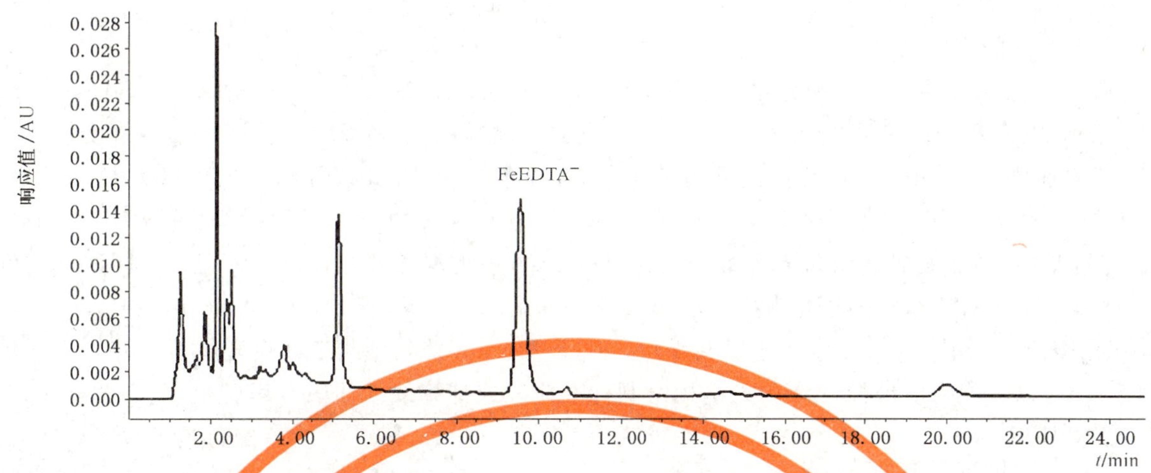

图 1 铁强化酱油试样液中的分离色谱图

第二法 比色法

9 原理

乙二胺四乙酸铁钠在酸性溶液中(pH≤0.5)中完全解离，游离的 Fe^{3+} 与显色剂硫氰酸铵(NH_4SCN)反应生成红色络合物，该络合物在含有乙醇或丙酮的有机溶液中较为稳定，于波长 480 nm 处有最大吸收，且吸光度与浓度成线性关系。利用可见分光光度法，通过与未酸化处理的试液做空白比对，计算乙二胺四乙酸铁钠含量。而其他铁营养强化剂，Fe^{2+} 与显色剂 NH_4SCN 生成无色络合物，Fe^{3+} 与显色剂 NH_4SCN 在酸化或未酸化溶液中都同样生成红色络合物，可比对扣除。

10 试剂

本方法中所用试剂，除另有规定外，均为分析纯试剂，水为蒸馏水或同等纯度水。

10.1 乙二胺四乙酸铁钠标准物：纯度(以 $NaFeEDTA \cdot 3H_2O$ 计)≥99.0%。

10.2 75%甲醇溶液：将体积为 750 mL 的甲醇加到体积为 250 mL 的水中，混匀。

10.3 过硫酸铵。

10.4 无水乙醇。

10.5 盐酸溶液：量取盐酸 500 mL，加水稀释至 1 000 mL，摇匀。

10.6 15%硫氰酸铵显色剂：称取硫氰酸铵 75 g，置 500 mL 容量瓶中，加水 250 mL，溶解后加丙酮 75 mL，用水稀释至刻度，摇匀。

10.7 丙酮-水溶液：于 500 mL 容量瓶中，加 75 mL 丙酮，用水稀释至刻度，摇匀。

10.8 乙二胺四乙酸铁钠标准储备溶液：准确称取乙二胺四乙酸铁钠标准物 0.1 g，置入 50 mL 棕色容量瓶中，用水溶解并稀释至刻度，摇匀，此溶液浓度为 2 000 μg/mL。于冰箱中避光保存，推荐 15 日内使用。

11 仪器

11.1 实验室常用设备。

11.2 可见分光光度计。

12 分析步骤

12.1 标准曲线的制备

准确吸取乙二胺四乙酸铁钠标准储备溶液 0 mL、1.0 mL、2.0 mL、3.0 mL、4.0 mL、5.0 mL、6.0 mL分别置于 50 mL 容量瓶中，加 75%甲醇溶液定容，摇匀。精确吸取稀释后的不同浓度标准溶液 5.00 mL 分别置于 50 mL 容量瓶中，加水 5.00 mL，加显色剂 15.0 mL，用无水乙醇定容，摇匀，以水为空白调零点，在 $\lambda=480$ nm 处分别测定其吸光度 A_0；再分别精确吸取不同浓度标准溶液 5.00 mL 于 50 mL容量瓶中，加盐酸溶液 5.0 mL，加显色剂 15.0 mL，用无水乙醇定容，摇匀，即得不同浓度的标准溶液，$NaFeEDTA \cdot 3H_2O$ 浓度分别为 0 μg/mL、4.0 μg/mL、8.0 μg/mL、12.0 μg/mL、16.0 μg/mL、20.0 μg/mL、24.0 μg/mL。以水为空白调零点，在 $\lambda=480$ nm 处分别测定其吸光度 A。计算不同浓度 $\Delta A=A-A_0$，以浓度为横坐标、ΔA 为纵坐标绘制标准曲线或计算线性回归方程。

12.2 试样处理

精密吸取铁强化酱油试样 3 mL，置于 50 mL 容量瓶中，加 75%甲醇溶液稀释并定容，于避光处静置 30 min 后，滤纸过滤，取滤液 5.00 mL 四份，分别置于四个 50 mL 的棕色容量瓶中。

试样液 1 配制：在其中一个容量瓶中加水 5.00 mL，过硫酸铵 0.100 g，15%硫氰酸铵显色剂 15.0 mL，加无水乙醇定容，摇匀。

试样液 2 配制：于另一个容量瓶中加盐酸溶液 5.00 mL，过硫酸铵 0.100 g，15%硫氰酸铵显色剂 15.0 mL，加无水乙醇定容，摇匀。

试样液 3 配制：于另一个容量瓶中加水 5.00 mL，过硫酸铵 0.100 g，加 15.0 mL 丙酮-水溶液，再用无水乙醇定容，摇匀。

试样液 4 配制：于另一个容量瓶中加盐酸溶液 5.00 mL，过硫酸铵 0.100 g，加 15.0 mL 丙酮-水溶液，再用无水乙醇定容，摇匀。

12.3 测定

于 $\lambda=480$ nm 处测定试样液 1、2、3、4 的吸光度，分别为 $A'_{样}$、$A_{样}$、A'_{H^+}、A_{H^+}。

注：由于 Fe^{3+} 与硫氰酸铵生成的红色络合物对光、热不稳定，试验应在 30℃ 以下并避光操作。

13 结果计算

试样中乙二胺四乙酸铁钠的吸光度值按式(2)计算。

$$\Delta A_{样} = A_{样} - A'_{样} - (A_{H^+} - A'_{H^+}) \qquad \cdots\cdots(2)$$

式中：

$A_{样}$——试样液 2 的吸光度值；

$A'_{样}$——试样液 1 的吸光度值；

A_{H^+}——试样液 4 的吸光度值；

A'_{H^+}——试样液 3 的吸光度值。

根据 $\Delta A_{样}$ 值，从标准曲线上得到测定试样液中乙二胺四乙酸铁钠含量 X_2(μg/mL)，供计算试样中乙二胺四乙酸铁钠含量用。

试样中乙二胺四乙酸铁钠的含量按式(3)计算。

$$X = \frac{X_2 \cdot V_1}{V} \times \frac{50}{5 \times 1\,000} \qquad \cdots\cdots(3)$$

式中：

X——试样中乙二胺四乙酸铁钠的含量，单位为毫克每毫升(mg/mL)；

X_2——由式(2)计算后从标准曲线上得到的乙二胺四乙酸铁钠含量，单位为微克每毫升(μg/mL)；

V_1——试样液定容体积，单位为毫升(mL)；

V——试样的体积，单位为毫升(mL)；

计算结果保留三位有效数字。

14 精密度

在重复条件下获得的两次重复测定结果的相对差值不得超过算术平均值的10%。

ICS 67.240
X 04

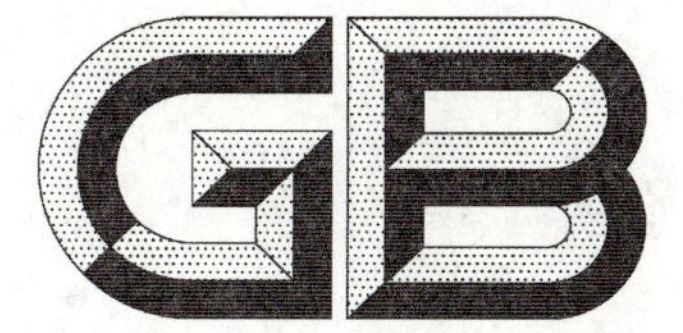

中华人民共和国国家标准

GB/T 21265—2007

辣椒辣度的感官评价方法

Pungency degree sensory evaluation method for capsicum

(ISO 3513:1995,Chillies—Determination of scoville index,NEQ)

2007-12-24 发布　　2008-03-01 实施

中华人民共和国国家质量监督检验检疫总局
中国国家标准化管理委员会　发布

前　言

本标准对应ISO 3513:1995《辣椒　斯科维尔指数测定方法》(英文版),与ISO 3513:1995的一致性程度为非等效,主要差异如下:

——本标准在6.1增加了样本制备,ISO 3513没有说明;

——本标准在6.2称样时拟定三个辣味区段,ISO 3513在称样时拟定一个辣味区段;

——本标准在6.4增加了空白液制备,ISO 3513没有空白液作对照;

——本标准在附录D增加了品评人员的选拔标准,ISO 3513没有特别说明。

本标准的附录A、附录B、附录D为规范性附录,附录C为资料性附录。

本标准由湖南省质量技术监督局提出。

本标准由中华全国供销合作总社归口。

本标准起草单位:湖南农业大学、辣妹子食品股份有限公司。

本标准主要起草人:罗凤莲、胡子敬、夏延斌、周陆江、王燕、叶文智。

辣椒辣度的感官评价方法

1 范围

本标准规定了辣椒的辣度感官评价方法。

本标准适用于对辣椒辣度的感官评价。

2 规范性引用文件

下列文件中的条款通过本标准的引用而成为本标准的条款。凡是注日期的引用文件，其随后所有的修改单(不包括勘误的内容)或修订版均不适用于本标准，然而，鼓励根据本标准达成协议的各方研究是否可使用这些文件的最新版本。凡是不注日期的引用文件，其最新版本适用于本标准。

GB/T 6682—1992 分析实验室用水规格和试验方法

3 术语和定义

下列术语和定义适用于本标准。

3.1

斯科维尔指数 scoville heat units;SHU

国际上用来表示辣感强弱的量化值。

3.2

辣度 pungency degree

表示辣味强弱程度的量化值，用度表示。

3.3

辣味区段 pungency section

按照指定的测试条件和预期的辣味水平，将测试原料按照辣味从弱到强分为若干个区段，区段名称为 A′、B′、C′、D′、A、B、C、D、E、F 等，依英文字母顺序表示，A′为辣感最弱的，F 为辣感最强的。

4 原理

用乙醇提取测试样品中的辣椒素类物质，然后过滤。将该提取液制成不同辣椒素浓度的糖水溶液，通过感官分析品评，找出刚好尝出辣味时溶液的稀释倍数，由此计算斯科维尔指数。

5 试剂与仪器

5.1 主要试剂

5.1.1 乙醇，95%(体积分数)(食用级)。

5.1.2 50 g/L 蔗糖溶液。

5.1.3 水应符合 GB/T 6682—1992 的三级。

5.1.4 壬酸香草酰胺(*N*-vanillylnonanamide，色谱纯，纯度 97%，CAS. NO 2444-46-4)。

5.1.5 吐温-80 或吐温-60(食品添加剂级)。

5.2 主要仪器

5.2.1 分析天平(感量 0.000 1 g)。

5.2.2 电动捣碎机(粒度≤0.391 mm)。

5.2.3 组织捣碎机。

5.2.4 1 mL、5 mL 定量移液器。

6 试验方法

6.1 样品制备

辣椒粉、干辣椒用电动捣碎机捣碎，全部过 0.391 mm 筛、混匀后取样；鲜辣椒经组织捣碎机捣碎混匀后取样。

6.2 确定试样质量

测试人员通过对样品的直接品尝，确定被测试样的辣味区段范围，每个样品拟定 3 个连续辣味区段，按表 1 称取测试样品的质量。

表 1 辣椒辣味区段对应的取样量

辣味区段	A′	B′	C′	D′	A
测试质量/g	10.000	5.000	2.000	1.000	0.500
辣味区段	B	C	D	E	F
测试质量/g	0.250	0.100	0.050	0.050	0.050
注：辣味区段 A′→F 表示辣味由弱至强。					

6.3 提取液制备

6.3.1 A′→D 辣味区段的样液提取

样品质量根据辣椒的辣位区段称取。辣位区段为 C′时，称样 2 g(精确到 0.001 g)至小烧杯中，用乙醇(5.1.1)分次转移至 50 mL 容量瓶中，再用乙醇(5.1.1)定容至刻度。用力振摇 1 min，随后静置 30 min。重复操作两次，再振摇容量瓶一次，随后静置不少于 15 h。然后用定性干滤纸将提取液过滤到 50 mL 的烧杯中，弃去初滤液 15 mL～20 mL，收集滤液备用。

6.3.2 E 辣味区段的样液提取

按 6.3.1 自“用乙醇(5.1.1)分次转移……收集滤液备用。”起依法操作。然后用 5.0 mL 的移液管移取过滤后的提取液 5.0 mL 至 50 mL 容量瓶，用乙醇(5.1.1)稀释至刻度。

6.3.3 F 辣味区段的样液提取

按 6.3.1 自“用乙醇(5.1.1)分次转移……收集滤液备用。”起依法操作。然后用 5.0mL 的移液管移取过滤后的提取液 5.0 mL 至 100 mL 容量瓶，用乙醇(5.1.1)稀释至刻度。

6.4 空白液制备

在附录 A 或附录 B 对应的辣味区段内，选择所选辣味区段内中间段体积的乙醇，用定量移液器移取到 50 mL 的容量瓶中。用蔗糖溶液(5.1.2)稀释至刻度，此溶液为空白液。

6.5 稀释液制备

6.5.1 确定最小样液量：在 3 个连续的辣位区段样液中，先品尝中间辣味区的样液。按附录 A 或附录 B 表中数据，从对应辣味区段所列数据中，用定量移液器从大到小移取提取液，然后转移到 50 mL 的容量瓶中，用蔗糖溶液(5.1.2)稀释至刻度，进行品评，直至品评小组 5 人中有 4 人或 4 人以上的品评人员都感觉不出辣的刺激为止，该体积即为最小样液量(品评前先让每一位品评员感觉空白溶液的刺激味道，当感觉到有强于空白的刺激味，且具有辣椒特有的辣味刺激时，才为辣的刺激反应，否则为不辣)。当取此辣味区段的最大体积品评时仍感觉不辣，或确定最小样液量后对应表中体积数据不足 5 个，用备份低辣味区段提取液重复上述方法确定最小样液量。当取此辣味区段的最小体积品评时仍感觉辣，用备份高辣味区段提取液重复上述方法确定最小样液量。

6.5.2 稀释液制备：用定量移液器移取最小样液量和最小样液量之后的 5 个连续体积的提取液，按附录 A 或附录 B 的区段移取样液体积，分别转移到 50 mL 的容量瓶中，用蔗糖溶液(5.1.2)稀释至刻度。具体制备方法参考附录 C。将容量瓶编号用于品评鉴别。

7 品评方法

7.1 确定品评员及品评小组

按附录D的要求执行。

7.2 品评程序

7.2.1 品评液制备

在空白液和确定的6个稀释液中，用5 mL移液管分别移取5 mL的稀释液至7个50 mL烧杯中（编号为：空白液、品评液1、品评液2、品评液3、品评液4、品评液5、品评液6）。各制5份。

7.2.2 品评

7.2.2.1 在每个品评员面前，各放1组品评液，同时附一份辣度品评记录表（见表D.2）。

7.2.2.2 品评员按照由稀到浓的秩序开始品评（即从品评液1至品评液6），在品每一个品评液前后都要用35 ℃～40 ℃的水漱口，并吃适量无盐苏打饼干消除口中味道。然后吞咽品评液，20 s～30 s后感觉特有的辣感，将品评结果记录于表D.2。每一个品评液的品评间隔时间为5 min。

8 结果评定

8.1 斯科维尔指数的确定

当3位或3位以上的品评员对某一品评液具有相同的辣味刺激反应，且对于品评液6（即最后一个品评液）至少有4位品评员有辣味刺激反应，以6.2确定的辣味区段和品评液移取的体积为依据，从附录A或附录B中查出对应的稀释倍数，根据此稀释倍数确定斯科维尔指数。

8.1.1 附录A中斯科维尔指数的确定

A′→D′辣味区段的斯科维尔指数＝稀释倍数。

8.1.2 附录B中斯科维尔指数的确定

A→F辣味区段的斯科维尔指数＝稀释倍数×1 000。

8.2 结果重新评定

当统计结果达不到8.1的要求时，或者至少有3位品评员报告的最大稀释倍数超过2个以上的连续的稀释倍数，品评结果无效，应重新按7.2的要求进行品评，与上次品评间隔时间为90 min，直至达到8.1的结果为止。

9 辣度表示方法及辣度与斯科维尔指数(SHU)的换算

辣椒的辣味强弱程度用辣度表示，单位为度。

辣度与斯科维尔指数(SHU)的换算关系为：

$$150\ \text{SHU} = 1\ 度$$

附　录　A
（规范性附录）
辣味区段A′,B′,C′,D′的斯科维尔指数

表 A.1　辣味区段A′,B′,C′,D′的斯科维尔指数

不同辣味区段移取提取液的体积/mL				稀释倍数
A′	B′	C′	D′	
			0.36	7 000
			0.38	6 500
			0.42	6 000
			0.45	5 500
			0.50	5 000
			0.55	4 500
			0.63	4 000
			0.66	3 800
			0.69	3 600
			0.74	3 400
			0.78	3 200
		0.42	0.83	3 000
		0.43	0.86	2 900
		0.45	0.89	2 800
		0.46		2 700
		0.48		2 600
		0.50		2 500
		0.52		2 400
		0.54		2 300
		0.57		2 200
		0.60		2 100
		0.63		2 000
		0.66		1 900
		0.69		1 800
		0.74		1 700
		0.78		1 600
		0.83		1 500
		0.89		1 400
		0.96		1 300
	0.42	1.04		1 200
	0.46	1.14		1 100
	0.50	1.25		1 000

表 A.1（续）

不同辣味区段移取提取液的体积/mL				稀释倍数
A′	B′	C′	D′	
	0.53			950
	0.56			900
	0.59			850
	0.63			800
	0.67			750
	0.72			700
0.38	0.77			650
0.42	0.83			600
0.46	0.91			550
0.50	1.00			500
0.56				450
0.63				400
0.72				350
0.83				300
1.00				250
1.25				200
1.67				150
2.50				100

附 录 B
（规范性附录）
辣味区段 A,B,C,D,E 和 F 的斯科维尔指数

表 B.1 辣味区段 A,B,C,D,E 和 F 的斯科维尔指数

不同辣味区段移取提取液的体积/mL						稀释倍数
A	B	C	D	E	F	
					0.67	1 500
					0.72	1 400
					0.77	1 300
					0.83	1 200
					0.91	1 100
				0.50	1.00	1 000
				0.53	1.06	950
				0.56	1.11	900
				0.59	1.18	850
				0.63	1.25	800
				0.67	1.33	750
				0.72	1.43	700
				0.77		650
				0.83		600
				0.91		550
				1.00		500
				1.11		450
				1.25		400
				1.43		350
				1.67		300
				2.00		250
			0.25	2.50		200
			0.29			175
			0.33			150
			0.40			125
			0.50			100
		0.26	0.53			95
		0.28	0.56			90
		0.29	0.59			85
		0.31	0.63			80

表 B.1（续）

不同辣味区段移取提取液的体积/mL						稀释倍数
A	B	C	D	E	F	
		0.33	0.67			75
		0.35	0.72			70
		0.38	0.77			65
		0.42	0.83			60
		0.45	0.91			55
		0.50	1.00			50
		0.55				45
		0.63				40
		0.68				37
		0.74				34
		0.80				31
		0.89				28
	0.38	0.96				26
	0.40	1.00				25
	0.42					24
	0.46					22
	0.50					20
	0.56					18
	0.63					16
	0.72					14
	0.83					12
0.50	1.00					10
0.53	1.11					9.5
0.56	1.25					9.0
0.59						8.5
0.63						8.0
0.67						7.5
0.72						7.0
0.77						6.5
0.83						6.0
0.91						5.5

附 录 C
（资料性附录）
样品稀释液体积的选取示例

设置取样辣味区段为C′，然后按附录A的C′区段提取液体积从大到小移取，用蔗糖溶液（5.1.2）定容至50 mL的容量瓶中，使品评小组5人中有4个或4个以上的品评员感觉不辣的品样就是最小样液量。如不辣品样的最小样液量体积为0.48 mL，起点体积就为0.48 mL，然后按附录A的C′区段以0.48 mL为起点，连续选取6个提取液（0.48 mL、0.50 mL、0.52 mL、0.54 mL、0.57 mL、0.60 mL），分别用定量移液器移取，然后转移到6个50 mL的容量瓶中。用蔗糖溶液（5.1.2）稀释至刻度，制备6个样品稀释液。

附　录　D
（规范性附录）
品评条件及品评结果

D.1　品评人员

D.1.1　品评人员应为平常不吃辣椒或对辣椒很敏感的人员。在品评评定开始之前，应通过鉴别试验来挑选对辣味刺激灵敏度高的人员。
D.1.2　品评人员在品评前 1 h 内不吸烟，不吃东西，但可以喝水；在测试前 90 min 内没有受到过其他辣椒样品或辣度调味食品的影响；品评期间具有正常的生理状态，不能饥饿或过饱；品评人员在品评期间不使用化妆品或其他有明显气味的用品。

D.2　配制标准辣度稀释液

D.2.1　称取 0.6 g（精确到 0.001 g）壬酸香草酰胺（5.1.4）和 20 g（精确到 0.001 g）吐温-80 或吐温-60（5.1.5）于 50 mL 的小烧杯中，低温加热 10 min 左右使辣椒素溶解，用 70 ℃蒸馏水（5.1.3）定量转移到 1 000 mL 容量瓶中，冷却至室温，用室温（20 ℃）蒸馏水（5.1.3）定容至刻度。
D.2.2　称取 10 g（精确到 0.001 g）D.2.1 中的溶液稀释定容至另一个 1 000 mL 容量瓶中，盖上塞子冷藏，此为 6 mg/L 的辣椒素储备溶液。
D.2.3　称取 16.67 g（精确到 0.001 g）D.2.2 中的溶液，用蒸馏水（5.1.3）稀释至 250 mL 容量瓶中。然后称取 10 g（精确到 0.001 g）稀释液，用蒸馏水（5.1.3）稀释至 100 mL 容量瓶中。此为 0.04 mg/L 的辣度稀释液。
D.2.4　称取 33.33 g（精确到 0.001 g）D.2.2 中的溶液，用蒸馏水（5.1.3）稀释至 250 mL 容量瓶中。然后称取 10 g（精确到 0.001 g）稀释液，用蒸馏水（5.1.3）稀释至 100 mL 容量瓶中。此为 0.08 mg/L 的辣度稀释液。

D.3　品评过程及条件

D.3.1　按标准规定制备四份稀释液，其中两份是蒸馏水液，一份是 0.04 mg/L 的辣度稀释液，一份是 0.08 mg/L 的辣度稀释液，同时按照标准规定进行品评，要求品评人员鉴别找出两份有辣味刺激的稀释液，记录示例见表 D.1。

表 D.1　鉴别试验结果表

品评人：	日期：
试样号	鉴别结果
1	√
2	
3	√
4	
注：在有辣味刺激的编号后打“√”。	

D.3.2　鉴别试验应重复两次（时间间隔为 30 min）。答对者打“√”，答错者打“×”，如果两次都答错的人员，则表明其对辣味刺激的灵敏度太低，应予淘汰。
D.3.3　初定 8 个～10 个品评员，随机挑选 5 个品评员组成品评小组，同一批次的感官评定不得更换品评员。

D.3.4 品评时间应在饭后 1 h 进行。每一份品评液的品评间隔时间为 5 min。

D.3.5 品评液应一人一份。品评人员在品评每一份品评液前后都要用 35 ℃～40 ℃的水漱口，并吃适量无盐苏打饼干消除口中味道。

D.3.6 品评应在专用实验室进行。实验室应由样品制备室和品评室组成，两者应独立。品评室应充分换气，避免有异味或残留气体的干扰，室温 20 ℃～25 ℃，无强噪声，有足够的光线强度，室内色彩柔和，避免强对比色彩。品评人员每人一座，应相互隔离。

D.3.7 品评时应保持室内和环境安静，无干扰。评分时不能讨论，以免相互影响，主持人不要向品评人员说明与试样辣味有关的情况。

D.3.8 品评时，品评员吞咽样品溶液后 20 s～30 s，感觉到有强于空白的刺激味，且具有辣椒特有的辣味刺激时，将品评结果记录于表 D.2。

表 D.2 辣度品评结果表

样液	样品				
	样品 1	样品 2	样品 3	样品 4	样品 5
品评液 1					
品评液 2					
品评液 3					
品评液 4					
品评液 5					
品评液 6					
时间：			品评员：		
注：有辣味刺激时标注“＋”，无辣味刺激时标注“－”。					

ICS 67.240
X 04

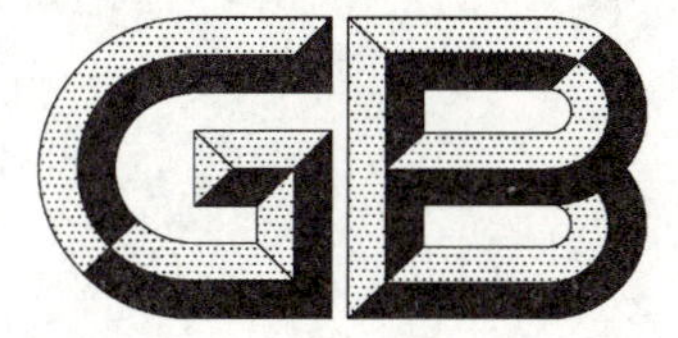

中华人民共和国国家标准

GB/T 21266—2007

辣椒及辣椒制品中辣椒素类物质测定及辣度表示方法

Determination of total capsaicinoid content and representation of pungency degree in capsicum and its products

2007-12-24 发布　　　　2008-03-01 实施

中华人民共和国国家质量监督检验检疫总局
中国国家标准化管理委员会　发布

前　言

本标准的附录A为资料性附录。

本标准由湖南省质量技术监督局提出。

本标准由中华全国供销合作总社归口。

本标准起草单位:湖南农业大学、辣妹子食品股份有限公司。

本标准主要起草人:王燕、胡子敬、夏延斌、叶文智、罗凤莲、周陆江。

引　言

本标准规定了辣椒素(capsaicin)、二氢辣椒素(dihydrocapsaicin)的检测方法，以上两种物质的含量约占辣椒素类物质总量的90%，是影响辣度最主要的成分。由于辣椒中其他辣椒素类物质含量较少(约为10%左右)，因此检测样品中辣椒素类物质总量是按辣椒素与二氢辣椒素含量的和除以0.9来计算的。

辣椒及辣椒制品中
辣椒素类物质测定及辣度表示方法

1 范围

本标准规定了用高效液相色谱法(HPLC)测定辣椒及辣椒制品中辣椒素类物质的方法及辣度表示方法。

本标准适用于辣椒和辣椒制品中辣椒素类物质的测定及辣度的表示。

本方法检出限:辣椒素、二氢辣椒素均为 100 ng;检出浓度:辣椒素、二氢辣椒素均为 1 mg/kg;线性范围为 1 mg/L~150 mg/L。

2 规范性引用文件

下列文件中的条款通过本标准的引用而成为本标准的条款。凡是注日期的引用文件,其随后所有的修改单(不包括勘误的内容)或修订版均不适用于本标准,然而,鼓励根据本标准达成协议的各方研究是否可使用这些文件的最新版本。凡是不注日期的引用文件,其最新版本适用于本标准。

GB/T 6682—1992 分析实验室用水规格和试验方法

3 术语和定义

下列术语和定义适用于本标准。

3.1

斯科维尔指数 scoville heat units;SHU

国际上用来表示辣感强弱的量化值。

3.2

辣度 pungency degree

表示辣味强弱程度的量化值,用度表示。

3.3

辣椒素类物质 capsaicinoid

在食用辣椒果实中产生辣味的香草基酰胺类生物碱物质的统称。

注:其中辣椒素、二氢辣椒素两种物质的含量约占辣椒素类物质总量的 90%,是最辛辣、影响辣度最主要的成分。

4 原理

粉碎或捣碎均匀的样品中的辣椒素类物质用甲醇-四氢呋喃(1+1)混合溶剂经超声提取,然后用反相高效液相色谱-紫外可见光检测器进行色谱分析,采用外标法定量。

5 试剂

5.1 水:符合 GB/T 6682—1992 的一级。

5.2 甲醇:色谱纯。

5.3 四氢呋喃:色谱纯。

5.4 甲醇-四氢呋喃(1+1)混合溶剂。

5.5 辣椒素标准物质(纯度≥95%)。

5.6 二氢辣椒素标准物质(纯度≥90%)。

5.7 辣椒素类物质标准储备液:分别精确称取辣椒素标准物质 0.052 6 g(精确到 0.000 1 g)和二氢辣椒素标准物质 0.055 6 g(精确到 0.000 1 g),用甲醇溶解并定容至 50.0 mL。配成浓度均为 1 mg/mL 的辣椒素和二氢辣椒素的混合标准液,密封后贮于 4℃冰箱中备用。

5.8 辣椒素类物质标准使用液:分别吸取标准储备液 0 mL、0.5 mL、1.0 mL、1.5 mL、2.0 mL、2.5 mL,用甲醇定容至 25 mL,此标准系列浓度为 0 μg/mL、20 μg/mL、40 μg/mL、60 μg/mL、80 μg/mL、100 μg/mL。现配现用。

6 主要仪器和设备

6.1 高效液相色谱仪(紫外检测器)。

6.2 分析天平(感量 0.000 1 g)。

6.3 分析天平(感量 0.001 g)。

6.4 组织捣碎机。

6.5 烘箱(30℃~300℃可调)。

6.6 数控型超声波震荡器(超声工作频率:40 kHz;温度可调:20℃~80℃)。

6.7 旋转蒸发器。

6.8 电动粉碎机(粒度≤0.391 mm)。

7 分析步骤

7.1 样品制备

7.1.1 干辣椒:将样品用电动粉碎机粉碎,均过 0.391 mm 筛,称取 2.5 g~5.0 g 样品(精确到0.001 g。根据样品中辣椒素含量多少,取样量可适当增减)于 100 mL 烧杯中。

7.1.2 辣椒制品:将辣椒制品搅拌均匀,称取 2.5 g~5.0 g 样品(精确到 0.001 g。根据样品中辣椒素含量多少,取样量可适当增减)于 100 mL 烧杯中。

7.1.3 新鲜辣椒或含水量>15%的辣椒制品:用组织捣碎机捣碎样品,然后称取 10.0 g 样品(精确到 0.001 g。根据样品中辣椒素含量多少,取样量可适当增减),用烘箱在 50℃下烘干至水分含量≤15%。

7.2 试样提取

在样品中加入 5.4 混合溶剂 25 mL,用保鲜膜封口,用针扎几个小孔,然后在 60℃水浴条件下,使用超声波震荡器提取 30 min。用滤纸过滤,收集滤液,然后将滤渣连同滤纸重新加 5.4 混合溶剂25 mL,使用超声波震荡器提取 10 min,重复两次。将三次过滤收集的滤液合并,用旋转蒸发器在 70℃温度下浓缩至 10 mL~20 mL,然后用 5.4 混合溶剂定容至 50 mL,经 0.45 μm 滤膜过滤后进行色谱分析。根据样品中辣椒素类物质总量和检测器的灵敏度,必要时可以适当调整稀释倍数。

7.3 参考色谱条件

色谱柱:Zorbax SB-C18　4.6 mm×250 mm　5 μm(或相当型号色谱柱)。

流动相:甲醇+水(65+35)。

进样量:10 μL。

流速:1 mL/min。

紫外检测波长:280 nm。

柱温箱温度:30℃。

8 结果计算

按本标准 7.3 的条件进行 HPLC 分析,用标准物质色谱峰的保留时间定性;根据辣椒素、二氢辣椒素标准曲线及试样中的峰面积定量。标准物质色谱图参见图 A.1。根据辣椒中辣椒素和二氢辣椒素的含量绘制标准曲线。

8.1 辣椒素类物质总量计算

依据测定值按式(1)、式(2)、式(3)计算。

$$W_a = \frac{C_1 \times V}{1\,000m} \quad \cdots\cdots (1)$$

式中：

W_a——试样中辣椒素的含量，单位为克每千克(g/kg)；

C_1——由标准曲线上查到的辣椒素含量，单位为微克每毫升(μg/mL)；

V——样品定容体积，单位为毫升(mL)；

m——样品质量，单位为克(g)。

计算结果表示到小数点后三位。

$$W_b = \frac{C_2 \times V}{1\,000m} \quad \cdots\cdots (2)$$

式中：

W_b——试样中二氢辣椒素的含量，单位为克每千克(g/kg)；

C_2——由标准曲线上查到的二氢辣椒素含量，单位为微克每毫升(μg/mL)；

V——样品定容体积，单位为毫升(mL)；

m——样品质量，单位为克(g)。

计算结果表示到小数点后三位。

$$W = [W_a + W_b]/0.9 \quad \cdots\cdots (3)$$

式中：

W——试样中辣椒素类物质总量，单位为克每千克(g/kg)；

0.9——辣椒素与二氢辣椒素折算为辣椒素类物质总量的系数。

8.2 斯科维尔指数(SHU)的计算

斯科维尔指数 X 的计算见式(4)：

$$X = W \times 0.9 \times (16.1 \times 10^3) + W \times 0.1 \times (9.3 \times 10^3) \quad \cdots\cdots (4)$$

式中：

0.9——辣椒素类物质总量的折算系数；

16.1×10^3——辣椒素或二氢辣椒素转换为斯科维尔指数的系数，每 1 g/kg 辣椒素或二氢辣椒素相当于 16.1×10^3 SHU；

0.1——其余辣椒素类物质含量的折算系数；

9.3×10^3——其余辣椒素类物质转换为斯科维尔指数的系数，其余辣椒素类物质 1 g/kg 相当于 9.3×10^3 SHU。

9 辣度表示方法及辣度与斯科维尔指数(SHU)的换算

辣椒及辣椒制品中的辣椒素类物质含量高低用辣度表示，单位为度。辣椒素类物质含量越高，辣度越大。

辣度与斯科维尔指数(SHU)的换算关系为：

150 SHU=1 度

10 精密度

辣椒素、二氢辣椒素的含量分别取两次测定结果的算术平均值为测定结果，在重复条件下获得的两次独立测试结果的相对偏差不应超过10%。

11 测定结果

试验报告中出具辣椒素、二氢辣椒素的含量和辣椒素类物质总量的测定结果。上述测定结果表示到小数点后三位。斯科维尔指数(SHU)和辣度(度)值取整数。

附　录　A
（资料性附录）
辣椒素和二氢辣椒素标准品色谱图

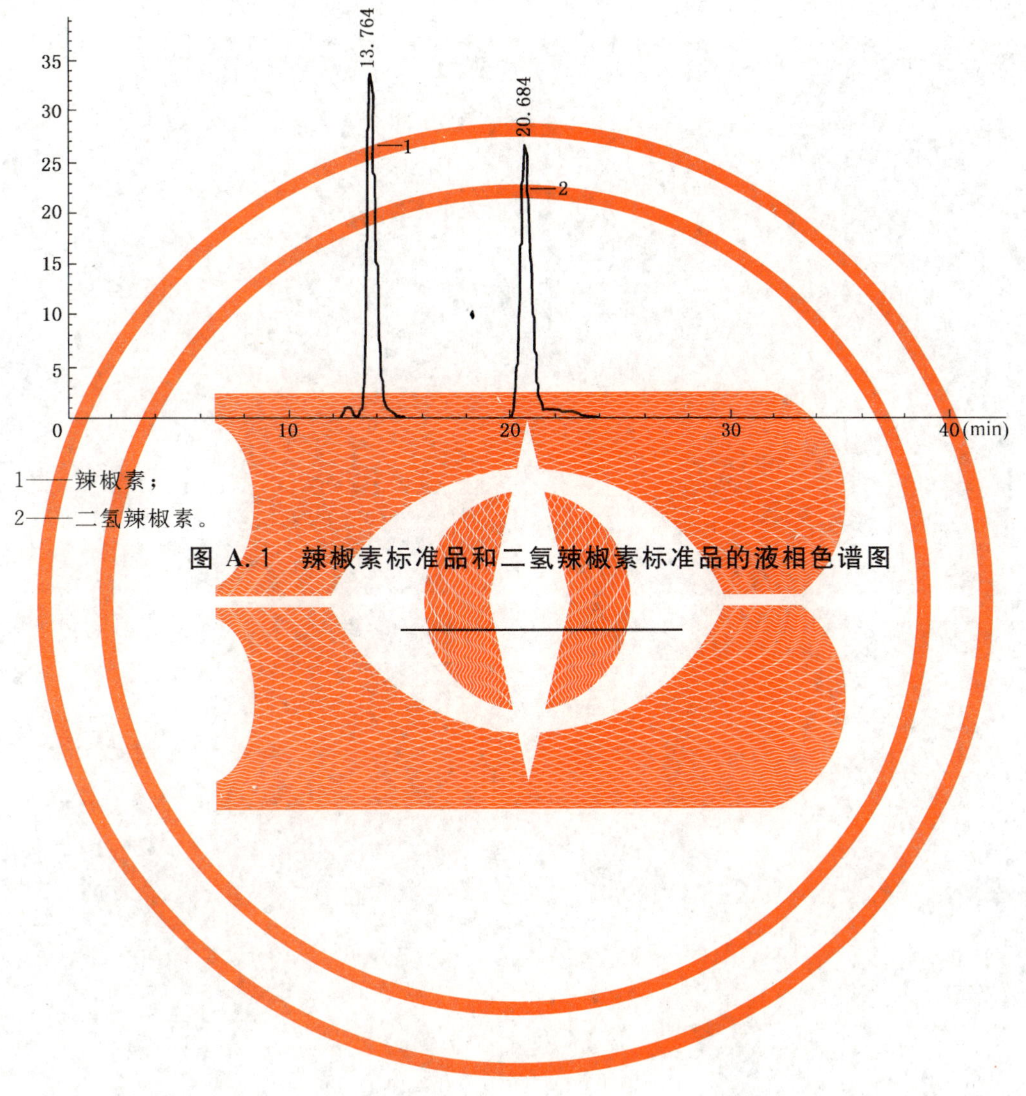

1——辣椒素；
2——二氢辣椒素。

图 A.1　辣椒素标准品和二氢辣椒素标准品的液相色谱图

ICS 67.220.10
X 66

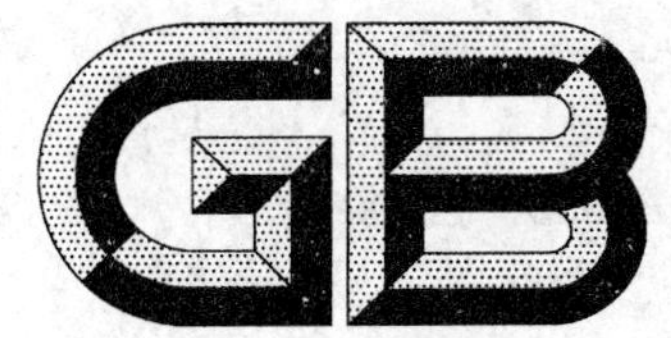

中华人民共和国国家标准

GB/T 22099—2008

酿造醋酸与合成醋酸的鉴定方法

Identification method for biogenic acetate acid and synthetic acetate acid

2008-06-25 发布　　2009-06-01 实施

中华人民共和国国家质量监督检验检疫总局
中国国家标准化管理委员会　发布

前　言

本标准的附录A为资料性附录。

本标准由全国食品工业标准化技术委员会工业发酵分技术委员会提出并归口。

本标准起草单位:复旦大学放射医学研究所、中国食品发酵工业研究院、河南天冠企业集团有限公司。

本标准主要起草人：朱国英、张蔚、翟光校、王志强、康永璞。

酿造醋酸与合成醋酸的鉴定方法

1 范围

本标准规定了区别酿造醋酸与合成醋酸的方法。

本标准适用于酿造醋酸与合成醋酸的鉴定。

2 规范性引用文件

下列文件中的条款通过本标准的引用而成为本标准的条款。凡是注日期的引用文件，其随后所有的修改单(不包括勘误的内容)或修订版均不适用于本标准，然而，鼓励根据本标准达成协议的各方研究是否可使用这些文件的最新版本。凡是不注日期的引用文件，其最新版本适用于本标准。

GB/T 6682 分析实验室用水规格和试验方法(GB/T 6682—2008,ISO 3696:1987,MOD)

3 术语和定义

下列术语和定义适用于本标准。

3.1

酿造醋酸 biogenic acetic acid

以粮谷、薯类、水果等为原料，经发酵法生产制得的醋酸(冰乙酸)。

3.2

合成醋酸 synthetic acetic acid

以碳氢化合物乙炔、乙烯、甲醇等石化产品为原料，经合成法生产制得的醋酸(冰乙酸)。

4 原理

酿造醋酸中^{14}C的含量是稳定在一定范围内，而合成醋酸中的^{14}C大量衰变，只有微量残存。基于碳的同位素^{14}C在酿造醋酸与合成醋酸中的含量有明显不同，用液体闪烁法测定醋酸中^{14}C含量，以酿造醋酸的^{14}C为100，合成醋酸的^{14}C为0，^{14}C在二者混合物中的含量为其中间值，可以定量地测定二者的比率，以此作为鉴定方法。

5 试剂和溶液

5.1 甲苯闪烁液：称取2,5-二苯基恶唑 4 g(PPO，闪烁纯)和双[2-(5-苯基恶唑基)]苯(POPOP，闪烁纯)0.1 g，用甲苯溶解，并定容至1 000 mL。

5.2 内部标准放射源：

5.2.1 标准放射源：碳-14(正十六烷)标准溶液(GBWO 4319，一级)，活度/浓度为39 075 Bq/g。

5.2.2 配制：称取1g标准放射源(精确至0.000 1 g)，用甲苯定容至500 mL，并计算出每毫升甲苯中标准放射源含量(dpm/mL)。

5.3 甲苯。

5.4 酿造醋酸标样。

5.5 合成醋酸标样。

6 仪器

6.1 低本底液体闪烁分析仪。

6.2 移液管:1 mL 、10 mL。

7 分析步骤

7.1 试样的制备

将醋酸样品用水(应符合 GB/T 6682 的规定)稀释到 95%,以防止淬灭。

7.2 ^{14}C 比活度的测定(以计数效率表示)——内标法

取两只闪烁杯,吸取 10 mL 试样 (7.1)、9 mL 甲苯闪烁液(5.1)和 1 mL 甲苯于一只闪烁杯中,于另一闪烁杯吸入 10 mL 试样(7.1) 、9 mL 甲苯闪烁液(5.1)和 1 mL 内部标准放射源(5.2),混合。

用低本底液体闪烁分析仪的^{3}H 通道计测 100 min,据此求出每分钟衰变数的计数值(dpm),计算计数效率。

7.3 结果计算

7.3.1 计数效率按式(1)计算。

$$E = \frac{B - A}{P} \qquad \cdots\cdots(1)$$

式中:

E——计数效率;

B——试样+甲苯闪烁液+内部标准放射源 (10 mL+9 mL+1 mL)的每分钟衰变数计数值,单位为每分钟衰变数(dpm);

A——试样+甲苯闪烁液+甲苯(10 mL+9 mL+1 mL)的每分钟衰变数计数值,单位为每分钟衰变数(dpm);

P——每毫升内部标准放射源的每分钟衰变数计数值(已知),单位为每分钟衰变数(dpm)。

7.3.2 试样中的表观计数值(dpm)按式(2)计算。

$$D = \frac{A - C}{E} \qquad \cdots\cdots(2)$$

式中:

D——试样中的表观计数值,单位为每分钟衰变数(dpm);

A——试样+甲苯闪烁液+甲苯(10 mL+9 mL+1 mL)的每分钟衰变数计数值,单位为每分钟衰变数(dpm);

C——甲苯闪烁液+甲苯(9 mL+1 mL)的每分钟衰变数计数值,单位为每分钟衰变数(dpm);

E——计数效率。

7.3.3 试样中每克碳的表观每分钟衰变数计数值(dpm)按式(3)计算。

$$D = \frac{D_1}{m \times 0.4} \qquad \cdots\cdots(3)$$

式中:

D——试样中每克碳的表观每分钟衰变数计数值,单位为每分钟衰变数(dpm);

D_1——试样中的表观每分钟衰变数计数值,单位为每分钟衰变数(dpm);

m——闪烁杯中醋酸的质量,单位为克(g);

0.4——醋酸中含碳量折算系数。

7.3.4 试样中酿造醋酸的比率按式(4)计算。

$$P = \frac{D - D_h}{D_p - D_h} \times 100 \qquad \cdots\cdots(4)$$

式中:

P——试样中酿造醋酸的比率;

D——试样中每克碳的表观每分钟衰变数计数值,单位为每分钟衰变数(dpm);

D_h——合成醋酸标样中的表观每分钟衰变数计数值,单位为每分钟衰变数(dpm);

D_p——酿造醋酸标样中的表观每分钟衰变数计数值,单位为每分钟衰变数(dpm)。

注1:以酿造醋酸标样、合成醋酸标样代替试样即可测定并计算 D_p、D_h。

注2:食醋中酿造醋酸比率的测定参见附录A。

7.4 精密度

在重复性条件下获得的两次独立测定结果的绝对差值不得超过5%。

附　录　A
（资料性附录）
食醋中酿造醋酸比率的测定

A.1　原理

同第4章。

A.2　试剂和溶液

A.2.1　焦磷酸。

A.2.2　碳酸钙(作沉降用)。

其余试剂同第5章。

A.3　仪器

A.3.1　低本底液体闪烁分析仪。

A.3.2　旋转蒸发器。

A.3.3　蒸发皿:直径120 mm。

A.3.4　减压蒸馏装置:带有冷阱。

A.3.5　抽气过滤装置。

A.3.6　分析天平:感量0.1 mg。

A.3.7　电热干燥箱。

A.3.8　恒温水浴。

A.3.9　移液管:1 mL、10 mL。

A.3.10　干燥器:用变色硅胶作干燥剂。

A.4　用食醋制备醋酸的步骤

吸取一定量食醋(醋酸制备量应大于20 mL),置于1 000 mL蒸馏瓶中,45 ℃减压蒸馏。弃去初始馏分10 mL～20 mL,取中间馏分,残液为20 mL左右时停止蒸馏。

收集蒸馏液,缓缓搅拌加入约40 g碳酸钙(应过量使反应完全),加热沸腾10 min以促进反应。冷却后抽气过滤,滤液用旋转蒸发器浓缩,看到析出醋酸钙时即停止。

将上述浓缩液倾倒至蒸发皿中,置于水浴上(98 ℃～100 ℃)蒸发干涸,呈白色结晶状后,将蒸发皿中的醋酸钙转移入称量皿中,置于电热干燥箱内,于130 ℃干燥15 h(称量至恒量停止干燥)。

在干燥后的醋酸钙中加入3倍量的焦磷酸,充分搅拌,浸润后移入500 mL蒸馏烧瓶中,于水浴中静置20 min～30 min。连接冷阱,减压蒸馏60 min～90 min,收集结冰的醋酸。

A.5　食醋中酿造醋酸比率的测定

A.5.1　试样的制备

同7.1。

A.5.2　^{14}C比活度的测定

同7.2。

A.5.3 结果计算

同7.3。

A.5.4 精密度

同7.4。

ICS 67.220.10
B 36

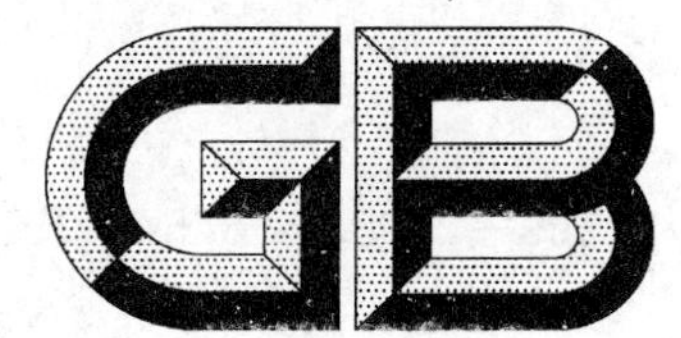

中华人民共和国国家标准

GB/T 22299—2008/ISO 7541:1989

辣椒粉　天然着色物质总含量的测定

Ground paprika—Determination of total natural colouring matter content

(ISO 7541:1989,IDT)

2008-08-01 发布　　2008-11-01 实施

中华人民共和国国家质量监督检验检疫总局
中国国家标准化管理委员会　发布

前　言

本标准等同采用 ISO 7541:1989《辣椒粉　天然着色物质总含量的测定》(英文版)。本标准等同翻译 ISO 7541:1989。

为便于使用,本标准做了下列编辑性修改:

a)　"本国际标准"一词改为本标准;

b)　用小数点"."代替作为小数点的逗号","。

本标准由中华全国供销合作总社提出并归口。

本标准起草单位:中华全国供销合作总社南京野生植物综合利用研究院。

本标准主要起草人:陈仕荣、张卫明。

辣椒粉 天然着色物质总含量的测定

1 范围

本标准规定了测定辣椒粉天然着色物质总含量的方法。

本标准适用于辣椒粉中天然着色物质总含量的测定。

2 规范性引用文件

下列文件中的条款通过本标准的引用而成为本标准的条款。凡是注日期的引用文件，其随后所有的修改单(不包括勘误的内容)或修订版均不适用于本标准，然而，鼓励根据本标准达成协议的各方研究是否可使用这些文件的最新版本。凡是不注日期的引用文件，其最新版本适用于本标准。

GB/T 12729.2 香辛料和调味品 取样方法(GB/T 12729.2—2008,ISO 948:1980,NEQ)

GB/T 12729.3 香辛料和调味品 分析用粉末试样的制备(GB/T 12729.3—2008,ISO 2825:1981,MOD)

GB/T 12729.6 香辛料和调味品 水分含量的测定(蒸馏法)(GB/T 12729.6—2008,ISO 939:1980,NEQ)

3 原理

用丙酮萃取辣椒粉中的天然着色物质，用分光光度计在 460 nm 波长处测量所得溶液的吸收值。

4 试剂

所有试样均为合格的分析纯，水为蒸馏水或相当纯度的水。

4.1 丙酮。

4.2 硫酸溶液：5%(体积分数)。

4.3 标准显色溶液：称取 1.350 0 g 的六水氯化钴和 0.012 5 g 重铬酸钾(精确至±0.000 2 g)，置于锥瓶中，加入 20 mL 5%(体积分数)硫酸溶液(4.2)，将此溶液定量移入 100 mL 容量瓶中[该容量瓶已预先用 5%(体积分数)硫酸溶液(4.2)洗净，再用少量硫酸溶液(4.2)洗涤三遍]，用硫酸溶液(4.2)稀释至刻度。

5 仪器

通用实验室仪器，其他仪器如下：

5.1 分光光度计：适于波长 460 nm、165 nm 和 477 nm 的测量，配 1 cm 比色杯。

5.2 分样筛：孔径 0.63 mm。

5.3 分析天平。

5.4 振荡机：每分钟振荡 270 次～300 次。

5.5 容量瓶：250 mL(琥珀玻璃制)。

5.6 刻度吸管：5 mL。

5.7 彩色玻璃滤光片：可采用美国标准滤光片 NBSSRM2030。

6 取样

按 GB/T 12729.2 的规定执行。

7 试样制备

按照GB/T 12729.3制备试样，仔细充分研磨样品，以使其能全部通过规定的筛孔(5.2)，混合均匀。

8 方法

8.1 分光光度计校正

8.1.1 用标准显色溶液校正

用1 cm厚比色杯在477 nm处测定标准显色溶液相对于硫酸溶液(4.2)的吸光度，该显色溶液的理论吸收值为0.315，测得的值与此有差异，可用式(1)计算校正因子 f：

$$f=\frac{0.315}{A_{477}} \qquad \cdots\cdots(1)$$

式中：

A_{477}——测得的吸收值。

8.1.2 用彩色玻璃滤光片校正

在465 nm彩色玻璃滤光片的最大吸收波长处，测定滤光片(5.7)的吸收值，如果测得值与制造商给出的值有差异，用式(2)计算校正因子 f：

$$f=\frac{A_i}{A_m} \qquad \cdots\cdots(2)$$

式中：

A_i——制造商给出的吸收值；

A_m——测得的滤光片吸收值。

8.2 试样水分含量

按GB/T 12729.6的规定执行。

8.3 试样及试液的制备

称取0.1 g样品(第7章)(精确至±0.000 2 g)，将试样移入250 mL容量瓶(5.5)中，加200 mL丙酮(4.1)，将容量瓶置于带避光装置的振荡机上，振荡4 h后取下容量瓶，将瓶身稍微倾斜，使上部内壁的辣椒粉微粒能回到底部，再用丙酮(4.1)稀释至刻度，充分振摇，然后放置10 min。

8.4 测定

用刻度吸管(5.6)将8.3中制得的适量清澈溶液移入比色杯(5.1)，用丙酮作参比在460 nm处测定其吸收值。吸收值应在0.3～0.5范围内，若测得的吸收值不在此范围，应重新取样测定。

8.5 测定次数

同一样品，进行两次平行测定。

9 结果表示

9.1 计算方法

辣椒粉天然着色物质总含量 c，以每千克干态样品中辣椒红的克数表示，如式(3)：

$$c=\frac{A\times f\times 2.5\times 10^5}{2\ 250\times(100-H)\times m} \qquad \cdots\cdots(3)$$

式中：

A——试液的吸收值；

f——分光光度计校正因子(若需要，见8.1)；

2.5×10^5——换算系数；

2 250——辣椒红的吸光系数；

H——试样水分含量(质量分数),%;

m——试样质量,单位为克(g)。

若重复性(9.2.1)符合要求,则取两次测定(8.5)的算术平均值作为测定结果,保留一位小数。

注:着色物质含量也可用式(4)表示为ASTA色度。

$$\text{ASTA 色度} = \frac{A \times (250/100) \times f}{m} \times 16.4 \quad \cdots\cdots (4)$$

式中:

250/100——将本标准中采用的稀释倍数换算为ASTA标准稀释倍数的换算因子;

16.4——ASTA采用的随机因子。

9.2 精密度

9.2.1 重复性

相同样品、相同仪器由同一分析人员进行两次连续平行测定,其测定结果之间的差异,不得超过0.1 g/kg(每千克样品着色物质含量)。

9.2.2 重现性

同一实验样品,用本法进行分析,在两个不同实验室中得到的最终测定值之间的差异,不得超过0.3 g/kg(每千克样品着色物质含量)。

10 检验报告

检验报告应说明所用测定方法和测定结果,也应提及本标准未规定的或可选的其他操作细节,以及可能影响测定结果的因素。

检验报告应包括完全鉴别样品所需的一切信息。

ICS 67.220.10
B 36

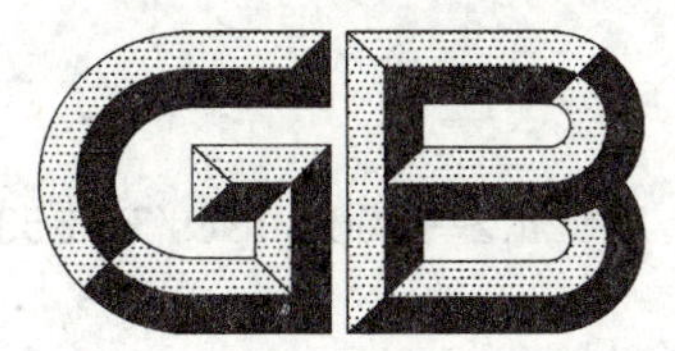

中华人民共和国国家标准

GB/T 22324.2—2008/ISO/TS 3632-2:2003

藏红花　第2部分:试验方法

Saffron—Part 2:Test methods

[ISO/TS 3632-2:2003, Saffron (*Crocus sativus* L.)—Part 2:Test methods,IDT]

2008-08-22 发布　　2008-12-01 实施

中华人民共和国国家质量监督检验检疫总局
中国国家标准化管理委员会　发布

前　言

GB/T 22324《藏红花》由下列两部分组成：

——第1部分：规格；

——第2部分：试验方法。

本部分为GB/T 22324的第2部分。

本部分等同采用ISO/TS 3632-2:2003《藏红花　第2部分：试验方法》(英文版)。本部分等同翻译ISO/TS 3632-2:2003。

为便于使用，本部分做了下列编辑性修改：

a) "本国际标准"一词改为本部分；

b) 用小数点"."代替作为小数点的逗号","；

c) 删除ISO/TS 3632-2的附录B；

d) ISO/TS 3632-2的附录C、附录D对应本部分的附录B、附录C。

本部分的附录A、附录B、附录C为资料性附录。

本部分由中华全国供销合作总社提出。

本部分由中华全国供销合作总社南京野生植物综合利用研究院归口。

本部分起草单位：中华全国供销合作总社南京野生植物综合利用研究院。

本部分主要起草人：陈仕荣、张卫明。

藏红花　第2部分:试验方法

1　范围

GB/T 22324的本部分规定了藏红花(*Crocus sativus* L.)的试验方法。

本部分适用于花丝藏红花、藏红花粉的质量检验。

2　规范性引用文件

下列文件中的条款通过GB/T 22324的本部分的引用而成为本部分的条款。凡是注日期的引用文件,其随后所有的修改单(不包括勘误的内容)或修订版均不适用于本部分,然而,鼓励根据本部分达成协议的各方研究是否可使用这些文件的最新版本。凡是不注日期的引用文件,其最新版本适用于本部分。

GB/T 12729.6　香辛料和调味品　水分含量的测定(蒸馏法)(GB/T 12729.6—2008,ISO 939:1980,NEQ)

GB/T 12729.7　香辛料和调味品　总灰分的测定(GB/T 12729.7—2008,ISO 928:1997, NEQ)

GB/T 12729.9　香辛料和调味品　酸不溶性灰分的测定(GB/T 12729.9—2008,ISO 930:1997,MOD)

GB/T 12729.11　香辛料和调味品　冷水可溶性抽提物的测定(GB/T 12729.11—2008,ISO 941:1980,MOD)

GB/T 22324.1—2008　藏红花　第1部分:规格(ISO/TS 3632-1:2003, IDT)

3　术语和定义

GB/T 22324.1确立的以及下列术语和定义适用于GB/T 22324的本部分。

3.1

水分和挥发物含量　moisture and volatile matter content

在本部分规定的条件下测得的失重。

3.2

色度($E_{1\,cm}^{1\%}$)　colouring strength

用1%试样溶液,在最大吸收波长(约440 nm)下,用1 cm比色池测得的藏红花素的最大吸收值。

3.3

紫外可见光谱　UV-Vis profile

藏红花水提物在200 nm～700 nm波长范围的吸收光谱。

3.4

检出极限　detection limit

在测定方法规定条件下,能检测到的被测物最低浓度或最低含量。

4　检验和样品量

4.1　试样的最小量

由于藏红花价格高,实验室得到的样品有限,实验室样品的最小量为14 g,以便能完成两次平行试验。

4.2 需做检验和样品量

花丝藏红花和无花丝藏红花需做的检验和样品量见表1，藏红花粉需做的检验和样品量见表2。

表1 花丝藏红花和无花丝藏红花需做的检验和样品量

试验序号	项　目	试样量/g	说　明	试验方法
1	鉴别试验	5	非破坏性试验，若发现藏红花（*Crocus sativus* L.）以外的植物性物质，拒收样品	第5章
2	花附属物含量测定	3	非破坏性试验	第8章
3	外来物测定	3	合并花附属物后，重新组成样品	第9章
4	重新研碎并混合检验中分离出的组分	5	复原为最初的5 g试样	第5章、第8章和第9章
5	显微检查	0.05	—	第6章
6	水分和挥发物含量的测定	2.5	保留样品，用于测定总灰分和酸不溶性灰分	第7章
7	冷水可溶性抽提物的测定	2	—	第11章
8	总灰分的测定	2	从试验6的留样中取样	第12章
9	酸不溶性灰分的测定	—	从试验8的总灰分中取样	第13章
10	研碎、过筛	5	按第10章过筛，95%的粉末样品能过500 μm的筛，合并筛上和筛下样品	第10章
11	特征参数的测定	0.5	—	第14章
12	薄层色谱（TLC）法：藏红花色素的鉴别	0.05	—	第15章
13	薄层色谱法：人造着色剂的鉴定	0.5	可选择或外加进行HPLC法，试验13和试验14需用抽提物	第16章
14	高效液相色谱（HPLC）法：人造着色剂的鉴定	0.5	可选择或外加进行TLC或HPLC，两种方法需用抽提物	第17章
注：剩1.4 g样品可用于后续测定或重复必要的分析步骤。				

表2 藏红花粉需做的检验和样品量

试验序号	项　目	试样量/g	说　明	试验方法
1	鉴别试验	0.5	若比色分析结果不符合要求，不进行此项试验	第5章
2	显微检查	0.05	—	第6章
3	水分和挥发物含量的测定	2.5	保留样品，用于测定总灰分和酸不溶性灰分	第7章
4	冷水可溶抽提物的测定	2	—	第11章
5	总灰分的测定	2	从试验3的留样中取样	第12章
6	酸不溶性灰分的测定	—	从试验5的总灰分中取样	第13章
7	研磨、过筛	4.5	95%粉末能过500 μm的筛，合并筛上和筛下样品	第10章

表 2（续）

试验序号	项　目	试样量/g	说　明	试验方法
8	特征参数的测定	0.5	—	第 14 章
9	薄层色谱法：藏红花中色素的鉴定	0.05	—	第 15 章
10	薄层色谱法：人造着色剂的鉴定	0.5	可选择或外加进行 HPLC（试验 11）；试验 10 和试验 11 需用抽提物	第 16 章
11	高效液相色谱法：人造着色剂的鉴定	0.5	可选择或外加进行 TLC（试验 10）；试验 10 和试验 11 需用抽提物	第 17 章
注：剩 0.9 g 样品可用于后续测定或重复必要的分析步骤。				

5　鉴别试验

5.1　通则

若初步分析表明藏红花不纯，则停止进行后续试验。

5.2　花丝藏红花和无花丝藏红花

5.2.1　原理

用放大镜对藏红花做外观检查。

5.2.2　仪器

5.2.2.1　放大镜：最大倍数为 10。

5.2.2.2　表玻璃：合适大小。

5.2.3　鉴别方法

将试样平摊于表玻璃（5.2.2.2）上，用放大镜（5.2.2.1）检查。

5.2.4　结果说明

所有花丝藏红花应来自植物 *Crocus sativus* L.，若发现藏红花（*Crocus sativus* L.）以外的植物性物质，拒收试样。

5.3　藏红花粉

5.3.1　原理

用显色反应进行鉴别。

5.3.2　试剂

所用试剂为分析纯试剂，水为蒸馏水、去离子水或相当纯度的水。

5.3.2.1　硫酸：$\rho(H_2SO_4)=1.19$ g/L。

5.3.2.2　二苯胺：不与硫酸产生显色反应。

5.3.2.3　二苯胺溶液：将 0.1 g 二苯胺（5.3.2.2）加至 20 mL 硫酸（5.3.2.1）和 4 mL 水中。

5.3.3　仪器

平底瓷坩埚。

5.3.4　鉴别方法

称取 0.5 g 藏红花样品（参见表 2）。将试样放入盛有二苯胺溶液（5.3.2.3）的瓷坩埚（5.3.3）中。

5.3.5　结果说明

纯藏红花立刻变成蓝色，蓝色迅速变成红棕色，有硝酸盐存在时，蓝色持久不变。

6 藏红花的显微检查

6.1 通则

本法用于检验花丝藏红花和藏红花粉是否具有 *Crocus sativus* L. 的特征，以了解花附属物和外来物大体状况。

6.2 原理

藏红花粉和无花丝藏红花的鉴别：若有外来物和花附属物，可用显微镜按 6.5 观察其解剖学组成予以鉴别；若必要，也可对观察到的组分进行定量测定。

6.3 试剂

除特别说明外，所用试剂均为分析纯，水为蒸馏水、去离子水或纯度相当的水。

6.3.1 碘-碘化钾溶液

在 100 mL 单标线容量瓶中，加 2 g 碘、4 g 碘化钾和约 10 mL 水，完全溶解后，用水稀至刻度，盖紧。

6.3.2 增透液

5 g/100 mL 的氢氧化钠（或氢氧化钾）溶液；

或 8 g/100 mL 的三氯乙醛溶液。

6.4 仪器

显微检查通用仪器，如载玻片、盖玻片，探针及下列仪器。

6.4.1 容量瓶：100 mL。

6.4.2 注射器：50 μL，以“μL”为分度。

6.4.3 显微镜：100 倍、400 倍，配偏光观察装置（可选）。

6.5 方法

6.5.1 试样

在每一载玻片上（6.5.2～6.5.4），依次放置约 0.001 g 藏红花粉（10.3）或研碎的花丝藏红花（10.2）样品。

6.5.2 使用纯水的观察准备

按如下方法准备 2 个载玻片：

在载玻片上置 50 μL 水，用解剖刀或探针取样，使其与水混合，放置 5 min 粉末完全湿润后，盖上盖玻片。

6.5.3 用氢氧化钠（氢氧化钾）或三氯乙醛溶液的观察准备

如 6.5.2 所述，准备 2 个载玻片，用氢氧化钾（氢氧化钠）或三氯乙醛溶液（6.3.2）代替水。加入澄清增透液，放置几分钟，待其透明后，观察 10 min。

注：此项操作除去了部分或全部细胞成分，使被测物更透明，细胞组织尤其是硬质成分、导管、纤维和表皮组分易于观察。

6.5.4 用碘-碘化钾溶液的观察准备

准备如 6.5.2 所述的载玻片，以碘-碘化钾溶液（6.3.1）代替水。

注：可观察到染成黑蓝色或黑紫色的淀粉粒。

6.5.5 观察、鉴别和计数

将 6.5.2～6.5.4 中准备好的载玻片分别置于显微镜（6.4.3）下，先设定放大倍数为 100 倍，然后在 400 倍下鉴定，对观察到的组分进行计数（参见 6.7）。

若显微镜（6.4.3）配有偏光观察装置，6.5.2 中准备的两个载玻片中的一个应按本条所述，在偏光下观察。

6.6 结果表示

附录 A 给出了显微检查结果表示示例。

6.7 显微检查

检查过程中,可观察到如下组分:

——柱头碎片;

——柱头表皮细胞残骸;

——花柱表皮残骸,具有曲弯细胞壁的特征;

——直径 80 μm~100 μm 的圆花粉粒;

——由螺旋状导管集合成的传导组分碎片;

——雄蕊碎片;

——淀粉粒;

——无机物;

——草的碎片;

——透明溶液中的彩色细胞。

6.8 显微观察说明

用表 A.2 计算每一组分的相对百分含量,以鉴别藏红花的主要成分:柱头、碎片以及与柱头有关的花柱、花粉粒碎片。

花附属物含量较低,几乎不存在外来物成分。

注:磨碎的藏红花不得含有硬化细胞、纤维、发丝或淀粉粒,溶于水的细胞物质呈橙黄色。

7 水分和挥发物含量的测定

7.1 通则

本法适用于花丝藏红花、无花丝藏红花和藏红花粉水分和挥发物含量的测定。

注:GB/T 12729.6 规定的测定方法需要较多样品,不适用于藏红花。

7.2 原理

样品在 103 ℃±2 ℃烘箱中干燥 16 h。

7.3 仪器

常用实验仪器,其他仪器如下。

7.3.1 称盘或蒸发皿:带盖。

7.3.2 烘箱:103 ℃±2 ℃。

7.3.3 干燥器:内置充足的干燥剂。

7.3.4 分析天平:精度±0.001 g。

7.4 方法

7.4.1 试样

7.4.1.1 花丝藏红花和无花丝藏红花

将已测定了花附属物和外来物含量的样品合并成用于本测定的样品(见表 1),用预先干燥并称皮重的称瓶或蒸发皿(7.3.1)称取 2.5 g 样品(精确至±0.001 g)。

7.4.1.2 藏红花粉

称取约 2.5 g 样品(精确至±0.001 g)(见表 2)置于干燥并称皮重的称瓶或蒸发皿中。

7.4.2 测定

将盛有试样(7.4.1.1 或 7.4.1.2)的称瓶(或蒸发皿)开盖后,放入 103 ℃烘箱中干燥 16 h,取出盖好后,置于干燥器中冷却,称重,精确至±0.001 g。

保留测定了水分和挥发物含量的样品,以便用于总灰分的测定(第 12 章)和酸不溶性灰分的测定(第 13 章),每份样品做两次平行测定。

7.5 结果表示

水分和挥发物含量 w_{MV},以初始样品质量分数计,数值以%表示,如式(1):

$$w_{MV} = (m_0 - m_4) \times \frac{100}{m_0} \quad \cdots\cdots (1)$$

式中：

m_0——试样质量，单位为克(g)；

m_4——干燥后残留物质量，单位为克(g)。

若重复性符合要求，取两次测定的平均值作为测定结果。

8 花丝藏红花和无花丝藏红花中花附属物含量的测定

8.1 原理

将样品中的花附属物用物理方法分离后称重。

8.2 仪器

8.2.1 表玻璃。

8.2.2 实验用小镊子。

8.2.3 分析天平：精度±0.01 g。

8.3 方法

8.3.1 试样

称取约3g样品(精确至±0.01 g)。

8.3.2 测定

将试样平铺于一张中灰纸上，用小镊子拣出花附属物，置于预先干燥的表玻璃(8.2.1)上，用分析天平称量(精确至±0.01 g)。

8.4 结果表示

样品的花附属物含量 w_1，以质量分数计，数值以%表示，如式(2)：

$$w_1 = (m_2 - m_1) \times \frac{100}{m_0} \quad \cdots\cdots (2)$$

式中：

m_2——表玻璃和花附属物质量，单位为克(g)；

m_1——表玻璃质量，单位为克(g)；

m_0——试样质量，单位为克(g)。

9 花丝藏红花中外来物含量的测定

9.1 原理

将试样中的外来物用物理方法分离后称重。

9.2 仪器

与第8章相同。

9.3 方法

9.3.1 试样

将已测定过花附属物含量(第8章)的试样合并成新试样(约3 g)，充分混匀，然后称样(精确至±0.01 g)。

9.3.2 测定

把试样平摊于中灰纸上，用镊子拣出外来物。先将已干燥的表玻璃称重，精确至±0.01 g。再将分离出来的外来物转移至表玻璃上，称其总质量，精确至±0.01 g。

9.4 结果表示

样品中外来物含量 w_2，以质量分数计，数值以%表示，如式(3)：

$$w_2 = (m_3 - m_1) \times \frac{100}{m_0} \qquad \cdots\cdots (3)$$

式中：

m_3——表玻璃和外来物质量，单位为克(g)；

m_1——表玻璃质量，单位为克(g)；

m_0——试样质量，单位为克(g)。

10 试样研磨及过筛

10.1 仪器

10.1.1 研磨器

应符合如下要求：

——易拆装和清洗，具有最小的死体积；

——能快速、均匀研磨、不易发热或水分损失；

——尽可能避免与周围空气接触；

——不带来任何外来物。

10.1.2 筛：500 μm 孔径。

10.2 花丝藏红花和无花丝藏红花

用研磨器(10.1.1)磨碎样品至95%粉末样品能过筛(10.1.2)，然后合并筛上和筛下样品，混合均匀。

10.3 藏红花粉

95%的样品能过筛(10.1.2)(见表2)，否则，应在研磨器(10.1.1)研磨以达到所要求的粒度。然后合并筛上和筛下样品，混合均匀。

11 冷水可溶性抽提物的测定

按GB/T 12729.11的规定执行。

花丝藏红花、无花丝藏红花和藏红花粉均取样2 g。

12 总灰分的测定

按GB/T 12729.7的规定执行。

花丝藏红花、无花丝藏红花和藏红花粉使用已测定过水分含量的样品，取2 g试样。

13 酸不溶性灰分的测定

按GB/T 12729.9的规定执行。

花丝藏红花、无花丝藏红花和藏红花粉用测定总灰分得到的灰分作试样。

14 特征参数的测定——紫外/可见光谱法

14.1 通则

本法可测定与藏红花苦素、藏红花醛和藏红花素有关的藏红花特征参数；本法可直接用于符合10.3要求的藏红花粉以及符合10.2要求且已研碎过筛后的花丝藏红花和无花丝藏红花特征参数的测定。

14.2 原理

室温下，在200 nm～700 nm波长范围，记录藏红花水抽提物光密度变化曲线。

14.3 仪器

实验室常用仪器，其他仪器如下。

14.3.1　光度计：可用于 200 nm～700 nm 的光度测定。

14.3.2　石英池：1 cm。

14.3.3　容量瓶：200 mL、1 000 mL。

14.3.4　移液管：20 mL。

14.3.5　滤膜：乙酸纤维或 0.45 μm 多孔亲水聚四氟乙烯(PTFE)。

14.4　方法

14.4.1　试样

准确称取 500 mg 样品(见表 1 或表 2)精确至±1 mg，置于表玻璃上。

14.4.2　测定

将试样定量转移到 1 000 mL 容量瓶(14.3.3)中，加 900 mL 蒸馏水，用磁搅拌器(1 000 r/min)搅拌 1 h，避光，取出搅拌棒。用蒸馏水稀至刻度，盖紧后摇匀。用 20 mL 移液管(14.3.4)吸取整数份数的溶液，移入 200 mL 容量瓶(14.3.3)中，用蒸馏水稀至刻度，盖紧后摇匀。避光下，用滤膜迅速过滤，以便得到清澈溶液。

调节光度计(14.3.1)，在 200 nm～700 nm 波长范围，以蒸馏水作参比，记录滤液的吸收值变化。

附录 B 给出了藏红花水抽提物的紫外/可见光谱图示例。

14.5　结果表示

直接读取三个波长下的特定吸收值 D，作为测定结果，如式(4)所示：

$E_{1\,\mathrm{cm}}^{1\%}$ 257 nm——在 257 nm 的吸收值(藏红花苦素的最大吸收)；

$E_{1\,\mathrm{cm}}^{1\%}$ 330 nm——在 330 nm 的吸收值(藏红花素的最大吸收)；

$E_{1\,\mathrm{cm}}^{1\%}$ 440 nm——在 440 nm 的吸收值(藏红花醛的最大吸收)。

$$E_{1\,\mathrm{cm}}^{1\%}=\frac{D\times 10\,000}{m\times(100-H)} \qquad \cdots\cdots(4)$$

式中：

D——特定吸收值；

m——藏红花样品质量，单位为克(g)；

H——样品的水分和挥发物含量(质量分数)，%。

14.6　检验报告

检验报告应说明所用方法和测定结果，还应涉及本部分未规定或可选的细节以及可能影响结果的偶然因素。

应特别表明：

——按第 7 章所述方法测定水分含量；

——如果是藏红花粉，应注明颗粒度。

检验报告应包括全面鉴别样品所需的其他信息。所用滤膜(14.3.5)也应说明。

15　藏红花中色素的鉴别

15.1　总则

符合 10.3 要求的藏红花粉和按 10.2 的规定研碎过筛后的花丝藏红花、无花丝藏红花可直接用本法测定。藏红花中含有色素，这些特定成分可作为鉴别产品真伪的依据。

15.2　原理

藏红花经甲醇浸提后，用薄层色谱法分析甲醇溶液，展开后对薄层板进行检验，鉴别所含色素是否为藏红花所特有。

15.3　试剂

除特别说明外，所用试剂均为分析纯、水为蒸馏水或相当纯度的水。

15.3.1 甲醇:沸点 64 ℃～65 ℃。

15.3.2 乙醇:99.5%(体积分数)。

15.3.3 三氯甲烷:沸点约 60 ℃。

15.3.4 硫酸:95%～97%(质量分数)。

15.3.5 4-甲氧基苯甲醛。

15.3.6 萘酚黄(2,4-二硝基萘酚单钠盐)。

15.3.7 苏丹红 G 或苏丹红Ⅲ。

15.3.8 参比液:溶解 5 g 萘酚黄(15.3.6)于 5 mL 甲醇(15.3.1)中,再加浓度为 1 mg/mL 的苏丹红 G 的三氯甲烷溶液。

15.3.9 展开剂:乙酸乙酯+异丙醇+水(65+25+10)。

15.3.10 显色剂

按下列顺序混合后制得:

——10 mL 4-甲氧苯甲醛(15.3.5);

——9 mL 乙醇(15.3.2);

——10 mL 硫酸(15.3.4)。

15.4 仪器

常用实验室仪器,其他仪器如下。

15.4.1 试管:60 mm× 7mm。

15.4.2 微量注射器:5 μL、10 μL。

15.4.3 层析缸。

15.4.4 硅胶板:含荧光指示剂 GF254。

15.4.5 玻璃棉塞。

15.5 方法

15.5.1 试样

花丝藏红花和无花丝藏红花:称取粉末样品(10.2)约 50 mg。

藏红花粉:称取藏红花粉(10.3)约 50 mg。

15.5.2 试液的制备

将试样(15.5.1)移入试管(15.4.1)中,用 1 滴水湿润,放置 2 min～3 min,然后加 1 mL 甲醇(15.3.1) 避光下放置 30 min,用玻璃棉过滤。

15.5.3 操作技巧

用微量注射器,在硅胶板(15.4.4)上分别将 5 μL 被测试液(15.5.2)和 5 μL 参比液点成 2 cm～4 cm长的色带,置于层析缸(15.4.3)中,用展开剂(15.3.9)展开,直至溶剂前沿推进 10 cm 为止,待溶剂挥发后。

先在 254 nm 紫外光下检查谱带,再用可见光检查。

然后在薄层板上喷洒显色剂(15.3.10)10 mL,在 105 ℃～110 ℃下边加热(5 min～10 min)边观察。

15.6 结果说明

15.6.1 日光下观察

下方第三条谱带显示三个黄色斑点,它是藏红花色素的特征斑点。

15.6.2 紫外灯下观察

在 254 nm 紫外灯下观察到的谱线显示四个主要荧光斑,其中三个与日光下观察到的斑点相对应,而另一个具有较大比移值(R_f≈0.55)的斑点是藏红花苦素的特征斑点。

与苏丹红 G 平齐处可见 1 个～2 个较暗的荧光斑点,它是β-羟基环橙花醛和藏红花醛的特征斑点;

喷洒显色剂(15.3.10)后,藏红花素斑点呈灰色,而藏红花苦素斑点呈紫色。在喷显色剂之前,特别是在展开剂展开的起始点处,谱带不应呈现任何有色斑点(尤其是黄橙色或红色斑点),这些有色斑点说明藏红花素质量欠佳或有外来显色物质。

16 人造着色剂的检出和鉴定——薄层色谱法(TLC)

16.1 通则

本法可直接用于符合 10.3 要求的藏红花粉和按 10.2 规定研磨、过筛的花丝藏红花和无花丝藏红花的测定,可以检出水溶酸性人造着色剂的存在。

16.2 原理

将人造着色剂萃取,在聚酰胺柱上进行色谱分离并馏出,用薄层色谱法鉴别(参见第 5 章)。

16.3 试剂

除特别说明外,所用试剂为分析纯,水为蒸馏水或去离子水或纯度相当的水。

16.3.1 SC-6 聚酰胺(柱色谱用):粒径 0.10 mm~0.3 mm。

16.3.2 甲醇。

16.3.3 丙酮。

16.3.4 甲酸:98%(质量分数)或冰乙酸。

16.3.5 淋洗剂:在 100 mL 试液中加入 25%(质量分数)氨水 5 mL,然后加 95 mL 甲醇。

16.3.6 混合展开剂

16.3.6.1 展开剂 1:将 2 g 柠檬酸三钠溶于 80 mL 水和 20 mL 30%(质量分数)氨水中,制得展开剂 1。

16.3.6.2 展开剂 2:将 0.4 g 氯化钾溶于 50 mL 叔丁醇、12 mL 藏红花酸和 38 mL 水的混合物中,制得展开剂 2。

16.3.7 浓度为 1 g/L 的着色剂储备液:在 9 个 100 mL 烧杯组成的系列中,用水分别溶解 100 mg 喹啉黄、日落黄 S、酒磺、苋菜红、丽春红 4R、偶氮玉红、(酸性)二号橙,赤鲜红和绕色灵。将其分别转入 9 个 100 mL 容量瓶(16.4.10)中,稀至刻度,摇匀。

16.3.8 浓度为 1 g/L 的着色剂工作液:用移液管(16.4.9),在 9 个容量瓶(16.4.10)中,分别加 10 mL 储备溶液(16.3.7),并用甲醇稀至刻度,摇匀。

注:这些溶液用于测量 R_f 值(16.5.4)。

16.3.9 浓度为 1 g/L 的着色剂混合物(甲醇)参比溶液:在一个 100 mL 容量瓶(16.4.10)中,用玻璃移液管(16.4.9)分别加入 10 mL 工作液(16.3.8),用甲醇稀至刻度,摇匀。

16.4 仪器

常用实验室仪器,其他仪器如下。

16.4.1 SPE 色谱提纯柱:玻璃柱,容量 3 mL,直径 9 mm(底部带玻璃珠填料)。

16.4.2 玻璃棉。

16.4.3 旋转蒸发器。

16.4.4 离心管:15 mL。

16.4.5 台式离心机。

16.4.6 梨形瓶:10 mL。

16.4.7 真空提取设备(可选)。

16.4.8 微量移液管:可转移 100 μL~1 mL。

16.4.9 玻璃移液管:10 mL。

16.4.10 单标线容量瓶:100 mL。

16.4.11 试验样本容量:100 mL。

16.4.12 烧杯:高型,100 mL。

16.4.13 注射器:微升分度,最大体积 10 μL。

16.4.14 纤维素薄层板。

16.4.15 层析缸:玻璃做成,带磨砂盖,可放置 200 mm×200 mm 薄层板。

16.4.16 滤纸。

16.5 方法

16.5.1 试样

取约 500 mg 粉状试样(10.2 或 10.3)。

16.5.2 人造着色剂的萃取

将试样(16.5.1)导入离心管(16.4.4),加入 10mL 约 60℃的水,摇匀。待 10 min~12 min 后,充分摇匀,离心分离并用 250 μL 甲酸(16.3.4)酸化。

16.5.3 样品的纯化

16.5.3.1 纯化柱的制备

准备一根底部带有玻璃填料(16.4.1)的玻璃柱,按如下方法制备:

制备聚酰胺的水悬浮液,于玻璃柱中加入足量的聚酰胺悬浮液,排去溶剂后,得到 10 mm (需 0.14 g~0.16 g 聚酰胺)的柱,将少量玻璃棉堵住柱头,用 1 mL 水洗柱。

16.5.3.2 人造着色剂的吸附

用移液管将 16.5.2 中的全部离心液加到柱中,让液体滴出。

16.5.3.3 除去不需要的成分

依次用水、甲醇(16.3.2)、丙酮(16.3.3),最后用甲醇(16.3.2)连续淋洗,直至流出的溶剂无色为止。如果洗涤后,萃取物仍然有色,应再次淋洗。水洗后,确认 pH 值为中性。

注:若用真空系统,洗涤过程较快,需用大量溶剂(每种洗脱剂约 30 mL)。

16.5.3.4 人造着色剂的馏出

用约 5 mL 淋洗剂(16.3.5)洗脱被吸附的色素,然后将有色馏出物收集于梨形瓶(16.4.6)中。室温下在旋转蒸发器上挥干,用微量移液器和 500 μL 甲醇将残留物吸出。

16.5.4 层析和检测

用滤纸(16.4.16)围住层析缸(16.4.15)四周,一个层析缸内倒入展开剂 1(16.3.6.1)、另一个倒入展开剂 2(16.3.6.2)至液面高 1 cm,盖住,放置 1 h~2 h 使缸内溶剂蒸气达到饱和。

用微量注射器(16.4.13)将 10 μL 甲醇残渣(16.5.3.4)和 10 μL 参比液(16.3.9)分别点于距薄层板(16.4.14)下沿 15 mm 处,点样点彼此相距约 7 mm~10 mm。

与展开剂 1 和展开剂 2 对应的薄层板上各划一条与薄层板上沿平行、距点样点 70 mm~150 mm 的直线。

将每个薄层板放入层析缸中,展开至溶剂前沿到达划线处为止。

从层析缸中取出薄层板,在通风柜中干燥。在日光下观察。

注:展开剂 1 的展开时间约 45 min,展开剂 2 的展开时间约 8 h。

16.5.5 计算与结果表示

16.5.5.1 计算

计算标准着色剂溶液和样品抽提成分的 R_f 值。

R_f 值为参比或样品斑点展开的距离除以溶剂前沿移动的距离。

16.5.5.2 结果解释

通过比对参比溶液的 R_f 值就可鉴定存在于样品抽提物中的人造着色剂。

16.5.5.3 结果表示

检验结果应注明检验方法的检测极限。

17 人造着色剂的检出——高效液相色谱法(HPLC)

17.1 通则

本方法直接用于符合 10.3 要求的藏红花粉和按 10.2 研磨、过筛后的花丝藏红花和无花丝藏红花的测定,可检出水溶酸性人造着色剂的存在。

17.2 原理

萃取水溶酸性人造着色剂,用聚酰胺柱分离,洗脱,用 HPLC 法进行鉴定。

17.3 试剂

除特别说明外,所用试剂为分析纯,水为蒸馏水或去离子水或相当纯度的水。

17.3.1 SC-6 聚酰胺(柱色谱用):粒径 0.10 mm~0.30 mm。

17.3.2 甲醇。

17.3.3 丙酮。

17.3.4 甲酸:98%(质量分数)或冰乙酸。

17.3.5 淋洗剂(纯化甲醇-氨柱):将 5 mL 25%(质量分数)氨水加入 100 mL 试样中,再加 95 mL 甲醇。

17.3.6 磷酸二氢钾。

17.3.7 四正丁硫酸氢铵。

17.3.8 氢氧化钾:1 g 溶于 100 mL 水。

17.3.9 乙腈:色谱级。

17.3.10 浓度为 1 g/L 的着色剂储备液:在由 9 个 100 mL 烧杯(17.4.13)组成的系列中,分别用水溶解 100 mg 喹黄、日落黄、苋菜红、丽春红 4R,偶氮玉红,(酸性)二号橙、赤藓红和绕色灵,并将其移入由 9 个 100 mL 容量瓶(17.4.11)组成的系列中,用水稀至刻度,并摇匀。

17.3.11 浓度为 1 g/L 的着色剂工作液:在由 9 个 100 mL 容量瓶(17.4.11)组成的系列中,用移液管(17.4.10)分别加入 1 mL 储备液(17.3.10),用水稀至刻度,并摇匀。

注:这些溶液将按 17.5.4.2 的规定,用于测定单个组分的保留时间。

17.3.12 浓度为 1 g/L 的着色剂混合物参比溶液:在一个 100 mL 容量瓶(17.4.11)中,用移液管(17.4.10) 加入工作液(17.3.11)(系列工作液,共 9 种)各 1 mL,用水稀至刻度,并摇匀。

17.3.13 缓冲液 A:pH 为 4.5 的四正丁硫酸氢铵和磷酸二氢钾水溶液,浓度均为 0.001 mol/L。

于 1 000 mL 烧杯中,用水溶解 0.34 g 四正丁硫酸氢铵和 0.14 g 磷酸二氢钾,加入约 900 mL 水,借助 pH 计用氢氧化钾(17.3.8)调节 pH 为 4.5,定量转移至容量瓶(17.4.11)中,用水稀至刻度。

17.3.14 缓冲液 B:pH 为 4.5 的四正丁硫酸氢铵和磷酸二氢钾水溶液,浓度均为 0.001 4 mol/L。

于 500 mL 烧杯(17.4.13)中,用水溶解 0.24 g 四正丁硫酸氢铵和 0.098 g 磷酸二氢钾,加入约 400 mL 水,借助 pH 计用氢氧化钾(17.3.8)调节 pH 为 4.5,定量转移至 500 mL 容量瓶(17.4.11)中,用水稀至刻度。

17.3.15 流动相 A:缓冲液 A+乙腈(70+33)。

将 700 mL 缓冲液 A 加至锥瓶(17.4.9)中,再加入 300 mL 乙腈(17.3.9),摇匀,用 0.45 μm 的滤膜过滤。

17.3.16 流动相 B:缓冲液 B+乙腈(50+53)。

将 500 mL 缓冲液 B 加至锥瓶(17.4.9)中,再加入 530 mL 乙腈(17.3.9),摇匀,用 0.45 μm 的滤膜过滤。

注:调节流动相 A 中乙腈的比例,可使丽春红 4R 和偶氮红之间的分辨率大于等于 1.25。

17.4 仪器

17.4.1 SPE 纯化柱:玻璃色谱柱,容量 3 mL,带玻璃填料。

17.4.2 玻璃棉。

17.4.3 旋转蒸发器。

17.4.4 台式离心机。

17.4.5 离心管。

17.4.6 梨形瓶:10 mL。

17.4.7 真空提取装置(可选)。

17.4.8 微量吸液器:100 μL～1 mL。

17.4.9 锥瓶:1 L。

17.4.10 玻璃移液管:10 mL。

17.4.11 单标线容量瓶:100 mL、500 mL、1 L。

17.4.12 试验样本容量:100 mL。

17.4.13 烧杯:100 mL 、50 mL 、1 L。

17.4.14 注射器:10 μL(微升分度)。

17.4.15 亲水尼龙滤膜:0.45 μm 孔径。

17.4.16 分析天平:精度±0.000 1 g。

17.4.17 pH 计。

17.4.18 高效液相色谱仪:配二极管阵列检测器,适用于 300 nm～600 nm 波长范围的测定,并带有兼容的记录仪。

17.4.19 高效液相色谱柱 C_{18}:

——材质:不锈钢;

——柱长:250 mm;

——内径:4 mm;

——固定相:色谱级颗粒硅胶,十八烷基疏水担体键合颗粒,粒径 0.5 μm,孔径 100 Å。

17.5 方法

17.5.1 试样

花丝藏红花和无花丝藏红花:从 10.2 得到的粉末中取样约 500 mg。

藏红花粉:从 10.3 得到的粉末中取样约 500 mg。

17.5.2 人造着色剂的萃取

将试样(17.5.1)加至离心管(17.4.5)中,加入 10 mL 约 60 ℃的水,搅拌,放置 10 min～12 min,充分搅拌,然后离心分离,用 250 μL 甲酸或 2 mL 乙酸(17.3.4)酸化。

17.5.3 样品的纯化

17.5.3.1 纯化柱的制备

准备一根底部带有玻璃填料(17.4.1)的玻璃柱,按下法制备:

先准备聚酰胺(17.3.1)的水悬浮液。将足量的聚酰胺悬浮液加入玻璃柱中,排去溶剂后,得到 10 mm (约需 0.14 g～0.16 g 聚酰胺)的柱。将少许玻璃棉堵住柱头,用 1 mL 水淋洗。

17.5.3.2 人造着色剂的吸附

用移液管将上层清液(17.5.2)全部加注到柱上,让溶液渗透滴出。

17.5.3.3 除去不需要的成分

依次用水、甲醇(17.3.2)、丙酮(17.3.3),最后用甲醇(17.3.2)连续洗脱,洗脱结束时流出的溶剂应为无色,上述洗脱完成后,如果提取物还有颜色,应再次进行淋洗。用水淋洗后,确认 pH 为中性。

注:若使用真空(17.4.7)系统,洗脱进程快,需要溶剂较多(每种溶剂约 30 mL)。

17.5.3.4 人造着色剂的洗脱

用 5 mL 淋洗剂(17.3.5)将吸附了的着色剂洗脱,将有色馏出物保存在梨形瓶(17.4.6)中,室温下用旋转蒸发器蒸发至干，用微量注射器和500 μL甲醇将残渣吸出。

17.5.4 HPLC分析

17.5.4.1 仪器参数的设定

色谱参数设定如下：

——流动相(17.3.15和17.3.16)流速：1 mL/min；

——柱温(17.4.19)：30 ℃。

17.5.4.2 分析

下列两种方法，可根据实验室条件任选一种：

a) 恒流法

将流动相A(17.3.15)的流速调节至与柱特性匹配，并达到平衡时，进20 μL试样溶液(17.5.3.4)，再进同体积的人造着色剂参比液(17.3.12)。

所有成分馏出至少需要70 min。

b) 溶剂梯度法

将流动相A(17.3.15)的流速调节至与柱特性匹配，并达到平衡时，进20 μL试样溶液(17.5.3.4)，再进同体积的人造着色剂参比液(17.3.12)，先用流动相A洗脱14 min，然后用流动相B(17.3.16)洗脱16 min，再用流动相B洗脱10 min。

17.5.5 说明和结果表示

17.5.5.1 说明

通过与参比液(17.3.12)色谱峰比较，可鉴别所有人造着色剂；通过300 nm～600 nm波长范围的扫描进行结构确认。

附录C为供参考的色谱图示例。

17.5.5.2 结果表示

如果不注明检测极限，检验结果不能表示为“存在”或“不存在”。

附　录　A
（资料性附录）
显微检查结果表示示例

A.1　记录表格式

对每个剖面（细胞集合区数/显微结构数），注意观察到的组分数，按以下方法计算每种组分百分含量。观察到的组分数目（X_1～X_i）除以组分总数（X），以百分比表示。表A.1给出了记录表格式示例。

表 A.1　记　录　表

<table>
<tr><th>序号</th><th>观察到的组分</th><th>5个载玻片细胞集合区总数</th><th>相对含量</th></tr>
<tr><td>1</td><td>柱头</td><td>X_1</td><td>X_1/X</td></tr>
<tr><td>2</td><td>花柱</td><td>X_2</td><td>X_2/X</td></tr>
<tr><td rowspan="6">3</td><td>花粉</td><td rowspan="6">X_3</td><td rowspan="6">X_3/X</td></tr>
<tr><td>雄蕊</td></tr>
<tr><td>子房</td></tr>
<tr><td>花瓣</td></tr>
<tr><td>叶</td></tr>
<tr><td>茎</td></tr>
<tr><td rowspan="7">4</td><td>毛发</td><td rowspan="7">X_i</td><td rowspan="7">X_i/X</td></tr>
<tr><td>草</td></tr>
<tr><td>无机物</td></tr>
<tr><td>淀粉</td></tr>
<tr><td>外来物</td></tr>
<tr><td>染色体</td></tr>
<tr><td>异常细胞[a]</td></tr>
<tr><td colspan="4">[a] 若细胞内容物未扩散，可视为干态物。</td></tr>
</table>

利用表A.2记录每个载玻片在400倍下观察到的组分。

A.2　计数表

表 A.2　计数表

样品特性：

序号	观察到的组分	区域1	区域2	区域3	区域4	区域5	区域6	区域7	区域8	区域9	区域10
1	柱头										
2	花柱										
3	花粉										
4	雄蕊										
5	子房										

表 A.2（续）

序号	观察到的组分	区域 1	区域 2	区域 3	区域 4	区域 5	区域 6	区域 7	区域 8	区域 9	区域 10
6	花瓣										
7	叶										
8	茎										
9	毛发										
10	草										
11	淀粉										
12	无机物										
13	外来物										
14	染色体										
15	异常细胞[a]										
[a] 若细胞内容物未扩散，可视为干态物。											

附 录 B
（资料性附录）
藏红花水提物紫外/可见光谱

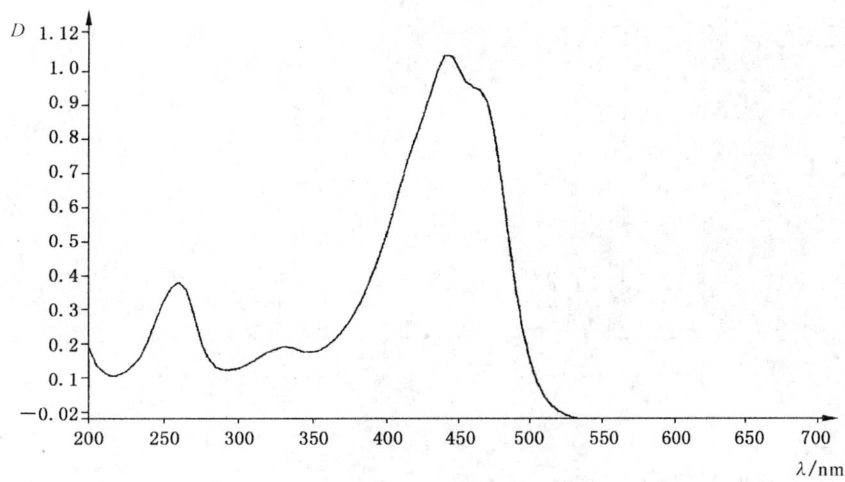

图 B.1 藏红花水提物紫外/可见光谱(200 nm～700 nm)

附 录 C
（资料性附录）
实验条件下色谱图示例

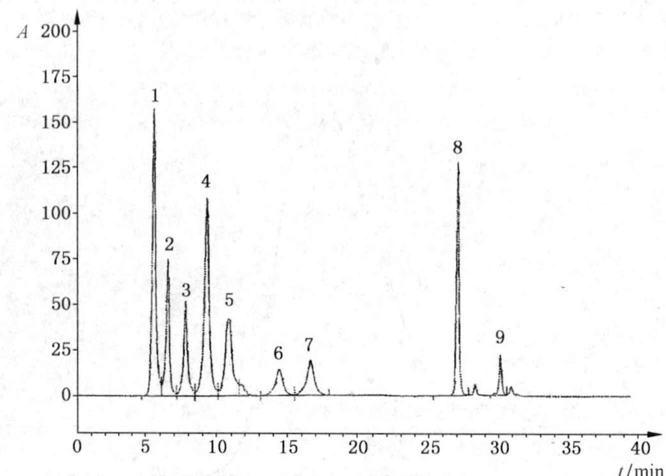

1——喹黄；
2——日落黄；
3——喹黄；
4——酒石黄；
5——苋菜红；
6——丽春红 4R；
7——偶氮玉红；
8——二号橙；
9——绕色灵。

图 C.1 着色剂色谱图(435 nm)

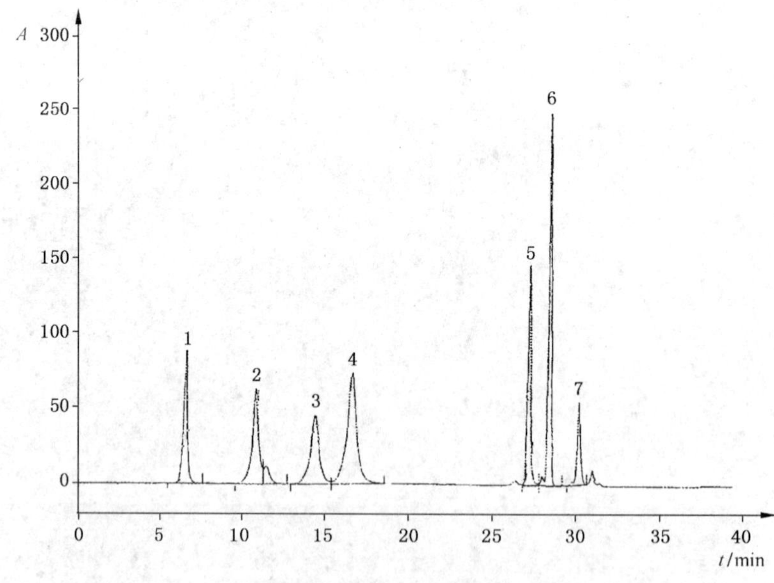

1——日落黄；
2——苋菜红；
3——丽春红 4R；
4——偶氮玉红；
5——(酸性)二号橙；
6——藻红；
7——绕色灵。

图 C.2 着色剂色谱图(520 nm)

ICS 67.220.10
X 44

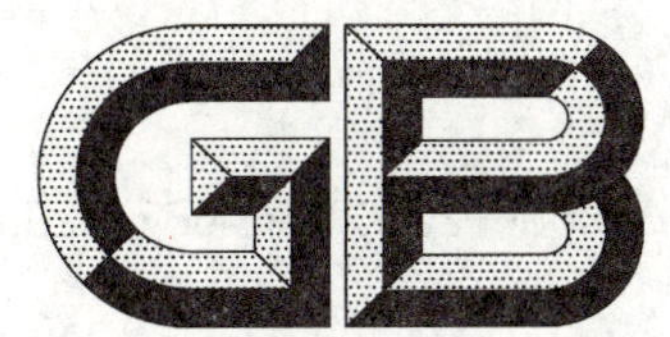

中华人民共和国国家标准

GB/T 30385—2013/ISO 6571:2008

香辛料和调味品　挥发油含量的测定

Spices and condiments—Determination of volatile oil content

(ISO 6571:2008, IDT)

2013-12-31 发布　　　　2014-06-22 实施

中华人民共和国国家质量监督检验检疫总局
中国国家标准化管理委员会　发布

前　言

本标准按照 GB/T 1.1—2009 给出的规则起草。

本标准用翻译法等同采用 ISO 6571:2008《香辛料和调味品　挥发油含量的测定》

与本标准中规范性引用的国际文件有一致性对应关系的我国文件如下：

——GB/T 12729.2—2008　香辛料和调味品　取样方法(ISO 948:1980，NEQ)；

——GB/T 12729.3—2008　香辛料和调味品　分析用粉末试样的制备(ISO 2825:1981，MOD)；

——GB/T 12729.6—2008　香辛料和调味品　水分含量的测定(蒸馏法)(ISO 939:1980，NEQ)。

本标准由中华全国供销合作总社提出。

本标准由全国辛香料标准化技术委员会(SAC/TC 408)归口。

本标准起草单位：宏芳香料(昆山)有限公司、南京野生植物综合利用研究院、驻马店市十三香调味食品集团公司。

本标准主要起草人：廖英崇、吴耀军、陈仕荣、张卫明、张慧、韩明军。

香辛料和调味品　挥发油含量的测定

1　范围

本标准规定了香辛料和调味品中挥发油含量的测定方法。

本标准适用于香辛料和调味品中挥发油含量的测定。

2　规范性引用文件

下列文件对于本文件的应用是必不可少的。凡是注日期的引用文件，仅注日期的版本适用于本文件。凡是不注日期的引用文件，其最新版本(包括所有修改单)适用于本文件。

ISO 939　香辛料和调味品　水分含量的测定(蒸馏法)(Spices and condiments—Determination of moisture content—Entrainment method)

ISO 948　香辛料和调味品　取样方法(Spices and condiments—Sampling)

ISO 2825　香辛料和调味品　分析用粉末试样的制备(Spices and condiments—Preparation of a ground sample for analysis)

3　术语和定义

下列术语和定义适用于本文件。

3.1

挥发油含量　volatile oil content

本标准条件下，由水蒸气蒸馏出来的所有物质，以每 100 g 干样品中所含毫升数表示。

注：挥发油含量表示为每 100 g 绝干产品中所含挥发油的毫升数。

4　原理

蒸馏试样的水悬浮液，馏分收集于存有二甲苯的刻度管中，当有机相与水相分层后，读取有机相的体积毫升数，扣除二甲苯体积后计算出挥发油含量。

5　试剂

试剂为分析纯，水为蒸馏水。

5.1　二甲苯

5.2　洗涤液

5.2.1　丙酮。

5.2.2　硫酸-重铬酸钾洗液：持续搅拌下，将 1 体积浓硫酸缓慢加到 1 体积的饱和重铬酸钾溶液中，混匀冷却后，用玻璃漏斗过滤。

注意：皮肤和黏膜不要接触上述洗液。

6　仪器

实验室常用仪器，其他仪器如下：

6.1 蒸馏器:由圆底烧瓶和冷凝器组成。

6.1.1 圆底烧瓶

500 mL 或 1 000 mL(容量按附录 A 选择)。

6.1.2 冷凝器(见图 1)

由以下部分组成:

a) 直管(AC):下端带磨口,与圆底烧瓶(6.1.1)连接;

b) 弯管(CDE);

c) 直形球状冷凝管(FG);

d) 附件:带塞(K′)支管(K)、梨形缓冲瓶(J)、分度 0.05 mL 的刻度管(JL)、球形缓冲瓶(L)、三通阀(M)[连接带安全管(N)的斜管(O)与直管(AC);汽阱(6.1.3)可插入安全管中]。

单位为毫米

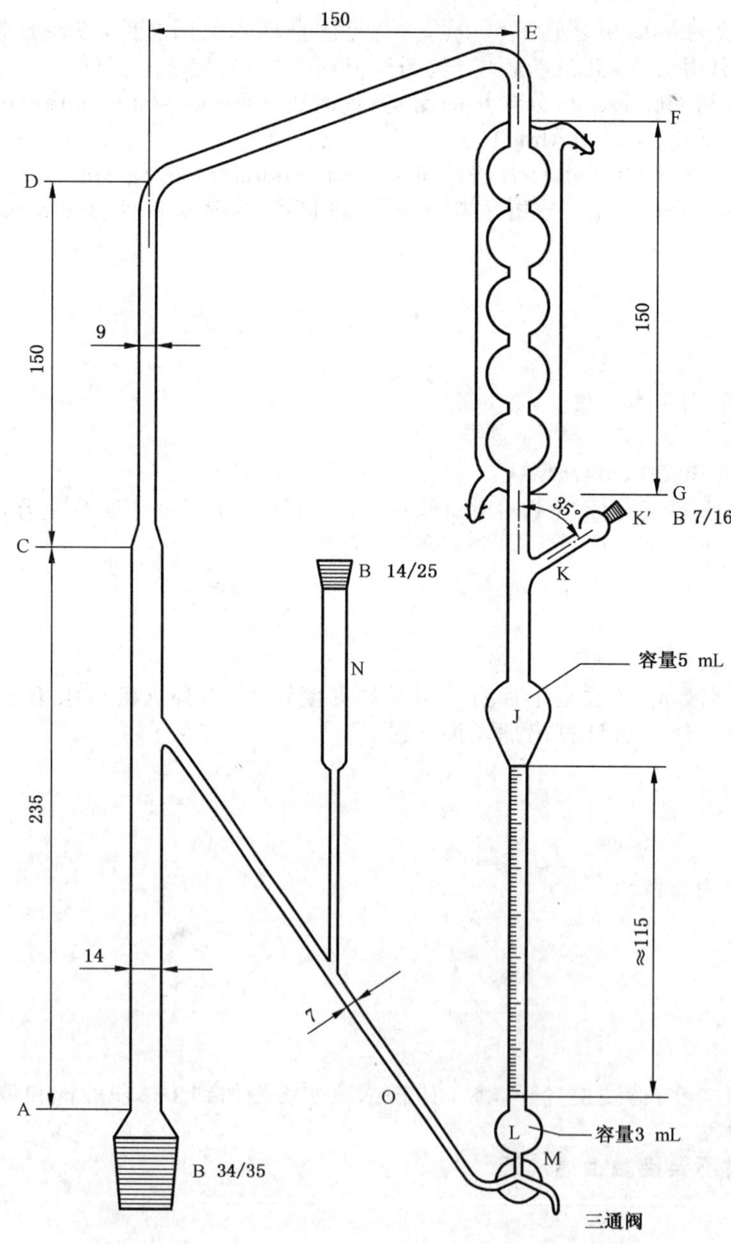

图 1 蒸馏器

6.1.3 汽阱(见图2)

汽阱可插入支管(K)或安全管(N)中(6.1.2)。

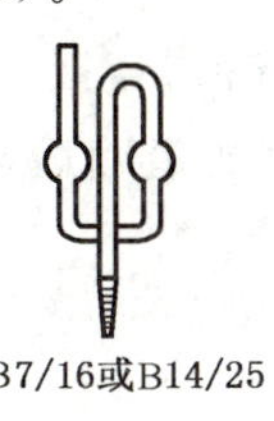

B7/16或B14/25

图2 汽阱

6.2 滤纸:直径110 mm。

6.3 移液管:1.0 mL。

6.4 可调式电热装置。

6.5 小玻璃珠。

6.6 量筒:500 mL。

6.7 分析天平。

7 取样

实验室样品应具有代表性,贮运过程中不得损坏或发生变化。取样虽然不属本标准规定方法所包括的内容,建议取样按ISO 948的规定执行。

8 分析步骤

注:本标准将每个香辛料调味品的测定参数作为规定要求,列于附录A中。

8.1 蒸馏器的准备

洗净冷凝器(6.1.2),将玻璃塞子(K′)盖紧支管(K)、汽阱置于安全管(N)上,将冷凝器倒置,注满洗涤液(5.2),放置过夜,洗净后再用水漂洗,烘干备用。

8.2 样品的准备

如试样需要粉碎(见附录A),应根据不同产品,磨碎足量的实验室样品至符合要求的细度(见ISO 2825),才能加到圆底烧瓶中。磨碎过程中应确保试样的温度不升高。

8.3 试样

按附录A规定的样品量,称样,精确至0.01 g。

8.4 测定

8.4.1 二甲苯体积的测定

用量筒将一定量的水(见附录A)倒入圆底烧瓶(6.1.1)并加入几粒小玻璃珠,将圆底烧瓶与冷凝器(6.1.2)连接,从支管(K)加水,将刻度管(JL)、收集球(L)和斜管(O)充满;用移液管(6.3)从支管(K)处加入1.0 mL二甲苯(5.1),汽阱(6.1.3)半充满水后,连接至冷凝器,加热圆底烧瓶,将蒸馏速度调节为2 mL/min~3 mL/min,蒸馏30 min后,停止加热。调节三通阀,使二甲苯上液面与刻度管(JL)零刻度处平齐,冷却10 min后,读取二甲苯的毫升数。

8.4.2 有机相体积的测定

将试样(8.3)移入圆底烧瓶(6.1.1)中,与冷凝器连接,加热圆底烧瓶,将蒸馏速率调节至 2 mL/min～3 mL/min,按附录 A 规定的时间持续蒸馏,完成蒸馏后,停止加热,冷却 10 min,读取刻度管中有机相的毫升数。

8.4.3 水分含量的测定

按 ISO 939 的规定执行。

9 结果表示

挥发油含量按式(1)计算,以每 100 g 干样品中所含挥发油的毫升数表示:

$$X = 100 \times \frac{V_1 - V_0}{m} \times \frac{100}{100 - w} \qquad \cdots\cdots(1)$$

式中:

X ——挥发油含量,单位为毫升每百克(mL/100 g);

V_0——二甲苯体积(8.4.1),单位为毫升(mL);

V_1——有机相体积(8.4.2),单位为毫升(mL);

m ——试样质量,单位为克(g);

w ——试样水分含量(质量分数)的数值。

10 精密度

10.1 重复性

同一操作者用同一样品、在同一实验室、利用相同仪器、在较短间隔内完成的 2 个独立的单次测定结果的绝对误差,应不大于表 1 中给出的重复性限(r)的 5%。

表 1 重复性

样品	挥发油平均含量(X) mL/100 g	重复性限(r) mL/100 g
牛至(碎片)	1.907	0.176
丁香(粉状)	13.956	1.960
黑胡椒(粉状)	2.624	0.331

10.2 重现性

用相同方法、相同样品、在不同实验室、用不同的仪器、由不同的操作者完成的 2 个单次测定结果的绝对误差,应不大于表 2 中给出的重现性限(R)的 5%。

表 2 重现性

样品	挥发油平均含量(X) mL/100 g	重现性限(R) mL/100 g
牛至(整的或叶)	1.907	0.536
丁香(粉状)	13.956	3.662
黑胡椒(粉状)	2.624	0.796

11 检验报告

检验报告至少应包括以下内容：

a) 全面鉴别样品所需要的全部信息；

b) 采用的试验方法及本标准的参考资料；

c) 蒸馏时间(h)；

d) 测得结果及规定的单位；

e) 分析完成时间；

f) 是否符合重复性限的要求；

g) 本标准未规定的所有操作细节，包括可选的、可能影响测定结果的偶然因素。

附 录 A
（规范性附录）
香辛料挥发油测定参数

香辛料挥发油测定参数见表 A.1。

表 A.1 测定参数

序号	名称	试样质量/g	蒸馏形式	水体积/mL	蒸馏时间/h
1	茴香籽	25	粉状	500	4
2	甜罗勒	50	整/叶	500	5
3	春黄菊(罗马)	30	整/叶	300	3
4	春黄菊(普通)	50	整/叶	500(0.5 mol/L 盐酸)	4
5	葛缕子	20	整	300	4
6	小豆蔻	20	整	400	5
7	肉桂	40	粉末	400	5
8	细叶芹	40	整/叶	600	5
9	桂皮	40	粉状	400	5
10	丁香	4	粉状	400	4
11	芫荽	40	粉状	400	4
12	枯茗籽	25	粉状	500	4
13	咖喱粉	25	粉状	500	4
14	莳萝、土茴香	25	粉状	500	4
15	小茴香	25	粉状	300	4
16	大蒜	25	粉状	500	4
17	姜	30	粉状	500	4
18	杜松子	25	粉状	500	5
19	肉豆蔻衣	15	粉状	400	4
20	甜牛至	40	整/叶	600	4
21	野牛至	40	整/叶	600	5
22	野薄荷	40	整/叶	600	4
23	混合香草	40	整/叶	600	4
24	混合香辛料	40	粉状	600	5
25	肉豆蔻	15	粉状	400	4
26	牛至	40	整/叶	600	4
27	欧芹	40	整/叶	600	5
28	胡薄荷	40	整/叶	600	5
29	胡椒	40	粉状	400	4

表 A.1（续）

序号	名称	试样质量/g	蒸馏形式	水体积/mL	蒸馏时间/h
30	薄荷	50	整/叶	500	2
31	腌制香辛料	25	粉状	500	4
32	多香果	30	粉状	500	5
33	迷迭香	40	整/叶	600	5
34	鼠尾草	40	整/叶	600	5
35	香薄荷	40	整/叶	600	5
36	龙蒿	40	整/叶	600	5
37	百里香	40	整/叶	600	5
38	姜黄	40	粉状	400	5

ICS 67.200.10
X 14

中华人民共和国国家标准

GB/T 31579—2015

粮油检验　芝麻油中芝麻素和芝麻林素的测定　高效液相色谱法

Inspection of grain and oils—Determination of sesamin and sesamolin in sesame oil—High performance liquid chromatography

2015-05-15 发布　　2015-11-28 实施

中华人民共和国国家质量监督检验检疫总局
中国国家标准化管理委员会　发布

前　言

本标准按照 GB/T 1.1—2009 给出的规则起草。

本标准由国家粮食局提出。

本标准由全国粮油标准化技术委员会(SAC/TC 270)归口。

本标准负责起草单位：上海市粮食科学研究所。

本标准参加起草单位：上海三添食品有限公司、中国食品药品检定研究院食品化妆品检定所、中国标准化研究院食品与农业标准化研究所、安徽华安食品有限公司、东莞顶志食品有限公司、安徽国家农业标准化与监测中心。

本标准主要起草人：曹文明、薛斌、陈凤香、曹进、丁宏、李坤威、何俊、徐彦辉、郭海英、袁超。

粮油检验　芝麻油中芝麻素和芝麻林素的测定　高效液相色谱法

1　范围

本标准规定了高效液相色谱法测定芝麻油中的芝麻素和芝麻林素的术语和定义、原理、试剂和耗材、仪器设备、试样的制备、分析步骤、结果计算以及精密度。

本标准适用于芝麻香油、芝麻原油和成品芝麻油中芝麻素和芝麻林素的测定。

本标准方法的检出限为:芝麻素 0.01 mg/g;芝麻林素 0.02 mg/g。

2　规范性引用文件

下列文件对于本文件的应用是必不可少的。凡是注日期的引用文件,仅注日期的版本适用于本文件。凡是不注日期的引用文件,其最新版本(包括所有的修改单)适用于本文件。

GB/T 6379.1—2004　测量方法与结果的准确度(正确度与精密度)　第1部分:总则与定义

GB/T 6379.2—2004　测量方法与结果的准确度(正确度与精密度)　第2部分:确定标准测量方法重复性与再现性的基本方法

GB/T 6682　分析实验室用水规格和试验方法(GB/T 6682—2008/ISO 3696:1987,MOD)

GB/T 15687　动植物油脂　试样的制备(GB/T 15687—2008/ISO 661:2003,IDT)

3　术语和定义

下列术语和定义适用于本文件。

3.1

芝麻素　sesamin

又称芝麻脂素,芝麻主要的天然木脂素(木酚素)类物质之一,CAS 编号,607-80-7;分子式,$C_{20}H_{18}O_6$;分子量,354.35。分子结构参见附录 A。

3.2

芝麻林素　sesamolin

又称芝麻酚林,芝麻主要的天然木脂素(木酚素)类物质之一,CAS 编号,526-07-8;分子式,$C_{20}H_{18}O_7$;分子量,370.35。分子结构参见附录 A。

4　原理

样品中的芝麻素和芝麻林素采用固相萃取技术,提取、净化和富集后,用高效液相色谱仪进行测定,紫外检测器外标定量。

5　试剂和耗材

5.1　甲醇:色谱纯。

5.2　三氯甲烷。

5.3　丙酮。

5.4　环己烷。

5.5　正己烷。

5.6　异丙醇。

5.7　SPE 上样液:正己烷+三氯甲烷=70+30,取 30 mL 的三氯甲烷(5.2),加入 70 mL 的正己烷(5.5)中混匀,现用现配。

5.8　SPE 淋洗液:环己烷+丙酮=90+10,取 10 mL 的丙酮(5.3),加入 90 mL 的环己烷(5.4)中混匀,现用现配。

5.9　SPE 洗脱液:环己烷+丙酮=80+20,取 20 mL 的丙酮(5.3),加入 80 mL 的环己烷(5.4)中混匀,现用现配。

5.10　流动相:甲醇+水=75+25。取 250 mL 的水,加入 750 mL 的甲醇(5.1)中混匀,通过 0.45 μm 的滤膜(6.4)过滤并脱气。

5.11　标准物质:芝麻素,纯度≥98%;芝麻林素,纯度≥98%。

5.12　标准储备液:精确称量 20 mg 的芝麻素(5.11)标准物质,加入适量的甲醇(5.1),搅拌至完全溶解后转移至 100 mL 棕色容量瓶中,再用甲醇(5.1)定容,配制成浓度为 200 mg/L 的芝麻素标准储备液,冷藏保存。采用同样的方法,精确称量 20 mg 的芝麻林素(5.11)标准物质,配制成浓度为 200 mg/L 的芝麻林素标准储备液,冷藏保存。

5.13　标准工作液:分别准确移取芝麻素和芝麻林素的标准储备液(5.12)各 0.2 mL、0.4 mL、1 mL、2 mL 和 5 mL,分别用甲醇(5.1)稀释定容至 10 mL,得到一系列浓度不同的芝麻素和芝麻林素的混合标准工作溶液(芝麻素和芝麻林素浓度均分别为 4 mg/L、8 mg/L、20 mg/L、40 mg/L 和 100 mg/L)。

5.14　25 mL 棕色容量瓶。

5.15　15 mL 平口试管。

5.16　5 mL、10 mL 一次性塑料注射器。

5.17　硅胶固相萃取柱,规格:1 g/6 mL,非键合硅胶固定相,粒径 40 μm~60 μm 及其配套转接头。

5.18　氨基固相萃取柱,规格:500 mg/3 mL,氨丙基键合硅胶固定相,粒径 40 μm~60 μm 及其配套转接头。

5.19　以上所用试剂,除特殊注明外均为分析纯试剂,水为符合 GB/T 6682 规定的一级水。

6　仪器设备

6.1　分析天平:感量 0.000 1 g。

6.2　高效液相色谱仪:配备紫外检测器。

6.3　碟形过滤器:尼龙,有机相,直径 13 mm,孔径 0.45 μm。

6.4　滤膜:孔径 0.45 μm,直径 45 mm 的尼龙膜或相当者。

6.5　微量进样器:20 μL。

6.6　氮气吹干仪:选配。

7　试样的制备

按 GB/T 15687 规定的方法制备试样。

8 分析步骤

8.1 样品的提取、净化和富集

8.1.1 固相萃取柱的活化

取硅胶固相萃取柱(5.17)和氨基固相萃取柱(5.18)各一支,用10 mL的塑料注射器(5.16)分别吸取10 mL和5 mL的SPE上样液(5.7),分别冲洗硅胶固相萃取柱和氨基固相萃取柱,使固相吸附剂完全被液体溶剂浸润,应防止干涸,但溶剂的液面也不能高于固相吸附剂。然后将氨基固相萃取柱连接在硅胶固相萃取柱的上端,形成串联双柱。

8.1.2 固相萃取

称取0.5 g芝麻油样品,精确至1 mg,用2 mL SPE上样液(5.7)充分溶解,用5 mL的塑料注射器(5.16)吸取样液后,以(1～2)滴/s的速度通过串联双柱(8.1.1)。上样过程中应保持串联双柱处于溶剂浸润状态,防止干涸。弃去流出的液体;再用同一支5 mL的塑料注射器吸取5 mL的SPE上样液,以2滴/s左右的速度洗涤双柱,并用空气吹干上端的氨基固相萃取柱,同时保持下层的硅胶固相萃取柱处于溶剂浸润状态,弃去洗涤液,取下上端氨基固相萃取柱;仍用同一支5 mL的塑料注射器吸取3 mL的SPE上样液,以(1～2)滴/s的速度单独洗涤硅胶固相萃取柱,并保持硅胶固相萃取柱处于溶剂浸润状态,弃去洗涤液;仍用同一支5 mL的塑料注射器吸取2 mL的SPE淋洗液(5.8),以(1～2)滴/s的速度单独洗涤硅胶固相萃取柱,并用空气吹干硅胶固相萃取柱,弃去洗涤液;最后取1支干净的10 mL的塑料注射器(5.16)吸取10 mL的SPE洗脱液(5.9),以(2～3)滴/s的速度洗脱硅胶固相萃取柱,并用空气吹干硅胶固相萃取柱,收集全部洗脱液于一个25 mL的棕色容量瓶(5.14)中,并用异丙醇(5.6)定容,作为样品提取液[或者收集全部洗脱液于一支15 mL的试管(5.15)中,然后置于50 ℃的氮气吹干仪(6.6)的水浴中,氮气吹干溶剂后,用异丙醇溶解残留物,转移入25 mL棕色容量瓶,再用异丙醇定容为样品提取液]。样品提取液用碟形过滤器(6.3)过滤后进行液相色谱测定。

8.2 高效液相色谱测定

8.2.1 高效液相色谱参考条件

高效液相色谱检测的参考条件如下:

a) 色谱柱:Venusil XBP C_{18}柱(长250 mm,内径4.6 mm,填料粒径5 μm)及其配套保护柱(也可使用其他品牌等效的C_{18}液相色谱柱);
b) 进样量:20 μL;
c) 流动相:甲醇+水(5.13);
d) 流速:1 mL/min;
e) 柱温:30 ℃;
f) 紫外检测器波长:287 nm。

8.2.2 样品测定

用微量进样器(6.5)分别吸取等体积的各个芝麻素和芝麻林素标准工作溶液(5.13)以及样品提取液(8.1.2)进行分析,测定峰面积,以各个标准工作液的芝麻素或芝麻林素的浓度为横坐标,对应的芝麻素或芝麻林素的峰面积为纵坐标,分别绘制芝麻素和芝麻林素的标准工作曲线,并求得样品提取液相应的芝麻素或芝麻林素的浓度(c)。

芝麻素和芝麻林素的标准品及样品测定的色谱图见附录B。

9 结果计算

芝麻素和芝麻林素的含量分别按式(1)进行计算：

$$X=\frac{c\times V}{m\times 1\ 000} \quad \cdots\cdots(1)$$

式中：

X ——样品中芝麻素或芝麻林素的含量，单位为毫克每克(mg/g)；

c ——通过标准工作曲线获得的样品提取液中的芝麻素或芝麻林素的浓度，单位为毫克每升(mg/L)；

V ——样品提取液的定容体积，单位为毫升(mL)；

m ——样品的称样量，单位为克(g)。

计算结果保留至小数点后两位。

10 精密度

根据 GB/T 6379.1—2004 和 GB/T 6379.2—2004 的相关要求，芝麻素和芝麻林素的检测精密度以实验室间的比对实验的统计分析结果表示，详见表 1 和表 2。

表 1 芝麻素的检测精密度

项目	样品 1	样品 2	样品 3
参加比对的实验室的数量	10	10	10
可接受结果的实验室的数量	8	10	10
获得可靠检测结果的数量	38	48	48
平均值/(mg/g)	4.88	3.35	1.14
重复性标准偏差(S_r)/(mg/g)	0.18	0.13	0.05
重复性变异系数/%	3.65	3.89	4.78
重复性限($2.8\times S_r$)/(mg/g)	0.50	0.36	0.15
再现性标准偏差(S_R)/(mg/g)	0.23	0.16	0.07
再现性变异系数/%	4.65	4.80	5.82
再现性限($2.8\times S_R$)/(mg/g)	0.64	0.45	0.19

表 2 芝麻林素的检测精密度

项目	样品 1	样品 2	样品 3
参加比对的实验室的数量	10	10	10
可接受结果的实验室的数量	9	9	9
获得可靠检测结果的数量	43	45	45
平均值/(mg/g)	3.32	1.49	0.59
重复性标准偏差(S_r)/(mg/g)	0.08	0.06	0.02
重复性变异系数/%	2.45	4.18	4.16

表 2（续）

项目	样品 1	样品 2	样品 3
重复性限($2.8\times S_r$)/(mg/g)	0.23	0.17	0.07
再现性标准偏差(S_R)/(mg/g)	0.10	0.08	0.03
再现性变异系数/%	3.01	5.11	5.07
再现性限($2.8\times S_R$)/(mg/g)	0.28	0.21	0.08

附　录　A
（资料性附录）
芝麻素和芝麻林素的分子结构图

a）　芝麻素　　　　　　b）　芝麻林素

图 A.1　芝麻素和芝麻林素的分子结构图

附 录 B
（资料性附录）
芝麻素和芝麻林素的液相色谱图

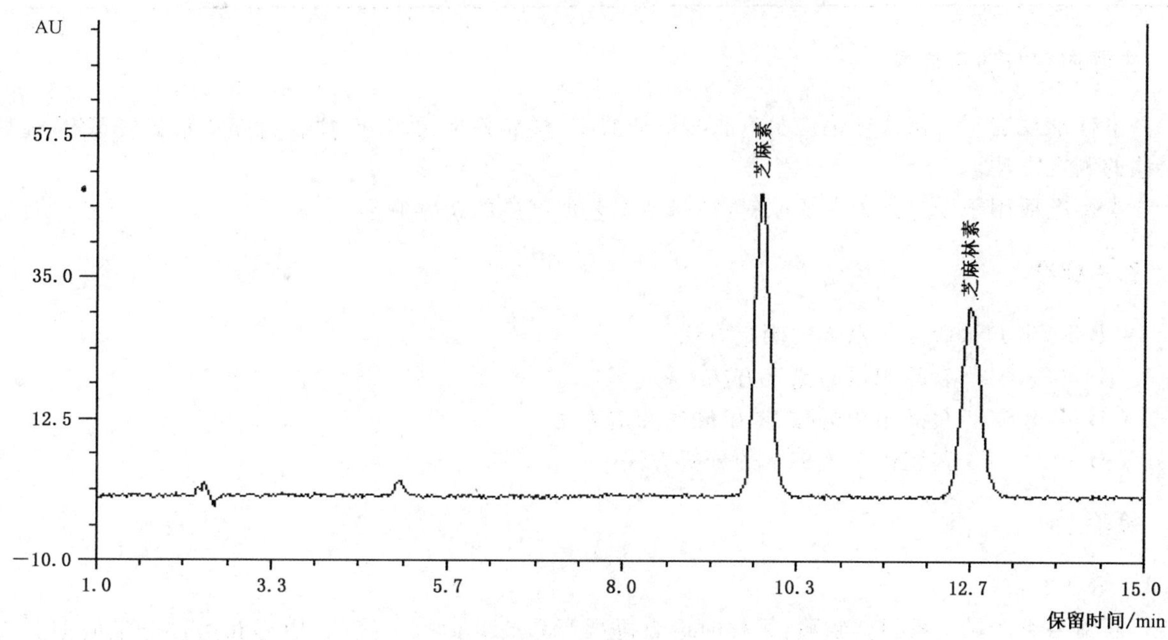

图 B.1 芝麻素和芝麻林素标准色谱图

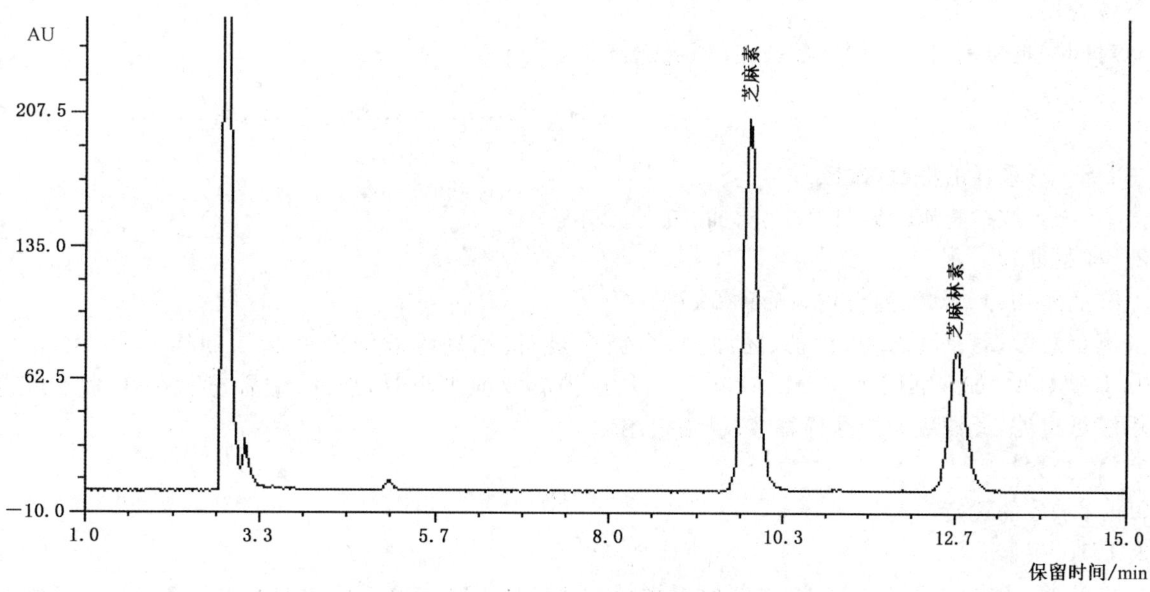

图 B.2 样品提取液中芝麻素和芝麻林素色谱图

中华人民共和国商业行业标准

SB/T 10213—94

酱腌菜理化检验方法

代替 SB 101—80

1 主题内容与适用范围

本标准规定了酱腌菜理化检验方法的取样要求、样品处理及水分、食盐、总酸、氨基酸态氮、还原糖、全糖的测定方法。

本标准适用于以蔬菜为主要原料,经腌渍工艺加工成的蔬菜制品。

2 引用标准

GB 5009.11 食品中总砷的测定方法

GB 5009.12 食品中铅的测定方法

GB 5009.29 食品中山梨酸、苯甲酸的测定方法

GB 5009.54 酱腌菜卫生标准的分析方法

3 检验方法

3.1 采样要求

酱腌菜类产品均系固体物质,采样时应自每批产品的上、中、下三层,中心和边部分采取部分样品,按四分法对角取样,最后缩分至留取的小样 500g~1 000g(样品量应不少于全部检验需要的三倍)。所采小样应装入洁净、干燥的磨口瓶或塑料袋内保存,并注明样品名称、批次、等级、日期等,以供检验、复验与备查用。

对同一批号的产品采用件数按式(1)决定:

$$S=\sqrt{\frac{N}{2}} \quad \cdots\cdots (1)$$

式中:S——采样的件数(次数);

N——被检物质的数目(件、袋、桶、瓶、包、箱等)。

3.2 样品处理

样品经切碎、研磨、混合均匀后称取。

测定总酸、氨基酸态氮、食盐、还原糖、全糖含量时,精确称取混合样品 5.000g~10.000g。放入 250mL 烧杯中,加入蒸馏水 50mL~80mL 加热近沸后浸泡半小时,冷却,定容至 100mL 或 200mL,然后用滤纸过滤,此滤液为样品稀释液,供测定用。

3.3 检验方法

3.3.1 水分的测定

3.3.1.1 仪器

称量瓶、天平(感量 0.001g)、电热恒温烘箱、干燥器(内置有效干燥剂无水氯化钙或变色硅胶)。

3.3.1.2 测定

精确称取样品 5.000g~10.000g 置已知恒重之称量瓶中,均匀摊开,在 100℃~105℃烘箱内烘 4 h~6 h,取出置干燥器内冷却,称重,直至前后两次称量之差不超过±0.005g 即为恒重。

按式(2)计算:

中华人民共和国国内贸易部1994-06-27发布　　1994-12-01实施

$$X_1=\frac{A-B}{W}\times 100 \quad\cdots\cdots(2)$$

式中：X_1——水分含量，g/100g；

A——烘干前称量瓶与样品重量，g；

B——烘干后称量瓶与样品重量，g；

W——取样重量，g。

3.3.1.3 允许误差

允许误差：0.50%。

3.3.1.4 注意事项

3.3.1.4.1 每个样品不少于两个平行试验。平行试验误差不得大于允许误差。

3.3.1.4.2 水分超过20%的样品，须先于60℃～80℃烘2 h，然后升至100℃～105℃，再烘4 h～6 h，直至恒重。

3.3.2 食盐的测定（莫尔氏法）

3.3.2.1 试剂

a）硝酸银标准溶液[$c(AgNO_3)$=0.100 0mol/L]：按GB 601规定配制；

b）铬酸钾指示剂（100g/L）：称取10g铬酸钾用少量水溶解后定容至100mL。

3.3.2.2 测定

精确吸取稀释液2.00mL，放入三角瓶中，加入蒸馏水50mL，加100g/L铬酸钾指示剂0.5mL，用0.100 0mol/L硝酸银标准溶液滴定至刚显砖红色即为终点。记下耗用毫升数V。

在同一条件下，做一空白对照，记下耗用量V_0。

按式(3)计算：

$$X_2=\frac{(V-V_0)\times c\times 0.0585}{2\times\frac{W}{S}}\times 100 \quad\cdots\cdots(3)$$

式中：X_2——样品中食盐（以NaCl计）含量，g/100g；

c——硝酸银标准溶液实际浓度，mol/L；

V——样品耗用硝酸银标准溶液的体积，mL；

V_0——空白耗用硝酸银标准溶液的体积，mL；

0.058 5——与1.00ml硝酸银标准滴定溶液[$c(AgNO_3)$=1.000mol/L]相当的氯化钠的质量，g；

W——样品质量，g；

S——样品稀释液体积，mL。

3.3.2.3 允许误差：0.20g/100g。

3.3.3 总酸的测定

3.3.3.1 酸度计法

3.3.3.1.1 仪器：酸度计（附磁力搅拌器）。

3.3.3.1.2 试剂：氢氧化钠标准溶液[$c(NaOH)$=0.050 0mol/L]：按GB 601规定配制。

3.3.3.1.3 测定

精确吸取稀释液10.00mL～20.00mL放入150mL烧杯中，加入80mL蒸馏水。开动磁力搅拌器，然后用0.050 0mL/L氢氧化钠标准溶液滴定至酸度计指示pH8.20，记下耗用毫升数V。

在同一条件下做一空白对照，记下耗用NaOH标准液毫升数V_0。按式(4)计算：

$$X_3=\frac{(V-V_0)\times c\times 0.09}{10\times\frac{W}{S}}\times 100 \quad\cdots\cdots(4)$$

式中：X_3——样品中总酸（以乳酸计）含量，g/100g；

V——样品耗用氢氧化钠标准溶液体积，mL；

V_0——空白耗用氢氧化钠标准溶液体积，mL；

c——氢氧化钠标准溶液实际浓度，mol/L；

0.09——与1.00mL氢氧化钠标准滴定溶液[c(NaOH=1.000mol/L]相当的乳酸的质量，g；

W——样品质量，g；

S——样品稀释液体积，mL。

3.3.3.2 滴定法

3.3.3.2.1 试剂：

氢氧化钠标准溶液[c(NaOH)=0.050 0mol/L]：按GB 601配制

10g/L酚酞指示剂溶液：1g酚酞溶于60mL95%(V/V)乙醇中，用水稀释至100mL。

3.3.3.2.2 测定：

精确吸取样品稀释液10.00mL～20.00mL，放入150mL三角瓶中，加入50mL蒸馏水，加入10g/L酚酞指示剂3滴。用0.050 0mol/L氢氧化钠标准溶液滴定至微红色，以30s内不褪色为终点。记下耗用0.050 0mol/L氢氧化钠标准溶液的毫升数。

计算公式同酸度计法。

3.3.3.2.3 允许误差：0.03g/100g。

3.3.4 氨基酸态氮的测定(酸度计法)

3.3.4.1 仪器：酸度计

3.3.4.2 试剂：

氢氧化钠标准溶液[c(NaOH)=0.05mol/L]：按GB 601配制与标定甲醛(分析纯)。

3.3.4.3 操作

精确吸取稀释液10.00mL～20.00mL放入150mL烧杯中，加放80mL蒸馏水，开动磁力搅拌器；然后用0.050 0mol/L氢氧化钠标准溶液滴定至酸度计指示pH8.2时，加入甲醛10mL摇匀；继续用0.050 0mol/L氢氧化钠标准滴定至酸度计指示pH9.2，记下加入甲醛后耗用0.050 0mol/L氢氧化钠标准溶液毫升数V。

在同一条件下做一空白对照，记下氢氧化钠标准溶液耗用数V_0。

按式(5)计算：

$$X_4=\frac{(V-V_0)\times c\times 0.014}{10\times\frac{W}{S}}\times 100 \quad\cdots\cdots(5)$$

式中：X_4——样品中氨基酸态氮的含量(以N计)，g/100g；

V——样品加入甲醛后，耗用0.050 0mol/L氢氧化钠标准溶液体积，mL；

V_0——空白加入甲醛后，耗用0.050 0mol/L氢氧化钠标准溶液体积，mL；

c——氢氧化钠标准溶液实际浓度，mol/L；

0.014——与1.00mL氢氧化钠标准滴定溶液[c(NaOH)=1.000 0mol/L]相当的氮的质量，g；

W——样品重量，g；

S——样品稀释液体积，mL。

3.3.4.4 允许误差：0.03g/100g。

3.3.5 还原糖的测定

3.3.5.1 试剂

斐林氏甲液：称取硫酸铜15g及次甲基蓝0.05g溶解于1 000mL蒸馏水中；

斐林氏乙液：称取酒石酸钾钠50g，氢氧化钠54g及亚铁氰化钾4g溶解于1 000mL蒸馏水中；

葡萄糖标准溶液：1g/L。准确称取在100℃烘箱中烘至恒重的无水葡萄糖1.000 0g放入100mL烧杯中，用蒸馏水溶解后倒入 1 000mL 容量的瓶中，用蒸馏水反复冲洗烧杯，洗液一并倒入容量瓶，加浓盐酸 5mL，用蒸馏水稀释至刻度。

3.3.5.2 操作

3.3.5.2.1 空白滴定

取斐林氏甲、乙液各 5.00mL 于 150mL 锥形瓶中，加入 10mL 蒸馏水，用糖滴管加入 9mL 左右 1g/L 葡萄糖标准溶液，摇匀后加热（电炉应预热 15min 后使用），使其在 2min 内沸腾。沸腾 30s 后，以 3s～4s 一滴（空白滴定，预备滴定，正式滴定的速度均应保持一致）的速度匀速滴入 1g/L 葡萄糖液，至蓝紫色消失即为终点。溶液沸腾后标准糖液的耗用量应控制在 0.5mL～1mL 之内，否则应重做。记录沸腾前后共耗用标准糖液的毫升数 A。

3.3.5.2.2 预备滴定

取斐林氏甲、乙液各 5.00mL 于 150mL 锥形瓶中，加入 10mL 蒸馏水和样品稀释液 1.00mL，根据样品含糖量的高低（估计数），用糖滴管加入不定量的 1g/L 葡萄糖标准液，摇匀后加热，沸腾 30s 后，以 3s～4s 一滴的 1g/L 滴入葡萄糖标准液，至蓝紫色消失即为终点。记录沸腾前后共耗用标准糖液毫升数。

3.3.5.2.3 正式滴定

取斐林代甲、乙液各 5.00mL 于 150mL 锥形瓶中，加入 10mL 蒸馏水，加入样品稀释液 1.00mL，再用糖滴管加入比预备滴定耗用量少 0.5mL 左右的 1g/L 葡萄糖标准液，摇匀后加热，沸腾 30s 后，以 3s～4 s一滴的速度匀速滴入 1g/L 葡萄糖标准液，至蓝紫色消失即为终点。样品稀释液沸腾后，标准糖液的耗用量必须控制在 0.5mL～1mL 之内，否则应重做。记录沸腾前后共耗用标准糖液的毫升数 B。

3.3.5.3 计算

$$X_5=\frac{(A-B)\times C}{W}\times 100 \qquad (6)$$

式中：X_5——样品中还原糖的含量，g/100g；

A——空白滴定耗用 1g/L 葡萄糖标准液体积数，mL；

B——正式滴定耗用 1g/L 葡萄糖标准液体积数，mL；

C——1mL 1g/L 葡萄糖液的含糖量；

W——所用稀释液相当样品重量，g。

3.3.5.4 允许误差：0.05g/100mL。

3.3.6 全糖的测定

3.3.6.1 试剂

斐林溶液甲液：称取 69.3g 硫酸铜，加蒸馏水溶解配成 1 000mL。

斐林溶液乙液：称取 346g 酒石酸甲钠和 100g 氢氧化钠，加蒸馏水溶解，配 1 000mL。

1%次甲基蓝指示剂

200/L 氢氧化钠溶液

100g/L 磷酸氢二钠溶液

6mol/L 盐酸溶液

200g/L 乙酸铅溶液

2g/L 甲基红指示剂[(20%V/V)乙醇溶液配制]

斐林氏溶液的标定：在分析天平上精确称取经烘干冷却的分析纯葡萄糖 0.400 0g，用蒸馏水溶解，并转移到 250mL 溶量瓶中，加水至刻度，摇匀备用。

准确取斐林溶液甲、乙液各 2.5mL，放入 150mL 三角瓶中，加蒸馏水 20mL，置电炉上加热至沸，用配好的葡萄糖溶液滴定至溶液变红时，加入次甲基蓝指示剂 1 滴，继续滴定至蓝色消失鲜红色为终点。正式滴定时，先加入比预滴定时少 0.5mL～1mL 的葡萄糖溶液，置电炉上煮沸 2min，加甲基蓝指示剂 1

滴,继续用葡萄糖溶液滴定至终点。按式(7)计算其浓度:

$$A=\frac{WV}{250} \qquad (7)$$

式中:A——5mL 斐林溶液甲、乙液相当于葡萄糖的克数;

W——葡萄糖的重量,g;

V——滴定时消耗葡萄糖溶液的体积,mL。

3.3.6.2 操作

样品切碎混合,精确称取 3.000～4.000g 样品,置于乳钵中加入少量蒸馏水磨细,以蒸馏水洗入 200mL 容量瓶中,然后加入 200g/L 乙酸铅溶液 15mL～20mL 至蛋白质完全沉淀为止,并加入 15mL～20mL100g/L 硫酸钠或磷酸氢二钠溶液。至不再产生沉淀为止,加水至刻度,摇匀,过滤。

取滤液 50mL,放入 150mL 三角瓶中,加入 6mol/L 盐酸 10mL 在 70℃±1℃水浴中加热 10min,取出迅速冷却至室温加 2g/L 甲基红指示剂 1 滴,用 200g/L 氢氧化钠溶液中和至中性,转移至 100mL 容量瓶中稀释至刻度,摇匀备用。

按标定斐林溶液甲、乙液的方法,用样品制备液替代葡萄糖溶液,测定样品中总糖。

3.3.6.3 计算

$$X_6=\frac{A}{W\times\frac{50}{200}\times\frac{V}{100}}\times 100 \qquad (8)$$

式中:X_6——样品中全糖的含量(以葡萄糖计),g/100g;

W——样品重量,g;

V——滴定时消耗样品溶液的量,mL;

3.3.6.4 允许误差:0.5g/100g。

3.3.7 注意事项:

3.3.7.1 检验方法中,所用试剂除特别注明者外均为分析纯。

3.3.7.2 以上每个测定项目,同一样品应做平行试验,两次测定值之差,不得大于允许误差,取其平均值作为分析结果。

附加说明:

本标准由中华人民共和国国内贸易部提出并归口。

本标准由中国酿造学会蔬菜加工学组起草。

本标准主要起草人佘庆颐、朱茳、张毓琦。

本标准由中国酿造学会蔬菜加工学组负责解释。

中华人民共和国商业行业标准

SB/T 10214—94

酱腌菜检验规则

1 主题内容与适用范围

本标准规定了酱腌菜检验时的采样原则、采样量、采样方法、采样标签、样品的送检、样品的检验及检验报告。

本标准适用于以蔬菜为主要原料经腌渍而成的蔬菜制品。

2 采样原则

采集的样品必须具有代表性，对有卫生指标的样品，必须按照 GB 5009.1—85《食品卫生检验方法》6.1、6.3、6.5、6.6、6.7 执行。

3 采样量

每批产品按规定采样量不得少于检验需要量的三倍，以供检验，复查与备查用。

4 采样方法

采集样品时应在上、中、下；四周与中间同时分别采样，混合均匀后再按四分法对角取样，直至所需采样量。

5 采样标签

采样前或采样后立即贴上标签，每件样品必须标记清楚（品名、批次、来源、地点、数量、采样人、日期）。

6 样品的送检

6.1 采样后应尽快送检，为了使样品具有采样瞬间的代表性，样品必须及时送交检验部门，或密封低温保存后再送检。

6.2 送检时，必须填写申请单，写明目的要求，检验项目等，以供检验人员参考。

7 样品的检验

7.1 接收样品后应尽快检验，以使样品具有采样时的代表性，接到送验申请单，应立即登记，填写检验序号，按要求进行检验，或放入冰箱，积极准备条件进行检验。

7.2 检验项目：主要规定理化检验项目，有关卫生指标的铅、砷、大肠菌群，致病菌检验，已有统一的国家标准、检验方法，本规则中不再列入，对具体样品的检验项目，则根据送检要求进行。

7.3 检验方法：某一检验项目常有多种检验方法，本规则同时提供多种方法，供检验人员选择，但以第一种方法为仲裁法，其他方法可以此为对照。

8 检验报告

8.1 检验完毕后，检验人员应及时填写报告单签名后送主管人员核实签字，加盖检验室专用章以示

中华人民共和国国内贸易 1994-06-27发布　　1994-12-01实施

生效。

8.2 检验报告应包括的内容。

8.2.1 样品名称,取样地点和时间。

8.2.2 检测项目及结果。

8.2.3 使用的方法(标明所用方法标准编号)。

8.2.4 本标准中未规定或另加的操作。

8.2.5 结论。

8.2.6 检验日期、操作人、复核人。

附加说明:

本标准由中华人民共和国国内贸易部提出并归口。

本标准由中国酿造学会蔬菜加工学组起草。

本标准主要起草人章善生、余庆颐、顾秀兰、阎学孟。

本标准由中国酿造学会蔬菜加工学组负责解释。

中华人民共和国商业行业标准　　SB/T 10229—94

代替 SB 101—80

豆制品理化检验方法

1　主题内容与适用范围

本标准规定了豆制品中水分、蛋白质、氯化钠、无盐固形物、总酸、氨基酸态氮以及豆类淀粉制品中淀粉含量的检验方法。

本标准适用于以大豆为原料生产的豆制产品以及以豆类淀粉为原料生产的豆类淀粉产品。

2　引用标准

GB 601　化学试剂　滴定分析(容量分析)用标准溶液的制备

GB 604　化学试剂　酸碱指示剂 pH 变色域测定通用方法

3　水分的测定

3.1　原理

试样经磨碎、混匀后，在常压 103℃±2℃的恒温干燥箱内加热至恒重。加热前后的质量差即为水分含量。

3.2　试剂和材料

3.2.1　盐酸溶液(1∶1)：量取 1 体积浓盐酸(GB 622)与 1 体积蒸馏水混匀。

3.2.2　24%氢氧化钠溶液：称取 24g 氢氧化钠(GB 629)溶于蒸馏水中，并稀释至 100mL。

3.2.3　洁净海砂：取用水洗去泥土的海砂或河砂，先用盐酸溶液(1∶1)(3.2.1)煮沸 0.5h，用水洗至中性，再用 24%氢氧化钠溶液(3.2.2)煮沸 0.5h，用水洗至中性，经 103℃±2℃干燥备用。

3.3　仪器与设备

实验室常用仪器及下列各项：

3.3.1　电热鼓风干燥箱：温控 103℃±2℃。

3.3.2　分析天平：感量 0.000 1g。

3.3.3　干燥器：内盛有效干燥剂。

3.3.4　称量瓶：外径 50mm～60mm，高 30mm。

3.3.5　多用切碎机。

3.4　试样的制备

3.4.1　固体样品：取有代表性的样品至少 200g，用切碎机切成细粒，置于密闭玻璃容器内。

3.4.2　固液体样品：取有代表性的样品至少 200g，有玻棒搅拌，混合均匀，置于密闭玻璃容器内。

3.4.3　液体样品：取充分混匀的液体样品至少 200g，置于密闭玻璃容器内。

3.5　分析步骤

3.5.1　称量瓶的烘烤

3.5.1.1　取洗净的称量瓶置于 103℃±2℃的电热鼓风干燥箱内，瓶盖斜支于瓶边，加热 1h，加盖取出，放入干燥器内冷却至室温，称量，重复烘烤，直至连续两次称量差不超过 0.002g，即为恒重。以最小称量为准。

中华人民共和国国内贸易局 1995-01-26 批准　　1995-06-01 实施

3.5.1.2 测定固液体、液体样品，即在洗净的称量瓶内加适量洁净海砂(3.2.3)及一根小玻棒。以下按第3.5.1.1条步骤操作。

3.5.2 测定

3.5.2.1 固体样品

称取2g～5g试样，精确至0.001g，于已知恒重的称量瓶(3.5.1.1)中，置于电热鼓风干燥箱内，瓶盖斜支于瓶边，先置于70℃～85℃，加热2h～4h，然后升温至103℃±2℃，加热2h～4h，加盖取出。放入干燥箱内冷却0.5h，称量。再重复置于103℃±2℃的电热鼓风干燥箱内，加热1h，加盖取出。在干燥器内冷却0.5h，称量。重复加热1h的操作，直至连续两次称量差不超过0.002g，即为恒重，以最小称量为准。

3.5.2.2 固液体、液体样品

称取5g～10g固液体样品，精确至0.001g或吸取10mL±0.05mL液体试样，于已知恒重的称量瓶(内加海砂及小玻棒)中，将试样与海砂充分搅拌。以下按第3.5.2.1条步骤操作。

3.6 分析结果的表述

豆制品中的水分含量以质量百分率表示，按式(1)计算：

$$X_1=\frac{m_1-m_2}{m_3}\times 100\% \quad \cdots\cdots (1)$$

式中：m_1——称量瓶(或称量瓶加海砂、玻棒)和试样烘烤前的质量，g；

m_2——称量瓶(或称量瓶加海砂、玻棒)和试样烘烤后的质量，g；

m_3——试样的质量，g。

计算结果精确至小数点后第一位。

3.7 允许差

同一样品的两次测定值之差，每100g试样不得超过0.2g。

4 蛋白质的测定

4.1 原理

以硫酸铜为催化剂，用浓硫酸消化试样，使有机氮分解为氨，与硫酸生成硫酸铵。然后加碱蒸馏使氨逸出，用硼酸溶液吸收，再用盐酸标准滴定溶液滴定。根据盐酸标准滴定溶液的消耗量计算蛋白质的含量。

4.2 试剂和材料

所用试剂均为分析纯；水为蒸馏水或同等纯度的水。

4.2.1 硫酸铜(GB 665)。

4.2.2 硫酸钾(HG 3—920)。

4.2.3 硫酸(GB 625)。

4.2.4 40%氢氧化钠溶液：称取40g氢氧化钠溶于蒸馏水中，稀释至100mL。

4.2.5 4%硼酸溶液：称取4g硼酸(GB 628)溶于蒸馏水中稀释至100mL。

4.2.6 0.1mol/L盐酸标准滴定溶液：按GB 601规定的方法配制与标定。

4.2.7 95%乙醇(GB 679)。

4.2.8 甲基红-次甲基蓝混合指示液：将次甲基蓝乙醇溶液(1g/L)与甲基红乙醇溶液(1g/L)按1+2体积比混合。

4.3 仪器、设备

实验室常用仪器及下列各项：

4.3.1 凯氏烧瓶：500mL。

4.3.2 可调式电炉。

4.3.3 蒸汽蒸馏装置：见图1。

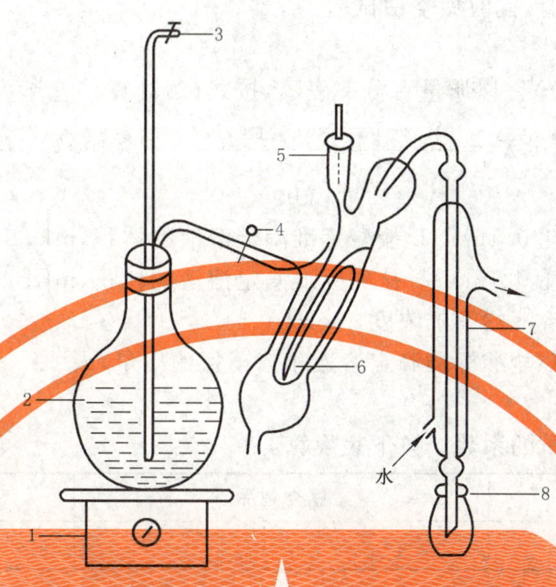

1—电炉；2—蒸汽发生器；3—大气夹；4—螺旋夹；

5—小玻璃杯；6—反应室；7—冷凝管；8—接收瓶

图1

4.3.4 多用切碎机。

4.4 试样的制备

按本标准第3.4条制备。

4.5 分析步骤

4.5.1 称样、处理

4.5.1.1 固体、固液体试样：称取0.5g～5g试样(使试样中含氮30mg～40mg)，精确至0.001g，放入凯氏烧瓶中(避免粘附在瓶壁上)。

4.5.1.2 液体试样：取10mL～20mL±0.05mL试样(使试样中含氮30mg～40mg)，移入凯氏烧瓶中，蒸发至近干。

4.5.2 消化

向凯氏烧瓶中依次加入硫酸铜(4.2.1)0.4g、硫酸钾(4.2.2)10g、硫酸(4.2.3)20mL及数粒玻璃珠。将凯氏烧瓶斜放(45°)在电炉上，缓慢加热。待起泡停止，内容物均匀后，升高温度，保持液面微沸。当溶液呈蓝绿色透明时，继续加热0.5h～1h。取下凯氏烧瓶冷却至约40℃，缓慢加入适量水，摇匀。冷却至室温。

4.5.3 蒸馏

将消化好并冷却至室温的消化溶液(4.5.2)全部转移到100mL容量瓶中，用蒸馏水定容至刻度，摇匀。

向接收瓶内加入10mL 4%硼酸溶液(4.2.5)和1滴混合指示剂(4.2.8)。将接收瓶置于蒸馏装置的冷凝管下口，使下口浸入硼酸溶液中。取10mL±0.05mL。稀释定容后的试液，沿小玻璃杯移入反应室，并用少量蒸馏水冲洗小玻璃杯；一并移入反应室。塞紧棒状玻璃塞，向小玻璃杯内加入约10mL 40%氢氧化钠溶液(4.2.4)。提起玻璃塞，使氢氧化钠溶液缓慢流入反应室，立即塞紧玻璃塞，并在小玻璃杯中加水，使之密封。通入蒸汽，蒸馏5min。降低接收瓶的位置，使冷凝管管口离开液面，继续蒸馏1min。用少量蒸馏水冲洗冷凝管管口，洗液并入接收瓶内。取下接收瓶。

4.5.4 滴定

用0.1mol/L盐酸标准滴定溶液滴定收集液至刚刚出现紫红色为终点。

同一试样做两次平行试验，同时做空白试验。

4.6 分析结果的表述

豆制品中的蛋白质含量(X_2)以质量百分率表示，按式(2)计算：

$$X_2=\frac{(V_1-V_2)\times 0.014\times c_1}{m_4\times\frac{10}{100}}\times F\times 100\% \qquad \cdots\cdots(2)$$

式中：V_1——滴定试样时消耗0.1mol/L盐酸标准滴定溶液的体积，mL；

V_2——空白试验时消耗0.1mol/L盐酸标准滴定溶液的体积，mL；

c_1——盐酸标准滴定溶液的摩尔浓度，mol/L；

0.014——与1mL 1mol/L盐酸标准滴定溶液相当于氮的质量，g；

m_4——试样的质量，g；

F——氮换算为蛋白质的系数。按下表换算：

种　类	豆类制品	面筋类制品
F	5.71	5.70

计算结果精确至小数点后第二位。

4.7 允许差

同一样品两次测定值之差：

蛋白质含量小于1%时，不得超过平均值的10%；

蛋白质含量大于、等于1%时，每100g样品不得超过0.5g。

5 氯化钠的测定

5.1 原理

样品经处理、酸化后，加入过量的硝酸银溶液，以硫酸铁铵为指示剂，用硫氰酸钾标准滴定溶液滴定过量的硝酸银。根据硫氰酸钾标准滴定溶液的消耗量，计算豆制品中氯化钠的含量。

5.2 试剂和材料

所用试剂均为分析纯；水为蒸馏水或同等纯度的水(以下简称水)。

5.2.1 硝酸溶液(1∶3)：量取1体积浓硝酸(GB 627)与3体积水混匀。使用前须经煮沸、冷却。

5.2.2 80%乙醇溶液：量取80mL95%乙醇与15mL水混匀。

5.2.3 0.1mol/L硝酸银标准滴定溶液：称取17g硝酸银(GB 670)溶于水中，转移到1 000mL容量瓶中，用水稀释至刻度，摇匀，置于暗处。

5.2.4 0.1mol/L硫氰酸钾标准滴定溶液：称取9.7g硫氰酸钾(GB 648)溶于水中，转移到1 000mL容量瓶中，用水稀释至刻度，摇匀。

5.2.5 硫酸铁铵饱和溶液：称取50g硫酸铁铵(GB 1279)溶于100mL水中，如有沉淀须过滤。

5.2.6 0.1mol/L硝酸银标准滴定溶液和0.1mol/L硫氰酸钾标准滴定溶液的标定：称取0.10g～0.15g基准试剂氯化钠(GB 1253)或经500℃～600℃灼烧至恒重的分析纯氯化钠(GB 1266)，精确至0.000 2g，于100mL烧杯中，用水溶解，转移到100mL容量瓶中。加入5mL硝酸溶液(5.2.1)，边猛烈摇动边加入30.00mL(V_3)0.1mol/L硝酸银标准滴定溶液(5.2.3)，用水稀释至刻度，摇匀。在避光处放置5min，用快速定量滤纸过滤，弃去最初滤液10mL。

取上述滤液50.00mL于250mL锥形瓶中，加入2mL硫酸铁铵饱和溶液(5.2.5)，边猛烈摇动边用0.1mol/L硫氰酸钾标准滴定溶液(5.2.4)滴定至出现淡棕红色，保持1min不褪色。记录消耗硫氰酸钾标准滴定溶液的毫升数(V_4)。

取 0.1mol/L 硝酸银标准滴定溶液 20.00mL(V_5)于 250mL 锥形瓶中，加入 30mL 水、5mL 硝酸溶液(5.2.1)和 2mL 硫酸铁铵饱和溶液(5.2.5)。以下按上述标定步骤操作记录消耗 0.1mol/L 硫氰酸钾标准滴定溶液的毫升数(V_6)。

计算：

根据硝酸银标准滴定与硫氰酸钾标准滴定溶液的体积比(F')，计算硝酸银标准滴定溶液和硫氰酸钾标准滴定溶液的浓度(c_2、c_3)：

$$F'=\frac{V_5}{V_6}=\frac{c_2}{c_3} \qquad (3)$$

$$c_3=\frac{\dfrac{m_0}{0.05844}}{V_3-2\cdot V_4\cdot F'} \qquad (4)$$

$$c_2=c_3\cdot F' \qquad (5)$$

式中：F'——硝酸银标准滴定溶液与硫氰酸钾标准滴定溶液的体积比；

c_2——硫氰酸钾标准滴定溶液的实际浓度，mol/L；

c_3——硝酸银标准滴定溶液的实际浓度，mol/L；

m_0——氯化钠的质量，g；

V_3——标定时加入硝酸银标准滴定溶液的体积，mL；

V_4——滴定时消耗硫氰酸钾标准滴定溶液的体积，mL；

V_5——测定体积比(F')时，硝酸银标准滴定溶液的体积，mL；

V_6——测定体积比(F')时，硫氰酸钾标准滴定溶液的体积，mL；

0.058 44——与 1.00mL 硝酸银标准滴定溶液[$c(AgNO_3)$=1.000mol/L]相当的氯化钠的质量，g。

5.3 仪器、设备

实验室常用仪器及下列各项：

5.3.1 多用切碎机

5.3.2 研钵

5.3.3 分析天平：感量 0.000 1g。

5.4 试样的制备

5.4.1 固体样品：取具有代表性的样品至少 200g，用切碎机切成细粒，加 2 倍水置于 500mL 烧杯中，浸泡 30min，然后在研钵中研碎，直于 500mL 烧杯中备用。

5.4.2 固液体样品：取具有代表性的样品至少 200g，在研钵中研碎，置于 500mL 烧杯中备用。

5.4.3 液体样品：取充分混匀的液体样品至少 200g，置于 500mL 烧杯中备用。

5.5 试液的制备

称取约 10g 试样(5.4)，精确至 0.000 1g，于 100mL 烧杯中，用 80%乙醇溶液(5.2.2)将其全部转移到 100mL 容量瓶中，稀释至刻度充分振摇，抽提 15min。用滤纸过滤，弃去最初滤液。

5.6 分析步骤

5.6.1 沉淀氯化物：取 AmL 试液(5.5)，使之含 50mg～100mg 氯化钠，于 100mL 容量瓶中，加入 5mL 硝酸溶液(5.2.1)。边猛烈摇动边加入 20.00mL～40.00mL 0.1mol/L 硝酸银标准滴定溶液(5.2.3)，用水稀释至刻度，在避光处放置 5min。用快速定量滤纸过滤，弃去最初滤液 10mL。

当加入 0.1mol/L 硝酸银标准滴定溶液后，如不出现氯化银凝聚沉淀，而呈现胶体溶液时，应在定容、摇匀后移入 250mL 锥形瓶中，置沸水浴中加热数分钟(不得用直接火加热)，直至出现氯化银凝聚沉淀。取出，在冷水中迅速冷却至室温，用快速定量滤纸过滤，弃去最初滤液 10mL。

5.6.2 滴定：取 50.00mL 滤液(5.6.1)于 250mL 锥形瓶中。以下按第 5.2.6 条步骤操作，记录消耗 0.1mol/L硫氰酸钾标准滴定溶液的毫升数(V_7)。

5.6.3 空白试验:用 50mL 水代替 50.00mL 滤液,加入滴定试样时消耗 0.1mol/L 硝酸银标准滴定溶液体积的二分之一,以下按第 5.6.2 条步骤操作。记录空白试验消耗 0.1mol/L 硫氰酸钾标准滴定溶液的毫升数(V_8)。

5.7 分析结果表述

豆制品中的氯化钠含量以质量百分率表示,按式(6)计算:

$$X_3=\frac{0.058\,44\times c_2\times(V_8-V_7)\times K_1}{m_5}\times 100\% \qquad (6)$$

式中:V_8——空白试验时消耗 0.1mol/L 硫氰酸钾标准滴定溶液的体积,mL;

V_7——滴定试样时消耗 0.1mol/L 硫氰酸钾标准滴定溶液的体积,mL;

K_1——稀释倍数;

m_5——试样的质量,g。

计算结果精确至小数点后第二位。

5.8 允许差

同一样品的两次测定值之差,每 100g 试样不得超过 0.2g。

6 无盐固形物的测定

6.1 原理

从产品固形物中减去氯化物(以氯化钠计)的含量,即为无盐固形物。

6.2 分析步骤

按本标准规定方法测出水分和氯化钠的含量。

6.3 分析结果的表述

豆制品中的无盐固形物含量(X_4)以质量百分率表示,按式(7)计算:

$$X_4=100\%-(X_1+X_3) \qquad (7)$$

式中:X_1——豆制品中水分的含量,%;

X_3——豆制品中氯化钠的含量,%。

计算结果精确至小数点后第二位。

6.4 允许差

同一样品的两次测定值之差,每 100g 试样不得超过 0.2g。

7 总酸的测定

7.1 指示剂法

7.1.1 原理

根据酸碱中和原理,用碱液滴定试液中的酸,以酚酞为指示剂确定滴定终点,按碱液的消耗量计算豆制品中的总酸含量。

7.1.2 试剂和材料

所有试剂均为分析纯;水为蒸馏水或同等纯度和水(以下简称水),使用前须经煮沸、冷却。

7.1.2.1 0.1mol/L 氢氧化钠标准滴定溶液:按 GB 601 配制与标定。

7.1.2.2 0.01mol/L 或 0.05mol/L 氢氧化钠标准滴定溶液:将 0.1mol/L 氢氧化钠标准滴定溶液稀释 V100→V1 000→V200(用时当天稀释)。

7.1.2.3 1%酚酞指示剂溶液:1g 酚酞溶于 60mL95%乙醇中,用水稀释至 100mL。

7.1.3 仪器、设备

实验室常用仪器及下列各项:

7.1.3.1 多用切碎机。

7.1.3.2 研钵。

7.1.3.3 分析天平:感量:0.000 1g。

7.1.4 试样的制备

按本标准第 5.4 条制备。

7.1.5 试液的制备

取 25g～50g 试样(7.1.4),精确至 0.000 1g,置于 250mL 容量瓶中,用水稀释至刻度。含固体的样品至少放置 30min(摇动 2 次～3 次)。用快速滤纸或脱脂棉过滤,收集滤液于 250mL 锥形瓶中备用。

总酸低于 0.7g/kg 的液体样品,混匀后可直接取样测定。

7.1.6 分析步骤

7.1.6.1 取 25.00mL～50.00mL 试液(7.1.5),使之含 0.035～0.070 酸,置于 150mL 烧杯中。加入 40mL～60mL 水及 0.2mL 1%酚酞指示剂(7.1.2.3),用 0.1mol/L 氢氧化钠标准滴定溶液(如样品酸度较低,可用 0.01mol/L 或 0.05mol/L 氢氧化钠标准滴定溶液)滴定至微红色 30s 不褪色。记录消耗 0.1mol/L 氢氧化钠标准滴定溶液的毫升数(V_9)。

同一被测样品须测定两次。

7.1.6.2 空白试验

用水代替试液。以下按第 7.1.6.1 条操作。记录消耗 0.1mol/L 氢氧化钠标准滴定溶液的毫升数(V_{10})。

7.1.7 分析结果表述

总酸以每公斤(或每升)样品中酸的克数表示,按式(8)计算:

$$X_5=\frac{c_4\times(V_9-V_{10})\times K_2\times 0.09}{m_6}\times 1\,000 \quad\cdots\cdots\cdots\cdots(8)$$

其中:X_5——每公斤(或每升)样品中酸的克数,g/kg(或 g/L);

c_4——氢氧化钠标准滴定溶液的浓度,mol/L;

V_9——滴定试液时消耗氢氧化钠标准滴定溶液的体积,mL;

V_{10}——空白试验时消耗氢氧化钠标准滴定溶液的体积,mL;

K_2——试液的稀释倍数;

m_6——试样质量,g 或 mL;

0.09——与 1.00mL 氢氧化钠标准滴定溶液[c(NaOH)=1.000mol/L]相当的以克表示乳酸的质量,g。

计算结果精确到小数点后第二位。

如两次测定结果差在允许范围内,则取两次测定结果的算术平均值报告结果。

7.1.8 允许差

同一样品的两次测定值之差,不得超过两次测定平均值的 2%。

7.2 电位滴定法

7.2.1 原理

本法根据酸碱中和原理,用碱液滴定试液中的酸,根据电位的"突跃"判断滴定终点。按碱液的消耗量计算豆制品中的总酸含量。

7.2.2 试剂和材料

所用试剂及水的要求同本标准指示剂法。

7.2.2.1 pH8.0 缓冲溶液:按 GB 604 中"缓冲溶液的制备"配制。

7.2.2.2 0.1mol/L 氢氧化钠标准滴定溶液:按 GB 601 配制与标定。

7.2.2.3 0.01mol/L 或 0.05mol/L 氢氧化钠标准滴定溶液:按本标准第 7.1.2.2 条制备。

7.2.3 仪器、设备

实验室常用仪器及下列各项：

7.2.3.1 酸度计：pH0～14，直接读数式，精度±0.1pH。

7.2.3.2 玻璃电极和甘汞电极。

7.2.3.3 电磁搅拌器。

7.2.3.4 多用切碎机。

7.2.3.5 研钵。

7.2.3.6 分析天平：感量：0.000 1g。

7.2.4 试样的制备

按本标准第7.1.4条制备。

7.2.5 试液的制备

按本标准第7.1.5条制备。

7.2.6 分析步骤

7.2.6.1 取20.00mL～50.00mL试液(7.2.5)，使之含0.035g～0.070g酸，置于150mL烧杯中，加40mL～60mL水。将酸度计电源接通，待指针稳定后，用pH8.0的缓冲溶液(7.2.2.1)校正酸度计，将盛有试液的烧杯放到电磁搅拌器上。再将玻璃电极及甘汞电极浸入试液的适当位置。按下pH读数开关，开动搅拌器，迅速用0.1mol/L氢氧化钠标准滴定溶液(如样品酸度太低，可用0.01mol/L或0.05mol/L氢氧化钠标准滴定溶液)滴定，并随时观察溶液pH的变化。接近终点(pH8.1～8.2)时，应放慢滴定速度。一次滴加半滴(最多一滴)，直至酸度计指示pH8.2为终点。记录消耗氢氧化钠标准滴定溶液的毫升数(V_9)。

同一被测样品须测定两次。

7.2.6.2 用水代替试液做空白试验，记录消耗氢氧化钠标准滴定溶液的毫升数(V_{10})。

7.2.7 分析结果的表述

同本标准第7.1.7条。

7.2.8 允许差

同本标准第7.1.8条。

7.3 其他

总酸的测定可采用指示剂法和电位滴定法，电位滴定法为唯一仲裁法。

8 氨基酸态氮的测定

8.1 原理

氨基酸为两性电解质。在接近中性的水溶液中，全部解离为双极离子。当甲醛溶液加入后，与中性的氨基酸中的非解离型氨基反应，生成单羟甲基和二羟甲基诱导体，此反应完全定量进行。此时放出氢离子可用标准碱液滴定，根据碱液的消耗量，计算出氨基酸态氨的含量。其离子反应式如下：

$$\underset{\text{NH}_2}{\overset{}{\text{R—}\overset{\text{NH}_2}{\overset{|}{\text{C}}}\text{H—COO}^-}} \rightleftharpoons \text{R—}\overset{\text{NH}_2}{\overset{|}{\text{C}}}\text{H—COO}^- + \text{H}^+ \quad \cdots\cdots (9)$$

$$\text{R—}\overset{\text{NH}_3}{\overset{|}{\text{C}}}\text{H—COO}^- + \text{HCHO} \rightleftharpoons \text{R—}\overset{\text{NHCH}_2\text{OH}}{\overset{|}{\text{C}}}\text{H—COO}^- \quad \cdots\cdots (10)$$

$$\text{R—}\overset{\text{NHCH}_2\text{OH}}{\overset{|}{\text{C}}}\text{H—CO}^- + \text{HCHO} \rightleftharpoons \text{R—}\overset{\text{HOH}_2\text{CNCH}_2\text{OH}}{\overset{|}{\text{C}}}\text{H—COO}^- \quad \cdots\cdots (11)$$

8.2 试剂和材料

所用试剂均为分析纯，使用的水为蒸馏水或同等纯度的水。

8.2.1 0.1mol/L 氢氧化钠标准滴定溶液：按 GB 601 配制与标定。

8.2.2 0.01mol/L 或 0.05mol/L 氢氧化钠标准滴定溶液：用 0.1mol/L 氢氧化钠标准滴定溶液（当天稀释）。

8.2.3 甲醛(GB 685)。

8.2.4 pH6.8 缓冲液：按 GB 604 中“缓冲溶液制备”配制。

8.3 仪器、设备

实验室常用仪器及下列各项：

8.3.1 酸度计：直接读数，测定范围 0～14pH，精度±0.1pH。

8.3.2 电磁搅拌器。

8.3.3 玻璃电极和甘汞电极。

8.3.4 多用切碎机。

8.3.5 研钵。

8.3.6 分析天平：感量：0.000 1g。

8.4 试样的制备

按本标准第 7.1.4 条制备。

8.5 试液的制备

按本标准第 7.1.5 条制备。

8.6 分析步骤

8.6.1 将酸度计接通电源，预热 30min 后，用 pH6.8 的缓冲溶液(8.2.4)校正酸度计。

8.6.2 吸取 10.00mL～20.00mL 试样(8.5)，置于 200mL 烧杯中，加水 60mL，开动磁力搅拌器，用 0.1mol/L氢氧化钠标准滴定溶液（如样品酸度较低，可用 0.01mol/L 或 0.05mol/L 氢氧化钠标准滴定溶液）滴定至酸度计指示 pH8.2。

8.6.3 加入 10.00mL 甲醛溶液(8.2.3)，混匀。再用 0.1mol/L 氢氧化钠标准滴定溶液继续滴定至 pH9.2。记下消耗氢氧化钠标准滴定溶液的毫升数(V_{11})。

8.6.4 同时取 80mL 水，先用 0.1mol/L 氢氧化钠标准滴定溶液调节至 pH8.2，再加入 10.00mL 甲醛溶液，用 0.1mol/L 氢氧化钠标准溶液滴定至 pH9.2，做试剂空白试验。记下消耗氢氧化钠标准滴定溶液的毫升数(V_{12})。

8.7 分析结果表述

豆制品中的氨基酸态氮含量(X_6)以质量百分率表示，按式(12)计算：

$$X_6 = \frac{(V_{11} - V_{12}) \times c_5 \times 0.014 \times K_3}{m_7} \times 100\% \quad \cdots\cdots (12)$$

式中：V_{11}——滴定用试液加入甲醛后消耗氢氧化钠标准滴定溶液的体积，mL；

V_{12}——试剂空白试验加入甲醛后消耗氢氧化钠标准滴定溶液的体积，mL；

c_5——氢氧化钠标准滴定溶液的实际浓度，mol/L；

0.014——与 1.00mol/L 氢氧化钠标准滴定溶液[c(NaOH)＝1.000moL/L]相当的以克表示的氮的质量，g；

m_7——试样的质量，g（或体积 mL）；

K_3——试液的稀释倍数。

同一样品以两次测定结果的算术平均值作为结果，精确到小数点后第一位。

8.8 允许差

同一样品的两次测定值之差，不得超过两次测定平均值的 2%。

9 淀粉含量的测定

9.1 原理

样品经酸水解成还原糖后在加热条件下，滴定标定过的碱性酒石酸铜液，以次甲基蓝作指示剂，根据样品水解液消耗体积，用计算还原糖的方法，折算成淀粉含量。

9.2 试剂和材料

9.2.1 碱性酒石酸铜甲液：称取 15g 硫酸铜及 0.05g 次甲基蓝（HGB3394），溶于蒸馏水中并稀释至 1 000mL。

9.2.2 碱性酒石酸铜乙液：称取 50g 酒石酸钾钠（GB 1288）及 75g 氢氧化钠，溶于水中，再加入 4g 亚铁氰化钾，完全溶解后，用蒸馏水稀释至 1 000mL，贮存于橡胶塞玻璃瓶内。

9.2.3 盐酸溶液（1∶1）：量取 1 体积浓盐酸与 1 体积蒸馏水混匀。

9.2.4 20%氢氧化钠溶液：称取 20g 氢氧化钠溶于蒸馏水中，并稀释至 100mL。

9.2.5 精密 pH 试纸。

9.2.6 葡萄糖标准溶液：称取 1g 试样，精确至 0.000 1g，经过 103℃±2℃干燥至恒重的纯葡萄糖（HG3—1094），加蒸馏水溶解后加入 5mL 浓盐酸，并以蒸馏水稀释至 1 000mL，此溶液每毫升相当于 1mg 葡萄糖。

9.3 仪器、设备

实验室常用仪器及下列各项：

9.3.1 沸水锅。

9.3.2 分析天平：感量：0.000 1g。

9.3.3 回流装置。

9.3.4 电热鼓风干燥箱：温控 103℃±2℃。

9.3.5 多用切碎机。

9.4 试样的制备

按本标准第 3.4.1 条制备。

9.5 分析步骤

9.5.1 称样、处理

9.5.1.1 称取 1g 试样（9.4），精确至 0.001g，放入 250mL 锥形瓶中，加盐酸溶液（1∶1）（9.2.3）30mL，接好冷凝管，置沸水浴中回流、水解 2h。回流完毕后，立即置于流水中冷却。待样品水解液冷却后，用 20%氢氧化钠溶液（9.2.4）中和至 pH7，中和后将其移入 250mL 容量瓶中，并用水冲回流瓶，一并倒入容量瓶中，再加水定容至刻度，混匀，过滤，弃去初滤液 20mL，滤液供测定用。

9.5.1.2 另取经充分粉碎后的试样（9.4）1g，精确至 0.001g，不经水解直接定容至 250mL，混匀，过滤，弃去初滤液 20mL，滤液供测定用。

9.5.2 测定

9.5.2.1 标定碱性酒石酸铜溶液

吸取 5.0mL±0.05mL 碱性酒石酸铜甲液（9.2.1）及 5.0mL±0.05mL 乙液（9.2.2），置于 150mL 锥形瓶中，加水 10mL，加入玻璃珠 2 粒，再用滴定管加入 9mL 葡萄糖标准溶液（9.2.6），使其控制在 2min 内沸腾，趁沸以 1 滴/2s 的速度继续滴加葡萄糖标准溶液，直至溶液蓝色刚好褪去为终点，记录消耗葡萄糖标准溶液的总体积，同时平行操作三份，取其平均值，计算每 10mL（甲、乙各 5mL）碱性酒石酸铜溶液相当于葡萄糖的质量（mg）。

9.5.2.2 试液的预测

吸取 5.0mL±0.05mL 碱性酒石酸铜甲液及 5.0mL±0.05mL 乙液，置于 150mL 锥形瓶中，加水 10mL，加入玻璃珠 2 粒，控制在 2min 内加热至沸，趁沸以先快后慢的速度，从滴定管中滴加试样处理溶液，并保持溶液沸腾状态，待溶液颜色变浅时，以1滴/2s的速度滴定，直至溶液蓝色刚好褪去为终点，记录样液消耗体积。

9.5.2.3 试液的测定

吸取5.0mL±0.05mL碱性酒石酸铜甲液及5.0mL±0.05mL乙液，置于150mL锥形瓶中，加水10mL，加入玻璃珠2粒，从滴定管滴加比预测体积少1mL的试样处理溶液，使在2min内加热至沸，趁沸继续以1滴/2s的速度滴定，直至蓝色刚好褪去为终点，记录样液消耗体积。同法平均操作三份，得出平均消耗体积。

9.6 分析结果表述

9.6.1 还原糖含量(B)以质量百分率表示，按式(13)计算：

$$B=\frac{m_8}{m_9\times\frac{V_{13}}{250}\times 1\,000}\times 100\% \qquad (13)$$

式中：m_8——10mL碱性酒石酸铜溶液（甲、乙液各5mL）相当于还原糖（以葡萄糖计）的质量，mg；

m_9——试样的质量，g；

V_{13}——试液平均消耗体积，mL；

250——试液总体积。

9.6.2 淀粉含量(B_1)以质量百分率表示，按式(14)计算：

$$X_7=(B_1-B_2)\times 0.9\% \qquad (14)$$

式中：B_1——试样经水解处理的还原糖含量，%；

B_2——试样不经水解处理的还原糖含量，%；

B_1、B_2由式(13)计算。

0.9——还原糖折算成淀粉换算系数。

计算结果精确到小数点后第一位。

9.7 允许差

同一样品的两次测定值之差，每100g试样不得超过0.2g。

附加说明：

本标准由中华人民共和国国内贸易部提出并归口。

本标准由上海市蔬菜公司负责修订。

本标准主要修订人陈蕙英、丁贤正、徐宗义、黄少来、问连法、万里红、沈如炎。

中华人民共和国商业行业标准

SB/T 10308—1999

甜面酱检验方法

代替 ZB X 66018—87

Analytic methods of the wheat paste

本标准适用于以小麦粉为原料酿造的面酱各项感官、理化指标的测定。

1 取样

1.1 瓶装甜面酱

每批任意抽取 6 瓶，其中 3 瓶分别进行感官、理化和卫生检验，余下 3 瓶留作保质期试验。

1.2 散装甜面酱

搅拌均匀后，每批取样 1 500 g，分装于 3 个磨口瓶中(取样的容器、用具必须灭菌)。分别进行感官、理化和卫生检验。

2 感官检验

2.1 色泽、体态

将样品搅拌均匀后，倒入白色瓷盘中，观察其色泽和粘稠度，并品尝有无杂质。

2.2 香气

用玻璃棒搅拌样品，嗅其气味，鉴别其香气浓淡，是否有不良气味。

2.3 滋味

取少量样品放入口内，用舌尖涂布满口，反复吮咂，鉴别其滋味优劣，后味长短、有无异味。

3 理化检验

3.1 水分

样品在 100℃～105℃电热恒温干燥箱中进行干燥，所失去的水分及挥发性物质的总量作为水分的含量。

3.1.1 仪器

分析天平：感量 1 mg、称量 200 g；

电热恒温干燥箱：40 cm×40 cm×50 cm；

称量瓶：ϕ60 mm、h30 mm；

干燥器：内置有效干燥剂无水氯化钙或变色硅胶。

3.1.2 操作

称取经搅拌均匀的甜面酱 4.900 g～5.200 g，置于已烘至恒重的称量瓶内(试样应均匀地覆盖称量瓶底部)。

放入 100℃～105℃干燥箱中，瓶盖斜置于瓶边，同时开启鼓风扭，干燥 8 h 后，盖好取出，放入干燥器内冷却至室温(约需半小时)称重。然后再烘 1 h，冷却、称重，直至前后两次重量差不超过 5 mg 即为恒重。

国家国内贸易局 1999-04-15 批准　　　　1999-04-15 实施

3.1.3 计算

$$X_1=\frac{W-W_1}{W-W_0}\times 100\% \quad \cdots\cdots (1)$$

式中：X_1——样品中水分的含量，%；

W——干燥前试样与称量瓶重量，g；

W_1——干燥后试样与称量瓶重量，g；

W_0——称量瓶重量，g。

3.1.4 允许误差

允许误差：0.50%。

3.2 还原糖

还原糖在斐林氏甲、乙溶液中把高价铜还原为低价铜，以次甲基蓝作指示剂，用样品稀释液滴定定量的斐林氏甲、乙液，根据消耗量来计算还原糖含量。

3.2.1 仪器

分析天平：感量 0.1mg，称量 200 g。

糖滴定管：25 mL；

电炉：800 W。

3.2.2 试剂

次甲基蓝指示液：0.5%；

标准葡萄糖溶液：0.3%。称取在 100℃干燥 2 h 的葡萄糖 0.600 0 g 于 200 mL 容量瓶中，加蒸馏水溶解后，稀释到刻度，摇匀；

斐林氏甲液：称取分析纯硫酸铜($CuSO_4\cdot 5H_2O$)69.28 g 加蒸馏水溶解稀释至 1 000 mL；

斐林氏乙液：称取分析纯酒石酸钾钠 346 g，氢氧化钠 100 g，加蒸馏水溶解后稀释至 1 000 mL。

斐林氏甲、乙液的标定：

用 0.3%标准葡萄糖溶液进行标定，其操作步骤同样品测定。

计算：

$$G=c\times V \quad \cdots\cdots (2)$$

式中：G——10 mL 斐林氏甲、乙液相当于葡萄糖的数，g；

c——葡萄糖标准溶液的浓度，g/mL；

V——滴定时耗用葡萄糖标准溶液的体积，mL。

3.2.3

用已知重量的称量瓶称取经搅拌均匀的样品 10.000 g，用 150 mL 80℃左右的蒸馏水分数次洗入 200 mL 烧杯中，用玻璃棒在不断地搅拌下煮沸 2 min，取下后转入 200 mL 容量瓶中，用蒸馏水冲洗烧杯和玻璃棒三次，洗液一并转入容量瓶中，待冷至室温，加蒸馏水稀释至刻度，摇匀，用干滤纸滤入干燥的 250 mL 磨口瓶中，将此液装入滴定管中进行滴定。

预备滴定：吸取斐林氏甲、乙液各 5.00 mL 移入 150 mL 锥形瓶中，加入蒸馏水 20 mL，混匀，加热，待沸腾后，从滴定管中迅速滴入试液，滴定时，保持溶液微沸状态，待溶液变色时，加入 0.5%次甲基蓝指示液 2 滴，再继续滴入试液，直至蓝色完全消失为终点。记下耗用试液毫升数。

正式滴定：吸取斐林氏甲、乙液各 5 mL，移入 150 mL 锥形瓶中，加蒸馏水 20 mL，然后加入比预备滴定少 0.5 mL～1 mL 的试液，摇匀后，准确煮沸 2 min，加入 0.5%次甲基蓝指示液 2 滴，再以均匀的速度滴入试液至蓝色消失为终点，记下耗用试液毫升数。

3.2.4 计算

$$X_2=\frac{G}{\frac{W}{200}\times V}\times 100\% \quad \cdots\cdots (3)$$

式中：X_2——样品中还原糖的含量(以葡萄糖计)，%；

G——10 mL 斐林氏甲、乙混合液相当于葡萄糖的数，g；

W——样品重量，g；

V——滴定时耗用试液的体积，mL。

3.2.5 允许误差

允许误差：0.40%。

3.3 注意事项

3.3.1 所用试剂纯度除特别注明者外，均为分析纯。

3.3.2 以上理化检验项目，同一样品应做两个平行试验，两次测定值之差，不得大于允许误差，并取其平均值作为分析结果。

附加说明：

本标准由国家国内贸易局提出。

本标准由北京市食品酿造研究所起草。

本标准主要起草人施柔远。

中华人民共和国商业行业标准

SB/T 10310—1999

黄豆酱检验方法

代替 ZB X 66020—87

Analytic methods of the soybean paste

本标准适用于以黄豆、小麦粉为原料酿造的豆酱各项感官、理化指标的测定。

1 取样

1.1 瓶装黄豆酱

每批任意抽取 6 瓶,其中 3 瓶分别进行感官、理化和卫生检验,余下 3 瓶留作保质期试验。

1.2 散装黄豆酱

散装成品搅拌均匀后,每批取样 1 500 g,分装于 3 个磨口瓶中(取样的容器、用具必须灭菌)。分别进行感官、理化和卫生检验。

2 感官检验

2.1 色泽、体态

将样品搅拌均匀后,倒入白色瓷盘中,观察其色泽和粘稠度,并品尝有无杂质。

2.2 香气

用玻璃棒搅拌样品,嗅其气味,鉴别其香气浓淡,是否有不良气味。

2.3 滋味

取少量样品放在口内,用舌尖涂布满口,反复吮咂,鉴别其滋味是否味鲜醇厚,咸甜适口,后味长短有无异味。

3 理化检验

3.1 样品前处理

将黄豆酱样品搅拌均匀后,放入研钵中,在 10 min 内迅速研磨至无颗粒,装入磨口瓶中备用。

3.2 水分

样品在 100℃~105℃电热恒温干燥箱中进行干燥,所失去的水分及挥发性物质的总量作为水分的含量。

3.2.1 仪器

分析天平:感量 1 mg、称量 200 g;

电热恒温干燥箱:40 cm×40 cm×50 cm;

称量瓶:ϕ60 mm、h30 mm;

干燥器:内置有效干燥剂(无水氯化钙或变色硅胶)。

3.2.2 操作

称取搅拌均匀的黄豆酱(3.1)4.900 g~5.200 g,置于已烘至恒重的称量瓶内(试样应均匀地覆盖称量瓶底部)。

放入 100℃~105℃干燥箱中,瓶盖斜置于瓶边,同时开启鼓风扭,干燥 6 h 后,盖好取出,放干燥器内冷却至室温(约需半小时),称重。然后烘 1 h,冷却、称重,直至前后两次重量差不超过 5 mg 即视为

国家国内贸易局 1999-04-15 批准　　　　1999-04-15 实施

恒重。

3.2.3 计算

$$X_1=\frac{W-W_1}{W-W_0}\times 100\% \quad\cdots\cdots(1)$$

式中：X_1——样品中水分的含量，%；

W——干燥前试样与称量瓶重量，g；

W_1——干燥后试样与称量瓶重量，g；

W_0——称量瓶重量，g。

3.2.4 允许误差

允许误差：0.50%。

3.3 氨基氮

氨基酸分子中含有氨基和羧基，加入甲醛以固定氨基，使溶液显示出酸性。用氢氧化钠标准溶液滴定。

3.3.1 仪器

酸度计：(附磁力搅拌器)；

微量碱式滴定管：10 mL；

胖肚吸管：10 mL；

分析天平：感量 0.1mg，称量 200 g。

3.3.2 试剂

邻苯二甲酸氢钾(标准物质)缓冲溶液：pH4.00；

磷酸盐(标准物质)缓冲溶液：pH6.88；

硼砂(标准物质)缓冲溶液：pH9.22；

甲醛：36%～38%；

酚酞乙醇指示液：1%；

氢氧化钠标准溶液：0.05N。

配制：称取氢氧化钠 120 g 于 200 mL 烧杯中，加蒸馏水 100 mL，搅拌，使其溶解。冷却后，摇匀，置于聚乙烯塑料瓶中，密塞，放置数日，澄清后，取上层清液 2.80 mL，用刚煮沸(经冷却)的蒸馏水稀释至 1 000 mL。

标定：称取在 105℃～110℃干燥至恒重的基准邻苯二甲酸氢钾 0.200 0 g，放入 250 mL 锥形瓶中，加入蒸馏水 50 mL，溶解后，加入酚酞指示液 2 滴，用氢氧化钠溶液滴定至溶液呈浅微红色，30 s 内不退色为终点。记下耗用氢氧化钠溶液毫升数。同时做空白试验。

计算：

$$N=\frac{g}{(V-V_0)\times 0.204\,2} \quad\cdots\cdots(2)$$

式中：N——氢氧化钠标准溶液的当量浓度；

g——邻苯二甲酸氢钾的重量，g；

V——滴定时耗用氢氧化钠溶液的体积，mL。

V_0——空白试验耗用氢氧化钠溶液的体积，mL；

0.204 2——邻苯二甲酸氢钾毫克当量。

3.3.3 操作

用已知重量的称量瓶称取搅拌均匀的样品(3.1)10.000 g，用 150 mL 80℃左右的蒸馏水分数次洗入 200 mL 烧杯中，用玻璃棒在不断地搅拌下煮沸 2 min，取下，转入 200 mL 容量瓶中，用蒸馏水稀释至刻度，摇匀，用干滤纸滤入干燥的 250 mL 磨口瓶中备用。

吸取上述滤液 10.00 mL，放入 100 mL 烧杯中，加蒸馏水 60 mL 开动磁力搅拌器，用 0.0500 N 氢氧化钠标准溶液滴定至停止搅拌后酸度计指示 pH8.20。加入甲醛 10 mL，开动磁力搅拌器，混匀，再用 0.050 0 N 氢氧化钠标准溶液继续滴定至停止搅拌后，酸度计指示 pH9.20，记下加入甲醛后消耗 0.050 0 N氢氧化钠标准溶液的毫升数。同时做空白试验。

3.3.4 计算

$$X_2=\frac{(V-V_0)\times N\times 0.014}{\frac{W}{200}\times 10}\times 100\% \quad\cdots\cdots(3)$$

式中：X_2——样品中氨基氮的含量(以氮计)，%；

V——样品稀释液耗用氢氧化钠标准溶液的体积，mL；

V_0——空白耗用氢氧化钠标准溶液的体积，mL；

N——氢氧化钠标准溶液的当量浓度；

0.014——氮的毫克当量；

W——称取样品的重量，g。

3.3.5 允许误差

允许误差：0.03%。

3.4 注意事项

3.4.1 所用试剂纯度除特别注明者外均为分析纯。

3.4.2 以上理化检验项目，同一样品应做两个平行试验，两次测定值之差，不得大于允许误差，并取其平均值作为分析结果。

附加说明：

本标准由国家国内贸易局提出。

本标准由北京市食品酿造研究所起草。

本标准主要起草人施柔远。

中华人民共和国商业行业标准

SB/T 10314—1999

代替 ZB X 66024—87

采样方法及检验规则

Methods of sampling and rules of test

本方法适用于酿造酱油原料、半成品、副产品的采样及检验。

对中间体(在制品)的检化验测定简称为中间测定。

1 采样原则

采样是至关重要的,采集的样品,必须具有代表性。对有卫生指标的样品,必须按照GB/T 5009.1《食品卫生检验方法》6.1、6.3、6.6、6.7 执行。

2 采样量

采样量不得少于检验需要量的三倍,以供检验、复验与备查之用。

3 采样方法

采集液体样品时,需把容器内的样品搅拌均匀,采取所需量的样液。采集固体样品时,应在上、中、下;四周与中间分别采样、混合拌匀后再按四分法对角取样,直至所需采样量。各原料、在制品、副产品的采样方法分别如下:

3.1 粮食原料(大豆、豆粕、小麦、麦粉及麸皮等)

粮食原料多为袋装,采样可在装卸过程中同时进行,每 5 袋～10 袋(包)取一次样(视总装运量的多少确定间隔袋数,至少取 10 袋)。混合均匀后按四分法对角取样,直至所需采样量。若原料已堆装好,可在堆的各处分别采样,混合后按四分法对角取样,直至所需采样量。采样时可用尖头采样器插入包内,或从封口角处拆开一点取样,最后放入具塞试剂瓶中备用。

3.2 食盐

工厂中的原料盐多为散装品,采样最好在装卸过程中进行,在装入车子或卸下车子的过程中采样若干次,最后混匀,按四分法对角取样。若已卸下成堆,可用采样器在各处分别采样,再混合,采取所需量品样。最后放入具塞瓶备用。

袋(包)装原料盐的采样方法与粮食原料相同(见 3.1)。

3.3 三角瓶菌种(二级菌种)

每 5 瓶中任取一瓶,在无菌室中进行无菌操作,用酒精消毒过的牛角匙,于每只三角瓶中挑取一匙,放入无菌称量瓶(或其他有盖容器)中备用。

3.4 种曲(三级菌种)

每 5 竹匾(或木盘)中任意取一匾(或盘)。用酒精消毒过的牛角匙五点取样(如图 1、图 2),每点取样 4 cm^2 放入无菌的培养皿中备用。取样时不能将曲碰碎,以免孢子脱落。

3.5 熟料

熟料进入曲池(也称曲箱)后,用扦样器(用薄不锈钢管制成,如图 3)在每曲池的五点取样(和木盘取样同),取样时将扦样器从熟料面层垂直插下,直至假底后抽出,用扦样器的芯子(木棍)从扦样器上端插入,将熟料放入磨口玻璃瓶塞的广口瓶中摇匀后备用。

国家国内贸易局 1999-04-15 批准　　1999-04-15 实施

3.6　成曲

抽样时间在出曲前，方法同熟料。如果检验菌落总数，所用的扦样器和存放样曲的容器都要事先灭菌。

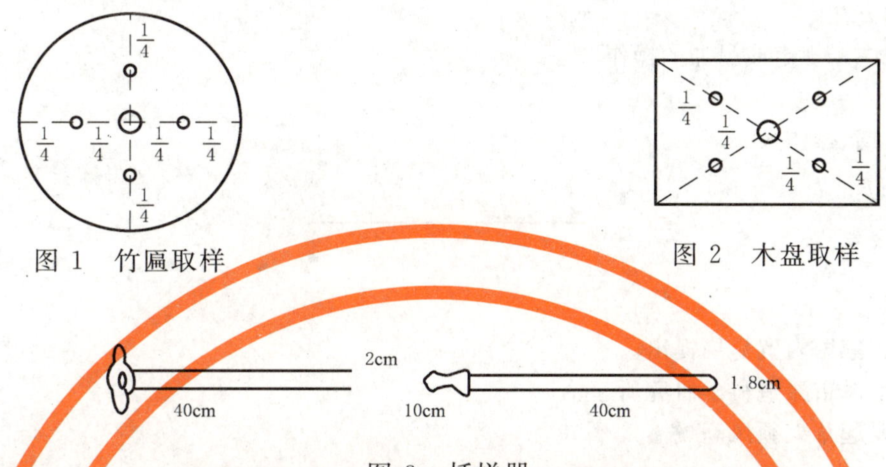

图 1　竹匾取样

图 2　木盘取样

图 3　扦样器

3.7　拌曲盐水

抽样前须将液体充分搅拌，然后从每缸（或桶）中都抽取相等数量的样品（盛量不足按比例抽取），混合均匀后取 500 mL 盛于试剂瓶中，作为化验用样品。

3.8　酱醅及酱渣

抽样方法同熟料，但所用扦样器的长度应比酱醅的厚度略长。

3.9　半成品酱油（包括二油、三油）

抽样方法同拌曲盐水。如果检验细菌，所用抽样器和存放容器均须事先灭菌。

4　采样标签

采样前或后应立即贴上标签，每件样品必须标记清楚（品名、批次、来源、地点、数量、采样人、日期等）。

5　样品的送检

5.1　采样后应尽快送检：为了使样品具有采样瞬间的代表性，样品必须及时送交检验部门，或密封低温保存后再送检。

5.2　送检时，必须认真填写申请单，写明目的要求，检验项目等，以供检验人员参考。

6　样品的检验

6.1　接收样品后应尽快检验，以使样品具有采样时的代表性。接到送验申请单，应立即登记，填写检验序号，按要求进行检验，或放入冰箱中，积极准备条件进行检验。

6.2　检验项目：主要规定理化检验项目。有关卫生指标的细菌和大肠菌群数检验，已有统一的国家标准检验方法，本规程不再列入，对具体样品的检验项目，则根据送检要求进行。

6.3　检验方法：某一检验项目常有多种检验方法，本规程也同时提供多种方法，供检验人员选择，但以第一种方法作为仲裁法，其他方法可以此为对照。

7　检验报告

7.1　检验完毕后，检验人员应及时填写报告单，签名后送主管人员核实签字，加盖检验室专用章以示生效。

7.2　检验报告应包括的内容

7.2.1　样品名称、取样地点和时间。

7.2.2　检测项目及结果。

7.2.3　使用的方法

7.2.4　本标准中未规定或另加的操作。

7.2.5　结论。

7.2.6　检验日期、操作人。

附加说明：

本标准由国家国内贸易局提出。

本标准由上海市酿造科学研究所起草。

本标准主要起草人须凤高。

中华人民共和国商业行业标准

SB/T 10315—1999

孢子数测定法

代替 ZB X 66028—87

Enumeration of spore

本方法适用于酿造酱油半成品——菌种的孢子数测定。

1 仪器与试剂

a）显微镜、血球计数板、盖片；

b）95％酒精、稀硫酸（1∶10）；

c）天平：感量 0.001 g。

2 操作方法

2.1 样品稀释：精确称取种曲或二级菌种 1 g（称准至 0.002 g），倒入盛有玻璃珠的 250 mL 锥形瓶内，加 95％酒精 5 mL，加无菌水 20 mL，加稀硫酸 10 mL，充分振摇，使分生孢子个个分散，然后用多层纱布过滤、冲洗，务使滤渣不含孢子，稀释至 500 mL。

2.2 制片：取稀释液 1 滴，滴于血球计数板的计算格上，然后将盖片轻轻由一边向另一边压下，使盖片与计数板完全密合，液中无气泡，用滤纸吸干多余的溢出悬浮孢子液，静置数分钟，待孢子沉降。

2.3 观察计数：用低倍镜头或高倍镜头观察。由于稀释液中的孢子，在血球计数板上处于不同的空间位置，要在不同的焦距下才能看到，因而计数时必须逐格调动微细螺旋，才能不使遗漏。孢子常位于大格的划线上，应一律取二边计数，而弃另二边，以减少误差。

使用 16×25 的计数板时，只计板上四个角上的 4 个大格（即 100 个小格）。如果使用 25×16 的计数板，除计四个角的 4 个大格外，还需要计中央一大格的数目（即 80 个小格）。每个样品重复观察计数不少于 2 次，然后取其平均值。即为该样品种曲的孢子数。

3 计算

3.1 16×25 的计数板

$$孢子数(个/g)=\frac{n}{100}\times 400\times 10\ 000\times\frac{V}{G}$$

$$=4\times 10^{4}\times\frac{nV}{G} \qquad\cdots\cdots(1)$$

式中：n——100 小格内孢子总数，个；

V——孢子稀释液体积，mL；

G——样品重量，g。

3.2 25×16 的计数板

$$孢子数(个/g)=\frac{n}{80}\times 400\times 10\ 000\times\frac{V}{G}$$

$$=5\times 10^{4}\times\frac{nV}{G} \qquad\cdots\cdots(2)$$

式中：n——80 小格内孢子总数，个；

国家国内贸易局 1999-04-15 批准　　1999-04-15 实施

V——孢子稀释液体积,mL;

G——样品重量,g。

4 注意事项

4.1 称样要尽量防止孢子的飞扬。

4.2 测定时,如果发现有许多孢子结集成团或成堆,说明样品稀释未能符合操作要求,因此必须重新称重、振摇、稀释。

4.3 生产实践中应用时,种曲以干物质计算。因而需要同时测定种曲水分,计算时样品重量则改为绝干重量。

$$样品绝干重量=G(1-W) \quad \cdots\cdots(3)$$

式中:G——样品重量,g;

W——样品水分的百分比含量,%。

附加说明:

本标准由国家国内贸易局提出。

本标准由上海市酿造科学研究所起草。

本标准主要起草人须凤高。

中华人民共和国商业行业标准

孢子发芽率测定法

Determination of the rate of conidis germination

SB/T 10316—1999

代替 ZB X 66029—87

本方法适用于酿造酱油时在制品菌种孢子发芽率的测定。

1 仪器及试剂

a）凹玻片、盖玻片、显微镜；

b）恒温箱；

c）生理盐水、无菌水、察氏培养基；

d）接种环、酒精灯等。

2 操作

2.1 制备悬浮液：取种曲少许入盛有 25 mL 事先灭菌的生理盐水和玻璃珠的锥形瓶中，充分振摇约 15 min，务使孢子个个分散，制成孢子悬浮液。

2.2 制作标本：先在凹玻片的凹窝内滴入无菌水 4 滴，再将察氏培养基融化并冷却至 45℃～50℃后，接入孢子悬浮液数滴。充分摇匀后，用玻璃棒以薄层涂布在盖玻片上，然后反盖于凹玻片的窝上，四周涂凡士林封固。放置于 30℃～32℃恒温箱内培养 3 h～5 h。

2.3 镜检：取出标本在高倍镜头下观察孢子发芽情况，逐个数出发芽孢子数和未发芽孢子数。

3 计算

$$发芽率=\frac{a}{A}\times 100\%$$

式中：a——发芽孢子数，个；

A——发芽及不发芽孢子总数，个。

4 注意事项

4.1 为了正确起见，要同时制作两张以上标本片镜检，取其平均值。

4.2 悬浮液制备后要立刻制作标本培养，时间不宜放长。

4.3 培养基中接入悬浮液的数量，应根据视野内孢子数多少来决定，一般以每视野内有 10 个～20 个孢子为宜。

4.4 每次镜检，要在不同视野中连续观察 100 个～200 个孢子的发芽情况。

4.5 由于发芽快慢与温度有密切关系，所以培养温度要严格控制。为了加速发芽，可提高培养温度至 35℃左右，但必须与 30℃～32℃法进行对照。

4.6 菌种不同，驯化程度不同，测定用培养基配方允许稍有不同，例如 3.951 菌种可在察氏培养基中加几滴豆饼煮出液。

国家国内贸易局 1999-04-15 批准　　1999-04-15 实施

4.7 察氏培养基配方如下：

硝酸钠 3 g 磷酸氢二钾 1 g 氯化钾 0.5 g

硫酸镁 0.5 g 硫酸亚铁 0.01 g 蔗糖 20 g

蒸馏水 1 000 mL 琼脂 20 g

将上述药品按顺序溶解后，加入琼脂加热溶化。分装 15×150 mL 试管中，加压灭菌后备用。

附加说明：

本标准由国家国内贸易局提出。

本标准由上海市酿造科学研究所起草。

本标准主要起草人须凤高。

中华人民共和国商业行业标准

SB/T 10317—1999

蛋白酶活力测定法

代替 ZB X 66030—87

Measurement of proteinase activity

本方法适用于酿造酱油时在制品菌种、成曲的蛋白酶活力测定。

1 福林法

1.1 试剂及溶液：以下试剂都为分析纯

1.1.1 福林试剂(Folin 试剂)：于 2 000 mL 磨口回流装置内，加入钨酸钠($Na_2WO_4 \cdot 2H_2O$)100 g，钼酸钠($Na_2MoO_4 \cdot 2H_2O$)25 g，蒸馏水 700 mL，85％磷酸 50 mL，浓盐酸 100 mL，文火回流10 h。取去冷凝器，加入硫酸锂(Li_2SO_4)50 g，蒸馏水 50 mL，混匀，加入几滴液体溴，再煮沸 15 min，以驱逐残溴及除去颜色，溶液应呈黄色而非绿色。若溶液仍有绿色，需要再加几滴溴液，再煮沸除去之。冷却后，定容至 1 000 mL，用细菌漏斗(No4～5)过滤，置于棕色瓶中保存。此溶液使用时加 2 倍蒸馏水稀释。即成已稀释的福林试剂。

1.1.2 0.4 mol 碳酸钠溶液：称取无水碳酸钠(Na_2CO_3)42.4 g，定容至 1 000 mL。

1.1.3 0.4 mol 三氯乙酸(TCA)溶液：称取三氯乙酸(CCL_3COOH)65.4 g，定容至 1 000 mL。

1.1.4 pH7.2 磷酸盐缓冲液：称取磷酸二氢钠($NaH_2PO_4 \cdot 2H_2O$)31.2 g，定容至 1 000 mL，即成 0.2 mol溶液(A 液)。称取磷酸氢二钠($Na_2HPO_4 \cdot 12H_2O$)71.63 g，定容至 1 000 mL，即成 0.2 mol 溶液(B 液)。

取 A 液 28 mL 和 B 液 72 mL，再用蒸馏水稀释 1 倍，即成 0.1mol pH7.2 的磷酸盐缓冲液。

1.1.5 2％酪蛋白溶液：准确称取干酪素 2 g，称准至 0.002 g，加入 0.1 N 氢氧化钠 10 mL 在水浴中加热使溶解(必要时用小火加热煮沸)，然后用 pH7.2 磷酸盐缓冲液定容至 100 mL 即成。配制后应及时使用或放入冰箱内保存，否则极易繁殖细菌，引起变质。

1.1.6 100 μg/mL 酪氨酸溶液：精确称取在 105℃烘箱中烘至恒重的酪氨酸 0.100 0 g，逐步加入 6 mL 1N盐酸使溶解，用 0.2N 盐酸定容至 100 mL，其浓度为 1 000 μg/mL，再吸取此液 10 mL，以 0.2N盐酸定容至 100 mL，即配成 100 μg/mL 的酪氨酸溶液。此溶液配成后也应及时使用或放入冰箱内保存，以免繁殖细菌而变质。

1.2 仪器

a) 分析天平：感量 0.1mg；

b) 581-G 型光电比色计或 72 型分光光度计；

c) 水浴锅；

d) 1、2、5、100 mL 移液管等。

1.3 操作

1.3.1 标准曲线的绘制

1.3.1.1 按下表配制各种不同浓度的酪氨酸溶液(见表 1)。

国家国内贸易局 1999-04-15 批准　　1999-04-15 实施

表 1 配制各种不同浓度的酪氨酸溶液

试剂	管号					
	1	2	3	4	5	6
蒸馏水,mL	10	8	6	4	2	0
100 μg/mL 酪氨酸,mL	0	2	4	6	8	10
酪氨酸最终浓度,μg/mL	0	20	40	60	80	100

1.3.1.2 测定步骤:取 6 支试管编号按表 1 分别吸取不同浓度酪氨酸 1 mL,各加入 0.4 mol 碳酸钠 5 mL,再各加入已稀释的福林试剂 1 mL。摇匀置于水浴锅中。40℃保温发色 20 min 在 581-G 型光电比色计上分别测定光密度(OD)(滤色片用 65#)或用 72 型分光光度计进行测定(波长 660 nm)。一般测三次,取平均值。将 1 号～6 号管所测得的光密度(OD)减去 1 号管(蒸馏水空白试验)所测得的光密度为净 OD 数。

为了清楚起见,再列出表格如下(见表 2)。

表 2

试剂		管号					
		1	2	3	4	5	6
按表 1 制备的不同浓度酪氨酸,mL		1	1	1	1	1	1
0.4 mol/L Na_2CO_3,mL		5	5	5	5	5	5
福林试剂,mL		1	1	1	1	1	1
OD 值	1						
	2						
	3						
	平均						
净 OD 值		0					

以净 OD 值为横坐标,酪氨酸的浓度为纵坐标,绘制成标准曲线(或可求出每度 OD 所相当的酪氨酸量 K)。

1.3.2 样品稀释液的制备。

1.3.2.1 测定酶制剂:称取酶粉 0.100 g,加入 pH7.2 磷酸盐缓冲液定容至 100 mL,吸取此液 5 mL,再用缓冲液稀释至 25 mL,即成 5 000 倍的酶粉稀释液。

1.3.2:2 测定成曲酶:称取充分研细的成曲 5g,加水至 100 mL,在 40℃水浴内间断搅拌 1 h,过滤,滤液用 0.1 mol pH7.2 磷酸盐缓冲液稀释到一定倍数(估计酶活力而定)。

1.3.3 样品测定:取 15×100 mm 试管 3 支,编号 1、2、3(做 2 支也可),每管内加入样品稀释液 1 mL,置于 40℃水浴中预热 2 min,再各加入经同样预热的酪蛋白 1 mL,精确保温 10 min,时间到后,立即再各加入 0.4 mol 三氯乙酸 2 mL,以终止反应,继续置于水浴中保温 20 min,使残余蛋白质沉淀后离心或过滤,然后另取 15×150 mm 试管 3 支,编号 1、2、3,每管内加入滤液 1 mL,再加 0.4 mol 碳酸钠 5 mL,已稀释的福林试剂 1 mL 摇匀,40℃保温发色 20 min 后进行光密度(OD)测定。

空白试验也取试管 3 支,编号(1)、(2)、(3),测定方法同上,唯在加酪蛋白之前先加 0.4mol 三氯乙酸 2 mL,使酶失活,再加入酷蛋白。

为了清楚起见,分别列出表格于下(见表 3 及表 4)。

表 3

试　剂	管　号			试　剂	管　号		
	1	2	3		(1)	(2)	(3)
预热酶液,mL	1	1	1	预热酶液,mL	1	1	1
预热 2%酪蛋白,mL	1	1	1	0.4 mol 三氯乙酸,mL	2	2	2
作用 10 min(精确计时)				作用 10 min(精确计时)			
0.4 mol 三氯乙酸,mL	2	2	2	预热 2%酪蛋白,mL	1	1	1

表 4

试　剂	管　号					
	1	2	3	(1)	(2)	(3)
滤液,mL	1	1	1	1	1	1
0.4 mol Na_2CO_3,mL	5	5	5	5	5	5
福林试剂,mL	1	1	1	1	1	1
OD 值						
平均 OD 值						
净 OD 值				0		

样品的平均光密度(OD)－空白的平均光密度(OD)＝净 OD 值。

1.4　计算

在 40℃下每分钟水解酪蛋白产生 1 μg 酪氨酸,定义为 1 个蛋白酶活力单位。

$$样品蛋白酶活力单位(干基)=\frac{A}{10}\times 4\times N\times\frac{1}{1-W} \quad\cdots\cdots(1)$$

式中:A——由样品测得 OD 值,查标准曲线得相当的酪氨酸微克数(或 OD 值×K);

4——4毫升反应液取出 1 mL 测定(即 4 倍);

N——酶液稀释的倍数;

10——反应 10min;

W——样品水分百分含量。

1.5　注意事项

以上介绍的方法用于测定中性蛋白酶(pH7.2)。若要测定酸性蛋白酶或碱性蛋白酶,则把配制酪蛋白溶液和稀释酶液用的 pH 缓冲液换成相应 pH 缓冲液即可。现把几种常用 pH 缓冲液配方提供如下:

1.5.1　pH7.5 磷酸盐缓冲液(0.02 mol/L)

称取磷酸氢二钠($Na_2HPO_4\cdot 12H_2O$)6.02 g 和磷酸二氢钠($NaH_2PO_4\cdot 2H_2O$)0.5 g 以蒸馏水溶解定容至 1 000 mL。

1.5.2　pH2.5 乳酸-乳酸钠缓冲液(0.05 mol)

A液：称取80%～90%乳酸10.6 g，加蒸馏水稀释定容至1 000 mL。

B液：称取70%乳酸钠16 g，加水稀释定容至1 000 mL。

取A液16 mL与B液1 mL混合稀释一倍即成。

1.5.3　pH3.0乳酸-乳酸钠缓冲液(0.05 moL)

A液：称取80%～90%乳酸10.6 g，以水定容至1 000 mL。

B液：称取70%乳酸钠16 g，蒸馏水溶解定容至1 000 mL。

取A液8 mL与B液1 mL，混合稀释一倍即成。

1.5.4　pH10硼砂-氢氧化钠缓冲液

A液：称取硼砂19.08 g，用蒸馏水溶解定容至1 000 mL(0.05 mol)。

B液：称取氢氧化钠8 g，用蒸馏水溶解定容至1 000 mL(0.2 N)。

取A液250 mL，B液215 mL混合，用蒸馏水稀释定容至1 000 mL即成。

1.5.5　pH11.0硼砂-氢氧化钠缓冲液

A液：称取硼砂19.08 g，用蒸馏水定容至1 000 mL。

B液：称取氢氧化钠4 g，用蒸馏水定容至1 000 mL。

取A液与B液等量混合。

1.5.6　2%酪蛋白溶液配成酸性时，须先加数滴浓乳酸，使之湿润以加速其溶解。

2　甲醛法

成曲蛋白酶活力的测定，如用福林法测定确有困难时，可用甲醛法测定作过渡。

2.1　仪器

a) 分析天平：感量0.01 g；

b) 水浴锅；

c) 电烘箱；

d) 容量瓶、吸管、滴定管等。

2.2　试剂与溶液

a) 1%酚酞指示剂；

b) 0.1%麝香草酚蓝；

c) 0.1N氢氧化钠液、甲醛(试剂配制法同氨基态氮的测定，见GB/T 5009.39—1996氨基态氮测定法。

2.3　操作

2.3.1　目测法

称取研细均匀的成曲样品10 g，放入250 mL锥形瓶中，加55℃温水80 mL，充分摇匀，置于55℃水浴锅中保温3 h，取出后加热煮沸以破坏酶活力，冷却后定容至100 mL，充分摇匀后以脱脂棉过滤，吸取滤液10 mL，移至150 mL锥形瓶中，加水50 mL，1%酚酞指示剂0.2mL，以0.1N氢氧化钠标准溶液滴定至刚显微红色(pH8.2)，记下滴定数作为总酸，继续加甲醛10 mL，用0.1N氢氧化钠液滴定至深红色(pH8.5)为终点，若再加麝香草酚蓝1 mL作指示剂，则滴至紫红色为终点。记下滴定数，减去空白数后计算成氨基态氮。另称取曲10 g做水分，再折算成干基数。

2.3.2　酸度计法

所用仪器、药品、操作方法等与氨基态氮测定法同(见GB/T 5009.39—1996)。

2.4　计算

$$蛋白酶活力(克氨基态氮/100\ g)(干基)=\frac{(V-V_0^*)\times N\times 0.014}{10\times\frac{10}{100}}\times\frac{100}{1-W} \quad\cdots\cdots(2)$$

式中：V——加入甲醛后氢氧化钠标准液滴定数，mL；

V_0^*——甲醛空白滴定数，mL；

W——曲水分，%；

N——氢氧化钠标准溶液的当量数，N；

0.014——氮的毫克当量数。

附加说明：

本标准由国家国内贸易局提出。

本标准由上海市酿造科学研究所起草。

本标准主要起草人须凤高。

本法实质上是在一定温度下、一定时间内，成曲利用自身的蛋白酶把自身原料中的蛋白质水解成氨基酸。以测定氨基态氮的量来衡量蛋白酶活力的数值。在培养和堆放过程，环境温度和自身含有水分，故已有少量氨基酸生成。为了能和福林法的酶活力进行对照，可用空白试验以扣除此误差，方法是另取一曲样于开始时即将成曲酶活杀灭，其余操作步骤完全相同。杀酶的方法是把已煮沸的蒸馏水 70 mL 倾入 10 g 成曲中，并马上继续把成曲液煮沸几分钟，其余操作与样品同，成曲和甲醛的空白一起算成 V_0。

中华人民共和国商业行业标准

SB/T 10318—1999

代替 ZB X 66031—87

氨态氮测定法

Analysis of ammoniacal nitrogen

本方法适用于酿造酱油时在制品的氨态氮测定。

1 仪器

a) 500 mL 圆底烧瓶；

b) 氮气球；

c) 蛇形冷凝管、250 mL 锥形瓶、5 mL 移液管、滴定管。

2 试剂与溶液

2.1 0.1N 盐酸标准溶液

量取分析纯盐酸 9 mL，加蒸馏水稀释至 1 000 mL。

标定与全氮测定相同，见 GB/T 5009.5—1985。

2.2 4%硼酸溶液

称取化学纯硼酸 4 g，加蒸馏水溶解至 100 mL。

2.3 甲基红-溴甲酚绿混合指示剂

见 GB/T 5009.5—1985。

2.4 氧化镁，分析纯

2.5 液体石蜡或食油

3 操作方法

精确称取样品 5 g(或吸取液体样品 5 mL)，放入 500 mL 圆底烧瓶中，加氧化镁 1 g，再加蒸馏水 200 mL，液体石蜡或食用油 1 滴～2 滴(消泡剂)，连接好冷凝器及氮气球等蒸馏装置，并使冷凝管的下端出口伸入到接受器锥形瓶的液面内，锥形瓶内盛有 4%硼酸溶液 35 mL 及甲基红-溴甲酚绿指示剂 2 滴～3 滴。然后加热蒸馏，待蒸馏液蒸馏出约 100 mL 即可。最后用 0.1 N 盐酸标准溶液进行滴定，至蔚蓝色消失呈暗红色为止。记下耗用毫升数(V)。再以蒸馏水代替样品，按照上述方法进行一次空白测定，其耗用 0.1 N 盐酸标准溶液的毫升数为 V_0。

4 计算

$$\text{氨态氮(以 } NH_3 \text{ 计,g/100 g 或 mL)} = \frac{(V-V_0)\times N\times 0.017}{5}\times 100$$

式中：V——样品滴定耗用 0.1N 盐酸标准溶液数，mL；

V_0——空白滴定耗用 0.1N 盐酸标准溶液数，mL；

N——所用盐酸标准溶液的当量浓度，N；

0.017——氨的毫克当量数，g；

5——样品量(g 或 mL)。

国家国内贸易局 1999-04-15 批准　　　　1999-04-15 实施

5 注意事项

5.1 同一样品，两次测定的滴定数误差不大于 0.1 mL。

5.2 如无氧化镁可用碳酸钠或碳酸氢钠代替，其数量与氧化镁相等，但不可用氢氧化钠或氢氧化钾代替。

附加说明：

本标准由国家国内贸易局提出。

本标准由上海市酿造科学研究所起草。

本标准主要起草人须凤高。

中华人民共和国商业行业标准

熟料消化率测定法

SB/T 10319—1999

代替 ZB X 66032—87

Determination of digestibility of steamed material

本方法适用于酿造酱油时在制品熟料的消化率测定。

消化率系指原料经蒸煮后，其中蛋白质可被酶分解为水溶性肽类或氨基酸的百分比，以此来衡量蒸煮的质量。

1 试剂与仪器

所用试剂都为分析纯。

1.1 酶液(10%种曲浸出液)

取约 20 g 新鲜种曲，放入锥形瓶中，加 20 mL 50%酒精(酒精：水=1：1)混匀，加 180 mL 水搅拌均匀，置于 40℃水浴中浸泡 1 h，频频摇动，用慢速滤纸或离心机分离(1 500 r/min～2 000 r/min) 5 min，上清液或滤液用福林法测定蛋白酶活力在 100 单位/mL 以上；但酶液的全氮含量须在 0.06%以下，如不在此范围内，则须加以调节。酶液不必每次都在测定前进行制备。在几天内可根据需要量，一次制备好，调整好酶活力范围以后置冰箱中备用，但也不宜超过三天。

1.2 pH7.2 磷酸盐缓冲液

甲液：称磷酸二氢钠($NaH_2PO_4 \cdot 2H_2O$)31.2 g，用蒸馏水定容至 1 000 mL。

乙液：称磷酸氢二钠($Na_2HPO_4 \cdot 7H_2O$)53.7 g，用蒸馏水定容至 1 000 mL。

取甲液 28 mL，乙液 72 mL 混合即成 pH 7.2 的磷酸盐缓冲液。

1.3 高速组织捣碎机，型号 DS-1(上海标本模型厂制造)功率 200 W，转速 10 000 r/min～12 000 r/min。

1.4 水浴锅

1.5 离心机

1.6 测定酶活力、全氮所用试剂、仪器见有关标准(SB/T 10317—1999、GB/T 5009.5—1985)。

2 操作方法

2.1 熟料浆制备

取 100 g 熟料放入高速组织捣碎机中，加蒸馏水 300 mL。盖好盖子，合上开关，捣搅 1 min 后停机，将飞溅在容器壁上的熟料颗粒用角匙刮下，再继续开机捣碎 2 min，使熟料捣成均匀的料浆。停机、开盖，将料浆倒入烧杯内。用四层湿纱布盖好备用。

2.2 测定步骤

2.2.1 精确称取熟料浆 6 g 左右(精确到 0.2 mg)于 150 mL 锥形瓶内，加入 75 mL 酶液，再加入 pH7.2缓冲液 20 mL 摇匀，在瓶口塞上橡皮塞后，置于水浴锅中。55℃保持 2 h 取出，拔下塞子，放在已煮沸的沸水浴中再煮沸 10 min。取出冷却，转入 100 mL 容量瓶，定容至 100 mL。用慢速滤纸过滤，或离心分离 10 min(1 500 r/min～2 000 r/min)。弃去开始滤出的滤液 5 mL 左右。用移液管精确吸取滤液或上清液 10 mL，严格按照全氮测定法测定水解液的全氮(*TN* 水)。

国家国内贸易局 1999-04-15 批准　　1999-04-15 实施

2.2.2 精确吸取酶液 10 mL,并测定其全氮含量(*TN* 酶)。

2.2.3 精确称取熟料浆 2 g 左右(精确到 0.2 mg),测出料浆的全氮含量(*TN* 料)。

3 计算

$$消化率=\frac{TN\,水\times100-TN\,酶\times75}{TN\,料\times6}\times100\%$$

式中:*TN* 水×100——100 mL 水解液所含总氮量,g;

TN 酶× 75——所加 75 mL 酶液所含的总氮量,g;

TN 料×6——6 g 熟料浆所含总氮量,g。

4 注事事项

4.1 料浆要尽量捣碎均匀,捣碎后要及时称量。水解用料浆和测定全氮用料浆要紧接在一起称量,以免水分蒸发而引起误差。

4.2 酶液可预先制备好。捣碎称量、测定酶液全氮、测定料浆全氮可在酶液浸出过程中和水解过程中交叉进行,以便压缩总的测定时间。

4.3 为使浓度呈梯度分布的上清液混合均匀,离心结束后须把上清液倾出摇均后再吸取,为防止倾出时把沉淀带出,可把上清液再用快速滤纸过滤一次,减少测定误差。

附加说明:

本标准由国家国内贸易局提出。

本标准由上海市酿造科学研究所起草。

本标准主要起草人须凤高。

中华人民共和国商业行业标准

SB/T 10320—1999

代替 ZB X 66033—87

熟料N型蛋白试验

Detection of N-type protein

本方法适用于酿造酱油半成品熟料中N型蛋白的测定。用N型试验可衡量原料中蛋白质蒸熟程度,评判蒸料的质量。

1 仲裁法

1.1 设备

与消化率测定法同 SB/T 10319—1999。

1.2 试剂及溶液

1.2.1 酶液:与消化率测定法同 SB/T 10319—1999。

1.2.2 pH7.2 磷酸盐缓冲液:与消化率测定法同,见 SB/T 10319—1999。

1.2.3 氯化钠:分析纯。

1.3 操作

1.3.1 熟料浆制备:与消化率测定法同 SB/T 10319—1999。

1.3.2 水解:精确称取熟料浆 6 g 左右(精确到 0.2 mg)于 150 mL 锥形瓶中,再加入酶液 75 mL,氯化钠 20 g,pH7.2 缓冲液 20 mL 摇匀,在瓶口塞上橡皮塞后,置于恒温水浴锅中,45℃保温 24h(或 48 h)。

1.3.3 过滤:水解结束后,过滤或离心分离。清液在沸水浴中加热至 90℃,用冷水急速冷却,再过滤或离心分离。

1.3.4 比色:吸取上述清液 2 mL 于试管中,再加入蒸馏水 10 mL,把试管置沸水浴中加热 5 min,立刻在冷水中急速冷却。试管中出现混浊或沉淀,N 型为阳性。

若要定量分析,可用浊度计或比色计测定,并用未煮沸的上清液作空白对照。

2 近似法

2.1 设备及试剂:和仲裁法相同。

2.2 操作

2.2.1 熟料浆制备:与消化率测定法同 SB/T 10319—1999。

2.2.2 水解:与消化率测定法同 SB/T 10319—1999。

2.2.3 加盐:N 型试验可和消化率测定同时做。水解结束后,在锥形瓶中加入氯化钠 20g,摇匀,使氯化钠溶解。冷却后定容至 100 mL,过滤或离心分离后,用于消化率测定(SB/T 10319—1999)。

2.2.4 过滤:把余下的约一半水解液振摇 20 min,再过滤或离心分离。清液在沸水浴中加热至 90℃,再用冷水急速冷却,再过滤或离心分离。

2.2.5 吸取第二次过滤或离心的清液 2 mL 于试管中,再加入蒸馏水 10 mL,置试管于沸水浴中加热 5 min,立刻在冷水中急速冷却。

试管中出现混浊或沉淀,N 型为阳性。

国家国内贸易局 1999-04-15 批准　　　　1999-04-15 实施

附加说明：

本标准由国家国内贸易局提出。

本标准由上海市酿造科学研究所起草。

本标准主要起草人须凤高。

中华人民共和国商业行业标准

SB/T 10321—1999

代替 ZB X 66034—87

水溶性物的样品制备

Sample preparation of water soluble matter

本方法适用于酿造酱油时酱醅、酱渣等水溶性物的样品制备。

1 仪器

a）天平：感量 0.01 g；

b）容量瓶；

c）离心机；

d）研钵、烧杯、锥形瓶等。

2 操作方法

准确称取已在研钵中研细的样品（酱醅、酱渣等）25.00 g 于 250 mL 烧杯中，再加入 200 mL 蒸馏水。置于电炉上加热，煮沸 3 min。冷却至室温后，倾入 250 mL 容量瓶中。烧杯用蒸馏水分数次洗涤干净。洗涤液一并加入容量瓶中。最后加蒸馏水至刻度，放置一定时间，让其自然沉降，自然沉降缓慢时，可用滤纸过滤或离心机离心分离（1 500 r/min～2 000 r/min；10 min）吸取 10 mL（相当于 1g 样品）上清液（或滤液）。用于测定氯化物、无盐固形物、全氮、氨基态氮、总酸、色度、还原糖等。

2.1 氯化物的测定：见 GB/T 5009.39—1996。

2.2 水溶性无盐固形物的测定：见 SB/T 10326—1999。

2.3 水溶性全氮的测定：见 GB/T 5009.5—1985。

2.4 氨基态氮的测定：见 GB/T 5009.39—1996。

2.5 总酸的测定：见 GB/T 5009.39—1996。

2.6 色度的测定：见 SB/T 10323—1999。

2.7 还原糖的测定：见 GB/T 5009.7—1985。

3 注意事项

3.1 加热时需不断搅拌，防止结底烧裂烧杯。

3.2 利用自然沉降时，须防止把沉淀吸入吸管。否则会引起测定误差。过滤时须弃去刚开始滤出的几毫升滤液。离心分离时须把上清液倾出摇匀后再吸取。

附加说明：

本标准由国家国内贸易局提出。

本标准由上海酿造科学研究所起草。

本标准主要起草人须凤高。

国家国内贸易局 1999-04-15 批准　　　　**1999-04-15 实施**

中华人民共和国商业行业标准

SB/T 10322—1999

代替 ZB X 66036—87

pH 测 定 法

Detection of pH

本方法适用于酿造酱油半成品的 pH 测定。

1 酸度计法

1.1 仪器

a) 酸度计；

b) 分析天平：感量 0.1mg；

c) 容量瓶等。

酸度计可用各种型号的，比较精密的酸度计如 S-2 型，B-4 型，S-3 型等多种均可选用。

1.2 试剂与溶液(所用试剂均为分析纯)

1.2.1 pH6.88 磷酸盐缓冲液

称取在 115℃±5℃干燥 2 h 的无水磷酸氢二钠 3.550 0 g。磷酸二氢钾 3.390 0 g 于 100 mL 烧杯中，加蒸馏水溶解后，稀释至 1 000 mL。

1.2.2 pH9.22 硼砂缓冲液

称取硼砂 3.800 g，于 100 mL 烧杯中，用去除二氧化碳的蒸馏水溶解后，稀释至 1 000 mL，贮存于聚乙烯塑料瓶中。

1.2.3 pH 4 邻苯二甲酸氢钾缓冲液

称取在 115℃±5℃干燥 2 h 的邻苯二甲酸氢钾 10.120 0 g。于 100 mL 烧杯中，加蒸馏水溶解后，稀释至 1 000 mL。

1.2.4 温度对 pH 的影响

温度对 pH 的影响见下表。

温度，℃ \ pH 值 \ 溶液	邻苯二钾酸盐	中性磷酸盐	硼酸盐
5	4.01	6.95	9.39
10	4.00	6.92	9.33
15	4.00	6.90	9.27
20	4.01	6.88	9.22
25	4.01	6.86	9.18
30	4.02	6.85	9.14
35	4.03	6.84	9.10
40	4.04	6.84	9.07
45	4.05	6.83	9.04
50	4.06	6.83	9.01
55	4.08	6.84	8.99
60	4.10	6.84	8.96

国家国内贸易局 1999-04-15 批准　　　　1999-04-15 实施

1.3 仪器调试与校正

1.3.1 仪器表头调零

指针式(表头式)的酸度计(25 型,S-2 型等)在开启电源之前,即要把指针调到零点或正中(pH1.00)。每天至少观察,调节一次。数字式酸度计(如 S-3 型,B-4 型等)不必调零。

1.3.2 连接电极

把玻璃电极和甘汞电极固定在专用夹子上,并分别插入插孔和接线柱上,固定牢,把测试端浸入蒸馏水中。

玻璃电极在使用前需在蒸馏水中浸泡一昼夜。

1.3.3 开机预热

插入电源插座,打开电源开关,预热 20 min 以后方可调试测定。

1.3.4 把选择开关放到 pH 档位置。

1.3.5 把温度计补偿旋钮调至室温或被测液温度上。

标准 pH 液,被测液的温度最好均为室温,至少二者的温度差在 1℃之内。

1.3.6 仪器的标定

使用前要对仪器进行标定,至少每天一次。

1.3.6.1 调零

a) 旋动“调零”旋钮,使指针在零点(25 型在 0、S-2 型在 1.00)。

b) 对于 S-3 型,B-4 型等酸度计要先拆下电极,选择开关放在“MV”档,调节“调零”旋钮使读数为零。

调试结束重新接上电极,选择开关放回“pH”档。

1.3.6.2 定位

a) 把量程开关放到所需位置,如 0～7 档(25 型)或 4～6 档(S-2 型)。S-3 型及 B-4 型等不必调节。

b) 提起电极,用蒸馏水冲洗,并用软吸水纸擦干。

c) 把所需的标准 pH 液,倒入烧杯内,并把已擦干的电极浸入标准液内。用磁力搅拌或轻轻摇动杯子。

d) 定位:按下读数按钮(25 型,S-2 型等),调节“定位”旋钮,使指针的读数与该标准 pH 液在当时温度下的实际 pH 值相符合,松开读数按钮。

e) 斜率校正:对有斜率校正的酸度计(S-3 型,B-4 型等)则先用中性磷酸盐“定位”。方法同 d。这类先进的仪器不需按读数按钮而直接读数,也无量程选择。定位前暂把“斜率”放在 100%处。中性 pH 液定位好以后,移去标准 pH 液、冲洗电极并擦干。再根据需要用另一标准 pH 液进行标定,此时“定位”旋钮不得旋动,而调节“斜率”旋钮使读数与该标准 pH 液在当时温度下的 pH 值相符。如此再进行一次“定位”和“校正斜率”,仪器方可投入使用。

1.4 样品测定

仪器标定结束后,把电极提起、冲洗、擦干,再浸入烧杯中样品的液面之下,按下读数按钮(或直接读数),磁力搅拌或轻轻摇动烧杯。约半分钟后读数不再变化时,该读数即为样品的 pH 值。读数时应停止搅拌和摇动。

当被测液温度和标准 pH 液温度不同时,“定位”和“斜率”仍保持不变,但“温度”要调到被测液的温度。其余测定步骤同上。

1.5 注意事项

1.5.1 酸度计为精密仪器,应防震、防潮、防腐蚀、小心使用。特别是玻璃电极球泡极薄,切忌接触硬物以防破裂。

1.5.2 电极接线要牢固,“接地”要可靠。

1.5.3 玻璃电极球泡内应充满溶液、无气泡。球泡应保持清洁,如有污物应用丙酮轻轻揩擦,再用蒸馏水浸泡使用。

1.5.4　甘汞电极使用时，氯化钾溶液必须浸没内部小玻璃管下口，弯管内不准有气泡将溶液隔断。并保持有少量结晶，也不准有被测液流入管内。甘汞电极使用时应拔去橡皮套和小橡皮塞，以保持一定的液位差，防止被测液倒流。不用时应及时拿出，不可与玻璃电极一起浸于蒸馏水中。

1.5.5　仪器一经标定，“定位”和“斜率”二旋钮就不得随意触动，否则必须重新标定。

2　试纸法

2.1　取 pH 精密试纸一条，一端用镊子夹住，另一端蘸液体试样后，立即与标准色板比较色泽，从而决定其 pH 值。如样品本身呈色较深，影响比色，观察时应以液体吸附的边缘部分进行比较。

2.2　本法尤其适用于固体和半固体样品的 pH 测定。测定时一端用镊子夹住，把试纸的另一端贴于样品表面或插入样品之中，待液体延伸到纸条的中上部时，与标准色板比较读数。

2.3　酱油常用 pH3.8～5.4 的精密试纸，酱醋常用 pH3.8～5.4 或 pH5.4～7.0 的精密试纸。

附加说明：

本标准由国家国内贸易局提出。

本标准由上海酿造科学研究所起草。

本标准主要起草人须凤高。

中华人民共和国商业行业标准

SB/T 10323—1999

色 度 测 定 法

代替 ZB X 66042—87

Measurement of color intensity

本方法适用于酿造酱油半成品、副产品的色度测定。

1 仪器

a) 圆底烧瓶:500 mL;

b) 容量瓶:100 mL、500 mL;

c) 移液管:5 mL;

d) 刻度吸管:2 mL、5 mL、10 mL;

e) 比色管:100mL;

f) 油浴锅;

g) 分析天平:感量 0.1mg。

2 试剂

分析纯蔗糖、分析纯氨水、分析纯苯酚、分析纯碘、分析纯碘化钾。

3 标准曲线的绘制

精确称取碘 1.000 0 g,称取碘化钾 2 g,先将碘化钾盛于烧杯内,加入少量蒸馏水溶解,再倾入精确称取的碘中,用玻璃棒轻轻搅拌、使碘全部溶解后移入 100 mL 容量瓶内,以蒸馏水稀释至刻度,摇匀,即成 1%碘液。再按下表进一步稀释成 100 mL 各种色度的标准色液(每个稀释液都须加 4 g 碘化钾)。

4 mL1%碘液稀释液的色度定义为 1.1。

8、12、16 mL1%碘液稀释液的色度分别为 2.1、3.0、4.0。将表中不同毫升 1%碘液的稀释液进行光电比色计比色(581-G 型光电比色计用 50# 滤色片;72 型分光光度计用波长为 520 nm)。根据色度(即碘液的不同毫升数)与消光度的关系,以色度为纵坐标,消光度为横坐标绘制成标准曲线。

色度与 1%碘液对照表(20℃)

色 度	1%碘液	加入碘化钾 g	稀释至 mL 数
1.1	4	4	100
2.1	8	4	100
3.0	12	4	100
4.0	16	4	100

4 标准色的配制

称取蔗糖 100 g,置于圆底烧瓶内。放在 200℃油浴中,10 min 左右待糖溶化后,逐步滴入氨水(1:1)8 mL。等几分钟后,再滴入氨水(1:1)4 mL,氨水滴入后注意泡沫上升(如溢入油浴中会发生危

国家国内贸易局 1999-04-15 批准　　　　1999-04-15 实施

险）。总共反应30 min后即成焦糖色。冷却后移入500 mL容量瓶内。用热蒸馏水冲洗容器，洗液也并入容量瓶中。冷至20℃后加蒸馏水稀释至500 mL，摇匀。为了防止变质，须加苯酚2 mL。吸取2 mL或3 mL上述的焦糖色，置于100 mL容量瓶内，再以蒸馏水稀释至刻度。用滤纸过滤。弃去初滤液20 mL左右。收集以后的滤液在光电比色计中进行校正：看2 mL或3 mL焦糖色稀释后滤液（即色度为2.1或3.0）的消光度（OD值）与上述标准曲线（即8 mL或12 mL 1％碘液稀释液的OD值）是否符合。如有深浅，用添加水或加未稀释的焦糖色进行调整，直至该焦糖色稀释液的消光度（OD值）与标准曲线相符为止。此即标准色（吸取CmL的标准液稀释至100 mL，与此稀释液色度相同者，其色度即为C）。

焦糖色也可用市售的成品，稀释8倍～10倍即成标准色（校正同上）。

5 操作方法

吸取经离心的样品5 mL，置入100 mL比色管中，以蒸馏水稀释至10 mL。在另一比色管中加入蒸馏水95 mL，由滴定管滴入标准色，随滴随搅拌，至色度与样品比色管色度基本相仿时，再加水至刻度，再滴入标准色1滴～2滴，至二管色度相同后为止。读取滴定管中标准色的耗用毫升数。即为酱油的色度（如3.1 mL即3.1°）。

6 注意事项

目测比色时，由于标准色澄清、杂质少、色泽与酱油样品稍有差异，应观察红色相仿后作为终点。

酱醋测定用10％稀释液，吸取5mL入比色管。其余同上。

附 录 A
原料、在制品、副产品检测项目
（参考件）

A.1 粮食原料（豆粕、小麦、麸皮等）

A.1.1 水分

A.1.2 粗蛋白

A.1.3 粗淀粉

A.2 食盐

A.2.1 水分

A.2.2 氯化物

A.3 三角瓶菌种（二级菌种）

A.3.1 水分

A.3.2 孢子数

A.3.3 菌落总数

A.4 种曲（三级菌种）

A.4.1 水分

A.4.2 孢子数

A.4.3 发芽率

A.4.4 蛋白酶活力

A.4.5 菌落总数

A.5 熟料

A.5.1 水分

A.5.2 熟料消化率

A.5.3 N型蛋白

A.6 成曲

A.6.1 水分

A.6.2 蛋白酶活力

A.6.3 菌落总数

A.6.4 氨基氮

A.7 拌曲盐水

A.7.1 氯化物

A.7.2 比重

A.8 酱醅及酱醪

A.8.1 水分
A.8.2 水溶性全氮
A.8.3 氯化物
A.8.4 总酸(或 pH)
A.8.5 氨基氮
A.8.6 色度
A.8.7 水溶性无盐固形物
A.8.8 还原糖

A.9 半成品酱油(包括二油、三油)

A.9.1 全氮
A.9.2 总酸
A.9.3 氨基氮
A.9.4 氯化物
A.9.5 无盐固形物
A.9.6 还原糖
A.9.7 比重
A.9.8 pH
A.9.9 色度
A.9.10 氨基氮

A.10 酱渣

A.10.1 水分
A.10.2 氯化物
A.10.3 水溶性无盐固形物
A.10.4 全氮

附加说明:

本标准由国家国内贸易局提出。

本标准由上海酿造科学研究所起草。

本标准主要起草人须凤高。

中华人民共和国商业行业标准

无盐固形物测定法

Determiation of salt-free solids

SB/T 10326—1999

代替 ZB X 66039—87

本方法适用于酿造酱油半成品、副产品水溶性无盐固形物的测定。

1 仲裁法(105℃恒重法)

1.1 仪器与用量

与水分测定同(GB/T 5009.3—1985)。

1.2 操作方法

1.2.1 将40mm×25mm的称量瓶洗净后,放入105℃的干燥箱内,2h后取出,放入干燥器中冷却,称重,再烘0.5h,冷却称重,直至恒重(二次称重相差不超过0.002g,即为恒重)。记下称量瓶的号码和重量(W_1),放入干燥器中备用。

1.2.2 吸取被测样品25mL,放入250mL容量瓶中,加蒸馏水至刻度,摇匀后备用。固体水溶牲物制备见ZB X 66034—87。

1.2.3 吸取上述稀释液10mL,放入已恒重的空称量瓶内,再把称量瓶放入105℃干燥箱内,4h取出放入干燥器内,冷却,称重;再烘0.5h,冷却,称重至恒重,按号码记下样品和称量瓶的总重量(W_2)。

也可以直接吸取液体样品1或2mL测定。

由于样品量(2mL)较多,一个班次内达不到恒重时,也可采取超时间干燥,即烘干24h以保证恒重。每天定时做本项目。

1.3 计算

$$\text{无盐固形物}(g/100mL)=\frac{(W_2-W_1)}{I}\times 100-C_1$$

式中:W_2——恒重后的样品和称量瓶总重量,g;

W_1——恒重后的空称量瓶的重量,g;

I——样品量(10mL10%稀释液),mL或g;

C_1——食盐含量,g/100mL。

同一样品应做两个平行试验,其允许误差为±0.50%。

2 快速法

2.1 仪器、设备:同水分测定(见GB/T 5009.3—1985)。

2.2 操作方法:同本规程1.2。

但温度为160℃,时间为30 min左右(见GB/T 5009.3—1985)。

2.3 计算:同本规程1.3。

国家国内贸易局1999-04-15批准　　1999-04-15实施

附加说明：

本标准由国家国内贸易局提出。

本标准由上海市酿造科学研究所起草。

本标准主要起草人须凤高。

ICS 67.160
X 66
备案号：20182—2007

中华人民共和国国内贸易行业标准

SB/T 10417—2007

酱油中乙酰丙酸的测定方法

Method for determination of β-acetylpropionic acid in soy sauce

2007-01-25 发布　　2007-07-01 实施

中华人民共和国商务部　发布

酱油中乙酰丙酸的测定方法

1 范围

本标准规定了用气相色谱法测定酱油中乙酰丙酸的方法。

本标准适用于酱油中乙酰丙酸的测定。

本标准方法的检出限：0.010 g/kg。

2 内标法

2.1 原理

样品经酸化后，用乙醚提取乙酰丙酸，以正庚酸作内标物质，用具有氢火焰离子化检测器的气相色谱仪进行测定，以内标法进行定量。

2.2 试剂和溶液

除非另有规定，仅使用分析纯试剂和蒸馏水或去离子水。

2.2.1 无水硫酸钠：650℃下灼烧 4 h，贮于密闭容器中备用。

2.2.2 无水乙醚。

2.2.3 浓盐酸。

2.2.4 饱和氯化钠。

2.2.5 标准品正庚酸：色谱纯，纯度≥99.5%。

2.2.6 标准品乙酰丙酸：色谱纯，纯度>98%。

2.2.7 正庚酸标准溶液：称取 0.50 g 正庚酸标准品(精确至 0.000 1 g)(2.2.5)，用乙酸乙酯定容至 100 mL。此标准溶液的浓度为 0.005 0 g/mL。

2.2.8 乙酰丙酸标准溶液：称取 0.50 g 乙酰丙酸标准品(精确至 0.000 1 g)(2.2.6)，用乙酸乙酯定容至 100 mL。此标准溶液的浓度为 0.005 0 g/mL。

2.2.9 标准系列溶液：分别准确吸取乙酰丙酸标准溶液(2.2.8)0.05 mL、0.1 mL、0.5 mL、1.0 mL、1.5 mL、2.0 mL 于 6 个 10 mL 容量瓶中，各加入 1.0 mL 正庚酸标准溶液(2.2.7)，用乙酸乙酯定容，即得标准系列溶液，相当于每毫升含 25 μg，50 μg，250 μg，500 μg，750 μg，1 000 μg 的乙酰丙酸。

2.3 仪器和设备

实验室常规仪器、设备及下列各项：

2.3.1 100 mL 具塞试管。

2.3.2 气相色谱仪：配有氢火焰离子化检测器(FID)。

2.3.3 色谱柱：石英弹性毛细管柱，柱长 30 m，内径 0.25 mm，涂膜厚度 0.5 μm；固定液：Carbwax 20M。或与此相当的色谱柱。

2.3.4 250 mL 圆底烧瓶。

2.3.5 浓缩设备(水浴、旋转蒸发仪或氮吹仪)。

2.4 分析步骤

2.4.1 样品提取

准确称取 5.0 g 试样(精确至 0.000 1 g)于 100 mL 具塞试管(2.3.1)中，加入 10 mL 饱和氯化钠溶液、1.0 mL 正庚酸标准溶液(2.2.7)、浓盐酸 3.0 mL(2.2.3)，充分震摇 1 min 后，加入 50.0 mL 无水乙醚，震摇萃取 3 min～5 min，静置约 10 min～15 min。待分层后，吸取上层乙醚萃取液于 250 mL 圆底烧瓶(2.3.4)中，再重复萃取两次，合并乙醚萃取液，用 10 mL 饱和氯化钠溶液洗涤两次，弃去下层。乙醚层过过量无水硫酸钠脱水，在 45℃左右浓缩至近干，残液用乙酸乙酯定容至 10 mL，即可上机。

2.4.2 测定

2.4.2.1 气相色谱参考条件

a) 色谱柱温度:120℃,1 min $\xrightarrow{8℃/min}$ 230℃,4 min;

b) 进样口温度:270℃;

c) 检测器温度:270℃;

d) 进样方式:分流进样,分流比 25∶1;

e) 进样体积:1 μL;

f) 氢气流速:30 mL/min;

g) 空气流速:300 mL/min;

h) 尾吹气:30 mL/min;

i) 载气:高纯氮,纯度大于 99.999%,流速:1.0 mL/min。

2.4.2.2 定量

用进样器分别吸取 1 μL 的标准系列溶液(2.2.9),注入气相色谱仪,在上述色谱条件(2.4.2.1)下测定乙酰丙酸与内标物质的响应峰面积。以乙酰丙酸峰面积/内标物质峰面积为纵坐标,以乙酰丙酸浓度为横坐标,绘制标准曲线或计算回归方程。

用进样器吸取 1 μL 的试样(2.4.1),注入气相色谱仪,在上述色谱条件(2.4.2.1)下测定试样。根据标样保留时间,确定乙酰丙酸和内标物质的峰位置,并记录乙酰丙酸峰面积和内标物质峰面积,计算样品中乙酰丙酸含量。

在上述色谱条件(2.4.2.1)下,通常保留时间为:乙酰丙酸约为 14.6 min,内标物质约为 9.7 min。

标准系列溶液的气相色谱图如图 1:

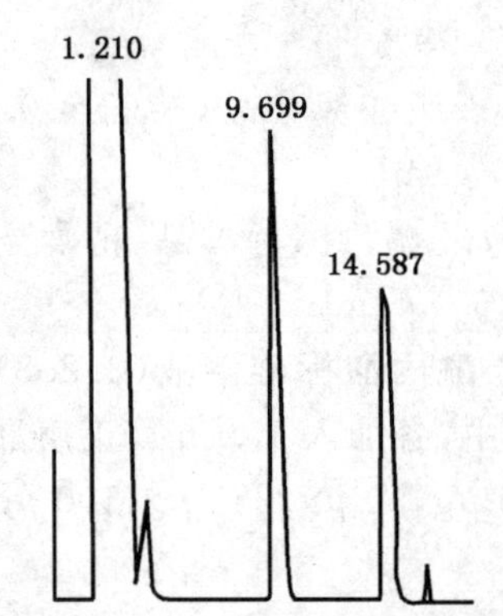

图 1 标准系列溶液的气相色谱图

2.4.3 空白试验

用 5.0 mL 蒸馏水代替试样,按 5.1~5.2 的步骤做空白试验。

2.4.4 结果计算

样品中乙酰丙酸的含量 X,按式(1)计算:

$$X=\frac{c\times V\times 1\ 000}{m\times 1\ 000} \qquad (1)$$

式中:

X ——样品中乙酰丙酸含量,单位为毫克每千克(mg/kg);

c ——测定用样品中乙酰丙酸含量,单位为微克每毫升(μg/mL);

V ——样品的定容体积,单位为毫升(mL);

m ——样品质量,单位为克(g)。

结果表述:计算结果保留两位有效数字。

2.4.5 精密度

同一样品,两次平行测定结果之差,不得超过平均值的10%。

3 外标法

3.1 原理

样品经酸化后,用乙醚提取乙酰丙酸,用配有氢火焰离子化检测器的气相色谱仪进行分离测定,以外标法(标准曲线法)跟系列标准进行比较定量。

3.2 试剂

如非特别说明,本标准方法所用的水为蒸馏水,所用试剂均为分析纯。

3.2.1 无水乙醚:不含过氧化物。

3.2.2 无水硫酸钠:650℃以下灼烧4 h,贮于密闭容器中备用。

3.2.3 乙酸乙酯:经重蒸馏处理。

3.2.4 6 mol/L 盐酸溶液:量取50 mL浓盐酸,用水稀释至100 mL。

3.2.5 乙酰丙酸标准品:色谱纯,纯度≥99.5%。

3.2.6 乙酰丙酸标准贮备液:准确称取乙酰丙酸标准品(3.2.5)0.50 g(精确至0.000 1 g),置于100 mL容量瓶中,室温下用乙酸乙酯(3.2.3)溶解稀释并定容至刻度。此标准溶液浓度相当于5.0 mg/mL乙酰丙酸。

3.2.7 乙酰丙酸标准系列溶液:吸取适量的乙酰丙酸标准贮备液(3.2.6),以乙酸乙酯(3.2.3)稀释成每毫升相当于25 μg,50 μg,100 μg,500 μg,750 μg,1 000 μg的乙酰丙酸。

3.3 仪器和设备

实验室常规仪器、设备及以下各项:

3.3.1 气相色谱仪:配备氢火焰离子化检测器。

3.3.2 色谱柱:J&W DB-FFAP色谱柱(柱长30 m,内径0.25 mm,内膜厚度0.25 μm,固定液:TPA改性聚乙二醇)或与之相当的色谱柱。

3.3.3 浓缩设备(旋转蒸发器、恒温水浴、真空泵)。

3.3.4 25 mL具塞试管。

3.3.5 100 mL梨形浓缩瓶。

3.4 分析步骤

3.4.1 样品提取

室温下准确吸取充分均匀的酱油样品5.0 g(精确至0.000 1 g)于25 mL具塞试管中,加入6 mol/L盐酸溶液(3.2.4)1 mL,充分震摇均匀,往试管中加入25 mL无水乙醚(3.2.1),充分震摇萃取1 min,静置约10 min~15 min,待上层乙醚与下层样品充分分层后,吸取上层乙醚提取液于100 mL浓缩瓶中,之后重复进行上述的萃取操作两次,每次加入无水乙醚的量均为20 mL,三次的乙醚萃取液合并后经无水硫酸钠(3.2.2)进行吸水处理,于40℃下减压旋转蒸发浓缩至干,以乙酸乙酯(3.2.3)溶解残留物并于室温下定容至5 mL,摇匀后静置,待气相色谱进样检测。

3.4.2 色谱参考条件

色谱温度:60℃,1 min $\xrightarrow{18℃/min}$ 200℃,1 min $\xrightarrow{10℃/min}$ 230℃,12 min;

进样口温度:260℃;

检测器温度:280℃;

进样方式:不分流进样;

进样体积:1 μL;

氢气流速:35 mL/min;

空气流速:200 mL/min;

载气:氮气,纯度大于 99.999%,流速:2.2 mL/min;

尾吹气:氮气,纯度大于 99.999%,流速:27.8 mL/min。

3.4.3 测定

以乙酰丙酸标准系列溶液(3.2.7)分别进样 1 μL 于气相色谱仪中,测得不同的标准浓度下乙酰丙酸的响应峰面积,以乙酰丙酸的浓度为横坐标,相应的峰面积为纵坐标,作一标准曲线并计算其回归方程。

在相同的色谱条件下以上述处理后的样品溶液(3.4.1)进样 1 μL。测得的峰面积与标准曲线比较定量。

在上述色谱条件(3.4.2)下,标准系列溶液的气相色谱图如图 2:

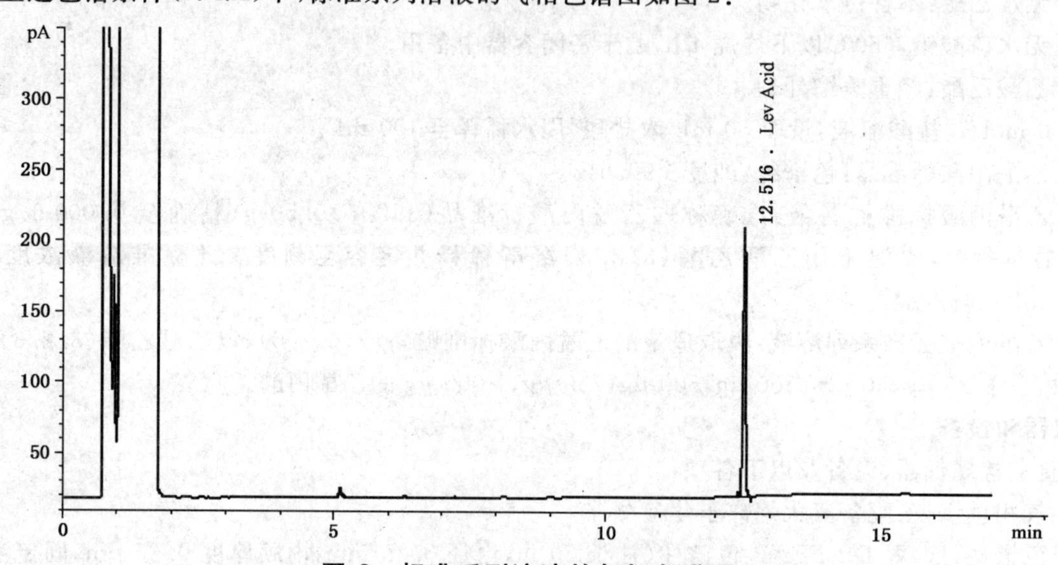

图 2　标准系列溶液的气相色谱图

3.4.4 结果计算

样品中乙酰丙酸的含量按式(2)进行计算。

$$X = \frac{c \times V \times 1\,000}{m \times 1\,000} \quad \cdots\cdots(2)$$

式中:

X ——样品中乙酰丙酸含量,单位为毫克每千克(mg/kg);

c ——测定用样品中乙酰丙酸含量,单位为微克每毫升(μg/mL);

V ——样品的定容体积,单位为毫升(mL);

m ——样品质量,单位为克(g)。

结果表述:计算结果保留两位有效数字。

3.4.5 精密度

在重复性条件下获得的两次独立测定结果的绝对差值不得超过算术平均值的 10%。

四、卫生标准

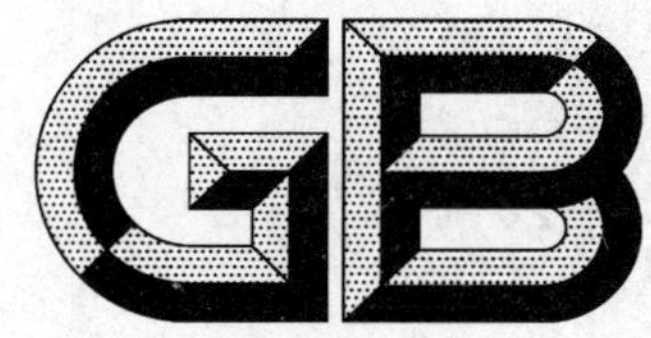

中华人民共和国国家标准

GB 2712—2014

食品安全国家标准
豆制品

2014-12-24 发布　　　　2015-05-24 实施

中华人民共和国
国家卫生和计划生育委员会　发布

前　言

本标准代替了 GB 2712—2003《发酵性豆制品卫生标准》，部分代替了 GB 2711—2003《非发酵性豆制品及面筋卫生标准》。

本标准与 GB 2711—2003 及 GB 2712—2003 相比，主要变化如下：

——标准名称修改为“食品安全国家标准　豆制品”；

——修改了范围；

——增加了术语和定义；

——修改了感官要求；

——修改了理化指标；

——修改了微生物限量。

食品安全国家标准

豆制品

1 范围

本标准适用于预包装豆制品。

本标准不适用于大豆蛋白粉。

2 术语和定义

2.1 豆制品

以大豆或杂豆为主要原料，经加工制成的食品，包括发酵豆制品、非发酵豆制品和大豆蛋白类制品。

3 技术要求

3.1 原料要求

原料应符合相应的食品标准和有关规定。

3.2 感官要求

感官指标应符合表1的规定。

表1 感官要求

项目	指标	检验方法
色泽	具有产品应有的色泽	液体样品取适量试样置于50 mL烧杯中，固体样品取适量试样置于白色瓷盘中，在自然光下观察色泽和状态。闻其气味，用温开水漱口，品其滋味
滋味、气味	具有产品应有的滋味和气味，无异味	
状态	具有产品应有的状态，无霉变，无正常视力可见的外来异物	

3.3 理化指标

理化指标应符合表2的规定。

表2 理化指标

项目	指标	检验方法
脲酶试验[a]	阴性	GB/T 5009.183
[a] 仅适用于豆浆。		

3.4 污染物限量和真菌毒素限量

3.4.1 污染物限量应符合 GB 2762 的规定。

3.4.2 真菌毒素限量应符合 GB 2761 的规定。

3.5 微生物限量

3.5.1 致病菌限量应符合 GB 29921 的规定。

3.5.2 即食豆制品中的微生物限量还应符合表 3 的规定。

表 3 微生物限量

项　　目	采样方案[a]及限量				检验方法
	n	c	m	M	
大肠菌群/(CFU/g 或 CFU/mL)	5	2	10^2	10^3	GB 4789.3 平板计数法
[a] 样品的采样及处理按 GB 4789.1 执行。					

3.6 食品添加剂

食品添加剂的使用应符合 GB 2760 的规定。

ICS 67.020
C 53

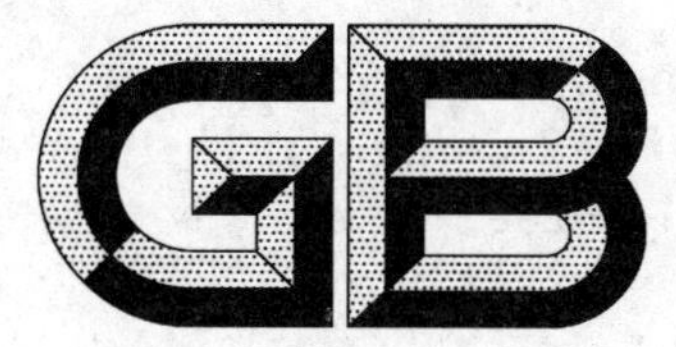

中华人民共和国国家标准

GB 2714—2003
代替 GB 2714—1996

酱腌菜卫生标准

Hygienic standard for preserved vegetables

2003-09-24 发布　　2004-05-01 实施

中华人民共和国卫生部
中国国家标准化管理委员会　发布

前　言

本标准全文强制。

本标准代替 GB 2714—1996《酱腌菜卫生标准》。

本标准与 GB 2714—1996 相比主要修改如下：

——按照 GB/T 1.1—2000 对标准文本格式进行修改；

——对原标准的结构进行了修改，增加了食品添加剂、生产加工过程的卫生要求、包装、标识、贮存及运输要求。

本标准自实施之日起，GB 2714—1996 同时废止。

本标准由中华人民共和国卫生部提出并归口。

本标准起草单位：北京市疾病预防控制中心、北京市酱菜食品工业公司。

本标准主要起草人：丁秀英、胡克强、冉春生、周国成、刘福岭、梁进、张正。

本标准所代替标准的历次版本发布情况为：

——GB 2714—1981、GB 2714—1996。

酱腌菜卫生标准

1 范围

本标准规定了酱腌菜的指标要求、食品添加剂、生产加工过程的卫生要求、包装、标识、贮存及运输要求和检验方法。

本标准适用于各种酱菜、发酵性与非发酵性各类腌菜以及各类渍菜等。

2 规范性引用文件

下列文件中的条款通过本标准的引用而成为本标准的条款。凡是注日期的引用文件，其随后所有的修改单(不包括勘误的内容)或修订版均不适用于本标准，然而，鼓励根据本标准达成协议的各方研究是否可使用这些文件的最新版本。凡是不注日期的引用文件，其最新版本适用于本标准。

GB 2760 食品添加剂使用卫生标准

GB/T 4789.33 食品卫生微生物学检验 粮谷、果蔬类食品检验

GB/T 5009.54 酱腌菜卫生标准的分析方法

GB 14881 食品企业通用卫生规范

3 指标要求

3.1 原料要求

应符合相应的标准和有关规定。

3.2 感官要求

具有酱腌菜固有的色、香、味，无杂质，无其他不良气味，不得有霉斑白膜。

3.3 理化指标

理化指标应符合表1的规定。

表1 理化指标

项目		指标
总砷(以As计)/(mg/kg)	≤	0.5
铅(Pb)/(mg/kg)	≤	1
亚硝酸盐(以 $NaNO_2$ 计)/(mg/kg)	≤	20

3.4 微生物指标

微生物指标应符合表2的规定。

表2 微生物指标

项目		指标
大肠菌群/(MPN/100 g)		
散装	≤	90
瓶(袋)装	≤	30
致病菌(沙门氏菌、志贺氏菌、金黄色葡萄球菌)		不得检出

4 食品添加剂

4.1 食品添加剂质量应符合相应的标准和有关规定。

4.2 食品添加剂的品种和使用量应符合 GB 2760 的规定。

5 生产加工过程的卫生要求

应符合 GB 14881 的规定。

6 包装

包装容器和材料应符合相应的卫生标准和有关规定。

7 标识

定型包装的标识要求应符合有关规定。

8 贮存及运输

8.1 贮存

产品应贮存在干燥、通风良好的场所。不得与有毒、有害、有异味、易挥发、易腐蚀的物品同处贮存。

8.2 运输

运输产品时应避免日晒、雨淋。不得与有毒、有害、有异味或影响产品质量的物品混装运输。

9 检验方法

9.1 总砷、铅、亚硝酸盐

按 GB/T 5009.54 规定的方法检验。

9.2 大肠菌群、致病菌

按 GB/T 4789.33 规定的方法检验。

ICS 67.040
C 53

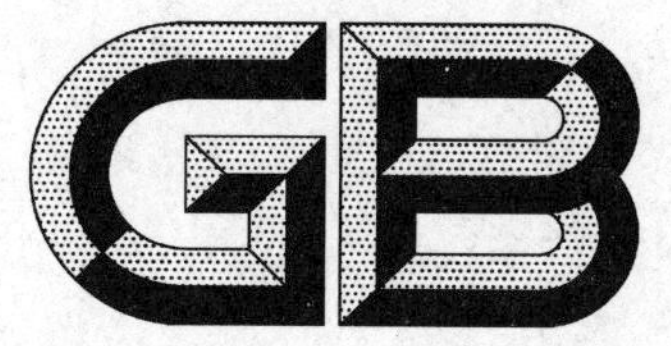

中华人民共和国国家标准

GB 2717—2003
代替 GB 2717—1996

酱油卫生标准

Hygienic standard for soy sauce

2003-09-24 发布　　2004-05-01 实施

中华人民共和国卫生部
中国国家标准化管理委员会　发布

前　言

本标准全文强制。

本标准代替 GB 2717—1996《酱油卫生标准》。

本标准与 GB 2717—1996 相比主要修改如下：

——按照 GB/T 1.1—2000 对标准文本格式进行修改；

——对原标准的结构进行了修改，增加了食品添加剂、生产加工过程的卫生要求、包装、标识、贮存及运输要求；

——参照 GB 18186—2000《酿造酱油》和 SB 10336—2000《配制酱油》，增加了酿造酱油和配制酱油的定义。

本标准自实施之日起，GB 2717—1996 同时废止。

本标准由中华人民共和国卫生部提出并归口。

本标准起草单位：北京市疾病预防控制中心、原国内贸易局、北京食品酿造研究所。

本标准主要起草人：丁秀英、胡克强、钟冠山、朱莛、白晓光、梁进、张正。

本标准所代替标准的历次版本发布情况为：

——GBn 3—1977、GB 2717—1981、GB 2717—1996。

酱 油 卫 生 标 准

1 范围

本标准规定了酱油的指标要求、食品添加剂、生产加工过程的卫生要求、包装、标识、贮存及运输的要求和检验方法。

本标准适用于酿造酱油和配制酱油。

2 规范性引用文件

下列文件中的条款通过本标准的引用而成为本标准的条款。凡是注日期的引用文件，其随后所有的修改单(不包括勘误的内容)或修订版均不适用于本标准，然而，鼓励根据本标准达成协议的各方研究是否可使用这些文件的最新版本。凡是不注日期的引用文件，其最新版本适用于本标准。

GB 2760 食品添加剂使用卫生标准

GB/T 4789.22 食品卫生微生物学检验 调味品检验

GB/T 5009.39 酱油卫生标准的分析方法

GB 8953 酱油厂卫生规范

SB 10338 酸水解植物蛋白调味液

3 术语和定义

下列术语和定义适用于本标准。

3.1

酱油

以富含蛋白质的豆类和富含淀粉的谷类及其副产品为主要原料，在微生物酶的催化作用下分解制成并经浸滤提取的调味汁液。酱油按生产工艺分为酿造酱油和配制酱油，按食用方法分为烹调酱油和餐桌酱油。

3.2

酿造酱油

以大豆和(或)脱脂大豆、小麦和(或)麸皮为原料，经微生物发酵制成的具有特殊色、香、味的液体调味品。

3.3

配制酱油

以酿造酱油为主体，与酸水解植物蛋白调味液、食品添加剂等配制而成的液体调味品。

3.4

烹调酱油

不直接食用的，适用于烹调加工的酱油。

3.5

餐桌酱油

既可直接食用，又可用于烹调加工的酱油。

4 指标要求

4.1 原料要求

应符合相应的标准和或有关规定，其中酸水解植物蛋白调味液应符合 SB 10338 的要求。

4.2 感官要求

具有正常酿造酱油的色泽、气味和滋味，无不良气味，不得有酸、苦、涩等异味和霉味，不混浊，无沉淀，无异物，无霉花浮膜。

4.3 理化指标

理化指标应符合表 1 的规定。

表 1 理化指标

项　　目		指　　标
氨基酸态氮/(g/100 mL)	≥	0.4
总酸[a]（以乳酸计）/(g/100 mL)	≤	2.5
总砷（以 As 计）/(mg/L)	≤	0.5
铅(Pb)/(mg/L)	≤	1
黄曲霉毒素 B_1/(μg/L)	≤	5
[a] 仅用于烹调酱油。		

4.4 微生物指标

微生物指标应符合表 2 的规定。

表 2 微生物指标

项　　目		指　　标
菌落总数[a]/(cfu/mL)	≤	30 000
大肠菌群/(MPN/100 mL)	≤	30
致病菌（沙门氏菌、志贺氏菌、金黄色葡萄球菌）		不得检出
[a] 仅适用于餐桌酱油。		

5 食品添加剂

5.1 食品添加剂质量应符合相应的标准和有关规定。

5.2 食品添加剂的品种和使用量应符合 GB 2760 的规定。

6 生产加工过程的卫生要求

应符合 GB 8953 的规定。

7 包装

包装容器和材料应符合相应的卫生标准和有关规定。

8 标识

定型包装的标识要求应符合有关规定。同时在产品的包装标识上必须醒目标出“酿造酱油”或“配制酱油”以及“直接佐餐食用”或“用于烹调”，散装产品亦应在大包装上标明上述内容。

9 贮存及运输

9.1 贮存

产品应贮存在干燥、通风良好的场所。不得与有毒、有害、有异味、易挥发、易腐蚀的物品同处贮存。

9.2 运输

运输产品时应避免日晒、雨淋。不得与有毒、有害、有异味或影响产品质量的物品混装运输。

10 检验方法

10.1 理化指标

按 GB/T 5009.39 规定的方法测定。

10.2 微生物指标

按 GB/T 4789.22 规定的方法检验。

ICS 67.040
C 53

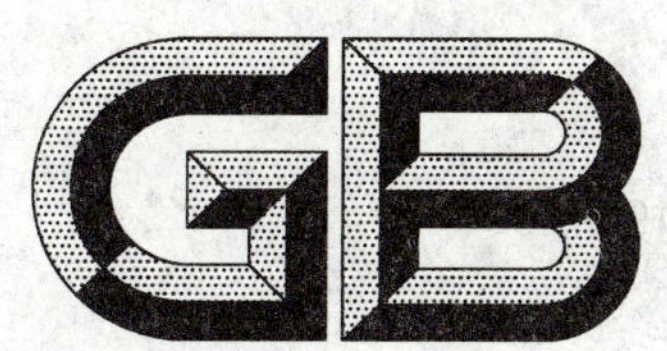

中华人民共和国国家标准

GB 2719—2003
代替 GB 2719—1996

食醋卫生标准

Hygienic standard for vinegar

2003-09-24 发布 2004-05-01 实施

中华人民共和国卫生部
中国国家标准化管理委员会 发布

前　言

本标准全文强制。

本标准代替 GB 2719—1996《食醋卫生标准》。

本标准与 GB 2719—1996 相比主要修改如下：

——按照 GB/T 1.1—2000 对标准文本格式进行修改；

——对原标准的结构进行了修改，增加了食品添加剂、生产加工过程的卫生要求、包装、标识、贮存及运输要求；

——取消了醋酸指标。

本标准自实施之日起，GB 2719—1996 同时废止。

本标准由中华人民共和国卫生部提出并归口。

本标准起草单位：北京市疾病预防控制中心、原国内贸易局、北京食品酿造研究所、广东省卫生防疫站。

本标准主要起草人：丁秀英、胡克强、钟冠山、朱莶、符丽学、梁进、张正。

本标准所代替标准的历次版本发布情况为：

——GBn 5—1977、GB 2719—1981、GB 2719—1996。

食 醋 卫 生 标 准

1 范围

本标准规定了食醋的指标要求、食品添加剂、生产加工过程的卫生要求和检验方法。

本标准适用于酿造食醋和配制食醋。

2 规范性引用文件

下列文件中的条款通过本标准的引用而成为本标准的条款。凡是注日期的引用文件，其随后所有的修改单（不包括勘误的内容）或修订版均不适用于本标准，然而，鼓励根据本标准达成协议的各方研究是否可使用这些文件的最新版本。凡是不注日期的引用文件，其最新版本适用于本标准。

GB 2760 食品添加剂使用卫生标准

GB/T 4789.22 食品卫生微生物学检验 调味品检验

GB/T 5009.41 食醋卫生标准的分析方法

GB 8954 食醋厂卫生规范

3 术语和定义

下列术语和定义适用于本标准。

3.1

食醋

以粮食、果实、酒类等含有淀粉、糖类、酒精的原料，经微生物酿造而成的一种液体酸性调味品。

3.2

酿造食醋

单独或混合使用各种含有淀粉、糖的物料或酒精，经微生物发酵酿制而成的液体调味品。

3.3

配制食醋

以酿造食醋为主体，与冰乙酸（食品级）、食品添加剂等混合配制而成的调味食醋。

4 指标要求

4.1 原料要求

应符合相应的标准和有关规定。

4.2 感官要求

具有正常食醋的色泽、气味和滋味，不涩，无其他不良气味与异味，无浮物，不混浊，无沉淀，无异物，无醋鳗、醋虱。

4.3 理化指标

理化指标应符合表1的规定。

表 1 理化指标

项目		指标
游离矿酸		不得检出
总砷(以 As 计)/(mg/L)	≤	0.5
铅(Pb)/(mg/L)	≤	1
黄曲霉毒素 B_1/(μg/L)	≤	5

4.4 **微生物指标**

微生物指标应符合表 2 的规定。

表 2 微生物指标

项目		指标
菌落总数/(cfu/mL)	≤	10 000
大肠菌群/(MPN/100 mL)	≤	3
致病菌(沙门氏菌、志贺氏菌、金黄色葡萄球菌)		不得检出

5 食品添加剂

5.1 食品添加剂质量应符合相应的标准和有关规定。

5.2 食品添加剂的品种和使用量应符合 GB 2760 的规定。

6 生产加工过程的卫生要求

应符合 GB 8954 的规定。

7 包装

包装容器和材料应符合相应的卫生标准和有关规定。

8 标识

定型包装的标识要求应符合有关规定。同时在产品的包装标识上必须醒目标出“酿造食醋”或“配制食醋”,散装产品亦应在大包装上标明上述内容。

9 贮存及运输

9.1 贮存

产品应贮存在干燥、通风良好的场所。不得与有毒、有害、有异味、易挥发、易腐蚀的物品同处贮存。

9.2 运输

运输产品时应避免日晒、雨淋。不得与有毒、有害、有异味或影响产品质量的物品混装运输。

10 检验方法

10.1 理化指标

按 GB/T 5009.41 规定的方法测定。

10.2 菌落总数、大肠菌群、致病菌

按 GB/T 4789.22 规定的方法检验。

GB 2719—2003《食醋卫生标准》第1号修改单

本修改单业经国家标准化管理委员会于2006年5月31日以国标委农轻函[2006]16号文批准，自批准之日起实施。

GB 2719—2003《食醋卫生标准》修改以下内容：

将标准前言中"——参照GB 18187—2000《酿造食醋》和SB 10337—2000《配制食醋》，将醋酸修订为总酸，并分别规定了酿造食醋和配制食醋的总酸指标。"修改为："——取消了醋酸指标"。

ICS 67.040
C 53

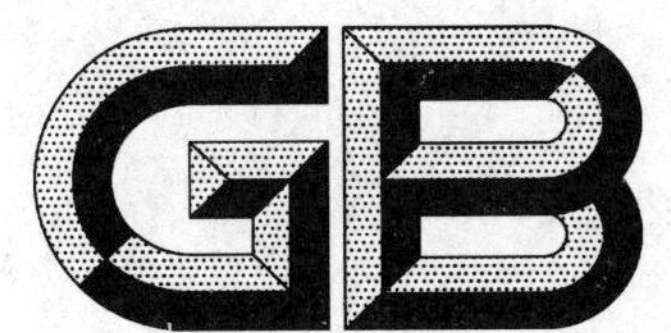

中华人民共和国国家标准

GB 2720—2003
代替 GB 2720—1996

味精卫生标准

Hygienic standard for weijing(gourmet powder)

2003-09-24 发布　　2004-05-01 实施

中华人民共和国卫生部
中国国家标准化管理委员会　发布

前言

本标准全文强制。

本标准代替 GB 2720—1996《味精卫生标准》。

本标准与 GB 2720—1996 相比主要修改如下：

——按照 GB/T 1.1—2000 对标准文本格式进行修改；

——对原标准的结构进行了修改，增加了食品添加剂、生产加工过程的卫生要求、包装、标识、贮存及运输要求；

——参照 GB/T 8967—2000《谷氨酸钠》修改了感官指标。

本标准自实施之日起，GB 2720—1996 同时废止。

本标准由中华人民共和国卫生部提出并归口。

本标准起草单位：北京疾病预防控制中心、北京食品酿造研究所、山西省卫生防疫站。

本标准主要起草人：丁秀英、胡克强、钟冠山、朱莛、孟海鹰、梁进、张正。

本标准所代替标准的历次版本发布情况为：

——GBn 6—1977、GB 2720—1981、GB 2720—1996。

味　精　卫　生　标　准

1　范围

本标准规定了味精的指标要求、食品添加剂、生产加工过程的卫生要求和检验方法。

本标准适用于味精。

2　规范性引用文件

下列文件中的条款通过本标准的引用而成为本标准的条款。凡是注日期的引用文件，其随后所有的修改单(不包括勘误的内容)或修订版均不适用于本标准，然而，鼓励根据本标准达成协议的各方研究是否可使用这些文件的最新版本。凡是不注日期的引用文件，其最新版本适用于本标准。

GB 2760　食品添加剂使用卫生标准

GB/T 5009.43　味精卫生标准的分析方法

GB 14881　食品企业通用卫生规范

3　术语和定义

下列术语和定义适用于本标准。

3.1

味精(谷氨酸钠≥80 g/100 g)

以碳水化合物(淀粉、大米、糖蜜等糖质)为原料，经微生物(谷氨酸棒杆菌等)发酵、提取、中和、结晶，制成的具有特殊鲜味的白色结晶或粉末。

4　指标要求

4.1　原料要求

原料应符合相应标准和有关规定。

4.2　感官要求

无色至白色结晶或粉末，具有特殊的鲜味，无异味，无肉眼可见杂质。

4.3　理化指标

理化指标应符合表1的规定。

表1　理化指标

项　　目		指　　标
总砷(以 As 计)/(mg/kg)	≤	0.5
铅(Pb)/(mg/kg)	≤	1
锌(Zn)/(mg/kg)	≤	5

5　食品添加剂

5.1　食品添加剂质量应符合相应的标准和有关规定。

5.2　食品添加剂的品种和使用量应符合 GB 2760 的规定。

6　生产加工过程的卫生要求

应符合 GB 14881 的规定。

7 包装

包装容器和材料应符合相应的卫生标准和有关规定。

8 标识

定型包装的标识要求应符合有关规定。

9 贮存及运输

9.1 贮存

产品应贮存在干燥、通风良好的场所。不得与有毒、有害、有异味、易挥发、易腐蚀的物品同处贮存。

9.2 运输

运输产品时应避免日晒、雨淋。不得与有毒、有害、有异味或影响产品质量的物品混装运输。

10 检验方法

谷氨酸钠、总砷、铅、锌：按 GB/T 5009.43 规定的方法检验。

ICS 67.040
C 53

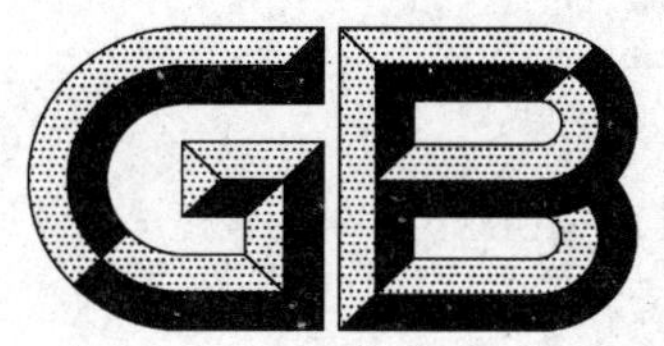

中华人民共和国国家标准

GB 2721—2003
代替 GB 2721—1996

食用盐卫生标准

Hygienic standard for food grade salt

2003-09-24 发布 2004-05-01 实施

中华人民共和国卫生部
中国国家标准化管理委员会 发布

前　言

本标准全文强制。

本标准与国际食品法典委员会(CAC)标准 Codex Stan 150—1985(Rev. 1—1997, Amend. 1—1999)《食用盐》一致性程度为非等效。

本标准代替 GB 2721—1996《食盐卫生标准》。

本标准与 GB 2721—1996 相比主要修改如下：

——按照 GB/T 1.1—2000 对标准文本格式进行修改；

——对原标准的结构进行了修改，增加了食品添加剂、生产加工过程的卫生要求、包装、标识、贮存及运输要求；

——参照 Codex Stan 150—1985(Rev. 1—1997, Amend. 1—1999)《食用盐》修改了范围，增加了铜≤2 mg/kg，镉≤0.5 mg/kg，汞≤0.1 mg/kg，铅由≤1 mg/kg 修订为≤2 mg/kg；

——参照 GB 5461—2000《食用盐》，修改了标准名称和感官要求，取消了镁的指标；

——参照 GB 15198—1994《食品中亚硝酸盐限量卫生标准》，增加亚硝酸盐的指标；

——将“碘化钾、碘酸钾(以碘计)按 GB 14880 规定”修改为“碘，按 GB 14880 规定执行”。

本标准自实施之日起，GB 2721—1996 同时废止。

本标准由中华人民共和国卫生部提出并归口。

本标准起草单位：北京市疾病预防控制中心、轻工业部制盐所、天津市食品卫生监督检验所。

本标准主要起草人：丁秀英、胡克强、刘志达、周长英、王旭太、梁进、张正。

本标准所代替标准的历次版本发布情况为：

——GBn 7—1977、GB 2721—1981、GB 2721—1996。

食 用 盐 卫 生 标 准

1 范围

本标准规定了食用盐的指标要求、食品添加剂、营养强化剂、生产加工过程的卫生要求和检验方法。

本标准适用于从海水、地下岩(矿)盐沉积物、天然卤(咸)水获得的以氯化钠为主要成分的经加工而成的食用盐,不适用于低钠盐。

2 规范性引用文件

下列文件中的条款通过本标准的引用而成为本标准的条款。凡是注日期的引用文件,其随后所有的修改单(不包括勘误的内容)或修订版均不适用于本标准,然而,鼓励根据本标准达成协议的各方研究是否可使用这些文件的最新版本。凡是不注日期的引用文件,其最新版本适用于本标准。

GB 2760 食品添加剂使用卫生标准

GB/T 5009.13 食品中铜的测定

GB/T 5009.15 食品中镉的测定

GB/T 5009.17 食品中总汞及有机汞的测定

GB/T 5009.33 食品中亚硝酸盐与硝酸盐的测定

GB/T 5009.42 食盐卫生标准的分析方法

GB 14880 食品营养强化剂使用卫生标准

GB 14881 食品企业通用卫生规范

3 指标要求

3.1 感官要求

白色、味咸,无异味,无肉眼可见的与盐无关的外来异物。

3.2 理化指标

理化指标应符合表 1 的规定。

表 1 理化指标

项目		指标
氯化钠(以干基计)/(g/100 g)	≥	97
水不溶物/(g/100 g)		
普通盐	≤	0.4
精制盐	≤	0.1
硫酸盐(以 SO_4^{2-} 计)/(g/100 g)	≤	2
亚硝酸盐(以 $NaNO_2$ 计)/(mg/kg)	≤	2
总砷(以 As 计)/(mg/kg)	≤	0.5
铅(Pb)/(mg/kg)	≤	2
铜(Cu)/(mg/kg)	≤	2
镉(Cd)/(mg/kg)	≤	0.5
总汞(以 Hg 计)/(mg/kg)	≤	0.1

表 1（续）

项目		指标
钡(Ba)/(mg/kg)	≤	15
氟(F)/(mg/kg)	≤	2.5
碘(I)[a]		按 GB 14880 规定执行

a 仅适用于强化碘的食用盐。

4 食品添加剂和营养强化剂

4.1 食品添加剂和营养强化剂质量应符合相应的标准和有关规定。

4.2 食品添加剂和营养强化剂的品种和使用量应符合 GB 2760 和 GB 14880 的规定。

5 生产加工过程的卫生要求

应符合 GB 14881 的规定。

6 包装

包装容器和材料应符合相应的卫生标准和有关规定。

7 标识

定型包装的标识要求应符合有关规定。

8 贮存及运输

8.1 贮存

产品应贮存在干燥、通风良好的场所。不得与有毒、有害、有异味、易挥发、易腐蚀的物品同处贮存。

8.2 运输

运输产品时应避免日晒、雨淋。不得与有毒、有害、有异味或影响产品质量的物品混装运输。

9 检验方法

9.1 氯化钠、水不溶物、硫酸盐、总砷、铅、钡、氟、碘

按 GB/T 5009.42 规定的方法测定。

9.2 铜

按 GB/T 5009.13 规定的方法测定。

9.3 镉

按 GB/T 5009.15 规定的方法测定。

9.4 总汞

按 GB/T 5009.17 规定的方法测定。

9.5 亚硝酸盐

按 GB/T 5009.33 规定的方法测定。

GB 2721—2003《食用盐卫生标准》第1号修改单

本修改单业经国家标准化管理委员会于2004年7月21日以国标委农轻函[2004]43号文批准，自批准之日起实施。

GB 2721—2003《食用盐卫生标准》修改以下内容：

前言：

将"参照 Codex Stan 150—1985(Rev. 1—1997，Amend. 1—1999)《食用盐》修改了范围，增加了铜≤2 mg/kg，镉≤0.5 mg/kg，汞≤0.1 mg/kg，铅由≤1 mg/kg 修订为≤2 mg/kg；"修改为"参照 Codex Stan150—1985(Rev. 1—1997，Amend. 1—1999)《食用盐》修改了范围，铅由≤1 mg/kg 修订为≤2 mg/kg；"

删去"参照 GB 15198—1994《食品中亚硝酸盐限量卫生标准》，增加亚硝酸盐的指标；"

增加：将"氟(F)/(mg/kg)≤2.5"修改为"氟(F)按 GB 2760 规定执行；"

增加："删去水不溶物、硫酸盐、亚硝酸盐等指标。"

2 规范性引用文件：

删去"GB/T 5009.13 食品中铜的测定"、"GB/T 5009.15 食品中镉的测定"、"GB/T 5009.17 食品中总汞及有机汞的测定"、"GB/T 5009.33 食品中亚硝酸盐与硝酸盐的测定"。增加"GB 5461 食用盐"。

3.1 感官要求：

将"白色、味咸，无异味，无肉眼可见的与盐无关的外来异物"修改为"应符合 GB 5461 的规定。"

3.2 理化指标(表1)：

将"氯化钠(以干基计)/(g/100 g)≥97%"修改为"氯化钠按 GB 5461 规定执行"。

删去"水不溶物、硫酸盐、亚硝酸盐、铜、镉、总汞项目和指标"。

将"氟(F)/(mg/kg)≤2.5"修改为"氟(F)按 GB 2760 规定执行"。

修改后的表1 理化指标

项目		指标
氯化钠		按 GB 5461 规定执行
总砷(以 As 计)，mg/kg	≤	0.5
铅(Pb)，mg/kg	≤	2
钡(Ba)，mg/kg	≤	15
碘(I)[a]		按 GB 14880 规定执行
氟(F)[b]		按 GB 2760 规定执行

a 仅适用于强化碘的食用盐。

b 仅适用于强化氟的食用盐。

6 包装：

增加"不得用接触过亚硝酸盐等有毒、有害物质的材料和容器包装或盛放食用盐"。

8 贮存及运输：

8.1 将"不得与有毒、有害、有异味、易挥发、易腐蚀的物品同处贮存"修改为"不得与亚硝酸盐等有毒、有害、有异味、易挥发、易腐蚀的物品同处贮存"。

8.2 将"不得与有毒、有害、有异味或影响产品质量的物品混装运输"修改为"不得与亚硝酸盐等有毒、有害、有异味或影响产品质量的物品混装运输"。

9 检验方法：

将“9.1 氯化钠、水不溶物、硫酸盐、总砷、铅、钡、氟、碘按 GB/T 5009.42 规定的方法测定”修改为“9.1 总砷、铅、钡、氟、碘按 GB/T 5009.42 规定的方法测定”。

将“氯化钠的检验方法修改为“按 GB 5461 规定的方法测定”。

删去 9.2、9.3、9.4、9.5。

中华人民共和国国家标准

UDC 614.3
:628.5

酱 油 厂 卫 生 规 范

GB 8953—88

Hygienic specifications of soy sauce factory

1 主题内容与适用范围

本规范适用于采用酿造方法生产酱油的工厂。

2 术语

2.1 酿造酱油:将含蛋白质和淀粉质的原料,经制曲、发酵酿制而成的酱油。

2.2 菌种:经人工选育、培养,用于酿造酱油的微生物。

2.3 种曲:用于扩大培养,制造大曲的菌种。

2.4 蒸煮:在特定的温度和压力下,处理原料的过程。

3 原材料采购、运输、贮藏的卫生

3.1 采购

3.1.1 采购的原材料必须符合国家有关的食品卫生标准。

3.1.2 大豆、脱脂大豆、小麦、麸皮,必须符合 GB 2715《粮食卫生标准》的规定。

3.1.3 食盐:必须符合 GB 5461《食用盐》的规定。

3.1.4 食品添加剂:必须采用国家允许使用、定点厂生产的食用级食品添加剂。

3.2 运输

3.2.1 运送原材料的车辆、工具必须干燥、洁净,并有防雨、防污染措施。不得将原材料与有毒有害物品混装、混运。

3.2.2 必须使用无毒、易清洗的容器或包装袋(箱)盛装原材料。

3.3 贮藏

3.3.1 应使用专用仓库贮存原材料。库内应通风良好、干燥、洁净,并有防毒、防虫、防鼠措施。

3.3.2 堆放原材料不得过于密集;必须离地面、墙壁20 cm 以上。

3.3.3 各种原材料应分类贮存,定期测定水分、温度。严禁将原材料与非食品原料同库存放。

3.3.4 各种原材料应规定贮存期,先进先用。

4 工厂设计与设施的卫生

4.1 选址

酱油厂应建在交通方便,水源充足,无有害气体、烟雾、灰沙及其他危害食品安全卫生的物质的地区。

4.2 厂区和道路

厂区应绿化。厂区主要道路和进入厂区的道路应铺设适于车辆通行的坚硬路面(如混凝土或沥青路面)。路面应平坦,无积水。厂内应有良好的排水系统。新建或改建酱油厂必须有污水处理系统。排放的污

中华人民共和国卫生部1988-04-14批准　　1989-01-01实施

水必须符合国家环保要求。

4.3 厂房与设施

4.3.1 厂房与设施必须根据工艺流程合理布局，并便于卫生管理和清洗、消毒。

4.3.2 厂房与设施必须结构合理、坚固，经常维修、保养，保持良好状态。

4.3.3 厂房内必须设有防蚊蝇、防鼠、防烟雾、防灰尘等设施。

4.3.4 容易造成交叉污染的工序，应设隔离墙，或采取其他措施予以隔离，防止生产过程中交叉污染。原料库和其他物品库必须远离生产车间。

4.3.5 锅炉房应设在全年主风向下侧；必须设有消烟、除尘设备。排放的烟气必须符合国家标准。贮煤场地应远离生产车间。

4.4 生产车间

4.4.1 地面、楼面：应能防水、防渗漏、防滑、防腐蚀，无毒，易冲洗、消毒，并有适当的排水坡度。排水沟应为圆弧式的明沟。

4.4.2 墙壁：应能防水、防霉，光滑无毒，易冲洗、消毒。墙裙砌1.5 m以上的浅色瓷砖或相当的建材。顶角、地角、墙角呈弧形，便于清洗。

4.4.3 天花板：应能防潮、防水、防霉、防灰，表面涂层牢固。

4.4.4 门窗：应严密，采用不变形的材料制作。窗台须下斜45°，门口必须有防蚊蝇措施。

4.4.5 消毒设施：灌装和主要车间进口处必须设有低于地面10 cm左右的鞋靴消毒池。

4.4.6 通风设施：车间内必须安装通风设备，以保持车间内空气对流。有大量蒸汽、废气的蒸料间、制曲间、淋油间应安装足够能力的排气设备。

4.4.7 照明设施：蒸料间、制曲间、淋油间、成品灌装间的照明灯具应安装防护罩。

4.4.8 更衣室：车间内应设有与操作间隔离的更衣室。室内须设有冷、热水洗手和消毒设施。

4.5 废弃物临时存放设施

应在远离生产车间的适当地点设废弃物临时存放设施和酱渣临时存放场地；并采取有效措施，不得使废弃物和酱渣污染厂区。

4.6 厕所、淋浴室

厂内必须设有与生产人数相适应的水冲式厕所和淋浴室。厕所应远离操作间，地面应坚硬、平整，便于清洗、消毒；门窗须装有纱窗和自动关闭的纱门；内设不用手开关的洗手设施。

5 工厂的卫生管理

5.1 措施

5.1.1 工厂应根据本规范的要求，制订卫生实施细则。

5.1.2 工厂必须设置卫生管理机构，配备专职或兼职卫生管理人员，按规定的权限和责任，负责监督全体职工执行本规范。

5.2 维修、保养

厂房、设备、工器具、排水系统及其他机械设施必须保持良好状态，正常情况下每年至少进行一次全面检修，发现问题及时检修。

5.3 清洗消毒

5.3.1 为防止酱油受污染，所有设备、工器具应经常清洗；大曲室和种曲室须定期刷洗、消毒灭菌，防止种曲和大曲被杂菌污染。

5.3.2 每班工作结束后必须将地面、墙壁、排水沟清洗干净；室内的污水、废弃物要及时清除。

5.3.3 淋浴室、厕所必须经常清洗，定期消毒，保持清洁。

5.3.4 生产设备、工器具、操作台应经常清洗，必要时进行消毒；消毒后必须彻底冲洗干净，除去残留物。消毒灭蝇所用的药品不得有碍食品卫生。

5.4 废弃物处理

废弃物、垃圾、酱渣必须随时清理，并及时清除出厂。废弃物容器和废弃物存放场地应及时清洗、消毒。车间内禁止存放与生产无关的物品。厂房通道和周围场地不得堆放杂物。

5.5 厂区禁止饲养家禽、家畜。

5.6 厂内不得生产影响酱油卫生、质量的其他产品。

6 个人卫生与健康要求

6.1 卫生教育

工厂应对新参加工作及临时参加工作的人员进行卫生安全教育，定期对全厂职工进行“食品卫生法”、本规范及其他有关卫生规定的宣传教育，做到教育有计划，考核有标准，卫生培训制度化和规范化。

6.2 健康检查

6.2.1 酱油生产及有关人员每年至少进行一次健康检查，必要时接受临时检查。新参加或临时参加工作的生产和经营人员，必须经健康检查，取得健康合格证后方可工作。

6.2.2 工厂应建立职工健康档案。

6.3 健康要求

凡患有下列疾病之一者，不得从事酱油生产工作：

痢疾、伤寒、病毒性肝炎等消化道传染病（包括病源携带者）；

活动性肺结核；

化脓性或渗出性皮肤病；

其他有碍食品卫生的疾病。

6.4 个人卫生

6.4.1 生产人员应保持良好的个人卫生，勤洗澡，勤换衣，勤理发，不得留长指甲和涂指甲油。

6.4.2 生产人员不得将与生产无关的个人用品和饰物带入车间；进车间必须穿戴工作服、工作帽、工作鞋，头发不得外露，工作服必须经常洗换。

6.4.3 生产人员不得穿戴工作服、工作帽和工作鞋进入非生产场地。

6.4.4 生产人员进车间前必须洗手、消毒。

6.4.5 严禁一切人员在车间吃食物、吸烟、随地涕吐。

6.5 非生产人员进入车间必须遵守6.4.2的规定。

7 生产过程中的卫生

7.1 工艺卫生岗位责任制

各工序必须制订工艺卫生岗位责任制。

7.2 工艺布局

工艺布局必须合理。容易造成交叉污染的工序必须分开设置。

7.3 原料处理

7.3.1 投产前的原料必须经过严格检验；不合格的原料不得投产。

7.3.2 含蛋白质的原料必须经过蒸熟、冷却。应尽量缩短冷却和散凉时间。降至规定的温度时应立即接入种曲。投入制曲池。

7.4 菌种培养

7.4.1 必须选用蛋白酶活力强、不产毒、不变异的优良菌种。

7.4.2 菌种应定期筛选、纯化，必要时进行鉴定，防止杂菌污染、菌种退化和变异产毒。

7.4.3 菌种移接到试管或三角瓶中时，必须在无菌室或超净工作台中进行。无菌室或超净工作台必须定期消毒灭菌。无菌室内的一切用具、试管、三角瓶、接种针等必须严格消毒灭菌。

7.4.4 培菌人员的工作服、工作帽、工作鞋等必须严格清洗消毒；只允许在无菌室内穿用，不准带出室外。

7.4.5 种曲制造过程中应尽量减少杂菌污染。种曲室在投料前必须清扫干净，必要时进行消毒。

7.4.6 培养后的种曲应使其孢子数多、健壮、无污染；贮存在通风、干燥、低温、洁净的专用房间内，不得在露天场所贮存。

7.5 制曲

7.5.1 投料前必须将制曲车间清扫干净。

7.5.2 培养大曲时必须按工艺规定严格操作，要特别注意防止温度过高而引起杂菌污染。

7.5.3 出曲后应把曲池、地面清扫干净。

7.6 发酵

7.6.1 用于发酵的容器（池、罐、桶、缸）必须高出平面，防止清洗时污水流入容器内。容器上的涂料必须无毒。

7.6.2 保温发酵用水必须定期更换，发现异味时应及时更换。

7.6.3 贮油罐、冲盐池、盐水罐（槽）、淋浴池应经常清洗，不得留有沉淀物。

7.7 灭菌、沉淀

压榨或淋出的酱油必须先经加热灭菌，然后注入沉淀罐贮存沉淀，取其上清液罐装。灭菌后的酱油必须符合 GB 2717《酱油卫生标准》的规定。

7.8 包装

7.8.1 酱油包装容器（玻璃瓶、塑料瓶、塑料桶）必须选用无毒、无异味的材料制作，还应符合“食品卫生法”第四章的规定。

7.8.2 灌装前的酱油应贮存在专用容器内。贮存期间应定期检验。

7.8.3 包装容器使用前必须清洗、消毒，容器内不得有异物。

7.9 成品标志必须符合“食品卫生法”及 GB 7718《食品标签通用标准》规定的标签。

8 成品贮藏、运输的卫生

8.1 贮藏

8.1.1 成品库必须通风，干燥，定期清洗、消毒；并有防蝇、防鼠、防虫和防尘设施。

8.1.2 成品库不得贮存其他物品。

8.1.3 成品贮藏期间应定期抽样检验，确保成品安全卫生。

8.2 运输

运输成品必须使用专车，不得与其他物品混装混运。运输车辆必须有防雨、防污染措施，经常保持清洁，定期清扫（洗）。

9 卫生与质量检验管理

9.1 工厂必须制订完善的卫生、质量检验制度。

9.2 工厂必须设有与生产能力相适应的卫生、质量检验室，并配备经专业培训，考核合格的检验、化验人员。

9.3 检验室应具备检验、化验工作所需要的场所和仪器设备。

9.4 检验室应按照国家规定的检验方法（标准）抽样，做物理、化学、微生物等方面的检验。不符合标准的产品一律不得出厂。

9.5 各项检验记录保留3年，备查。

附加说明：

本规范由全国食品工业标准化技术委员会提出。

本规范由天津市调味品研究所负责起草。

本规范由卫生部委托卫生部食品卫生监督检验所负责解释。

中华人民共和国国家标准

UDC 614.3
:628.5

食 醋 厂 卫 生 规 范

GB 8954—88

Hygienic specifications of vinegar factory

1 主题内容与适用范围

本规范适用于以粮食为原料，以麦曲(大曲)、麸曲和酒药等各种菌种为糖化剂，采用固态法酿造食醋的工厂。

2 术语

2.1 粮食类原料：酿造食醋所用的糯米、大米、高粱、小米、薯干、麸皮、谷糠等。

2.2 调味品原料：白糖、盐、花椒、大料、茴香、桂皮等。

2.3 发酵剂：麦曲、麸曲、酒药等。

2.4 添加剂：安息香酸钠、酱色等。

3 原材料采购、运输、贮藏的卫生

3.1 采购

3.1.1 采购的原材料必须符合国家有关卫生标准和有关规定。

3.1.2 粮食类原料：必须采用干燥、无杂质、无污染的粮食，各项指标均符合GB 2715《粮食卫生标准》的规定。

3.1.3 调味品原料：必须采用纯净、无潮解、无杂质、无异杂味的调味品料。

3.1.4 发酵剂：必须符合生产工艺要求，无虫蛀、无霉变、无毒；选用的菌种必须经常进行纯化和鉴定。

3.2 运输

3.2.1 容器：必须采用无毒、耐腐蚀、易清洗、结构坚固的容器，并经常清洗、消毒。

3.2.2 运输工具：运输工具的材料、结构必须便于清洗、消毒，具有防雨、防污染措施，经常保持清洁、干燥。

3.2.3 搬运：搬运易损伤、易散包的原材料时必须轻装轻卸，不得与有毒、有害物品混装、混运。

3.3 贮藏

3.3.1 原材料应贮藏在清洁卫生、干燥通风并有防虫、防鼠、防雀设施的仓库内；不得与非食品同库存放。库房应经常清扫，定期消毒，保持清洁。

3.3.2 原材料应掌握先贮先用的原则，防止积压变质。

3.3.3 原材料贮藏期间应定期检查水分含量及温度变化情况，对局部发热、霉变的原材料必须及时进行筛选处理。

3.3.4 各种原料应分类堆放，码垛不宜过分密集，要离墙、离地。

4 工厂的设计与设施的卫生

4.1 选址

中华人民共和国卫生部1988-04-14批准　　1989-01-01实施

工厂必须设置在无有害气体、烟雾、灰尘和其他污染源的地区。

4.2 厂区和道路

厂区应绿化。厂区的主要道路和进入厂区的主要道路应铺设适于车辆通行的硬质路面(如混凝土或沥青路面)。路面应平坦,无积水。厂区应有足够的排水系统。

4.3 厂房与设施

4.3.1 厂房与设施的设计,要便于卫生管理,便于清扫、消毒;要按食醋生产工艺合理布局。

4.3.2 厂房与设施必须结构合理、坚固、完善,经常维修保养,保持良好状态。

4.3.3 厂房内必须有足够的加工场地,以保证生产正常进行。

4.3.4 厂房与设施必须严格防止蚊、蝇、鼠及其他害虫的进入和藏匿;应有防烟雾、防灰尘的有效措施。

4.3.5 容易造成交叉污染的工序,应设置隔墙或采取其他有效措施予以隔离,防止食品交叉污染。

4.3.6 食醋生产车间应符合以下要求:

4.3.6.1 地面、楼面:应能防水、防渗漏、防滑、防腐蚀,无毒,易冲洗、消毒;并应有适当的坡度(1～2%)和良好的排水系统,以保证排水畅通。

4.3.6.2 墙壁:应能防酸、防水、防潮、无毒,易冲洗;墙裙砌1.5 m以上浅色瓷砖或相当的建材;顶角、墙角、地角呈弧形,便于清洗。

4.3.6.3 天花板应能防潮、防雾、防灰,表面涂层不易脱落。

4.3.6.4 门窗:应严密,采用不变形的材料制作。成品灌装车间的门窗,应有易于清洗、更换的纱窗、纱门。内窗台须下斜45°或采用无窗台结构。

4.3.6.5 其他:楼梯、电梯、升降梯、平台及其他辅助装置,应避免引起食品污染,便于清洗、检修。

4.3.6.6 酒化、醋化等工序应有通风、降温、保暖设施,以满足工艺规程的需要。

4.3.7 职工生活区应与生产区隔离,并应间隔一定距离。

4.4 卫生设施

4.4.1 水质要求

4.4.1.1 生产用水:工厂应有足够的生产用水,水质必须符合GB 5749《生活饮用水卫生标准》的规定。如需配备贮水设施,应有防污染措施。

4.4.1.2 蒸汽用水:直接与原料、半成品和成品接触的蒸汽及其水源,不得含有危害人体健康或污染食品的物质。

4.4.1.3 非饮用水:非生产用冷水、制冷用水、消防用水、蒸汽用水等,必须用单独管道输送,决不能与生产(饮用)水系统交叉连接,并应有明显颜色区别。

4.4.2 废水、废气处理系统

食醋厂必须设有废水、废气处理系统。该系统应经常检查、维修,保持良好的工作状态。废水、废气的排放应符合国家环境保护要求。

4.4.3 更衣室、厕所和浴室等设施

4.4.3.1 食醋生产车间必须设有与生产人数相适应的并与生产车间相连接的更衣室。厂内厕所应远离生产车间,具有纱窗、纱门,设冲水装置和洗手设施。

4.4.3.2 食醋厂必须设有淋浴室。

4.4.4 生产车间的洗手设施

生产车间进口处和车间内的适当位置,必须设有不用手开关的洗手设施和供洗手用的清洗剂、消毒剂。洗手设施的废水管应经反水弯引入排水管中,废水不得外溢,防止污染车间环境。

4.4.5 成品灌装车间的消毒设施

食醋成品车间进口处必须设有鞋靴消毒池。车间内的适当位置应设有设备和工器具清洗消毒设施。这些设施应采用无毒、抗腐蚀、易清洗材料制作,并有充足冷热水源。

4.4.6 照明

车间内应有充足的自然和人工照明，亮度应满足各工作场所和操作人员的正常工作需要。吊灯必须装有安全防护罩。

4.4.7 通风装置

有大量蒸汽的加热工段，应装有足够能力的排风设备。

4.4.8 废弃物临时存放设施

应在生产车间25 m以外的适当地点，设置废弃物、副产品（醋渣）临时存放设施；采用便于清洗、消毒的材料制作；结构应严密，能防止害虫进入，避免废弃物污染原料、半成品、成品、饮用水、设备和道路。

4.5 设备和工器具

4.5.1 食醋生产车间使用的设备、工器具和容器必须采用无毒、无异味、耐腐蚀、易清洗的材料制作。表面应光滑，无凹坑、裂痕。所有输送食醋的管道必须耐腐蚀、无毒、无异味。

4.5.2 食醋生产车间内所有设备、工器具的结构和固定设备的安装位置都应便于彻底清洗、消毒。

4.5.3 发酵、灭菌、浓缩等设备必须安装温度计或自动温控仪，所有压力容器必须安装压力表。

4.6 供汽

加热、蒸料、浓缩、灭菌期间，应按工艺要求，保证有足够的蒸汽供应。

5 工厂的卫生管理

5.1 措施

工厂应根据本规范的要求制订卫生实施细则，配备足够的、经培训考核合格的卫生管理人员。各车间、班组应配备兼职卫生管理员。各级卫生管理人员按规定的权限和责任，负责监督全体人员执行本规范。

5.2 维修、保养

厂房、设备、其他机械设施以及给水、排水系统必须保持良好状态。正常情况下，每年至少一次全面检修，发现问题及时检修。

5.3 清洗、消毒

5.3.1 食醋生产车间的设备、工器具、操作台和菌种室应经常清洗。必要时进行消毒。

5.3.2 设备、工器具、操作台用洗涤剂或消毒剂处理后，必须用饮用水彻底清洗干净，除去其残留物后方可进行生产。

5.3.3 每天工作结束后或在必要时，必须彻底清洗生产场地、墙壁及排水沟，必要时消毒。

5.4 废弃物处理

5.4.1 厂房通道和周围场地不得堆放废弃物和杂物，应保持整洁。

5.4.2 食醋生产车间及其他工作场地的废弃物必须随时清除，并及时清理出厂。废弃物临时存放场地应及时清洗、消毒。

5.5 除虫灭害

5.5.1 厂区及厂区周围应定期除虫灭害，防止害虫孳生。

5.5.2 厂区或车间内使用杀虫剂时，应按卫生部门的规定采取妥善措施，不得污染食品；尽量避免污染设备和工器具。使用杀虫剂后应将被污染的设备和工器具彻底清洗，除去残留药剂后方可进行生产。

5.6 厂区禁止饲养家禽、家畜。

6 个人卫生和健康要求

6.1 卫生教育

工厂应对新参加工作及临时参加工作的人员进行卫生教育，定期对全厂职工进行“食品卫生法”、本规范及其他有关规定的宣传教育，作到教育有计划，考核有标准，卫生培训工作制度化和规范化。

6.2 健康检查

食醋生产人员和有关人员每年必须进行一次健康检查，必要时接受临时检查。新参加工作或临时参加工作的食醋生产人员必须经健康检查，取得健康合格证后方可参加工作。工厂应建立职工健康档案。

6.3 健康要求

凡患有痢疾、伤寒、病毒性肝炎等消化道传染病（包括病源携带者）、活动性肺结核、化脓性或渗出性皮肤病以及其他有碍食品卫生的疾病的人员，不得参加食醋生产。

6.4 洗手要求

成品灌装车间的操作人员在上班前、上厕所之后、处理被污染的原材料或从事与生产无关的活动之后，必须洗手、消毒。

6.5 个人卫生

6.5.1 食醋生产人员应保持良好的个人卫生，勤洗澡、勤理发，不得留长指甲和涂指甲油。

6.5.2 食醋生产人员进入生产车间时必须穿戴工作服、工作帽。成品灌装人员必须穿戴工作服、工作帽、工作鞋。工作服、工作帽应保持清洁；头发不得外露。

6.5.3 成品灌装车间人员不得穿戴工作服、工作帽、工作鞋进入与工作无关的场地。

6.5.4 食醋生产人员不得将与生产无关的个人用品和饰物带入车间。

6.5.5 严禁一切人员在车间内吃食物、吸烟和随地涕吐。

6.5.6 食醋生产人员原则上不准戴手套，但成品灌装车间接触玻璃瓶的操作人员可以戴手套。戴手套前必须洗手，手套应完好并经常清洗、消毒，防止成品污染。

6.6 非生产人员

非生产人员经获准进入生产车间时必须遵守本规范6.5.2的规定。

7 生产过程中的卫生

7.1 原料要求

7.1.1 投产前的原辅材料，必须符合本规范3.1的规定，不得使用被污染的原辅料。

7.1.2 投产前的原辅材料，必须经感官和理化检验，合格后才能投产。

7.2 防止交叉污染

7.2.1 在食醋生产过程中，必须将原料处理、半成品和成品工序分开，防止前后工序相互污染。

7.2.2 食醋生产人员调换工作岗位有可能导致食品污染时，必须更换工作服，洗手、消毒。

7.3 包装容器

7.3.1 容器的要求和检查

7.3.1.1 包装容器必须符合食品卫生的有关规定。

7.3.1.2 回收的包装容器应无异味、无毒。

7.3.1.3 各种包装容器必须按有关标准，严格检验才能使用。

7.3.1.4 容器应存放在通风、干燥、无尘、无污染源的仓库内。

7.3.2 容器的使用

7.3.2.1 容器只能灌装食醋，不得盛放其他物品，以免误入生产线，造成质量事故。

7.3.2.2 所有容器应轻拿轻放，避免碰撞。

7.3.2.3 在成品灌装车间只能存放当天使用的容器，清扫车间时，必须移去或遮盖好生产线上的容器，以免沾染。

7.3.2.4 灌装前的容器（瓶、桶）必须清洗干净，消毒灭菌。

7.3.2.5 灌装后的瓶口必须保持清洁。封口应严密，不得漏气、漏液。

7.3.2.6 封口后应将容器擦拭干净后再贴标签。容器上不得有醋迹和浆糊痕迹。

7.4 工艺过程记录

工艺过程中的各个工序必须详细记录，工艺过程中规定的关键因素（如灭菌时间和温度）必须有检查结果记录。各项记录保存三年，备查。

8 成品贮藏、运输的卫生

成品的贮藏与运输条件应符合国家标准或专业标准的规定，必须防止污染。贮藏期间应定期检查，保证质量。

9 卫生与质量检验管理

9.1 工厂必须设有与生产能力相适应的卫生、质量检验机构，并配备经专业培训、考核合格的检验人员。

9.2 检验机构应具备检验工作所需的检验室和仪器设备，并有健全的检验制度。

9.3 检验机构应按国家有关检验方法和标准进行物理、化学、微生物检验，凡不符合标准的产品一律不得出厂。

9.4 计量仪器和设备必须定期检定、维修，确保精度。

9.5 各项检验记录保存三年，备查。

附加说明：

本规范由全国食品工业标准化技术委员会提出。

本规范由江苏省镇江恒顺酱醋厂、江苏省食品卫生监督检验所等负责起草。

本规范主要起草人叶荷生、殷长立、胥卫君。

本规范由卫生部委托卫生部食品卫生监督检验所负责解释。

前　　言

八角、花椒、五香粉等香辛料类，是人民生活中非常重要的调味品，是烹饪佳肴不可缺少的佐料，但在收获、加工、储运过程中易被微生物污染，为提高其卫生质量，适应国际贸易交流的需要，特制定辐照香辛料类卫生标准。

本标准由中华人民共和国卫生部提出。

本标准由四川省食品卫生监督检验所负责起草，由四川省原子核应用技术研究所参加起草。

本标准主要起草人：毛朝明、廖华淳、陈其勋、何树森、辛又川。

本标准由卫生部委托技术归口单位中国预防医学科学院负责解释。

中华人民共和国国家标准

辐照香辛料类卫生标准

GB 14891.4—1997

Hygienic standard for irradiated dried spice

1 范围

本标准规定了辐照香辛料的技术要求、包装要求及检验方法。

本标准适用于以杀菌、防霉、提高卫生质量为目的经γ射线或电子束照射的香辛料。

2 引用标准

下列标准所包含的条文，通过在本标准中引用而构成为本标准的条文。本标准出版时，所示版本均为有效。所有标准都会被修订，使用本标准的各方应探讨使用下列标准最新版本的可能性。

GB 4789.1～4789.31—94　食品卫生检验方法　微生物学部分

GB 5009.3—85　食品中水分的测定方法

GB 7652—87　八角

3 技术要求

3.1 吸收剂量限制与照射要求

香辛料经^{60}Co或^{137}Csγ射线或电子加速器产生的低于10MeV电子束照射，平均吸收剂量不大于10kGy。要求照射均匀，剂量准确，其吸收剂量的不均匀度≤2.0。

3.2 感官指标

具有香辛料的正常色泽、气味和滋味，无异味、无虫蛀、无杂质。

3.3 理化指标

理化指标应符合表1的规定。

表1

项　目		指　标
水分，%	≤	13.5

3.4 微生物指标

微生物指标应符合表2的规定。

表2

项　目		指　标
菌落总数，个/g	≤	100
大肠菌群，MPN/100g	≤	30
霉菌计数，个/g	≤	100
致病菌(系指肠道致病菌和致病性球菌)		不得检出

中华人民共和国卫生部1997-06-16批准　　1998-01-01实施

4 包装要求

辐照香辛料的包装应选择食品包装用的塑料薄膜作内衬，外包装应用纸箱，纸箱需用防水胶带严格密封。标志上应注明“辐照香辛料”字样。最小外包装上统一粘贴辐照食品标志。

5 检验方法

5.1 水分按 GB 5009.3 规定执行。

5.2 微生物指标按 GB 4789.1～4789.31 规定执行。

五、工艺标准

前　　言

香料和调味品加工中易受微生物污染和昆虫为害,造成腐败变质。采用辐照杀菌技术,能有效地杀灭昆虫,控制微生物含量,延长保质期,并提高其卫生质量,控制食源性疾病。为了规范辐照工艺,确保本产品的辐照质量,特制定本标准。

本标准在技术内容上非等效采用国际食品辐照咨询小组(ICGFI)制定的《控制香辛料和其他蔬菜类调味品中病原菌和其他微生物的辐照工艺规范》(ICGFIDoc. No. 5. 1991)。

本标准由中华人民共和国农业部提出。

本标准起草单位:四川省原子核应用技术研究所。

本标准主要起草人:陈丽华、陈其勋、陈浩、谢宗传。

本标准由四川省原子核应用技术研究所负责解释。

中华人民共和国国家标准

香料和调味品辐照杀菌工艺

GB/T 18526.4—2001

Code of good irradiation practice for the control of pathogens and other microflora in spice and seasoning

1 范围

本标准规定了香料和调味品产品辐照杀菌的工艺要求。

本标准适用于香料和调味品的辐照杀菌。

2 引用标准

下列标准所包含的条文，通过在本标准中引用而构成为本标准的条文。本标准出版时，所示版本均为有效。所有标准都会被修订，使用本标准的各方应探讨使用下列标准最新版本的可能性。

GB 4789.2—1994 食品卫生微生物学检验 菌落总数测定

GB 4789.3—1994 食品卫生微生物学检验 大肠菌群测定

GB 4789.4—1994 食品卫生微生物学检验 沙门氏菌检验

GB 4789.5—1994 食品卫生微生物学检验 志贺氏菌检验

GB 4789.6—1994 食品卫生微生物学检验 致泻大肠埃希氏菌检验

GB 4789.10—1994 食品卫生微生物学检验 金黄色葡萄球菌检验

GB 4789.11—1994 食品卫生微生物学检验 溶血性链球菌检验

GB/T 18524—2001 食品辐照通用技术要求

3 定义

本标准采用下列定义。

3.1 香料 spice

具有挥发性并能用以配置各种食用香料的芳香性物质。可分为天然香料和人造香料两大类。

3.2 调味品 seasoning

用于加入食品中增加滋味的佐料。通常分为天然调味品和发酵调味品两大类。

3.3 最低有效剂量 minimum effective dose

为达到辐照目的所需工艺剂量的下限值。本标准中指达到香料或调味品杀菌目的的最低剂量。

3.4 最高耐受剂量 maximum tolerance dose

不影响被辐照产品质量的工艺剂量上限值。在本产品中指不影响香料或调味品食用品质的最高剂量。

4 辐照前要求

4.1 产品

香料和调味品水分含量必须≤13.5%。

中华人民共和国国家质量监督检验检疫总局2001-12-05批准 2002-03-01实施

4.2 包装

包装材料必须选用食品级、耐辐照、保护性材料，密封包装。外包装用瓦楞纸箱、胶带密封、防潮。

4.3 前处理

本产品辐照前应进行微生物测定，其检验方法按照 GB 4789.2、GB 4789.3、GB 4789.4、GB 4789.5、GB 4789.6、GB 4789.10、GB 4789.11 执行。

5 辐照

5.1 辐照装置和管理

按照 GB/T 18524—2001 中第 4 章的规定执行。

5.2 工艺剂量

本产品含菌量＜1×10^6 个/g，最低有效剂量为 4.0 kGy；含菌量＜1×10^7 个/g，最低有效剂量为 6.0 kGy。最高耐受剂量为 10.0 kGy。

6 辐照后要求

6.1 检验

辐照后的香料和调味品应进行微生物检验并留样备查。

6.2 贮运

辐照后的香料和调味品应符合食品贮藏和运输条件要求，不应造成二次污染。

7 辐照后产品的质量指标

7.1 感官指标

具有香料和调味品的正常色泽、气味和滋味、无异味、无蛀虫、无杂质。

7.2 微生物指标(见表 1)

表 1

项　目		指　标
菌落总数，个/g	≤	1.5×10^4
大肠菌群，MPN/100 g	≤	50
致病菌(肠道致病菌和致病性球菌)		不得检出

8 标识

按 GB/T 18524—2001 中第 8 章的规定执行。

9 重复照射

按 GB/T 18524—2001 中第 7 章的规定执行，香料和调味品可重复照射，但累积剂量不得超过 10 kGy。

中华人民共和国商业行业标准

老陈醋酿制工艺规程

Processing procedure of brewing ripened vinegar

SB/T 10305—1999

代替 ZB X 60003—86

本规程适用于以高粱为主要原料,以大曲为发酵剂,采有固态醋酸发酵,经陈酿的制醋工艺。

1 工艺流程

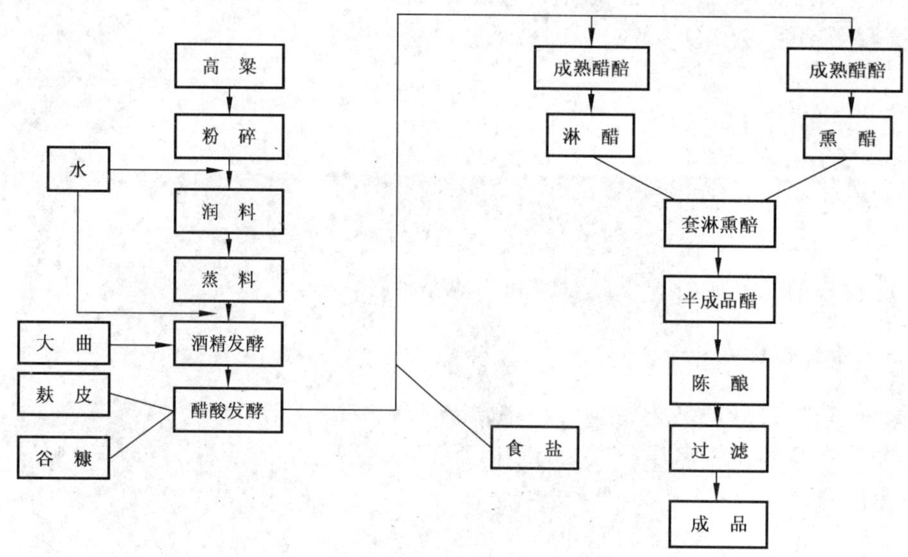

2 原辅料

2.1 原料

高粱:应符合 GB 2715《粮食卫生标准》规定。

2.2 发酵剂

大曲(见附录 A)。

2.3 辅料

2.3.1 麸皮:应符合 GB 2715 规定。

2.3.2 谷糠:要求不霉烂变质,杂质少。

2.3.3 食盐:应符合 GB 5461《食用盐》的规定。

2.4 水

水应符合 GB 5749《生活饮用水卫生标准》规定。

3 制作方法

3.1 原料处理

3.1.1 粉碎:将高粱粒粉碎为 6 瓣~8 瓣。要求无完整粒存在,细粉不超过四分之一。

国家国内贸易局 1999-04-15 批准　　　　1999-04-15 实施

3.1.2 润料：粉碎的高粱用水润胀，加水量为1：0.55～0.6，拌匀堆放，润料时间依据气温、水温条件，一般掌握在6h～8h。

3.1.3 蒸料：常压蒸料1.5h～2h，停蒸后焖料15min以上。要求蒸熟、蒸透，无夹生心，不沾手为宜。

3.1.4 浸焖：以生原料计加水量为1：2，水温80℃以上，浸焖至呈稀粥状。

3.2 酒精发酵

3.2.1 制酒醪：将冷却至35℃以下的稀粥状料均匀拌加大曲（要预先粉碎），以生原料计加大曲量为1：0.4～0.6，继续翻拌均匀，再以生原料计加水为1：0.5～0.6，制成稀态酒醪，要求品温25℃以下。

3.2.2 前发酵：每天搅拌酒醪两次，发酵时间约3天，品温升至28℃～30℃时，前发酵完成。

3.2.3 后发酵：密封酒醪，品温下降，在品温不高于24℃的条件下，发酵12 d～15 d。

3.2.4 成熟酒醪质量要求：呈黄色，醪汁澄清；酒精含量（以容量计）5%以上；总酸（以醋酸计）含量不超过2g/100mL。

3.3 醋酸发酵

3.3.1 拌醋醅：把成熟酒醪搅拌均匀，以生原料计拌入麸皮、谷糠之比为1：0.5～0.7：0.8～1，继续拌匀制成醋醅。要求醅水分含量为60%～65%；酒精含量4 mL/100g～5 mL/100g。

3.3.2 接种醅：取经醋酸发酵3 d～4 d，发酵旺盛的优良醋醅为种醅。按5%～10%的接种量接入醋醅中，一般是将种醅埋放于醋醅的中上部。

3.3.3 发酵：接种后经24h，醅的上层品温可达38℃以上，开始翻醅，以后每天要翻醅一次。一般发酵3 d～4 d，上层品温达到43℃左右，6 d～7 d后品温逐渐下降，当醋汁总酸不再上升时，加入食盐（以生原料计）为4%～5%。一般发酵总时间为8 d～9 d。

3.4 熏醅

取成熟醋醅总量的30%～50%，装入熏制容器内，用间接火加热，每天倒缸一次，品温掌握在70℃～80℃，熏制4 d～5 d。

3.5 淋醋

采用循环套淋法淋醋。

a）使用二淋醋浸泡成熟醋酪，淋取一淋醋。

b）用煮沸的一淋醋浸泡熏醅，淋取半成品醋。

c）用水浸泡已取半成品醋的醋醅和熏醅，淋取二、三淋醋备循环套淋使用。

d）要求淋取的半成品醋，总酸（以醋酸计）含量不低于5.5 g/100mL；浓度7°Bé以上。

3.6 陈酿

a）半成品醋输入容器。

b）露晒九个月以上。

c）过滤去除杂质。

d）取澄清后的醋按质量要求配兑。

e）检验合格即可包装为成品。

附 录 A
大 曲 的 制 作
（补充件）

A.1 原料及原料处理

A.1.1 原料

A.1.1.1 大麦:应符合 GB 2715 标准规定。

A.1.1.2 碗豆:应符合 GB 2715 标准规定。

A.1.2 原料处理

按大麦 70%与碗豆 30%配料,混合后粉碎。要求粗粉(粉粒直径 1mm 以上)占 40%～45%。

A.2 制曲坯

原料加水为 1∶0.5～0.55,分批混合均匀,制成曲坯,每块坯重约 3.5 kg。要求曲坯表面平滑,内部坚实,厚薄一致。

A.3 制曲管理

A.3.1 曲坯入房:把制成的曲坯搬入室温 25℃左右的曲房内,地面先铺垫一层谷糠,曲坯立放,间距 1 cm～2 cm、行距 3 cm～4 cm;再码放曲坯一层,层间用苇杆架隔,间距、行距同一层。用苇席 1 层～2 层覆盖坯垛,并在苇席上喷洒清水,使其潮湿。

A.3.2 上霉:关闭曲房门窗,让曲坯自然升温,当坯表面均匀生长有白色小菌落时,上霉完成。上霉时间约需 48 h～72 h。

A.3.3 凉霉:打开曲房门窗,揭开苇席,经 12 h 左右,将曲坯翻码为三层,间距扩大为 3 cm～4 cm,品温要求不超过 33℃;再经 12 h 左右,当品温升至 36℃～37℃,将曲坯翻码为四层,间距扩大为 5 cm 左右,以后经 24 h 曲坯翻码一次。凉霉时间约 48 h～72 h。

A.3.4 起潮火:关闭曲房门窗,品温自然上升。用开、闭门窗,翻码曲坯,扩大间距,增加码层等方法,控制品温在 38℃～47℃,时间 4 d 左右。

A.3.5 大火:每 1 d～2 d 翻码曲坯一次,间距 10 cm 以上,掌握品温 30℃～48℃,时间 7 d～8 d。

A.3.6 后火:大火后,品温逐渐下降,当降至 36℃～37℃时,翻码曲坯一次,间距缩小至 5 cm 左右,经 3 d 左右,品温降至 32℃～33℃。

A.3.7 养曲:翻码曲坯,间距缩小至 3.5 cm,品温掌握在 28℃～30℃,室温在 30℃～32℃,时间约 2 d～3 d。

A.3.8 成曲储存:打开门窗,经 3 d～5 d 凉曲后,移入干燥、阴凉、通风的库房内储存,成曲间距 1 cm 以上,码层不超过六层。

A.4 成曲质量要求

a) 具有大曲特有气味,无生心。

b) 总酸(以醋酸计)含量不超过 0.5%。

c) 水分含量不高于 15%。

附 录 B
名 词 术 语
（参考件）

B.1 上霉

指在曲坯表面，因霉菌生长繁殖而长出霉点。与“发霉”、“长霉”词意相近。

B.2 凉霉

指在降温、排潮下，曲坯表面霉点受凉并定形。

B.3 起潮火

“潮”指湿度大，“火”指温度高。

指微生物大量生长繁殖，使曲坯排放的水气最多，品温很高的阶段。

B.4 大火

指微生物继续生长繁殖，使曲坯品温达到最高峰的阶段。

B.5 后火

指微生物生长繁殖减慢，曲坯品温逐渐下降的阶段。

附加说明：

本规程由国家国内贸易局提出。

本规程由山西省商业科学研究所副食品公司负责起草。

本标准主要起草人郑奕敬。

中华人民共和国商业行业标准

香醋酿制工艺规程

Processing procedure of brewing flavoured vinegar

SB/T 10306—1999

代替 ZB X 60004—86

本规程适用于以籼糯米或粳糯米为主要原料，采用小曲、麦曲为发酵剂，经糖化、酒精发酵及固态分层醋酸发酵，陈酿而成的制醋工艺。

1 工艺流程

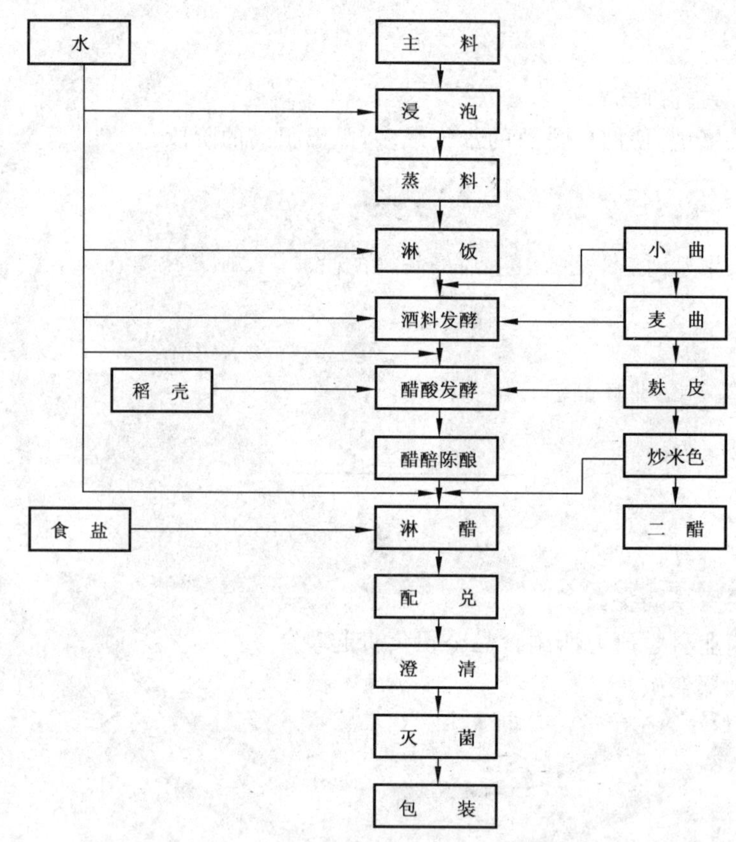

2 原料要求

2.1 主料

籼糯米或粳糯米，应符合 GB 1354《大米》质量标准规定。

2.2 辅料

2.2.1 麸皮：应符合 GB 2715《粮食卫生标准》规定。

2.2.2 稻壳：新鲜，杂质少，无异味。

2.2.3 水：应符合 GB 5749《生活饮用水卫生标准》规定。

国家国内贸易局 1999-04-15 批准　　　　1999-04-15 实施

2.2.4 小曲：可使用苏州酒药厂或常州市豆制品厂的产品。

2.2.5 麦曲：见附录A。

2.2.6 食盐：应符合GB 5461《食盐》质量标准规定。

2.2.7 炒米色：见附录B。

2.2.8 食糖：应符合GB 317《白砂糖》质量标准规定。

3 制作方法

3.1 浸泡

a）用水浸泡主料，需15 h～24 h，冬长夏短，浸透为止。要求米粒膨胀，内无硬心。

b）浸泡后用清水冲洗至水不浑浊，再沥干。

3.2 蒸料

将沥干后的米在容器中蒸熟。要求饭粒松软，内无生心，不成糊状。

3.3 淋饭

用凉水迅速浇淋刚蒸熟的米饭，要求冬季降至30℃，夏季降至25℃。

3.4 酒精发酵

3.4.1 前发酵

a）发酵室应利于打扫，便于温度管理，需定期灭菌。

b）将冷却的米饭中余水沥尽，均匀拌上粉碎的小曲（小曲：主料＝0.4：100），放入发酵容器，中心成V型，再将容器口盖好，进行发酵，控制品温28℃～30℃。

c）三天后有汁液渗出，饭粒浮起，并产生气泡。要求汁液糖分（以还原糖汁）30 g/100mL～35 g/100mL酒精含量（以容量计）4％～5％。

3.4.2 后发酵

a）拌小曲3 d～4 d后，加水稀释糖液，使固态发酵转为液态发酵；加麦曲，促进糖化、酒精发酵。

b）以主料计，水量：麦曲量：主料＝140：6：100。

c）添加时拌和均匀。24 h后搅拌，以后每天搅拌1次～2次，控制品温不超过30℃。第4天进行静置发酵，品温应下降，10 d左右，后发酵结束，制得酒醪。要求酒汁酒精含量（以容量计）10％～14％；总酸（以醋酸计）0.4/100mL以下。

3.5 醋酸发酵

3.5.1 接种制醅

发酵室应打扫干净，发酵容器洗净，并根据发酵容器的容积来投料。

a）配比（主料为100）：

麸皮165，发酵活力旺盛醋醅2，稻壳80，水100左右。

b）操作：将酒醪麸皮均匀拌和，接发酵活力旺盛醋醅作为菌种，用适当稻壳和水拌匀，堆置好，再盖上一层稻壳，以扩大培养醋酸菌。

c）要求醅疏松，控制品温36℃左右。

3.5.2 分层翻醅

a）3 d～5 d，上层品温达36℃左右，取出的醋醅有正常醋味，即可进行第一次翻醅。

b）以后每隔24 h向下翻一层醅，翻醅时适当添加稻壳和水，5次～10次后，翻至容器底部。

3.5.3 露底翻醅

a）每天将醋醅翻一遍，使底部醋醅置于顶部，控制品温不超过45℃，若品温过高，可将上部醅拍实压紧，七天后，品温逐步下降，醋酸发酵结束。

b）要求醋坯呈棕红色，醋汁澄清，醋汁酒精含量（以容量计）小于0.3％；醋醅总酸（以醋酸计）夏季为4.0％以上，冬季为4.4％以上。

3.6 醋醅陈酿

3.6.1 密封

陈酿容器及工具洗净擦干，将成熟醋醅放入陈酿容器中拍实、压紧，进行密封。

3.6.2 倒醅

a）7天后将密封处小心打开，移醋醅至另一容器，再重新密封住。

b）要求密封陈酿30 d以上，在此期间内，封顶不漏气，倒醅时不得出现内热外霉团块，不出现醋酸被氧化的现象，无不良气味。

3.7 淋醋

a）淋醋容器要清洁，铺有便于过滤的假底，并洗净。

b）将陈酿好的醋醅落入假底上，加食盐和炒米色（用量可根据各地要求决定），用二醋浸泡24 h，放出头醋；再用三醋浸泡，得二醋；最后用饮用水浸泡，得三醋。

c）要求假底不漏渣，保持醋醅疏松，醋渣总酸（以醋酸计）小于0.5%。

3.8 配兑

将头醋中加入食糖或其他调味料。

3.9 澄清

在沉淀设备中进行沉淀，除去絮状物。

3.10 灭菌

在防酸容器中加热煮沸，除去悬浮物，趁热密封，贮存。

3.11 包装

a）产品符合标准方可包装。

b）各种包装容器必须符合《中华人民共和国食品卫生法》要求，使用前对包装容器严格清洗灭菌。

附 录 A
麦 曲 制 备
（补充件）

A.1 原料

大麦、小麦、豌豆：应符合 GB 2715 规定。

A.2 原料配比

大麦 30、小麦 60、豌豆 10，水 40 左右。

A.3 制坯

a）将大麦、小麦、豌豆粉碎，每粒分成（4～6）瓣，混合均匀，加水揉之，制成坯。

b）坯的规格：长×宽×高＝30cm×15cm×4cm。

A.4 制曲

A.4.1 操作

a）曲室应利于打扫，便于温度管理，需定期灭菌。

b）控制曲室温度 28℃～30℃，将坯堆置 6～8 层，层与层之间用麦秸隔开，四周和顶部遮盖保温。

c）经 60h～70h，品温达 36℃～38℃，坯上有白色斑点出现，开始第一次翻曲，将上层坯移至下层，24 h 后，坯上有白毛出现，进行第二次翻曲，以后每隔 24 h 翻一次，共翻 4 次～5 次，控制品温 38℃～40℃，总共 8 天左右，制曲完成。

d）接着品温下降至室温，可将坯在通风干燥条件下堆置 3 个月以上，即成麦曲。

A.4.2 质量要求

表面呈灰白色，疏松，有清香气，剖开呈淡黄色。

附 录 B
炒 米 色 制 备
（补充件）

B.1 原料

粳米：应符合 GB 2715 规定。

B.2 制作方法

将铁锅置火上，倾斜成 35°，原料放入，不停地炒拌，米由白色逐渐变黄，再转黑，触之发粘，成团块，迅速倾入沸水中（水量为米的 2 倍），煮沸，搅拌 20min，冷却，即成炒米色。

B.3 质量要求

深褐色：有光泽，有焦香气，微苦。

附加说明：
本标准由国家国内贸易局提出。
本标准由南京市酿造公司起草。
本标准主要起草人谢韩。

中华人民共和国商业行业标准

液态深层发酵酿醋工艺规程

Processing procedure of vinegar with liquid process of submerged fermentation

SB/T 10307—1999

代替 ZB X 60005—86

本规程以商业部一九七八年组织选优设计的成套设备为基础，适用以谷类、薯类为主要原料，在液态通风条件下进行醋酸发酵的酿醋工艺。

其他类似装置，也可参照本规程。

1 工艺流程

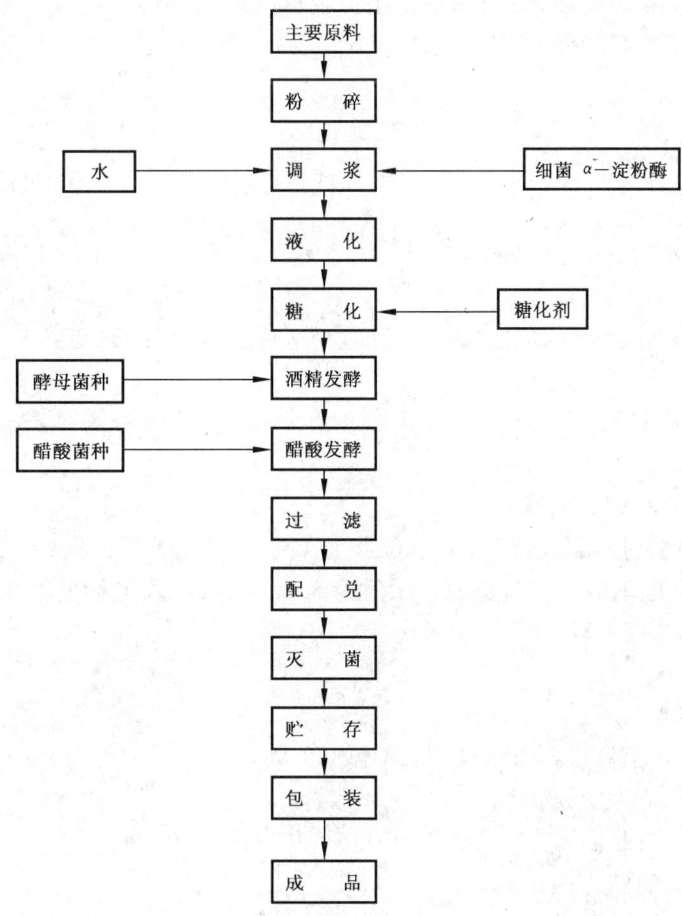

国家国内贸易局 1999-04-15 批准　　　　1999-04-15 实施

2　原料

2.1　主要原料

2.1.1　谷类原料

a）高粱:应符合 GB 2715《粮食卫生标准》的规定。

b）大米:应符合 GB 2715 的规定。

c）小米:应符合 GB 2715 的规定。

d）玉米:应符合 GB 2715 的规定。

2.1.2　薯类原料

a）甘薯干:应符合 GB 2715 的规定。

b）马铃薯干:应符合 GB 2715 的规定。

2.2　其他原料

a）水:应符合 GB 5749《生活饮用水卫生标准》的规定。

b）碳酸钠:应符合 GB 2760《食品添加剂使用卫生标准》的规定。

c）氯化钙:应符合 GB 2760 的规定。

3　制作方法

3.1　主要原料的粉碎

3.1.1　干法粉碎

主要原料经清杂后粉碎,细度要求 60 目以上。

3.1.2　湿法粉碎

主要原料经清杂后用水浸泡,加水比为 1∶1.5,浸泡后磨成粉浆,细度要求 50 目以上。

3.2　调浆

调浆是主料与其他原料的混合过程。

a）先在调浆池内加水。

b）开动搅拌器,加入粉碎后的原料。

c）加入细菌 α-淀粉酶,使用量为(5～6)单位/g 原料。

d）用 10%浓度的碳酸钠溶液调节粉浆 pH 值为 6.2～6.4,加入主料重量 0.1%的氯化钙。

e）调节粉浆浓度为 16°Bé 以上。

3.3　液化

3.3.1　采用升温液化法

a）在液化罐内加底水至浸没蒸气喷嘴,升温至 85℃左右。

b）开动搅拌器,转入粉浆,保持品温 85℃～90℃。

c）粉浆转送完毕,保持品温 85℃～90℃ 10 min～30 min。

d）升温煮沸 10 min 后转入糖化罐。

3.3.2　液化醪质量要求

a）pH 值为 5.8～6.0。

b）与碘液反应呈浅红色或棕黄色。

3.4　糖化

糖化剂可采用糖化酶制剂或麸曲、液体曲。

3.4.1　操作方法和工艺条件

a）将液化醪冷却至 60℃～62℃加入糖化剂,糖化剂的使用量为 120 单位/g 原料。

b）保持品温 60℃左右,糖化 30min 以上。

c）将糖化醪加水，调至粉浆比水为1：5～6。

d）继续冷却至30℃左右转入酒精发酵罐。

3.4.2 糖化醪的质量要求

a）外观糖度（13～15）°Bx。

b）还原糖3.5g/100mL左右。

c）总酸（以醋酸计）含量0.3g/100mL左右。

3.5 酒精发酵

3.5.1 酵母菌种制备见附录A。

3.5.2 操作方法和工艺条件

a）发酵前，应将发酵罐及其通向酵母菌种培养设备的管道用蒸汽灭菌。

b）将处于繁殖旺盛期的酵母菌种按10%的接种量加入酒精发酵罐的糖化醪内，使之混和均匀，然后定容至85%～90%。

c）发酵中应控制品温在30℃～34℃，发酵60 h～72 h。

d）发酵24 h后，应定时检测发酵醪中的酒精含量和外观糖度。

3.5.3 酒精发酵醪质量要求

a）酒精含量（以容量计）6%以上。

b）外观糖度0.5°Bx以下。

c）总酸（以醋酸计）含量0.5g/100mL左右。

3.6 醋酸发酵

3.6.1 醋酸菌种制备见附录B。

3.6.2 发酵方法和工艺条件。

3.6.2.1 一次性发酵法：是指酒精发酵醪经醋酸发酵成熟后全部取出的方法。

3.6.2.2 分割取醋发酵法：是指在一次性发酵成熟时取出发酵醪总体积的1/3～1/2，再加入同体积的酒精发酵醪继续进行发酵，并反复进行多次的方法。

3.6.2.3 操作方法和工艺条件

a）发酵前，应先将空气净化系统和发酵罐管道灭菌。

b）自发酵罐转入酒精发酵醪，并于30℃左右按酒精发酵醪体积的10%接入醋酸菌种，然后定容至80%。

c）发酵前期24 h内，通风量控制在通入空气体积比发酵醪体积为每分钟0.07：1，24 h后升至每分钟0.1：1至发酵结束。

d）发酵温度控制在30℃～33℃之间。

e）发酵过程中应定时测定发酵醪中酒精和总酸含量，并随时根据其变化情况增加测定次数。

f）当发酵醪中的酒精含量（以容量计）降至0.3%左右或总酸不再上升即为发酵成熟。这时，可采用一次性发酵法取出全部醋酸发酵醪。也可采用分割取醋发酵法，取出部分醋酸发酵醪，并立即加入同体积的酒精发酵醪继续发酵。一次性发酵法的发酵时间约为60 h左右。分割取醋发酵法每隔20 h～30 h，可取醋一次。但当菌种老化、生酸速度缓慢时，应及时更换新鲜菌种。

3.6.3 醋酸发酵醪质量要求

a）总酸（以醋酸计）含量6 g/100mL以上。

b）酒精含量（以容量计）0.3%左右。

3.7 过滤

以压缩空气或耐腐蚀泵将醋酸发酵醪压入板框压滤机过滤。

a）洗净滤布，挑选无破损者在压滤机上压紧。

b）用压缩空气或泵将醋酸发酵醪从贮罐中转入压滤机内缓慢升压。

c）检查各滤嘴流出的滤液，有混浊者关闭滤嘴。

d）收集滤出的清液于贮池中备用，除去滤渣。

3.8　配兑

a）测定滤液成分，按《酱油、食醋、酱类的检验方法》规定执行。

b）按产品质量标准的要求配兑。

3.9　灭菌

以蒸汽为热源，通过列管式或板式热交换器进行。

a）将产品从配兑池中转入换热器，同时向换热器通入蒸汽，保持品温在换热器出口处达到70℃以上。

b）也可采用其他方法，但必须达到产品灭菌的目的。

3.10　贮存

a）灭菌后的产品须经沉淀，才能转入贮存罐。

b）要求陈酿贮存期一个月以上。

3.11　包装

a）产品符合标准后方可包装。

b）各种包装容器的材料必须符合《中华人民共和国食品卫生法》的要求，使用前应对包装容器严格清洗消毒。

附 录 A
酵母菌种制备
（补充件）

A.1 菌种

目前生产上常用的菌种为酿酒酵母 AS2.109IFFI1300、IFFI1308 和 K 氏酵母等菌株。

A.2 制作方法

酵母菌种在扩大培养过程中的扩大级数和设备容量，应根据生产规模大小确定。本规程为四级扩大培养。

A.2.1 斜面试管菌种培养

A.2.1.1 原菌

生产中使用的原始菌种应当是经过纯种分离的优良菌种，保藏时间较长的原菌，投产前应接入无菌斜面试管活化。

A.2.1.2 培养基配制

A.2.1.2.1 配方

米曲汁(11～13)°Bx100mL

琼脂 2g～2.5g

A.2.1.2.2 制作

配制的培养基以 9.8×10^4Pa(1kgf/cm^2)蒸汽灭菌30min后摆成斜面，凝固后于30℃空白培养 2 d～3 d。

A.2.1.3 培养

将活化后的酵母菌在无菌条件下接入无菌斜面试管，于 28℃～30℃保温培养 3 d～4 d，待斜面上长出白色菌台、即为培养成熟。

A.2.2 一级菌种培养

取(11～13)°Bx 米曲汁置于 250mL 锥形瓶中，装量为 30%～50%，以 9.8×10^4Pa 蒸汽孔菌 30min，冷却至 30℃左右，在无菌条件下接入斜面试管菌种，保温 30℃，静置培养 15 h～20 h。

A.2.3 二级菌种培养

取(11～13)°Bx 米曲汁置于 1 000 mL 锥形瓶中，装量为 50%～80%，以 9.8×10^4Pa 蒸汽灭菌 30 min，冷却至 30℃左右，按 10%接种量接种，保温 30℃，培养 10 h～12 h。

A.2.4 三级菌种培养

取含还原糖 6%～7%，外观糖度(11～13)°Bx 的糖化醪，定容至培养罐总体积的 70%，调整品温 30℃左右，按 10%的接种量接种，保温 30℃培养 8 h～12 h。

A.2.5 四级菌种培养同 A.2.4

A.3 三、四级成熟菌种质量要求(见表 A1)

表 A1

项目		指标	
		三级菌种	四级菌种
细胞数，个/mL	≥	8×10^7	8×10^7
出芽率，%	≥	20	20
死亡率，%	≤	2	2
总酸(以醋酸计)，g/100mL	≤	0.4	0.5

附　录　B
醋酸菌种制备
（补充件）

B.1　菌种

目前生产上常用的菌种为 AS1.41 和沪酿 1.01。

B.2　制作方法

醋酸菌种在扩大培养过程中的扩大级数和设备容量应根据生产规模大小确定，本规程为四级扩大培养。

B.2.1　斜面试管菌种培养

B.2.1.1　原菌

生产中使用的原始菌种应当是经过纯种分离的优良菌种，保藏时间较长的原菌，投产前应接入无菌斜面试管活化。

B.2.1.2　培养基配制

B.2.1.2.1　配方

水	100mL
食用酒精	2mL～4mL
葡萄糖	0.3g
酵母膏	1g
碳酸钙	1g
琼脂	2g～2.5g

B.2.1.2.2　制作

碳酸钙以 165℃干热灭菌 30min 后备用。配制的培养基以 9.8×10^4 Pa 蒸汽灭菌 30min，然后在无菌条件下加入碳酸钙和食用酒精，摆成斜面，凝固后于 30℃空白培养 2 d～3 d。

B.2.1.3　培养

将活化后的醋酸菌在无菌条件下接入无菌斜面试管，保温 30℃培养 2 d，置 0℃～4℃冰箱保存备用。

B.2.2　一级菌种培养

B.2.2.1　培养基配制

B.2.2.1.1　配方

水	100mL
食用酒精	3mL～4mL
葡萄糖	1g
酵母膏	0.5g

B.2.2.1.2　制作

将配制的培养基置于锥形瓶中，装量为 15%～20%，以 9.8×10^4 Pa 蒸汽灭菌 30 min，冷却后在无菌条件下加入食用酒精。

B.2.2.2　培养

a）将活化后的醋酸菌斜面试管在无菌条件下接入锥形瓶中。

b）接种后置于摇瓶机上震荡培养，摇瓶机振幅 10 cm，振次 90/min。

c）品温控制在30℃～32℃。

d）培养时间24 h。

B.2.3 二级菌种培养

B.2.3.1 培养基配制同B.2.2.1。

B.2.3.2 培养

a）在无菌条件下接种，接种量10%。

b）培养同B.2.2.2。

B.2.4 三级菌种培养

B.2.4.1 培养基采用酒精含量（以容量计）为3%～5%的酒精发酵醪，调整品温至30℃左右。

B.2.4.2 培养

a）接种量10%。

b）通风体积比培养液体积为每分钟0.1∶1。

c）培养温度30℃～33℃。

d）培养时间24 h左右。

B.2.5 四级菌种培养同B.2.4。

B.3 **三、四级菌种成熟质量要求**（见表B1）

表B1

项目	指标
性状	镜检菌体形态正常，无异、臭味
总酸（以醋酸计），g/100mL	1.5～1.8

附加说明：

本标准由国家国内贸易局提出。

本标准由上海酿造科学研究所、石家庄市副食一厂起草。

本标准主要起草人黄仲华、张林。

中华人民共和国商业行业标准

低盐固态发酵酱油酿造工艺规程

SB/T 10311—1999
代替 ZB X 66021—87

Technical regulations of soy sauce with low-salt and solid state fermentation

本标准适用于以脱脂大豆、麸皮为主要原料采用低盐（酱醅含盐量为7%左右）固态（酱醅水分50%～58%）方法酿造酱油的工艺。

1 原料要求

1.1 脱脂大豆

应符合 GB 1352《大豆》及 GB 2715《粮食卫生标准》之规定。

1.2 麸皮

应符合 GB 2715 之规定。

1.3 水

生产用水应符合 GB 5749《生活饮用水卫生标准》之规定。

1.4 食盐

应符合 GB 5461《食用盐》之规定。

1.5 食品添加剂

应符合 GB 2760《食品添加剂使用卫生标准》。

2 工艺流程

国家国内贸易局 1999-04-15 批准　　1999-04-15 实施

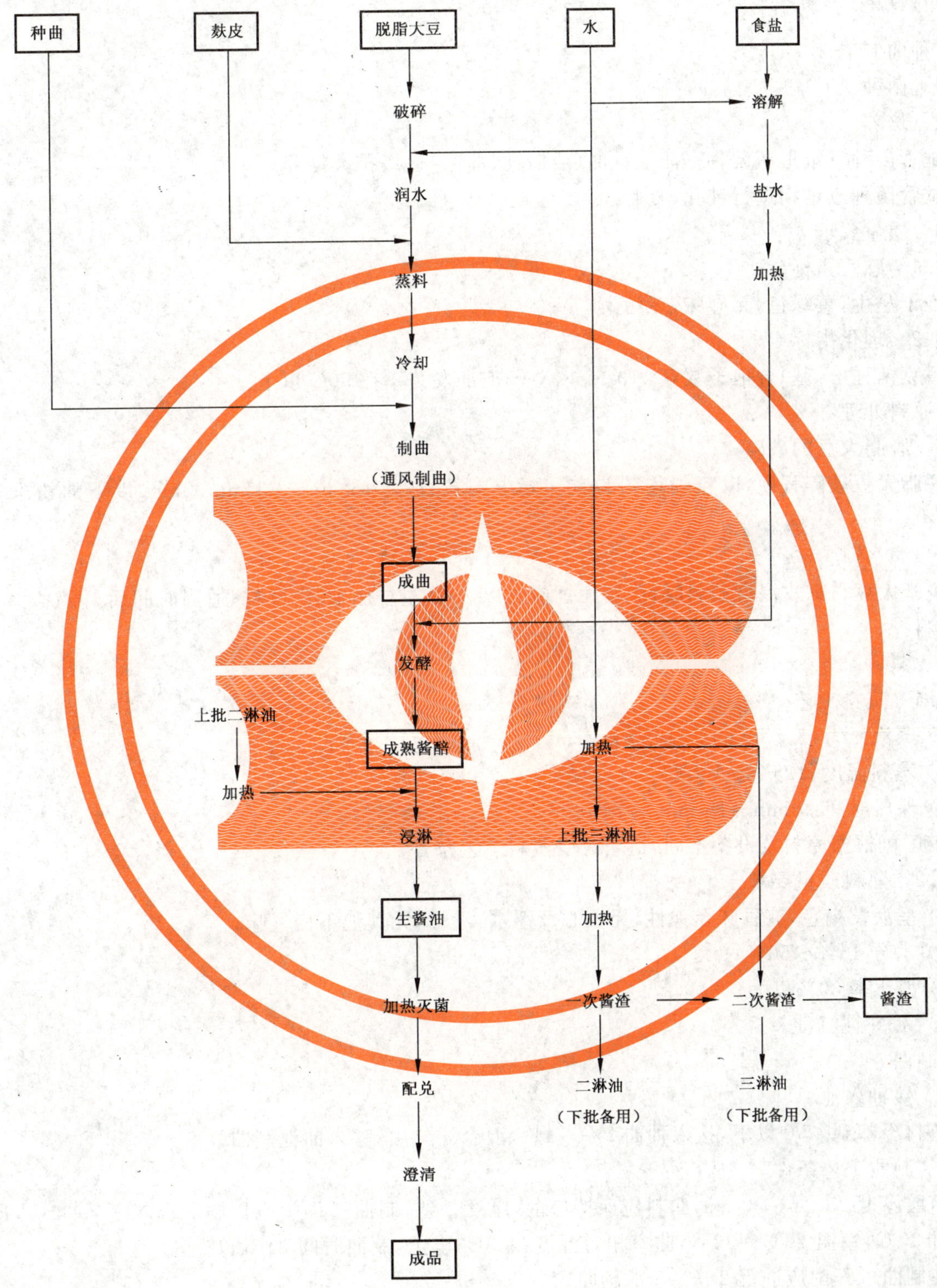
种曲
麸皮
脱脂大豆
水
食盐
破碎
溶解
润水
盐水
蒸料
加热
冷却
制曲
（通风制曲）
成曲
发酵
上批二淋油
成熟酱醅
加热
加热
浸淋
上批三淋油
生酱油
加热
加热灭菌
一次酱渣
二次酱渣
酱渣
配兑
二淋油
（下批备用）
三淋油
（下批备用）
澄清
成品

3 制作方法

3.1 种曲制造

3.1.1 菌种

3.1.2 培养

试管菌种→锥形瓶菌种→曲盒种曲(或曲池、曲匾)逐级扩大培养。

试管菌种应定期进行纯化、复壮。

3.1.3 质量要求

3.1.3.1 感官指标

孢子丛生,黄绿色,无异味,无污染。

3.1.3.2 理化指标

每克菌种(干基)含孢子数 5×10^9 个以上。孢子发芽率在 90%以上。

3.2 原料处理

3.2.1 脱脂大豆的破碎

脱脂大豆破碎程度,以粗细均匀为宜。要求颗粒直径为 2 mm～3 mm,2mm 以下的粉末量不超过 20%。

3.2.2 润水

脱脂大豆与麸皮混合蒸料时,脱脂大豆应先以 80℃左右热水进行浸润适当时间后,再混入麸皮,拌匀,蒸料。

3.2.3 蒸料

3.2.3.1 蒸料工艺

a) 蒸汽压力:1.5 kg/cm^2～2.0 kg/cm^2;

b) 蒸料温度:125℃～130℃;

c) 保压时间:5 min～15 min。

各厂可根据原料及设备不同,适当改变蒸料工艺条件。

3.2.3.2 熟料质量要求

a) 呈淡黄褐色,有香味及弹性,无硬心及浮水,不粘,无其他不良气味;

b) 水分 46%～50%;

c) 消化率 80%以上;

d) 无 N 性沉淀。

3.3 制曲

3.3.1 接种入池

熟料冷却到 45℃以下,接入种曲 2‰～4‰,混合均匀后,移入曲池制曲。

3.3.2 制曲工艺条件

曲层厚度 25 cm～30 cm,曲料应保持松散,厚度一致,制曲过程中应控制品温 28℃～32℃,最高不得超过 35℃,室温 28℃～30℃,曲室相对湿度在 90%以上,制曲时间 24 h 以上。

在制曲过程中应进行 2 次～3 次翻曲。

3.3.3 成曲质量要求

感官要求:

曲料疏松,柔软有弹性,菌丝丰满,嫩绿色,具有成曲特有香味,无异味;

理化要求:

a) 水分 26%～33%;

b) 成曲蛋白酶活力,每克曲(干基)不得少于 1 000 单位(福林法)。

3.4 发酵

3.4.1 盐水之配制

食盐加水溶解，澄清后使用。

3.4.2 拌曲盐水

a) 盐水的浓度(12～13)°Bé；

b) 盐水的温度：夏季：45℃～50℃，冬季：50℃～55℃；

c) 拌曲水量的控制：成曲拌盐水量应使酱醅水分为 50%～53%(移池浸出法)55%～58%(原池浸出法)。

3.4.3 拌曲操作

在成曲拌入盐水时，应当使盐水与成曲拌和均匀，不得有过湿过干现象。

为防止酱醅表层形成氧化层，影响酱醅质量，可采取：

a) 在酱醅表面加盖封面盐；

b) 用塑料薄膜(无毒)封盖酱醅表面。

3.4.4 发酵管理

a) 发酵温度以 40℃～50℃为宜；

b) 移池。

在发酵过程中移池的次数一般为 1 次～2 次，第一次应在 9 d～10 d 进行，第二次其间隔时间可在 7 d～8 d。

3.4.5 酱醅的质量要求

红褐色，有光泽不发乌。柔软，松散，不粘。有酱香，味鲜美。酸度适中，无苦、涩等异味。

各厂应根据酱油酿造再制品测定规程，测定有关项目的指标。

3.5 浸出

3.5.1 移池浸出

将成熟酱醅装入浸出池时，要做到松散，平整，疏密一致。

醅层厚度一般掌握 30 cm～40 cm。

3.5.2 原池浸出

原池浸出法根据发酵醅厚决定。

3.5.3 抽取液(二油、三油)的加入

抽提液加入时，应在抽提液的出口处，加一分散装置，以减少冲力，保持醅面的平整，防止将酱醅冲成糊状，破坏醅层疏密的均匀性。

3.5.4 抽提次数

抽提次数规定为三次。放油时应掌握放头油、二油速度较慢，放三油速度较快。抽提过程中，酱醅不宜露出液面。

3.5.5 浸泡温度

抽提液的温度为 80℃～90℃。

3.5.6 浸泡时间

头油的浸泡时间不应少于 6 h(原池淋油应适当延长)；二油的浸泡时间不应少于 4 h；三油的浸泡时间不应少于 2 h。

3.5.7 出渣

淋油结束，应将浸出池内酱渣清除，并清洗干净。

3.6 酱油的加热灭菌

生酱油加热灭菌温度视方法不同而异。间歇式加热 65℃～70℃维持 30 min；连续式加热热交换器出口温度控制在 85℃。

3.7 配兑

将头油及二油按酱油质量标准进行配兑。

3.8 澄清

将经过加热灭菌及配兑合格的酱油成品进行静置澄清。

静置澄清的时间一般应不少于七天。

4 成品质量要求

按《低盐固态发酵酱油》质量标准执行。

附加说明：

本标准由国家国内贸易局提出。

本标准由天津市副食调料公司、天津市调味品研究所起草。

本标准主要起草人鲁肇元、白广联。

中华人民共和国商业行业标准

高盐稀态发酵酱油酿造工艺规程

Technical regulations of soy sauce with process of high-salt-diluted state fermentation

SB/T 10312—1999

代替 ZB X 66022—87

本规程适用于以大豆、面粉为主要原料，采用高盐稀态发酵法酿造酱油的工艺。

1 原料要求

1.1 大豆

应符合 GB 1352《大豆》及 GB 2715《粮食卫生标准》规定。

1.2 面粉、麸皮

应符合 GB 2715 规定。

1.3 食盐

应符合 GB 2721《食盐卫生标准》及 GB 5461《食用盐》规定。

1.4 水

应符合 GB 5749《生活饮用水卫生标准》规定。

1.5 添加剂

应符合 GB 2760《食品添加剂使用卫生标准》规定。

2 工艺流程

国家国内贸易局 1999-04-15 批准　　　　1999-04-15 实施

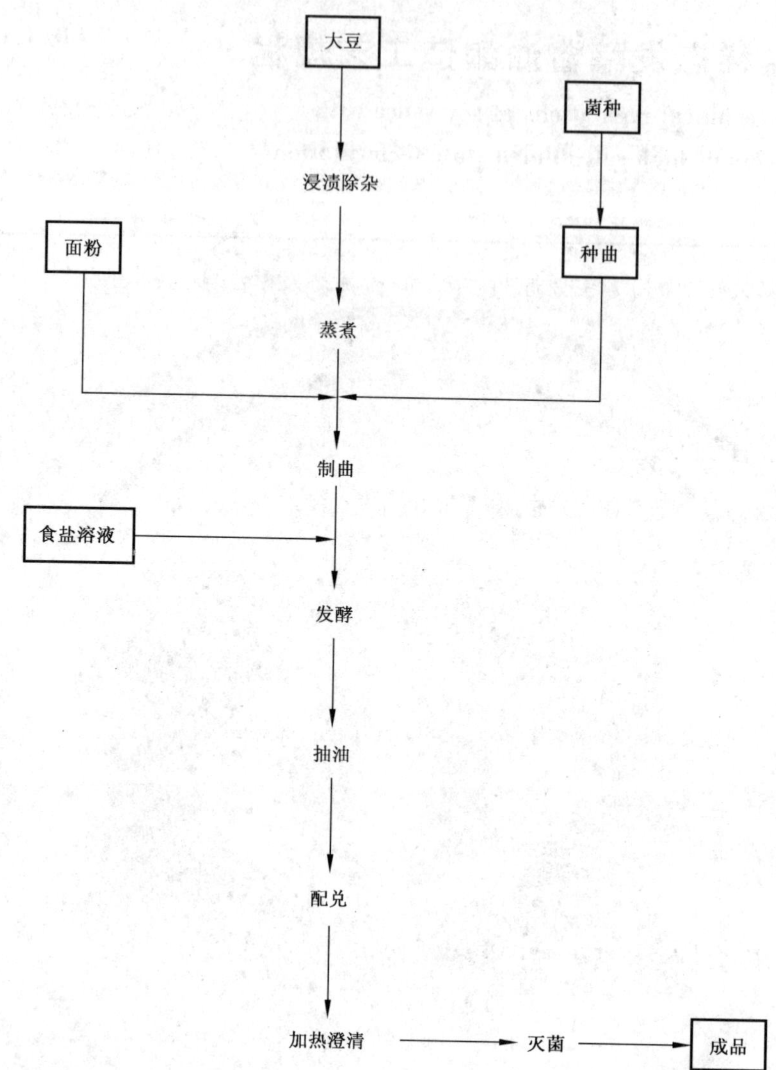

3 制作方法

3.1 种曲制造

3.1.1 菌种

可采用米曲霉、酱油曲霉或适用于酱油生产的其他霉菌。

3.1.2 米曲霉试管种的培养

3.1.2.1 凡用于菌种培养的皿具要经彻底清洗和灭菌。试管灭菌前尚需配上棉塞，并用防潮纸包扎管口。

3.1.2.2 试管菌种用豆汁培养基[配制方法见附录A(参考件)]。

3.1.2.3 新配制并经灭菌的斜面培养基，应置25℃～30℃条件下培养3 d～4 d，检查确无污染方可使用。

3.1.2.4 在无菌条件下移接的米曲霉斜面菌种，于28℃～30℃条件下培养72 h，待菌株发育成熟才可采用。

3.1.2.5 为使菌种保持良好特性，应定期做好分纯工作，宜半年进行一次，留选生产性能好的菌株。

3.1.3 锥形瓶种培养

3.1.3.1 原料配比及培养管理:锥形瓶种培养基采用麸皮80%,豆饼粉10%和面粉10%。经混合后,拌入1.0～1.1倍清水,充分拌匀,装入预先洗涤、干燥、配好棉塞及经1 kg/cm² 蒸汽压灭菌60 min的250 mL锥形瓶中。装瓶量以料厚1 cm为度。培养基要经1 kg/cm² 蒸汽压灭菌60 min。灭菌后随即将曲料摇松。待凉后在无菌条件下接种。培养温度为28℃～30℃。培养过程摇瓶两次,首次在曲料开始发白结块时进行;相隔4 h～6 h当曲料再行结块,则进行第二次摇瓶。瓶种培养72 h,米曲霉发育成熟即可使用,或存冰箱待用。

3.1.3.2 瓶种的质量要求:培养成熟的瓶种,菌丝发育粗壮,整齐、稠密,顶囊肥大,孢子呈黄绿色,发芽率不低于90%,孢子数达90亿个/克曲(干基)以上。

3.1.4 种曲的培养及质量要求

3.1.4.1 种曲的培养管理:

3.1.4.1.1 用具要求清洁,竹匾及曲室应用硫磺或甲醛熏蒸24 h左右。硫磺用量25 g/m³,若用甲醛,则10 mL/m³。

3.1.4.1.2 培养基采用麸皮80%、豆饼粉15%、面粉5%。拌水量为原料的100%～110%。

3.1.4.1.3 常压蒸煮60 min。

3.1.4.1.4 熟料经摊凉、搓散,降温至30℃即可接入锥形瓶纯种,接种量为原料量的0.1%～0.2%。曲料用竹匾培养,料厚为1 cm～1.2 cm。曲室温度前期28℃～30℃,中、后期25℃～28℃。曲室干湿球温差,前期为1℃,中期1℃～0℃,后期2℃,培养过程翻曲两次,当曲料品温达35℃左右,稍呈白色并开始结块时,进行首次翻曲,翻曲要将曲料搓散,当菌丝大量生长,品温再次回升时,要进行第二次翻曲。每次翻曲后要把曲料摊平,并将竹匾位置上下调换,以调节品温。当生长嫩黄色的孢子时,要求品温维持在34℃～36℃,当品温降到与室温相同时才开天窗排除室内湿气。种曲培养72 h。成熟的种曲应置清洁、通风的环境中存放。

3.1.4.2 种曲的质量要求:种曲的孢子数要求50亿个/g曲(干基)以上,孢子发芽率应不低于90%。

3.2 原料处理

3.2.1 食盐溶液的配制

原盐用水溶解后,要经过滤沉淀,待澄清后方能使用。本工艺所用食盐溶液浓度为18°Bé/20℃。

3.2.2 大豆的浸渍及除杂

浸豆前浸豆罐先注入2/3容量的清水,投豆后将浮于水面的杂物清除。投豆完毕,仍需从罐的底部注水,务使污物由上端开口随水溢出,直至流出的水清澈为止。浸豆过程应换水1次～2次,免使豆变质。浸豆务求充分吸水,浸至豆粒膨胀无皱纹,带弹性,以两指挤捏时易使皮肉分开,将豆粒切开不发现干心时可视为适度。出罐的大豆,晾至无水滴出为止才投进蒸料罐蒸煮。

3.2.3 大豆的蒸煮

用常压或加压蒸煮均可。若用加压蒸煮工艺,进蒸汽前应将管道的冷凝水排清。进汽时尽量开大汽阀,使罐内迅速升压。蒸煮时要注意排清罐内的冷空气。蒸煮所用蒸汽压力为1.8 kg/cm²,经保压8 min～10 min后立即排汽脱压,并要求在20 min内使熟料品温降至40℃左右。

3.2.4 熟料质量要求

经蒸煮的大豆,组织变柔软,色呈淡褐,有熟豆香气,手感绵软。

3.3 制曲

3.3.1 酱油曲的管理

3.3.1.1 曲室、曲池及用具必须经清洁,并经灭菌(可用5%漂白粉溶液喷洒)。

3.3.1.2 种曲用量为原料的0.1%～0.3%。种曲应先与5倍量左右的面粉混合搓碎,以利接种均匀。

3.3.1.3 熟豆应与种曲及面粉充分混合,使种曲的孢子和面粉粘附豆粒表面。

3.3.1.4 曲料进池要求速度快,厚度均匀、疏松程度一致。料层厚度控制在30 cm以内,初进池的曲料含水量控制在45%左右。

3.3.1.5 曲料进池后品温调整为30℃～32℃，当品温上升，应启动风机，风温控制30℃～31℃，相对湿度要求90%以上。当曲料出现发白结块，品温达35℃时进行首次翻曲，使曲料松散，翻曲后要将曲料拨平，并使品温降至30℃～32℃，待品温回升，曲料再次结块时则进行第二次翻曲。第二次翻曲后，注意做好压缝工作，以防进风短路。制曲后期，菌丝已着生孢子，此时要求室温保持30℃～32℃，干湿球温差2℃左右，以利孢子发育。整个培养过程共40 h～44 h。

3.3.2 酱油曲的质量要求

酱油曲水分28%～32%，蛋白酶活力(福林法)1 000单位/克曲(干基)以上。

3.4 发酵

3.4.1 发酵管理

3.4.1.1 发酵容器的型式不限，但应设假底及出料口。所用的材质应能防止腐蚀。

3.4.1.2 酱油曲用18°Bé/20℃食盐溶液拌湿后才进发酵罐(或池)内。制醪时食盐溶液用量为原料量的2倍～2.5倍。

3.4.1.3 制醪后的第三天起进行抽油淋浇，淋油量约为原料量的10%其后每隔一周淋油一次，淋油时注意控制流速，并在酱醅表面均匀淋浇，避免破坏酱醅的多孔性状。

3.4.1.4 发酵期3～6个月。此时豆粒已溃烂，酱醅色泽已变暗褐，醅液氨基酸态氮含量约为1 g/100mL，前后一周无大变动时，意味醅已成熟，可以放出酱油。抽油后，头滤渣用18°Bé/20℃，食盐溶液浸泡，10 d后抽二滤油，二滤渣用加盐后的四滤油及18°Bé/20℃食盐溶液浸泡，时间也为10 d，放出三滤油后，三滤酱渣改用80℃热水浸泡一夜，即行放油，抽出的四滤油应即加盐，使浓度达18°Bé/20℃，供下批浸泡二滤酱渣使用。四滤渣含食盐量应在2 g/100g以下，氨基酸含量不应高于0.05 g/100g。

3.4.1.5 淋油前及结束后，所用工具(水泵及胶管)，应注意清洁。每批发酵完毕，要及时清渣，发酵容器要彻底清洗，并用5%漂白粉液涂擦灭菌。场地必须保持清洁。

4 配兑

各滤生酱油的质量应按《酱油、食醋、酱类的检验方法》进行检测，然后按产品等级标准进行配兑。

5 加热沉淀

经配兑的酱油，加热至90℃，送进沉淀罐静置沉淀7 d。

6 灭菌

已澄清的酱油，必须经60℃加热灭菌30 min后，才装瓶出售。

7 质量要求

执行《高盐稀态发酵酱油》质量标准的规定。

附 录 A
豆汁琼脂培养基的配制
（参考件）

A.1 配方

$MgSO_4 \cdot 7H_2O$：0.05%　　$(NH_4)_2SO_4$：0.05%

KH_2PO_4：0.1%　　可溶性淀溶：2.0%

琼脂：2.0%

5°Bé 豆汁定容至 100 mL

pH5.5～6.5

A.2 豆汁的制备

选新鲜大豆，用水浸泡务使吸胀，捞出并用水清洗，然后加入 5 倍～6 倍大豆量的清水煮沸 2 h～5 h，煮豆时注意补水，最后用药棉过滤，即得豆汁。每 100g 大豆可制得 5°Bé 豆汁 100 mL。

附加说明：

本标准由国家国内贸易局提出。

本标准由中国酿造学会酱油酱学组负责起草。

本标准主要起草人袁振远、冯禧瑞、曾左辛。

中华人民共和国商业行业标准

固稀发酵法酱油酿造工艺规程

SB/T 10313—1999

代替 ZB X 66023—87

Technical regulatidns of soy sauce with solid-liquid state fermentation

本标准适用于以脱脂大豆，小麦为主要原料，经过前期固态发酵后期稀发酵两个阶段酿造酱油的工艺。

1 原料要求

1.1 脱脂大豆

应符合 GB 1352《大豆》及 GB 2715《粮食卫生标准》之规定。

1.2 小麦

应符合 GB 1351《小麦》之规定。

1.3 水

生产用水应符合 GB 5749《生活饮用水卫生标准》规定。

1.4 食盐

应符合 GB 5461《食用盐》之规定。

1.5 食品添加剂

应符合 GB 2760《食品添加剂使用卫生标准》之规定。

2 工艺流程

国家国内贸易局 1999-04-15 批准　　1999-04-15 实施

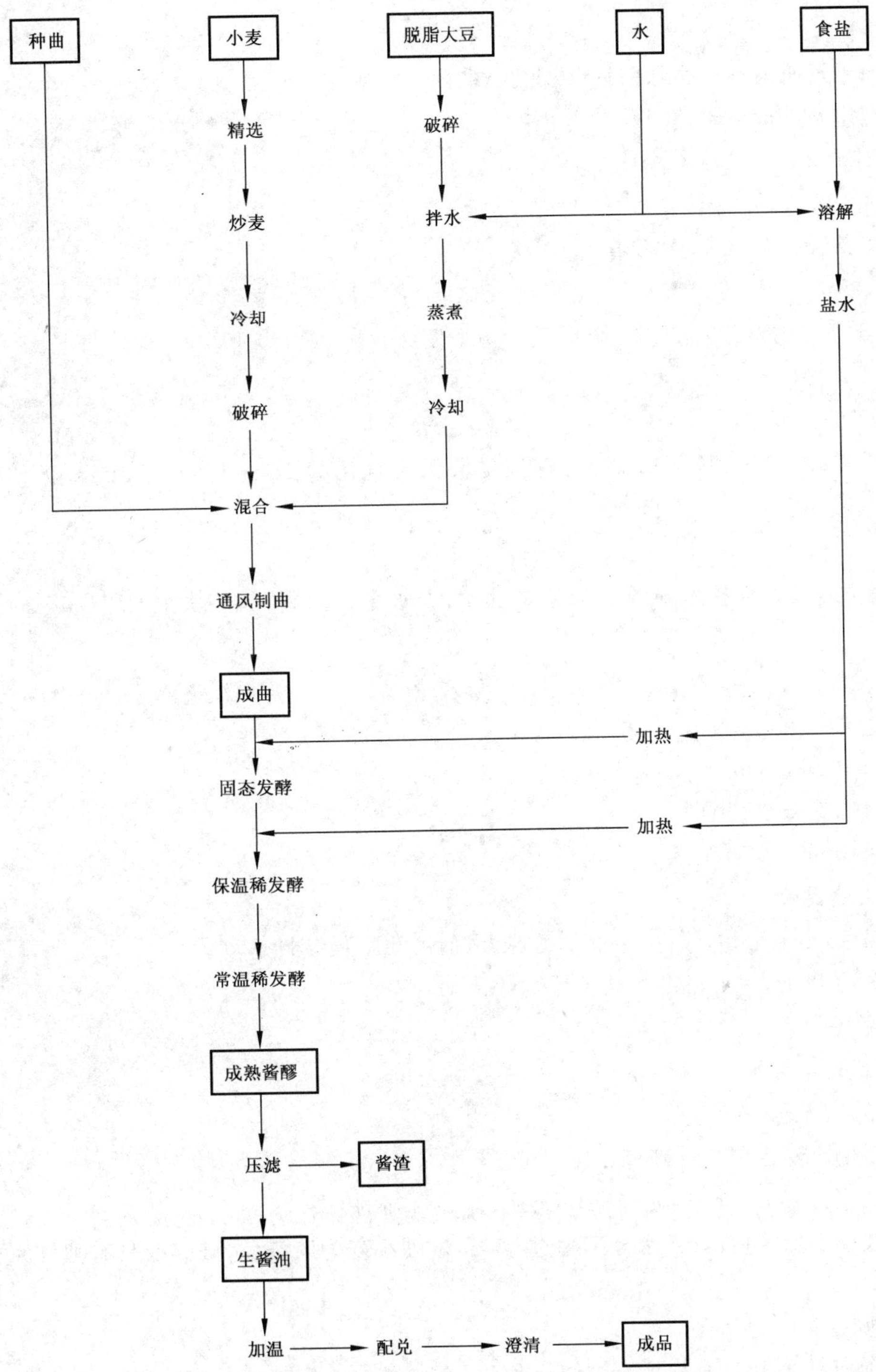
种曲
小麦
脱脂大豆
水
食盐
精选
破碎
炒麦
拌水
溶解
冷却
蒸煮
盐水
破碎
冷却
混合
通风制曲
成曲
加热
固态发酵
加热
保温稀发酵
常温稀发酵
成熟酱醪
压滤
酱渣
生酱油
加温
配兑
澄清
成品

3 制作方法

3.1 种曲制造

3.1.1 菌种

3.1.2 种曲培养

试管菌种→锥形瓶菌种→曲盒菌种(或曲池、曲匾),逐级扩大培养。

试管菌种应定期进行纯化,复壮。

3.1.3 质量要求

3.1.3.1 感官指标

孢子丛生,黄绿色,无异味,无污染。

3.1.3.2 理化指标

每克种曲(干基)含孢子数 5×10^9 个以上。孢子发芽率在 90%以上。

3.2 原料处理

3.2.1 脱脂大豆的处理

脱脂大豆的破碎程度,以粗细均匀为宜。要求颗粒直径为 2mm～3mm,2mm 以下粉末量不超过 20%。

3.2.1.1 浸润

轧碎之脱脂大豆均匀地拌入 80℃～90℃之热水,加水量为原料(脱脂大豆)的 120%～125%,浸润适当时间。

3.2.1.2 蒸料

蒸料工艺:

a) 蒸汽压力:1.5kg/cm^2～2.0kg/cm^2;

b) 蒸汽温度:125℃～130℃;

c) 保压时间:5min～15min。

3.2.1.3 熟料质量要求

a) 呈淡红褐色,不生不粘,松散,具有甜香味及弹性,蛋白质变性适度;

b) 消化率 80%以上;

c) 无 N 性沉淀。

3.2.2 小麦的处理

3.2.2.1 小麦焙炒温度为 170℃。

3.2.2.2 焙炒后的小麦经冷却→破碎。

3.2.2.3 破碎粒度:1mm～3mm,允许有 35%通过 32 目筛的粉末。

3.2.2.4 焙炒破碎小麦质量标准:水分不超过 10%,焙炒小麦为淡茶色,破碎后具有独特的香气。

3.3 制曲

3.3.1 接种入池

将蒸熟的脱脂大豆与焙炒破碎的小麦混合均匀,冷却到 40℃以下,接入种曲。

种曲用量:2‰～3‰,混合均匀后移入曲池制曲。

3.3.2 制曲工艺条件

a) 曲层厚度:25cm～30cm;

b) 制曲过程中,品温控制在 30℃～32℃,最高不得超过 35℃;

c）曲室温度 28℃～32℃；

d）曲室相对湿度在 90%以上；

e）制曲时间 3d；

f）在制曲过程中应进行 2 次～3 次翻曲。

3.3.3　成曲质量要求

a）感官要求：曲料疏松，柔软有弹性，菌丝丰满，黄绿色，孢子飞扬，具有成曲特有之香气，无异味。

b）理化要求：成曲水分：26%～28%；成曲蛋白酶活力，每克曲（干基）不得少于 1 000 单位（福林法）。

3.4　发酵

3.4.1　盐水的配制

食盐加水溶解，调制成所需浓度，澄清后，取其上清液使用。

3.4.2　固态发酵

成曲与盐水均匀混合入发酵池进行固态发酵，混合（拌料）时，要严格控制曲和盐水的流量。

盐水比重：(12～14)°Bé。

盐水温度：夏天为 40℃～45℃；冬天为 45℃～50℃。

盐水与成曲原料比例：1∶1。

固态发酵时使品温保持在 40℃～42℃，不得超过 45℃。为防止酱醅氧化，应在酱醅表面撒上盖面盐，固态发酵时间为 14d。

3.4.3　保温稀发酵

固态发酵 10d～14d 后，加入二次盐水。二次盐水比重为 18°Bé，二次盐水温度为 35℃～37℃，二次盐水加入量为成曲原料的 1.5 倍，加入二次盐水后酱醅成稀醪状，然后进行保温稀发酵。

保温稀发酵，保持品温 35℃～37℃发酵时间 15d～20d。

在保温稀发酵阶段，应采用压缩空气对酱醪进行搅拌，开始时每天搅拌一次，每次 3min～4min。4d～5d后酱醪起发，表面有醪盖形成后，改为 2d～3d 搅拌一次，搅拌至依醪盖消失后可停止搅拌，如发酵旺盛时，应增加搅拌次数。

3.4.4　常温稀发酵

保温稀发酵结束后的酱醪用泵输送至常温发酵罐，在品温 28℃～30℃下进行常温稀发酵 30d～100d。在常温稀发酵阶段一般每周搅拌 1 次～2 次，

3.4.5　成熟酱醪质量要求：

感官要求：

具有酱醪特有之酱香，酯香，酱醪滤液呈红褐色、澄清、透明、鲜味浓、后味长，无其他异味。

理化要求：

a）酱醪滤液比重：(21～22)°Bé；

b）酱醪滤液无盐固形物不低于 18g/100mL；

c）酱醪滤液食盐不低于 16g/100mL；

d）pH 不低于 4.8。

3.5　压滤

成熟酱醪用泵输送至压机（板框压滤机、或水压机、油压机等）进行压滤。

压滤分离出的生酱油，全部流入沉淀罐（池），沉淀 7d。

3.6 加热灭菌

生酱油加热灭菌温度视方法不同而异。间歇式加热65℃～70℃维持30min。连续式加温，热交换器出口温度应控制在85℃。加温后的酱油再经过热交换器进行冷却，一般控制冷却到60℃后再输送至沉淀罐进行自然沉淀7d。

3.7 配兑

将灭菌后的酱油按酱油质量标准进行配兑。

4 成品质量要求

按《高盐稀态发酵酱油》质量标准规定执行。

附加说明：

本标准由国家国内贸易局提出。

本标准由天津市副食调料公司、天津调味品研究所起草。

本标准主要起草人鲁肇元、王志愿、徐秉钧、曹小红。